CAD/CAM/CAE 工程应用丛书 · AutoCAD 系列

AutoCAD 2013 机械设计与工程应用从入门到精通

李 波 等编著

机 械 工 业 出 版 社

本书以 AutoCAD 2013 简体中文版为基础，通过 14 章来讲解机械设计与工程应用的全过程。分别讲解了 AutoCAD 2013 基础，机械制图标准及样板文件的创建，机械图样的表达方法，机械常用标注符号，机械常用标准件的绘制，简单零件的绘制，常用零件的绘制，典型零件的绘制，零件图与装配图的绘制，标准件三维实体的创建，简单零件三维实体的创建，常用零件三维实体的创建，典型零件三维实体的创建，钻模板三维零件、装配图的绘制等。

本书内容全面、条理清晰、实例丰富、讲解详细、图文并茂，可作为广大工程技术人员的 AutoCAD 自学教程和参考书，也可作为大中专院校学生和各类培训学校学员的 CAD/CAM 课程上课及上机练习教材。本书附视频学习 DVD 光盘一张，包含了近 13 小时的操作视频录像文件，另外还包含了本书所有的素材文件、实例文件和模板文件。

图书在版编目（CIP）数据

AutoCAD 2013 机械设计与工程应用从入门到精通 / 李波等编著. —北京：机械工业出版社，2013.4

（CAD/CAM/CAE 工程应用丛书 • AutoCAD 系列）

ISBN 978-7-111-41546-6

Ⅰ. ①A… Ⅱ. ①李… Ⅲ. ①机械设计－计算机辅助设计－AutoCAD 软件 Ⅳ. ①TH122

中国版本图书馆 CIP 数据核字（2013）第 033056 号

机械工业出版社（北京市百万庄大街 22 号　邮政编码 100037）

策划编辑：丁　诚　张淑谦

责任编辑：张淑谦

责任印制：邓　博

三河市宏达印刷有限公司印刷

2013 年 4 月第 1 版 • 第 1 次印刷

184mm×260mm • 23.75 印张 • 583 千字

0001－4000 册

标准书号：ISBN 978-7-111-41546-6

ISBN 978-7-89433-854-9（光盘）

定价：65.00 元（含 1DVD）

凡购本书，如有缺页、倒页、脱页，由本社发行部调换

电话服务	网络服务
社服务中心：（010）88361066	教 材 网：http://www.cmpedu.com
销 售 一 部：（010）68326294	机工官网：http://www.cmpbook.com
销 售 二 部：（010）88379649	机工官博：http://weibo.com/cmp1952
读者购书热线：（010）88379203	**封面无防伪标均为盗版**

出 版 说 明

随着信息技术在各领域的迅速渗透，CAD/CAM/CAE技术已经得到了广泛的应用，从根本上改变了传统的设计、生产、组织模式，对推动现有企业的技术改造、带动整个产业结构的变革、发展新兴技术、促进经济增长都具有十分重要的意义。

CAD在机械制造行业的应用最早，使用也最为广泛。目前其最主要的应用涉及机械、电子、建筑等工程领域。世界各大航空、航天及汽车等制造业巨头不但广泛采用CAD/CAM/CAE技术进行产品设计，而且投入大量的人力、物力及资金进行CAD/CAM/CAE软件的开发，以保持自己技术上的领先地位和国际市场上的优势。CAD在工程中的应用，不但可以提高设计质量，缩短工程周期，还可以节约大量建设投资。

各行各业的工程技术人员也逐步认识到CAD/CAM/CAE技术在现代工程中的重要性，掌握其中的一种或几种软件的使用方法和技巧，已成为他们在竞争日益激烈的市场经济形势下生存和发展的必备技能之一。然而仅仅知道简单的软件操作方法是远远不够的，只有将计算机技术和工程实际结合起来，才能真正达到通过现代的技术手段提高工程效益的目的。

基于这一考虑，机械工业出版社特别推出了这套主要面向相关行业工程技术人员的“CAD/CAM/CAE工程应用丛书”。本丛书涉及AutoCAD、Pro/ENGINEER/Creo、UG、SolidWorks、Mastercam、ANSYS等软件在机械设计、性能分析、制造技术方面的应用，以及AutoCAD和天正建筑CAD软件在建筑和室内配景图、建筑施工图、室内装潢图、水暖、空调布线图、电路布线图以及建筑总图等方面的应用。

本套丛书立足于基本概念和操作，配以大量具有代表性的实例，并融入了作者丰富的实践经验，使得本丛书内容具有专业性强、操作性强、指导性强的特点，是一套真正具有实用价值的书籍。

机械工业出版社

前　言

AutoCAD 是由美国欧特克公司于 20 世纪 80 年代初为微型计算机上应用 CAD 技术而开发的绘图程序软件包，经过不断的完善，现已经成为国际上广为流行的绘图工具。2012 年 3 月份推出的 AutoCAD 2013 版本，被广泛应用于建筑、机械、电子、航天、造船、石油化工、土木工程、地质、气象、轻工和商业等领域。

为了使读者能够快速地掌握机械工程图的绘制方法和技能，本书以 AutoCAD 2013 为平台进行讲解。在实例的挑选和结构上进行了精心的编排。全书共分为 3 部分共 14 章，其讲解的内容大致如下。

第 1 部分（第 1～3 章），为机械设计基础篇，首先讲解 AutoCAD 2013 基础入门，包括 AutoCAD 2013 软件的启动方法、图形文件的管理、图层的管理控制、视图的缩放控制、辅助功能的设置等，然后讲解了机械制图的基本规定、绘图工具及其使用、机械样板文件的创建实例等，最后讲解了机械图样的投影形成、剖视图与断面图的表示方法、局部放大图和机件的简化画法等。

第 2 部分（第 4～9 章），为机械二维工程图的绘制，首先讲解机械常用标注符号，如表面粗糙度符号、基准符号、沉孔符号等，然后讲解了机械标准件、简单零件、常用零件、典型零件等各种类型图的绘制，最后讲解了机械二维零件图与装配图的绘制方法等。

第 3 部分（第 10～14 章），为机械三维实体的创建，首先讲解了标准件三维实体的创建，如螺母、螺栓、垫片等标准件实体，然后讲解了简单零件、常用零件和典型零件三维实体的创建方法等，最后讲解了钻模板三维零件图和装配图的创建等。

本书内容全面、条理清晰、实例丰富、讲解详细、图文并茂，可作为广大工程技术人员的 AutoCAD 自学教程和参考书，也可作为大中专院校学生和各类培训学校学员的 CAD/CAM 课程上课及上机练习教材。本书附视频学习 DVD 光盘一张，包含了近 13 小时的操作视频录像文件，另外还包含了本书所有的素材文件、实例文件和模板文件。

本书主要由李波编著，刘升婷、郝德全、王任翔、刘冰、汪琴、尹兴华、王敬艳、朱从英、聂兵和郎晓娇等也参与了本书的编写工作。感谢您选择了本书，希望我们的努力对您的工作和学习有所帮助，也希望您把对本书的意见和建议告诉我们，我们的邮箱是 Helpkj@163.com，或者可以通过 QQ 群（15310023）进行互动学习和技术交流，使读者购买该图书无后顾之忧。

由于编者水平有限，书中难免有疏漏与不足之处，敬请专家与读者批评指正。

李波

目　录

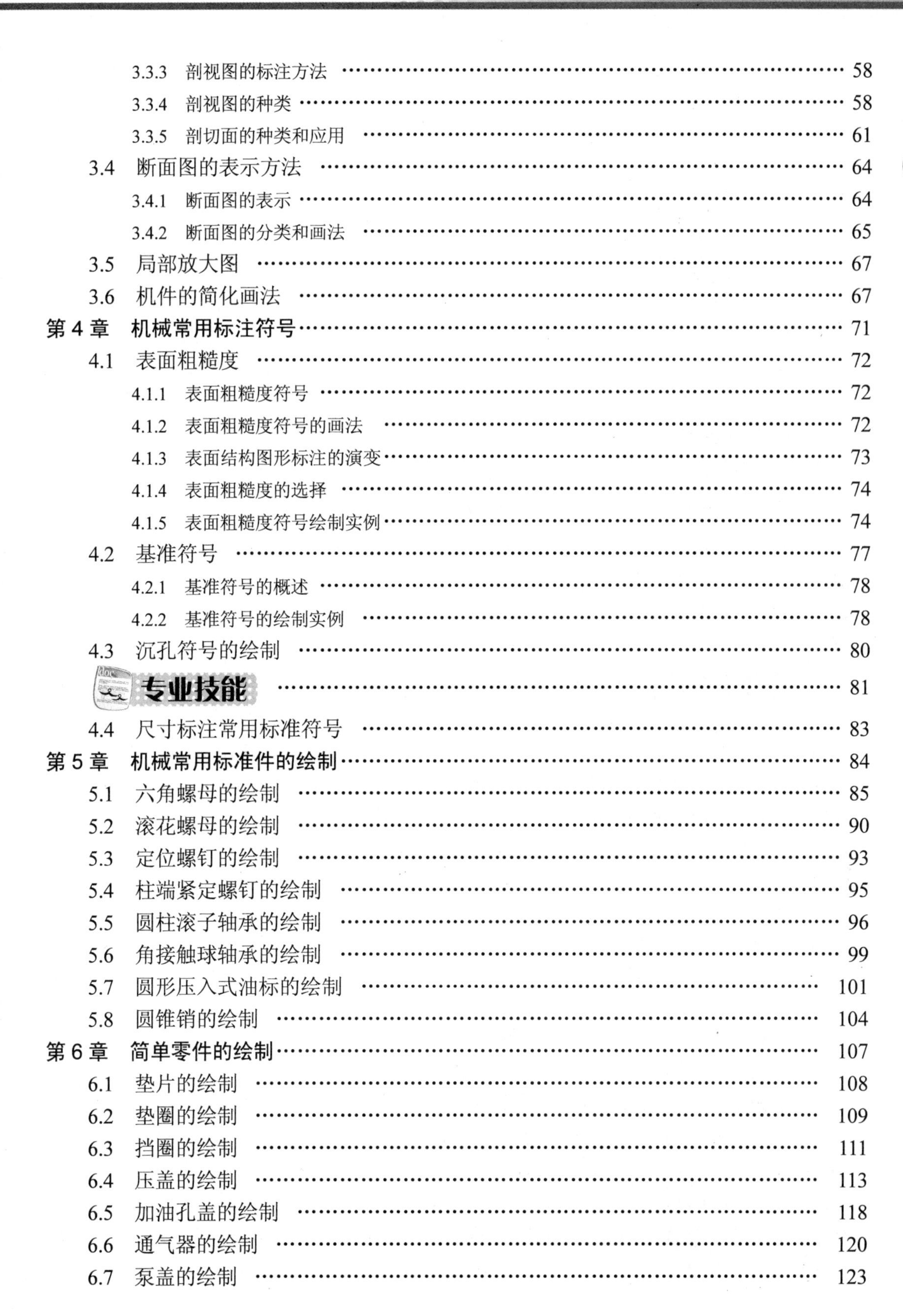

第 1 章 AutoCAD 2013 基础入门

本章导读

随着计算机辅助绘图技术的不断普及和发展，用计算机绘图全面代替手工绘图将成为必然趋势，只有熟练地掌握计算机图形的生成技术，才能够灵活自如地在计算机上表现自己的设计才能和天赋。

在本章中首先讲解了 AutoCAD 2013 的新增功能及操作界面，图形文件的新建、打开、保存、输入与输出等操作，AutoCAD 选项参数的设置、图形单位和界限的设置等，然后讲解了 AutoCAD 中命令的使用方法、系统变量的设置、鼠标的操作等，使用户能够初步掌握 AutoCAD 2013 软件的基础。

主要内容

☑ 掌握 AutoCAD 2013 的启动与退出方法
☑ 掌握 AutoCAD 2013 的操作界面
☑ 掌握 AutoCAD 的图形文件管理
☑ 掌握 AutoCAD 对象的栅格和捕捉模式的设置
☑ 掌握 AutoCAD 自动与极轴追踪的设置
☑ 掌握 AutoCAD 中图形对象的选择方法
☑ 掌握 AutoCAD 中图层与图形的控制方法

效果预览

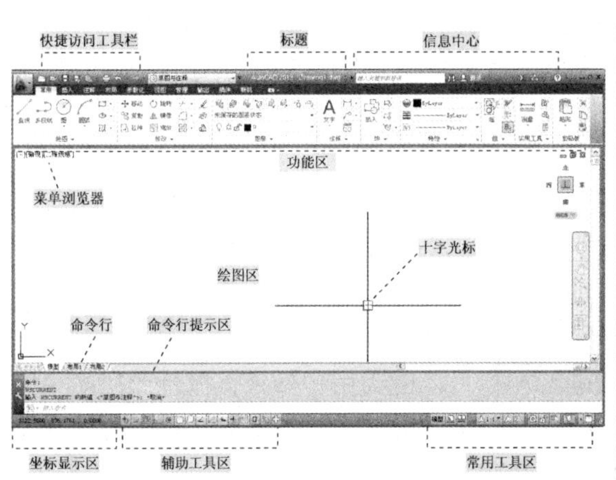

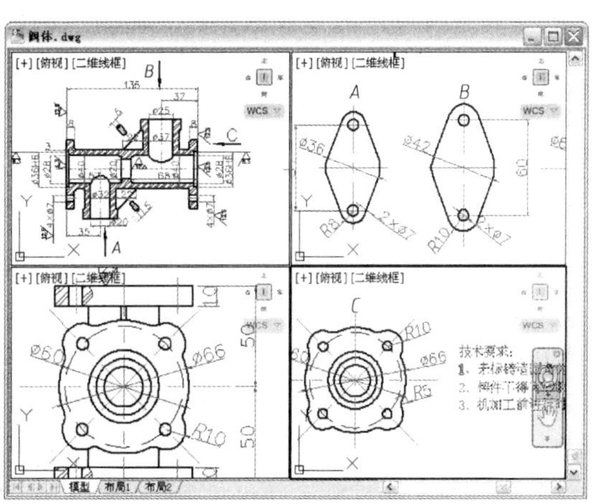

1.1 初步认识 AutoCAD 2013

AutoCAD 2013 软件是美国 Autodesk 公司开发的产品，是目前世界上应用最广泛的 CAD 软件之一。它已经在机械、建筑、航天、造船、电子、化工等领域得到了广泛的应用，并且取得了硕大的成果和巨大的经济效益。

1.1.1 AutoCAD 在机械方面的应用

在机械设计中，从开始的设计思想到图样绘制，再到最后的加工完成，设计占了很重要的一部分，也是指导生产的一个重要依据。在机械绘图设计中，AutoCAD 软件早就替代了传统的纸和笔，已成为现代绘图的首选工具。总之，学好 AutoCAD 软件，可以帮助用户快速学习机械设计绘图。

AutoCAD 2013 在机械方面的应用，主要有以下几个特点。

1）可以方便快捷地绘制直线、圆、圆弧、矩形、正多边形等基本的机械图形对象，并且可以对图形对象进行编辑操作，从而完成复杂机械图的绘制。

2）当用户在一张图纸上需要绘制多个相同的图形对象时，可以利用 AutoCAD 自身附带的复制、镜像、阵列、偏移等功能，快速地从已有的图形绘制其他的图形。

3）当用户需要调整图形中对象的线型、线宽、文字样式、标注样式时，则可利用 AutoCAD 很快捷地完成这些操作。

4）提供了非常实用的动态块功能，可以快速有效地创建机械常用件和标准件的图块。例如，轴承、键、螺栓、螺母、齿轮、扳手、钳子等，可以直接从中提取数据，当需要绘制这些图形时，可以将图块直接插入到当前图形的相应位置，通过参数、动作来修改图块的值，而不必重复绘制图形。

5）可以方便地将零件图组装成装配图，就像实际装配零件一样，从而能够检验零件尺寸是否正确，零件之间是否会出现干涉等装配问题。相反，也可使用 AutoCAD 的复制与粘贴等功能，很方便地从装配图中拆分出零件图。

6）当用户设计部分产品时，可以方便地通过已有的图形修改派生出新的图形。

7）设计复杂的图形时，可以创建单个的图形或者管理整个图形集，从通过 Web 共享设计信息到大量图形演示，AutoCAD 利用 CAD 生产中的新标准能够帮助用户获得更大的成功。

8）设计制造流程中开展协作化的产品开发，能够与企业内的任何员工或扩展的团队安全共享设计数据。AutoCAD 使信息的连接变得简单易行，能为有需要的用户共享、查看、标记和管理 2D/3D 设计数据，支持与其他用户的文件交换，并能减少设计流程中的错误，生成新的观点，从而使业务流程能够实现从创建到完成的平稳操作。

9）AutoCAD 通过其网站提供的 Start at Point A 栏目，能为用户带来机械行业新闻和资源、可搜索的数据库、支持文档、产品提示、讨论组、在线培训、工作簿以及更多的其他功能，需要的一切均能在 AutoCAD 机械设计中得到最佳的实现。

1.1.2 AutoCAD 2013 的启动与退出

（1）AutoCAD 的启动　成功安装好 AutoCAD 2013 软件后，可以通过以下任意一种方法来启动 AutoCAD 2013 软件。

☑ 依次选择"开始"→"程序"→"Autodesk"→"AutoCAD 2013–简体中文（Simplified Chinese）"→"AutoCAD 2013"命令。

☑ 成功安装好 AutoCAD 2013 软件后，双击桌面上的 AutoCAD 2013 图标。

☑ 在目录下 AutoCAD 2013 的安装文件夹中，双击 acad.exe 图标可执行文件。

☑ 打开任意一个扩展名为.dwg 的图形文件。

（2）AutoCAD 的退出可以通过以下任意一种方法来退出 AutoCAD 2013 软件。

☑ 选择"文件"→"退出"菜单命令。

☑ 在命令行输入"Exit"或"Quit"命令后，再按〈Enter〉键。

☑ 在键盘上按下〈Alt+F4〉或〈Ctrl+Q〉组合键。

☑ 在 AutoCAD 2013 软件的环境下单击右上角的"关闭"按钮。

在退出 AutoCAD 2013 时，如果没有保存当前图形文件，此时将弹出如图 1-1 所示的 AutoCAD 提示对话框，提示用户是否对当前的图形文件进行保存操作。

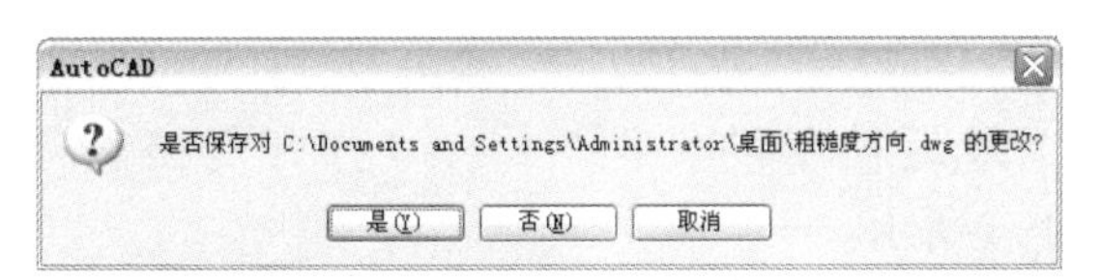

图 1-1 "AutoCAD"提示对话框

1.1.3 AutoCAD 2013 的工作界面

AutoCAD 软件从 2009 版本开始，其界面发生了比较大的改变，提供了多种工作空间模式，即"草图与注释"、"三维基础"、"三维建模"和"AutoCAD 经典"。当正常安装并首次启动 AutoCAD 2013 软件时，系统将以默认的"草图与注释"界面显示出来，如图 1-2 所示。

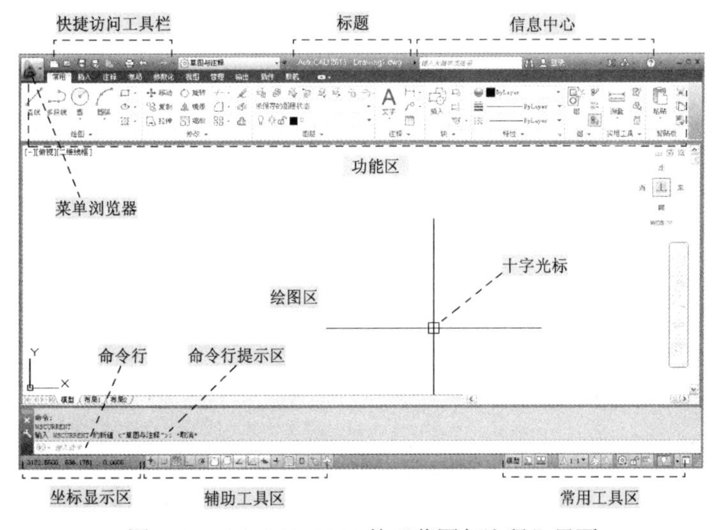

图 1-2 AutoCAD 2013 的"草图与注释"界面

> **提示** 由于本书主要采用 AutoCAD 2013 的“草图与注释”界面来贯穿全文进行讲解，下面将带领读者来认识该界面中的各个元素对象。

1. 标题栏

标题栏显示当前操作文件的名称。最左端依次为“新建”、“打开”、“保存”、“另存为”、“打印”、“放弃”和“重做”按钮；其次是“工作空间”列表，用于工作空间界面的选择；接着是软件名称、版本号和当前文档名称信息；然后是“搜索”、“登录”、“交换”按钮，并新增“帮助”功能；最右侧则是当前窗口的“最小化”、“最大化”和“关闭”按钮，如图 1-3 所示。

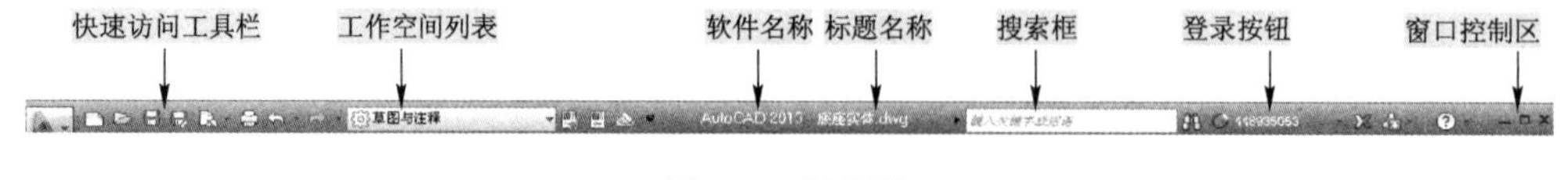

图 1-3　标题栏

2. 菜单浏览器和快捷菜单

在窗口的最左上角大“A”按钮为“菜单浏览器”按钮，单击该按钮会出现下拉菜单，如“新建”、“打开”、“保存”、“另存为”、“输出”、“打印”、“发布”等，另外还新增加了很多新的项目，如“最近使用的文档”、“打开文档”、“选项”和“退出 AutoCAD”按钮，如图 1-4 所示。

在绘图区、状态栏、工具栏、模型或布局选项卡上单击鼠标右键时，系统会弹出一个快捷菜单，该菜单中显示的命令与鼠标右键单击对象及当前状态相关，会根据不同的情况出现不同的快捷菜单命令，如图 1-5 所示。

图 1-4　菜单浏览器

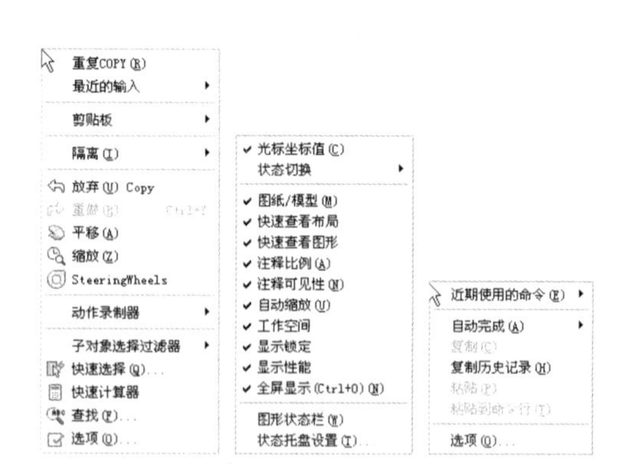

图 1-5　快捷菜单

在菜单浏览器中，其后面带有符号▸的命令表示还有级联菜单；如果命令为灰色，则表示该命令在当前状态下不可用。

3. 选项卡和面板

使用 AutoCAD 命令的另一种方式就是应用选项卡上的面板，这类选项卡有“常用”、“插入”、“注释”、“布局”、“参数化”、“视图”、“管理”、“输出”、“插件”和“联机”等，如图 1-6 所示。

图 1-6　面板

在“联机”右侧显示了一个倒三角，用户单击按钮，将弹出一快捷菜单，可以进行相应的单项选择，如图 1-7 所示。

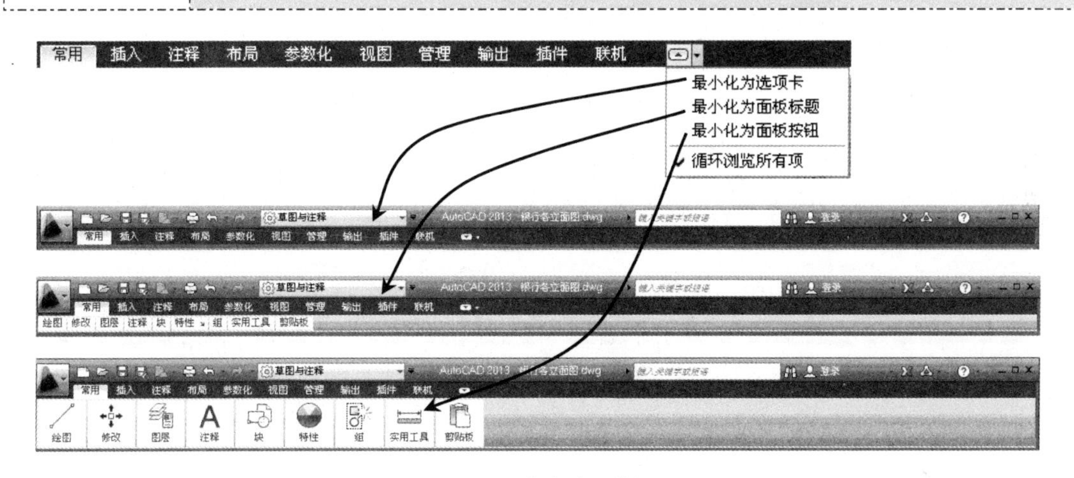

图 1-7　标签与面板

使用鼠标单击相应的选项卡，即可分别调用相应的命令。例如，在“常用”选项卡下包括有“绘图”、“修改”、“图层”、“注释”、“块”、“特性”、“组”、“实用工具”和“剪贴板”等面板，如图 1-8 所示。

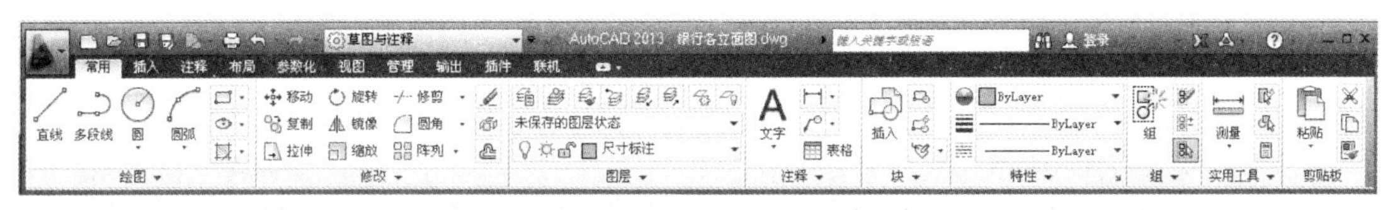

图 1-8　“常用”选项卡

在有的面板上、下侧有一倒三角按钮▾，单击该按钮会展开与该面板相关的操作命令，如单击“修改”面板右侧的倒三角按钮▾，会展开与他相关的命令，如图 1-9 所示。

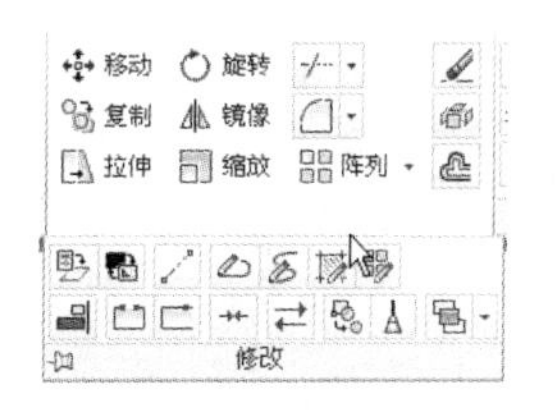

图 1-9　展开后的“修改”面板

4. 菜单栏和工具栏

在 AutoCAD 2013 的环境中，默认状态下其菜单栏和工具栏处于隐藏状态，这也是与以往版本不同的地方。

在 AutoCAD 2013 的“草图与注释”工作空间状态下，如果要显示其菜单栏，那么在标题栏的“工作空间”右侧单击倒三角按钮（即“自定义快速访问工具栏”列表），从弹出的列表框中选择“显示菜单栏”，即可显示 AutoCAD 的常规菜单栏，如图 1-10 所示。

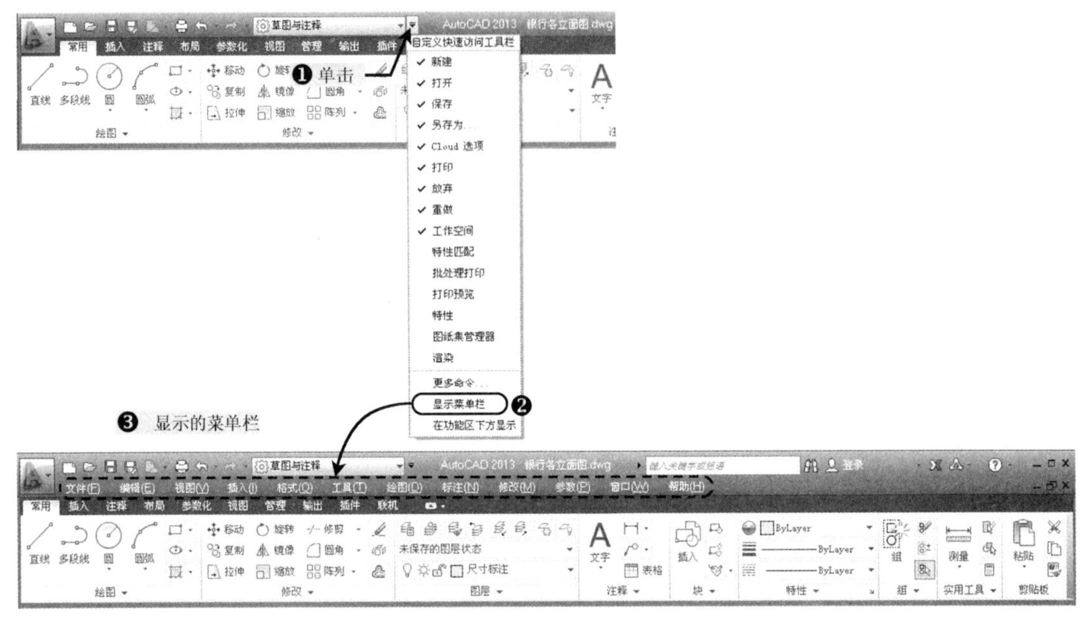

图 1-10　显示菜单栏

如果要将 AutoCAD 的常规工具栏显示出来，用户可以选择“工具”→“工具栏”菜单项，从弹出的下级菜单中选择相应的工具栏即可，如图 1-11 所示。

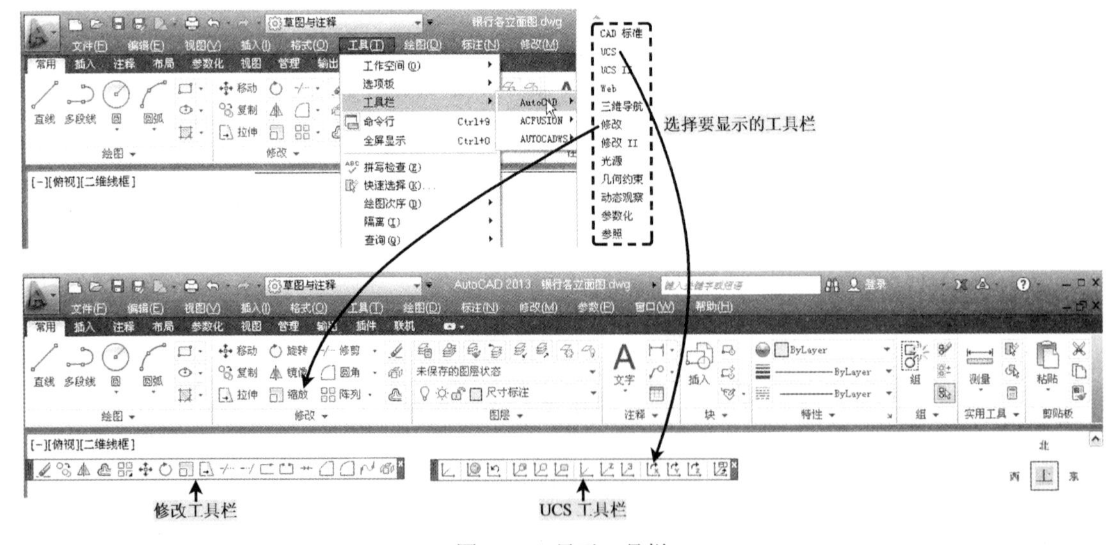

图 1-11　显示工具栏

5．绘图窗口

绘图窗口是用户进行绘图的工作区域，所有的绘图结果都反映在这个窗口中。在绘图窗口中不仅显示当前的绘图结果，而且还显示了用户当前使用的坐标系图标，表示了该坐标系的类型和原点、*X*轴和 *Z* 轴的方向，如图 1-12 所示。

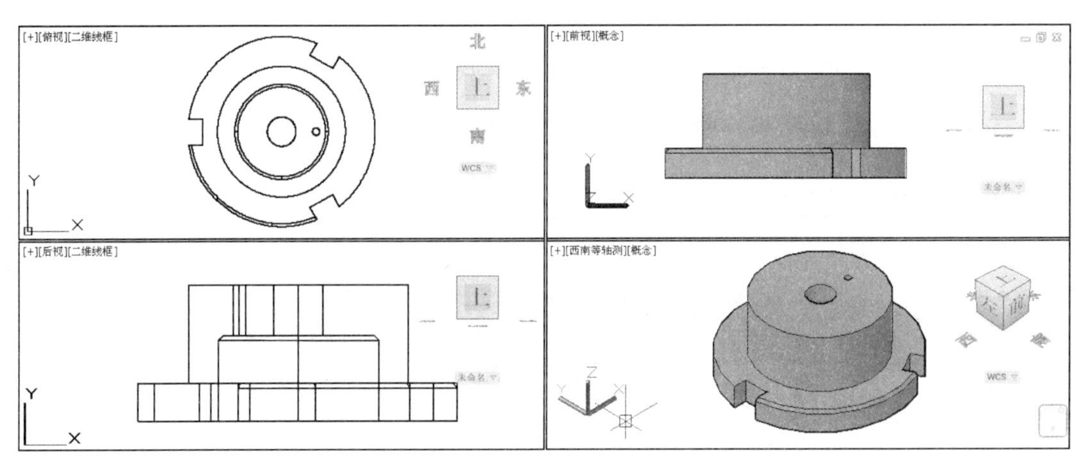

图 1-12　绘图窗口

6．命令行与文本窗口

默认情况下，命令行位于绘图区的下方，用于输入系统命令或显示命令的提示信息。用户在面板区、菜单栏或工具栏中选择某个命令时，也会在命令行中显示提示信息，如图 1-13 所示。

```
当前线宽为 0
指定下一个点或 [圆弧(A)/半宽(H)/长度(L)/放弃(U)/宽度(W)]:
指定下一点或 [圆弧(A)/闭合(C)/半宽(H)/长度(L)/放弃(U)/宽度(W)]:
命令:
```

图 1-13　命令行

在键盘上按〈F2〉键时，会显示出“AutoCAD 文本窗口-××.dwg”，此文本窗口也称专业命令窗口，用于记录在窗口中操作的所有命令。若在此窗口中输入命令，按下〈Enter〉键即可以执行相应的命令。用户可以根据需要改变该窗口的大小，也可以将其拖动为浮动窗口，如图 1-14 所示。

```
AutoCAD 文本窗口 - 建筑施工图.dwg
编辑(E)
命令: 指定对角点或 [栏选(F)/圈围(WP)/圈交(CP)]:
命令: 指定对角点或 [栏选(F)/圈围(WP)/圈交(CP)]:
命令: 指定对角点或 [栏选(F)/圈围(WP)/圈交(CP)]:
命令: 指定对角点或 [栏选(F)/圈围(WP)/圈交(CP)]:
命令: 指定对角点或 [栏选(F)/圈围(WP)/圈交(CP)]:
命令:
自动保存到 C:\Documents and Settings\111\local settings\temp\建筑施

命令:
命令:
命令:
命令: _line 指定第一点:
指定下一点或 [放弃(U)]:
指定下一点或 [放弃(U)]:
指定下一点或 [闭合(C)/放弃(U)]:
命令: pl
PLINE
指定起点:
当前线宽为 0
指定下一个点或 [圆弧(A)/半宽(H)/长度(L)/放弃(U)/宽度(W)]:
指定下一点或 [圆弧(A)/闭合(C)/半宽(H)/长度(L)/放弃(U)/宽度(W)]:
命令: 指定对角点或 [栏选(F)/圈围(WP)/圈交(CP)]:
命令:
```

图 1-14　文本窗口

7. 状态栏

在 AutoCAD 2013 界面最底部左端，显示绘图区中光标定位点的坐标 x、y、z，从左往右依次有“捕捉”、“栅格”、“正交”、“极轴”、“对象捕捉”、“三维对象捕捉”、“对象追踪”、“允许/禁止动态”、“动态输入”、“线宽”、“透明度”、“快捷特性”和“选择循环”等 13 个功能开关按钮，如图 1-15 所示。鼠标左键单击这些按钮可实现功能的开启与关闭。

图 1-15 状态栏

状态栏右侧显示的是常用工具，如图 1-16 所示。运用状态栏中的图标，可以很方便地访问注释比例常用工具。

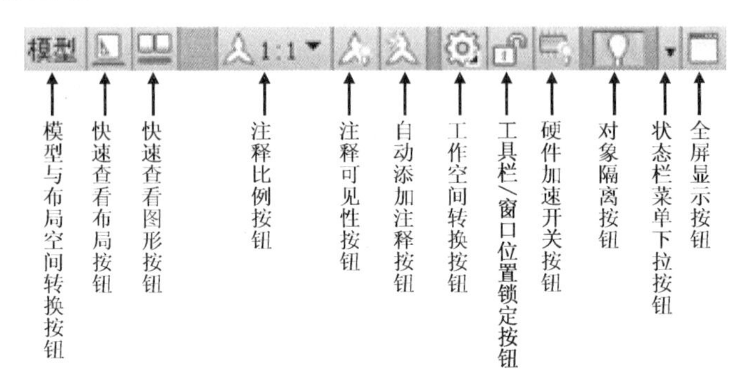

图 1-16 状态栏托盘工具

☑ 注释比例：鼠标左键单击注释比例右侧的三角图标，弹出注释比例列表，可根据实际需要选择适当的注释比例。

☑ 注释可见性：当图标变亮时，表示显示所有比例的注释性对象；当图标变暗时，表示仅显示当前比例的注释对象。

☑ 自动添加注释：注释比例被更改时，将自动添加到注释对象。

☑ 工作空间转换：鼠标左键单击该按钮弹出工作空间菜单，：鼠标左键单击菜单内标签，可将工作空间在“草图与注释”、“三维建模”“三维基础”和“AutoCAD 经典”之间切换，并可以将用户根据实际需要调整好的当前的工作空间，存为新名称的工作空间，方便再次使用。

☑ 工具栏/窗口位置锁定。可以控制是否对工具栏或窗口图形在图形界面上的位置进行锁定。鼠标右键单击位置锁定图标，系统弹出工具栏/窗口位置锁定菜单，如图 1-17 所示。可以打开或锁定相关选项位置。

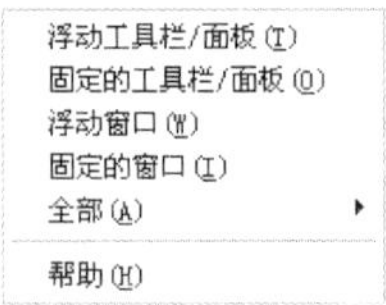

浮动工具栏/面板(T)
固定的工具栏/面板(O)
浮动窗口(W)
固定的窗口(I)
全部(A)
帮助(H)

图 1-17 工具栏/窗口位置锁定菜单

☑ 硬件加速开关。通过此按钮可实现软件在运行时候的运行速度。

☑ 对象隔离。单击此按钮可以将所选对象进行隔离或隐藏。

☑ 全屏显示。单击此按钮可以将 Windows 窗口中的标题栏、工具栏、和选项卡等界面元素全部隐藏，使 AutoCAD 的绘图窗口全屏显示。

8. AutoCAD 中工作空间的切换

不论新版的变化怎样，Autodesk 公司都为新老用户考虑到了 AutoCAD 的经典空间模式。在 AutoCAD 2013 的状态栏中，单击右侧的按钮，如图 1-18 所示，然后从弹出的菜单中选择“AutoCAD 经典”项，即可将当前空间模式切换到“AutoCAD 经典”空间模式，如图 1-19 所示。

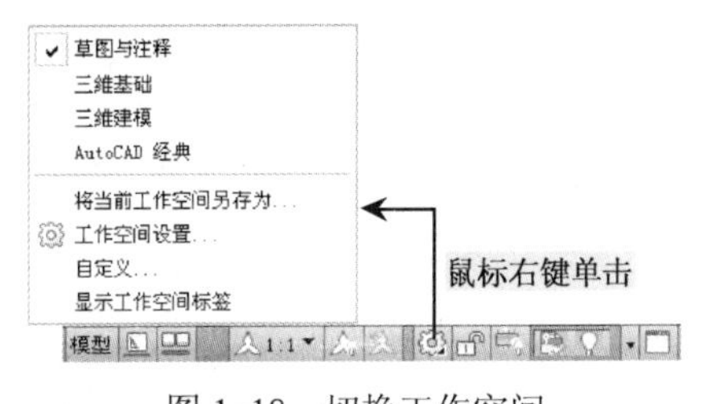

图 1-18 切换工作空间

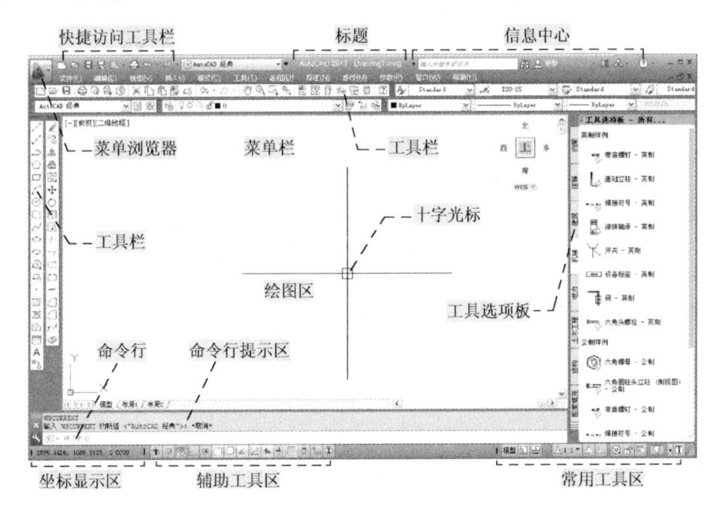

图 1-19 “AutoCAD 经典”空间模式

1.2 图形文件的管理

在 AutoCAD 2013 中，图形文件的管理能够快速对图形文件进行创建、打开、保存、关闭等操作。

1.2.1 新建图形文件

通常用户在绘制图形之前，首先要创建新图的绘图环境和图形文件。可使用以下的方法。

☑ 菜单栏：选择“文件”→“新建（New）”菜单命令。

☑ 工具栏：单击“标准”工具栏中“新建”按钮。

☑ 快捷键：按下〈Ctrl+N〉组合键。

☑ 命令行：在命令行输入“New”命令并按〈Enter〉键。

以上任意一种方法都可以创建新的图形文件，此时将打开“选择样板”对话框，从中选择相应的样板文件来创建新图形，单击“打开”按钮，此时在右侧的“预览”区将显示出该样板的预览图像，如图 1-20 所示。

利用样板来创建新图形，可以避免每次绘制新图时需要进行的有关绘图环境设置的重复操作，不仅提高了绘图效率，而且保证了图形的一致性。样板文件中通常含有与绘图相关的一些通用设置，如图层、线型、文字样式、尺寸标注样式、标题栏、图幅框等。

图 1-20　“选择样板”对话框

1.2.2 打开图形文件

要将已存在的图形文件打开，可使用以下方法。

☑ 菜单栏：选择“文件”→“打开（Open）”菜单命令。

☑ 工具栏：单击“标准”工具栏中“打开”按钮。

☑ 快捷键：按下〈Ctrl+O〉组合键。

☑ 命令行：在命令行输入“Open”命令并按〈Enter〉键。

以上任意一种方法都可打开已存在的图形文件，将弹出“选择样板”对话框，选择指定路径下的指定文件，则在右侧的“预览”区中显示出该文件的预览图像，然后单击“打开”按钮，将所选择的图形文件打开，其步骤如图 1-21 所示。

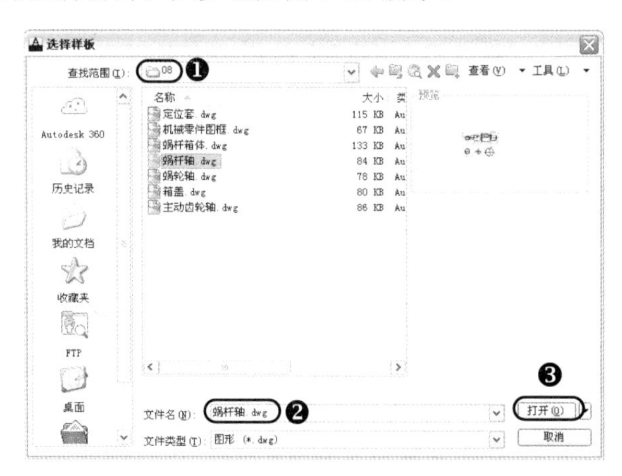

图 1-21　“选择文件”对话框

单击“打开”按钮右侧的倒三角按钮，将显示打开文件的四种方式，如图 1-22 所示。

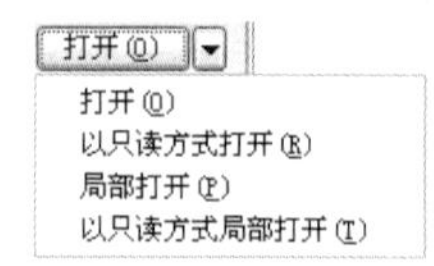

图 1-22　打开方式

若选择“局部打开”方式，便于用户有选择地打开自己所需要的图形内容，来加快文件装载的速度。特别是针对大型工程项目中，一个工程师通常只负责一小部分设计的情况，使用局部打开功能能够减少屏幕上显示的实体数量，从而大大提高工作效率。

1.2.3 保存图形文件

要将当前视图中的文件进行保存，可使用以下方法。

☑ 菜单栏：选择“文件”→“保存（Save）”菜单命令。

☑ 工具栏：单击“标准”工具栏中“保存”按钮。

☑ 快捷键：按下〈Ctrl+S〉组合键。

☑ 命令行：在命令行输入“Save”命令并按〈Enter〉键。

通过以上任意一种方法，将以当前使用的文件名保存图形。如果选择“文件”→“另存为”命令，要求用户将当前图形文件以另外一个新的文件名称进行保存，其步骤如图 1-23 所示。

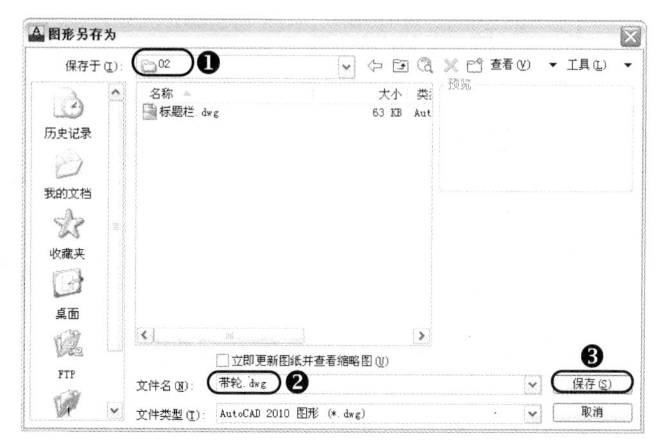

图 1-23 “图形另存为”对话框

在绘制图形时，可以设置为自动定时保存图形。选择“工具”→“选项”菜单命令，在打开的“选项”对话框中选择“打开和保存”选项卡，勾选“自动保存”复选框，然后在“保存间隔分钟数”文本框中输入一个定时保存的时间（分钟），如图 1-24 所示。

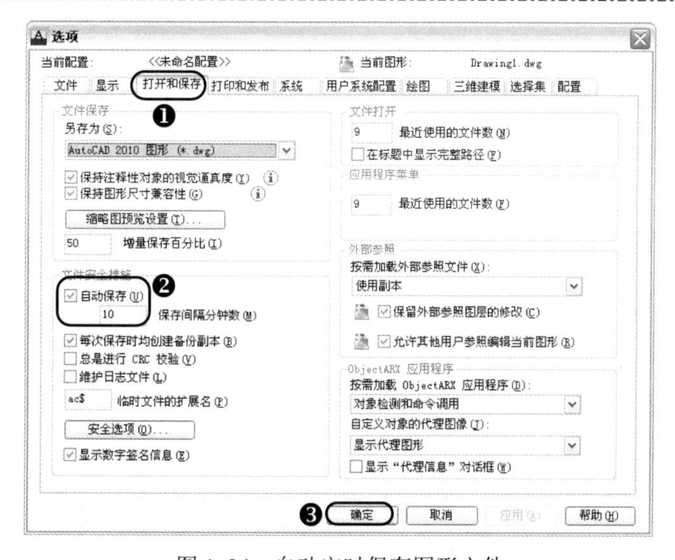

图 1-24 自动定时保存图形文件

1.2.4 关闭图形文件

要将当前视图中的文件进行关闭，可使用以下方法。

☑ 菜单栏：选择文件”→“关闭（Close）”菜单命令。
☑ 工具栏：单击菜单栏右侧的“关闭”按钮×。
☑ 快捷键：按下〈Ctrl+Q〉组合键。
☑ 命令行：在命令行输入“Quit”命令或“Exit”命令并按〈Enter〉键。

通过以上任意一种方法，将可对当前图形文件进行关闭操作。如果当前图形有所修改而没有存盘，系统将弹出“AutoCAD”警告对话框，询问是否保存图形文件，如图1-25所示。

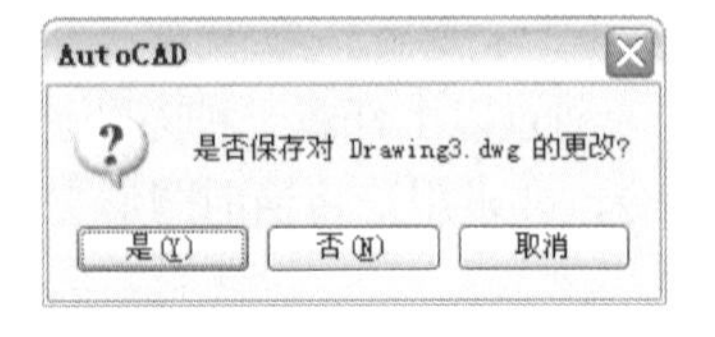

图1-25 “AutoCAD”警告对话框

单击“是（Y）”按钮或直接按〈Enter〉键，可以保存当前图形文件并将其关闭；单击“否（N）”按钮，可以关闭当前图形文件但不存盘；单击“取消”按钮，取消关闭当前图形文件操作，既不保存也不关闭。如果当前所编辑的图形文件没命名，那么单击“是（Y）”按钮后，AutoCAD会打开“图形另存为”对话框，要求用户确定图形文件存放的位置和名称。

1.3 设置绘图单位和界限

在绘制图形之前，用户应对绘图的环境进行设置，最主要的就是设置绘图单位和界限。

1.3.1 设置图形单位

在绘图窗口中创建的所有对象都是根据图形单位进行测量绘制的。由于AutoCAD可以完成不同类型的工作，因此可以使用不同的度量单位。例如，一个图形单位的距离通常表示实际单位的1mm。

用户可以通过以下两种方法打开“图形单位”对话框，如图1-26所示。

☑ 菜单栏：执行“格式”→“单位”菜单命令。
☑ 命令行：在命令行输入或动态输入“Units”，其快捷键为“UN”。

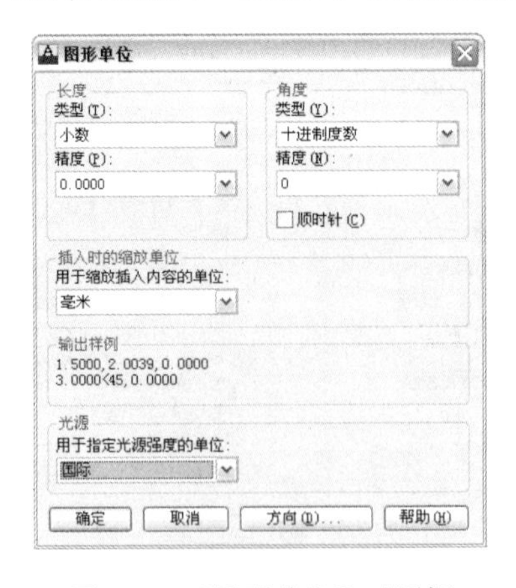

图1-26 “图形单位”对话框

1.3.2 设置图形界限

由于 AutoCAD 的空间是无限大的，设置图形界限就是标明绘图的工作区域或边界，以便更加方便在这个无限大的模型空间中布置图形。

用户可采用以下的方法来设置图形界限。

☑ 菜单栏：选择“格式”→“图形界限”菜单命令。

☑ 命令行：在命令行输入或动态输入“Limits”。

执行图形界限命令后，在命令行中将提示输入左下角点和右上角点的坐标值。例如，要设置 A4 幅面的图形界限，其操作提示如下。

命令: Limits　　❶步　　\\执行图形界限命令
重新设置模型空间界限
指定左下角点或 [开(ON)/关(OFF)] <0.0000,0.0000>: ❷步　　\\按〈Enter〉键，以默认的原点作为左下角点坐标
指定右上角点 <420.0000,297.0000>: 297,210　　❸步　　\\设置纵向的 A4 图纸的幅面大小

在该提示信息下输入“开（ON）”后，再按〈Enter〉键，AutoCAD 将打开图形界限的限制功能。此时用户只能够在设定的范围内绘图，一旦超出这个范围，AutoCAD 将不执行。

1.4 设置绘图辅助功能

在实际绘图中，用鼠标定位虽然方便快捷，但精度不高，绘制的图形很不精确，远不能够满足制图的要求，这时可以使用系统提供的绘图辅助功能。

用户可采用以下的方法来打开“草图设置”对话框，从而进行绘图辅助功能的设置。

☑ 菜单栏：选择“工具”→“绘图设置”菜单命令。

☑ 命令行：在命令行输入快捷键“SE”。

1.4.1 设置捕捉和栅格

“捕捉”用于设置鼠标光标移动的间距，“栅格”是一些定位的位置小点，使用它可以提供直观的距离和位置参照。

在“草图设置”对话框的“捕捉和栅格”选项卡中，可以启动或关闭“捕捉”和“栅格”功能，并设置“捕捉”和“栅格”的间距与类型，如图 1-27 所示。

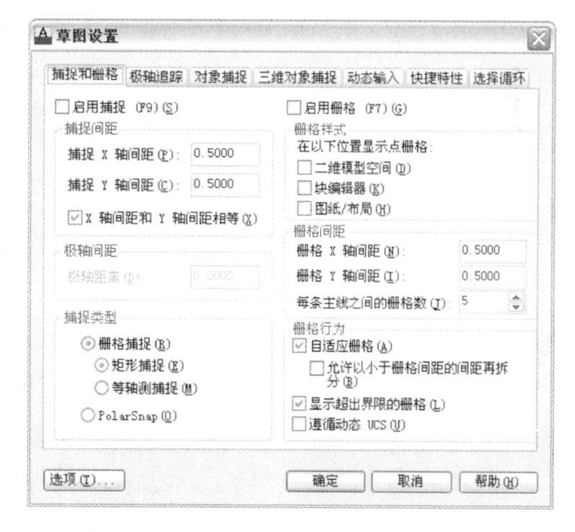

图 1-27 “草图设置”对话框

在状态栏中鼠标右键单击“捕捉模式”按钮或“栅格显示”按钮，再在弹出的快捷菜单中选择“设置”命令，也可以打开“草图设置”对话框。

1.4.2 设置正交模式

“正交”的含义是指在绘制图形时指定第一个点后，连接光标和起点的直线总是平行于 *X* 轴或 *Y* 轴。若捕捉设置为等轴测模式，正交还迫使直线平行于三个坐标轴中的一个。在“正交”模式下，使用光标只能绘制水平直线或垂直直线，此时只要输入直线的长度就可以了。

用户可通过以下的方法来打开或关闭“正交”模式。

☑ 状态栏：单击“正交”按钮。

☑ 快捷键：按〈F8〉键。

☑ 命令行：在命令行输入或动态输入“Ortho”命令，然后按〈Enter〉键。

1.4.3 设置对象的捕捉方式

在实际绘图过程中，有时经常需要找到已有图形的特殊点，如圆心点、切点、中点、象限点等，这时可以启动对象捕捉功能。

对象捕捉与捕捉的区别：“对象捕捉”是把光标锁定在已有图形的特殊点上，它不是独立的命令，是在执行命令过程中与其他命令结合使用的模式。而“捕捉”是将光标锁定在可见或不可见的栅格点上，是可以单独执行的命令。

在“草图设置”对话框中单击“对象捕捉”选项卡，分别勾选要设置的捕捉模式即可，如图 1-28 所示。

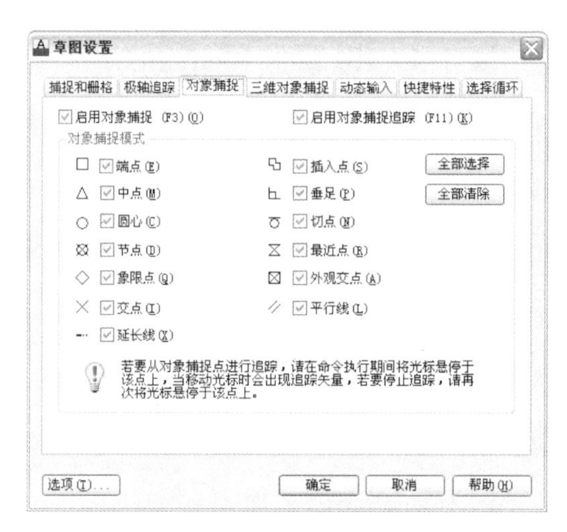

图 1-28 “对象捕捉”选项卡

设置好捕捉选项后，在状态栏激活“对象捕捉”按钮，或按〈F3〉键，或者按〈Ctrl+F〉组合键即可在绘图过程中启用对象捕捉功能。

启用对象捕捉后，将光标放在一个对象上，系统自动捕捉到对象上所有符合条件的几何特征点，并显示出相应的标记。如果光标放在捕捉点上达 3s 以上，则系统将显示捕捉的提示文字信息。

在 AutoCAD 2013 中，也可以使用“对象捕捉”工具栏中的工具按钮随时打开对象捕捉功能，另外，按住〈Ctrl〉键或〈Shift〉键，并单击鼠标右键，将弹出对象捕捉快捷菜单。“对象捕捉”工具栏如图 1-29 所示。

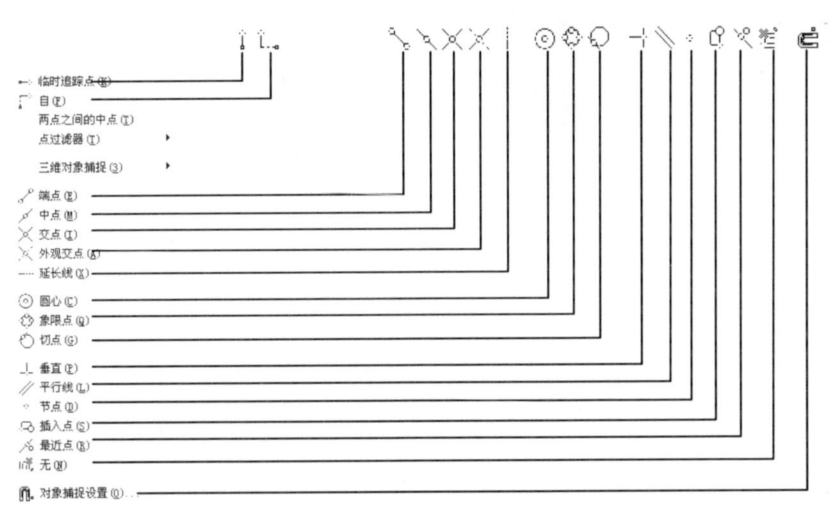

图 1-29 “对象捕捉”工具栏

“自（F）”工具 并不是“对象捕捉”模式，但它却经常与对象捕捉一起使用。在使用相对坐标指定下一个应用点时，“自（F）”工具可以提示用户输入基点，并将该点作为临时参考点，这与通过输入前缀“@”使用最后一个点作为参考点类似。

1.4.4 设置自动与极轴追踪

自动追踪实质上也是一种精确定位的方法。当要求输入的点在一定的角度线上，或者输入的点与其他的对象有一定关系时，可以非常方便地利用自动追踪功能来确定位置。

自动追踪包括两种追踪方式：极轴追踪和对象捕捉追踪。极轴追踪时按事先给定的角度增加追踪点；而对象捕捉追踪是按追踪对象与已绘图形对象的某种特定关系来追踪，这种特定的关系确定了一个用户事先并不知道的角度。

如果用户事先知道要追踪对象的角度（方向），即可以用极轴追踪；如果事先不知道具体的追踪对象的角度（方向），但知道它与其他对象的某种关系，则用对象捕捉追踪，如图 1-30 所示。

要设置极轴追踪的角度或方向，可在“草图设置”对话框中选择“极轴追踪”选项卡，然后启用极轴追踪并设置极轴的角度即可，如图 1-31 所示。

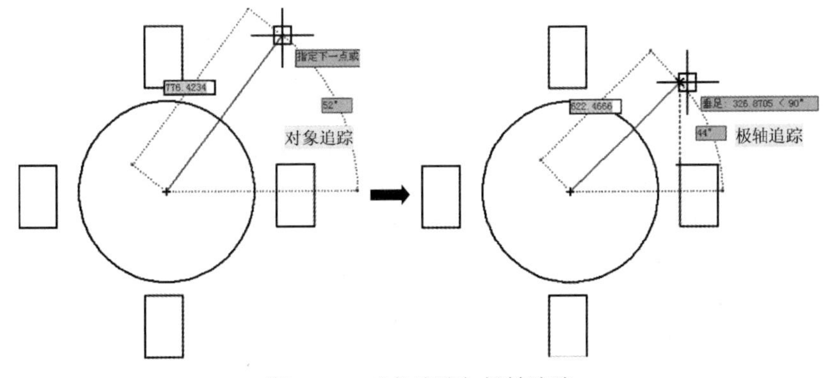

图 1-30 对象追踪与极轴追踪

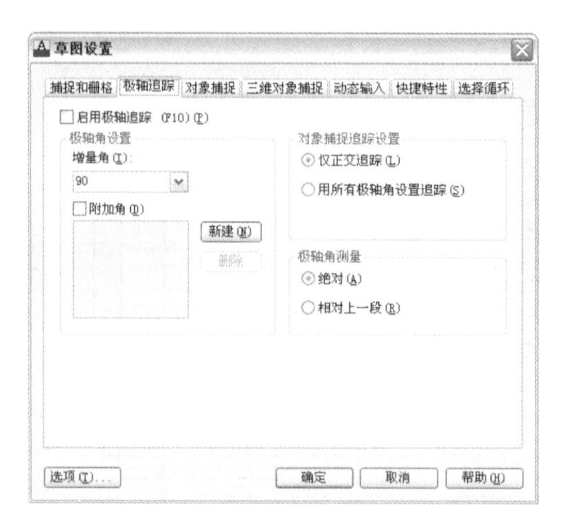

图 1-31　“极轴追踪”选项卡

1.5　图形对象的选择

在 AutoCAD 中，选择对象的方法很多，可以通过单击对象逐个拾取，也可利用矩形窗口或交叉窗口来选择；还可以选择最近创建的对象、前面的选择集或图形中的所有对象；也可以向选择集中添加对象或从中删除对象。

1.5.1　设置选择的模式

在对复杂的图形进行编辑时，经常需要同时对多个对象进行编辑，或在执行命令之前先选择目标对象，设置合适的目标选择方式即可实现这种操作。

在 AutoCAD 2013 中，选择“工具”→“选项”菜单命令，在弹出的“选项”对话框中选择“选择集”选项卡，即可以设置拾取框大小、选择集模式、夹点大小、夹点颜色等，如图 1-32 所示。

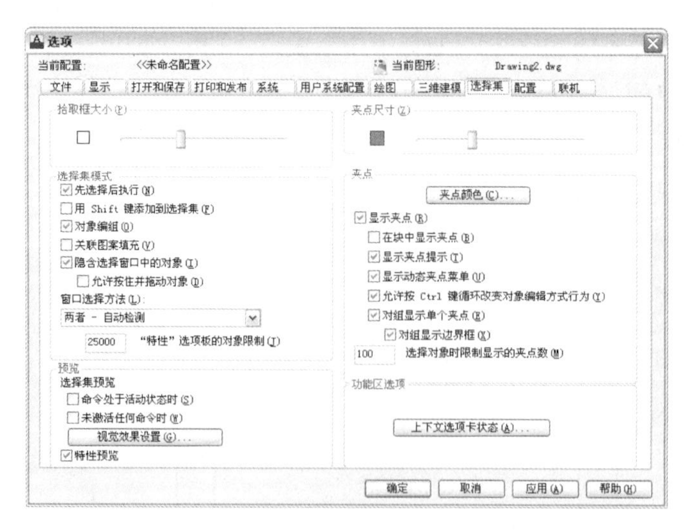

图 1-32　“选择集”选项卡

用户也可在打开的“草图设置”对话框中单击“选项”按钮来打开“选项”对话框。

1.5.2 选择对象的方法

在绘图过程中，当执行到某些命令时，如复制、偏移、移动，将出现提示“选择对象:”，此时出现矩形拾取框光标□，将光标放在要选择的对象位置时，将亮显对象，单击则选择该对象（也可以逐个选择多个对象），如图 1-33 所示。

用户在选择图形对象时有多种方法，若要查看选择对象的方法，可在“选择对象:”命令提示符下输入“？”，这时将显示如下所有选择对象的方法。

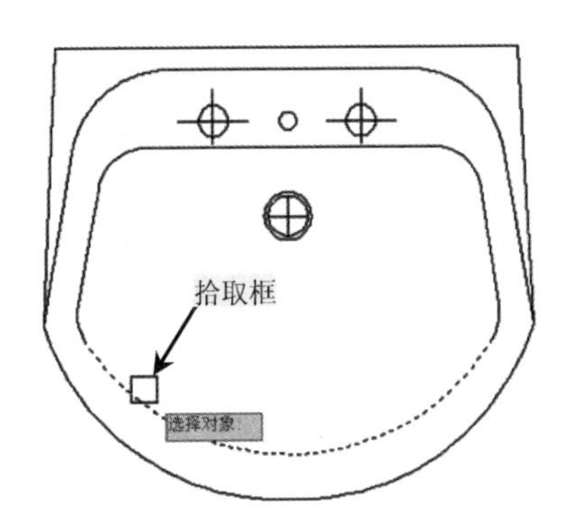

图 1-33 拾取选择对象

选择对象: ?
无效选择
需要点或窗口(W)/上一个(L)/窗交(C)/框(BOX)/全部(ALL)/栏选(F)/圈围(WP)/圈交(CP)/编组(G)/添加(A)/删除(R)/多个(M)/前一个(P)/放弃(U)/自动(AU)/单个(SI)

根据命令提示，用户输入大写字母，可以指定对象的选择模式。该提示中主要选项的具体含义如下。

- ☑ 需要点：可逐个拾取所需对象，该方法为默认设置。
- ☑ 窗口（W）：用一个矩形窗口将要选择的对象框住，凡是在窗口内的目标均被选中，如图 1-34 所示。

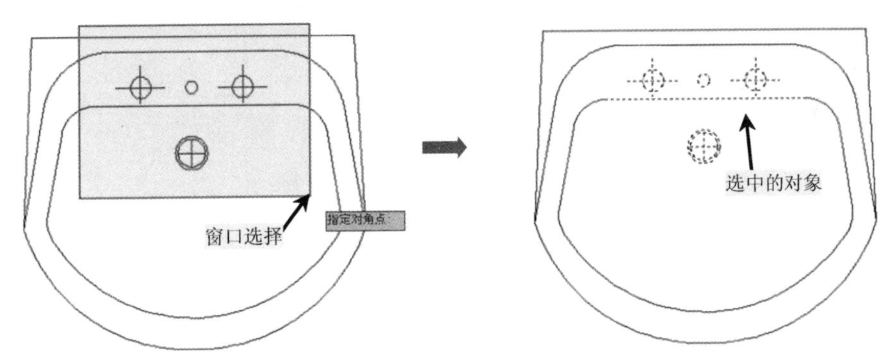

图 1-34 “窗口”方式选择

- ☑ 上一个（L）：此方式将用户最后绘制的图形作为编辑对象。
- ☑ 窗交（C）：选择该方式后，绘制一个矩形框，凡是在窗口内和与此窗口四边相交的对象都被选中，如图 1-35 所示。
- ☑ 框（BOX）：当用户所绘制矩形的第一角点位于第二角点的左侧，此方式与窗口（W）选择方式相同；当用户所绘制矩形的第一角点位于第二角点右侧时，此方式与窗交（C）方式相同。
- ☑ 全部（ALL）：图形中所有对象均被选中。

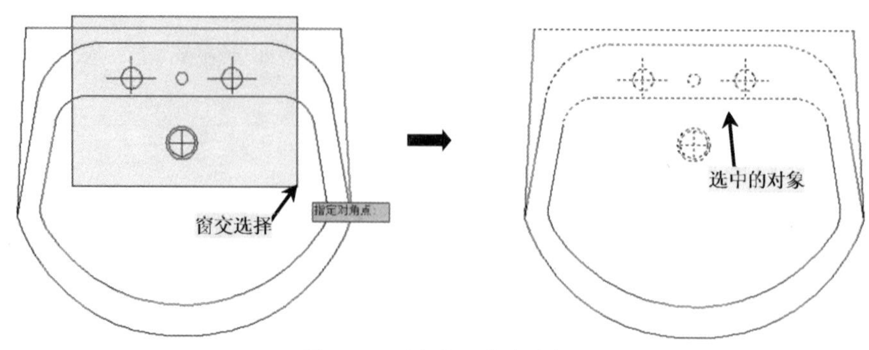

图 1-35 “窗交”方式选择

☑ 栏选（F）：用户可用此方式画任意折线，凡是与折线相交的图形均被选中，如图 1-36 所示。

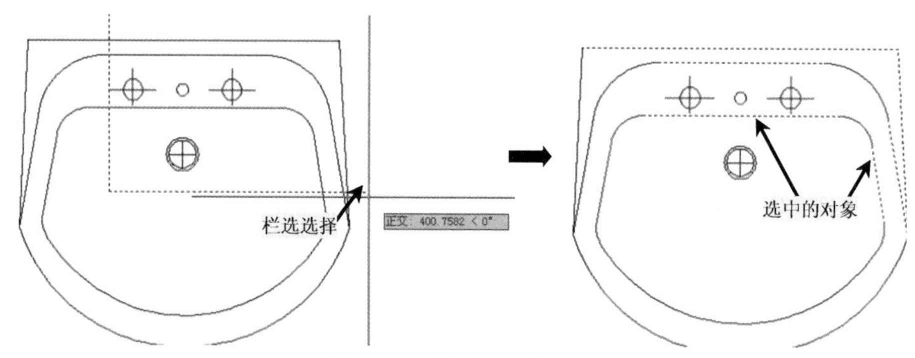

图 1-36 “栏选”方式选择

☑ 圈围(WP)：该选项与窗口（W）选择方式相似，但它可构造任意形状的多边形区域，包含在多边形窗口内的图形均被选中，如图 1-37 所示。

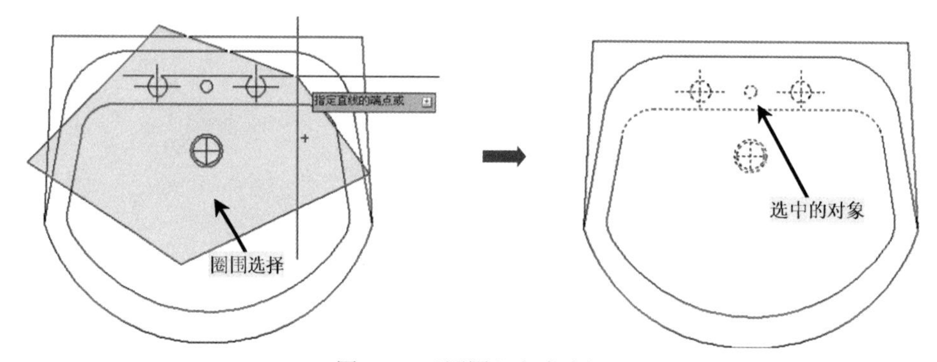

图 1-37 “圈围”方式选择

☑ 圈交（CP）：该选项与窗交（C）选择方式类似，但它可以构造任意形状的多边形区域，包含在多边形窗口内的图形或与该多边形窗口相交的任意图形均被选中，如图 1-38 所示。

☑ 编组（G）：输入已定义的选择集，系统将提示输入编组名称。

☑ 添加（A）：当用户完成目标选择后，还有少数对象没有选中时，可以通过此方法把目标对象添加到选择集中。

☑ 删除（R）：把选择集中的一个或多个目标对象移出选择集。

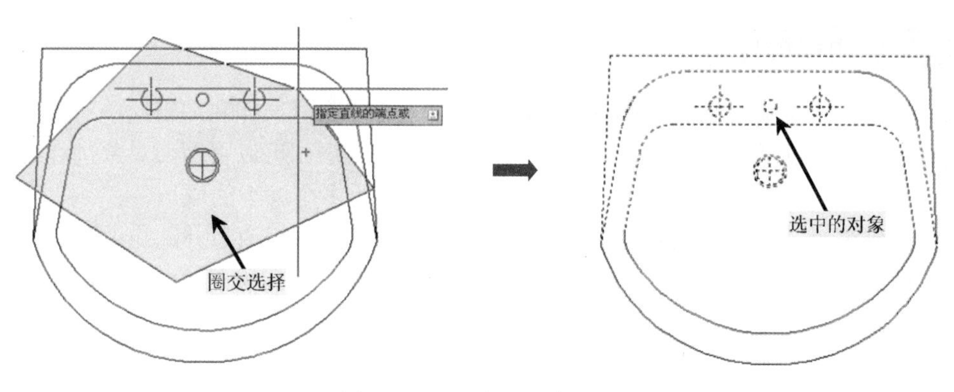

图 1-38 “圈交”方式选择

☑ 多个（M）：当命令中出现选择对象时，鼠标变为一个矩形小方框，逐一单击要选中的目标即可（可选多个目标）。
☑ 前一个（P）：用于选中前一次操作所选择的对象。
☑ 放弃（U）：取消上一次所选中的目标对象。
☑ 自动（AU）：若拾取框中正好有一个图形，则选中该图形；反之，则用户指定另一角点以选中对象。
☑ 单个（SI）：当命令行中出现“选择对象”时，鼠标变为一个矩形小框，单击要选中的目标对象即可。

1.5.3 快速选择对象

在 AutoCAD 中，当用户需要选择具有某些共有特性的对象时，可利用“快速选择”对话框，根据对象的图层、线型、颜色、图案填充等特性和类型来创建选择集。

选择“工具”→“快速选择”菜单命令，或者在视图的空白位置单击鼠标右键，从弹出的快捷菜单中选择“快速选择”命令，此时将弹出“快速选择”对话框，根据自己的需要来选择相应的图形对象，如图 1-39 所示。

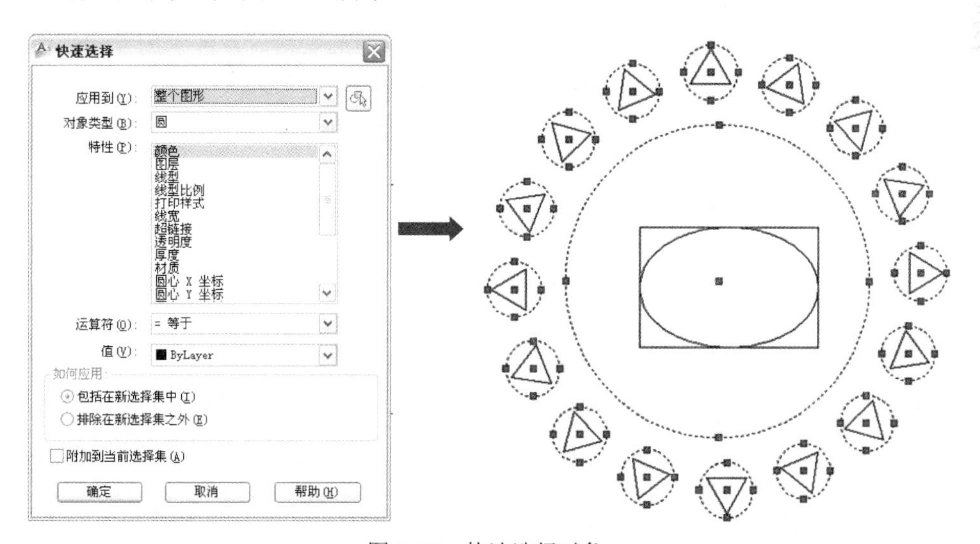

图 1-39 快速选择对象

1.5.4 使用编组操作

（1）编组概述　编组是保存的对象集，可以根据需要同时选择和编辑这些对象，也可以分别进行。编组提供了以组为单位操作图形元素的简单方法。可以将图形对象进行编组以创建一种选择集，它随图形一起保存，且一个对象可以作为多个编组的成员。

（2）创建编组　除了可以选择编组的成员外，还可以为编组命名并添加说明。

要对图形对象进行编组，可在命令行输入“Group”（其快捷键是“G”），并按〈Enter〉键；或者选择“工具”→“组”菜单命令，在命令行出现如下的提示信息。

```
命令: GROUP
选择对象或 [名称(N)/说明(D)]:n
输入编组名或 [?]: 123
选择对象或 [名称(N)/说明(D)]:指定对角点: 找到 3 个
选择对象或 [名称(N)/说明(D)]:
组“123”已创建。
```

（3）选择编组中的对象　选择编组的方法有多种，包括按名称选择编组或选择编组的一个成员。

（4）编辑编组　用户可以使用多种方式修改编组，包括更改其成员资格、修改其特性、修改编组的名称和说明以及从图形中将其删除。

即使删除了编组中的所有对象，但编组定义依然存在。如果用户输入的编组名称与前面输入的编组名称相同，则在命令行出现“编组***已经存在”的提示信息。

1.6 图形的显示控制

用户所绘制的图形都是在 AutoCAD 的视图窗口中进行的，只有灵活地对图形进行显示与控制，才能更加精确地绘制所需要的图形。进行二维图形操作时，经常用到主视图、俯视图和侧视图，用户可同时将三个视图显示在一个窗口中，以便更加灵活地掌握控制。当进行三维图形操作时，还需要对图形进行旋转，以便观察三维图形视图效果。

1.6.1 缩放与平移视图

观察图形最常用的方法是“缩放”和“平移”视图。在 AutoCAD 中，进行缩放与平移有很多种方法：一是执行“视图”菜单下的“缩放”和“平移”命令，将弹出相应的命令；二是使用“缩放”工具栏中相应的命令，如图 1-40 所示。

1. 平移视图

用户可以通平移视图来重新确定图形在绘图区域中的位置。要对图形进行平移操作，用户可通过以下任意一种方法。

☑ 菜单栏：选择“视图”→“平移”→“实时”菜单命令。

☑ 工具栏：单击“标准”工具栏中“实时平移”按钮。

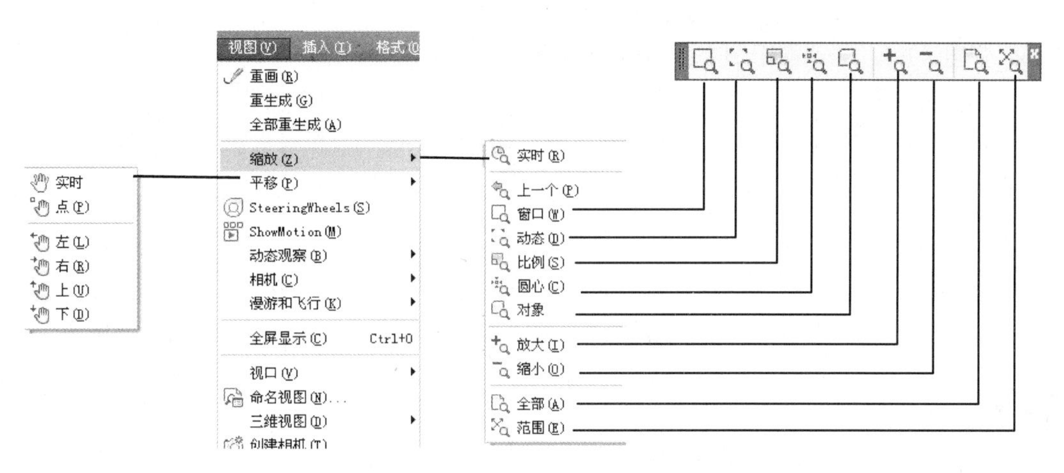

图 1-40 “缩放”与“平移”的命令

☑ 命令行：输入或动态输入“PAN”（其快捷键为“P”），然后按〈Enter〉键。

☑ 鼠标键：按住鼠标中键不放进行拖动。

在执行平移命令的时候，鼠标形状将变为，按住鼠标左键可以对图形对象进行上下、左右移动，此时所拖动的图形对象大小不会改变。

2．缩放视图

通常，在绘制图形的局部细节时，需要使用缩放工具放大该绘图区域，当绘制完成后，再使用缩放工具缩小图形，从而观察图形的整体效果。

要对图形进行缩放操作，用户可通过以下任意一种方法。

☑ 菜单栏：选择“视图”→“缩放”菜单命令，在其下级菜单中选择相应命令。

☑ 工具栏：单击“缩放”工具栏上相应的功能按钮。

☑ 命令行：输入或动态输入“ZOOM”（其快捷键为“Z”），并按〈Enter〉键。

若用户选择“视图”→“缩放”→“窗口”命令，其命令行会给出如下的提示信息。

```
命令: ZOOM
指定窗口的角点，输入比例因子 (nX 或 nXP)，或者
[全部(A)/中心(C)/动态(D)/范围(E)/上一个(P)/比例(S)/窗口(W)/对象(O)] <实时>:
```

在该命令提示信息中给出了多个选项，每个选项含义如下。

☑ 全部（A）：用于在当前视口显示整个图形，其大小取决于图限设置或者有效绘图区域，这是因为用户可能没有设置图限或有些图形超出了绘图区域。

☑ 中心（C）：该选项要求确定一个中心点，然后会出现缩放系数（后跟字母“X”）或一个高度值。之后，AutoCAD 就缩放中心点区域的图形，并按缩放系数或高度值显示图形，所选的中心点将成为视口的中心点。如果保持中心点不变，而只想改变缩放系数或高度值，则在新的“指定中心点:”提示符下按〈Enter〉键即可。

☑ 动态（D）：该选项集成了“平移”命令或“缩放”命令中的“全部”和“窗口”选项的功能。使用时，系统将显示一个平移观察框，拖动它至适当位置并单击，将显示缩放观察框，并能够调整观察框的尺寸。随后，如果单击鼠标，系统将再次显示平移观察框。如果按〈Enter〉键或单击鼠标，系统将利用该观察框中的内容填充视口。

☑ 范围（E）：用于将图形在视口内最大限度地显示出来。
☑ 上一个（P）：用于恢复当前视口中上一次显示的图形，最多可以恢复 10 次。
☑ 比例（S）：将当前窗口中心作为中心点，并且依据输入的相关数值进行缩放。
☑ 窗口（W）：用于缩放一个由两个角点所确定的矩形区域。

选择“视图”→“缩放”→“实时”菜单命令，或者单击“标准”工具栏上的“实时缩放”按钮，则鼠标在视图中呈形状，按住鼠标左键向上或向下拖动，可以进行放大或缩小操作。

1.6.2 使用平铺视口

在绘图时，为了方便编辑，经常需要将图形的局部进行放大来显示详细细节。当用户还希望观察图形的整体效果时，仅使用单一的绘图视口无法满足需要。此时，可以借助于 AutoCAD 的平铺视口功能，将视图划分为若干个视口，在不同的视口中显示图形的不同部分。

1. 创建平铺视口

平铺视口是指将绘图窗口分成多个矩形视口区域，从而可得到多个相邻但不同的绘图区域，其中的每一个区域都可用来查看图形对象的不同部分。

选择“视图”→“视口”→“新建视口”菜单命令，或者单击“视口”工具栏中的“显示视口”按钮，将打开“视口”对话框，使用“新建视口”选项卡可以显示标准视口配置列表，并且创建和设置新平铺视口的视觉样式，如图 1-41 所示。

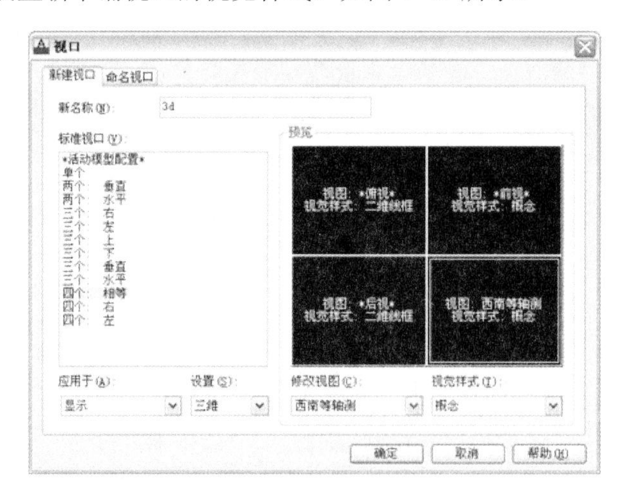

图 1-41 “新建视口”选项卡

如果需要设置每个窗口，首先在“预览”区中选择需要设置的视口，然后在下侧依次设置视口的视图、视觉样式等。

2. 设置平铺视口

在创建平铺视口时，需要在“新名称”中输入新建的平铺视口名称，在“标准视口”列表框中选择可用的标准视口配置，此时“预览”区将显示所选视口配置并且已经赋给每个视口默认视图预览图像。

在“视口“对话框中，使用“命名视口”选项卡可以显示图形中已命名的视口配置。当选择一个视口配置后，配置的布局将显示在“预览”区中，如图 1-42 所示。

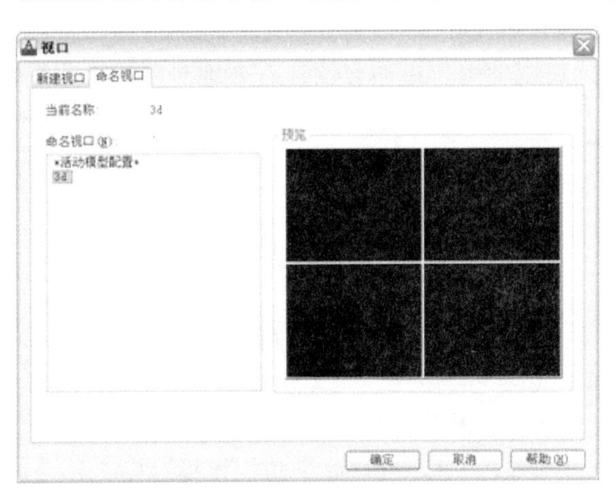

图 1-42 “命名视口”选项卡

3. 分割与合并视口

在 AutoCAD 2013 中，选择“视图”→“视口”子菜单命令，可以改变视口显示的情况，分割或合并当前视口。

例如，选择“视图”→“视口”→“四个视口”菜单命令，即可将打开的图形文件分成四个窗口进行显示，如图 1-43 所示。

如果选择“视图”→“视口”→“合并”菜单命令，系统将要求选择一个视口作为主视口，再选择一个相邻的视口，即可以将所选择的两个视口进行合并，如图 1-44 所示。

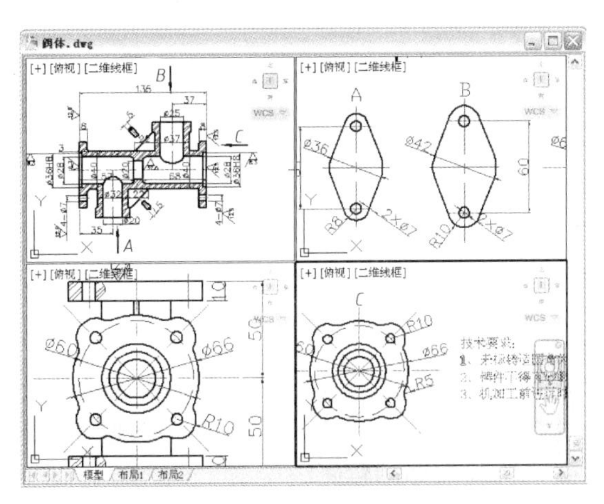

图 1-43 分割视口

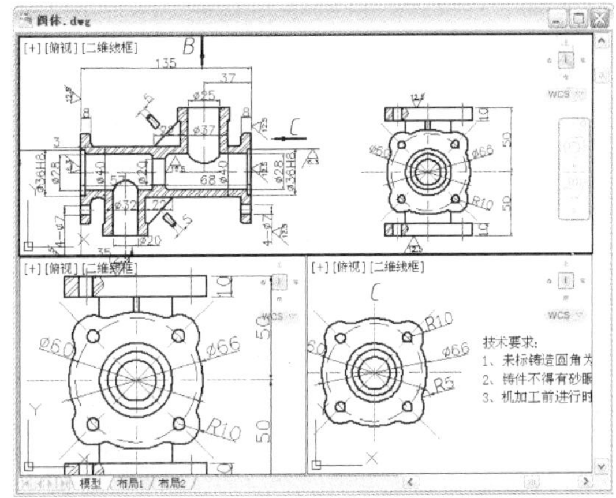

图 1-44 合并视口

在多个视口中，其四周有粗边框的为当前视口。

1.7 图层与图形特性控制

所谓图层就是类似用叠加的方法来存放图形的各种相关信息，也就是将在设计概念上相关的一组对象创建并命名在一个图层中，为其指定一定的通用特性，图形中的对象将分类存放到各自的图层中。图层可以使用户更加方便、有效地对图形进行编辑和管理，从而提高绘制复杂图形的效率和准确性。

1.7.1 新建图层

在 AutoCAD 2013 中，图层的新建、命名、删除、控制等操作，都是通过“图层特性管理器”面板来操作的。

用户可通过以下任意一种方法来打开“图层特性管理器”面板，如图 1-45 所示。

☑ 菜单栏：选择“格式”→“图层“菜单命令。

☑ 工具栏：单击“图层”工具栏的图层按钮。

☑ 命令行：在命令行中输入“Layer”命令（快捷键“LA”）。

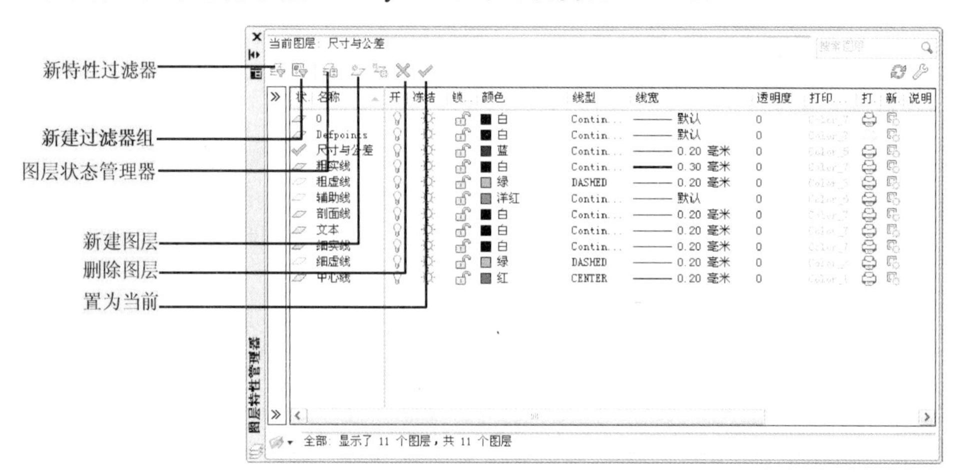

图 1-45 “图层特性管理器”面板

如果用户要新建图层，在如图 1-45 所示的“图层特性管理器”面板中单击“新建图层”按钮，在 AutoCAD 环境中将自动生成一个名为“图层**”的图层。如果用户更改图层名称，可以单击该图层名，然后输入一个新的图层名并按〈Enter〉键，或者按〈F2〉键也可更改图层名称。

AutoCAD 默认的图层是 0 图层，默认的情况下，图层 0 将被指定使用七种颜色（白色或黑色，由背景色决定），Continous 线型，默认线宽及 Corlor 打印样式，用户不能删除或重新命名该图层，如果用户要使用更多的图层组织图形，就需要创建新图层。

提示 在给图层命名时，图层名最长可达 255 个字符，可以是数字（0~9）、字母（大小写均可）或其他字符，但图层名中不允许出现大于号（>）、小于号（<）、等于号（=）、竖杠（|）、斜杠（\）、反斜杠（/）、引号（“”）、

冒号（:）、分号（;）等符号，否则系统将弹出如图 1-46 所示的警告框。在当前图层文件中，图层名称必须是唯一的，不能和其他任何图层重名。新建图层时，如果选中了该“图层名称”列表框中的某一图层（呈高亮度显示），那么新建的图层将自动继承该图层的属性（如颜色、线型、线宽等）。如果已新建的图层名称为“11”，那么再次新建图层后，名称则不能为“11”，如与前一图层重名，系统会弹出如图 1-47 所示的提示框。

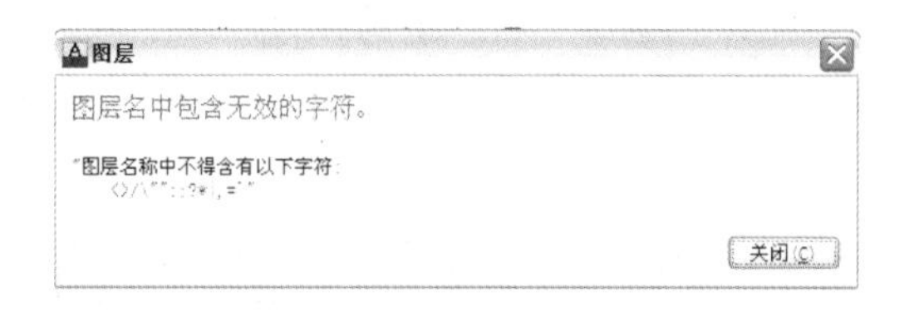

图 1-46 “图层”警告框

图 1-47 “图层-名称已经存在”提示框

1.7.2 删除图层

在绘图过程中，用户可随时删除一些不用的图层。在“图层特性管理器”面板的“图层”列表框中选择需要删除的图层，此时该图层名称呈高亮度显示，表明该图层已被选中。只需要单击“删除图层”按钮✖；或按〈Delete〉键；或者单击鼠标右键从弹出的快捷菜单中选择“删除图层”命令，都可以将所选择的图层删除。

对于图层的选择，可配合〈Ctrl〉键和鼠标来选择多个不连续的图层，配合〈Shift〉键和鼠标来选择连续的多个图层。

0 层和定义点图层不可以删除。当前正在使用的图层和含有实体的图层则不能删除；外部引用依赖图层也不能被删除。

1.7.3 设置当前图层

当前图层就是当前的绘图层，用户只能在当前图层中绘制图形，而且绘制的实体的属性将继承当前图层的属性。当前图层的层名和属性状态都会显示在“对象特性”工具栏中，其默认的当前图层为 0 层。

如果要设置当前图层，在“图层特性管理器”面板中选择用户需要的图层名称，使其高亮度显示，表明该图层已被选中。只需要单击“置于当前”按钮✔；或者单击鼠标右键从弹出的快捷菜单中选择“置于当前”命令，都可以将所选择的图层置于当前。

可在“图层”工具栏的“图层控制”下拉列表框中选择某个图层，然后单击其后的按钮，也可以将所需要的图层置于当前，如图 1-48 所示。

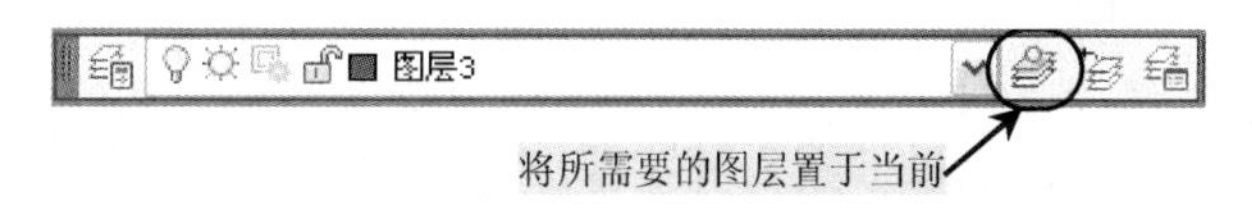

图 1-48 “图层”工具栏

1.7.4 设置图层颜色

颜色在图形中具有非常重要的作用，可用来表示不同的组件、功能和区域。图层的颜色实际上是图层中图形对象的颜色。每个图层都拥有自己的颜色，对不同的图层可以设置相同的颜色，也可以设置不同的颜色，在绘制复杂图形时通过颜色就可以很容易区分图形的各部分。

在“图层特性管理器”面板中，在某个图层名称的“颜色”列中单击，将弹出“选择颜色”对话框，从而可以根据需要选择不同的颜色，然后单击“确定”按钮即可，如图 1-49 所示。

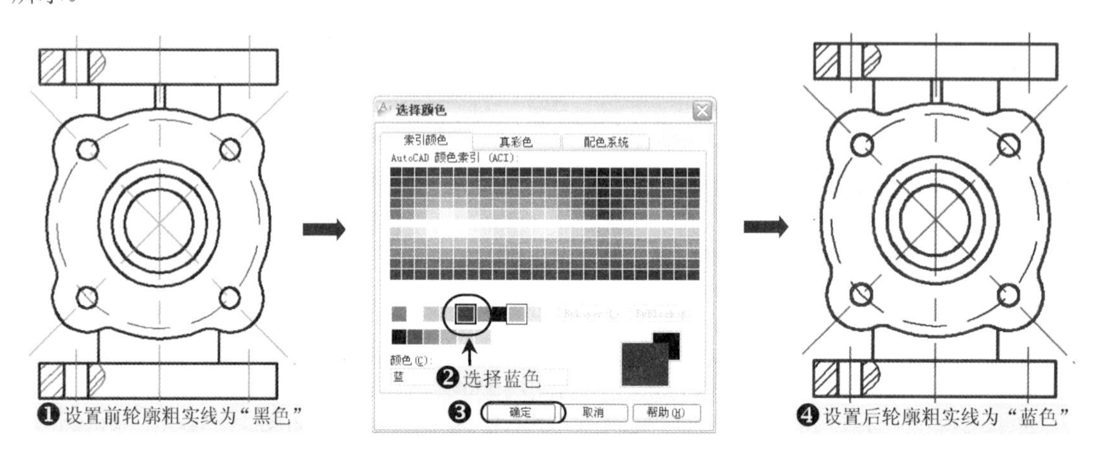

图 1-49　设置图层颜色

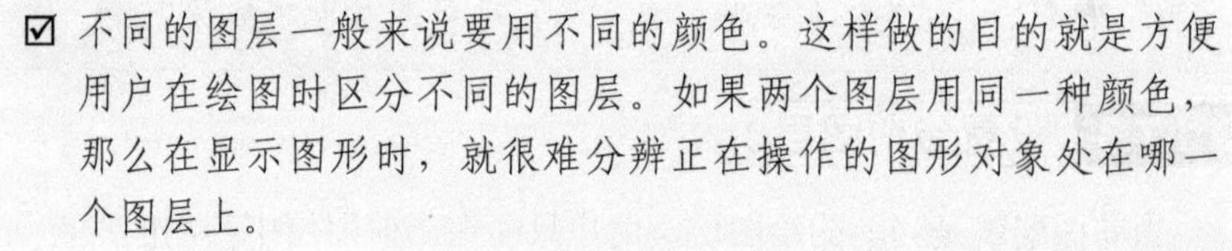
图层的颜色定义要注意以下两点。

☑ 不同的图层一般来说要用不同的颜色。这样做的目的就是方便用户在绘图时区分不同的图层。如果两个图层用同一种颜色，那么在显示图形时，就很难分辨正在操作的图形对象处在哪一个图层上。

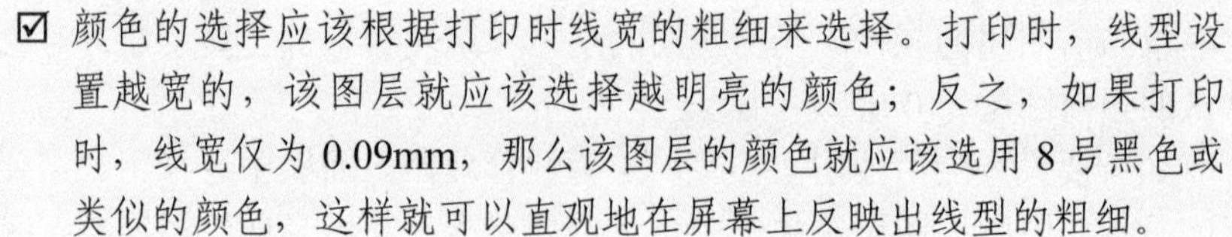
☑ 颜色的选择应该根据打印时线宽的粗细来选择。打印时，线型设置越宽的，该图层就应该选择越明亮的颜色；反之，如果打印时，线宽仅为 0.09mm，那么该图层的颜色就应该选用 8 号黑色或类似的颜色，这样就可以直观地在屏幕上反映出线型的粗细。

1.7.5 设置图层线型

线型是指图形基本元素中线条的组成和显示方式，如虚线和实线等。在 AutoCAD 中既有简单的线型，也有由一些特殊符号组成的复杂线型，以满足不同国家和行业标准的要求。

在绘制图形时需要使用不同的线型来区分不同的图形元素，因此需要对线型进行设置。在默认情况下，图层的线型为 Continuous。如果需要改变线型，可在“图层”列表中单击“线型”列的 Continuous 或 Center，将打开“选择线型”对话框，从中选择相应的线型，然后单击“确定”按钮即可，如图 1-50 所示。

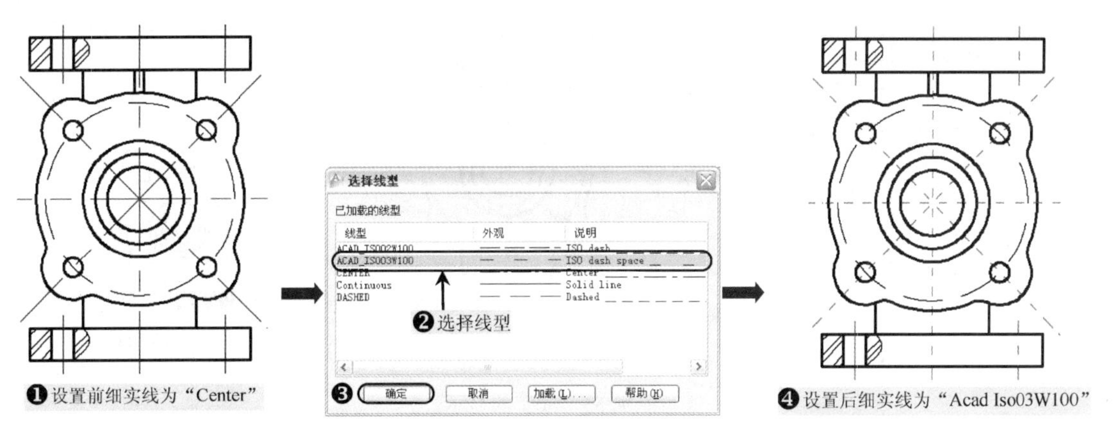

图 1-50　设置图层线型

1.7.6 设置图层线宽

在 AutoCAD 中，允许用户为每个图层的线条设置线宽。通过线宽可以用粗线和细线清楚地表示断面的剖切方式、标高的深度、尺寸线和小标记，以及细节上的不同。

在“图层特性管理器”面板中，在某图层的“线宽”对应列中单击，即可弹出“线宽”对话框，在其中选择相应的线宽，然后单击“确定”按钮即可，如图 1-51 所示。

若选择“格式”→“线宽”菜单命令，将弹出“线宽设置”对话框，通过调整线宽比例，可以使图形中的线宽显示得更宽或更窄，如图 1-52 所示。

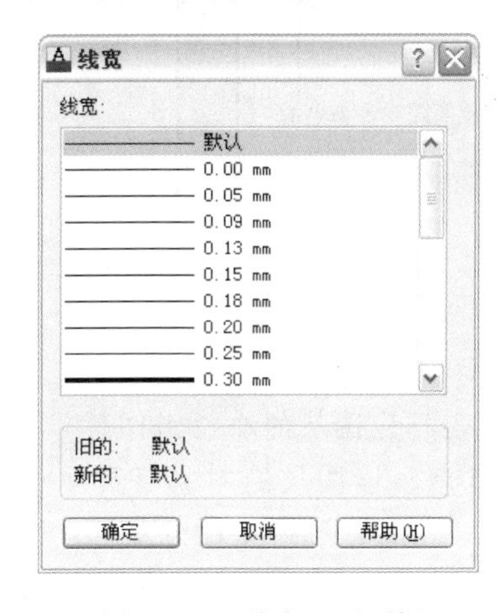

图 1-51　“线宽”对话框

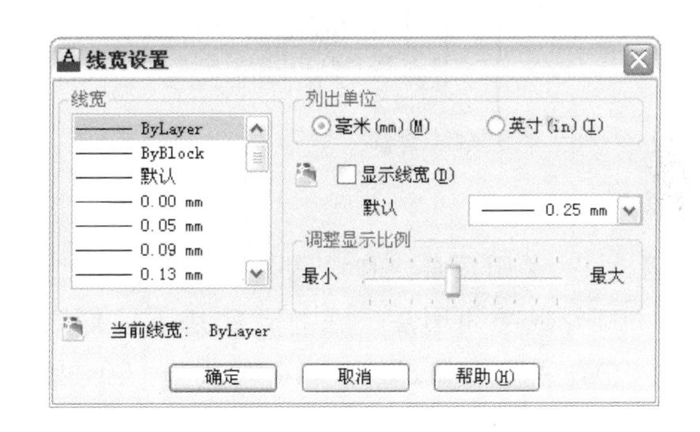

图 1-52　“线宽设置”对话框

TRUEtype 字体、光栅图像、点和实体填充（二维实体）无法显示线宽。当设置了线宽后，用户可在状态栏中单击“线宽”按钮+，来显示或隐藏线宽。

在“模型”空间中，线宽以像素显示，并且在缩放时不发生变化，在“模型”空间中精确表示对象的宽度时不应该使用线宽，如图 1-53 所示。例如，如果要绘制一个实际宽度为 0.5in 的对象，就不能使用线宽而应该使用宽度为 0.5in 的多段线来表现图形对象。

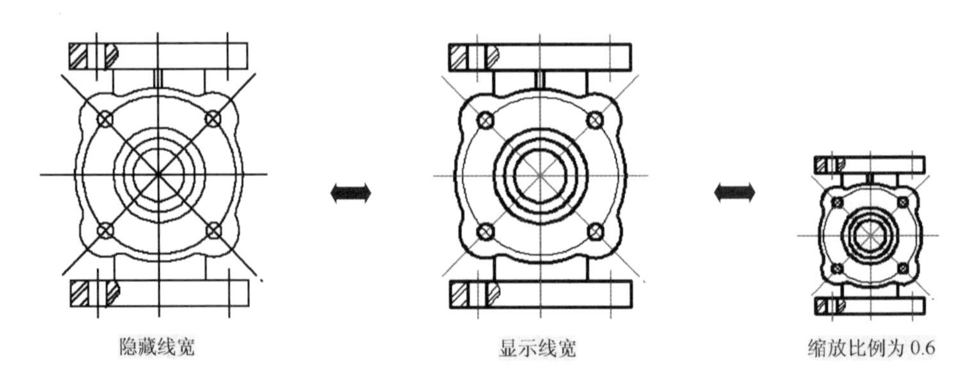

图 1-53　线宽的显示

具有线宽的对象将以指定的线宽值打印，这些值的标准设置包括“随层”、“随块”和“默认”。所有图层的初始设置均由 Lwdefault 系统变量控制，其值为 0.25mm。

1.7.7 控制图层状态

在“图层特性管理器”中，其图层状态包括图层的打开/关闭、冻结/解冻、锁定/解锁等。同样，在“图层”工具栏中，用户也可以设置并管理各图层的特性，如图 1-54 所示。

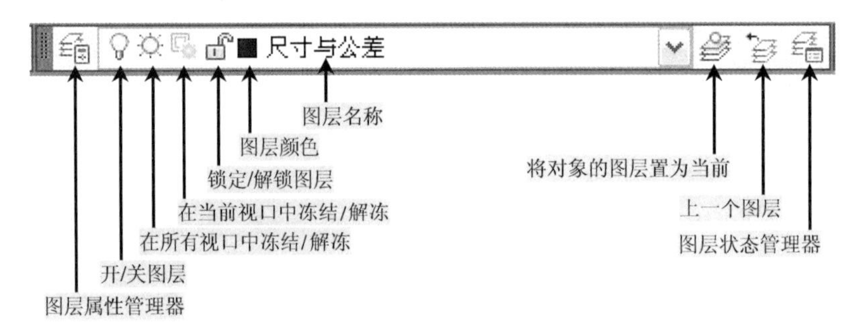

图 1-54　“图层”工具栏

☑ 打开/关闭图层：在“图层”工具栏的列表中，单击相应图层的小灯泡图标，可以打开或关闭图层。在打开状态下，灯泡颜色为黄色，该图层的对象将显示在视图中，可以在输出设备上打印出来；在关闭状态下，灯泡显示的颜色为灰色，该图层的对象不能在视图中显示出来，也不能打印出来。图 1-55 所示为打开与关闭的图层的对比效果。

☑ 冻结/解冻图层：在“图层”工具栏的列表框中，单击相应图层的“太阳”图标或“雪花”图标可以冻结和解冻图层。在图层被冻结时，显示为图标，其图层的图形对象不能被显示和打印出来，也不能编辑或修改图层上的图形对象；在图层被解冻时，显示为太阳图标，此时图层上的对象可以被编辑。

☑ 锁定/解锁图层：在“图层“工具栏列表中，单击相应图层小锁图标，可以锁定或解锁图层。在图层被锁定时，显示为图标，此时不能编辑锁定图层上的对象，但仍然可以在锁定的图层对象上绘制新的图形对象。

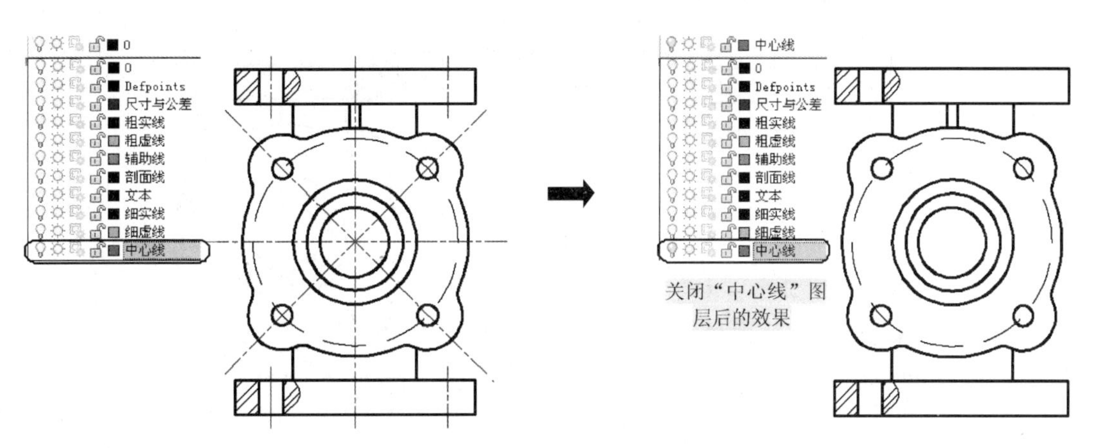

图 1-55 打开与关闭的图层的比较效果

关闭图层与冻结图层的区别：冻结图层可以减少系统重新生成图形的计算时间。若用户的计算机性能较好，且所绘制的图形较为简单，则一般不会感觉到图层冻结的优点。

1.7.8 快速改变所选图形的特性

在 AutoCAD 的图层操作中，除了可以通过“图层特性管理器”面板来设置对象的特性外，还可以通过“对象特性”工具栏来快速修改对象的特性，如图 1-56 所示。

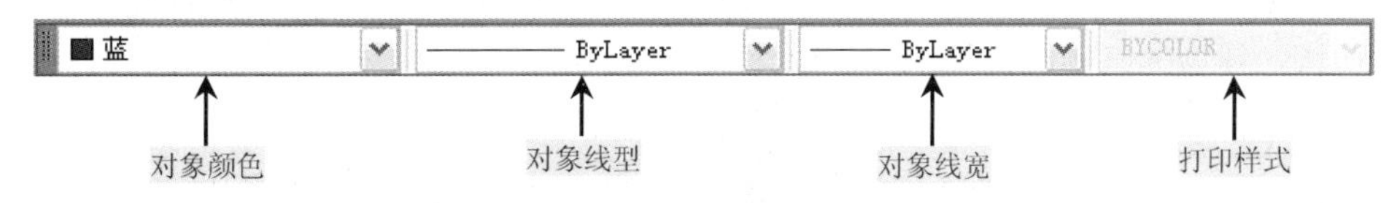

图 1-56 “对象特性”工具栏

在“对象特性”工具栏中，其颜色、线型和线宽的特性设置中有两个重要的选项。

- ☑ ByLayer（随层）：表示当前设置的对象特性应和“图层特性管理器”中设置的特性一致，这是大多数特性的设置值。
- ☑ ByBlock（随块）：在创建要包含在块定义中的对象之前，请将当前颜色或线型设置为“ByBlock”。

当然，如果用户需要将某个对象设置为特定的值，可在相应的下拉列表框中选择特定的颜色、线型或线宽。例如，在“图层特性管理器”面板中设置“粗实线”图层为黑色，其颜色控制为 ByLayer（随层），这时如果绘制一些线段，则所绘制的图形对象颜色即为黑色；如果在“对象特性”工具栏的“颜色控制”下拉列表框中选择为黑白，这时绘制的线段的颜色将为黑白，如图 1-57 所示。

用户需要改变当前图形对象的颜色、线型和线宽时，首先要选择指定的对象，然后在命令行中输入相应的命令，如输入命令“COLOR”或“CO”时，将改变图形对象的颜色；输入命令“LINETYPE”或“LT”时，将改变图形对象的线型；输入命令“LWEIGHT”时，将改变图形对象的线宽。

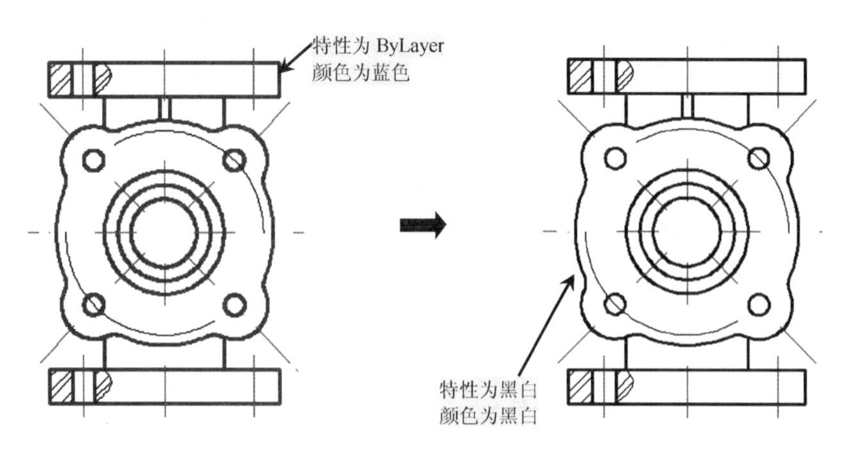

图 1-57　设置不同对象的特性

1.7.9 改变对象所在的图层

用户在绘制图形的时候，经常可能会碰到所绘制的图形对象没有在指定的图层，那么这时只需选择该图形对象，然后在“图层”工具栏的“图层”下拉列表框中选择相应的图层即可。如果所绘制的图形对象的特性均设置为 ByLayer（随层），那么改变图层后对象的特性也将会发生改变。

例如，当前绘制的图形对象在“粗实线”图层，其颜色为黑色，线宽为 0.3mm，线型为粗实线；如果将绘制的图形对象改变为“辅助线”图层，则此时的图形对象颜色为洋红色，线宽为默认，线型为细实线，如图 1-58 所示。

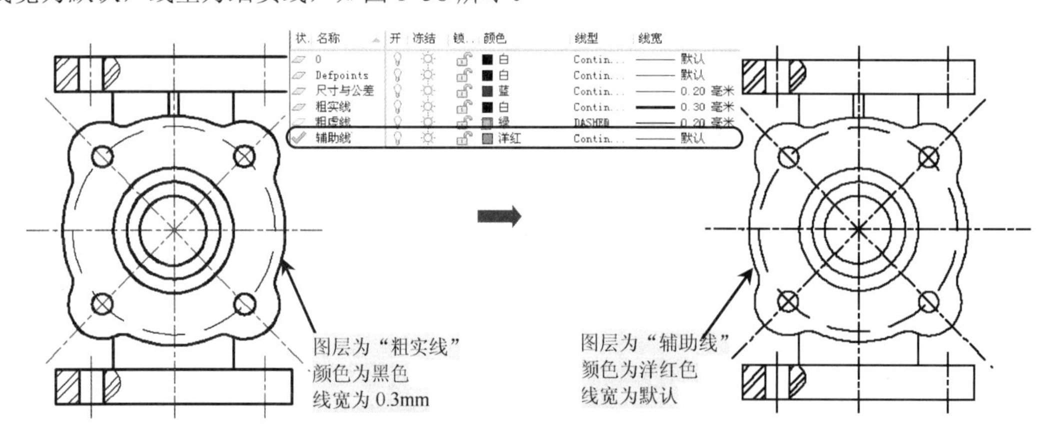

图 1-58　改变对象所在的图层

提示

用户在选择图形对象时，可以同时选择多个不同图层的对象，而这时将多个不同图层特性的对象设置为另外一种图层时，则这些图形对象的特性将为所改变的图层特性。

1.7.10 通过“特性匹配”来改变图形特性

在 AutoCAD 中，图形对象的特性也可以像复制对象那样来进行复制操作，但是它只复制对象的特性，如颜色、线型、线宽及所在图层的特性，而不复制图形对象的本身，这相当于 Word 软件中的格式刷功能。

用户可以通过以下几种方法来调用特性匹配功能。

☑ 菜单栏：选择“修改”→“特性匹配”菜单命令。

☑ 工具栏：在“标准”工具栏上单击“特性匹配”按钮。

☑ 命令行：输入或动态输入“Matchprop”命令（其快捷键为“MA”），并按〈Enter〉键。

执行该命令后，根据如下提示进行操作，即可进行特性匹配操作。

命令: ma MATCHPROP
选择源对象:
当前活动设置: 颜色 图层 线型 线型比例 线宽 透明度 厚度 打印样式 标注 文字 图案填充 多段线 视口 表格材质 阴影显示 多重引线
选择目标对象或 [设置(S)]:
选择目标对象或 [设置(S)]:

如果在进行特性匹配操作的过程中，选择“设置（S）”选项，将弹出“特性设置”对话框，通过该对话框，可以选择在特性匹配过程中有哪些特性可以被复制；相反，如果不需要复制的一些特性，也可以取消相应的复选框，如图 1-59 所示。

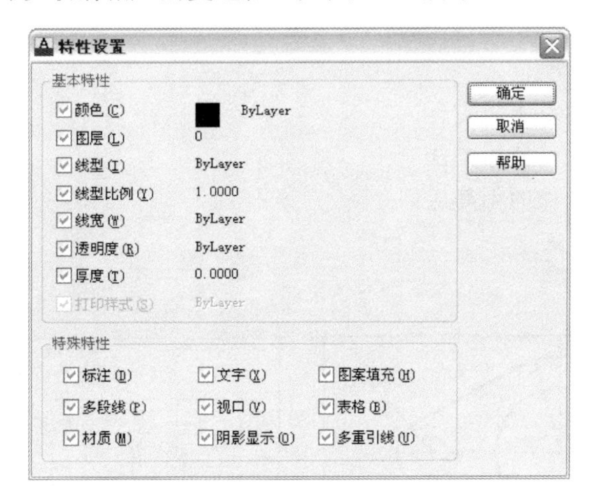

图 1-59 “特性设置”对话框

第 2 章　机械制图标准及样板文件的创建

本章导读

CAD 计算机辅助设计一个很重要的应用领域就是机械图形的绘制。由于 CAD 在绘图过程中具有便于修改图形、图形处理速度快、操作容易掌握、图形管理功能强大等优点，使越来越多的机械设计人员、工程人员用 CAD 绘图代替了手工绘图，从而大大提高了设计的效率和信息的更新速度。

为了更好地学习机械制图的 CAD 技术，在本章中主要讲解了机械制图的标准，手工绘制图形的工具及其使用方法，并讲解了通过 AutoCAD 2013 软件来创建机械样板文件的方法，为今后绘制机械图形的快速提高打下了坚实的基础。

主要内容

☑ 讲解机械制图的基本规定
☑ 讲解绘图工具及其使用方法
☑ 讲解机械样板文件的创建实例

效果预览

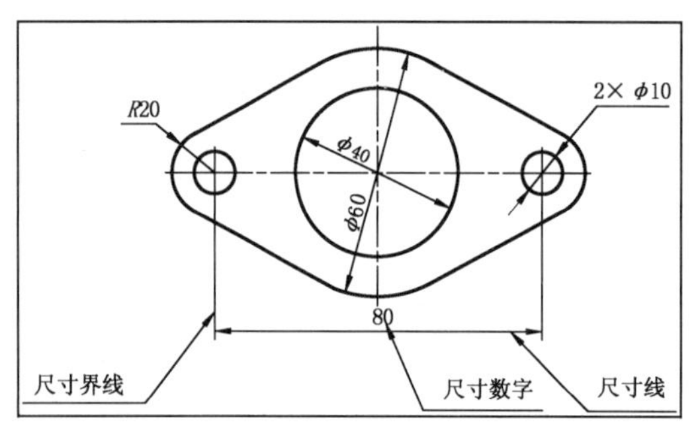

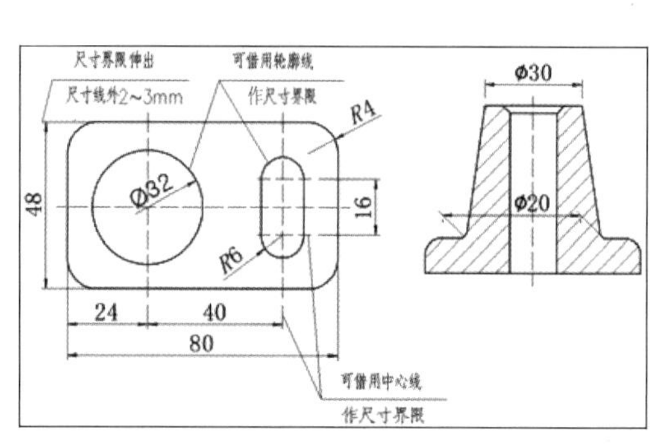

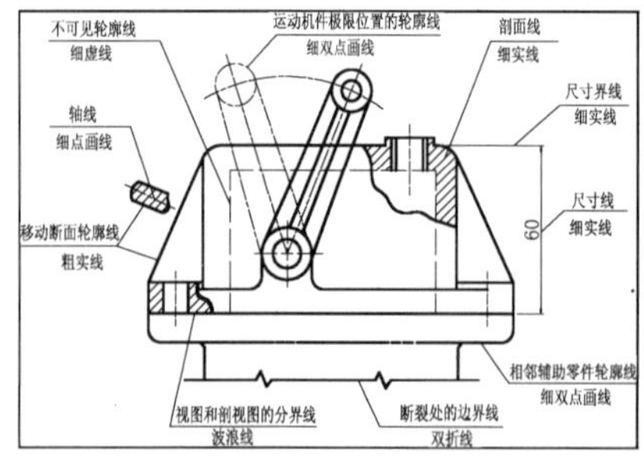

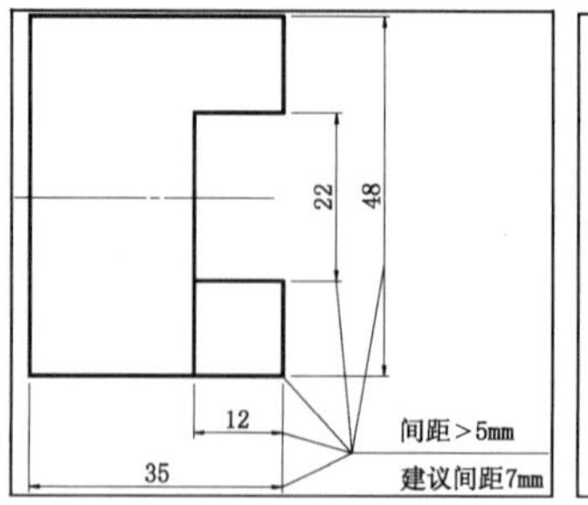

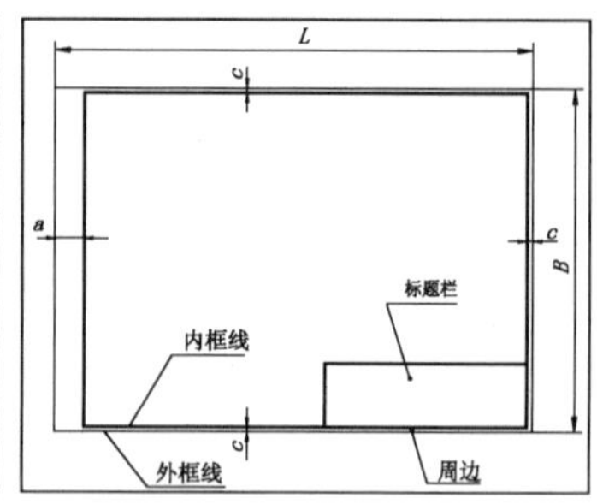

2.1 机械制图的基本规定

国家标准《机械制图》是我国颁布的一项重要技术指标，它统一规定了生产和设计部门所共同遵守的画图规则，每个工程技术人员在绘制工程图样时都必须严格遵守这些规定。

2.1.1 图纸幅面和标题栏

无论采用何种标准（GB、ISO 等），机械制图都要求采用标准幅面的图纸，因为图纸（包括计算机打印纸和传统的手工制图纸）都是按标准幅面生产的。

1．图纸幅面

绘制图样时，应优先采用表 2-1 中规定的基本幅面及尺寸。必要时，也允许采用加长幅面，其尺寸是由相应基本幅面的短边乘整数倍增加后得出的，图纸基本幅面及加长幅面尺寸如图 2-1 所示。图中粗实线所示为基本图幅。

表 2-1　基本幅面及尺寸　（单位：mm）

幅面代号	A0	A1	A2	A3	A4
$B \times L$	841×1189	594×841	420×594	297×420	210×297
a	25				
c	10			5	
e	20		10		

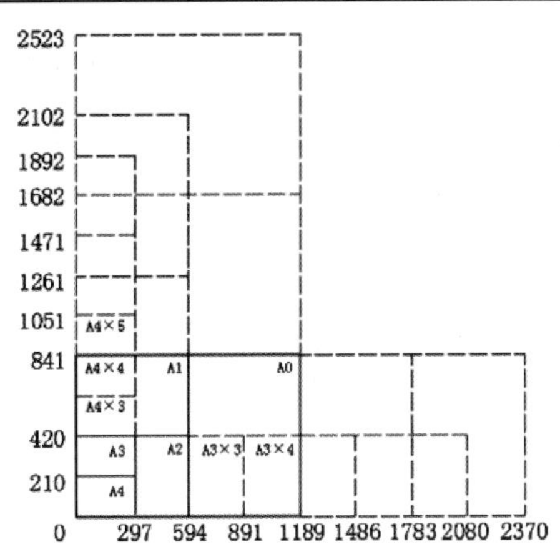

图 2-1　图纸基本幅面及加长幅面尺寸

2．图框格式

图纸的图框由内、外框组成，外框用细实线绘制，大小为图纸幅面的尺寸；内框用粗实线绘制，是图样上绘图的边线。其格式分为留装订边和不留装订边两种，常用图纸格式如表 2-2 所示。图框的尺寸按表 2-1 确定，装订时一般采用 A3 幅面横装或 A4 幅面竖装。

3．标题栏

每张图样上都必须画出标题栏，标题栏用来表达零部件及其管理等信息，其格式及尺寸如图 2-2 所示。标题栏一般位于图样的右下角，并使其底边和右边分别与下图框线和右图框线重合，标题栏中的文字方向通常为看图方向。练习用的标题栏可简化，制图作业的标题栏建议采用如图 2-3 所示的格式。

表 2-2　常用图纸格式

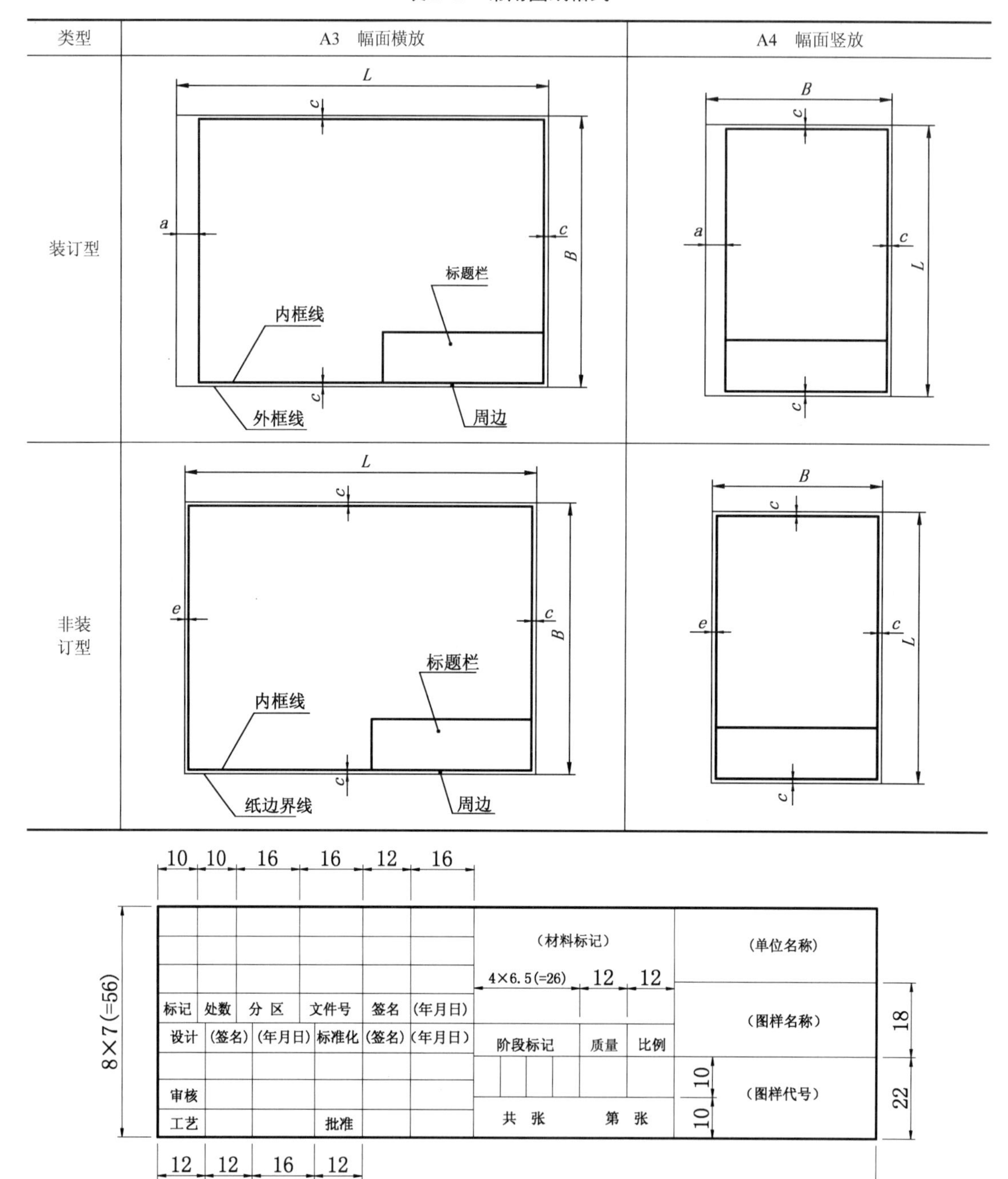

图 2-2　标题栏的格式及尺寸

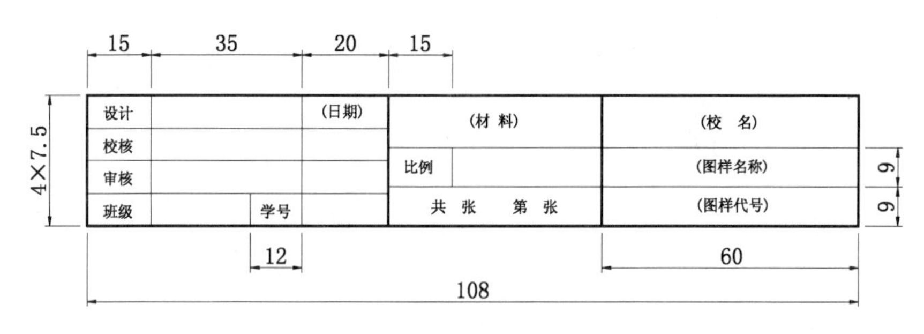

图 2-3　制图作业的标题栏格式及尺寸

4．明细栏

明细栏用来表达组成装配体的各种零部件的数量、材料等信息，其格式及尺寸如图 2-4 所示，一般配置在标题栏的上方，并使其底边与标题栏的顶边重合。

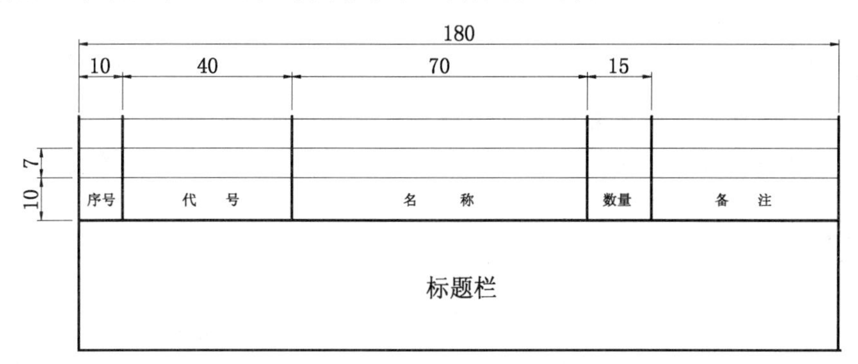

图 2-4　明细栏格式及尺寸

2.1.2 制图比例

比例是图样中图形与其实物相应要素的线性尺寸之比。图样中的比例分为原值比例（比值为 1）、放大比例（比值>1）、缩小比例（比值<1）三种，国家标准中推荐供优先选用的比例见表 2-3。

表 2-3　国家标准中推荐供优先选用的比例

种　类	比　例				
原值比例	1:1				
放大比例	2:1 2×10^n:1	2.5:1 2.5×10^n:1	4:1 4×10^n:1	5:1 5×10^n:1	10:1 1×10^n:1
缩小比例	1:1.5 1:1.5×10^n	1:2.5 1:2.5×10^n	1:3 1:3×10^n	1:4 1:4×10^n	1:6 1:6×10^n

注：n 为正整数。

国家标准对比例还作了以下规定。

☑ 在表达清晰、能合理利用图纸幅面的前提下，应尽可能选用原值比例，以便从图样上得到实物大小的真实感。

☑ 标注尺寸时，应按实物的实际尺寸进行标注，与所采用的比例无关。按实物的实际尺寸进行标注如图 2-5 所示。

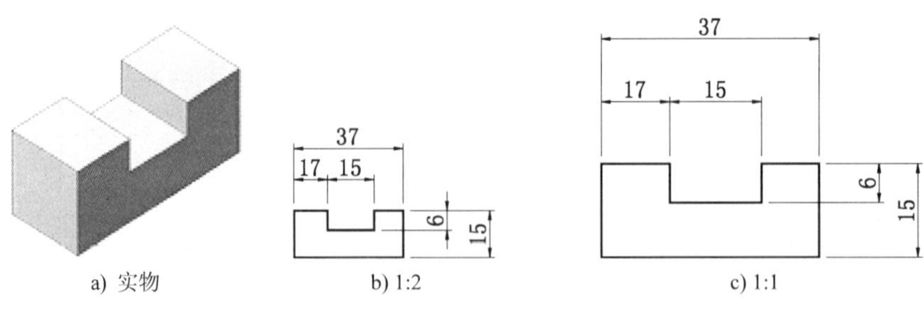

图 2-5　按实物的实际尺寸进行标注

a）实物　b）1:2　c）1:1

☑ 绘制同一机件的各个视图时，应尽可能采用相同的比例，并在标题栏比例栏中填写。

☑ 当某个视图需要采用不同比例时，可在该视图名称的下方或右侧标注比例，例如，I/2:1，*A*/1:100，*B*—*B*/2.5:1。

2.1.3 字体

图样上除了图形外，还需要用文字、符号、数字对机件的大小、技术要求等加以说明。因此，字体是图样的一个重要组成部分，国家标准对图样中的字体的书写规范作了规定。

书写字体的基本要求是：字体工整，笔画清楚、间隔均匀、排列整齐。具体规定如下。

（1）字高　字体高度代表字体的号数。字号有八种，即 1.8mm、2.5mm、3.5mm、5mm、7mm、10mm、14mm、20mm。如需要书写更大的字时，其字体高度应按$\sqrt{2}$的比率递增。

（2）汉字　字应写长仿宋体，并采用国家正式公布的简化字。汉字的高度不应<3.5mm，其宽度一般为字高的 1/10。图 2-6 所示为长仿宋体汉字示例。

国家标准《机械制图》是我国颁布的一项重要技术指标

国家标准《机械制图》是我国颁布的一项重要技术指标

国家标准《机械制图》是我国颁布的一项重要技术指标

国家标准《机械制图》是我国颁布的一项重要技术指标

国家标准《机械制图》是我国颁布的一项重要技术指标

图 2-6　长仿宋体汉字示例

（3）字母与数字　字母和数字分 A 型和 B 型两类，可写成斜体或直体，一般采用斜体。斜体字字头向右倾斜，与水平基准线成 75°。字母和数字示例如图 2-7 所示。

ABCDEFGHIJKLMN

OPQRSTUVWXYZ

1234567890

abcdefghijklmnopqrstuvwxyz

ABCDR abcdemxy

1234567890Φ

图 2-7　字母和数字示例

2.1.4 图线

在进行机械制图时，其图线的绘制也应符合《机械制图》的国家标准。

1. 线型

绘制图样时不同的线型起不同的作用，表达不同的内容。国家标准规定了在绘制图样时可采用的 15 种基本线型，常用的图线名称及主要用途见表 2-4，表 2-4 中给出了机械制图中常用的八种线型示例及其一般应用。

表 2-4 常用的图线名称及主要用途

图线名称	图线型式	图线宽度	主要用途
粗实线		d	可见轮廓线
细实线		$d/2$	尺寸线、尺寸界线、剖面线、辅助线、指引线、可见的过渡线
波浪线		$d/2$	断裂处的边界线、视图和剖视图的分界线
双折线		$d/2$	断裂处的边界线
虚　线	12d　3d	$d/2$	不可见的轮廓线
细点画线	24d　6.5d	$d/2$	轴线、对称中心线、齿轮的分度圆及分度线
粗点画线		d	允许表面处理的表示线
双点画线		$d/2$	相邻辅助零件的轮廓线、极限位置的轮廓线、轨迹线

2. 线宽

机械图样中的图线分粗线和细线两种。图线宽度应根据图形的大小和复杂程度在 0.13～2mm 之间选择。图线宽度的推荐系列为：0.13mm，0.18mm，0.25mm，0.35mm，0.5mm，0.7mm，1mm，1.4mm，2mm。

3. 图线画法

用户在绘制图形时，应遵循以下原则。

☑ 同一图样中，同类图线的宽度应基本一致。

☑ 虚线、点画线及双点画线的线段长度和间隔应各自大致相等。

☑ 两条平行线（包括剖面线）之间的距离应不小于粗实线宽度的 2 倍，其最小距离不得<0.7mm。

☑ 点画线、双点画线的首尾，应是线段而不是短画线；点画线彼此相交时应该是线段相交，而不是短画线相交；中心线应超过轮廓线，但不能过长。在较小的图形上画点画线、双点画线有困难时，可采用细实线代替。

☑ 虚线与虚线、虚线与粗实线相交应以线段相交；若虚线处于粗实线的延长线上，粗实线应画到位，而虚线在相连处应留有空隙。

☑ 当几种线条重合时，应按粗实线、虚线、点画线的优先顺序画出。

图 2-8 所示为图线画法示例。

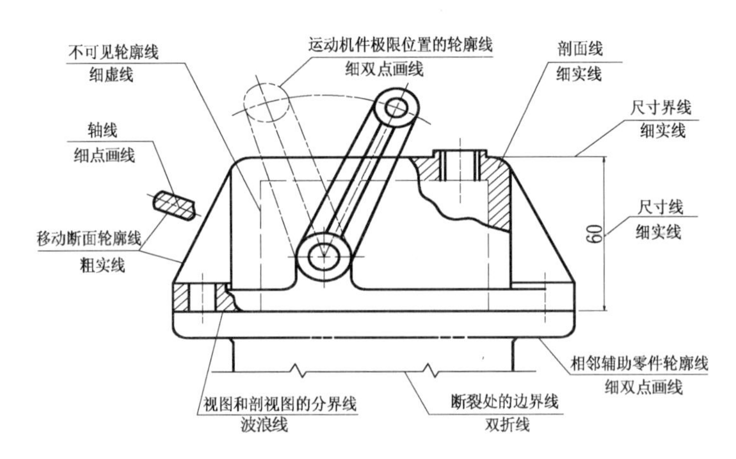

图 2-8　图线画法示例

2.1.5 尺寸标注

图形只能表达机件的形状，而机件的大小是通过图样中的尺寸来确定的，因此，标注尺寸是一项极为重要的工作，必须严格遵守国家标准中的有关规则。

1. 尺寸的组成

尺寸组成如图 2-9 所示。从图 2-9 中可以看出，尺寸由尺寸界线、尺寸线和尺寸数字组成。

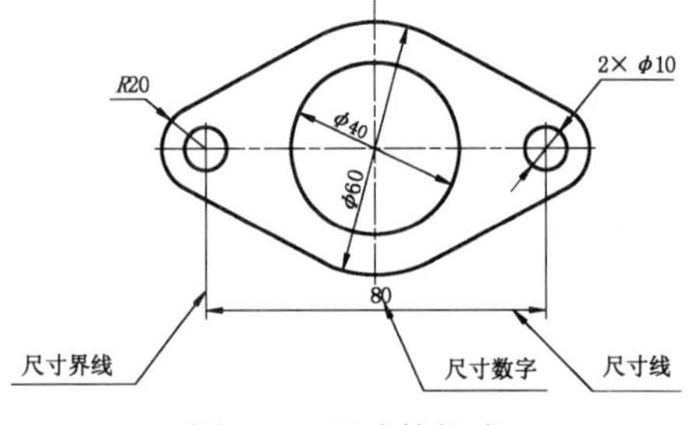

图 2-9　尺寸的组成

2. 尺寸界线

☑ 尺寸界线用细实线绘制，并应由图形的轮廓线、轴线或对称中心线处引出，也可以利用轮廓线、轴线或对称中心线作尺寸界线。

☑ 尺寸界线一般与尺寸线垂直，并超出尺寸线约 2 ~ 3mm。当尺寸界线贴近轮廓线时，允许尺寸界线与尺寸线倾斜。

3. 尺寸线

● 尺寸线用细实线单独绘制，不能用其他图线代替，一般也不得与其他图线重合或画在其延长线上。其终端可以有下列两种形式：

● 箭头：箭头适用于各类图样，其画法如图 2-10a 所示。

● 斜线：常用于土建类图样，斜线用细实线绘制，其方向和画法如图 2-10b 所示。尺寸线的末端采用斜线形式时，尺寸线与尺寸界线必须相互垂直。

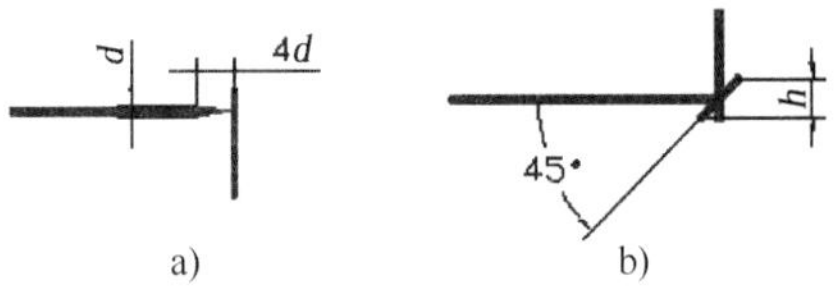

a)　b)

图 2-10　尺寸线末端的不同形式

同一张图样中只能采用一种尺寸末端形式，但当采用箭头标注尺寸时，位置不够的情况下，可采用圆点或斜线代替箭头。

☑ 标注线性尺寸时，尺寸线必须与所标注的线段平行。当有几条互相平行的尺寸线时，其间隔要均匀，间距约为 7mm。并将大尺寸标注在小尺寸外面，以免尺寸线与尺寸界线相交。

☑ 圆的直径和圆弧的半径的尺寸线末端应画成箭头，尺寸线或其延长线应通过圆心。

4. 尺寸标注的基本规则

用户在进行尺寸标注时，应遵循以下的基本规则。

☑ 尺寸界线表示所标注尺寸的起止范围，用细实线绘制，应由图形的轮廓线、轴线或对称中心线引出。也可以利用轮廓线，轴线或对称中心线作尺寸界线。尺寸界线应超出尺寸线 2 ~ 5mm。一般情况下尺寸界线与尺寸线垂直。

☑ 尺寸线用细实线绘制，相同方向的各尺寸线之间的距离要均匀，间隔应>5mm。尺寸线不能由图上的其他图线代替，也不能与其他图线重合，而且应避免尺寸线之间交叉或尺寸线与其他尺寸界线交叉。

☑ 尺寸末端可以有两种形式，即箭头（箭头尖端与尺寸界线接触不得超出或分开。机械图样中常采用箭头的形式）和斜线（当尺寸线与尺寸界线垂直时，末端可用斜线。斜线用 45° 细实线绘制，建筑图样中常采用斜线作为尺寸末端。同一张图样中只能采用一种末端形式）。

☑ 图样上水平方向尺寸其数字写在尺寸线的上方，图样上竖直方向尺寸，其数字写在尺寸线的左方，字头朝左。其他方向的线性尺寸数字标注见表 2-6，并尽可能避免在图（尺寸数字）a 所示 30° 范围内标注尺寸，无法避免时，可以用引出标注法。

☑ 标注尺寸时，应尽可能使用符号和缩写词，从而表示不同类型的尺寸，常用的符号和缩写词见表 2-5。

表 2-5 常用的符号和缩写词

名称	直径	半径	球面	45°倒角	厚度	均布	正方形	深度	埋头孔	沉孔或锪平
符号或缩写词	ϕ	R	S	C	T	EQS	□	↧	⌵	⌴

5. 尺寸的标注示例

各种尺寸标注示例见表 2-6，用户在学习过程中遇到各种类型的尺寸时，可以通过表 2-5 中列出示例，了解各种尺寸的规定标注法。

表 2-6 各种尺寸标注示例

类型	说明	示例
尺寸线	（1）尺寸线用细实线绘制，不能用其他图线代替，一般情况下，也不得与其他图线重合或画在其他线的延长线上 （2）标注尺寸时，尺寸线与所标注的线段平行 （3）互相平行的尺寸线，小尺寸在里，大尺寸在外，依次排列整齐	22 48 12 35 间距>5mm 建议间距7mm

（续）

类型	说　明	示　例
尺寸界线	（1）尺寸界线用细实线绘制，由图形的轮廓线、轴线或对称中心线处引出。也可直接利用它们作为尺寸界线 （2）尺寸界线一般应与尺寸线垂直。当尺寸界线贴近轮廓线时，允许与尺寸线倾斜，可以画成60°夹角 （3）在光滑过渡处标注尺寸时，必须用细实线将轮廓线延长，从它们的交点处引出尺寸界线	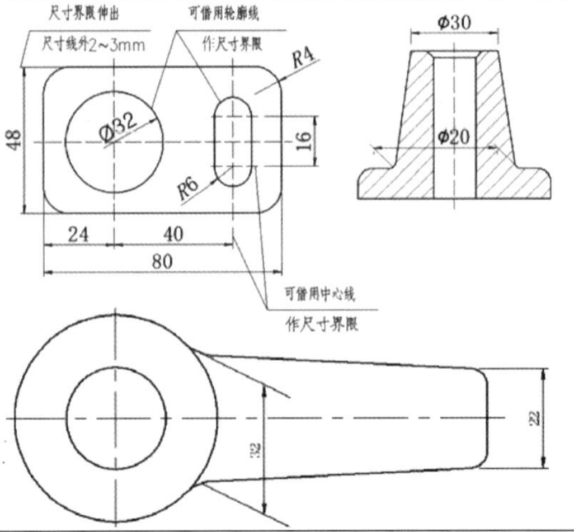
尺寸数字	（1）尺寸数字一般应标注在尺寸线的上方，也允许标注在尺寸线的中断处 （2）数字应按图a所示的方向标注，并尽可能避免在图示30°范围内标注，若无法避免时，则也可引出标注 （3）尺寸数字不可被任何图线所通过，否则必须将该图线断开	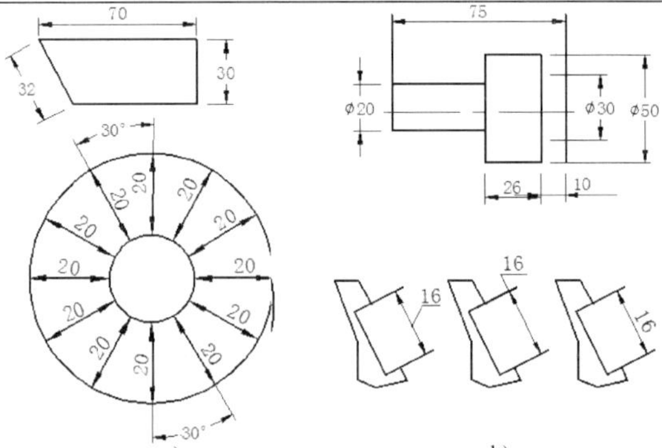 a)　b)
尺寸线末端	（1）尺寸线末端有箭头和斜线两种形式，机械图样一般用箭头形式 （2）箭头尖端与尺寸界线接触，不得超出也不得分开。尺寸线末端采用斜线形式时，尺寸线与尺寸界线必须垂直	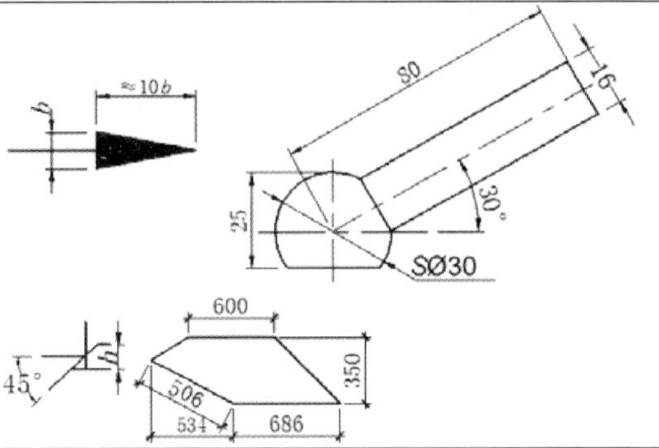
直径与半径	（1）标注直径时，应在尺寸数字前加注符号“Φ”；标注半径时，应在尺寸数字前加注符号“*R*” （2）当圆弧的半径过大或在图样范围内无法标注出其圆心位置时，可按图a的形式标注；若不需要标出其圆心位置时，可按图b形式标注，但尺寸线应指向圆心	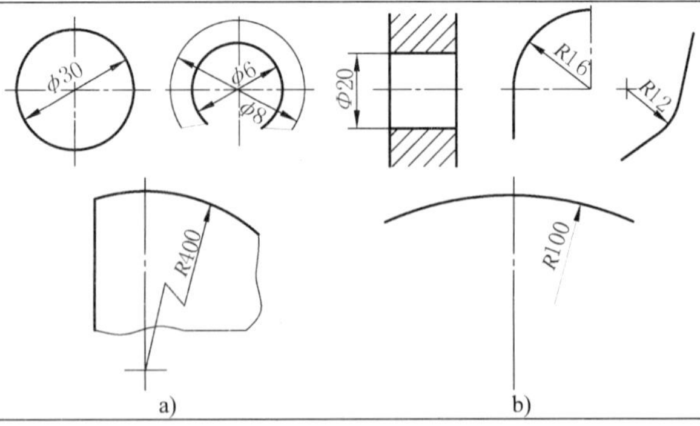 a)　b)

（续）

类型	说　明	示　例
球面直径与半径	标注球面直径或半径时，应在符号“Φ”或“R”前加注符号“S”，如图a所示。对于螺钉、铆钉的头部、轴和手柄的端部等，在不致引起误会的情况下，可省略符号S，如图b所示	
角度	尺寸界线应沿径向引出，尺寸线画成圆弧，圆心是角的顶点，尺寸数字应一律水平书写，如图a所示；一般标注在尺寸线的中断处，必要时也可按图b所示的形式标注	
弦长与弧长	标注弦长和弧长时，尺寸界线应平行于弦的垂直平分线；标注弧长尺寸时，尺寸线用圆弧，并应在尺寸数字上方加注符号“⌒”	
狭小部位	（1）在没有足够的位置画箭头或标注数字时，可将箭头或数字布置在外面，也可将箭头和数字都布置在外面 （2）几个小尺寸连续标注时，中间的箭头可用斜线或圆点代替。标注连续的小尺寸可用圆点代替箭头	
对称机件	当对称机件的图形只画出1/2或略大于1/2时，尺寸线应略超过对称中心线或断裂处的边界线，并在尺寸线一端画出箭头	

（续）

类型	说　明	示　例
方头结构	表示断面为正方形结构的尺寸时，可在正方形边长尺寸数字前加注符号“□”，如□14，或用 14×14 代替□14	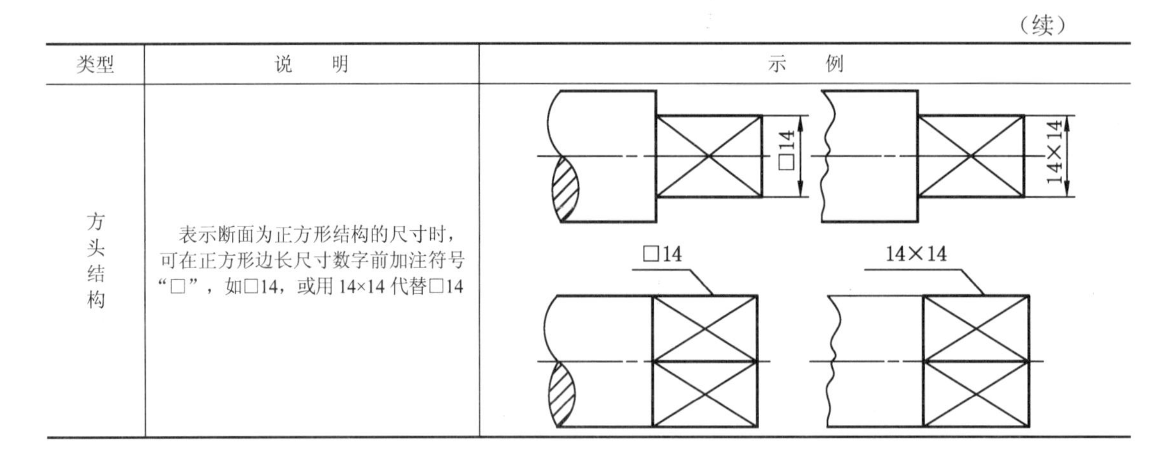

➘ 2.2　绘图工具及其使用

绘图时不仅需要一套绘图工具和仪器，而且还应正确地使用和维护，这样才能发挥它们的作用，保证绘图质量，提高绘图效率。常用的手工绘图仪器及工具包括图板、丁字尺、三角板、比例尺、圆规、分规、曲线板、铅笔等，各种绘图工具如图 2-11 所示。

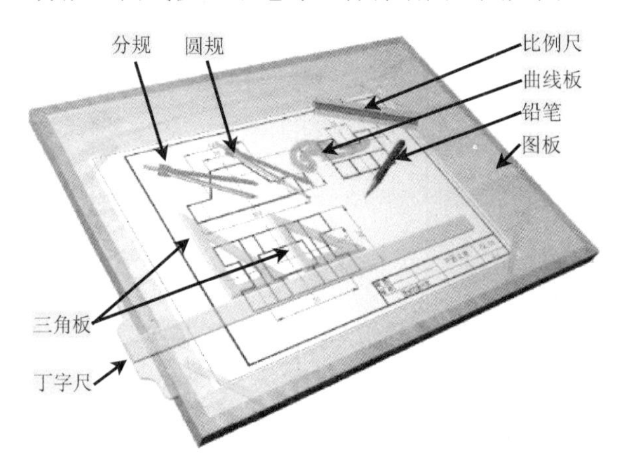

图 2-11　各种绘图工具

➲ 2.2.1　铅笔

绘图铅笔如图 2-12 所示，其铅笔端部的标号如 B、HB、2H 等，用以表明铅芯的软硬程度。H 前的数字越大，铅芯越硬；B 前的数字越大，铅芯越软。常用的绘图铅笔其硬度一般为 B~H；通常打底稿时选用 HB~H，写字时选用 HB，加深时选用 HB~B；加深圆弧时，圆规用铅芯可选 B。削铅笔时应从无标记的一端开始，以便保留标记，识别铅芯硬度。铅芯露出的长度一般以 10mm 左右为宜。

➲ 2.2.2　图板

图板为矩形木板，图纸用胶带纸固定其上，侧面为引导丁字尺移动导边。使用时必须维护板面平坦，导边平直，不使其受潮、受热，避免磕碰，图板的使用如图 2-13 所示。

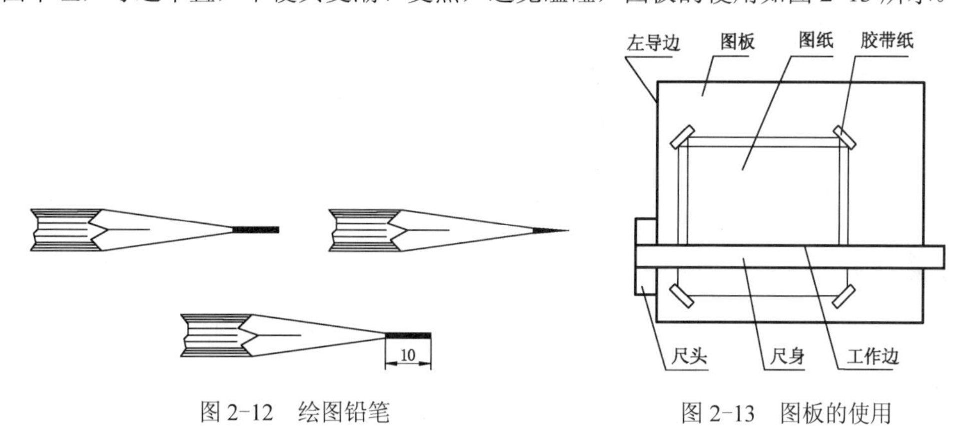

图 2-12 绘图铅笔　　　图 2-13 图板的使用

2.2.3 丁字尺

丁字尺由尺身与尺头相互固定在一起组成，呈“丁”字形。它主要用于画水平线和作三角板移动的导边。使用时，尺头必须紧靠图板的左侧边。画水平线时铅笔沿尺身的工作边自左向右移动，同时铅笔与前进方向成 75°左右的斜角，丁字尺的使用如图 2-14 所示。

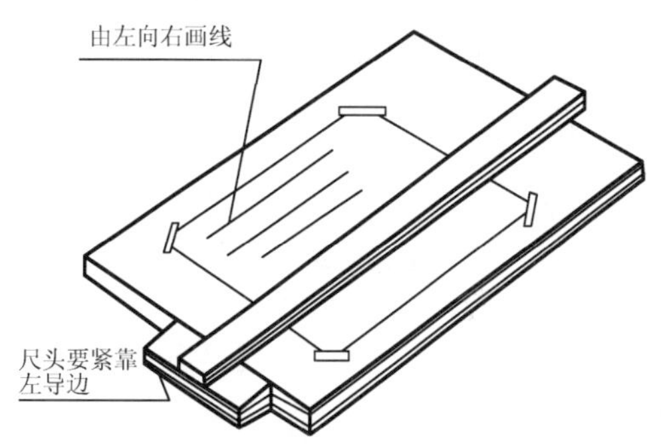

图 2-14 丁字尺的使用

2.2.4 三角板

一副三角板包括两块分别具有 45°及 30°、60°的直角三角形透明板。三角板经常与丁字尺配合使用，以绘制垂直线、与水平线成 45°、30°、60°角的倾斜线，以及它们的平行线，三角板的使用如图 2-15a 所示。两块三角板配合使用时，也可绘制其他角度的垂直线和平行线，如图 2-15b 所示。

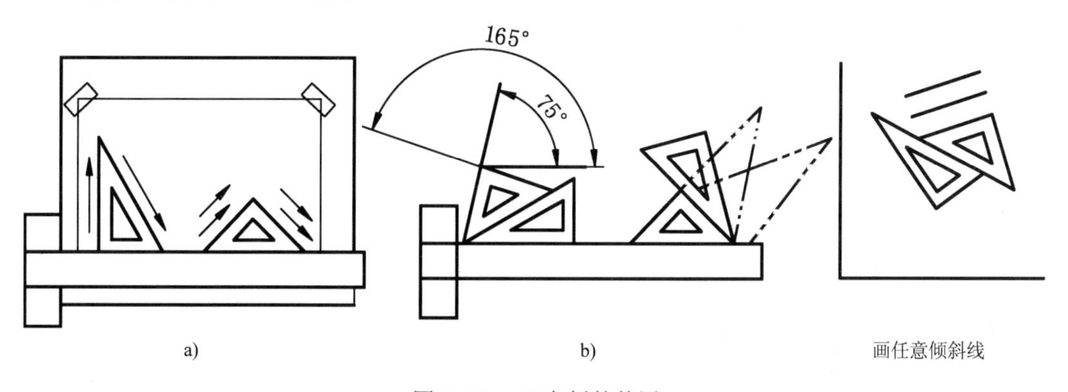

图 2-15 三角板的使用

2.2.5 圆规

圆规是画圆或圆弧的仪器。圆规的使用如图 2-16 所示其中一条腿的肘形关节，端部插孔内可装接各种插脚和附件，如图 2-16a 所示。画图时，装铅笔插脚，如图 2-16b 所示。若圆规代替分规使用时，还可换装钢针插脚。

如画圆的半径过大，可在肘形关节插孔内装接延伸杆，然后再在延伸杆插孔内装接插脚。

圆规的两腿并拢后，其钢针尖应略长于铅芯或鸭嘴笔尖端。使用前，应将钢针和铅芯调整成与纸面垂直。画图时，圆规两腿所在的平面应稍向旋转方向倾斜，并用力均匀，转动平稳。

画小圆宜采用弹簧圆规。

2.2.6 分规

分规用以截取或等分线段。分规的使用如图 2-17 所示大的两脚并拢后，其尖对齐，如图 2-17a 所示。从比例尺上量取长度，如图 2-17b 所示切忌用尖刺入尺面。当量取若干段相等线段时，可令两个针尖交替地作为旋转中心，使分规沿着不同的方向旋转前进。当一线段为 n 等份时，先估计一等份的长度并进行试分，如盈余量为 b，再用 $1+b/n$（或 $1-b/n$）进行试分。一般，试分 2～3 次即能完成。

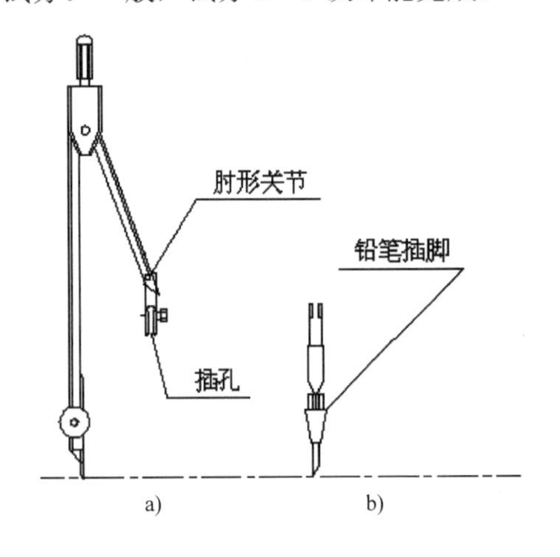

图 2-16　圆规的使用

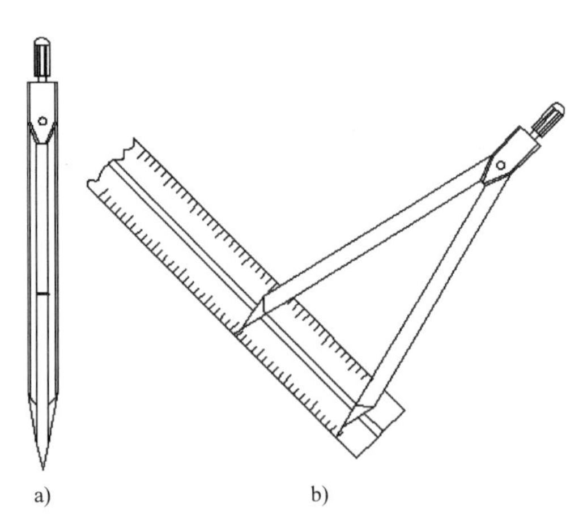

图 2-17　分规的使用

除上述工具外，还应备有铅笔刀、橡皮擦和胶带纸等。

2.3　机械样板文件的创建实例

视频文件：视频\02\机械样板文件的创建.avi
结果文件：案例\02\机械样板.dwt

所谓样板文件，就是一个为某个特定的用途建好格式的空文件，使用这种方法可以不用每次花时间在建立一个新文件时重新设定格式。在 AutoCAD 中，样板就是一个绘图文件，其默认的样板图都存储在系统的“Template”文件夹中（当然，用户也可以将其样板文件保存在自己所需要的位置，以便随时调用），如 ISO、ANSI、DIN、JIS 等绘图格式的样板。用户可根据需要直接使用它们，也可按自己的风格设定自己的样板文件。

样板文件是工程图样的初始化，常包括图幅比例、单位类型和精度、图层、标题栏、绘图辅助命令、文字标注样式、尺寸标注样式、常用图形符号图块（如表面粗糙度、标准件等）等。

在本实例中，以 A4 图纸为实例，具体讲解如何利用 AutoCAD 2013 软件来创建属于自己的机械样板文件。

2.3.1 设置绘图环境

1）正常启动 AutoCAD 2013 软件，随后将弹出“启动”对话框，单击“从草图开始”按钮，再选择“公制（M）”单选项，然后单击“确定”按钮，从而新建一个空白文件，如图 2-18 所示。

图 2-18 新建文件

2）选择“格式”→“单位”菜单命令，将弹出“图形单位”对话框，在“长度”区域中的“类型”下拉列表框中，选择“小数”，在“精度”下拉列表框中选择“0.0000”；在“角度”区域中的“类型”下拉列表框中选择“十进制度数”，“精度”下拉列表框中选择“ 0 ”；其他内容默认系统原有设置。单击“方向”按钮，在“方向控制”对话框中将“基准角度”设为“东”。然后单击“确定”按钮，再单击“图形单位”对话框中的“确定”按钮，如图 2-19 所示。

3）选择“格式”→“图形界限”菜单命令，依照提示设定图形界限的左下角为（0，0），右上角为（297，210），从而设定 A4 幅面的界限。

4）在命令行输入命令<Z>→<空格>→<A>，使输入的图形界限区域全部显示在图形窗口内。

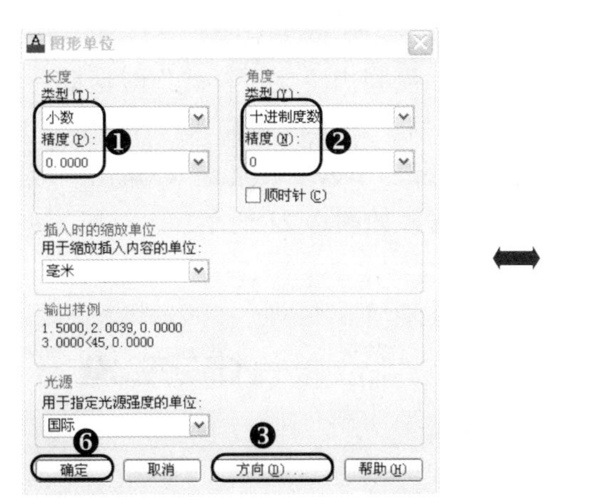

图 2-19 设置图形单位

2.3.2 设置图层

选择“格式”→“图层”菜单命令，弹出“图层特性管理器”面板，根据机械制图的实际需要，按照表 2-7 图层规划建立图层，设置的图层如图 2-20 所示。

表 2-7　图层规划

序　　号	图 层 名	颜　　色	线　　型	线　　宽
1	0	白色	Continuous	默认
2	粗实线	白色	Continuous	0.30mm
3	粗虚线	绿色	Dashed	0.30mm
4	中心线	红色	Center	0.20mm
5	细虚线	绿色	Dashed	0.20mm
6	尺寸与公差	蓝色	Continuous	0.20mm
7	细实线	白色	Continuous	0.20mm
8	文本	白色	Continuous	0.20mm
9	剖面线	白色	Continuous	0.20mm
10	辅助线	洋红	Continuous	默认

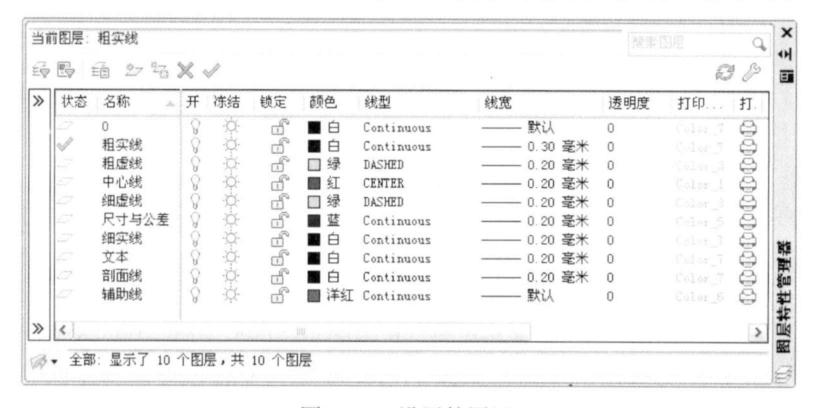

图 2-20　设置的图层

2.3.3 设置文本标注样式

选择“格式”→“文字样式”菜单命令，系统弹出“文字样式”对话框。单击“新建”按钮弹出“新建文字样式”对话框，在“样式名”文本框中输入“HZFS”，然后单击“确定”按钮，在“字体名”下拉列表框中选择“Times News Roman”，单击“应用”按钮，最后单击“关闭”按钮，完成文本标注样式的设置，如图 2-21 所示。

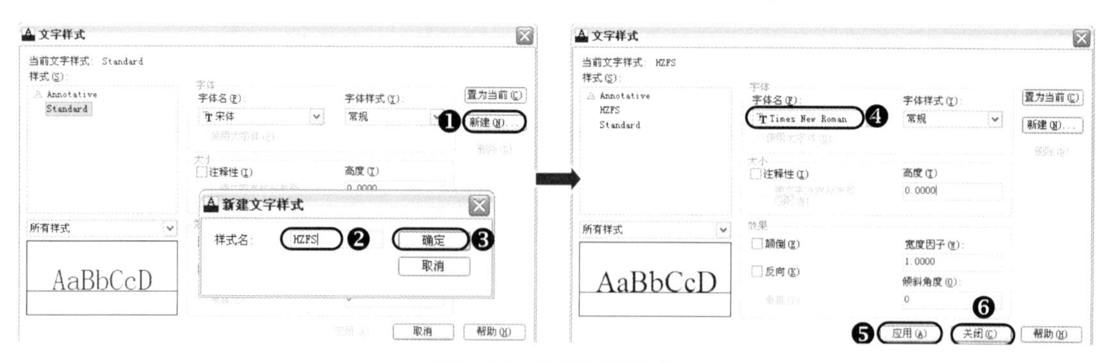

图 2-21　设置文字样式

2.3.4 设置尺寸标注样式

1）选择“格式”→“标注样式”菜单命令，系统将弹出“标注样式管理器”对话框，单击“新建”按钮，将弹出“创建新标注样式”对话框，在“新样式名”文本框中输入“机械”，其余设置为默认项，然后单击“继续”按钮，打开“修改标注样式：机械”对话框，如图 2-22 所示。

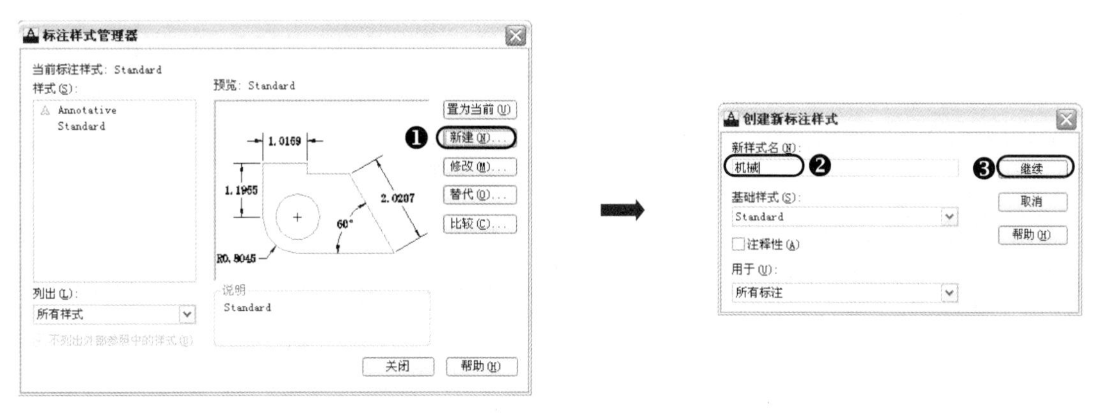

图 2-22 新建标注样式名称

2）在“新建标注样式：机械”对话框的“线”选项卡中，在“颜色”、“线型”和“线宽”下拉列表框中分别选择“ByBlock”（随块），在“基线间距”文本框中输入“7”，在“超出尺寸线”文本框中输入“1”，在“起点偏移量”文本框中输入“2”， 其他内容默认系统原有设置，如图 2-23 所示。

3）在“符号和箭头”选项卡中，设置“第一个 / 第二个 / 引线”均为“实心闭合”箭头符号，在“箭头大小”文本框中输入“2.5”，在“圆心标记”区域中选择“无”选项，其他内容默认系统原有设置，如图 2-24 所示。

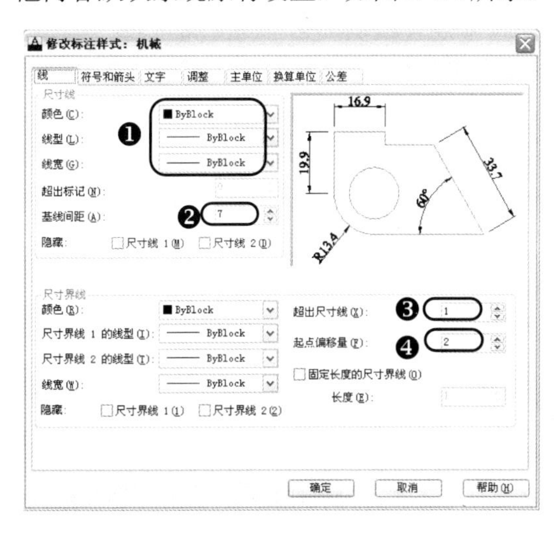

图 2-23 设置尺寸线

图 2-24 设置符号和箭头

4）在“文字”选项卡中，在“文字样式”下拉列表框中选择“HZFS”文字样式，在

“文字高度”文本框中输入“3”，然后在“垂直”下拉列表框中选择“上方”，在“水平”下拉列表框中选择“置中”，在“从尺寸线偏移”文本框中输入“0.3”，在“文字对齐”区域选择“与尺寸线对齐”选项，其余内容默认系统原有设置，如图 2-25 所示。

5）在“调整”选项卡中，默认系统原有设置。

6）在“主单位”选项卡中，在“精度”下拉列表框中选择“0.0”，然后在“舍入”文本框中输入“0”，其余内容默认系统原有设置，如图 2-26 所示。

7）单击“确定”按钮，然后单击“标注样式管理器”对话框的“关闭”按钮，完成对尺寸标注式样的设置。

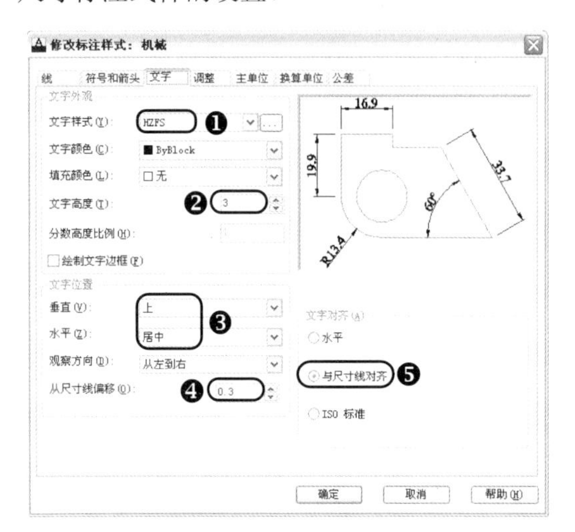

图 2-25　设置文字

图 2-26　设置主单位

2.3.5 定义标题栏图块

在绘制好机械图形后，还应布置相应的标题栏，才能使绘制的工程图更加完善。

1）执行“直线”、“修剪”等命令，绘制如图 2-27 所示的标题栏对象。

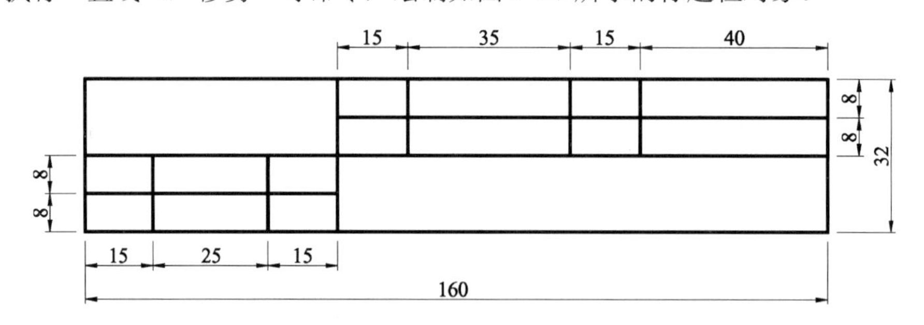

图 2-27　绘制标题栏对象

2）在“文字”工具栏中单击“单行文字”按钮 AI，在标题栏中的相应表格中输入相应的文字对象，其文字的大小为 3.5，如图 2-28 所示。

3）选择“绘图”→“块”→“定义属性”命令，将弹出“属性定义”对话框，设置属性及文字选项，再单击“确定”按钮，然后在相应的位置栏确定插入点，如图 2-29 所示。

4）再按照同样的方法，分别对其他栏设置相应的属性值，如图 2-30 所示。

5）在“绘图”工具栏中单击“创建块”按钮，将弹出“块定义”对话框，按照前面的方法，将所绘制的标题栏对象定义为“标题栏”图块对象。

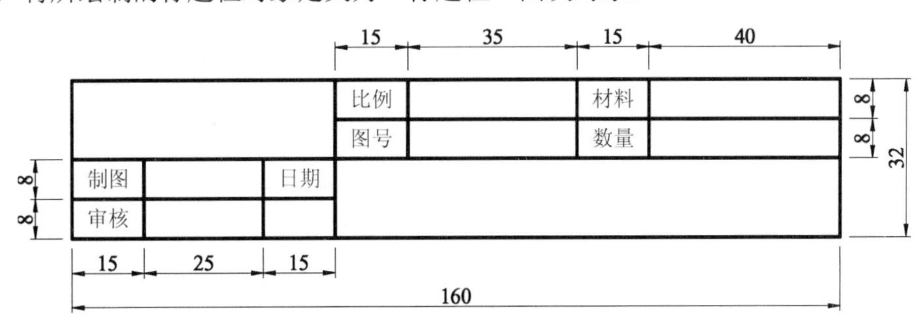

图 2-28　输入文字对象

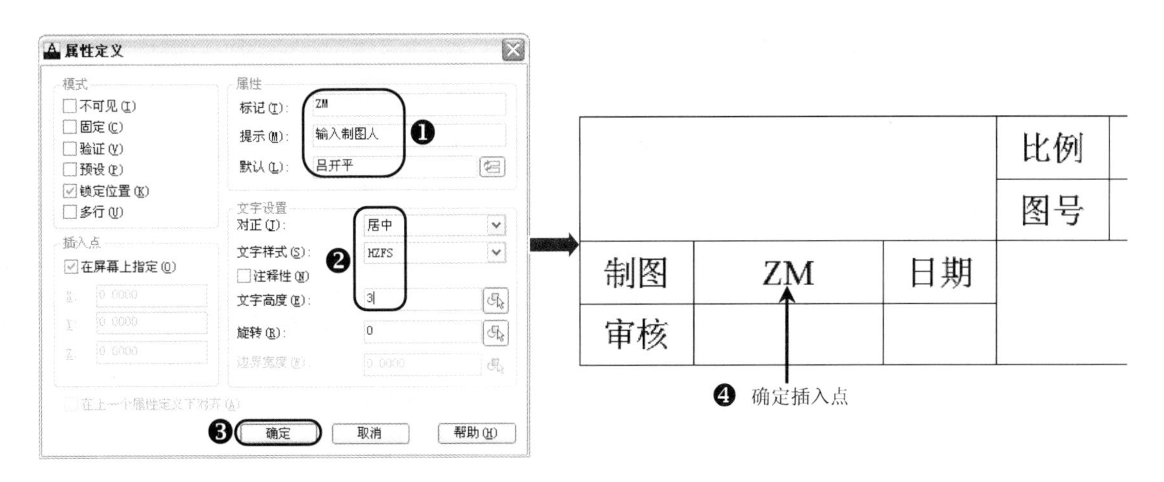

图 2-29　定义属性

<table>
<tr><td colspan="3" rowspan="2">（图名）</td><td>比例</td><td>BL</td><td>材料</td><td>CL</td></tr>
<tr><td>图号</td><td>TH</td><td>数量</td><td>SL</td></tr>
<tr><td>制图</td><td>ZM</td><td>日期</td><td colspan="4" rowspan="2">（单位）</td></tr>
<tr><td>审核</td><td>SH</td><td>RQ</td></tr>
</table>

图 2-30　定义其他属性

2.3.6 保存为样板图形

通过前面的操作，已经对样板文件中所涉及的单位、界限、图层、文字和标注样式、图块等创建完成，接下来就将其保存为样板文件.dwt。

选择“文件”→“另存为”菜单命令，将弹出“图形另存为”对话框，选择保存的位置，在“文件类型”下拉列表框中选择“AutoCAD 图形样板（*.dwt）”项，再在“文件名”文本框中输入“机械样板”，再单击“保存”按钮，将弹出“样板选项”对话框，在“说明”文本框中输入相应的文字说明，然后单击“确定”按钮即可，如图 2-31 所示。

用户可以将样板文件保存在“案例\02”文件夹下面。

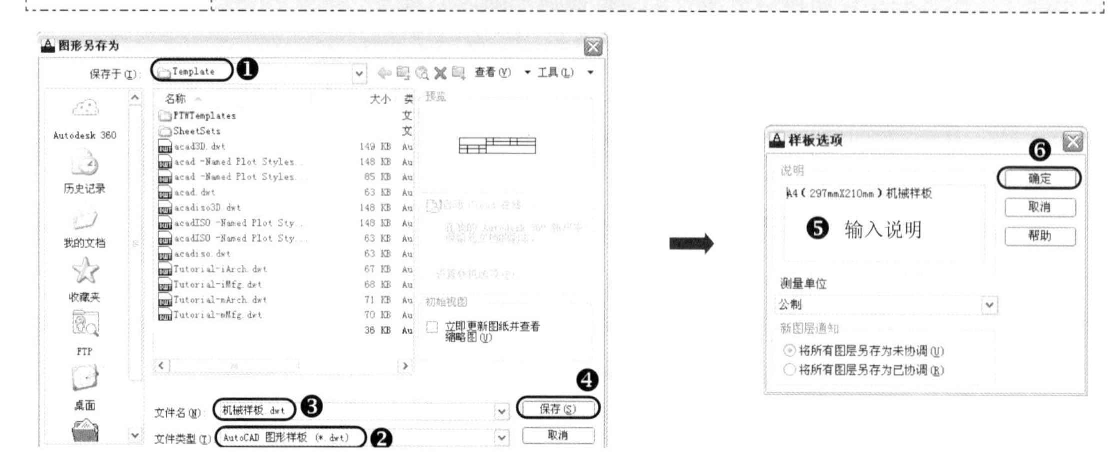

图 2-31　保存样板文件

第3章 机械图样的表达方法

本章导读

在实际生产中，机件的形状是千变万化的，仅用三面投影图往往不能将机件的内外形状和结构表达清楚。简单的机件用一两个视图就能表达清楚，但是形状复杂的机件画出其三视图也不能清楚地表达出来。为了使画出来的图样达到完整、清晰，制图简便，国家标准《机械制图》中规定了视图、剖视图、断面图以及其他各种表达方法。

为了更好地学习机械制图的 CAD 技术，在本章中主要讲解了视图的表示方法，剖视图的表示方法，断面图的表示方法，局部放大图的表示方法，机件的简化画法等，并讲解了机件表达方法的应用实例。

主要内容

- ☑ 了解投影基础及视图的形成
- ☑ 掌握剖视图和断面图的表示方法
- ☑ 掌握局部放大图的表示方法
- ☑ 掌握机件的简化画法

效果预览

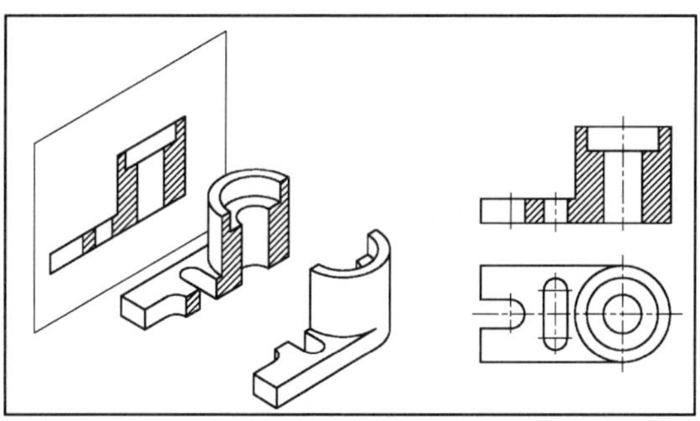

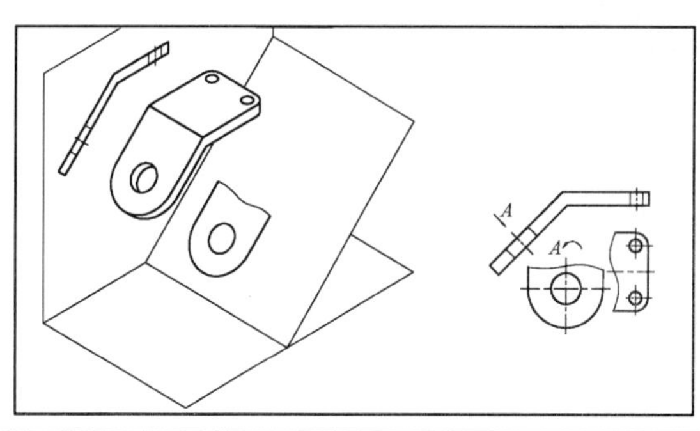

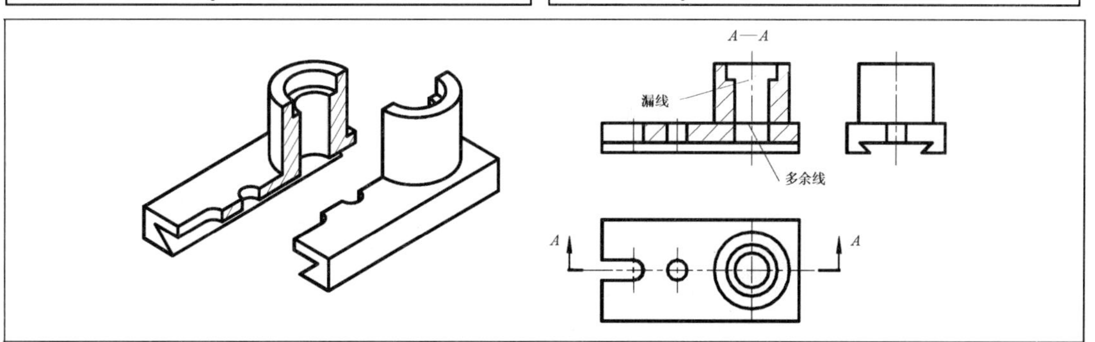

3.1 投影的基础

机械图样主要是应用投影的原理和方法绘制的。而投影的方法有两种，一是中心投影法，另一种是平行投影法。平行投影法根据投射线与投影面相交的角度（倾斜或垂直）分为倾斜投影法和正投影法。由于正投影法能反映物体的真实形状和大小，度量性好，便于作图，所以机械图样多按正投影法绘制。

3.1.1 中心投影法

将一块三角板放在平面 *P* 的一侧，由一个点光源通过三角板的三个顶点 *A*、*B*、*C* 分别向平面 *P* 作投影，在平面 *P* 上所反映的是三角板的放大平面图，在投影法中把这种不能反映物体的实形的方法称为中心投影法，如图 3-1 所示。

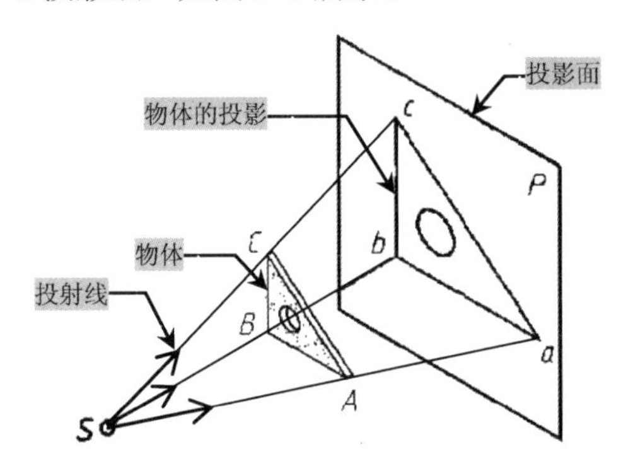

图 3-1 中心投影法

3.1.2 平行投影法

平行投影法又分为两种，即正投影和斜投影，这里主要对正投影进行相应的讲解。正投影法如图 3-2 所示，同样将一块三角板放在平面 *P* 的上侧，通过三角板的三个顶点 *A*、*B*、*C* 分别向平面 *P* 作垂直线，在平面 *P* 上交于点 *a*、*b*、*c*，连接三个点所形成的三角形 *abc* 即为三角板在平面 *P* 上的投影。线 *Aa*、*Bb*、*Cc* 称为投射线，平面 *P* 称为投影面。这种投射线垂直于投影面的平行投影方法称为正投影法。

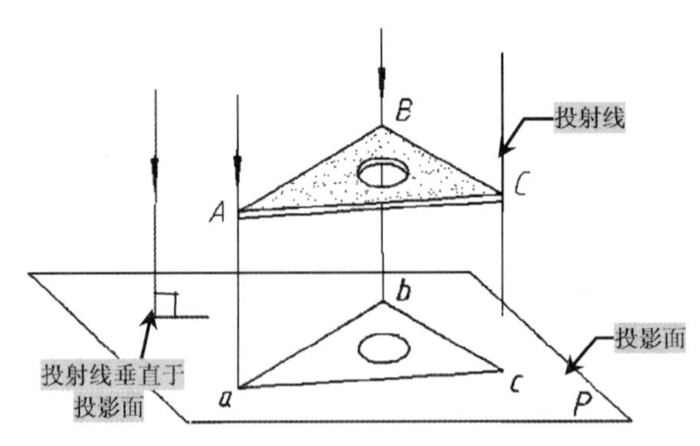

图 3-2 正投影法

3.2 视图的形成

物体是有着长、宽、高三个方向尺度的立体。要想认识它，就应该从上、下、左、右、前、后各个方向去观察，才能对其有一个完整的了解。

3.2.1 三投影面体系

为了表达物体的形状和大小，国家标准规定选取垂直的三个投影面来对物体从不同的方向进行相应的投影，三面投影体系如图 3-3 所示。三个投影面的名称和代号如下。

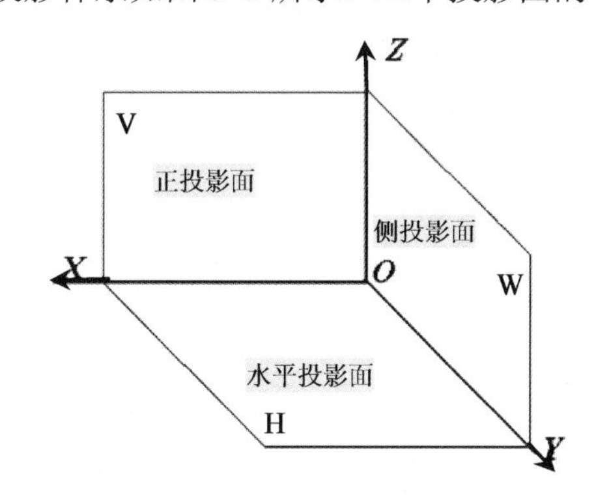

图 3-3 三面投影体系

☑ 正对观察者的投影面称为正立投影面，简称正面，用字母“V”表示。
☑ 水平位置的投影面称为水平投影面，简称水平面，用字母“H”表示。
☑ 右边侧立的投影面称为侧立投影面，简称侧面，用字母“W”表示。

任意两投影面的交线称投影轴，分别是：

☑ 正立投影面（V）与水平投影面（H）的交线称为 *OX* 轴，简称 *X* 轴，代表长度方向。
☑ 水平投影面（H）与侧立投影面（W）的交线称为 *OY* 轴，简称 *Y* 轴，代表宽度方向。
☑ 正立投影面（V）与侧立投影面（W）的交线称为 *OZ* 轴，简称 *Z* 轴，代表高度方向。
☑ *X*、*Y*、*Z* 三轴的交点称为原点，用“*O*”表示。

3.2.2 三视图的形成

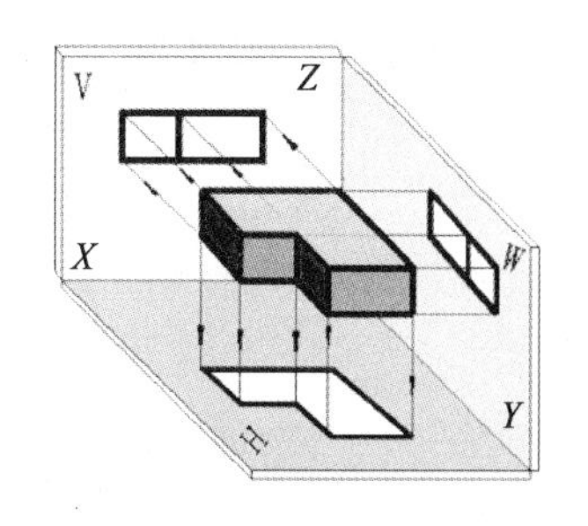

图 3-4 三面投影

用正投影法获得的物体的投影图称为视图，物体在 V 面上的投影，也就是由前向后投射所得的视图，称为主视图；物体在 H 面上的投影，也就是由上向下投射所得的视图，称为俯视图；物体在 W 面上的投影，也就是由左向右投射所得的视图，称为左视图，如图 3-4 所示。

为了把空间的三个视图画在同一个平面图上，就必须把三个投影面展开摊平。展开的方法是：正面（V）保持不动，水平投影面（H）绕 *OX* 轴向下旋转 90°，侧面（W）绕 *OZ* 轴向右旋转 90°，使它们和正面（V）展成一个平面，这样展开在一个平面上的三个视图，称为物体的三面视图，简称三视图，如图 3-5 所示。

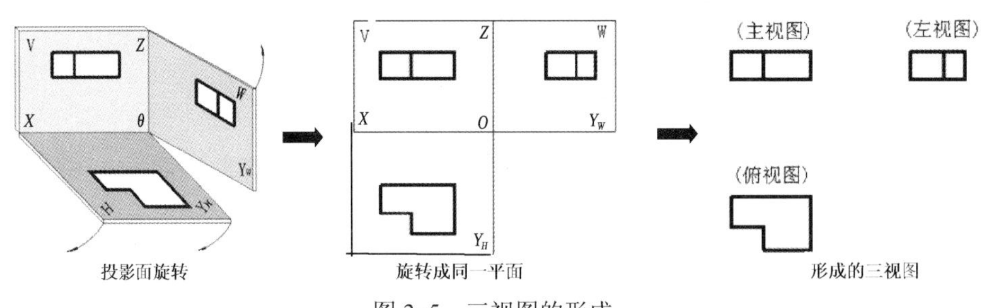

图 3-5　三视图的形成

三视图之间的投影关系可以归纳为“三等”，即主、俯视图长对正（等长）；主、左视图高平齐（等高）；俯、左视图宽相等（等宽）。

“三等”关系反映了三个视图之间的投影规律，是看图、画图和检查图样的依据。

3.2.3 基本视图的形成

用正六面体的六个面作为基本投影面，按照前面所讲的正投影法展开各投影面，展开后各个视图的名称，如图 3-6 所示。

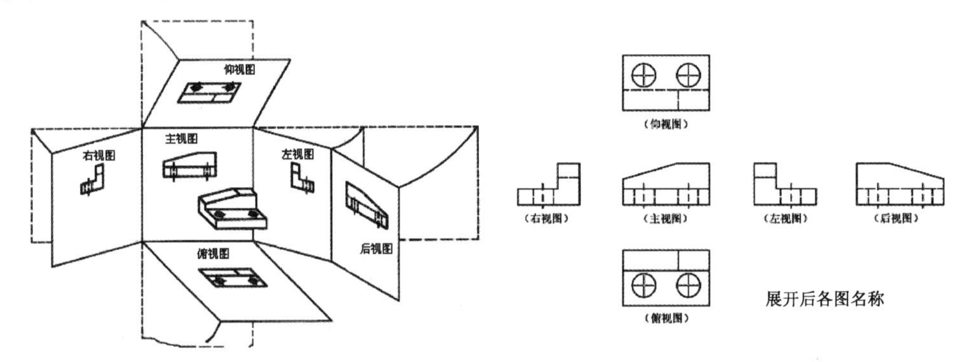

图 3-6　各投影面的展开方法

基本视图的投影规律：主、俯、后、仰四个视图长对正；主、左、后、右四个视图高平齐；俯、左、仰、右四个视图宽相等，六个基本视图的方位对应关系如图 3-7 所示。

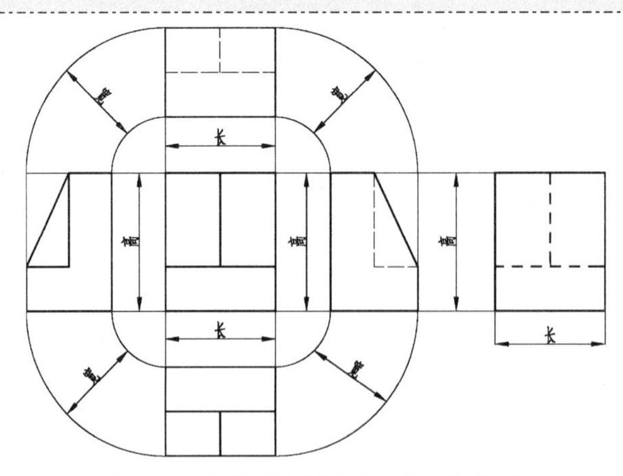

图 3-7　六个基本视图的方位对应关系

3.2.4 向视图

向视图是可自由配置的视图，是基本视图的另一种表达方式，以表达零件某个方向的外形。在向视图上方应标注视图名称“×”（“×”为大写拉丁字母，并按 *A*、*B*、*C*…顺次使用，下同），并在相应的视图附近用箭头指明投射方向，并注上同样的字母，向视图的名称与配置如图 3-8 所示。

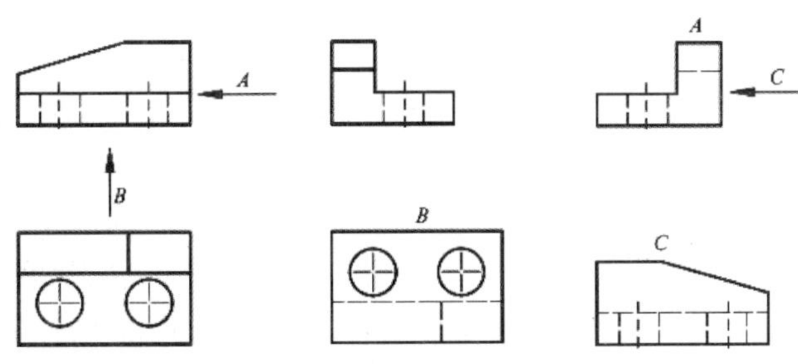

图 3-8 向视图的名称与配置

3.2.5 局部视图

将零件的某一部分向基本投影面投射所得到的视图称为局部视图。

在机械图样中，局部视图可按以下三种形式配置，并进行必要的标注。

1）按基本视图的配置形式配置。当与相应的另一视图之间没有其他图形隔开时，则不必标注，局部视图及斜视图的表示法如图 3-9 所示。

2）按向视图的配置形式配置和标注，如图 3-10 所示的局部视图 *B*。

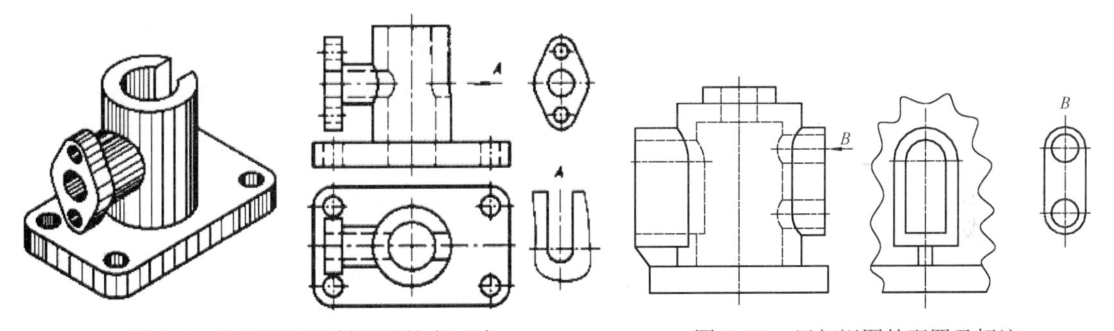

图 3-9 局部视图及斜视图的表示法　　图 3-10 局部视图的配置及标注

3）按第三角画法配置在视图上所需表示的局部结构的附近，并用细点画线将两者相连。如图 3-11 和图 3-12 所示。

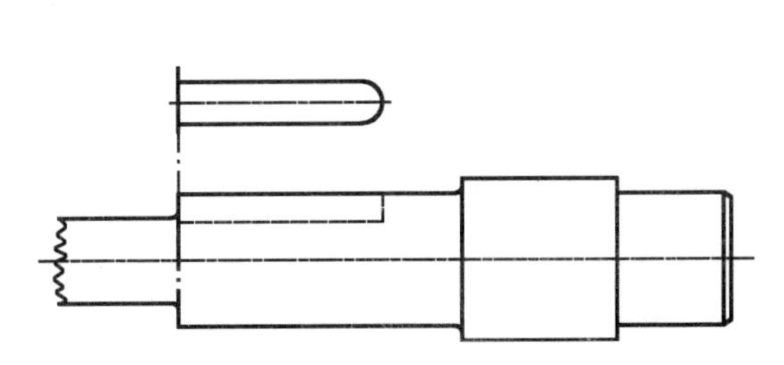

图 3-11 按第三角画法配置的局部视图（一）

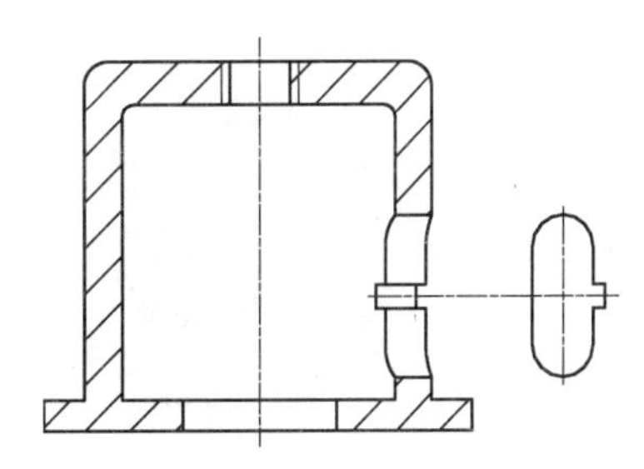

图 3-12 按第三角画法配置的局部视图（二）

用带字母的箭头指明要表达的部位和投射方向，并注明视图名称。局部视图的范围用波浪线表示；当表示的局部结构是完整的且外轮廓封闭时，波浪线可省略。局部视图可按基本视图的配置形式配置，也可按向视图的配置形式配置。

3.2.6 斜视图

将零件向不平行于基本投影面的平面投射所得到的视图称为斜视图。

斜视图主要用来表达物体上倾斜部分的实形，其余部分不必全部画出，可用波浪线或双折线断开。

斜视图需要标注名称和投射方向，如图 3-13 所示。斜视图一般按照正常投影关系配置，用带大写字母的箭头表示投射方向，并在对应的斜视图上方标明相同的字母。必要时，斜视图也可以配置在其他适当位置，并允许将图形摆正，并在图的上方画出旋转符号，如图 3-14 所示。

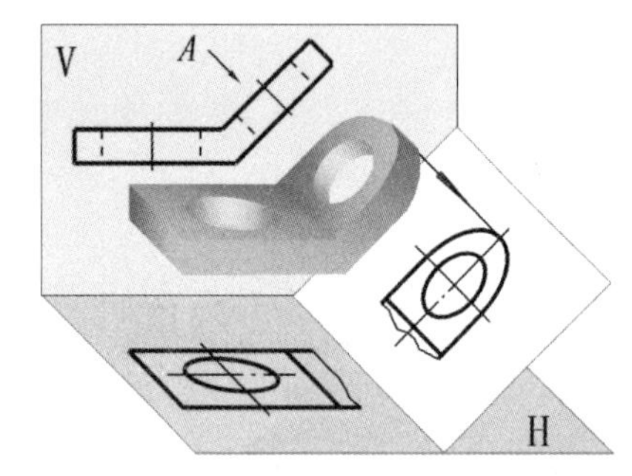

图 3-13　斜视图效果

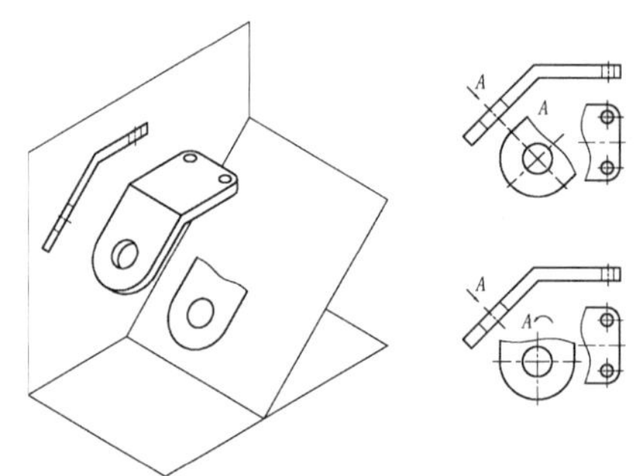

图 3-14　斜视图投影图

当物体的表面与投影面成倾斜位置时，其投影不反映实形，这时应增设一个与倾斜表面平行的辅助投影面，再将倾斜部分向辅助投影面投射。

3.3　剖视图的表示方法

视图主要用来表达机件的外部结构和形状，如果零件的内部形状结构比较复杂，视图上会出现较多的细虚线、实线交叉重叠，既不方便看图，也不便于图上尺寸的标注，图 3-15 所示是机件的立体图和三视图。为了能够清晰地表达零件的内部结构，可采用剖视的方法画图。

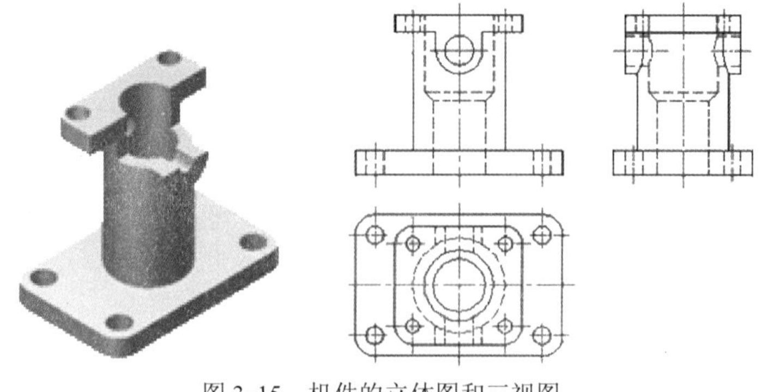

图 3-15　机件的立体图和三视图

3.3.1 剖视图的形成

假想用剖切面剖开机件，将位于剖切面与观察者之间的部分移走，将剩下的部分向投影面进行投影，这样所得到的图形称为剖视图，如图 3-16 所示。

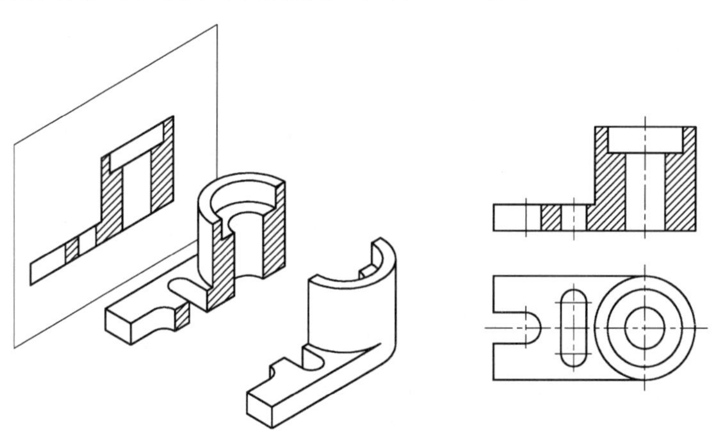

图 3-16 剖视图的形成

剖视图由两部分组成，一是和剖切面相接触部分的投影，该部分由剖切面和机体内外表面的交线围成，称为断面区域。剖切平面与物体接触部分称为断面区域。在绘制剖视图时，通常应在断面区域画出剖面符号。不同材料的剖面符号分类示例如图 3-17 所示。

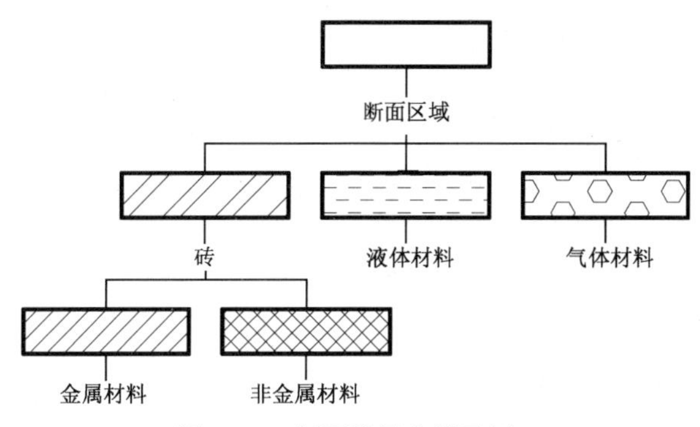

图 3-17 剖面符号分类示例

3.3.2 剖视图的画法和步骤

现以如图 3-18 所示的支架为例介绍画剖视图的方法和步骤。

1）画出机件的主、俯视图，如图 3-19a 所示。

2）首先确定哪个视图取剖视，然后确定剖切面的位置。剖切面应通过机件的对称面或轴线，且平行于剖视图所在的投影面。这里用通过两孔的轴线且平行于 V 面的剖切面剖切机件，画出断面区域，并在断面区域内画上剖面符号，如图 3-19b 所示。

3）画出剖切面后边的可见部分的投影，如图 3-19c 所示。

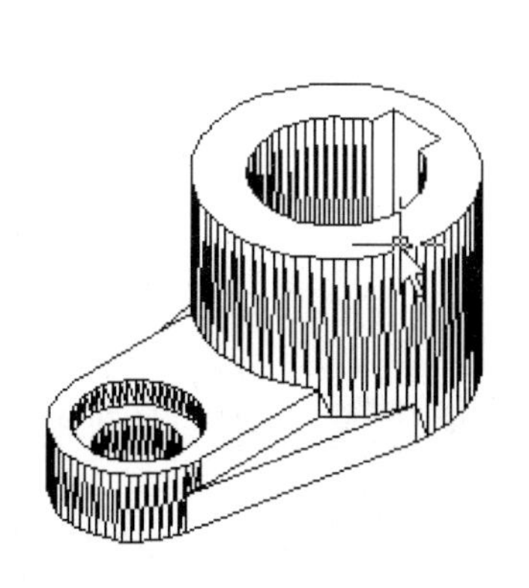

图 3-18 支架

4）根据国标规定的标注方法对剖视图进行标注，如图 3-19d 所示。

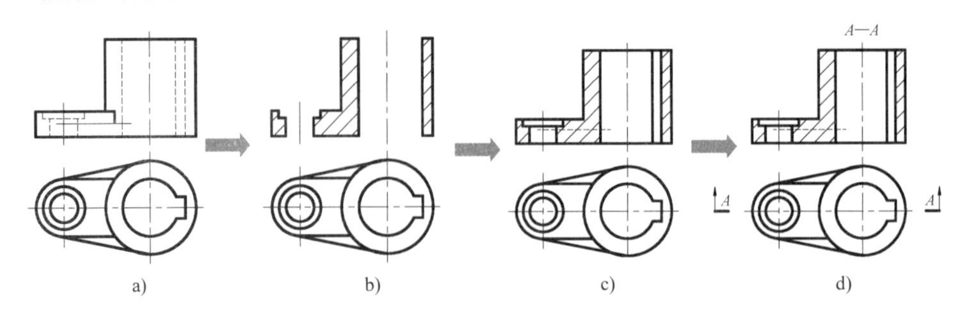

图 3-19　剖视图画图步骤

3.3.3 剖视图的标注方法

剖视图一般应用大写拉丁字母“X—X”在剖视图上方标注出剖视图的名称，在相应的视图上用剖切符号表示剖切位置及投射方向，并标注相同的字母，剖视图的标注如图 3-20 所示。但是剖切符号不要和图形的轮廓线相交，箭头的方向应与看图的方向相一致。

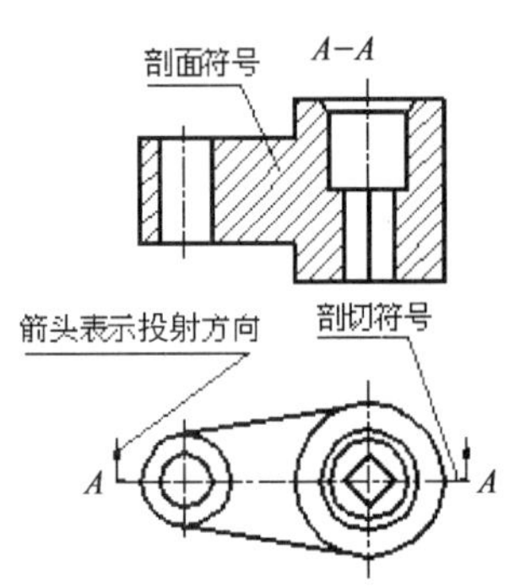

图 3-20　剖视图的标注

在画剖视图时，应注意以下事项。

1）剖视图中剖开机件是假想的，因此当一个视图取剖视之后，其他视图仍按完整的物体画出，也可取剖视。如图 3-16 所示，主视图取剖视后，俯视图仍按完整机件画出。

2）剖视图上已表达清楚的结构，其他视图上此部分结构投影为虚线时，一律省略不画，如图 3-16 所示的俯、左（主）视图的虚线均不画。对未表达清楚的部分，虚线必须画出，如图 3-19 所示，主视图中的虚线表示底板的高度。如果省略了该虚线，底板的高度就不能表达清楚，这类虚线应画出。

3）同一机件各个断面区域和断面图上的剖面线倾斜方向应相同，间距应相等。

4）不要漏线和多线，剖视图中常见的错误如图 3-21 所示。

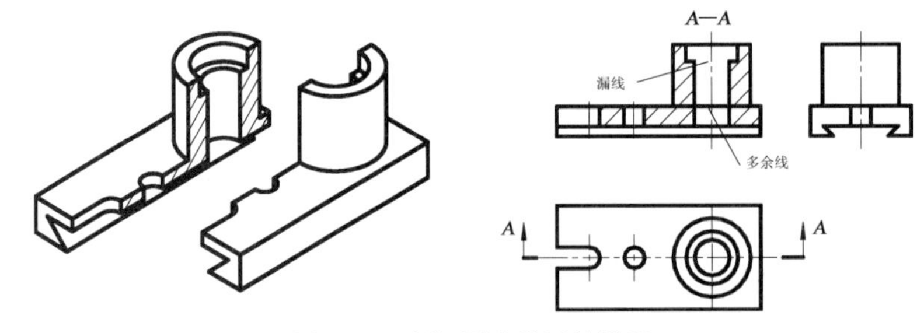

图 3-21　剖视图中常见的错误

3.3.4 剖视图的种类

根据剖开机件范围的大小，剖视图分为全剖视图、半剖视图、局部剖视图三种。下面介绍三种剖视图的适用范围、画法及标注方法。

1. 全剖视图

假想用剖切面将机件全部剖切开，得到的剖视图称为全剖视图。如图 3-16 和图 3-20 所示均为全剖视图。

全剖视图主要用于表达不对称机件的内形，外形简单、内形相对复杂的对称机件也常用全剖视图来表达。

2. 半剖视图

当机件具有对称（或基本对称）平面时，在垂直于对称平面的投影面上所得到的图形，以对称中心线为界，一半画成剖视图，另一半画成视图，这种组合的图形称为半剖视图，如图 3-22 所示。

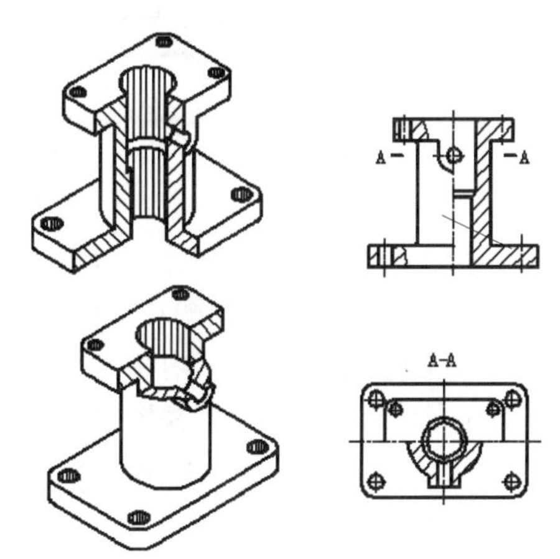

图 3-22 半剖视图

半剖视图主要用于内、外形状都需表达的对称机件。如图 3-22 所示的机件内部有不同直径的孔，外部有凸台，内、外结构都比较复杂，而且前、后，左、右结构对称。为了清楚地表达前面凸台形状和内部孔的情况，主视图采用半剖；为了表达顶板的形状和顶板上小孔的位置及前面正垂小圆柱孔和中间铅垂圆柱孔穿通的情况，俯视图用了半剖视图。

如果机件形状接近于对称，而不对称部分已有图形表达清楚时，也可以画成半剖视图，如图 3-23 所示，图形结构基本对称，只是圆柱右侧键槽与左边不对称，但俯视图已表达清楚，所以主视图采用半剖视图。

如图 3-23 中所示的两侧肋板，按国标规定机件上的肋，纵向剖切不画剖面符号，而用粗实线将其与相邻部分分开。非纵向剖切，则要画剖面线，如图 3-24 中的俯视图所示。

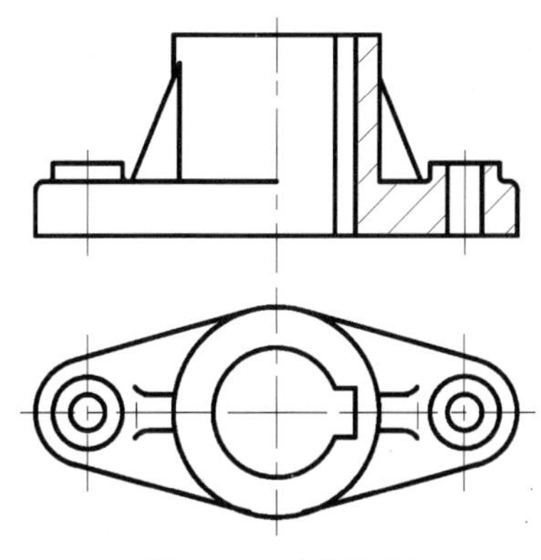
图 3-23 半剖视图

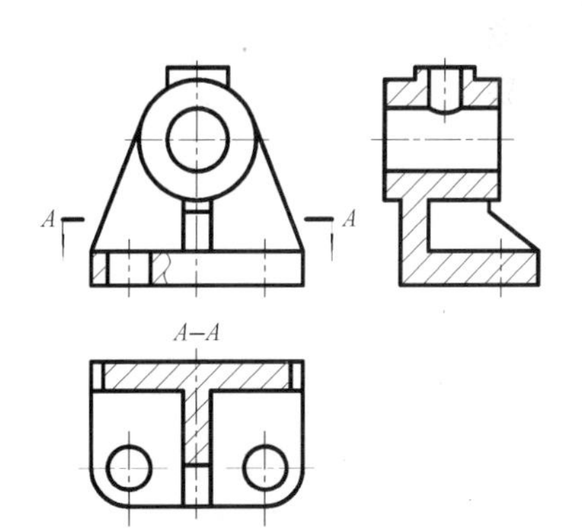

图 3-24 剖视图中肋板的画法

半剖视图的标注方法与全剖视图的标注方法相同。半剖视图的标注方法如图 3-25 所示，主视图通过机件的对称面剖切，剖视图按投影关系配置，中间又无其他图形隔开，所以省略标注。俯视图中，因剖切面未通过机件的对称面，故需标注，图形按投影关系配置，中间无其他图形分隔，箭头可以省略。

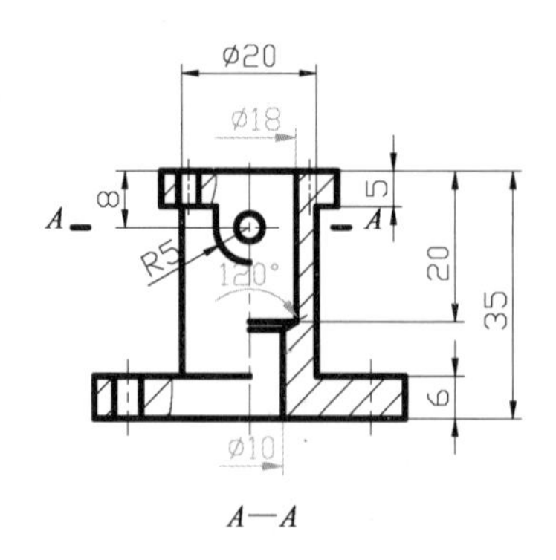

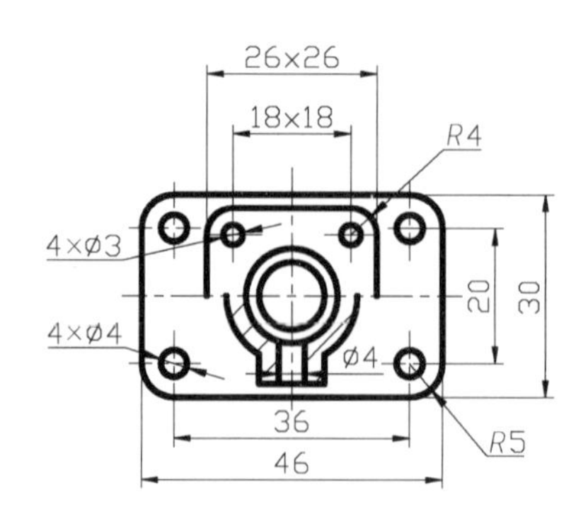

图 3-25　半剖视图的标注方法

在画半剖视图时，应注意以下几个问题。

1）在半剖视图中视图和剖视图的分界是细点画线，不能画成粗实线或其他类型图线。

2）因机件对称，其内部结构和形状已在对称点画线的另一半剖视图中表达清楚，所以，在表达外形的那一半视图中该部分的虚线一律不画。

3）表达内形的那一半剖视图的习惯位置是：图形左、右对称时剖右半部分；前、后对称时剖前半部分。

4）半剖视图标注尺寸的方法、步骤与全剖视图基本相同，不同的是有些结构由于半剖，其轮廓线只画一半，另一侧虚线省略不画。标注这部分尺寸时，要在有轮廓线的一端画尺寸界线，尺寸线略超过对称中心线，只在有尺寸界线的一端画箭头，尺寸数值标注该结构的完整尺寸，如图 3-25 中所示的ϕ18，ϕ10 等。

3. 局部剖视图

用剖切平面局部剖开机件，所得到的剖视图称为局部剖视图，如图 3-26b 所示。

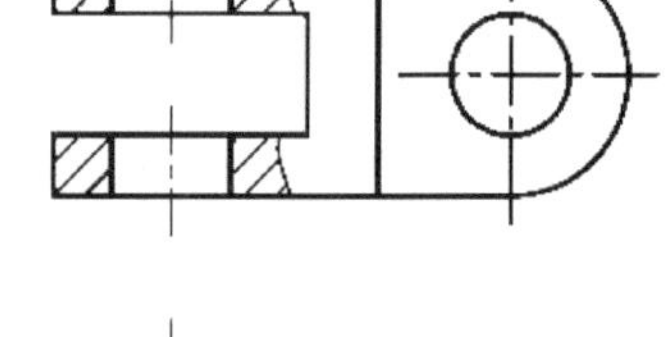

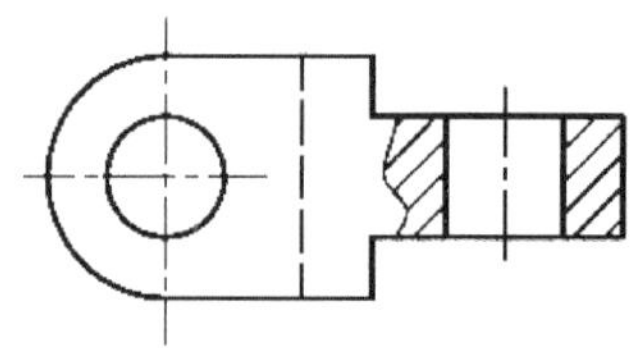

图 3-26　局部剖视图（一）

局部剖视图适用范围主要有以下几个方面。

1）局部剖视图主要用于机件内、外结构形状都比较复杂，且不对称的情况。如图 3-26a 所示机件，其内部有大、小不同的圆柱空腔，前面右下方有圆形凸台，凸台内有正垂小圆孔与中间圆柱内腔穿通。该机件内、外形状均需要表达，并且机件前、后、左、右均不对称。若将主视图画成全剖视图，机件的内部空腔的形状和高度都能表示清楚，但右下前方圆凸台被剖掉，其形状和位置都不能表达。机件左、右不对称，又不适合取半剖，因此只能取局部剖视图，这样既表达了外形又表达了内形，其外形部分表达了右侧圆柱凸台的形状、位置和底板的形状，其剖视部分表达了右下前方正垂小孔与中间圆柱空腔穿通的情况。

2）机件上有局部结构需要表示时，也可用局部剖视图，如图 3-25 所示顶板、底板上小孔。

3）实心杆、轴上有小孔或凹槽时常采用局部剖视图。如图 3-27a 所示，用局部剖视图表示轴上键槽的形状和深度。

4）当对称图形的中心线与图形轮廓线重合不宜采用半剖视图时，应采用局部剖视图，如图 3-27b 所示。

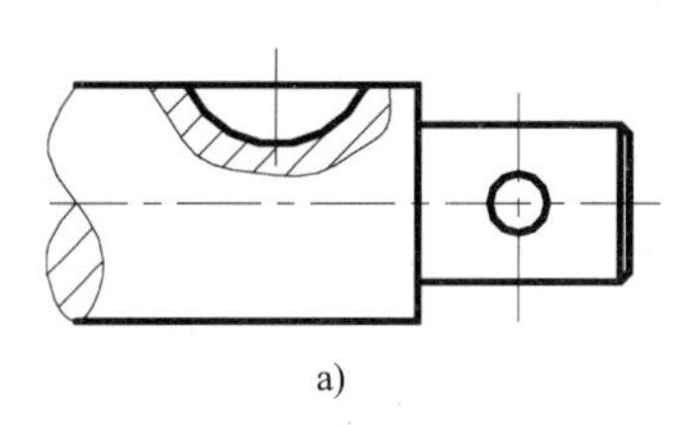
a)

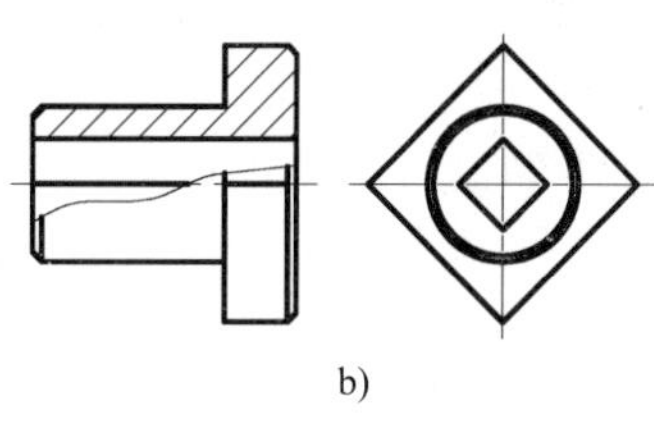
b)

图 3-27 局部剖视图（二）

局部剖视图中，视图与剖视图的分界线为细波浪线或双折线。波浪线表示假想断裂面的投影，因此要注意以下几点。

1）波浪线不能超出剖切部分的图形轮廓线（因轮廓线之外无断面），如图 3-28 所示。

2）剖切平面和观察者之间的通孔、通槽内不能画波浪线（即波浪线不能穿空而过），如图 3-28 所示。

3）波浪线不能与图形上的其他任何图线重合，或画在轮廓线的延长线上，如图 3-29 所示。

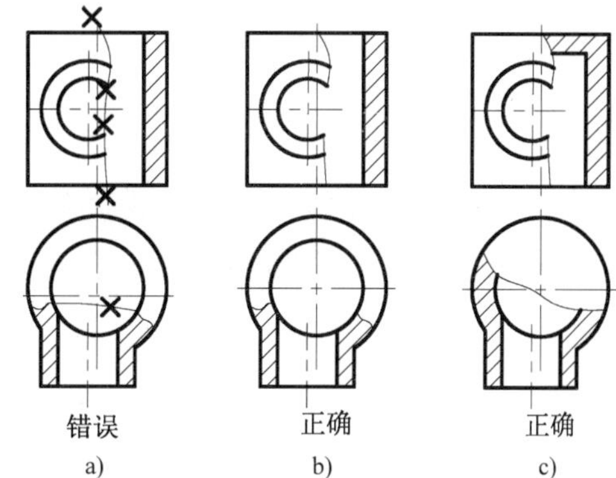

图 3-28 局部剖视图中波浪线的画法（一）

画局部剖视图时，剖开机件范围的大小要根据机件的结构特点和表达的需要而定。如图 3-26b，主视图为了表示中间圆柱孔的高度，剖得范围必须大些；而如图 3-25 所示底板上小孔则不必剖得范围太大，只要将小孔深度表示清楚就可以了。

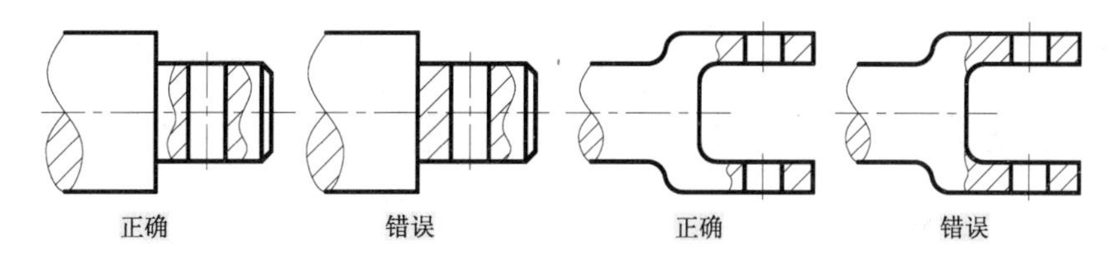

图 3-29 局部剖视图中波浪线的画法（二）

局部剖视图能同时表达机件的内、外部结构形状，不受机件是否对称的约束，剖开范围的大小、剖切位置均可根据表达需要确定，因此局部剖视图是一种比较灵活的表达方法。但是同一个视图中采用局部剖视不宜过多，以免使图形过于零乱，给读图带来困难。

4. 局部剖视图标注方法

局部剖视图标注方法与全剖视图相同。单一剖切面剖切，位置明显时可省略标注，如图 3-26b 和图 3-27 所示。

3.3.5 剖切面的种类和应用

剖视图是假想将机件剖开而得到的视图，因为机件内部形状的多样性，剖开机件的方法也不尽相同。国家标准《机械制图》规定的剖切方法包括单一剖切平面、几个互相平行的剖切平面、两个相交的剖切平面、不平行于任何基本投影面的剖切平面、组合的剖切平面等。

1. 单一剖切平面

用一个剖切平面剖开机件的方法称为单一剖，所画出的剖视图称为单一剖视图。单一剖切平面一般为平行于基本投影面的剖切平面。前面介绍的全剖视图、半剖视图、局部剖视图均为用单一剖切平面剖切而得到的，可见，这种方法应用最多。

2. 几个互相平行的剖切平面

当机件上有较多的内部结构形状时，而它们的轴线又不在同一平面内，这时可用几个相互平行的剖切平面剖切。这种剖切方法称为阶梯剖，如图 3-30 所示。

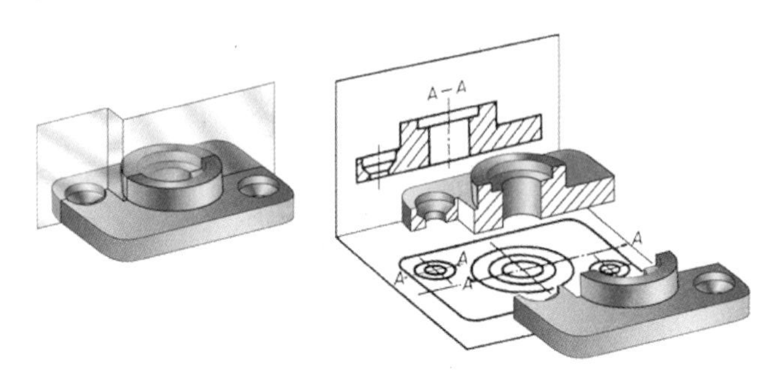

图 3-30 阶梯剖

采用阶梯剖画剖视图时应注意：

1）在剖切平面的起迄处和转折处要画出剖切符号，如图 3-31a 所示。

2）不应画出剖切平面转折处的投影，如图 3-29b 所示。

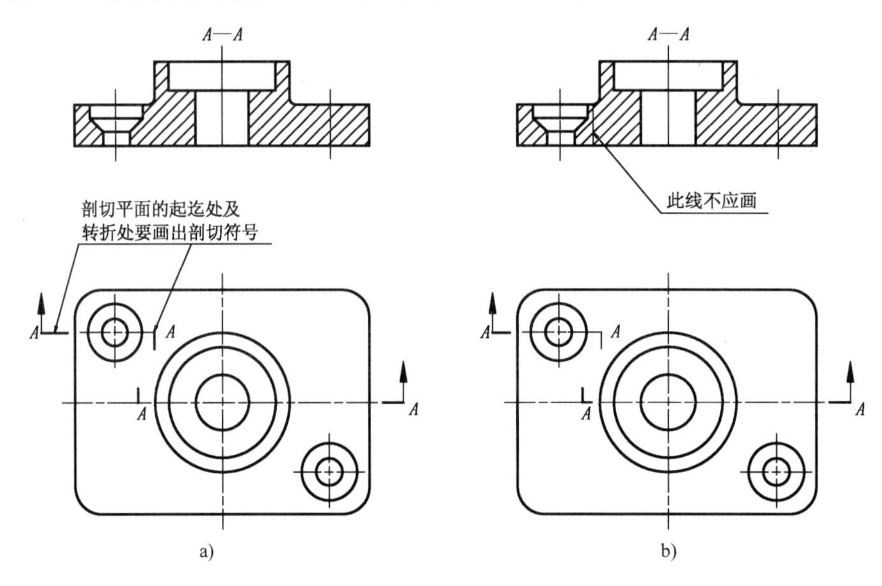

图 3-31 画阶梯剖的注意问题

3）剖切平面转折处不应与图形轮廓重合。

4）正确选择剖切位置，在图形中不应出现不完整的要素，剖切位置的选择如图 3-32 所示。

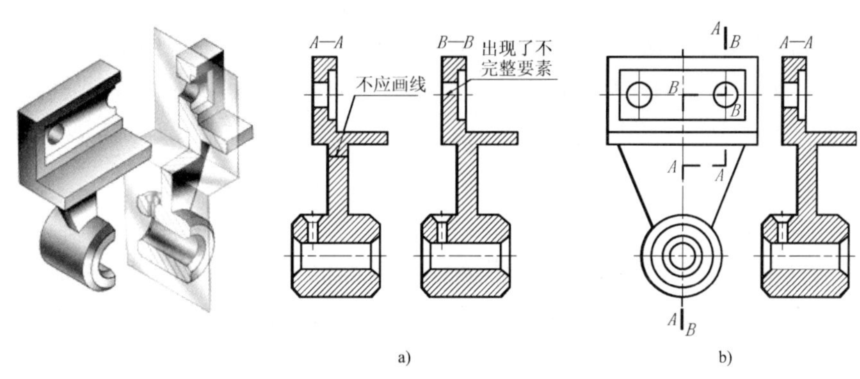

图 3-32 剖切位置的选择

3. 两个相交的剖切平面

用两个相交的剖切平面（交线垂直于某一基本投影面）剖开机件的方法称为旋转剖，所画出的剖视图称为旋转剖视图。如图 3-33 所示。

剖开机件后，必须将被剖切平面剖开的倾斜部分结构旋转到与某一基本投影面平行的位置后再进行投影，如图 3-33 所示。如果剖切平面后的结构仍按原来的位置投影，则应如图 3-33 中的倾斜圆柱孔所示。

4. 不平行于任何基本投影面的剖切平面

用不平行于任何基本投影面的剖切平面剖开机件的方法称为斜剖，所画出的剖视图称为斜剖视图。斜剖视图适用于机件的倾斜部分需要剖开以表达内部实形的情况，并且内部实形的投影是用辅助投影面法求得的。

如图 3-34 所示机件，它的基本轴线与底板不垂直。为了清晰表达弯板的外形和小孔等结构，宜用斜剖视表达。此时用平行于弯板的剖切面 *B*—*B* 剖开机件，然后在辅助投影面上画出剖切部分的投影即可。

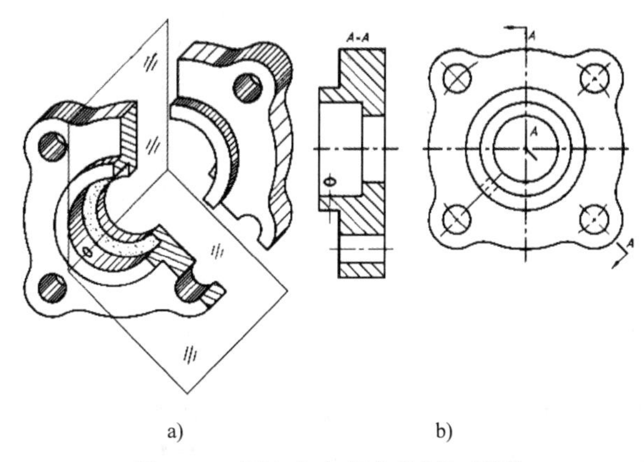

图 3-33 两个几个相交的剖切平面

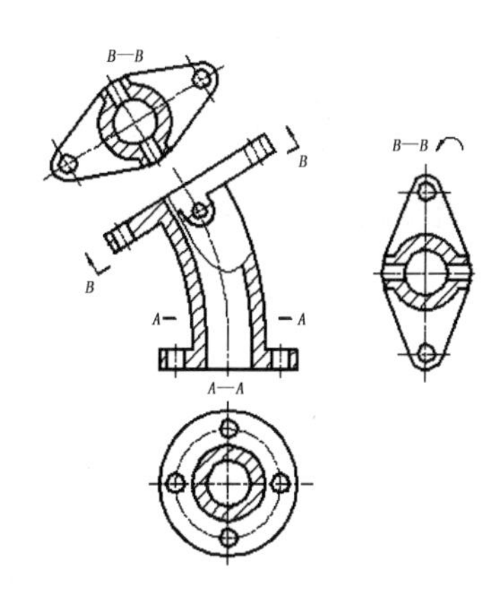

图 3-34 机件的斜剖视图

画斜剖视图时，应注意以下几点。

1）斜剖视图最好与基本视图保持直接的投影联系，如图 3-34 中所示的 *B*—*B* 剖视图。必要时（如为了合理布置图幅）可以将斜剖视图画到图样的其他地方，但要保持原来的倾斜度，也可以转平后画出，但必须加注旋转符号。

2）斜剖视图主要用于表达倾斜部分的结构。机件上凡在斜剖视图中失真的投影，一般应避免表示。例如，在图 3-34 中，按主视图上箭头方向取视图，就避免了画长圆形弯板的失真投影。

3）斜剖视图必须标注，标注方法如图 3-34 所示，箭头表示投影方向。

5．组合的剖切平面

当机件的内部结构比较复杂，用阶梯剖或旋转剖仍不能完全表达清楚时，可以采用以上几种剖切平面的组合来剖切机件，这种剖切方法称为复合剖，所画出的剖视图称为复合剖视图。

如图 3-35a 所示的机件，为了在一个图上表达各孔、槽的结构，便采用了复合剖视，如图 3-35b 所示。应特别注意复合剖视图中的标注方法。

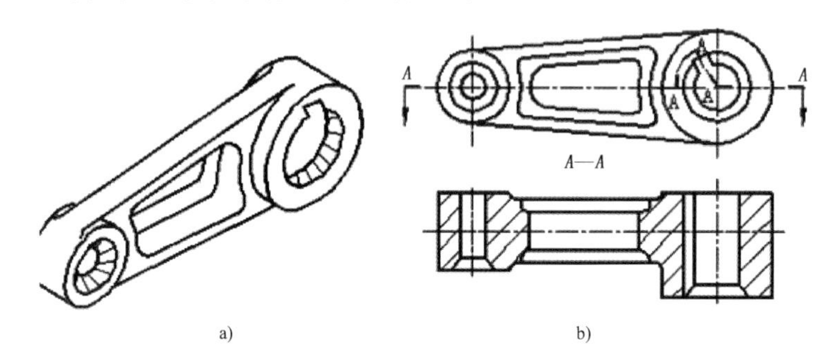

图 3-35　机件的复合剖视图

3.4　断面图的表示方法

假想用剖切平面将形体的某处剖开，仅画出断面的图形称为断面图。断面图与剖视图的区别：断面图仅画出机件与剖切面接触部分的断面图形；而剖视图是要将假想剖切后剩余的可见部分全部向投影面进行投影。

3.4.1　断面图的表示

如图 3-36a 所示的轴，为了表示键槽的深度和宽度，假想在键槽处用垂直于轴线的剖切面将轴切断，只画出断面的形状，在断面上画出剖面线，如图 3-36b 所示。

画断面图时，应特别注意断面图与剖视图的区别，断面图仅画出机件被切断处的断面形状，而剖视图除了画出断面形状外，还必须画出剖切面以后的可见轮廓线，如图 3-36c 所示。

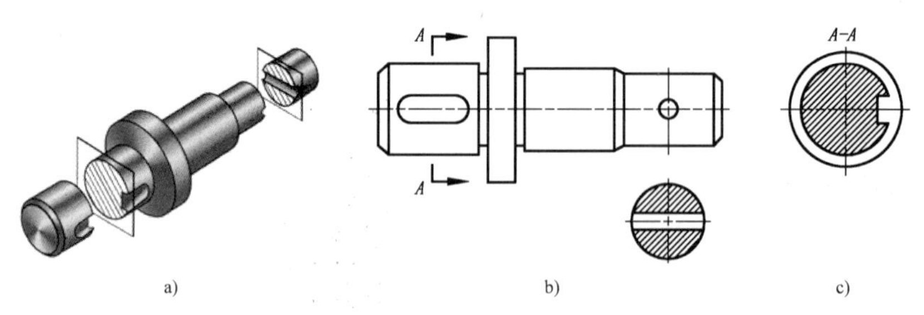

图 3-36　断面图的画法

断面图通常用来表示零件上某一局部的断面形状。例如，零件上的肋板、轮辐，轴件上的键槽和孔等。

3.4.2 断面图的分类和画法

断面图分为移出断面图和重合断面图两种。

（1）移出断面　画在视图外的断面称为移出断面图，如图 3-37 所示。

1）在画移出断面图时应注意以下几点

① 移出断面的轮廓线用粗实线绘制。

② 为了看图方便，移出断面应尽量配置在剖切符号或剖切线的延长线上，如图 3-37b 和图 3-37c 所示。必要时可将移出断面配置在其他适当位置，如图 3-37a 和图 3-37d 所示。

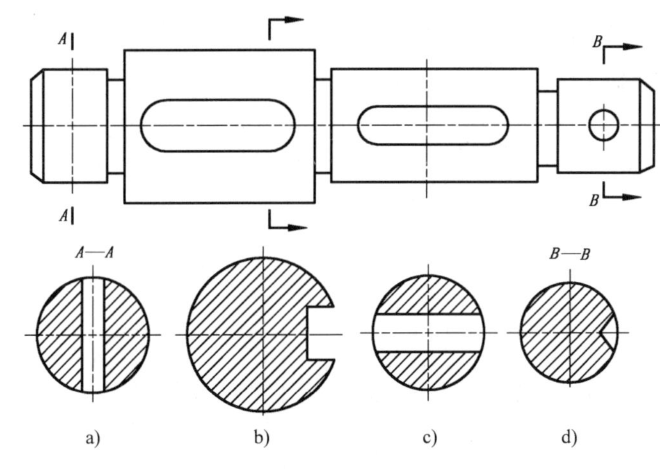

图 3-37　移出断面图（一）

③ 剖切平面一般应垂直于被剖切部分的主要轮廓线。当遇到如图 3-38c 所示的肋板结构时，可用两个相交的剖切面，分别垂直于左、右肋板进行剖切，这样画出的断面图，中间应用波浪线断开。

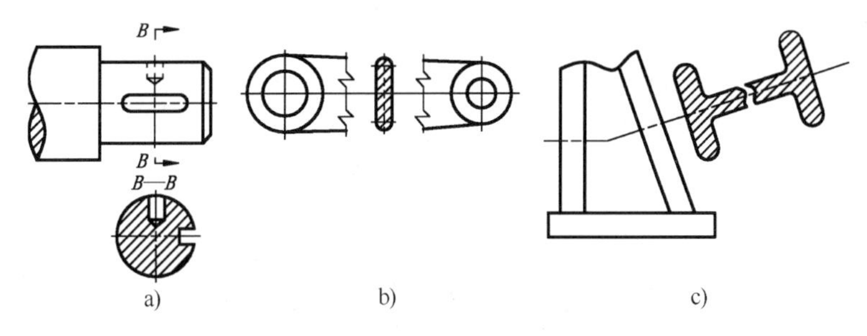

图 3-38　移出断面图（二）

④ 当剖切平面通过回转面形成如图 3-39 中所示的孔、如图 3-37d 中所示的 *B—B* 断面图中的凹坑，或当剖切平面通过非圆孔会导致出现完全分离的几部分时，这些结构应按剖视图绘制，如图 3-40 中所示的 *A—A* 断面图。

2）移出断面图的标注

① 配置在剖切线的延长线上的不对称移出断面，须用粗短画表示剖切面位置，在粗短

画两端用箭头表示投射方向，省略字母，如图 3-37b 所示；如果断面图是对称图形，画出剖切线，其余省略，如图 3-37c 所示。

② 没有配置在剖切线延长线上的移出断面，无论断面图是否对称，都应画出剖切面位置符号，用字母标出断面图名称“×—×”，如图 3-37a 所示。如果断面图不对称，还须用箭头表示投射方向，如图 3-37d 所示。

③ 按投影关系配置的移出断面，可省略箭头，如图 3-41 所示。

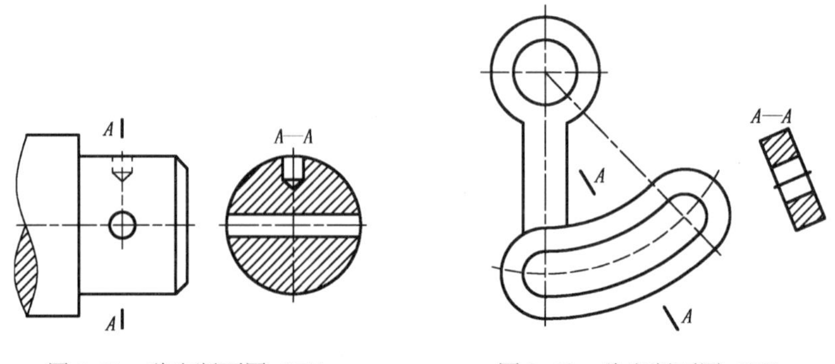

图 3-39　移出断面图（三）　　图 3-40　移出断面图（四）

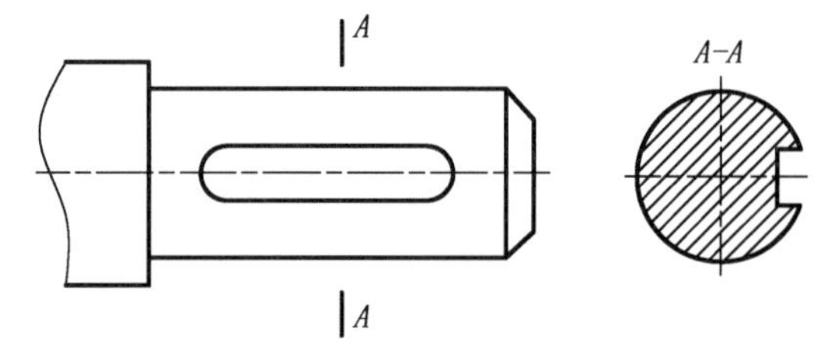

图 3-41　移出断面图（五）

（2）重合断面图　画在视图内的断面称为重合断面图，如图 3-42 所示。

1）重合断面图的轮廓线用细实线绘制。当视图中的轮廓线与重合断面图的图形重叠时，视图中的轮廓线仍应连续画出，不可间断。

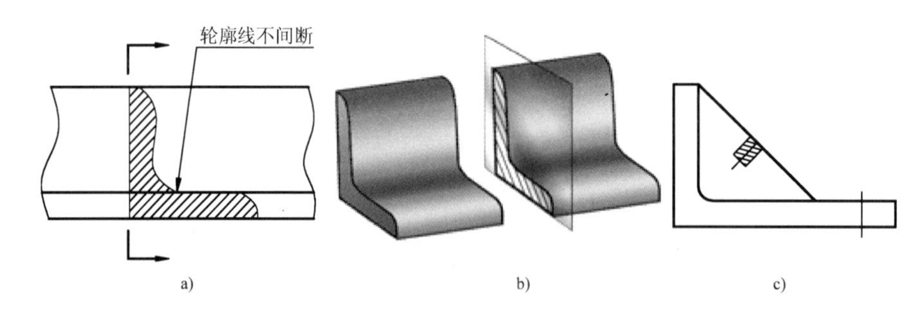

图 3-42　重合断面图

2）重合断面图的标注。不对称重合断面图，须画出剖切面位置符号和箭头，可省略字母，如图 3-42a 所示。对称的重合断面图可省略全部标注，如图 3-42c 所示。

3.5 局部放大图

针对机件中一些细小的结构相对于整个视图较小，无法在视图中清晰地表达出来，或无法标注尺寸、添加技术要求的情况，将机件的部分结构用大于原图形比例画出，这种图称为局部放大图，如图 3-43 所示。

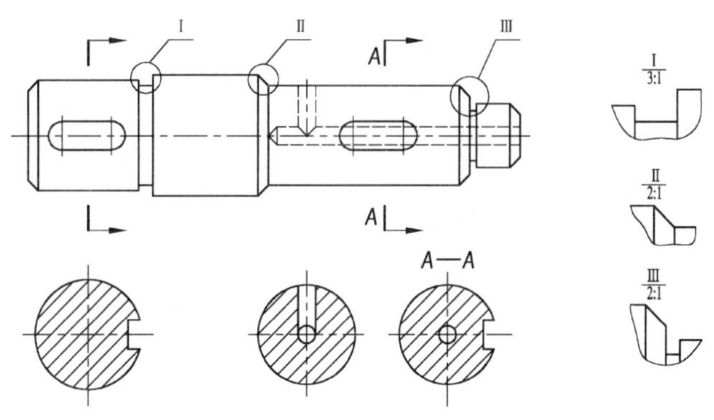

图 3-43 局部放大图

局部放大图必须标注，标注方法是：在视图上画一细实线圆标明放大部位，在放大图的上方注明所用的比例，即图形大小与实物大小之比（与原图上的比例无关），如果放大图不止一个时，还要用罗马数字编号以示区别。

局部放大图可以根据需要画成视图、剖视图、断面图等，它与被放大部分的表达方式无关。同一机件上不同部位的局部放大图，当图形相同或对称时，只需画出一个。

3.6 机件的简化画法

为了使画图简便，有关标准规定了一些图形的简化画法，现将几种常用机件的简化画法介绍如下。

1）对于机件的肋、轮辐及薄壁等零件，如按纵向剖切，这些结构都不画断面符号，而用粗实线将它们与其相邻连接部分分开，如图 3-44～图 3-46 所示。

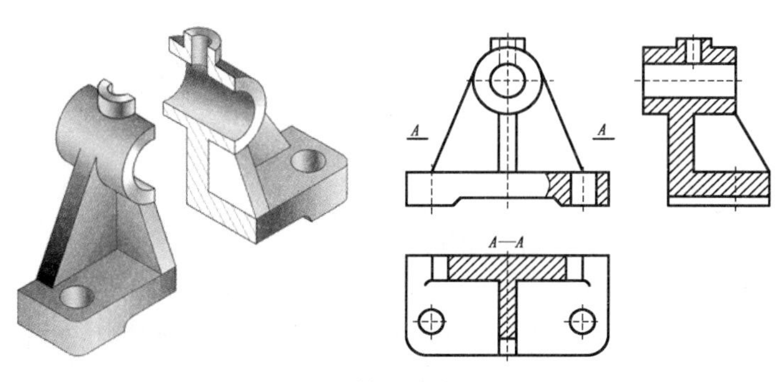

图 3-44 简化画法（一）

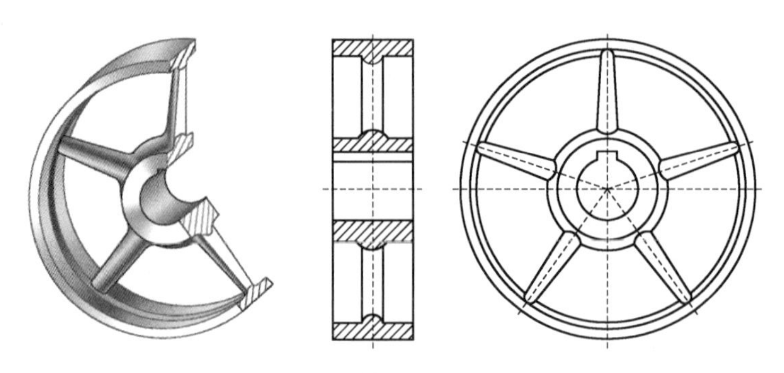

图 3-45　简化画法（二）

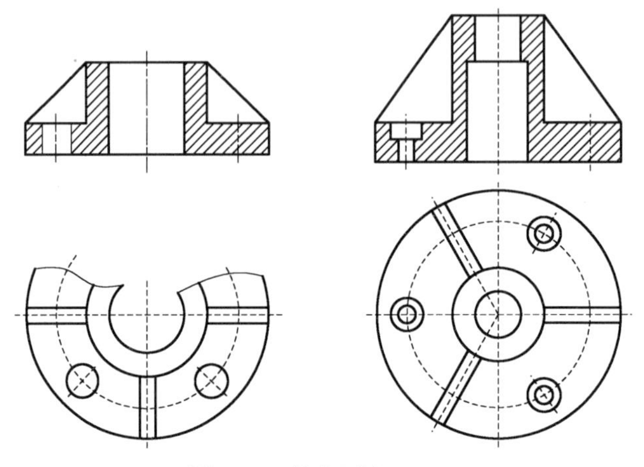

图 3-46　简化画法（三）

2）若回转体机件上均匀分布着肋板、轮辐、圆孔等结构，绘制机件剖视图时这些结构不位于剖切平面上时，可将这些结构假想地绕回转体轴线旋转，使之处于剖切平面之上，将其投影画出，如图 3-47 所示。

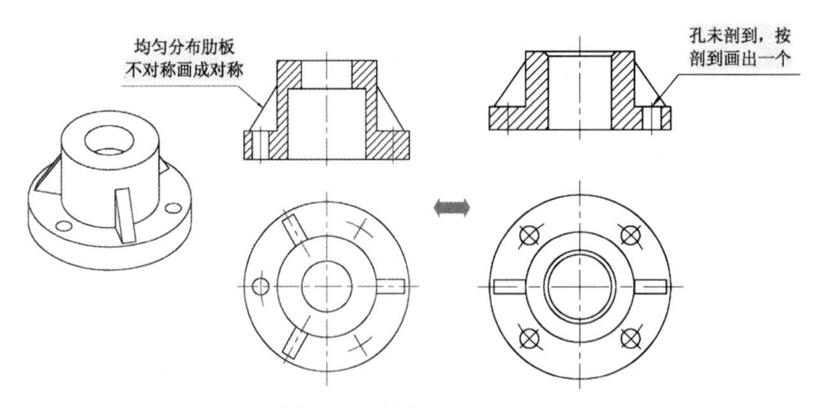

图 3-47　简化画法（四）

3）机件具有若干相同结构（如齿、槽等），并按一定规律分布时，只需画出几个完整的结构，其余用细实线连接。但在图中必须注出该结构的总数，如图 3-48 所示。

4）机件具有若干直径相同且成规律分布的孔（圆孔、沉孔和螺孔等），可以仅画出一个或几个，其余只需表示其中心位置，但在图中应注明孔的总数，如图 3-49 所示。

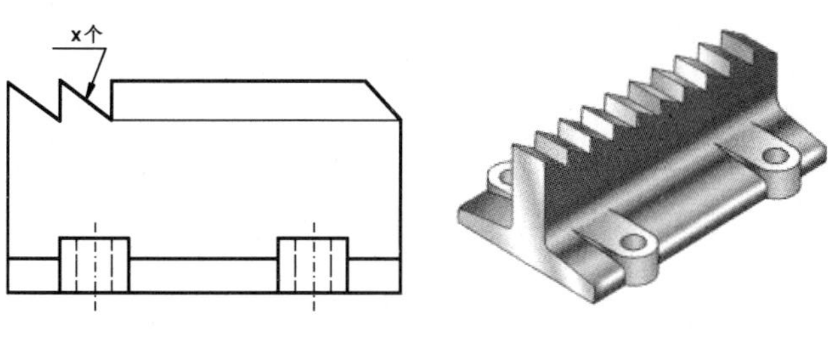

图 3-48 简化画法（五）

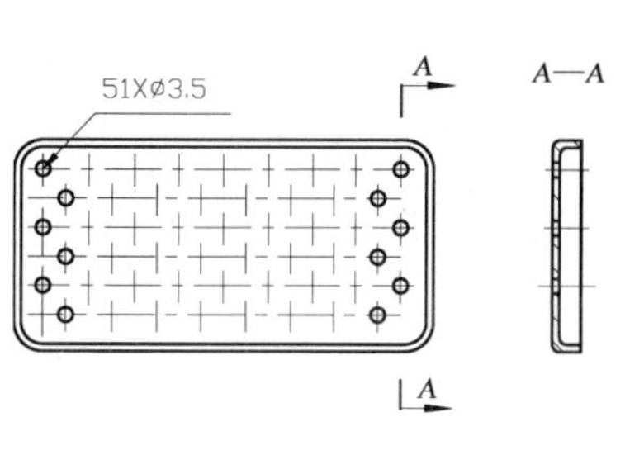

图 3-49 简化画法（六）

5）回转体机件上的网状物或滚花部分，可以在轮廓线附近用粗实线画出或省略，如图 3-50 所示。

6）平面结构在图形中不能充分表达时，可用平面符号（相交的两细实线）表示，如图 3-51 所示。

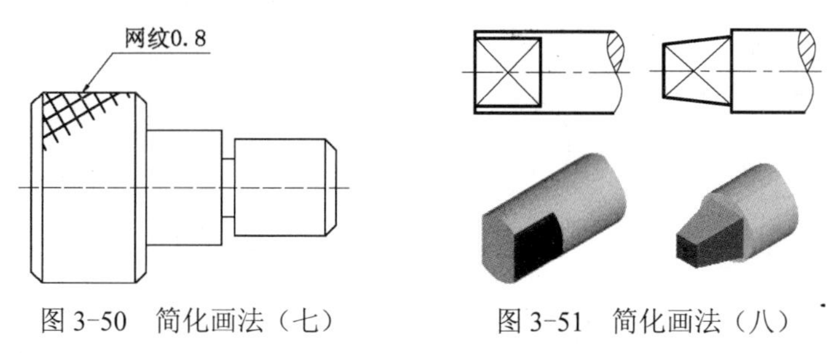

图 3-50 简化画法（七）　　图 3-51 简化画法（八）

7）采用移出断面图表示机件时，在不会引起误解的情况下允许省略剖面符号，如图 3-52 所示。

8）圆柱形法兰和类似零件上的均布孔，可按如图 3-53 所示的形式（由机件外向该法兰端面方向投射）画出。

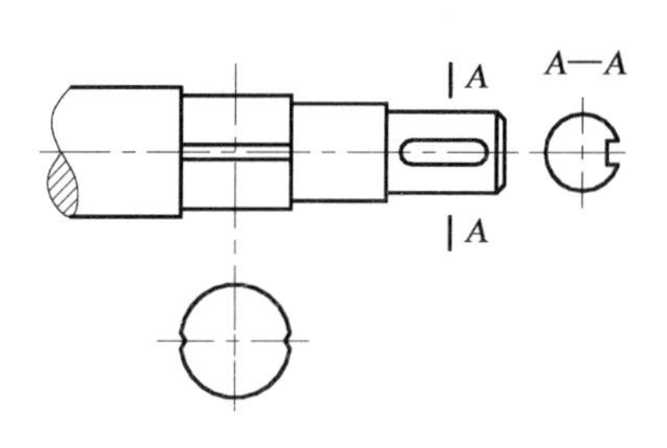

图 3-52 简化画法（九）

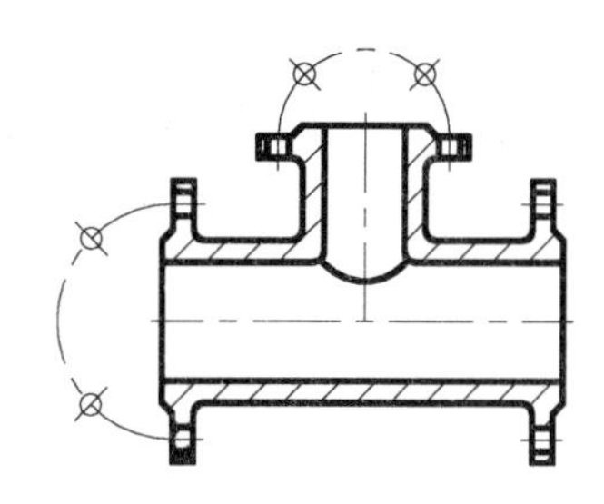

图 3-53 简化画法（十）

9）对机件上斜度不大的结构，如在一个图形中已表达清楚，其他图中可以只按小端画出，如图 3-54a 所示。

10）对机件上一些小结构，如在一个图形中已表达清楚，其他图中可以简化或省略。如图 3-54b 所示。

11）机件上对称结构的局部视图，如键槽、方孔，可按如图 3-55 所示方法表示。在不致引起误解时，图形中的过渡线、相贯线允许简化。

12）轴、杆类较长的机件，沿长度方向的形状相同或按一定规律变化时，可以断开缩短表示，但标注尺寸时要标注实际尺寸，如图 3-56 所示。

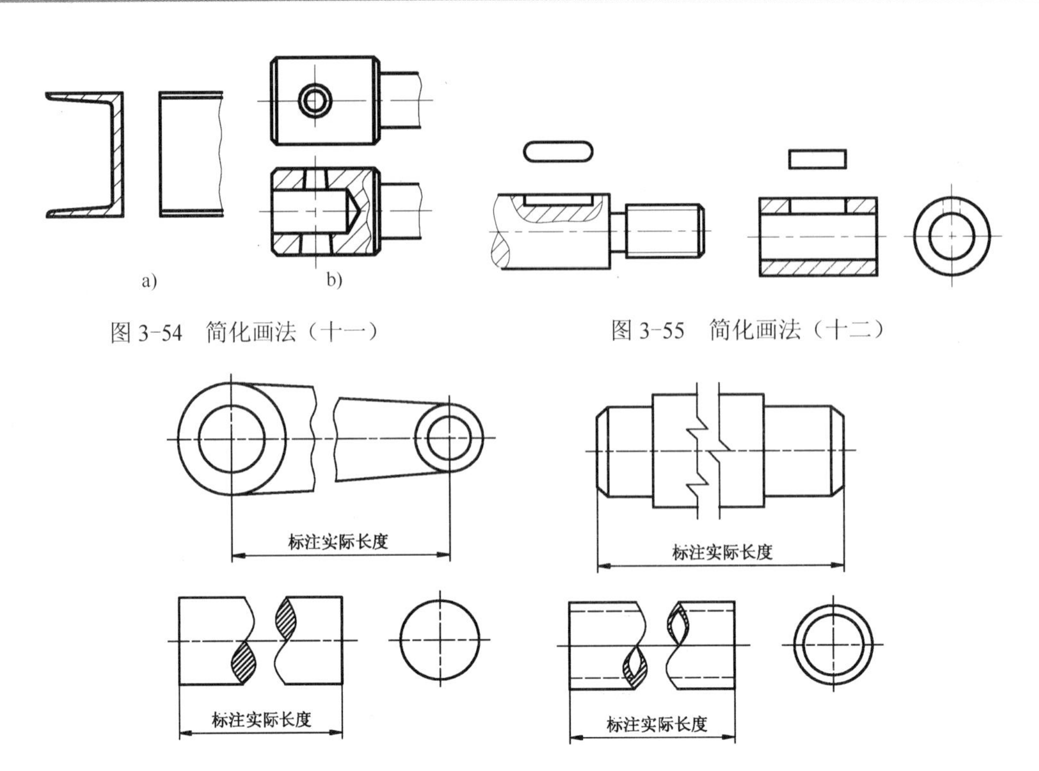

图 3-54　简化画法（十一）

图 3-55　简化画法（十二）

图 3-56　简化画法（十三）

第 4 章　机械常用标注符号

本章导读

在绘制机械图形时，可能在同一图形中会出现相同的内容，这时可根据需要把所有重复的图形内容创建成图块，并为该块创建属性和指定名称等，只要在绘制图形需要时都可直接进行插入，从而提高绘图效率。

同样，在机械制图尺寸标注中，其常用标准符号的创建及其标注应用，都是机件图形表达的重要内容。在本章中主要讲解了表面粗糙度符号的绘制方法及实例、基准代号的含义及绘制实例、沉孔符号的绘制实例等。

主要内容

☑ 了解表面粗糙度符号的含义及参数
☑ 掌握表面粗糙度符号的画法及绘制实例
☑ 掌握基准代号的含义及绘制实例
☑ 掌握沉孔符号的绘制方法
☑ 学习尺寸标注常用标准与标注实例

效果预览

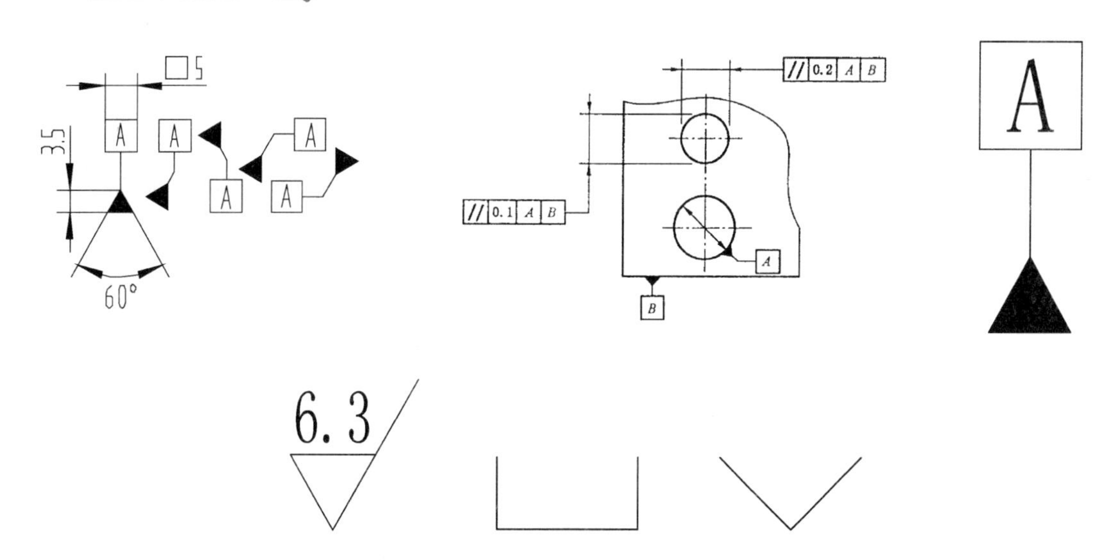

4.1　表面粗糙度

表面粗糙度是指零件的加工表面上具有的较小间距和峰谷所形成的微观几何形状误差。

4.1.1 表面粗糙度符号

在表面粗糙度符号中，有基本符号、去除材料符号和不去除材料符号三种，见表 4-1。

表 4-1　表面粗糙度符号

序号	符　号	意　义
1		基本符号，表示表面可用任何方法获得。当不加注粗糙度参数值或有关说明时，仅适用于简化代号标注
2		去除材料符号，表示表面是用去除材料的方法获得，如车、铣、钻、磨等
3		不去除材料符号，表示表面是用不去除材料的方法获得，如铸、锻、冲压、冷轧等
4		加长边横线，在上述三个符号的长边上可加一横线，用于标注有关参数或说明
5		全周边，在上述三个符号的长边上可加一小圆，表示所有表面具有相同的表面粗糙度要求

4.1.2 表面粗糙度符号的画法

在绘制表面粗糙度符号时，其基本符号的画法是有一定规定的，如图 4-1 所示，其相应的线宽及高度如表 4-2 所示。

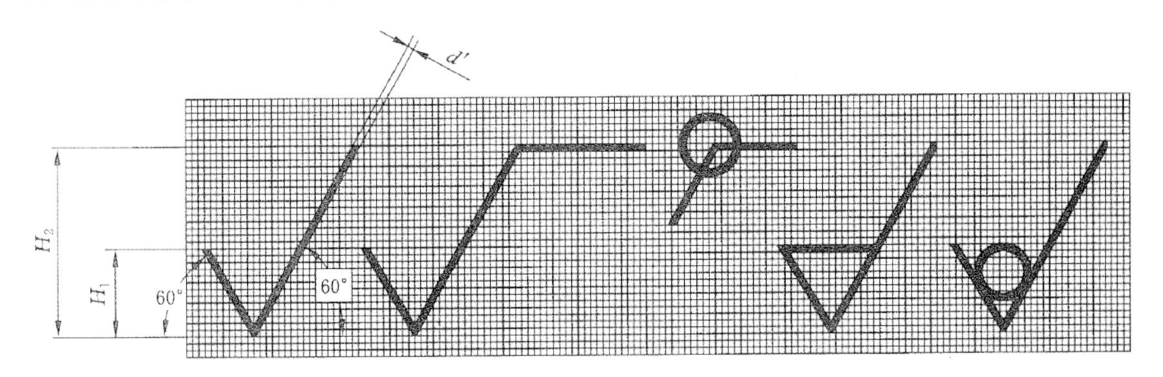

图 4-1　粗糙度符号的画法

表 4-2　图形符号和附加标注尺寸　　单位：mm

数字和字母高度/h	2.5	3.5	5	7	10	14	20
符号线宽/d'	0.25	0.35	0.5	0.7	1	1.4	2
高度/H_1	3.5	5	7	10	14	20	28
高度/H_2（最小值）	7.5	10.5	15	21	30	42	60

对于代号中数字的方向必须与尺寸数字方向一致，不同情况的标注效果如图 4-2 所示。

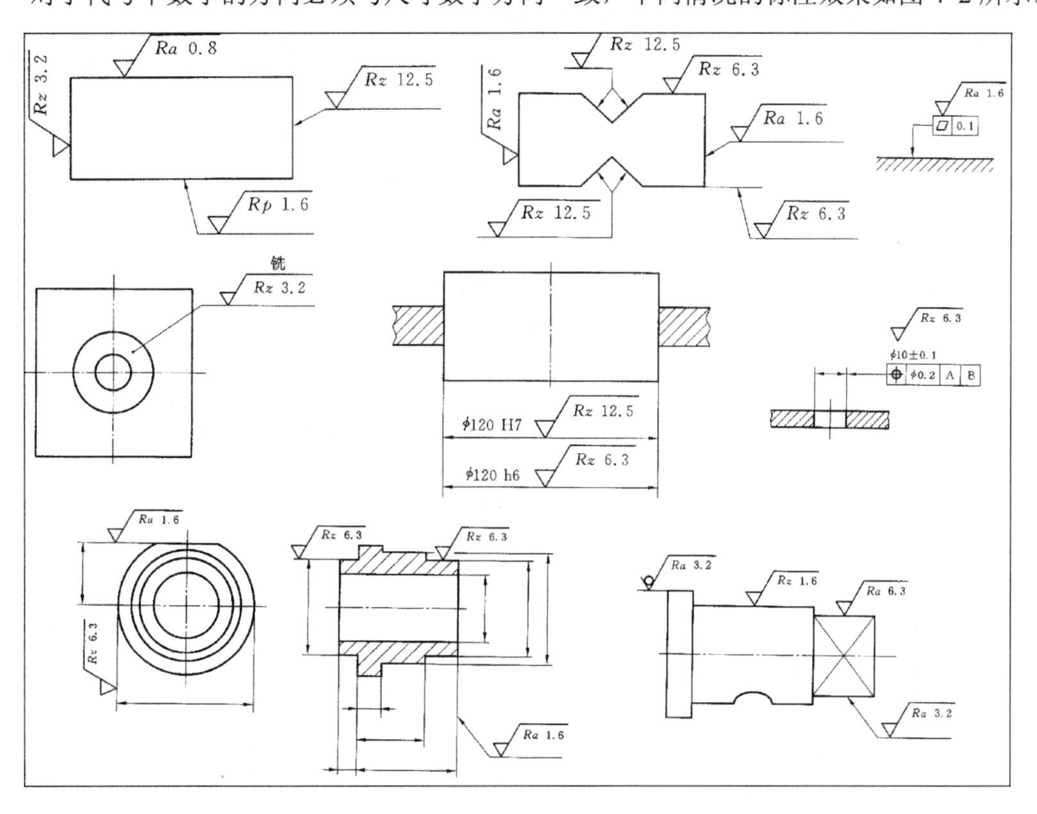

图 4-2　不同情况表面粗糙度符号的标注示意图

4.1.3 表面结构图形标注的演变

由于新标准（GB/T 131-2006）与旧标准（GB/T 131）表面结构图形标注的变化，其“x”和“a”位置发生了变化，如图 4-3 所示。

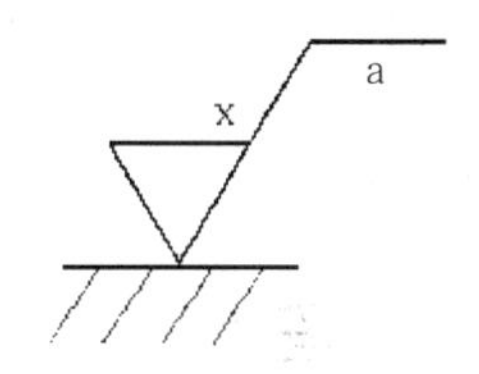

图 4-3　“x”和“a”的位置

用户可对照表 4-3 所示不同版本的演示来进行学习。

表 4-3　表面结构要求的图形标注的演变

GB/T 131 的版本演变			
1983（第 1 版）[a]	1993（第 2 版）[b]	2006（第 3 版）[c]	说明主要问题的示例
1.6	1.6　1.6	R_a　1.6	Ra 只采用“16%”规则
R_y　3.2	R_y　3.2　R_y　3.2	R_z　3.2	除了 Ra“16%规则”的参数
_d	1.6 max	R_a　max　1.6	“最大规则”
1.6　0.8	1.6　0.8	-0.8 / R_a　1.6	Ra 加取样长度

（续）

GB/T 131 的版本演变			
1983（第 1 版）[a]	1993（第 2 版）[b]	2006（第 3 版）[c]	说明主要问题的示例
_d	_d	0.025 – 0.8 / R_a 1.6	传输带
R_y 3.2 0.8	R_y 3.2 0.8	–0.8 / R_z 6.3	除 Ra 外其他参数及取样长度
R_y 1.6 6.3	R_y 1.6 6.3	R_a 1.6 R_z 6.3	Ra 及其他参数
_d	R_y 3.2	R_Z 3 6.3	评定长度中的取样长度个数如果不是 5
_d	_d	L R_Z 1.6	下限值
3.2 1.6	3.2 1.6	U R_a 6.2 L R_a 1.6	上、下限值

4.1.4 表面粗糙度的选择

表面粗糙度的选择，既要考虑零件表面的功能要求，又要考虑经济性，还要考虑现有的加工设备。一般应遵从以下原则。

1）同一零件上工作表面比非工作表面的参数值要小。

2）摩擦表面要比非摩擦表面的参数小。有相对运动的工作表面，运动速度越高，其参数值越小。

3）配合精度越高，参数值越小。间隙配合比过盈配合的参数值小。

4）配合性质相同时，零件尺寸越小，参数值越小。

5）要求密封、耐腐蚀或具有装饰性的表面，参数值要小。

4.1.5 表面粗糙度符号绘制实例

视频文件：视频\04\表面粗糙度块的创建.avi

结果文件：案例\04\表面粗糙度符号.dwg

表面粗糙度是指加工后零件表面上具有的较小的间距和峰谷所组成的微观不平度。它也是评定零件表面质量的一项重要技术指标。

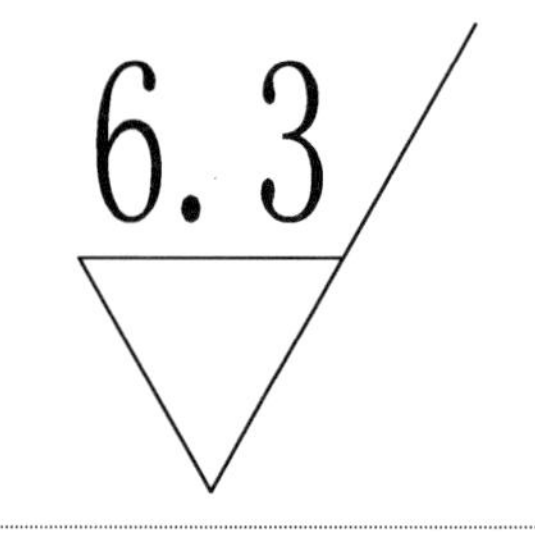

1）在正常启动 AutoCAD 2013 软件后，选择“文件”→“保存”菜单命令，将当前系统生成的空白文件保存为“案例\04\表面粗糙度符号.dwg”文件，如图 4-4 所示。

注意　在本章中所创建的块对象都保存在“案例\04”文件中，以便后期直接使用“插入块”命令（I）将图块直接进行调用。

2）执行“构造线（XL）”命令，根据命令行提示，选择“水平（H）”选项，在视图中绘制一条水平构造线；再执行“偏移（O）”命令，将水平构造线分别向上偏移 3.5，偏移 2 次，如图 4-5 所示。

图 4-4　保存文件

3）执行“直线（L）”命令，根据如下命令行提示绘制一条与水平线段夹角为 60° 的斜线段，如图 4-6 所示。

```
LINE                               \\ 执行“直线”命令
指定第一点:                         \\ 确定下侧水平线段的中点
指定下一点或 [放弃(U)]: @10<60      \\ 确定第 2 点
指定下一点或 [放弃(U)]:             \\ 按〈Enter〉键结束
```

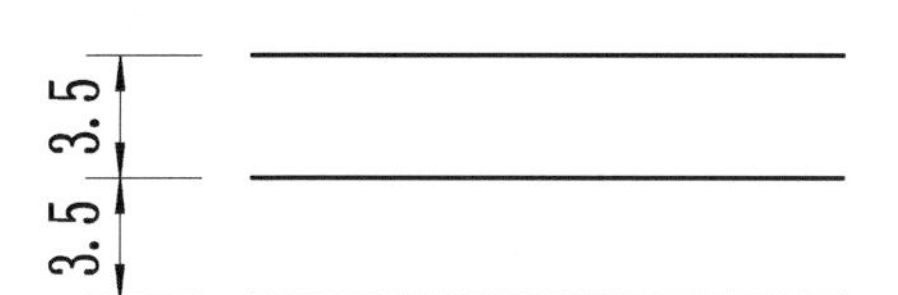

图 4-5　绘制并偏移的水平线段

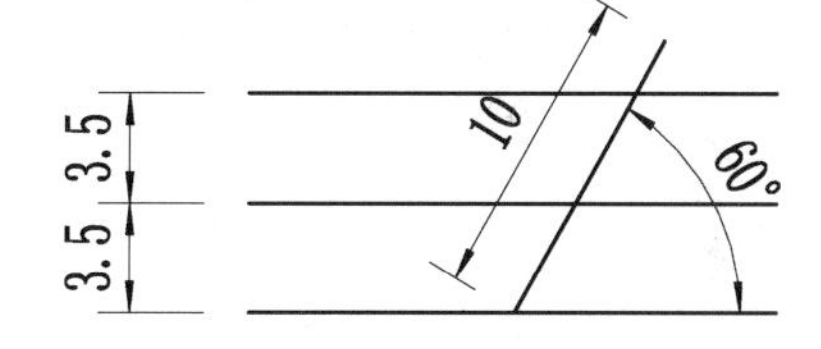

图 4-6　绘制的斜线段

提示

在 AutoCAD 2013 中，点的坐标可以用直角坐标、极坐标、球面坐标和柱面坐标表示，每一种坐标又分别具有两种坐标输入方式：绝对坐标和相对坐标，而直角坐标和极坐标最为常用。

① 直角坐标法。用点的 *X*、*Y* 坐标值表示的坐标。

在命令行中输入点的坐标“5,3”，则表示输入一个 *X*、*Y* 的坐标值分别为 5、3 的点，此为绝对坐标输入方式，表示该点的坐标是相对于当前坐标原点的坐标值，如图 4-7a 所示。如果再输入“@7,10”，则为相对坐标输入方式，表示该点的坐标是相对于前一点的坐标值，如图 4-7b 所示。

② 极坐标法。用长度和角度表示的坐标，只能用来表示二维点的坐标。

在绝对坐标输入方式下，表示为：“长度<角度”，如“25<50”，其中长度表示该点到坐标原点的距离，角度表示该点到原点的连线与 X 轴正向的夹角，如图 4-7c 所示。

在相对坐标输入方式下，表示为：“@长度<角度”，如“@25<45”，其中长度为该点到前一点的距离，角度为该点至前一点的连线与 X 轴正向的夹角，如图 4-7d 所示。

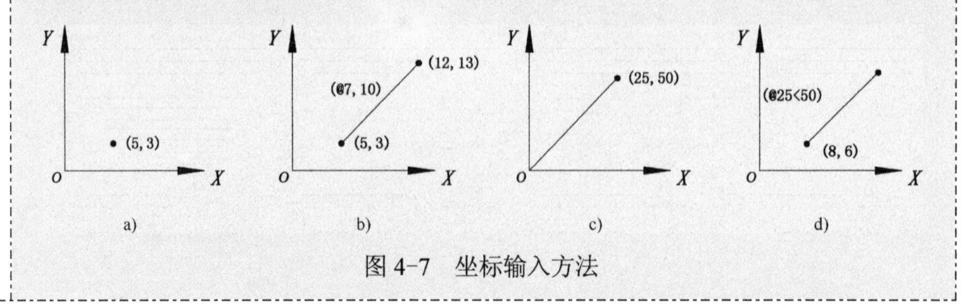

图 4-7　坐标输入方法

4）执行“镜像（MI）”命令，将第 3）步所绘制的斜线段进行水平复制镜像操作，其镜像的第一点为下侧水平线段与斜线段的交点，第二点与最上侧水平线段垂直，如图 4-8 所示。

5）执行“修剪（TR）”命令，将多余的线段进行修剪，从而完成表面粗糙度符号的绘制，如图 4-9 所示。

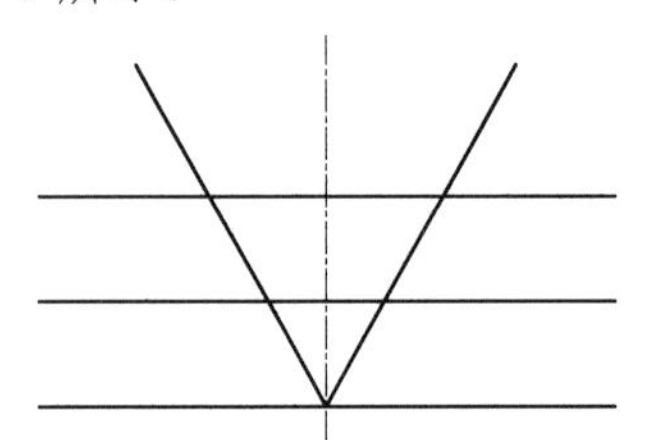

图 4-8　镜像的斜线段

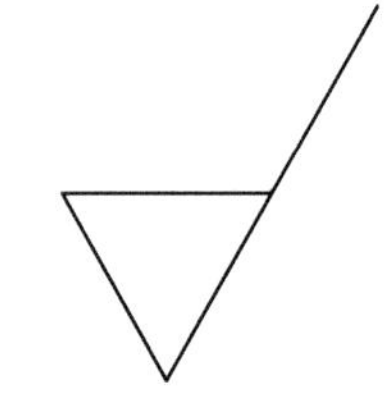

图 4-9　绘制好的表面粗糙度符号

6）在绘制好表面粗糙度符号后，在 AutoCAD 2013 菜单中选择“绘图”→“块”→“定义属性”命令，将弹出“属性定义”对话框，在“属性”区域中设置好相应的标记与提示，再设置文字高度为 2.5，再单击“确定”按钮，然后指定符号水平线段的中点作为基点，如图 4-10 所示。

7）继续在 AutoCAD 2013 菜单中选择“绘图”→“块”→“创建”命令，在弹出的“块定义”对话框中设置好块的名称，再选择块的对象和基点位置，然后单击“确定”按钮，其操作方法如图 4-11 所示。

8）此时将弹出“编辑属性”对话框，并显示出当前所有的属性提示，输入新的值，然后单击“确定”按钮，则在视图中的图块对象的高度参数值发生了变化，如图 4-12 所示。

9）到此，表面粗糙度符号块的设置就完成了。在绘制机械图样时，直接用“插入块（I）”命令的方法就可以了。

在本章中所创建的块对象都保存在该文件中，用户在绘制后面的相应机械图样时，可直接使用“插入块（I）”命令的方法进行调用。

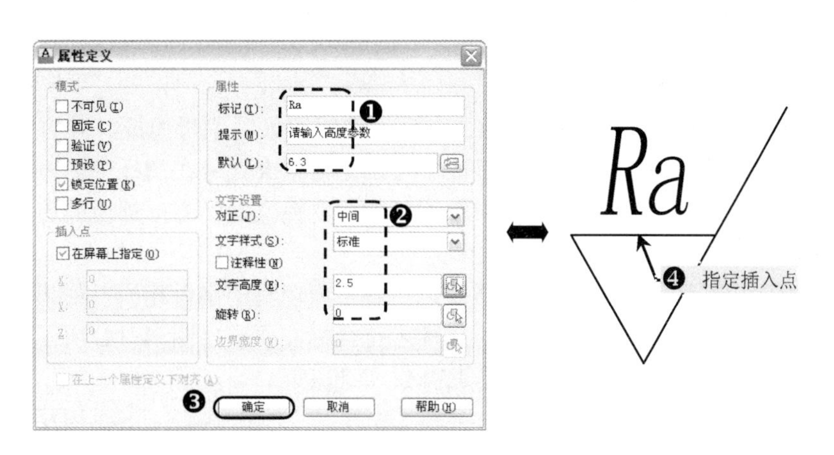

图 4-10　设置属性定义

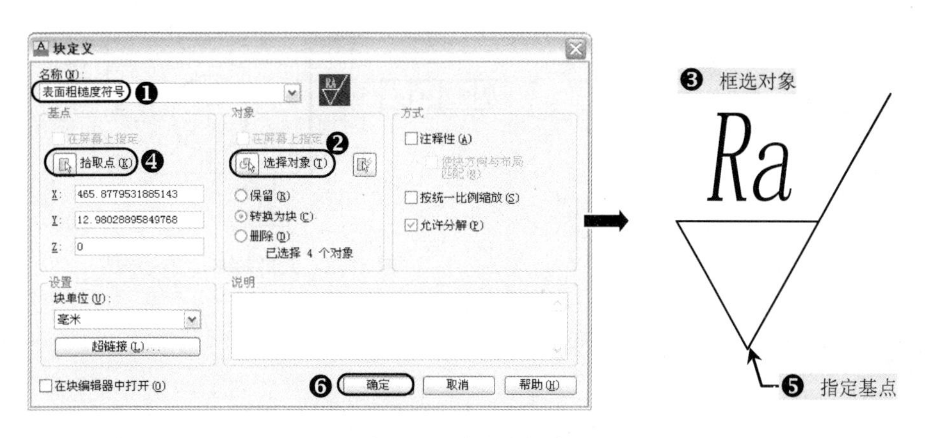

图 4-11　块定义操作

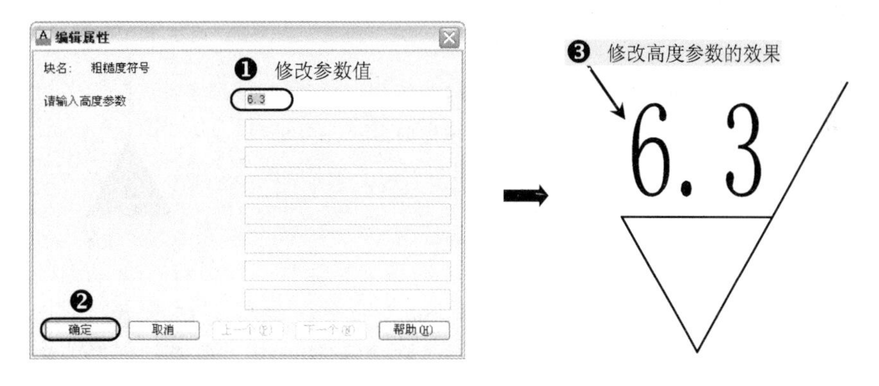

图 4-12　修改属性的效果

4.2 基 准 符 号

基准代号是根据加工面来确定的，一般是选择与加工面有较高位置精度的面作为基准面或是相对于加工面为基准的面选定。

4.2.1 基准符号的概述

基准代号由基准符号（涂黑三角形）、方框、连线和大写字母组成，其方框和连线均用细实线，方框内填写的大写拉丁字母是基准字母，无论基准代号在图样中的方向如何，方框内的字母都应水平书写。涂黑三角形及中轴线可任意变换位置，方框外边的连线也只允许在水平或铅垂两个方向画出，如图 4-13 所示。

基准代号的字母应与公差框格第三格及以后各格内填写的字母相同，如果图形中有基准符号，则在形位公差中要有基准标识符，这样才符合标注要求，图 4-14 所示为基准符号应用实例。基准代号的字母不得采用 E、I、J、M、O 和 P。

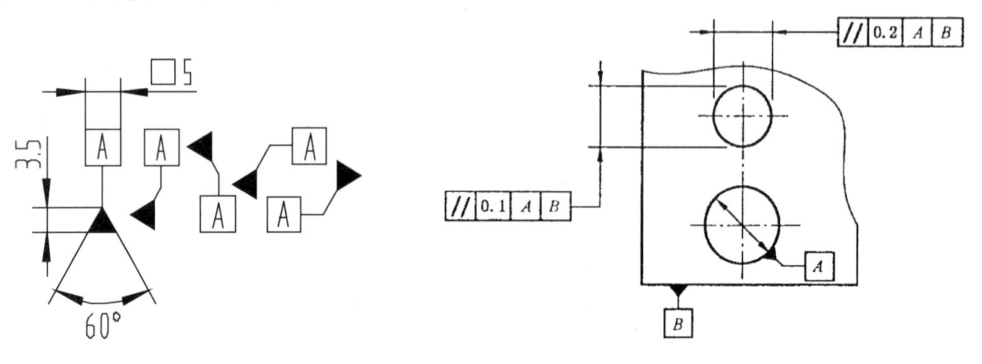

图 4-13　基准符号的绘制　　　　图 4-14　基准符号应用实例

4.2.2 基准符号的绘制实例

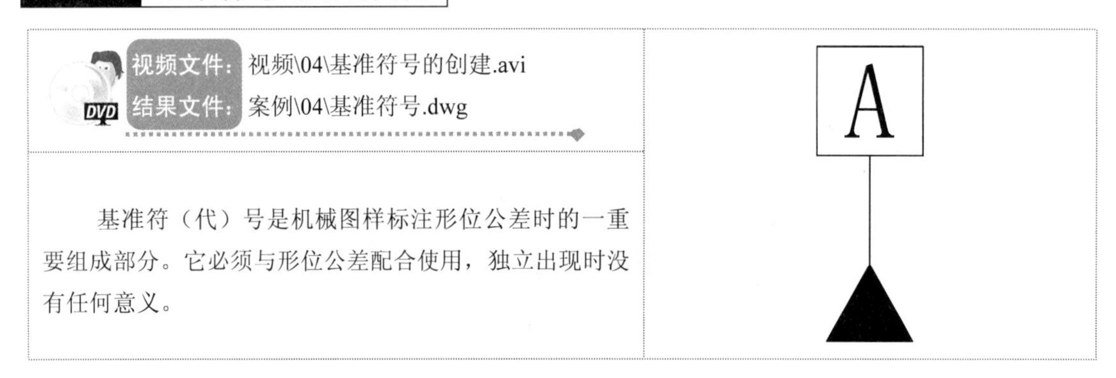

1）在正常启动 AutoCAD 2013 软件后，选择“文件”→“保存”菜单命令，将当前系统生成的空白文件保存为“案例\04\基准符号.dwg”文件，如图 4-15 所示。

2）执行“矩形（REC）”命令，绘制一个 5×5 的矩形对象，再通过矩形下侧中点位置处向下绘制长度为 5 的直线段，如图 4-16 所示。

3）执行“直线”、“偏移”、“修剪”等命令，在直线段的下侧绘制高度为 3.5 的等三边角形，如图 4-17 所示。

4）执行“图案填充（H）”命令，对等边三角形填充“SOLID”图案，从而绘制好基准符号，如图 4-18 所示。

5）在绘制好基准符号后，在 AutoCAD 2013 菜单中选择“绘图”→“块”→“定义属性”命令，将弹出“属性定义”对话框，在“属性”区域中设置好相应的标记与提示，再设置文字高度为2.5，再单击“确定”按钮，然后指定正方形的中点作为基点，如图4-19所示。

图4-15 保存文件

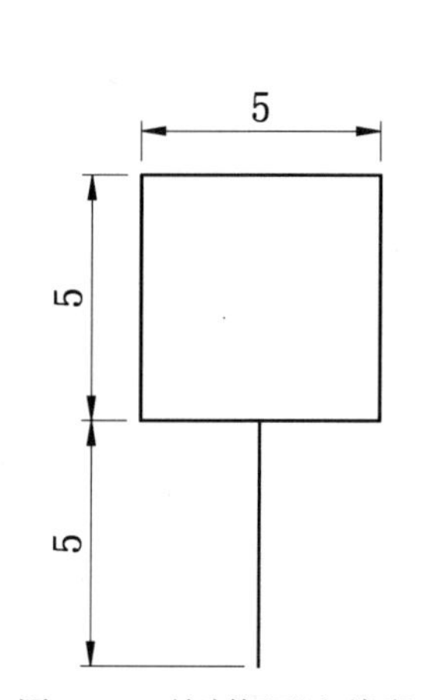

图4-16 绘制矩形和线段

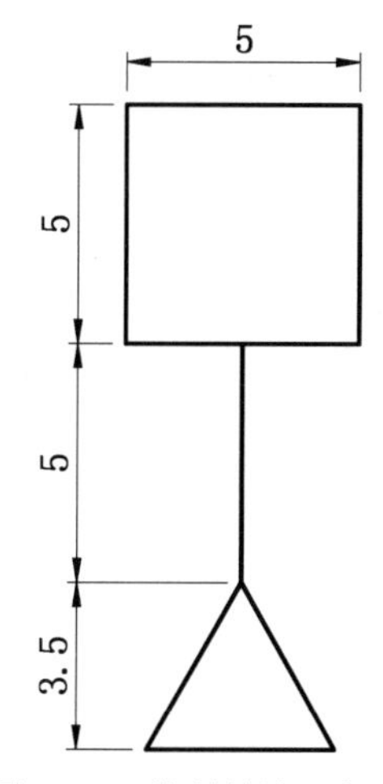

图4-17 绘制等边三角形

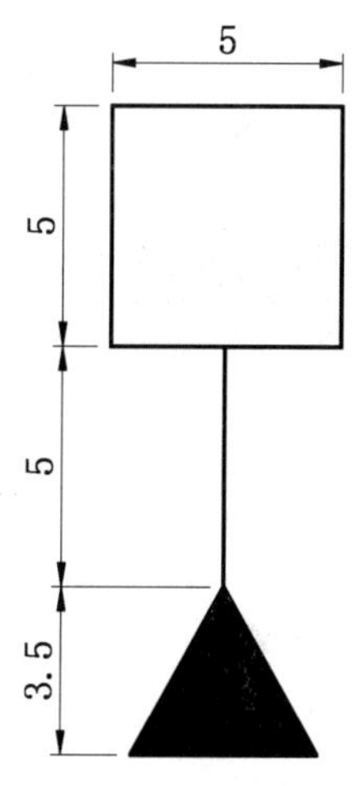

图4-18 填充图案

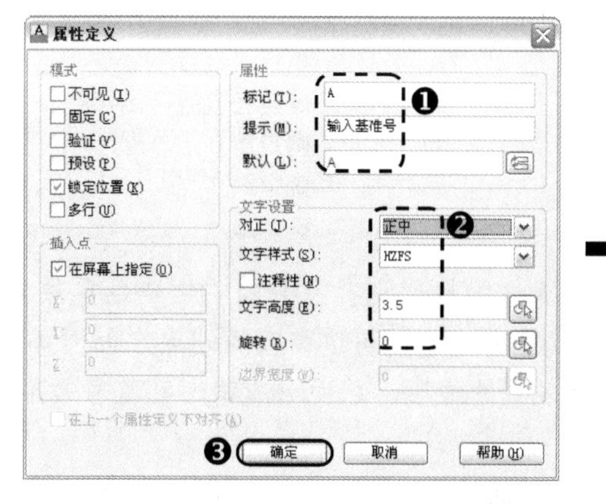

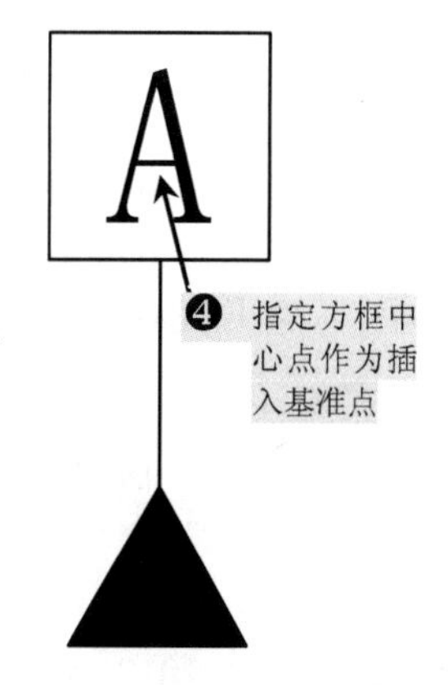

图4-19 设置属性定义

6）选择“绘图”→“块”→“创建”命令，在弹出的“块定义”对话框中设置好块的名称，再选择块的对象和基点位置，然后单击“确定”按钮，其操作方法如图4-20所示。

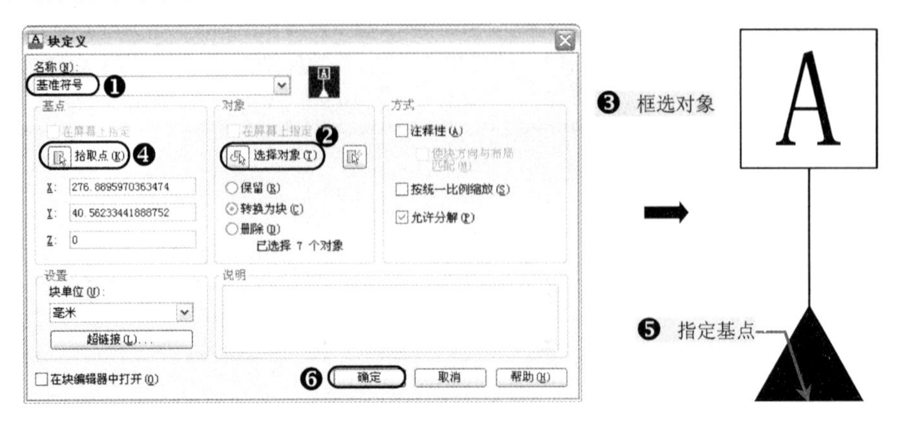

图4-20　块定义操作

7）至此，基准符号块的创建就完成了。在绘制机械图样时，直接采用“插入块（I）”命令的方法就可以了。

4.3　沉孔符号的绘制

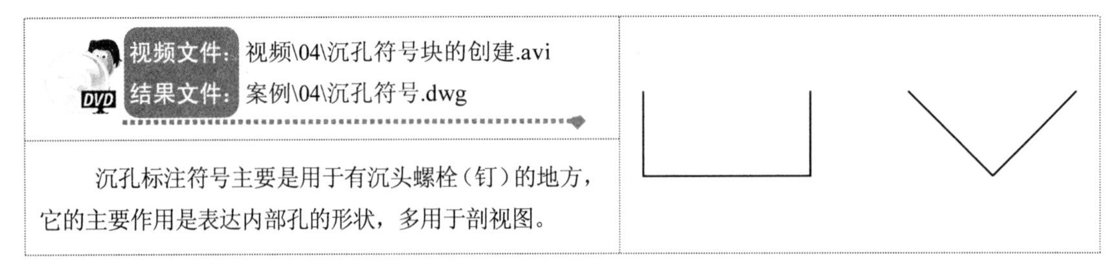

1）在正常启动AutoCAD 2013软件后，选择“文件”→“保存”菜单命令，将当前系统生成的空白文件保存为“案例\04\沉孔符号.dwg”文件，如图4-21所示。

2）执行“直线（L）”命令，先将柱形沉孔符号的形状绘制出来，具体绘制的尺寸如图4-22所示。

```
命令: LINE                                  \\ 执行“直线”命令
指定第一个点:                               \\ 确定竖直线上侧起点
指定下一点或 [放弃(U)]: @0, -0.5            \\ 确定第2点
指定下一点或 [放弃(U)]: @1,0                \\ 确定第3点
指定下一点或 [闭合(C)/放弃(U)]: @0,0.5      \\ 确定最后一点并按〈Enter〉键结束
```

3）执行“复制（CO）”命令，将创建好的柱形沉孔符号向右侧空白区域复制一份，并执行“直线（L）”命令，过柱形符号中点位置处连接两边相应的端点，如图4-23所示。

4）使用“删除（E）”命令，删除掉多余的线段，从而形成锥形孔符号效果，如图4-24所示。

5）再在AutoCAD 2013菜单中选择“绘图”→“块”→“创建”命令，在弹出的“块

定义"对话框中设置好块的名称和其他内容，然后按图 4-25 所示操作即可。

图 4-21 保存文件

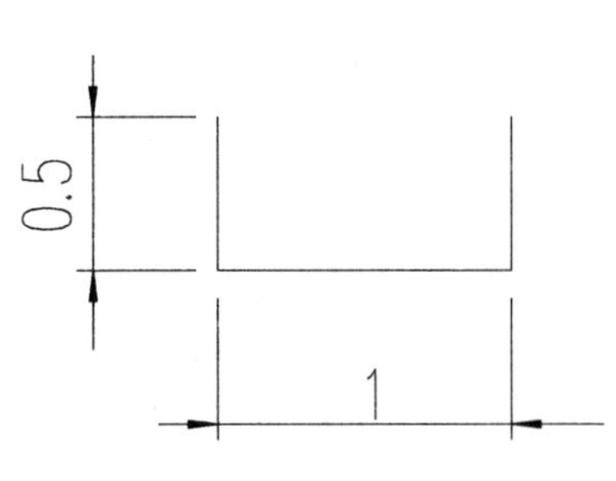

图 4-22 柱形沉孔符号

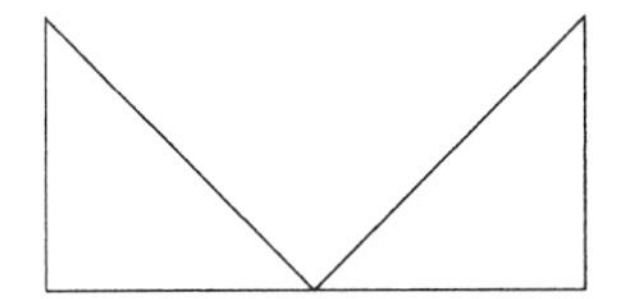

图 4-23 直线连接

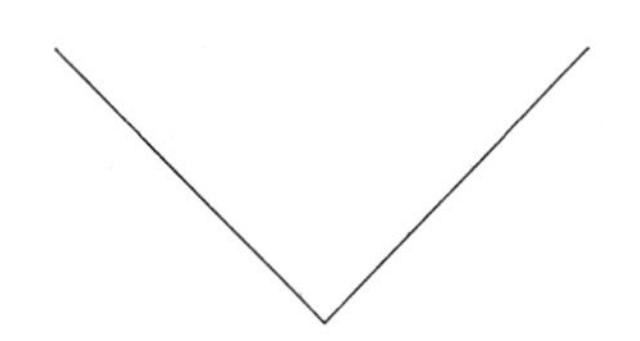

图 4-24 锥形孔符号

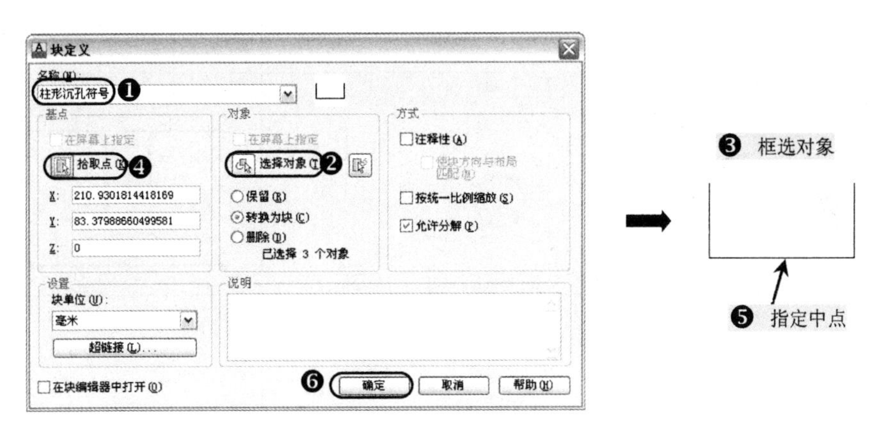

图 4-25 定义块的设置

6）在上一步的操作中，柱形沉孔符号就创建好了，用户可用相同方法对锥形沉孔符号进行相应的创建。

专业技能

在机械零件图上经常出现孔结构的尺寸标注，机械中最为常见的零件孔的尺寸标注见表 4-4。

表 4-4　零件孔的尺寸标注

序号	类型	旁 注 法		普 通 注 法
1	光孔	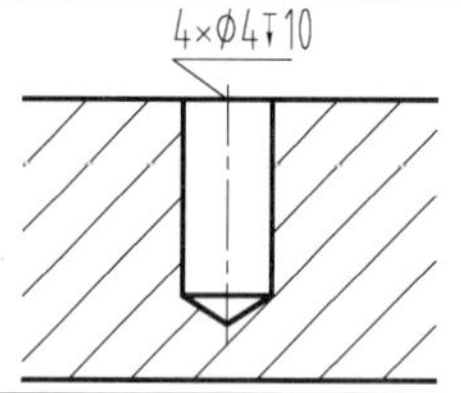 4×Φ4↧10	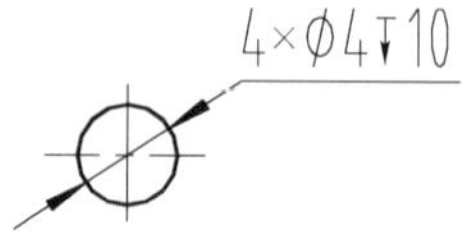 4×Φ4↧10	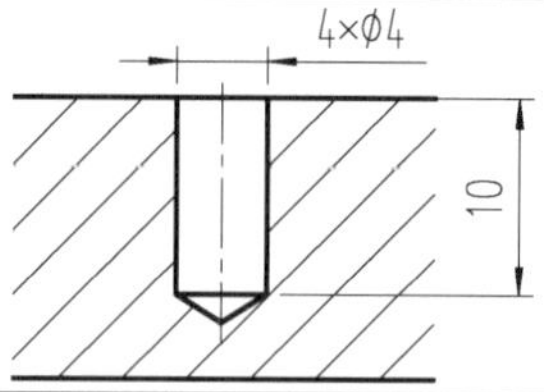 4×Φ4 10
2		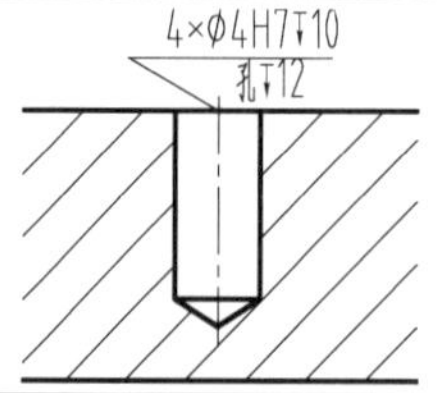 4×Φ4H7↧10 孔↧12	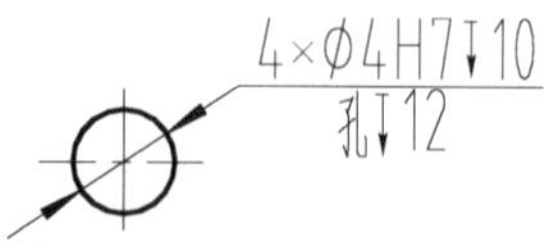 4×Φ4H7↧10 孔↧12	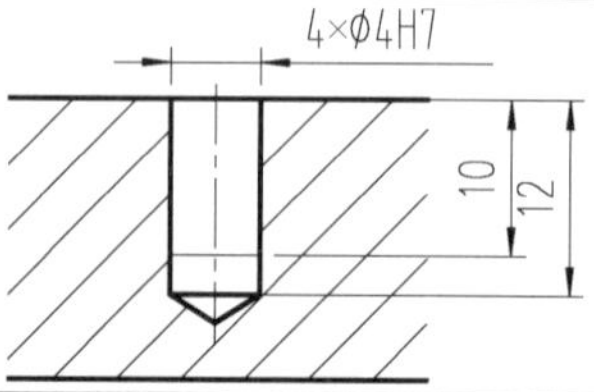 4×Φ4H7 10 12
3	螺纹孔	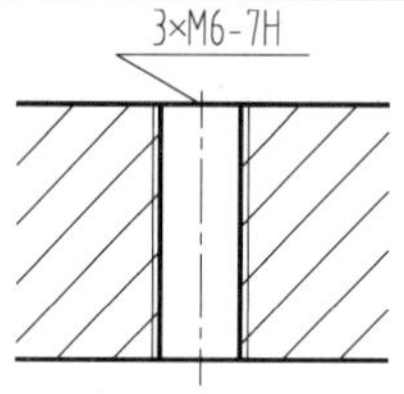 3×M6-7H	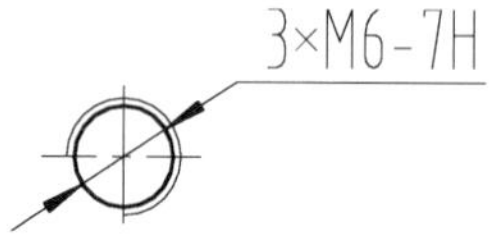 3×M6-7H	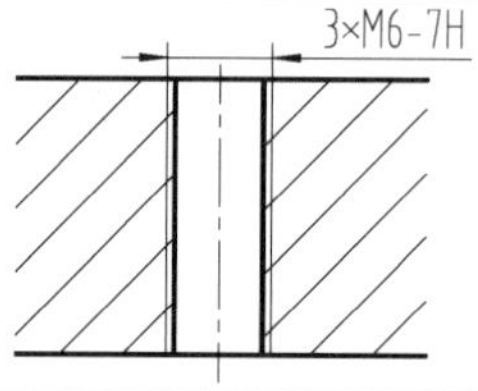 3×M6-7H
4		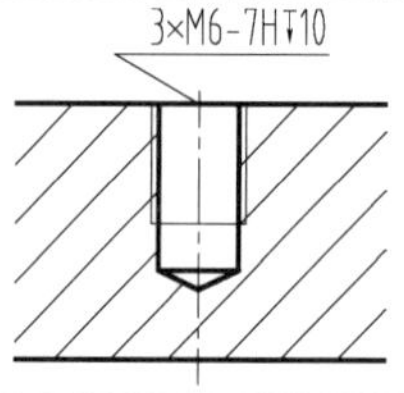 3×M6-7H↧10	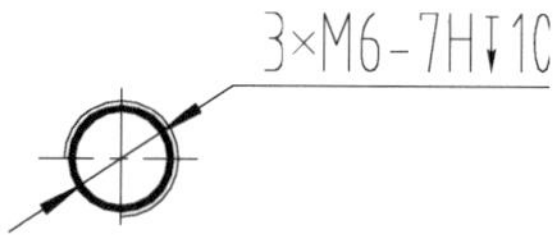 3×M6-7H↧10	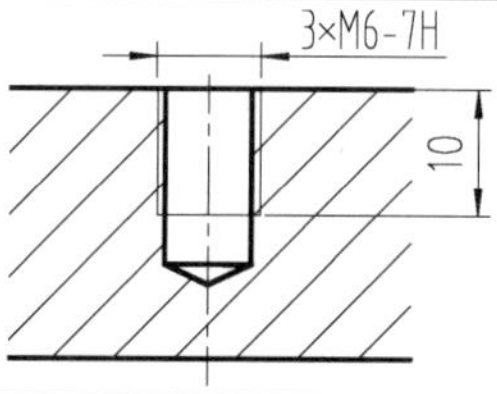 3×M6-7H 10
5		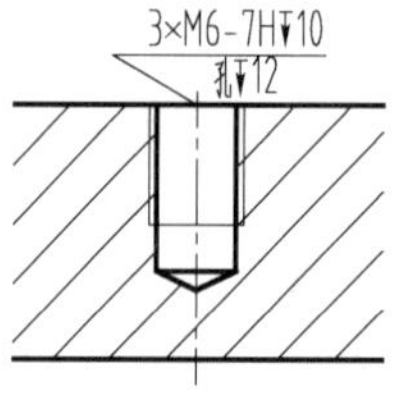 3×M6-7H↧10 孔↧12	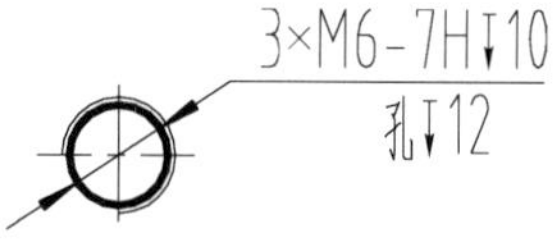 3×M6-7H↧10 孔↧12	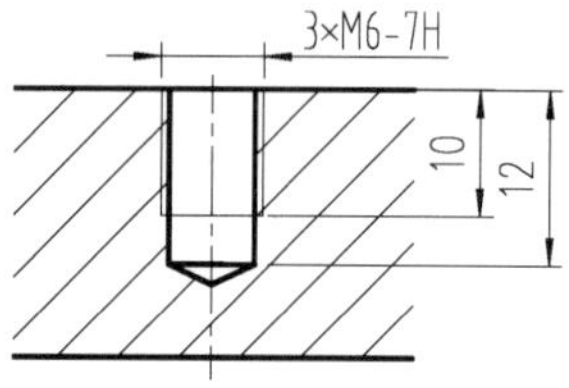 3×M6-7H 10 12
6	沉孔	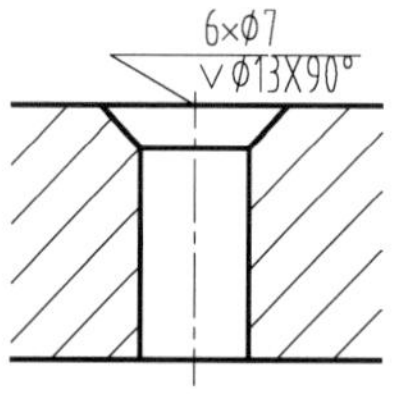 6×Φ7 ∨Φ13X90°	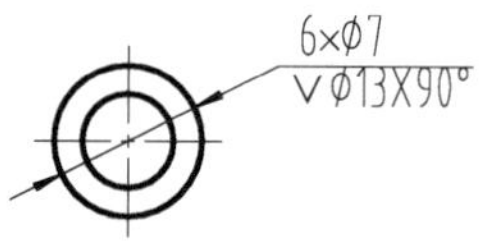 6×Φ7 ∨Φ13X90°	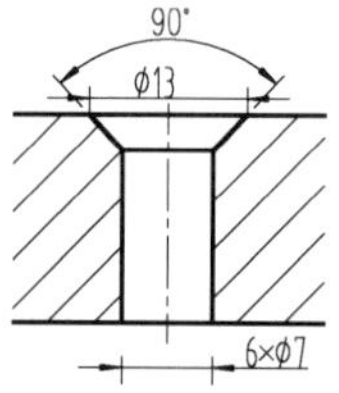 90° Φ13 6×Φ7
7		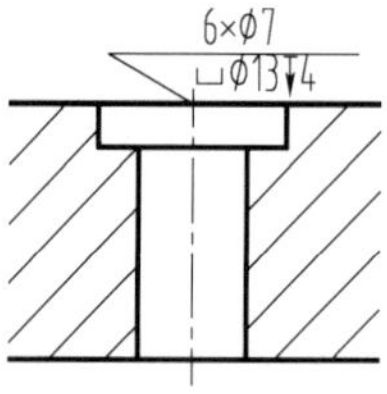 6×Φ7 ⌴Φ13↧4	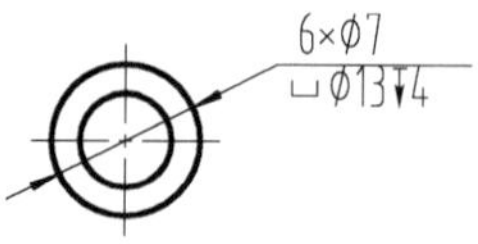 6×Φ7 ⌴Φ13↧4	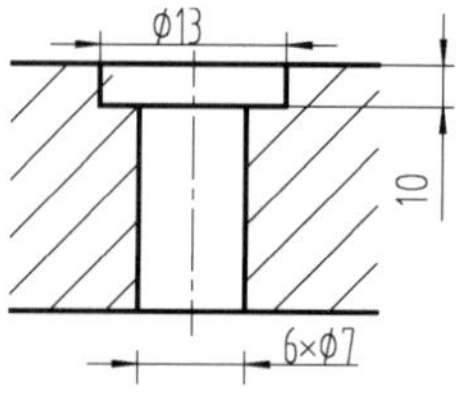 Φ13 10 6×Φ7

4.4 尺寸标注常用标准符号

在机械制图的尺寸标注中，其常用标准符号见表 4-5。

表 4-5 尺寸标注常用标准符号

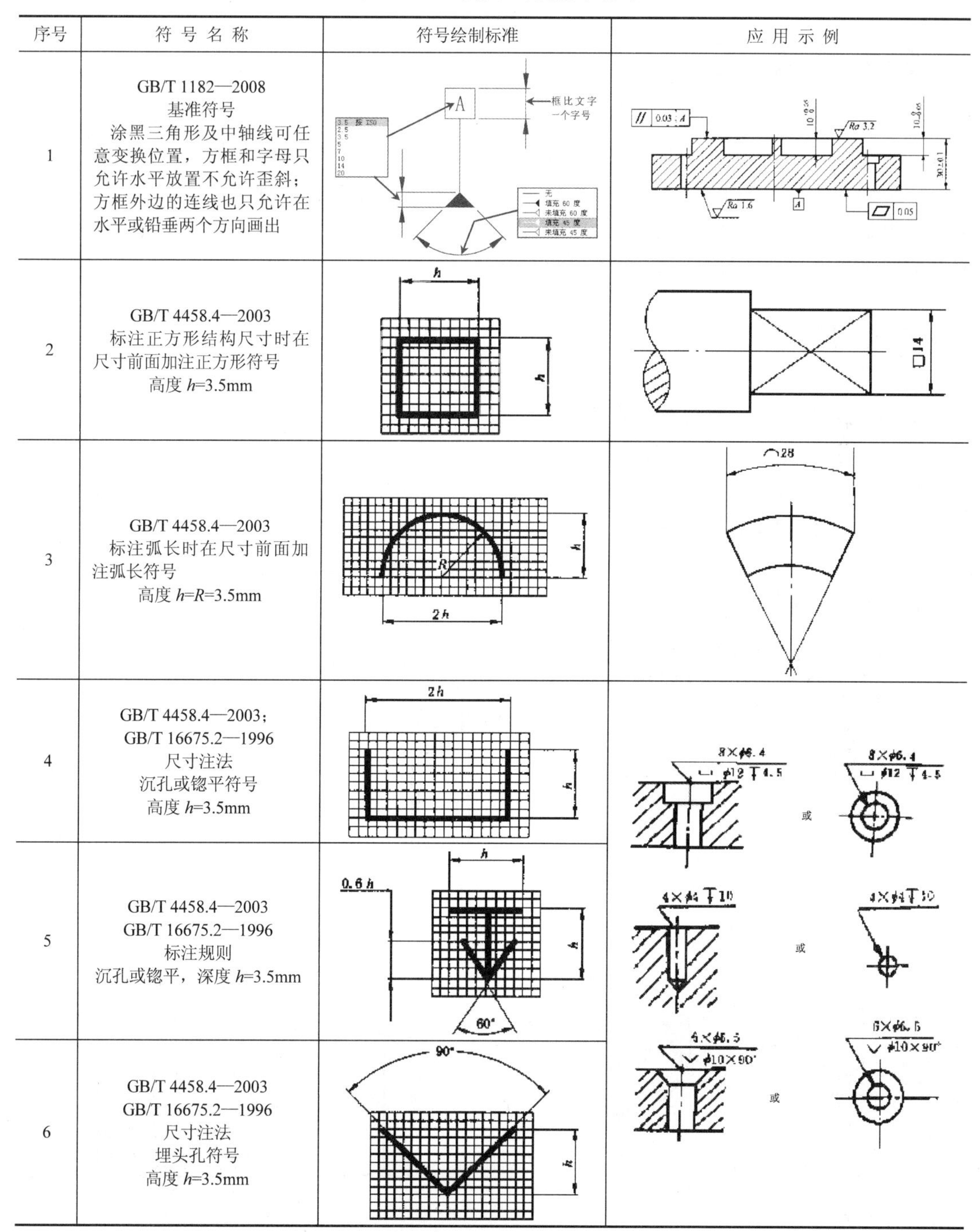

序号	符号名称	符号绘制标准	应用示例
1	GB/T 1182—2008 基准符号 涂黑三角形及中轴线可任意变换位置，方框和字母只允许水平放置不允许歪斜；方框外边的连线也只允许在水平或铅垂两个方向画出		
2	GB/T 4458.4—2003 标注正方形结构尺寸时在尺寸前面加注正方形符号 高度 h=3.5mm		
3	GB/T 4458.4—2003 标注弧长时在尺寸前面加注弧长符号 高度 h=R=3.5mm		
4	GB/T 4458.4—2003； GB/T 16675.2—1996 尺寸注法 沉孔或锪平符号 高度 h=3.5mm		
5	GB/T 4458.4—2003 GB/T 16675.2—1996 标注规则 沉孔或锪平，深度 h=3.5mm		
6	GB/T 4458.4—2003 GB/T 16675.2—1996 尺寸注法 埋头孔符号 高度 h=3.5mm		

第 5 章　机械常用标准件的绘制

本章导读

标准件是指结构、尺寸、画法、标记等各个方面已经完全标准化（由国家或国际规定），并由专业厂生产的常用的零（部）件，如螺纹件、键、销、滚动轴承等。

广义标准件包括标准化的紧固件、连接件、传动件、密封件、液压元件、气动元件、轴承、弹簧等机械零件。狭义的仅包括标准化紧固件。国内俗称的标准件是标准化紧固件的简称，是狭义概念，但不能排除广义概念的存在。

主要内容

☑ 掌握六角和滚花螺母的绘制方法
☑ 掌握定位和紧定螺钉的绘制方法
☑ 掌握圆柱滚子轴承和球轴承的绘制方法
☑ 掌握油标和圆锥销的绘制方法

预览效果

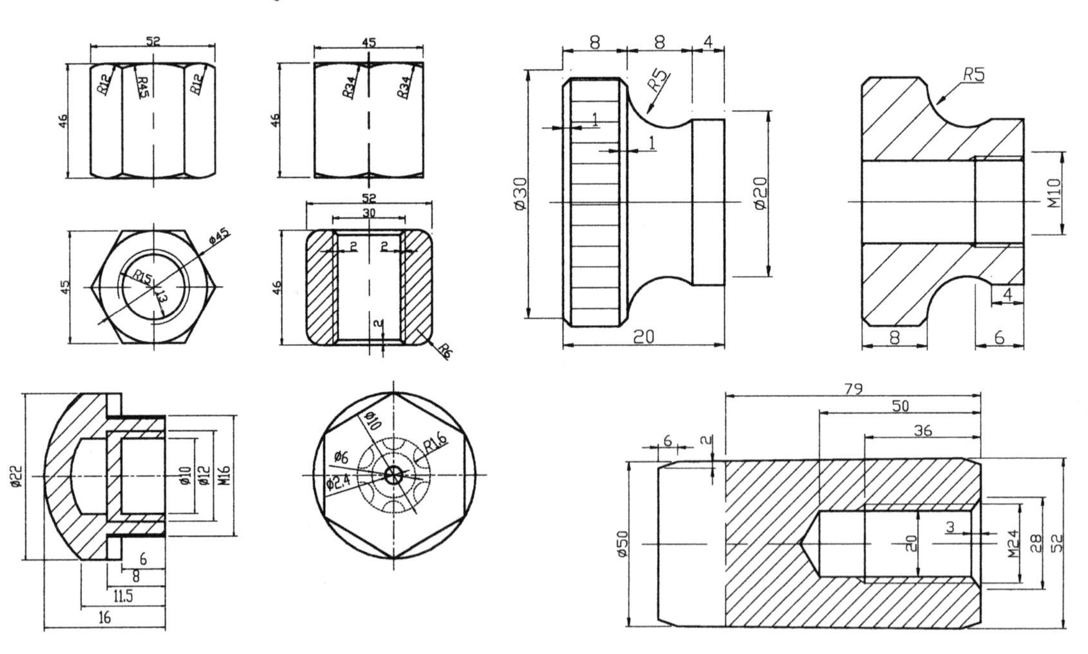

5.1 六角螺母的绘制

视频文件：视频\05\六角螺母的绘制.avi

结果文件：案例\05\六角螺母.dwg

首先执行“矩形”、“分解”、“直线”、“偏移”、“圆”、“修剪”、“镜像”、“圆角”、“多边形”、“打断”等命令，然后进行图案的填充操作，最后进行尺寸的标注，从而完成对六角螺母的绘制。

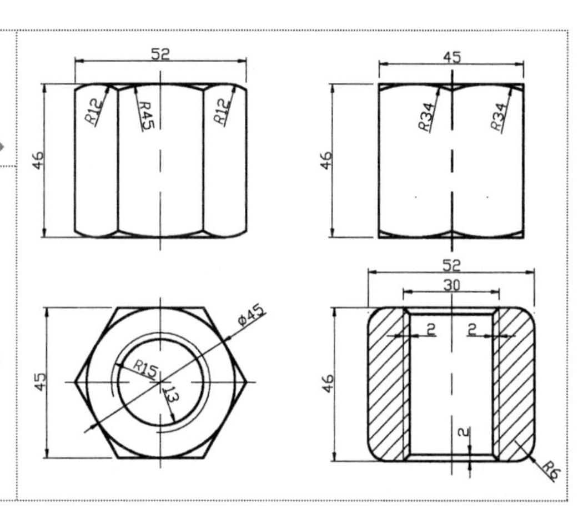

1）启动 AutoCAD 2013 软件，选择“文件”→“打开”菜单命令，将“案例\05\机械样板.dwt”文件打开，再执行“文件”→“另存为”菜单命令，将其另存为“案例\05\六角螺母.dwg”文件。

2）在“图层”工具栏的“图层控制”组合框中选择“粗实线”图层，使之成为当前图层。

3）执行“矩形（REC）”命令，绘制 52×46 的矩形，如图 5-1 所示。

4）切换到“中心线”图层。执行“直线（L）”命令，绘制高 56 的垂直中心线段，如图 5-2 所示。

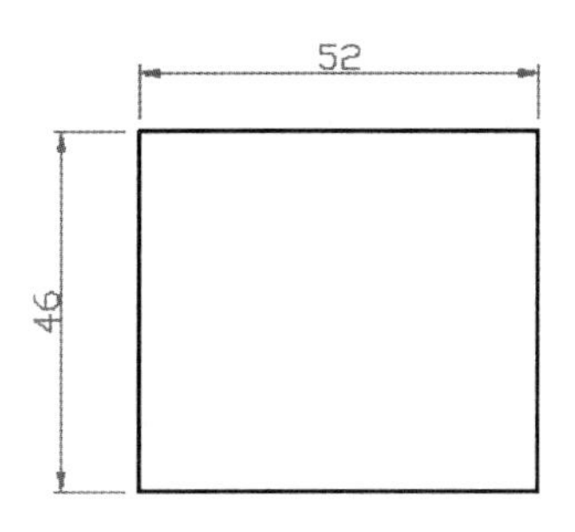

图 5-1　绘制矩形

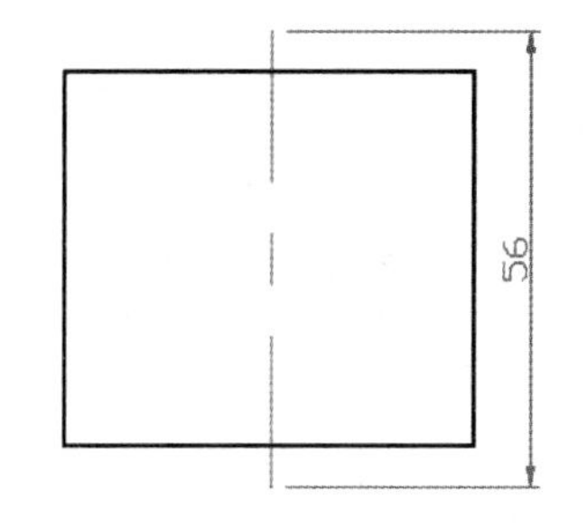

图 5-2　绘制垂直中心线段

5）切换到“粗实线”图层。执行“分解（X）”命令，将矩形进行分解操作。

6）执行“偏移（O）”命令，将左、右侧的垂直线段向内各偏移 13，如图 5-3 所示。

7）执行“圆（C）”命令，绘制半径为 12、12 和 45 的圆，使圆上侧象限点与矩形上侧的水平线段对齐，如图 5-4 所示。

8）执行“修剪（TR）”命令，将多余的线条修剪掉，结果如图 5-5 所示。

9）执行“镜像（MI）”命令，将修剪好的圆弧线段进行镜像复制操作，如图 5-6 所示。

10）执行“修剪（TR）”命令，将多余的线条修剪掉，结果如图 5-7 所示。

11）切换到“中心线”图层。执行“直线（L）”命令，绘制长 50、宽 50 的互相垂直线段，并与第 4）步绘制图形的垂直中心线垂直对齐，如图 5-8 所示。

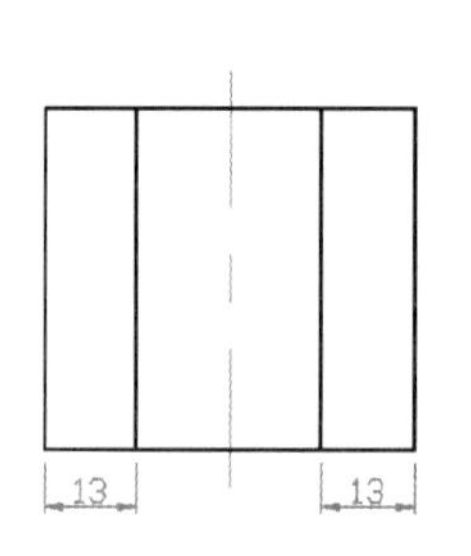

图 5-3　偏移线段

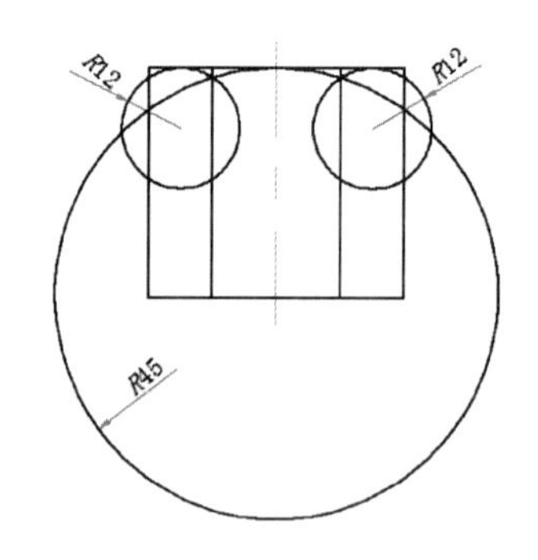

图 5-4　绘制圆

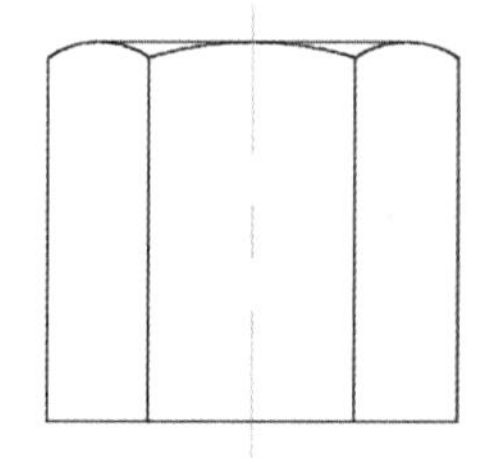

图 5-5　修剪多余的线段 1

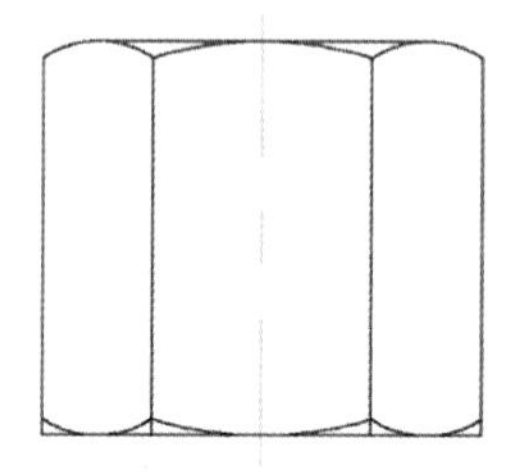

图 5-6　镜像操作

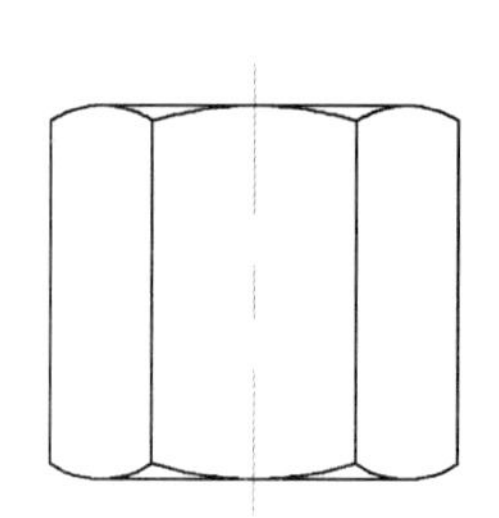

图 5-7　修剪多余的线段 2

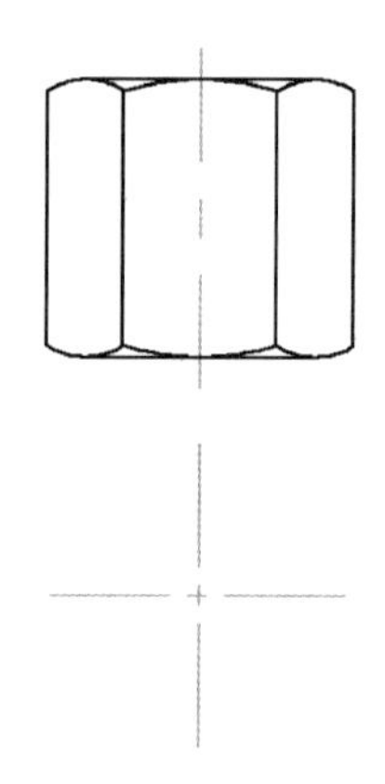

图 5-8　绘制作图基准线

12）切换到“粗实线”图层。执行“圆（C）”命令，捕捉相应的交点，绘制半径为 13、15 和 22.5 的三个同心圆，然后将半径为 15 的圆转换为“细实线”图层，如图 5-9 所示。

13）执行“多边形（POL）”命令，捕捉同心圆的圆心，绘制半径为 22.5 的正六边形，如图 5-10 所示。

14）执行“打断（BR）”命令，将半径为 15 的圆进行如图 5-11 所示的打断操作。

15）执行“矩形（REC）”命令，绘制 45×46 的矩形，将矩形的水平线段与之前绘制的图形水平边对齐，结果如图 5-12 所示。

16）切换到“中心线”图层。执行“直线（L）”命令，绘制高 56 的垂直中心线段，如图 5-13 所示。

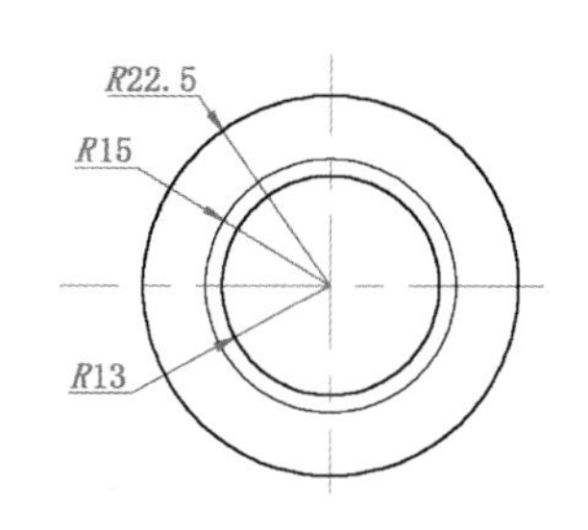

图 5-9 绘制同心圆

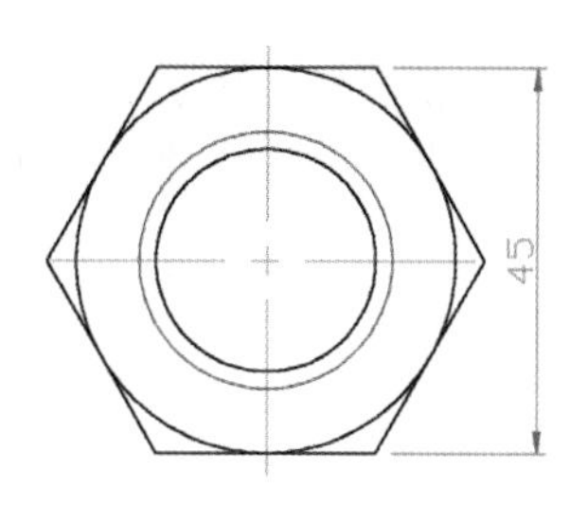

图 5-10 绘制正六边形

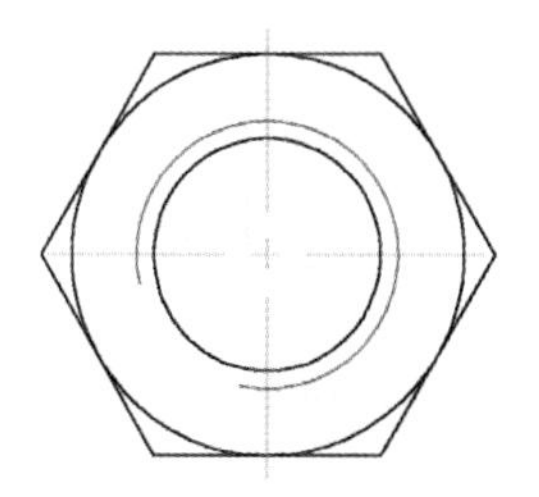

图 5-11 打断操作

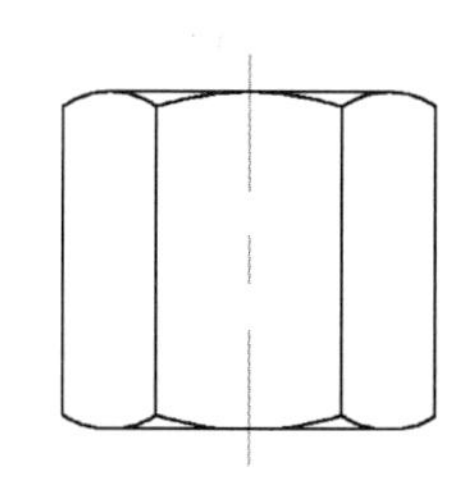

45
46

图 5-12 绘制矩形

17）切换到“粗实线”图层。执行“圆（C）”命令，选择“相切、相切、半径（T）”命令，绘制半径为 34 的圆，使圆的上侧象限点与矩形上侧的水平线段对齐，如图 5-14 所示。

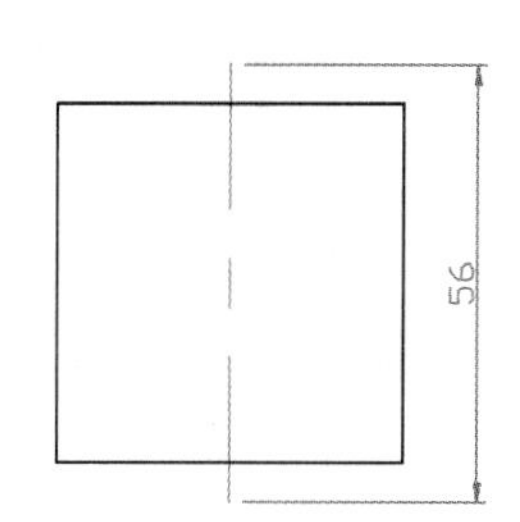

图 5-13 绘制垂直中心线段

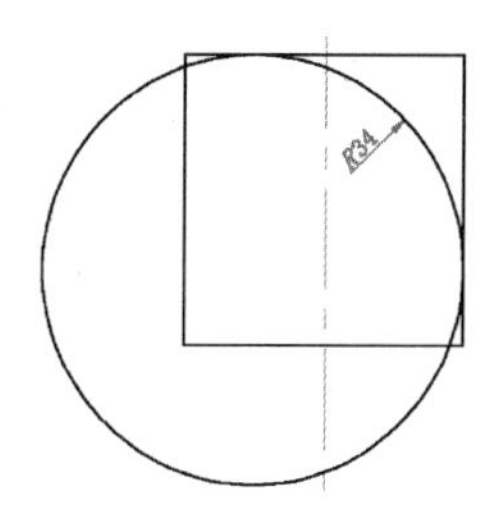

图 5-14 绘制圆

18）执行“修剪（TR）”命令，将多余的线条修剪掉，结果如图 5-15 所示。

19）执行“镜像（MI）”命令，将修剪好的圆弧进行镜像操作，如图 5-16 所示。

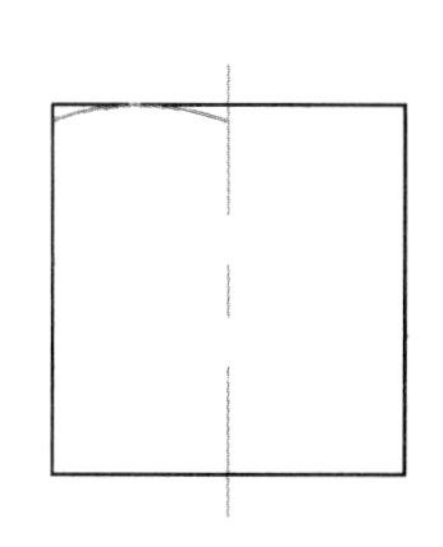

图 5-15 修剪多余的线段

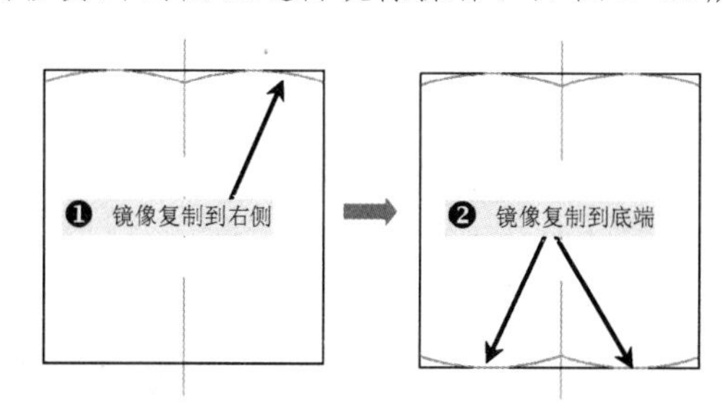

图 5-16 镜像操作

20）切换到“中心线”图层。执行“直线（L）”命令，绘制垂直中心线段，并与第 16）步绘制的图形垂直中心线段垂直对齐，再绘制一条水平线中点，如图 5-17 所示。

21）切换到“粗实线”图层。执行“矩形（REC）”命令，绘制 52×46 的矩形，使矩形的水平中心线与垂直中心线段重合，如图 5-18 所示。

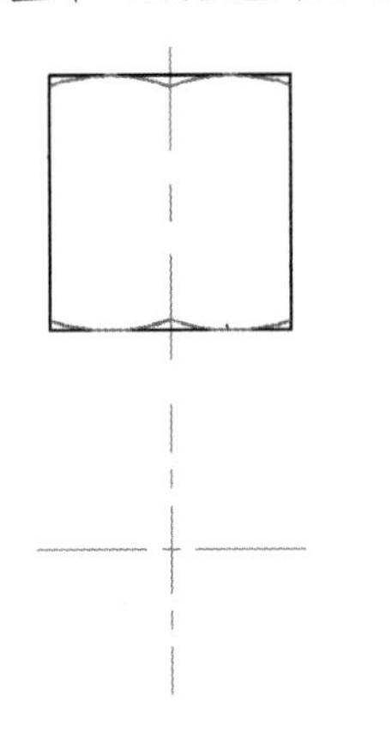

图 5-17　绘制互相垂直的中心线段

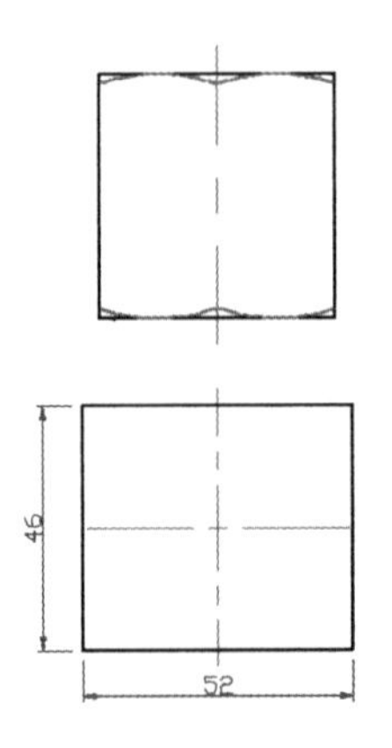

图 5-18　绘制矩形

22）执行“圆角（F）”命令，将矩形的四个对角进行半径为 6 的圆角操作，如图 5-19 所示。

23）执行“矩形（REC）”命令，绘制 26×42 的矩形，使矩形的水平线中点与垂直中心线段重合，如图 5-20 所示。

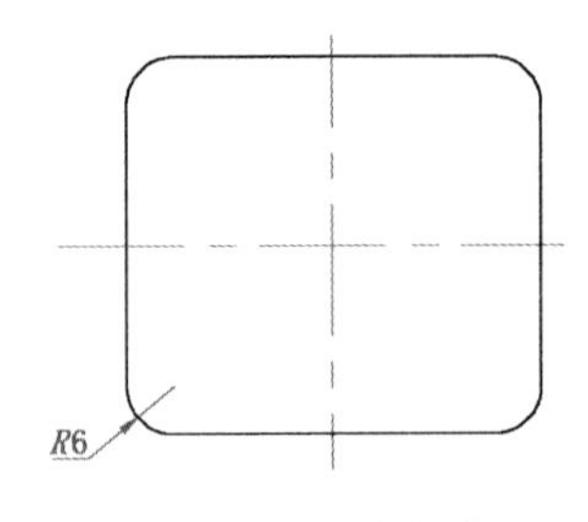

图 5-19　圆角操作

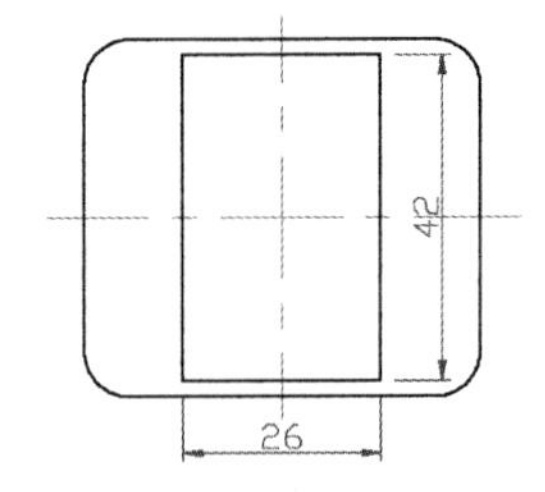

图 5-20　绘制矩形

24）执行“分解（X）”命令，将矩形进行分解操作。

25）执行“偏移（O）”命令，将小矩形两侧的垂直线段分别向左、右侧各偏移 2，如图 5-21 所示。

26）执行“延伸（EX）”命令，将偏移后的线段延伸到圆角矩形上，并将延伸的线段转换到“细实线”图层，结果如图 5-22 所示。

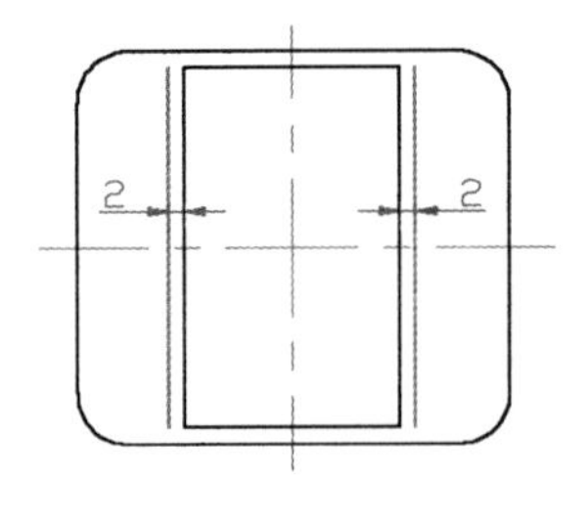

图 5-21　偏移线条

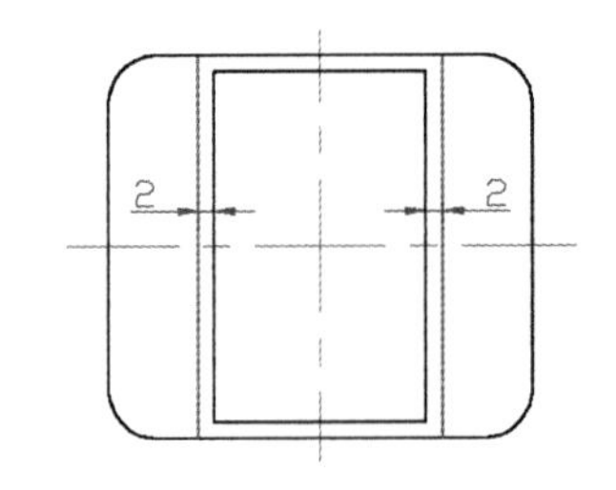

图 5-22　延伸线条

27）将偏移的线段转换为“细实线”图层。执行“直线（L）”命令，绘制斜线段，如图 5-23 所示。

28）切换到“剖面线”图层。执行“图案填充（H）”命令，选择样例为 ANSI31，比例为 1，在指定位置进行图案填充操作，结果如图 5-24 所示。

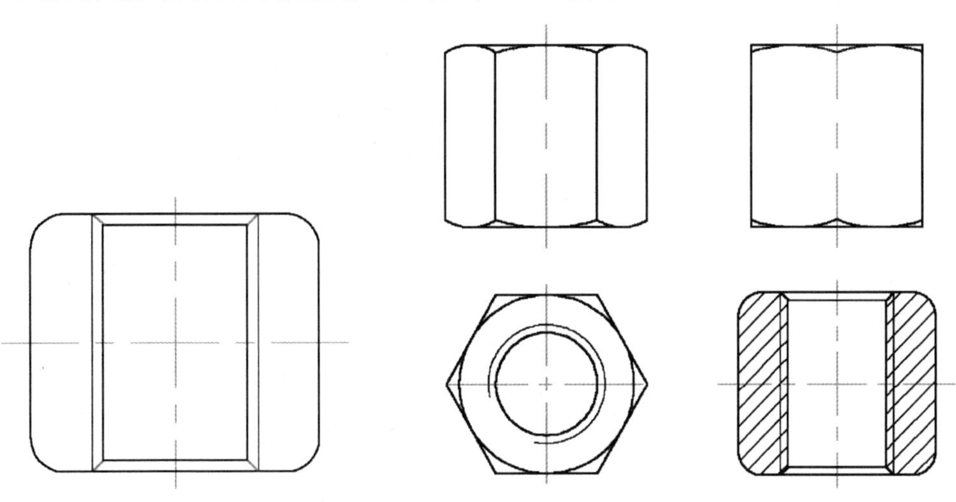

图 5-23　绘制斜线段　　　　图 5-24　图案填充

29）切换到“尺寸与公差”图层。对图形分别执行“线性标注（DLI）”、“半径标注（DRA）”、“直径标注（DDI）”、“编辑标注（ED）”命令，最终结果如图 5-25 所示。

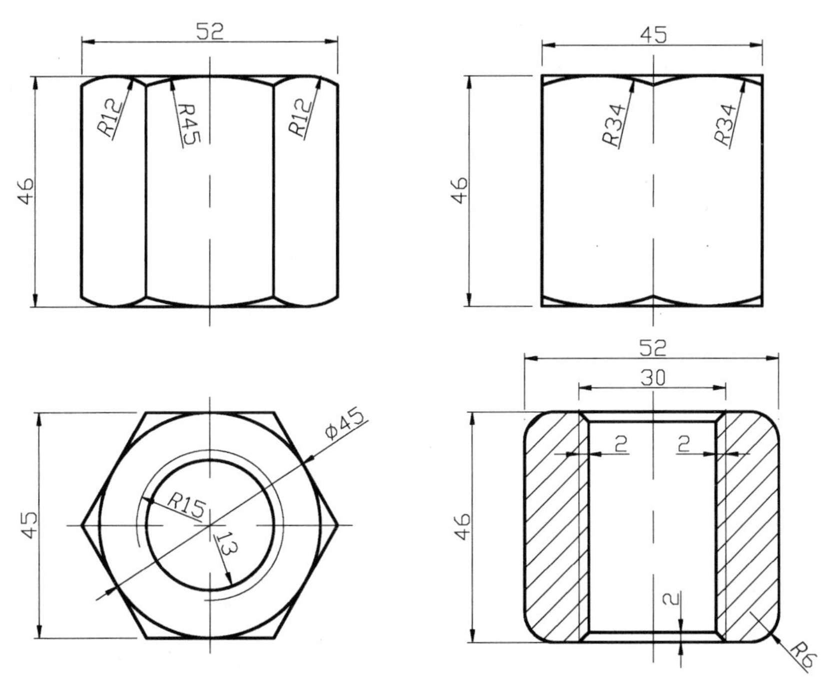

图 5-25　最终效果图

30）至此，该图形对象已经绘制完毕，按〈Ctrl+S〉组合键对文件进行保存。

5.2 滚花螺母的绘制

视频文件：视频\05\滚花螺母的绘制.avi
结果文件：案例\05\滚花螺母.dwg

首先执行“矩形”、“分解”、“直线”、“修剪”、“倒角”、“圆”、“镜像”、“偏移”等命令，转换相应的线型，然后进行图案的填充、尺寸的标注，从而完成对滚花螺母的绘制。

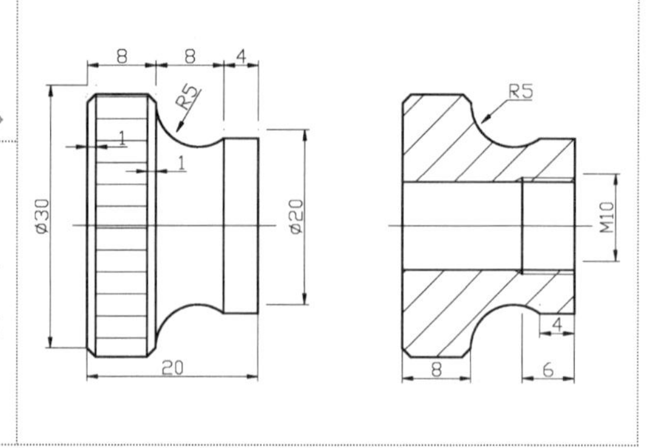

1）启动 AutoCAD 2013 软件，选择“文件”→“打开”菜单命令，将“案例\05\机械样板.dwt”文件打开，再执行“文件”→“另存为”菜单命令，将其另存为“案例\05\滚花螺母.dwg”文件。

2）在“图层”工具栏的“图层控制”组合框中选择“粗实线”图层，使之成为当前图层。

3）执行“矩形（REC）”命令，绘制 8×30 的矩形，如图 5-26 所示。

4）执行“分解（X）”命令，将矩形进行分解操作。

5）执行“偏移（O）”命令，将两侧的垂直线段向内各偏移 1，结果如图 5-27 所示。

6）执行“倒角（CHA）”命令，将图形的四个对角进行 1×1 的倒角操作，如图 5-28 所示。

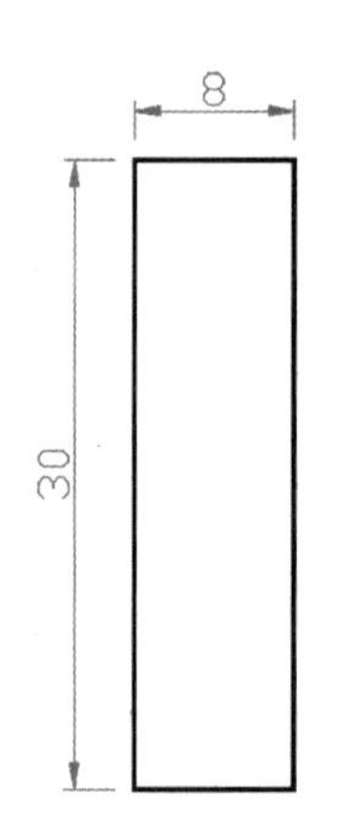

图 5-26　绘制矩形

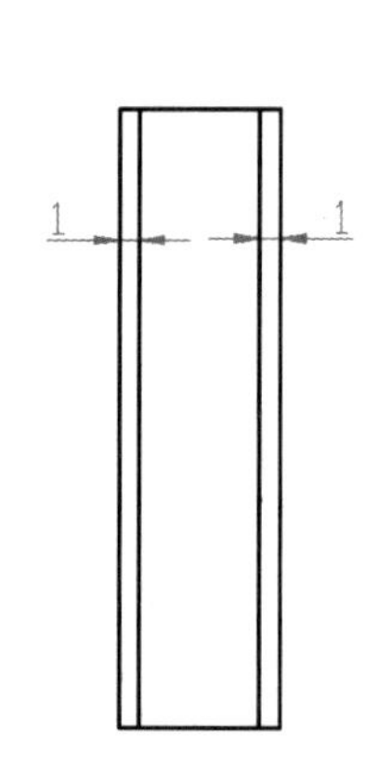

图 5-27　偏移线段

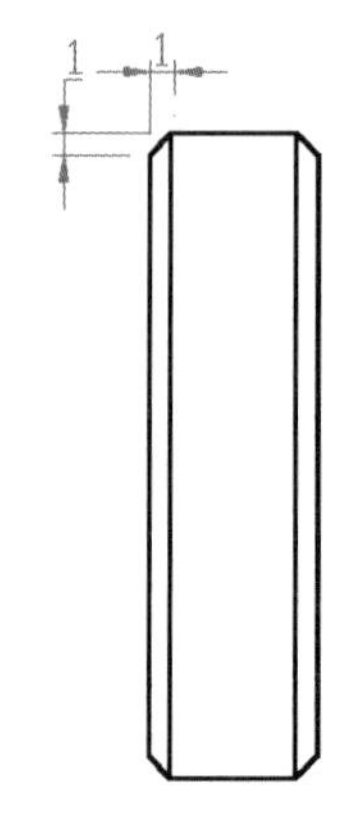

图 5-28　倒角操作

7）执行“偏移（O）”命令，将右侧的垂直线段向右各偏移 8 和 4，如图 5-29 所示。

8）切换到“中心线”图层。执行“直线（L）”命令，绘制长 25 的水平中心线段，如图 5-30 所示。

9）执行“拉伸（S）”命令，将第 7）步偏移的垂直线段上、下端向水平中心线位置分别拉伸 4，结果如图 5-31 所示。

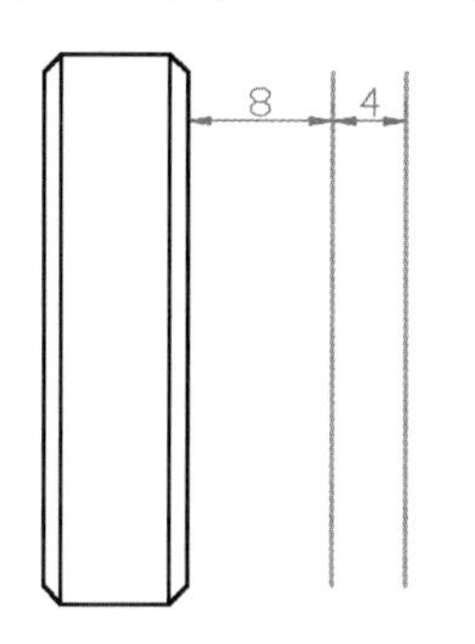

图 5-29 偏移线条

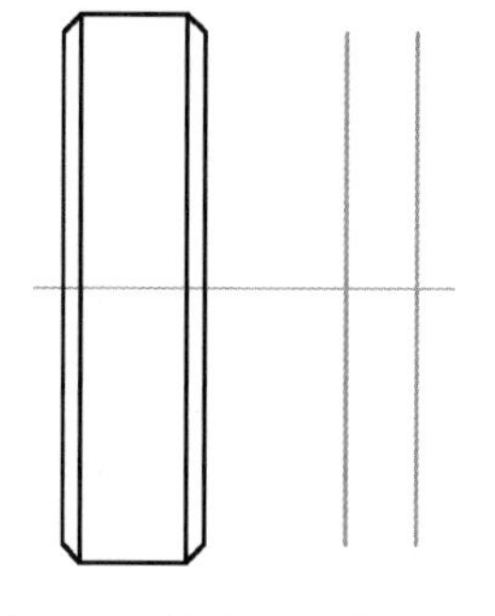

图 5-30 绘制水平中心线段

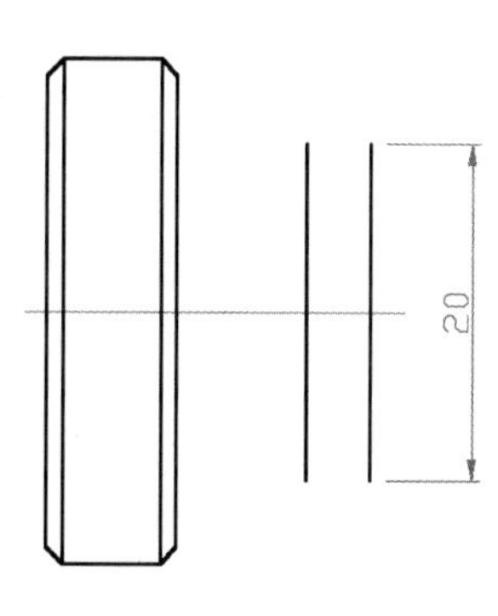

图 5-31 拉伸操作

10）切换到“粗实线”图层。执行“直线（L）”命令，绘制两条水平线段，如图 5-32 所示。

11）执行“圆（C）”命令，绘制半径为 5 的圆，使圆的左象限点与垂直线段重合，如图 5-33 所示。

12）执行“修剪（TR）”命令，修剪掉多余的线条，结果如图 5-34 所示。

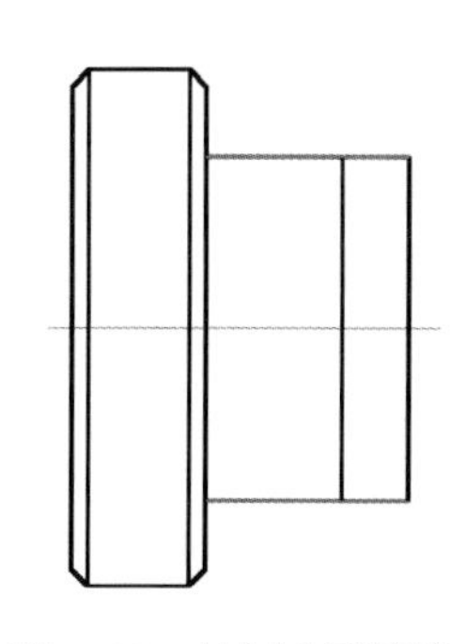

图 5-32 绘制水平线段

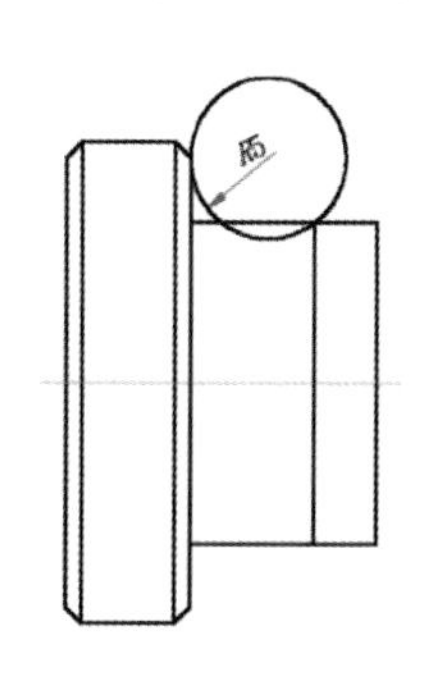

图 5-33 绘制圆

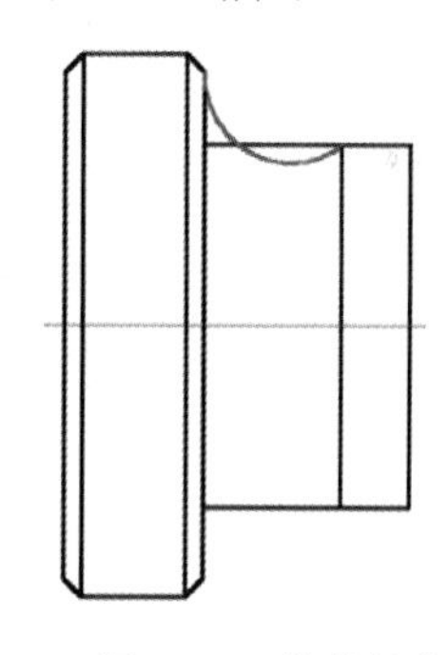

图 5-34 修剪线条

13）执行“镜像（MI）”命令，将修剪的圆弧向下镜像复制，如图 5-35 所示。

14）执行“修剪（TR）”命令，修剪掉多余的线条，如图 5-36 所示。

15）执行“复制（CO）”命令，将第 14）步绘制图形水平向右进行复制操作，并删除掉相应线条，结果如图 5-37 所示。

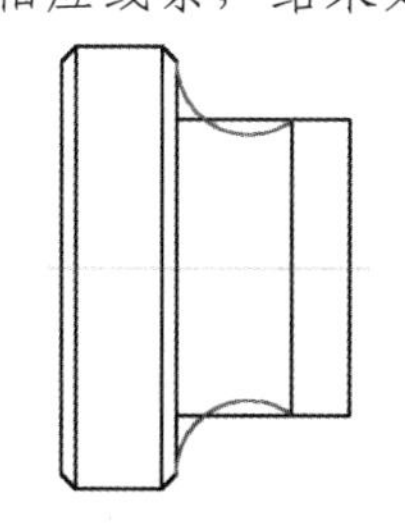

图 5-35 镜像圆弧

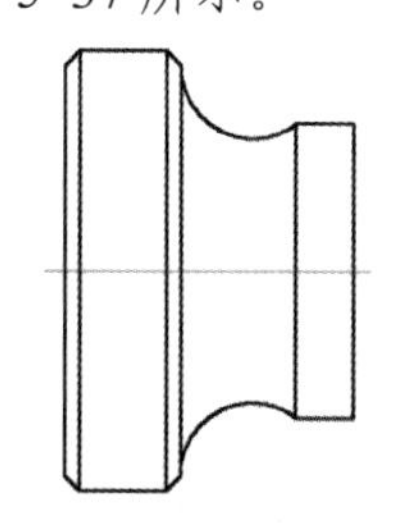

图 5-36 修剪线条

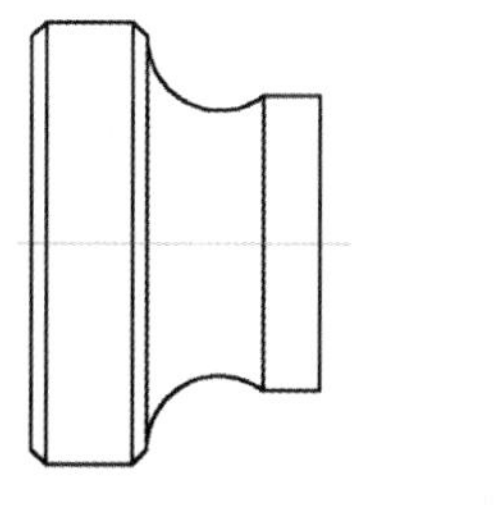

图 5-37 复制

16）执行“偏移（O）”命令，将水平中心线段向上、下各偏移 4.5 和 0.5，将矩形处的垂直线段向左各偏移 2 和 1，如图 5-38 所示。

17）执行“修剪（TR）”命令，修剪掉多余的线条，如图 5-39 所示。

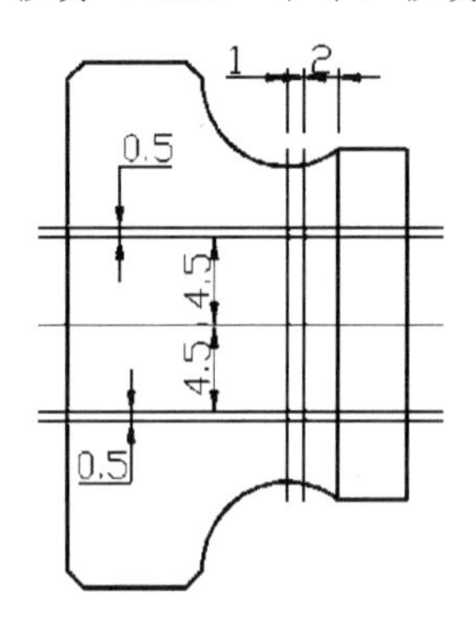

图 5-38 偏移线段

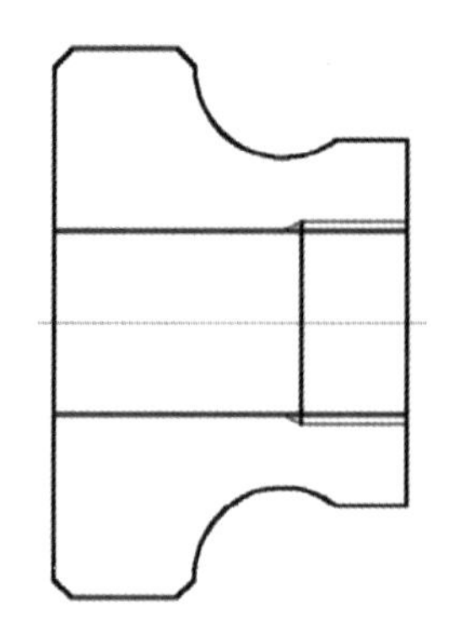

图 5-39 修剪多余的线条

18）切换到“剖面线”图层。执行“图案填充（H）”命令，选择相应的样例和比例，再指定位置进行图案填充操作，结果如图 5-40 所示。

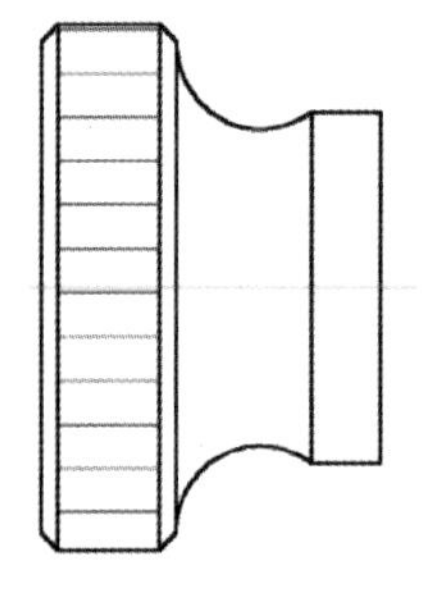

图案：ISO05W100
比例：0.5

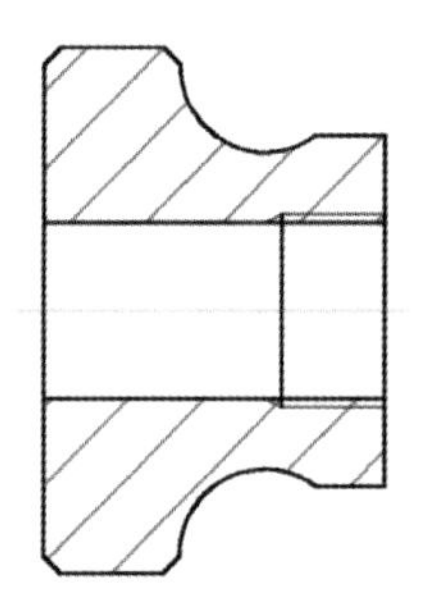

图案：I ANSI 31
比例：1

图 5-40 图案填充

19）切换到“尺寸与公差”图层。对图形分别执行“线性标注（DLI）”、“直径标注（DDI）”命令，最终结果如图 5-41 所示。

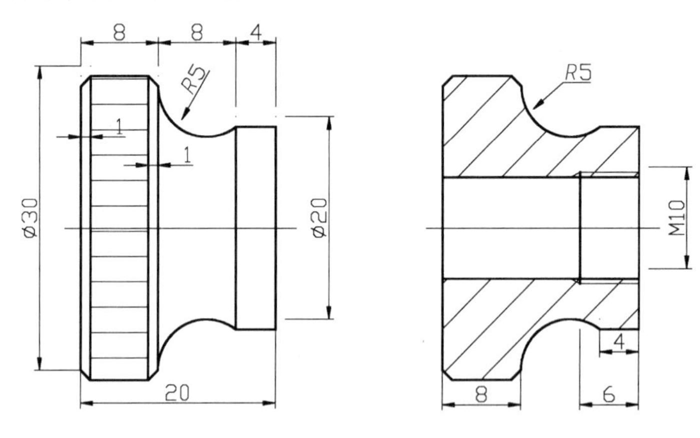

图 5-41 最终效果图

20）至此，该图形对象已经绘制完毕，按〈Ctrl+S〉组合键对文件进行保存。

5.3 定位螺钉的绘制

视频文件：视频\05\定位螺钉的绘制.avi

结果文件：案例\05\定位螺钉.dwg

首先执行“直线”、“偏移”、“修剪”、“圆角”等命令，转换相应的线型，然后进行尺寸的标注，从而完成对定位螺钉的绘制。

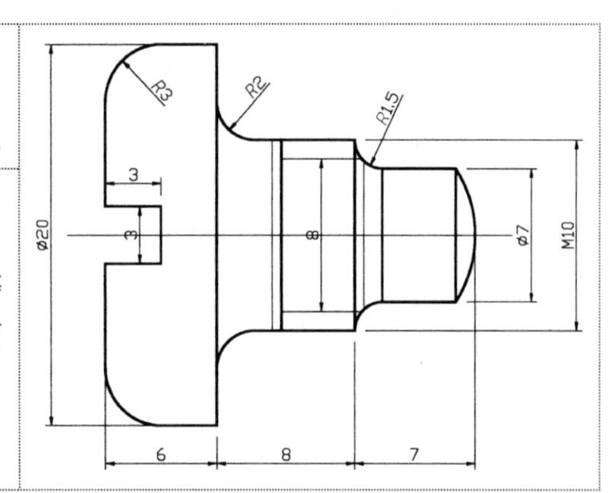

1）启动 AutoCAD 2013 软件，选择“文件”→“打开”菜单命令，将“案例\05\机械样板.dwt”文件打开，再执行“文件”→“另存为”菜单命令，将其另存为“案例\05\定位螺钉.dwg”文件。

2）在“图层”工具栏的“图层控制”组合框中选择“中心线”图层，使之成为当前图层。

3）执行“直线（L）”命令，绘制长 26 和高 30 互相垂直的基准线，如图 5-42 所示。

4）切换到“粗实线”图层。执行“偏移（O）”命令，将左侧的垂直线段向右依次偏移 3、3、3、0.5、4、0.5、1、4 和 1，结果如图 5-43 所示。

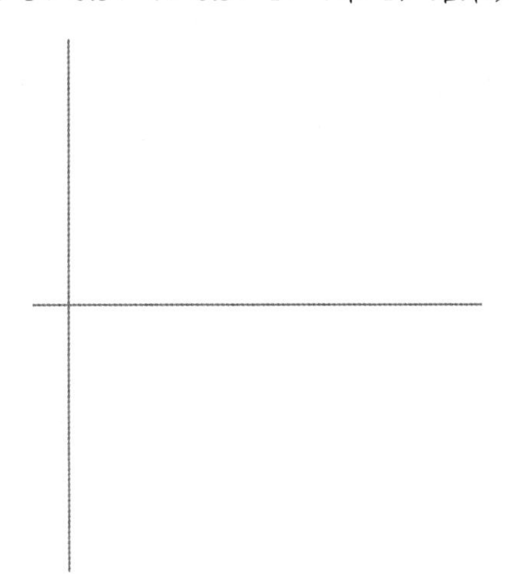

图 5-42 绘制作图基准线

图 5-43 偏移线段

5）执行“偏移（O）”命令，将水平线段向上、下各偏移 1.5、3.5、4 和 5，如图 5-44 所示。

6）执行“修剪（TR）”命令，修剪掉多余的线条，如图 5-45 所示。

7）执行“圆角（F）”命令，进行半径为 3、2 和 1.5 的圆角操作，如图 5-46 所示。

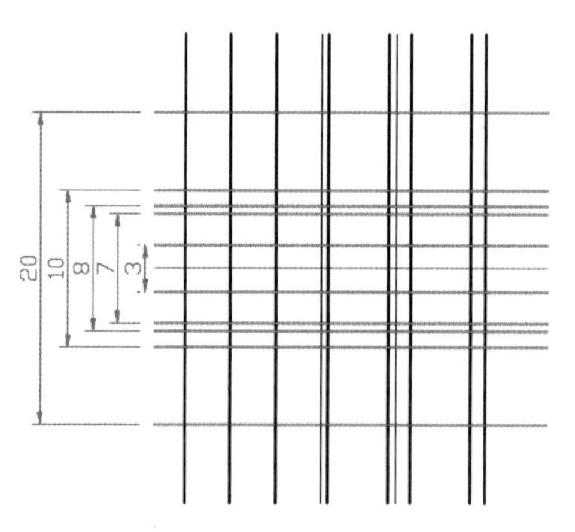

图 5-44　偏移线段

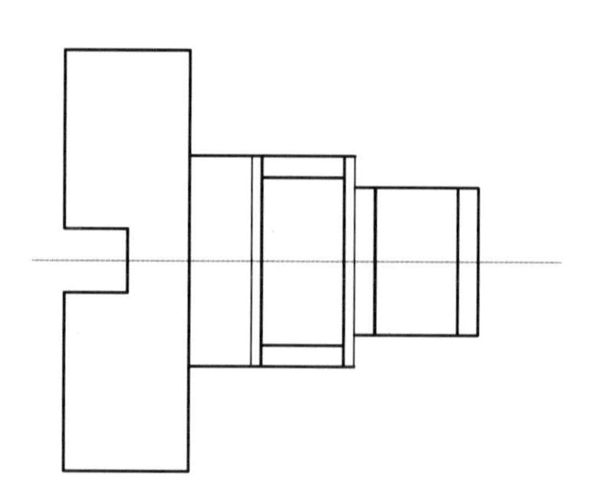
图 5-45　修剪多余的线段

8）执行“圆弧（A）”命令，绘制直径为 7 的圆弧，如图 5-47 所示。

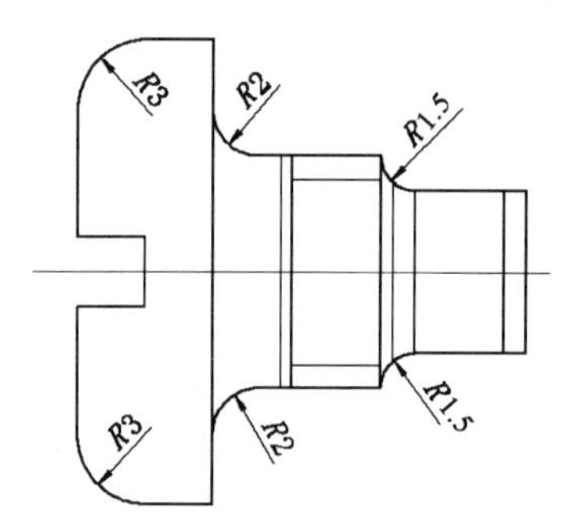

图 5-46　圆角操作

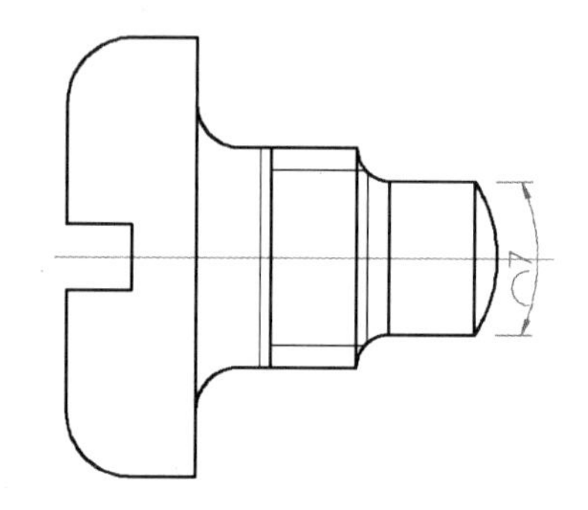

图 5-47　绘制圆弧

9）切换到“尺寸与公差”图层。对图形分别执行“线性标注（DLI）”、“半径标注（DRA）”、“直径标注（DDI）”、“编辑标注（ED）”等命令，最终结果如图 5-48 所示。

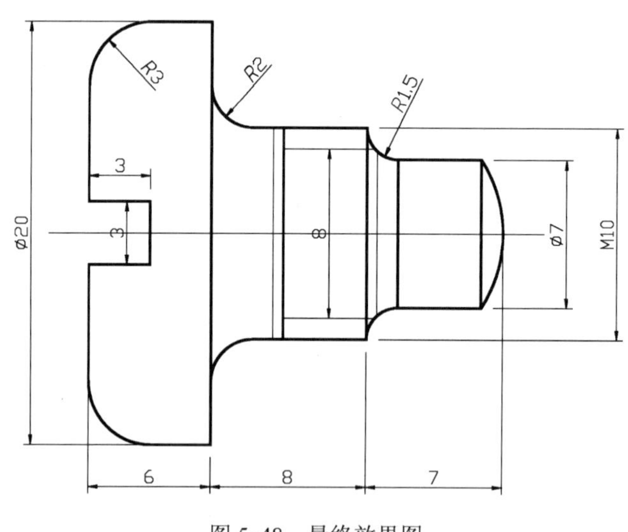

图 5-48　最终效果图

10）至此，该图形对象已经绘制完毕，按〈Ctrl+S〉组合键对文件进行保存。

5.4 柱端紧定螺钉的绘制

视频文件：视频\05\柱端紧定螺钉的绘制.avi
结果文件：案例\05\柱端紧定螺钉.dwg

由螺钉图形效果可知，先绘制其水平中心线，然后再绘制其矩形对象，并进行移动放置，再进行倒角操作，最后进行尺寸标注即可。

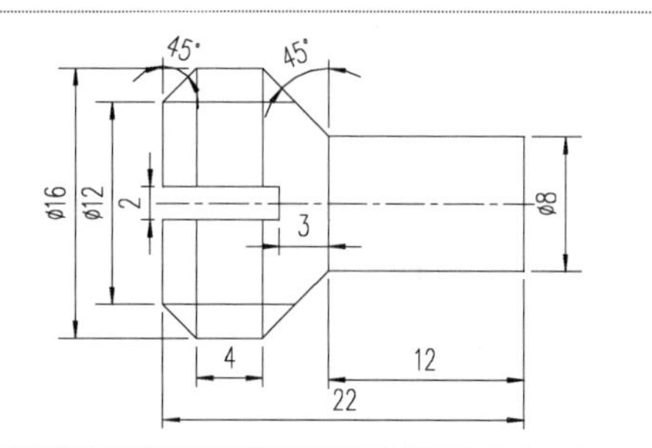

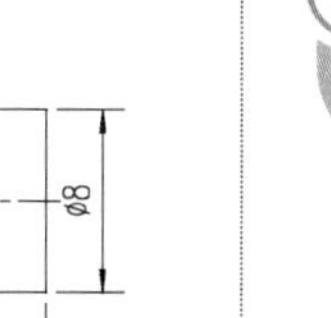

1）启动 AutoCAD 2013 软件，选择“文件”→“打开”菜单命令，将“案例\05\机械样板.dwt”文件打开，再执行“文件”→“另存为”菜单命令，将其另存为“案例\05\柱端紧定螺钉.dwg”文件。

2）将“图层控制”组合框中的“中心线”图层设置为当前图层，并执行“直线”命令（L），绘制长约 30 的水平中心线。

3）将“粗实线”图层设置为当前图层，执行“矩形（REC）”命令，绘制两个矩形对象，尺寸分别为 12×8 和 10×16，如图 5-49 所示。

4）执行“移动（M）”命令，将绘制的两个矩形对象以边线的中心点为基准进行重合，并放置于中心线上，如图 5-50 所示。

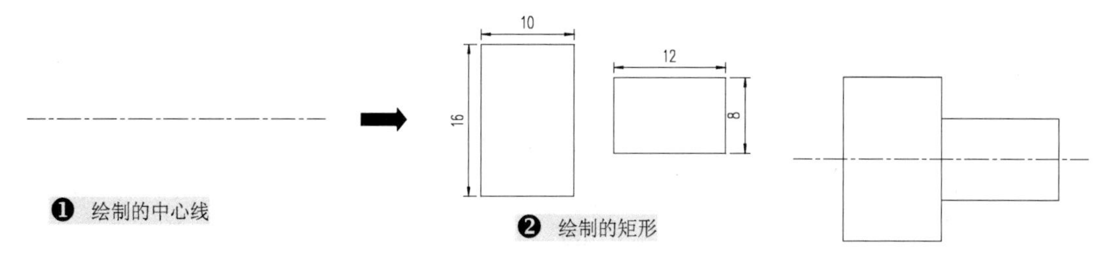

图 5-49 绘制中心线和矩形　　　图 5-50 螺钉外形的创建

5）执行“倒直角”命令（CHA），将移动后的矩形对象进行倒角操作，然后用直线将倒角后交点位置处连接起来，其倒角的具体尺寸，如图 5-51 所示。

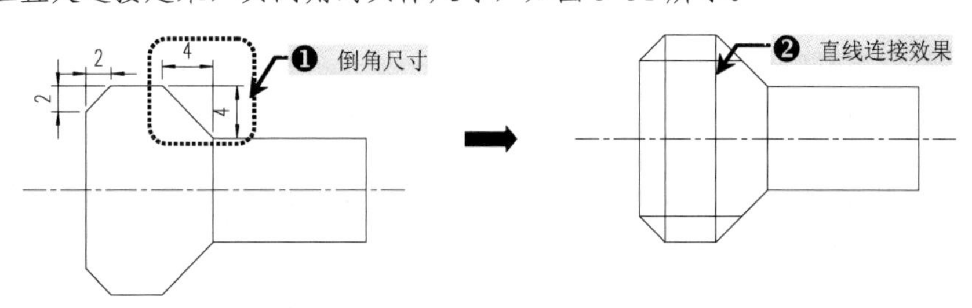

图 5-51 螺钉外形倒角

6）将前面所绘制的矩形对象进行分解操作，然后执行“偏移（O）”命令，将连接的上侧水平线向下分别偏移 5、2，再将左侧垂直线段向右偏移 7，如图 5-52 所示。

7）使用“修剪（TR）”命令，修剪掉偏移后的多余线段，螺钉的外形轮廓就出来了，如图 5-53 所示。

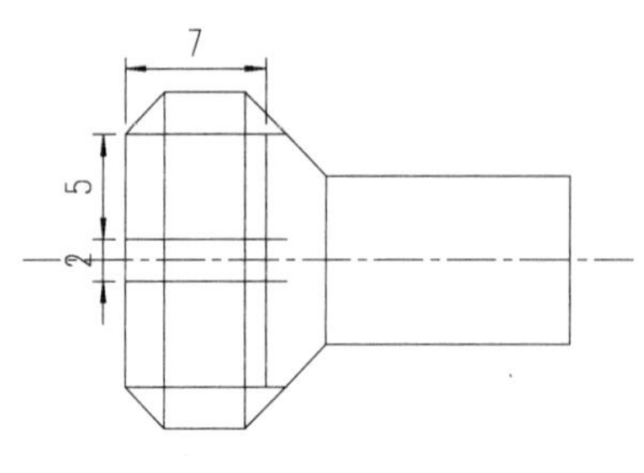

图 5-52　直线偏移

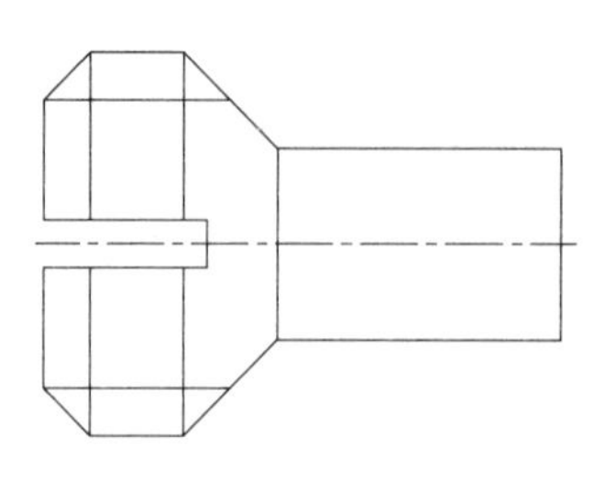

图 5-53　直线修剪后效果

8）选择“尺寸与公差”图层，最后对绘制好的螺钉轮廓进行尺寸标注，采用定形尺寸的标注方法进行标注，其标注的效果如图 5-54 所示。

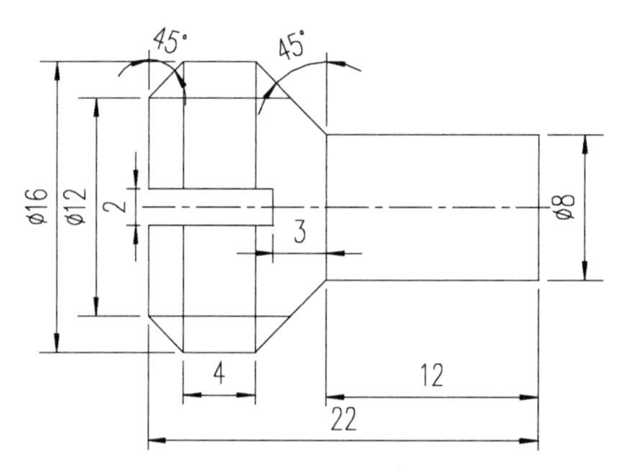

图 5-54　尺寸标注

9）至此，柱端紧定螺钉就绘制好了，用户再按〈Ctrl+S〉组合键进行保存即可。

5.5　圆柱滚子轴承的绘制

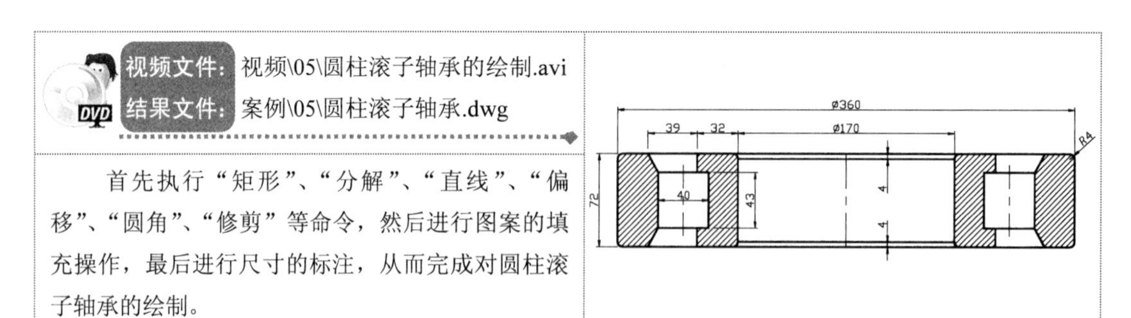

视频文件：视频\05\圆柱滚子轴承的绘制.avi

结果文件：案例\05\圆柱滚子轴承.dwg

首先执行“矩形”、“分解”、“直线”、“偏移”、“圆角”、“修剪”等命令，然后进行图案的填充操作，最后进行尺寸的标注，从而完成对圆柱滚子轴承的绘制。

1）启动 AutoCAD 2013 软件，选择“文件”→“打开”菜单命令，将“案例\05\机械样板.dwt”文件打开，再执行“文件”→“另存为”菜单命令，将其另存为“案例\05\圆柱滚子轴承.dwg”文件。

2）在“图层”工具栏的“图层控制”组合框中选择“粗实线”图层，使之成为当前图层。执行“矩形（REC）”命令，绘制360×72的矩形，如图5-55所示。

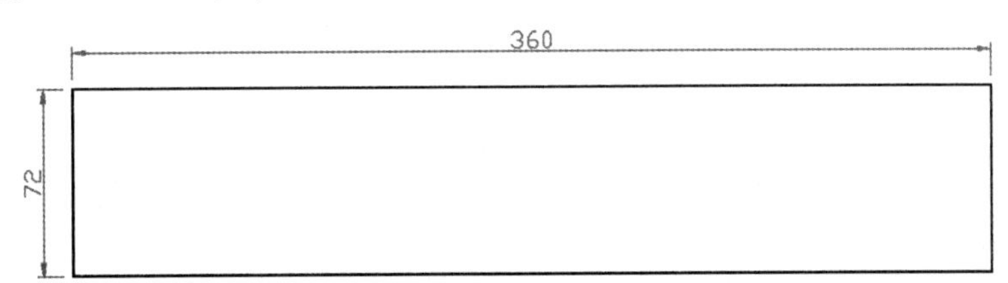

图5-55 绘制矩形

3）执行“分解（X）”命令，将矩形进行分解操作；执行“偏移（O）”命令，将矩形的左、右侧垂直线段向中间位置分别各偏移 24、28、11、32 和 85；转换部分线型为“中心线”，结果如图5-56所示。

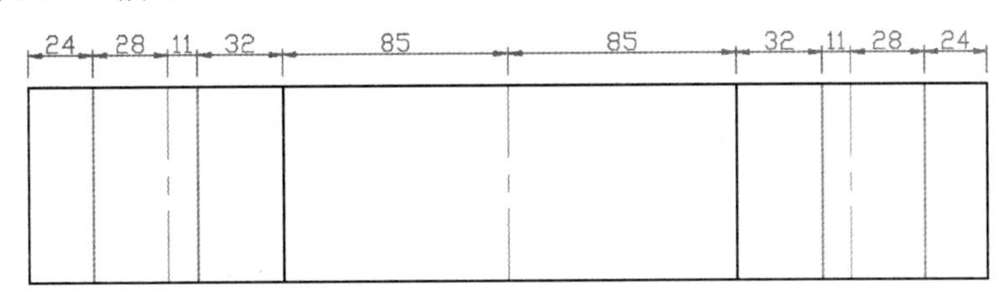

图5-56 偏移线段

4）执行“矩形（REC）”命令，绘制 40×43 的矩形，使其中点与第 3）步偏移的线段对齐，如图5-57所示。

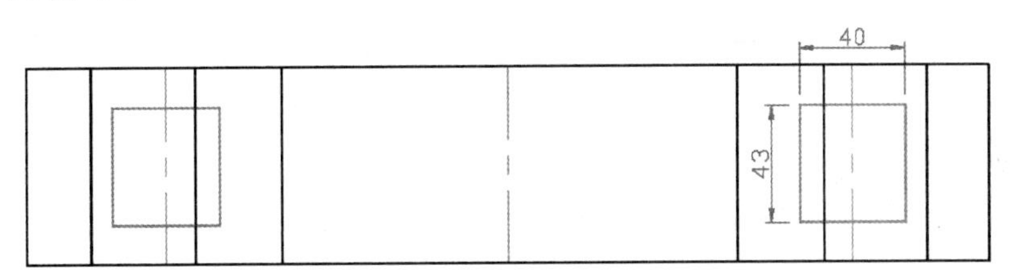

图5-57 绘制矩形

5）执行“直线（L）”命令，捕捉端点，绘制斜线段，如图5-58所示。

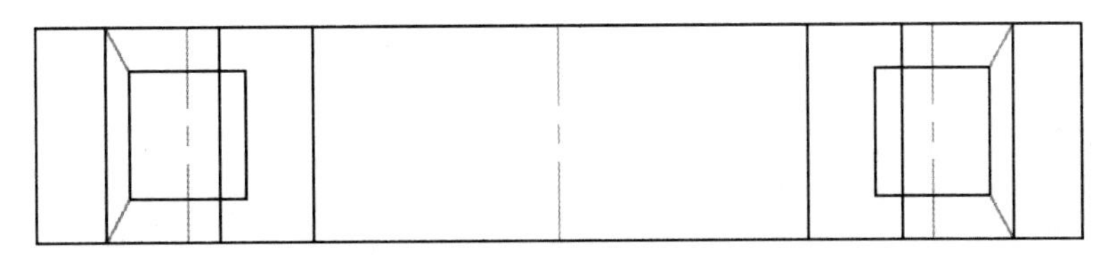

图5-58 绘制斜线段

6）执行“修剪（TR）”命令，修剪掉多余的线段，结果如图5-59所示。

7）执行“偏移（O）”命令，将矩形上、下侧水平线段向内各偏移4，如图5-60所示。

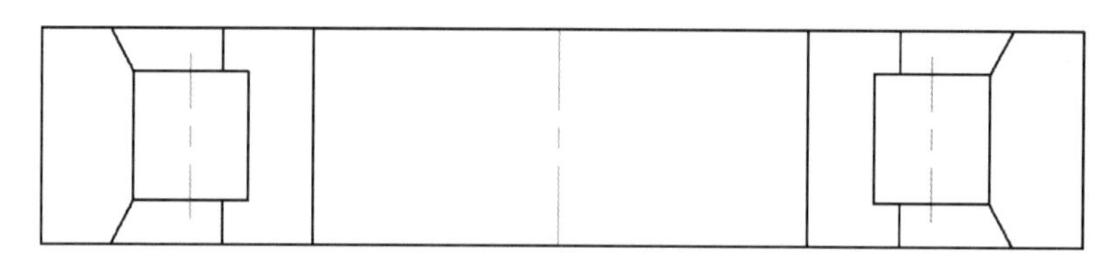

图 5-59　修剪多余线段

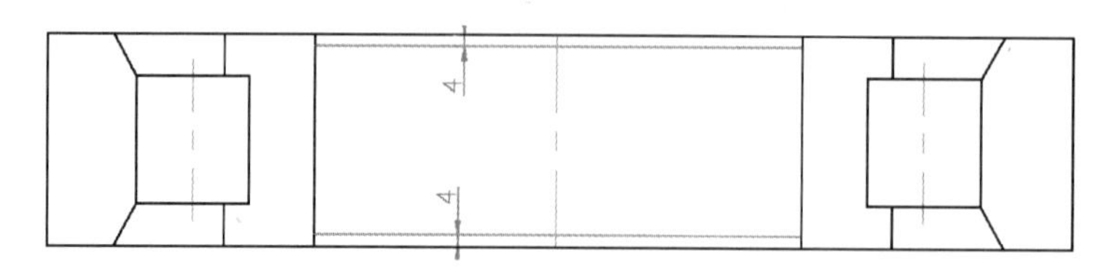

图 5-60　偏移线段

8）执行“圆角（F）”命令，对①～⑧处角点进行半径为 4 的圆角操作，结果如图 5-61 所示。

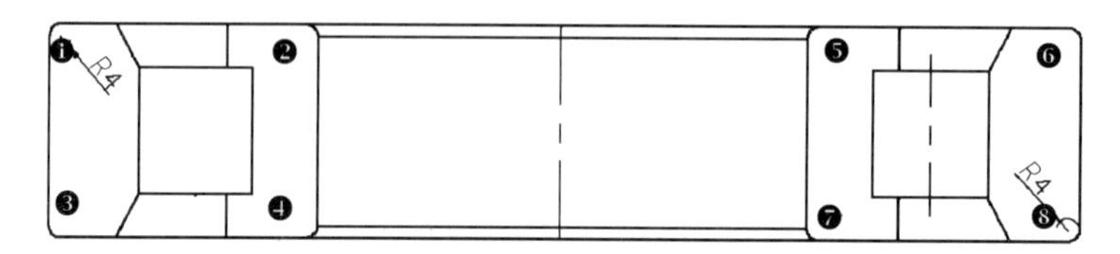

图 5-61　圆角操作

9）切换到“剖面线”图层。执行“图案填充（H）”命令，选择样例为 ANSI31，比例为 1，在指定位置进行图案填充操作，结果如图 5-62 所示。

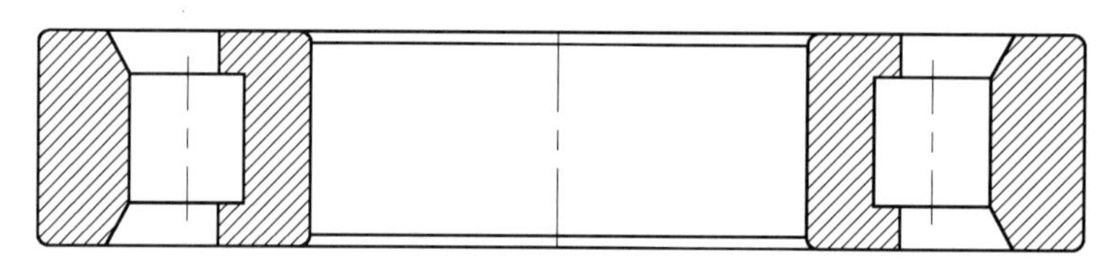

图 5-62　图案填充

10）切换到“尺寸与公差”图层。对图形分别执行“线性标注（DLI）”、“半径标注（DRA）”、“直径标注（DDI）”、“编辑标注（ED）”命令，最终结果如图 5-63 所示。

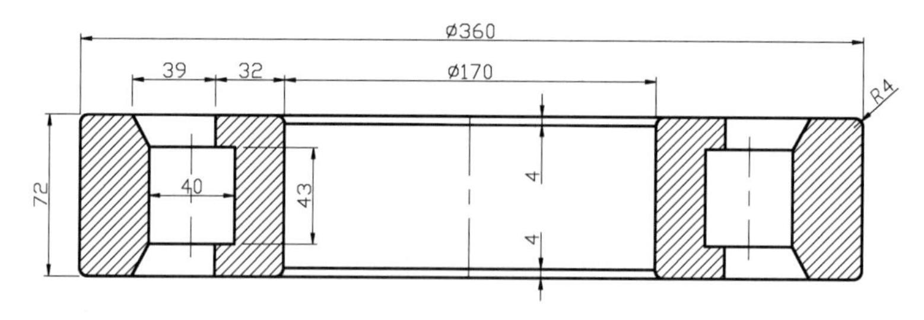

图 5-63　最终效果图

11）至此，该图形对象已经绘制完毕，按〈Ctrl+S〉组合键对文件进行保存。

5.6　角接触球轴承的绘制

视频文件：视频\05\角接触球轴承的绘制.avi
结果文件：案例\05\角接触球轴承.dwg

首先执行“矩形”、“分解”、“直线”、“偏移”、“圆”、“修剪”、“圆角”、“镜像”等命令，然后进行图案的填充操作，最后进行尺寸的标注，从而完成对角接触球轴承的绘制。

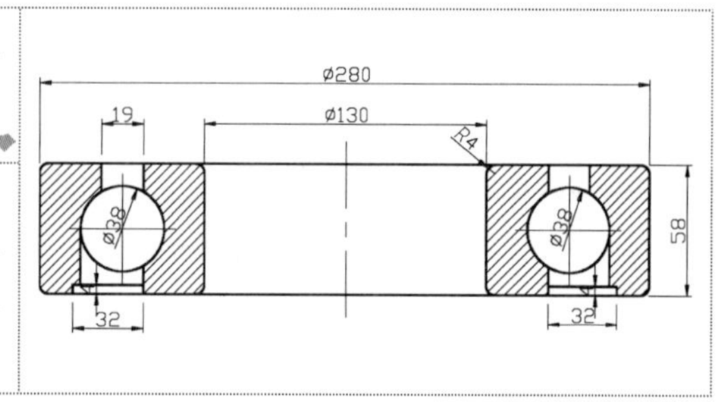

1）启动 AutoCAD 2013 软件，选择“文件”→“打开”菜单命令，将“案例\05\机械样板.dwt”文件打开，再执行“文件”→“另存为”菜单命令，将其另存为“案例\05\角接触球轴承.dwg”文件。

2）在“图层”工具栏的“图层控制”组合框中选择“粗实线”图层，使之成为当前图层。

3）执行“矩形（REC）”命令，绘制 280×58 的矩形，如图 5-64 所示。

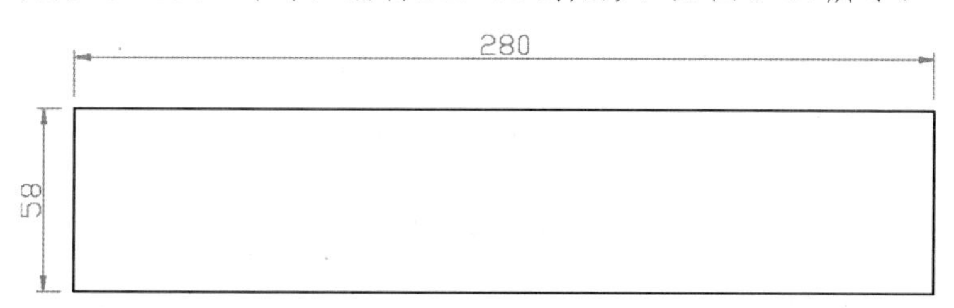

图 5-64　绘制矩形

4）执行“分解（X）”命令，将矩形进行分解操作；执行“偏移（O）”命令，将矩形左侧的垂直线段向右分别偏移 15、28、37.5、47、75 和 140，将下侧的水平线段向上分别偏移 4 和 29，如图 5-65 所示。

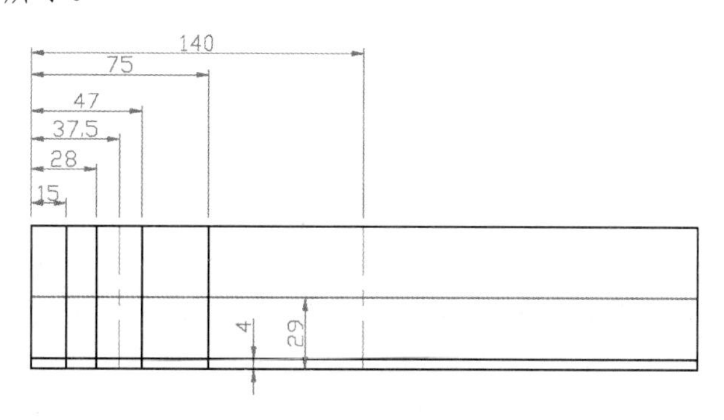

图 5-65　偏移线段

5）转换左侧第四条垂直线段为中心线线型；再执行“圆（C）”命令，捕捉交点，绘制直径为 38 的圆，如图 5-66 所示。

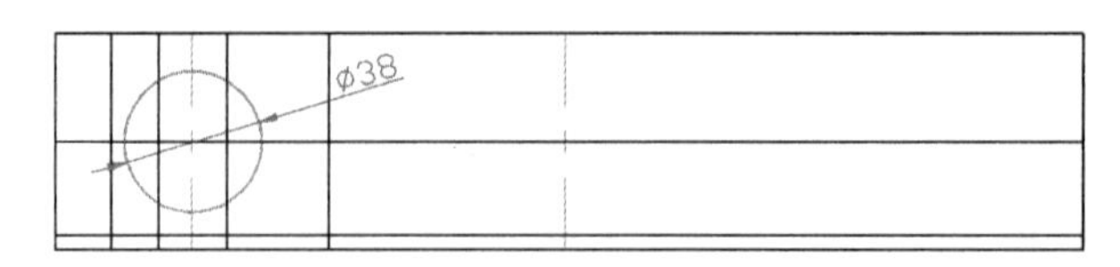

图 5-66　绘制圆

6）执行“修剪（TR）”命令，将多余的线段修剪掉，结果如图 5-67 所示。

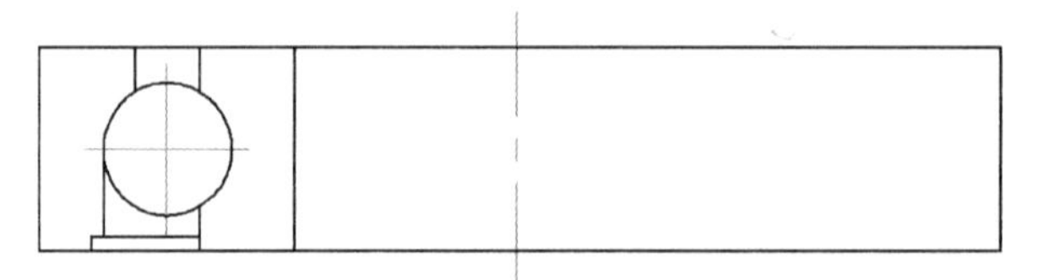

图 5-67　修剪多余的线条

7）执行“镜像（MI）”命令，将图形对象向右侧镜像复制操作，结果如图 5-68 所示。

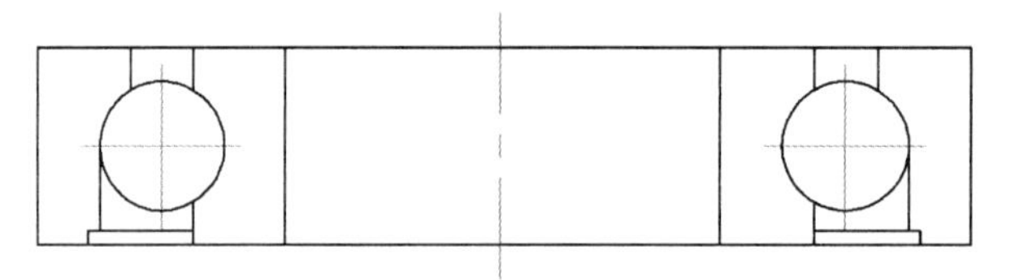

图 5-68　镜像操作

8）执行“圆角（F）”命令，对①～⑧处角点进行半径为 4 的圆角操作，结果如图 5-69 所示。

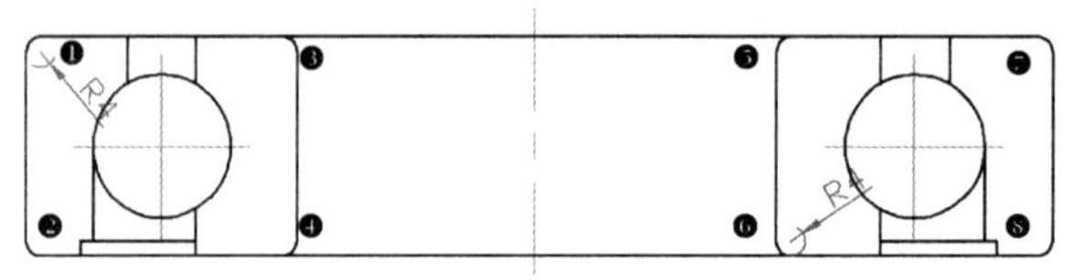

图 5-69　圆角操作

9）切换到“剖面线”图层。执行“图案填充（H）”命令，选择样例为 ANSI31，比例为 1，在指定位置进行图案填充操作，结果如图 5-70 所示。

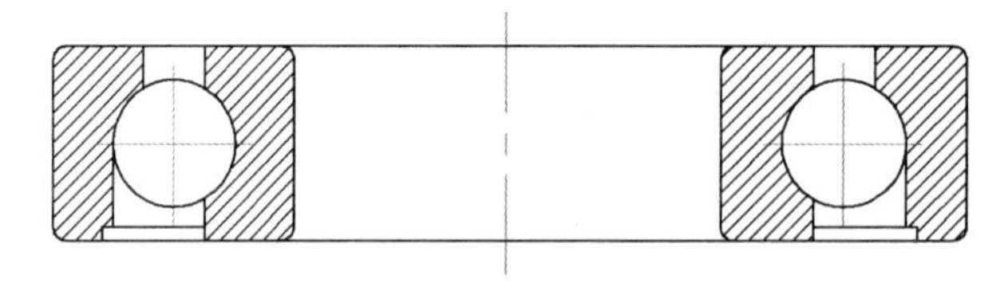

图 5-70　图案填充

10）切换到“尺寸与公差”图层。对图形分别执行“线性标注（DLI）”、“半径标注（DRA）”、“直径标注（DDI）”、“编辑标注（ED）”命令，最终结果如图 5-71 所示。

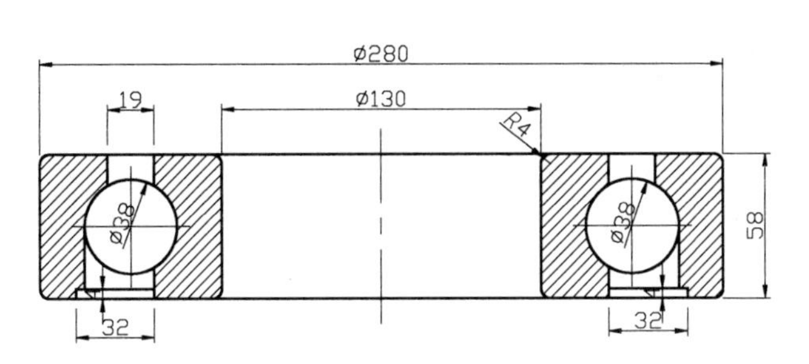

图 5-71 最终效果图

11）至此，该图形对象已经绘制完毕，按〈Ctrl+S〉组合键对文件进行保存。

5.7 圆形压入式油标的绘制

视频文件：视频\05\圆形压入式油标绘制.avi

结果文件：案例\05\圆形压入式油标.dwg

根据视图要求可先绘制该零件的左视图，再来绘制它的主视图。因此可先绘制两条相互垂直的中心线来作为左视图的定位线，在绘制好左视图后，可由左视图向左映射绘制主视图。

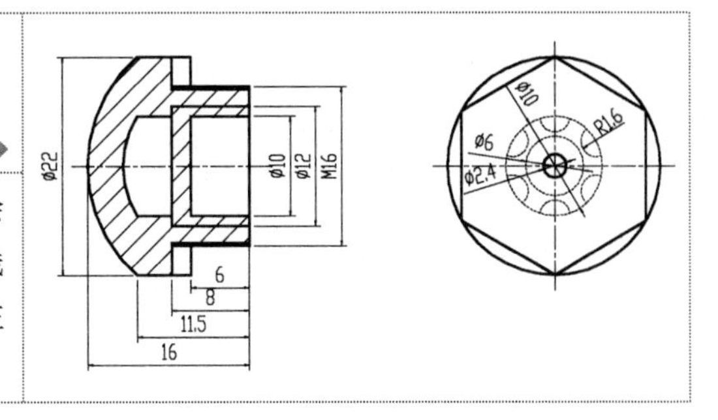

1）正常启动 AutoCAD 2013 软件，选择“文件”→“打开”菜单命令，将“案例\05\机械样板.dwt”文件打开，再将该样板文件另存为“案例\05\圆形压入式油标.dwg”文件。

2）选择“中心线”图层为当前图层，然后绘制两条相互垂直并平分的直线段，长度约为 25。

3）再将“粗实线”图层置为当前图层，执行“圆（C）”命令，以两直线段相交点为圆心绘制一个直径为 22 的圆对象，同样以此为圆心，再绘制三个同心圆对象，直径分别为 10、6、2.4，如图 5-72 所示。

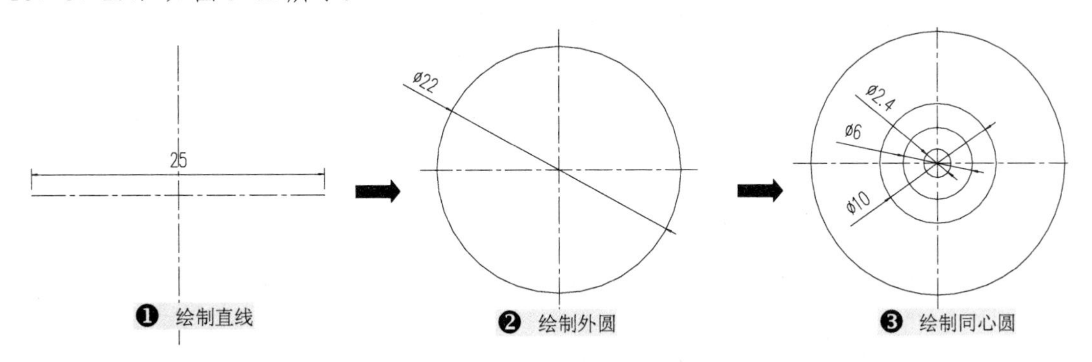

图 5-72 绘制圆

4）执行“圆（C）”命令，以垂直中心线与直径为 10 的圆的交点为圆心绘制一个直径为 3.2 的圆对象，并将多余的线进行修剪，如图 5-73 所示。

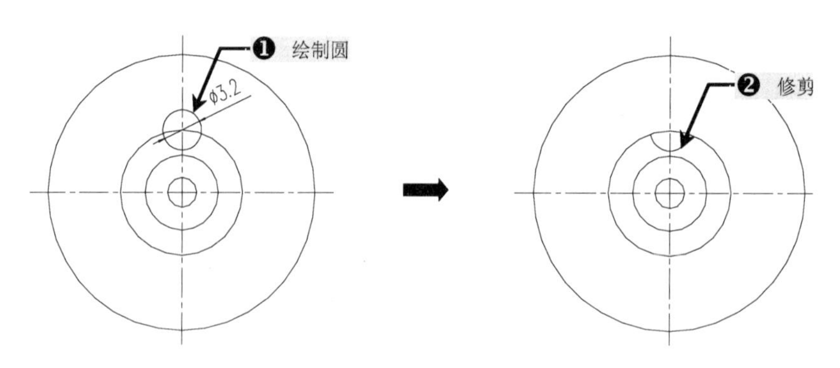

图 5-73　绘制并修剪圆

5）执行“阵列（AR）”命令，将第 4）步所修剪的半圆对象进行环形阵列操作，按照命令行提示进行相应的选择，具体方法如图 5-74 所示。

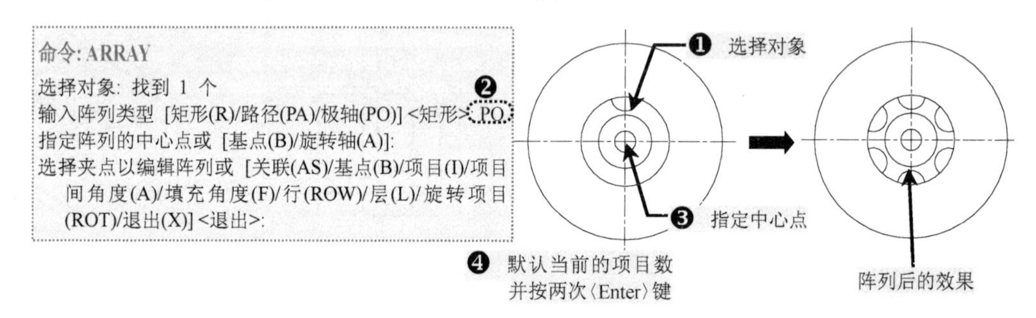

图 5-74　半圆阵列

6）执行“多边形（POL）”命令，在大圆内部绘制一个内接的正六边形对象，如图 5-75 所示。

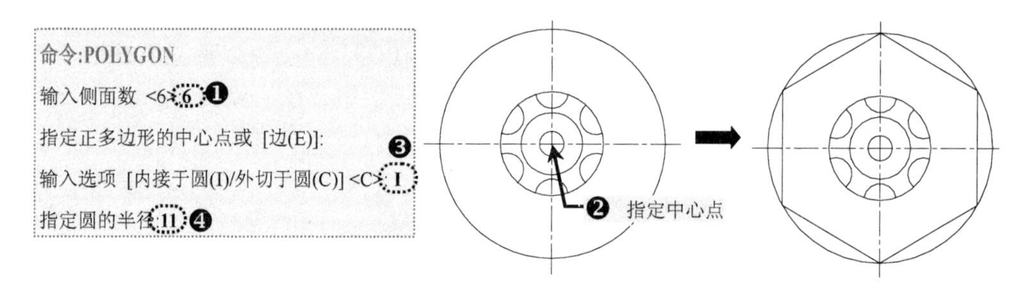

图 5-75　绘制内接正六边形

7）圆形压入式油标的左视图基本绘制好了，然后选择多边形内部的实线将其转换为虚线效果，如图 5-76 所示。

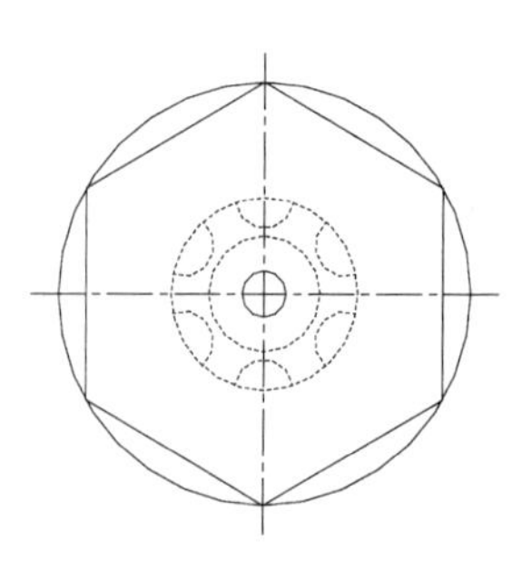

图 5-76　线型转换

注意：在机械图样中，无论是哪个方向上的视图，只要人眼观看不到的地方，都要用虚线来表示。

8）执行“直线（L）”命令，过左视图轮廓的相应交点向左引伸直线段，并在垂直方向上绘制一条线段，如图 5-77 所示。

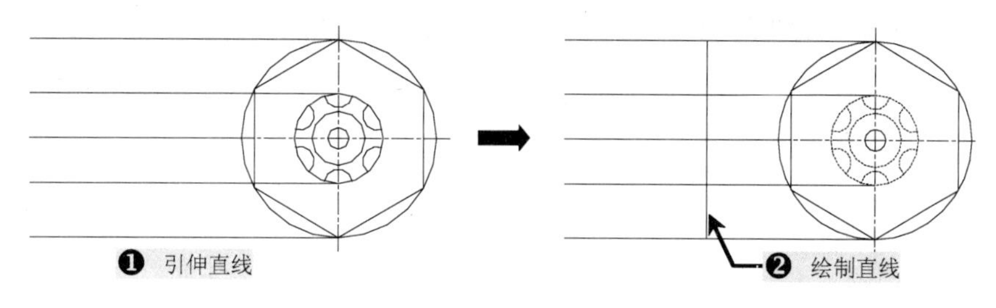

图 5-77　引伸并绘制直线

9）执行“偏移（O）”命令，将绘制的垂直线依次向左偏移 6、8、11.5、15，同样再将水平中心线向上、下各偏移 6、7.7、8，如图 5-78 所示。

10）使用“修剪（TR）”命令，修剪掉偏移后多余的线段，从而形成油标的主视图效果，如图 5-79 所示。

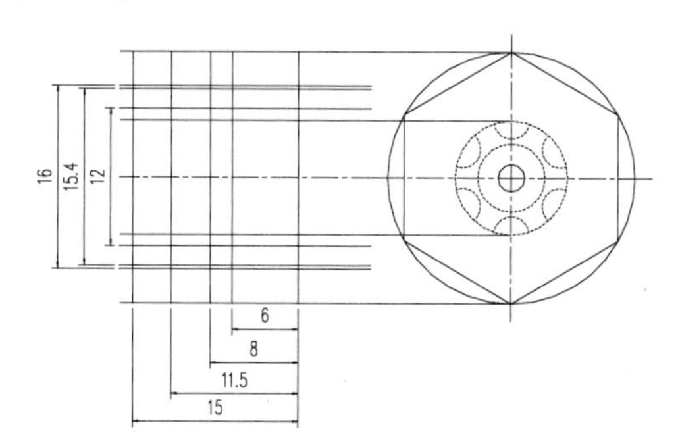

图 5-78　偏移直线

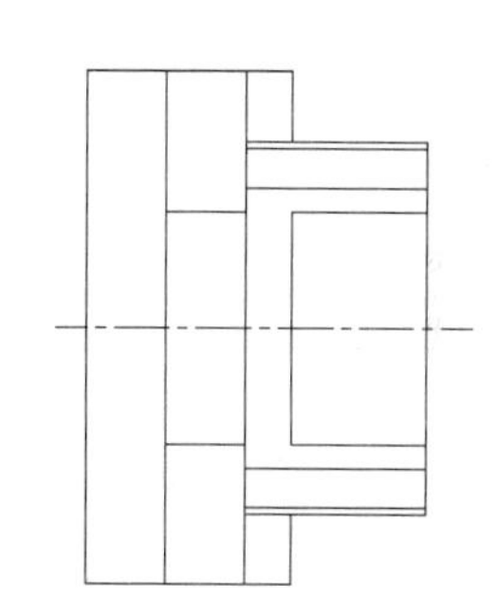

图 5-79　主视图效果

11）执行“圆（C）”命令，选择“三点（3P）”选项，按照如下命令行提示来绘制两个圆对象，如图 5-80 所示。

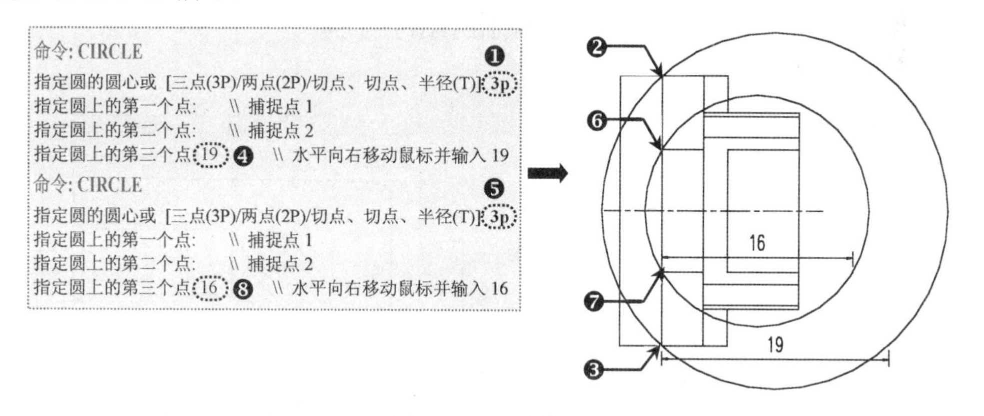

图 5-80　三点绘圆

12）使用“修剪（TR）”命令，将多余的圆弧修剪掉，修剪后的效果如图 5-81 所示。

13）切换到“剖面线”图层，执行“图案填充（H）”命令，选择图案名为 ANSI31，比例为 0.5，对主视图内部进行填充，如图 5-82 所示。

14）最后将图层切换到“尺寸与公差”图层对绘制好的图形进行尺寸标注，在标注的时候选择“直径标注”、“标准”标注等，图形标注的最终效果，如图 5-83 所示。

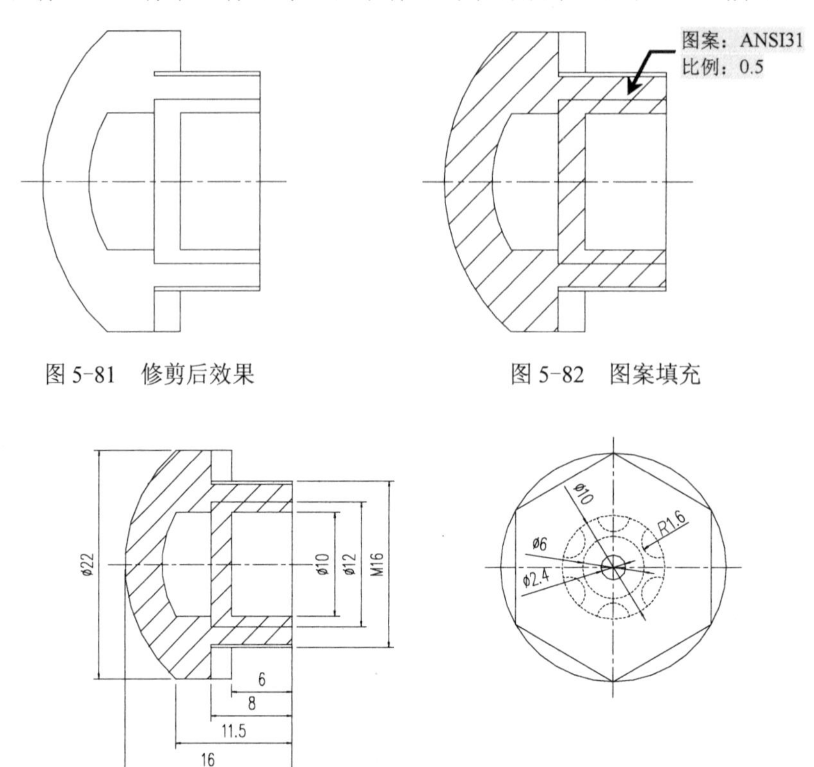

图 5-83　尺寸标注

15）至此，该图形对象已经绘制完成，直接按〈Ctrl+S〉组合键进行保存。

5.8　圆锥销的绘制

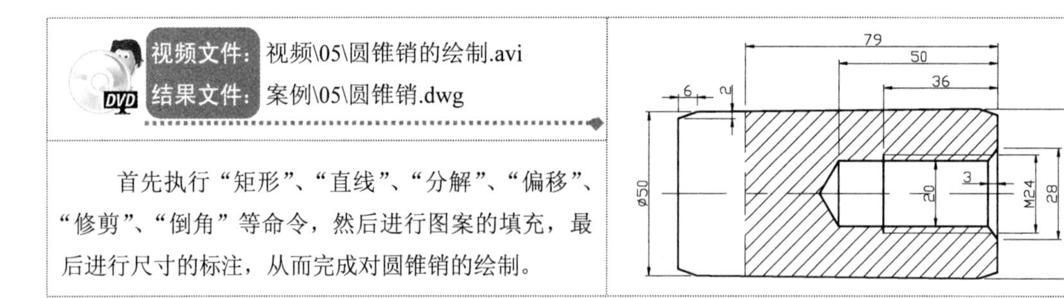

1）启动 AutoCAD 2013 软件，选择“文件”→“打开”菜单命令，将“案例\05\机械样板.dwt”文件打开，再执行“文件”→“另存为”菜单命令，将其另存为“案例\05\圆锥销.dwg”文件。

2）在“图层”工具栏的“图层控制”组合框中选择“粗实线”图层，使之成为当前图层。执行“矩形（REC）”命令，绘制 100×52 的矩形，如图 5-84 所示。

3）切换到“中心线”图层。执行“直线（L）”命令，绘制长 110 的水平中心线段，如图 5-85 所示。

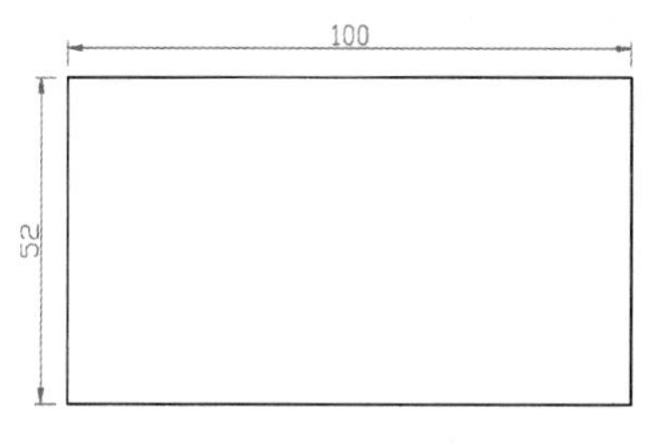

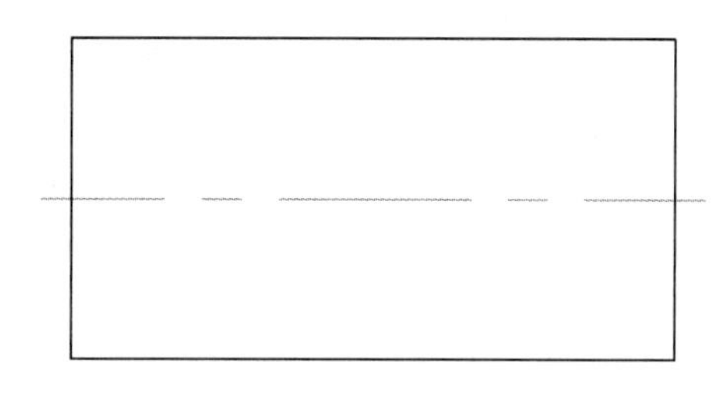

图 5-84　绘制矩形

图 5-85　绘制水平中心线段

4）执行“分解（X）”命令，将矩形进行分解操作。

5）执行“偏移（O）”，将水平中心线段向上、下各偏移 10、11 和 14，将矩形上、下端水平线段向内各偏移 1，将矩形左侧的垂直线段向右分别偏移 21、23、6、14 和 33，如图 5-86 所示。

6）切换到“粗实线”图层。执行“直线（L）”命令，捕捉端点，绘制斜线段，如图 5-87 所示。

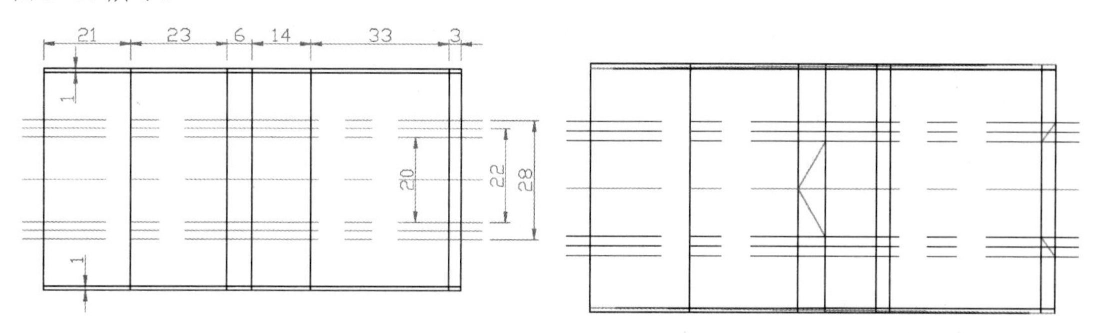

图 5-86　偏移线段

图 5-87　绘制斜线段

7）执行“修剪（TR）”命令，将多余的线条修剪掉，结果如图 5-88 所示。

8）将部分线型分别转换为粗虚线、细实线，如图 5-89 所示。

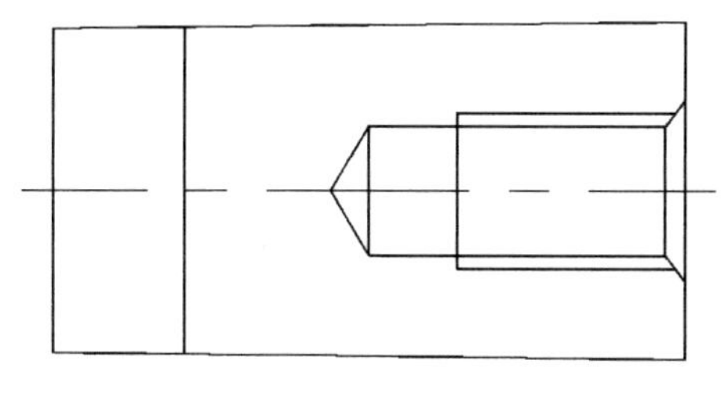

图 5-88　修剪多余的线段

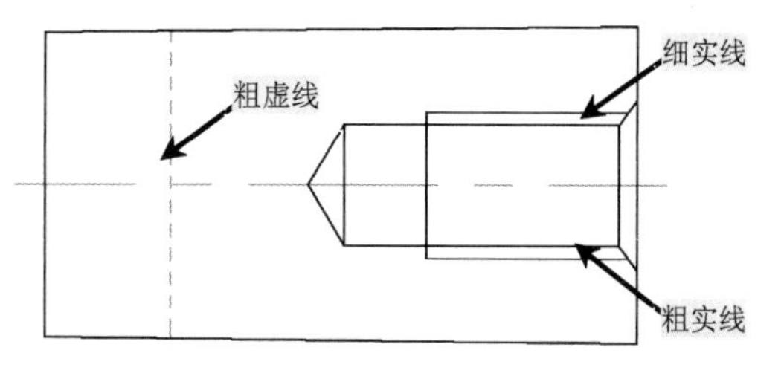

图 5-89　转换线型

9）执行“倒角（CHA）”命令，对①～④处进行 6×2 的倒角操作，结果如图 5-90 所示。

10）切换到“剖面线”图层。执行“图案填充（H）”命令，选择样例为 ANSI31，比例为 1，在指定位置进行图案填充操作，结果如图 5-91 所示。

11）切换到“尺寸与公差”图层。对图形分别执行“线性标注（DLI）”、“半径标注

（DRA）”、“直径标注（DDI）”、“编辑标注（ED）” 命令，最终结果如图 5-92 所示。

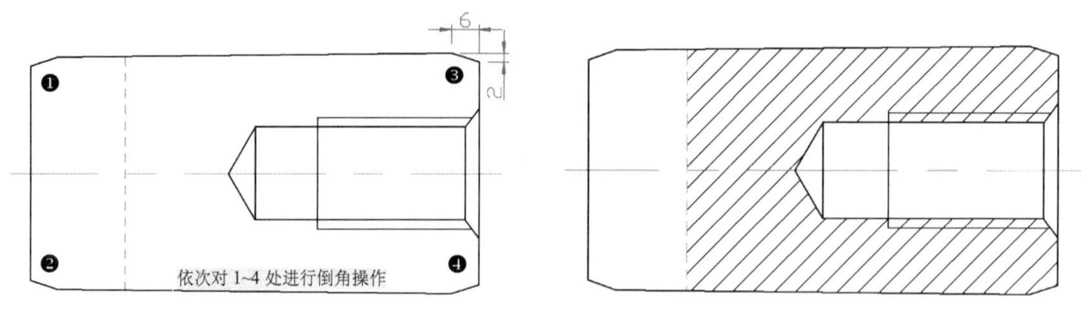

图 5-90　倒角操作　　　　图 5-91　图案填充

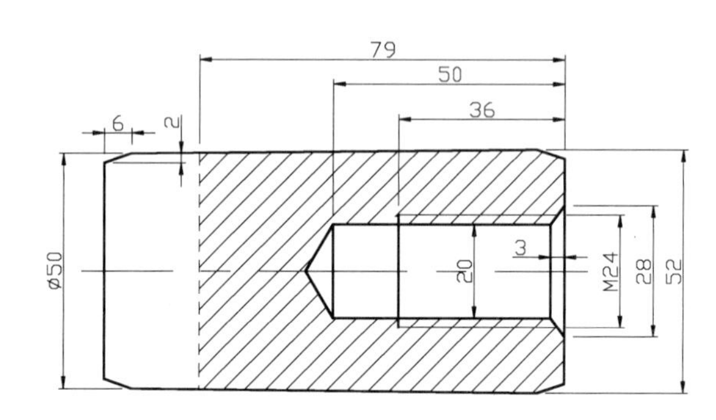

图 5-92　最终效果图

12）至此，该图形对象已经绘制完毕，按〈Ctrl+S〉组合键对文件进行保存。

第 6 章　简单零件的绘制

本章导读

机器是由若干零件按一定的装配关系组合而成的。而在机器设备上，零件的数量不计其数，为了培养和提高读者的绘图能力，本章给出了大量零件绘制实例。

首先给出了较为简单的零部件，如垫圈、垫片等，在读者逐渐熟悉一些绘制技巧后，在后面给出了较为复杂的孔盖、轴承盖等内容。让读者由易到难地掌握不同的机械零件的绘图方法，达到熟能生巧的功效。

主要内容

☑ 熟练掌握简单零件的绘制
☑ 熟悉并掌握复杂图形的绘制方法
☑ 掌握机械标注的技术要求、方法
☑ 在绘制轴承盖时了解机械零件的基本结构

预览效果

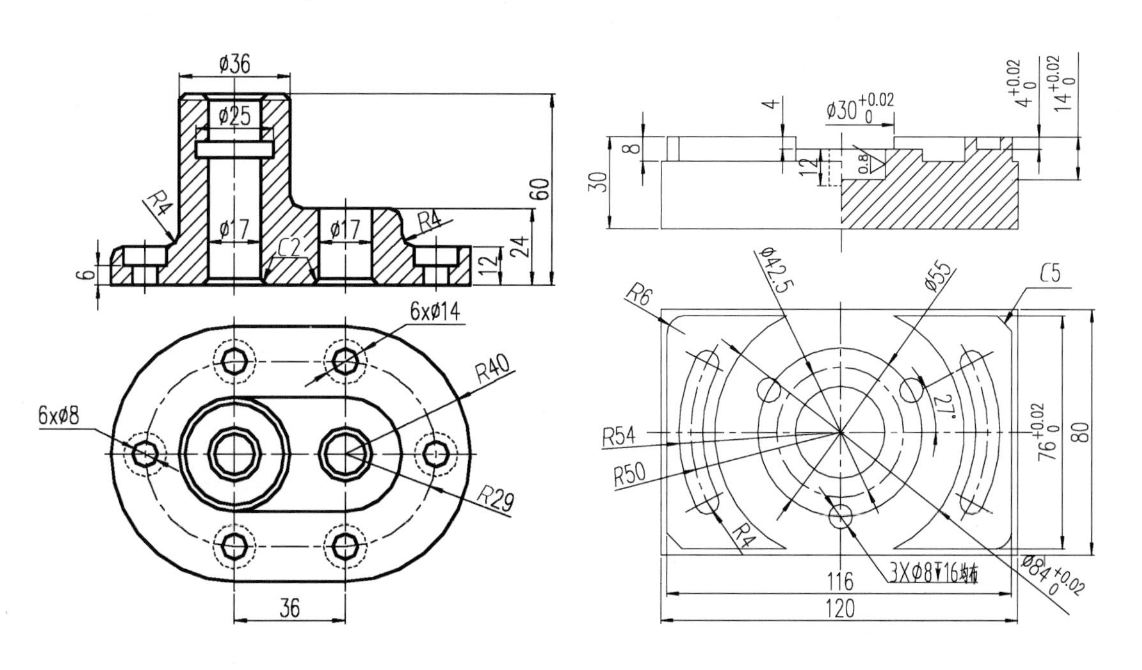

6.1 垫片的绘制

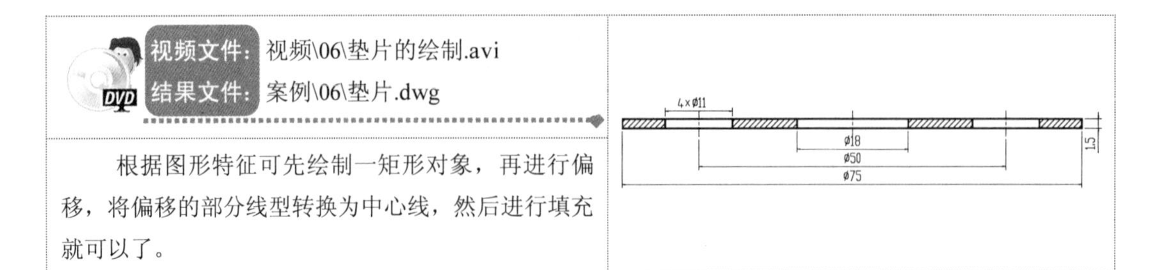

视频文件：视频\06\垫片的绘制.avi

结果文件：案例\06\垫片.dwg

根据图形特征可先绘制一矩形对象，再进行偏移，将偏移的部分线型转换为中心线，然后进行填充就可以了。

1）启动 AutoCAD 2013 软件，选择“文件”→“打开”菜单命令，将“案例\06\机械样板.dwt”文件打开，再执行“文件”→“另存为”菜单命令，将其另存为“案例\06\垫片.dwg”文件。

2）在“图层”工具栏的“图层控制”组合框中选择“粗实线”图层，使之成为当前图层。

3）执行“矩形（REC）”命令，在空白区域绘制一个 75×1.5 的矩形对象，如图 6-1 所示。

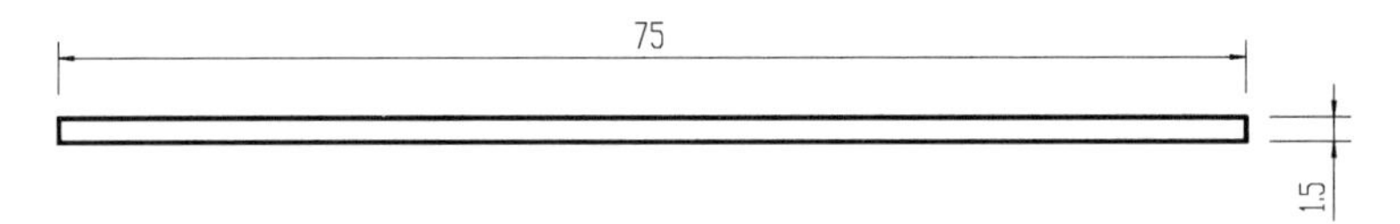

图 6-1 绘制矩形

4）切换到“中心线”图层，执行“直线（L）”命令，经过矩形中点绘制一垂直线长度为 4。

5）执行“分解（X）”命令，将第 3）步绘制的矩形进行分解操作，再执行“偏移（O）”命令，把中心线向左、右分别偏移 9、25，如图 6-2 所示。

图 6-2 偏移中心线

6）继续执行“偏移（O）”命令，将两侧的中心线分别再向两侧偏移 5.5，并将这部分偏移的中心线转换为粗实线，再修剪多余的线段，如图 6-3 所示。

图 6-3 偏移并修剪直线

7）切换到“剖面线”图层，执行“图案填充（H）”命令，选择样例为 ANSI31，比例为 0.5，在绘制的图形中进行填充然后再对其进行尺寸标注，最终的效果如图 6-4 所示。

该图在标注的时候采用了中心定位的方法，由于首先要满足两侧的圆孔的尺寸，因此中心孔定位非常重要。

8）到此，该垫片的图形绘制就完成了，用户可直接按〈Ctrl+S〉组合键进行保存。

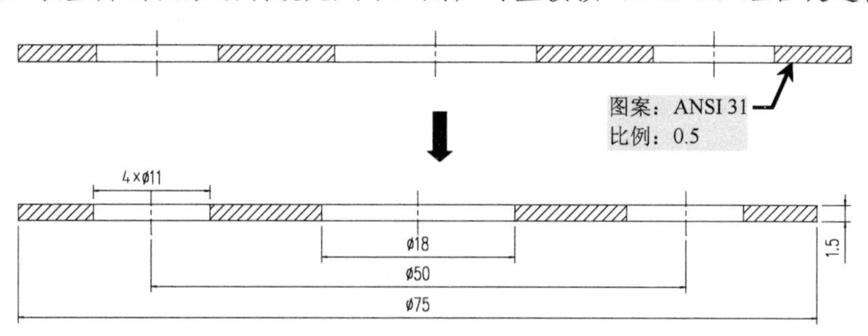

图 6-4 图案填充并标注尺寸

6.2 垫圈的绘制

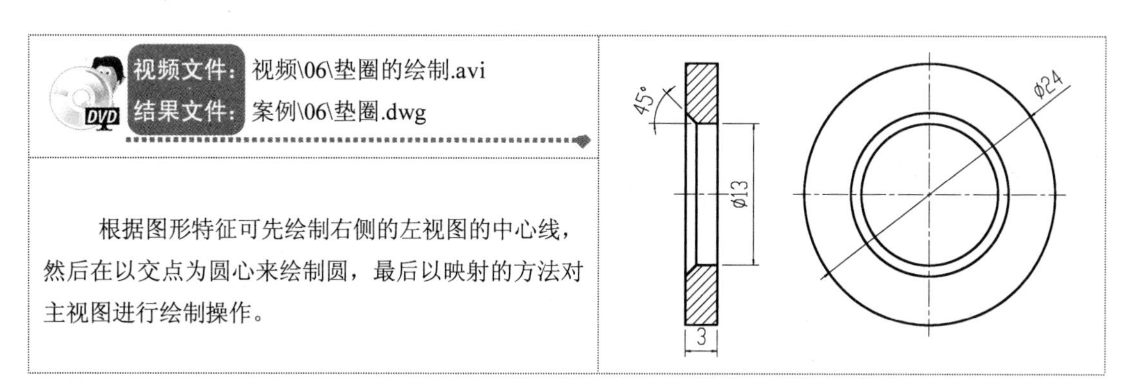

1）启动 AutoCAD 2013 软件，选择“文件”→“打开”菜单命令，将“案例\06\机械样板.dwt”文件打开，再执行“文件”→“另存为”菜单命令，将其另存为“案例\06\垫圈.dwg”文件。

2）将选择的“中心线”图层设置为当前图层。执行“直线（L）”命令，绘制长约 28 的水平和垂直中心线，且中点相交。

3）将“粗实线”图层设置为当前图层，执行“圆（C）”命令，以两条中心线的交点作为圆心点，绘制直径为 24、15、13 的同心圆，如图 6-5 所示。

4）执行“直线（L）”命令，捕捉左视图的相应交点向左分别引伸多条水平线段，再在左侧绘制一条垂直线段，如图 6-6 所示。

5）执行“偏移（O）”命令，将绘制的垂直线向左偏移 3，并进行修剪操作，如图 6-7 所示。

6）执行“倒角（CHA）”命令，根据命令行提示选择“距离（D）”选项，依次输入“第一、二条直线的倒角长度”为 1，倒角后的效果如图 6-8 所示。

7）执行“直线（L）”命令，然后将倒角后的交点位置处用直线连接起来，并执行“图案填充（H)”命令，对主视图内部进行填充操作，如图 6-9 所示。

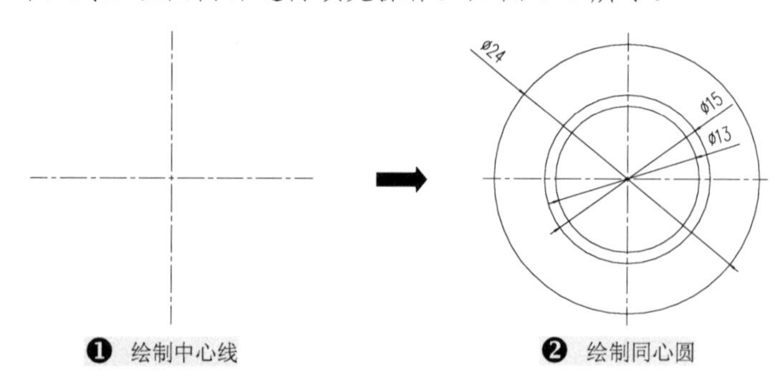

图 6-5　绘制垫圈左视图

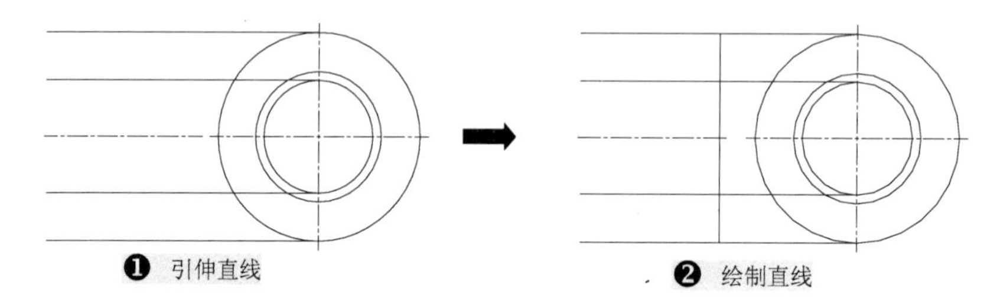

图 6-6　引伸并绘制直线

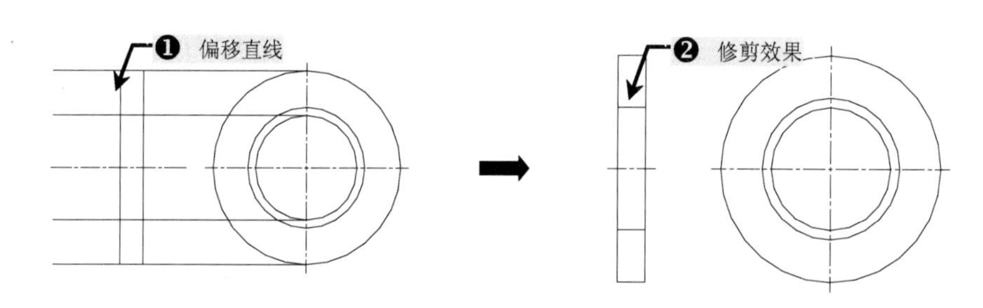

图 6-7　垫圈主视图的创建

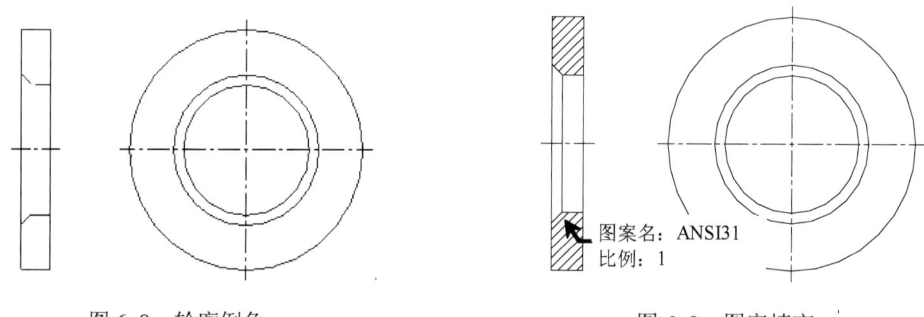

图 6-8　轮廓倒角　　　　图 6-9　图案填充

8）切换到“尺寸与公差”图层，根据前面讲的标注方法对垫圈进行尺寸标注，其标注后的最终效果如图 6-10 所示。

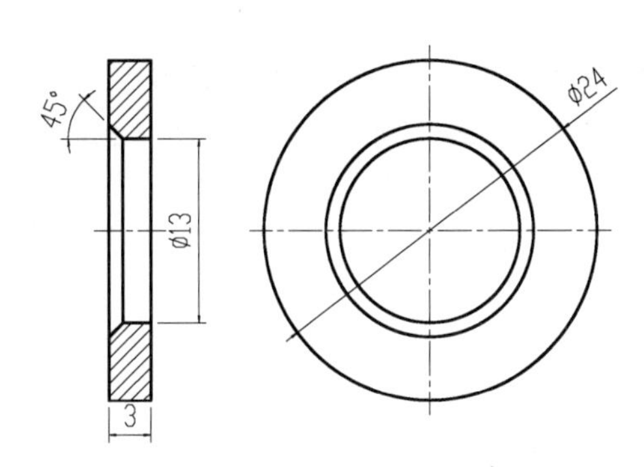

图 6-10 尺寸标注

9）垫圈的绘制到此就结束了，用户可直接单击工具栏中的“保存”按钮或是按〈Ctrl+S〉组合键进行保存。

6.3 挡圈的绘制

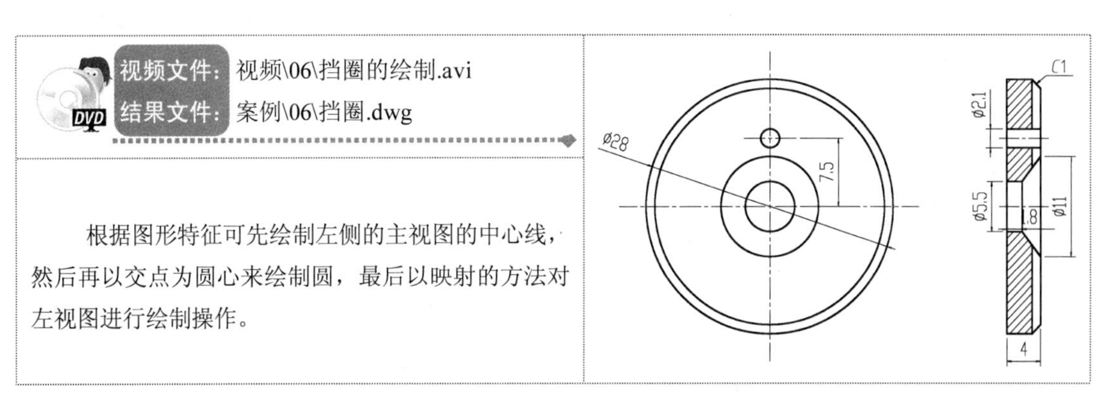

根据图形特征可先绘制左侧的主视图的中心线，然后再以交点为圆心来绘制圆，最后以映射的方法对左视图进行绘制操作。

1）启动 AutoCAD 2013 软件，选择“文件”→“打开”菜单命令，将“案例\06\机械样板.dwt”文件打开，执行“文件”→“另存为”菜单命令，将其另存为“案例\06\挡圈.dwg”文件。

2）选择“中心线”图层为当前图层。执行“直线（L）”命令，绘制两条相互垂直的直线段作为挡圈主视图的中心线，长度约为 34。

3）将“粗实线”图层设置为当前图层，执行“圆（C）”命令，以两条中心线的交点作为圆心点，绘制直径为 28、26、11、5.5 的同心圆，如图 6-11 所示。

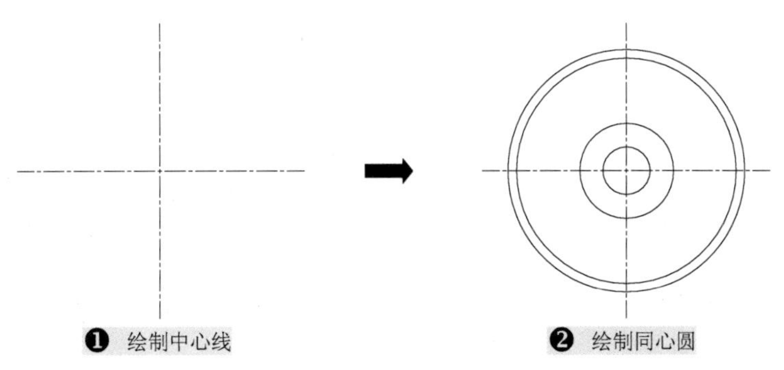

图 6-11 绘制中心线和圆

4）执行“偏移（O）”命令，将水平中心线向上偏移 7.5，并以偏移后的水平线与垂直线的交点为圆心绘制一个直径为 2.1 的小圆对象，如图 6-12 所示。

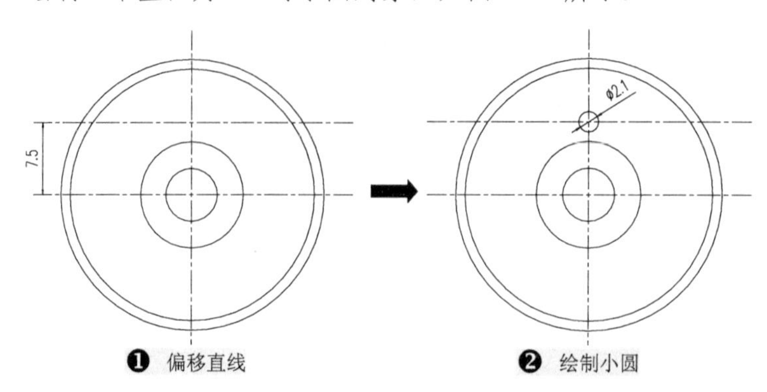

图 6-12 绘制小圆

5）执行“直线（L）”命令，捕捉主视图的相应交点向右分别引伸多条水平线段，再在左侧绘制一条垂直线段，如图 6-13 所示。

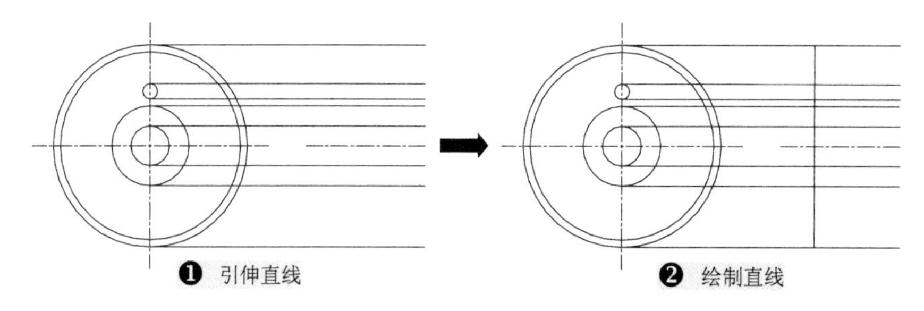

图 6-13 引伸并绘制直线

6）执行“偏移（O）”命令，将绘制的垂直线向右偏移 1.8 和 4，如图 6-14 所示。

7）使用“修剪（TR）”命令，修剪掉多余的线段，对挡圈左视图轮廓进行创建，如图 6-15 所示。

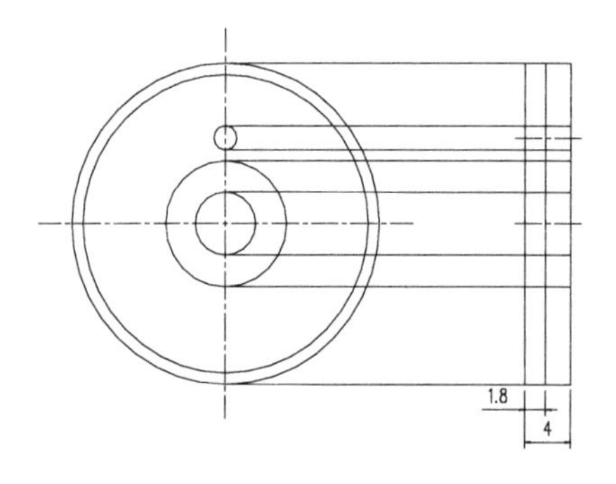

图 6-14 偏移直线

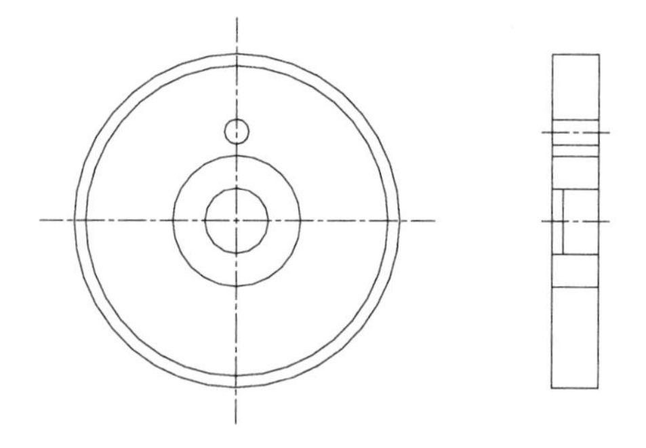

图 6-15 挡圈左视图的创建

8）执行“倒角（CHA）”命令，根据命令行提示选择“距离（D）”选项，依次输入“第一、二条直线的倒角长度”为 1，如图 6-16 所示。

9）执行“直线（L）”命令，将倒角后的交点位置处用直线连接起来，并执行“图案填

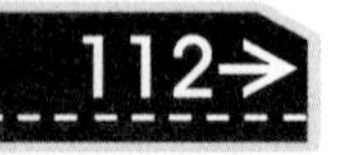

充（H）”命令，如图 6-17 所示。

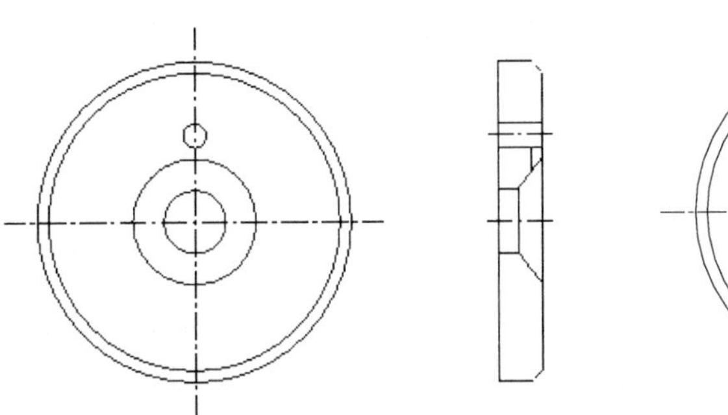

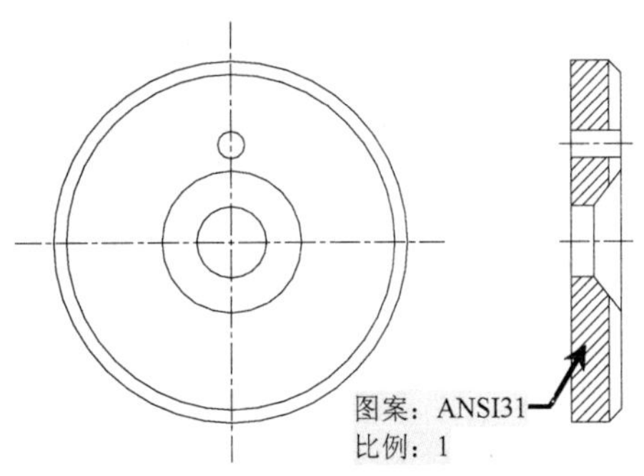

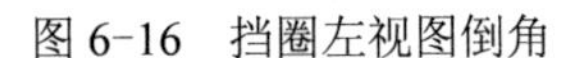
图 6-16 挡圈左视图倒角

图 6-17 倒角并进行填充

10）切换到“尺寸与公差”图层，根据前面讲的标注方法进行尺寸标注，其标注后的最终效果，如图 6-18 所示。

11）挡圈的绘制到此就完成了，用户可直接按〈Ctrl+S〉组合键进行保存。

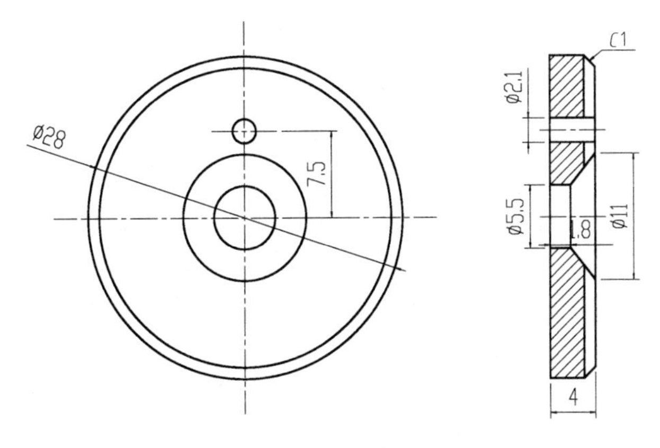

图 6-18 尺寸标注

6.4 压盖的绘制

视频文件：视频\06\压盖的绘制.avi

结果文件：案例\06\压盖.dwg

根据图形特征可先绘制右侧的左视图的中心线，然后再以交点为圆心来绘制圆，最后以映射的方法对主视图进行绘制操作。

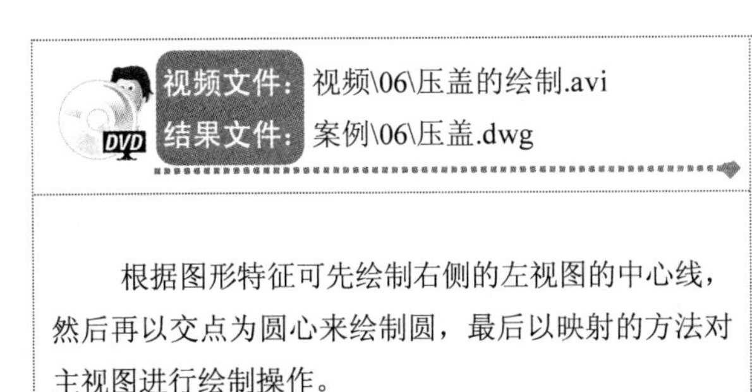

1）启动 AutoCAD 2013 软件，选择“文件”→“打开”菜单命令，将“案例\06\机械样板.dwt”文件打开，执行“文件”→“另存为”菜单命令，将其另存为“案例\06\压盖.dwg”

文件。

2）选择“中心线”图层为当前图层。执行“直线（L）”命令，绘制两条相互垂直的直线段作为压盖主视图的中心线，长度约为 180。

3）将“粗实线”图层设置为当前图层，执行“圆（C）”命令，以两条中心线的交点作为圆心点，绘制直径为 145、109 的圆，然后再在“中心线”图层绘制直径为 120、129 的圆，如图 6-19 所示。

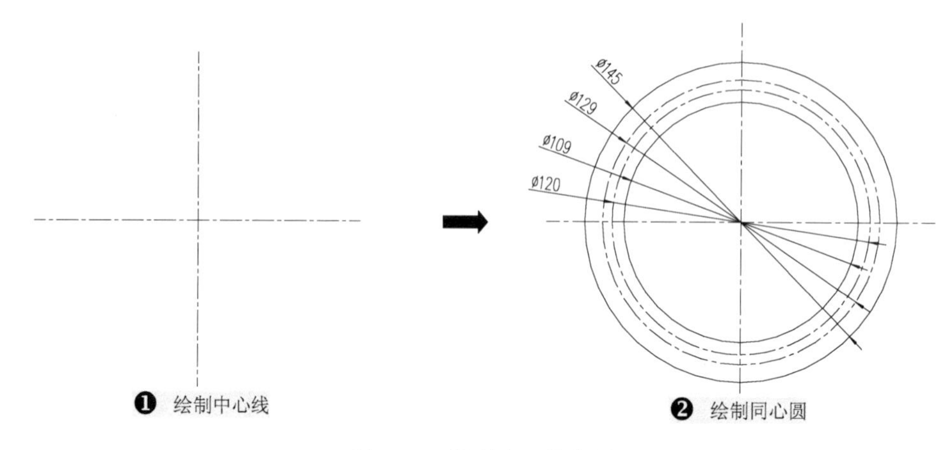

图 6-19　绘制中心线和圆

由于该图形的尺寸较大，用户在绘制前，可在工具栏选择“格式”→“线型”菜单命令，将全局比例改为 2，并在“格式”→“标注样式”菜单中将“箭头”值改为 2，文字高度改为 3.5。

4）以绘制的ϕ120 圆上侧象限点为圆心绘制一个直径为 8 的小圆对象，并执行“阵列（AR）”命令，根据前面讲的方法将绘制的小圆对象以“极轴”方式进行环形阵列，阵列数目为 3，如图 6-20 所示。

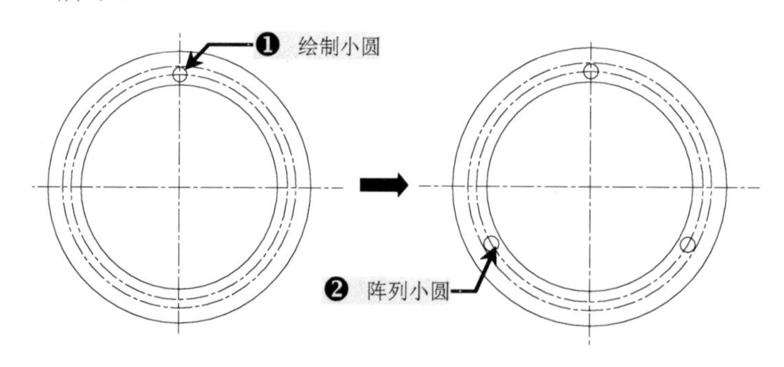

图 6-20　绘制并阵列小圆

5）压盖的左视图绘制好后，再执行“直线（L）”命令，捕捉左视图的相应交点向左分别引伸多条水平线段，再在左侧绘制一条垂直线段，如图 6-21 所示。

6）执行“偏移（O）”命令，将绘制的垂直线向右依次偏移 17、54、19，并进行修剪操作，如图 6-22 所示。

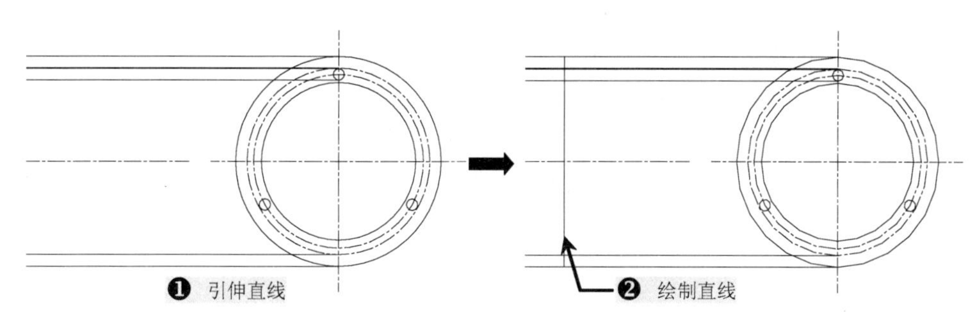

图 6-21　引伸并绘制直线

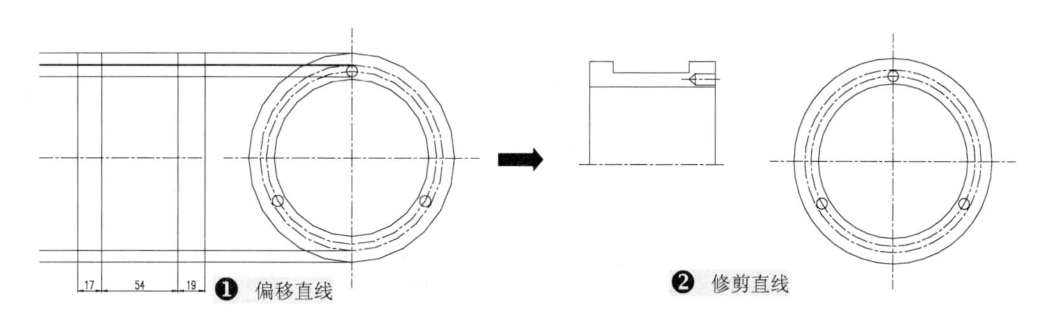

图 6-22　压盖主视图的创建

由于压盖的主视图上、下侧比较对称，在修剪时，可暂时只绘制一半，然后进行镜像操作就可以了。

7）执行“镜像（MI）”命令，将上侧轮廓向下镜像一次，并对部分轮廓进行倒角操作，如图 6-23 所示。

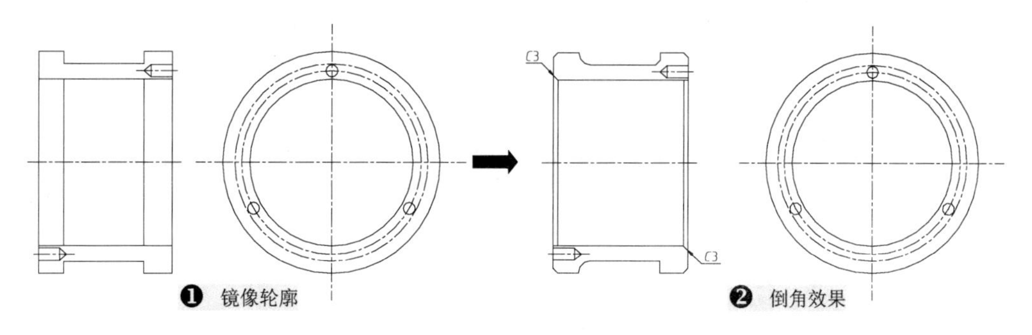

图 6-23　镜像与倒角

8）切换到“剖面线”图层，然后执行“图案填充（H）”命令，将压盖的主视图内部进行填充，如图 6-24 所示。

9）再切换到“尺寸与公差”图层，根据前面讲的标注方法进行线性尺寸的标注，其标注后的最终效果，如图 6-25 所示。

10）在标注好基本尺寸后，由于此机件的精确度较高，对部分尺寸还得标注公差，此时，可用鼠标选中直径尺寸，然后按〈Ctrl+1〉组合键打开“特性”面板，找到“公差”

栏，在公差的上、下偏差栏内输入偏差值即可，如图 6-26 所示。

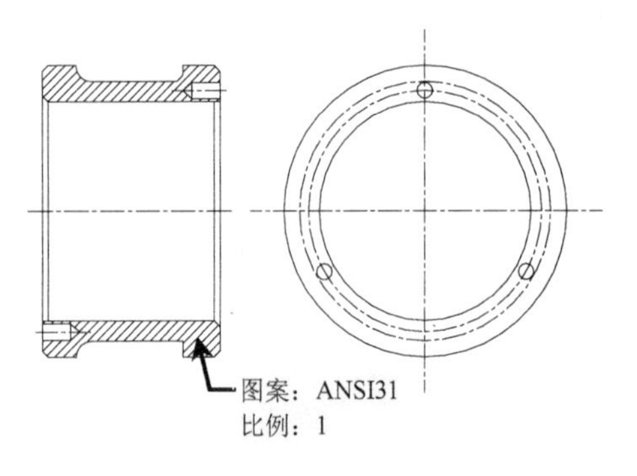

图 6-24　图案填充

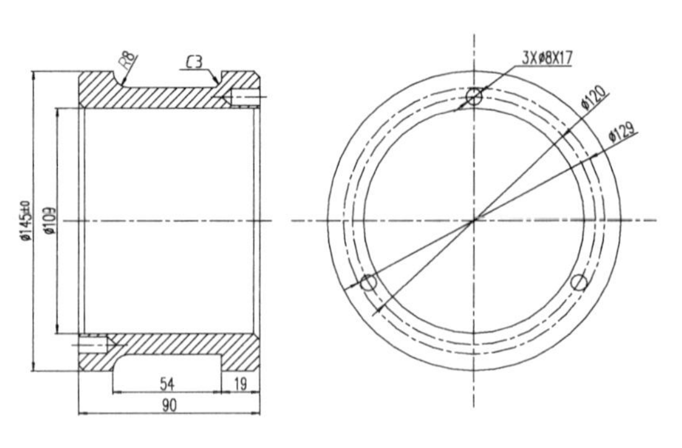

图 6-25　尺寸标注

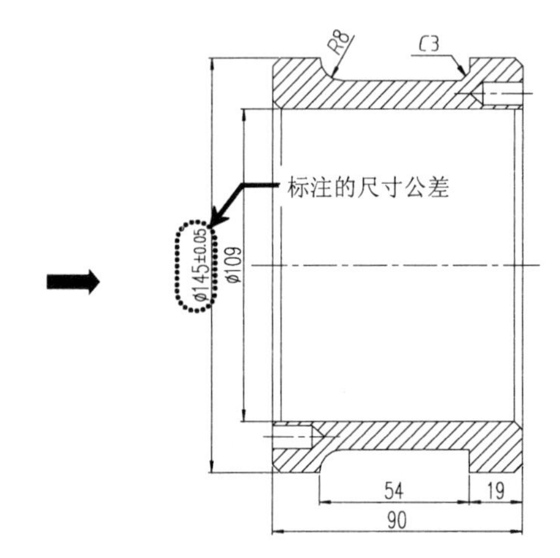

图 6-26　尺寸公差的标注

11）采用与第 10）步相同的方法对其他公差尺寸进行相应的编辑标注。

> 注意　用户在标注尺寸公差时，如果上、下公差不一致，这时可以选择“极限偏差”的标注方法。但一定要注意的是上偏差始终大于下偏差（也就是偏差值大的在上面，值小的在下面）。

12）在标注偏差值后，接下来对形位公差进行标注。首先执行“插入块（I）”命令，将“案例/04/基准符号”块插入到规定位置处，如图 6-27 所示。

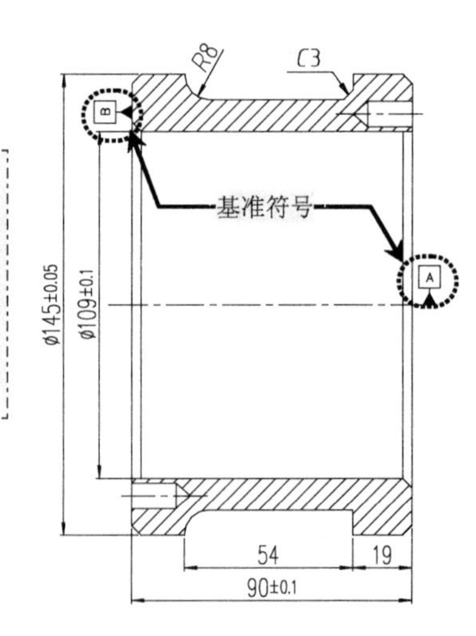

图 6-27　插入基准符号

13）在“标注”工具栏中选择“公差”标注命令，在弹出的“形位公差”对话框中设置相应的符号和偏差值，再插入到图形中并用引线连接起来即可，如图 6-28 所示。

14）同样，再执行“插入块（I）”命令，将“案例/04/粗糙度符号”插入到规定位置

处，如图 6-29 所示。

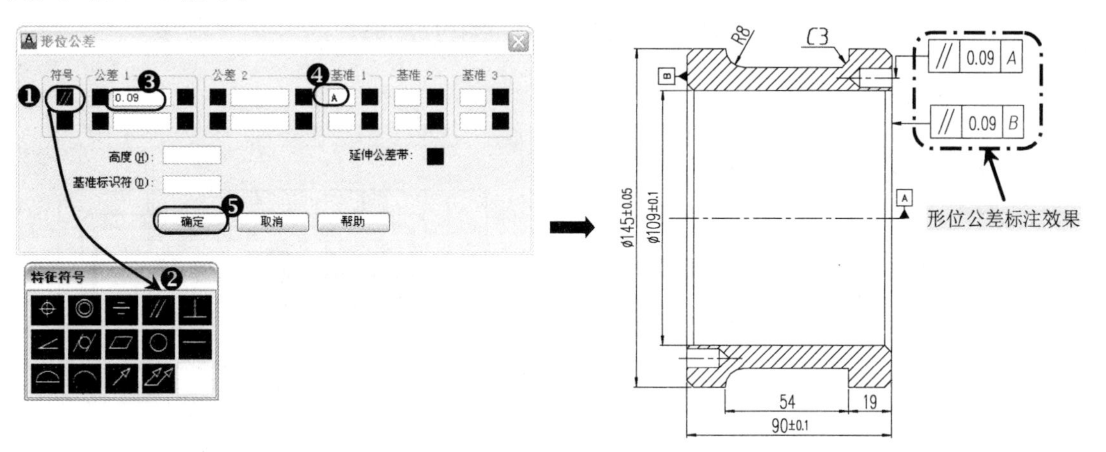

图 6-28　形位公差的标注

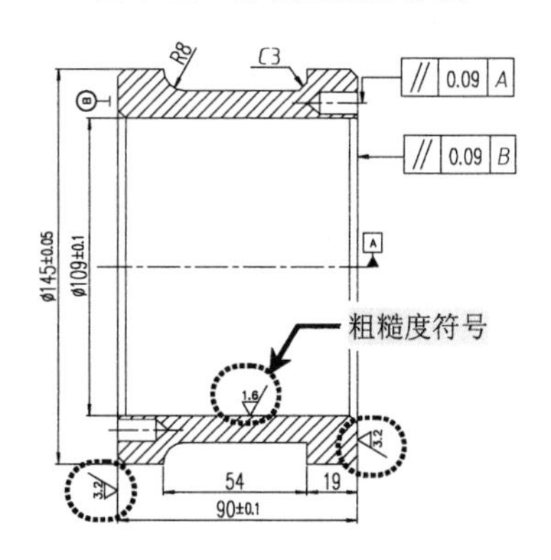

图 6-29　粗糙度符号的标注

15）最后，对剖面符号和剖视图的名称进行创建，直接单击“标注”工具栏中的“引线”按钮，并用“单行文字”命令进行图名的标注，其最终的效果如图 6-30 所示。

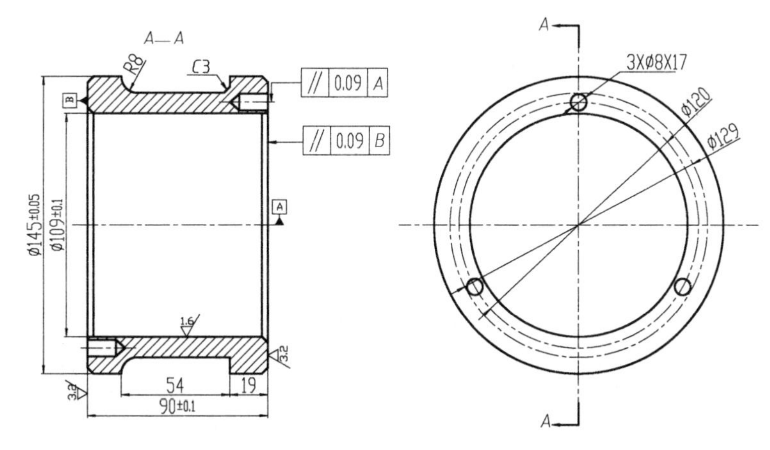

图 6-30　压盖的标注效果

16）到此，压盖的绘制就完成了，直接按〈Ctrl+S〉组合键即可进行保存。

6.5　加油孔盖的绘制

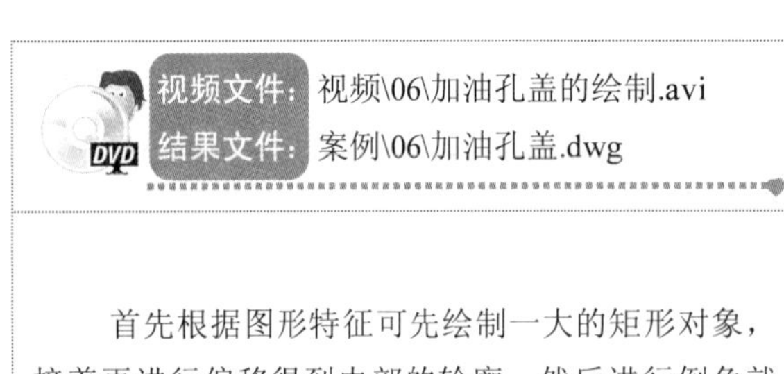

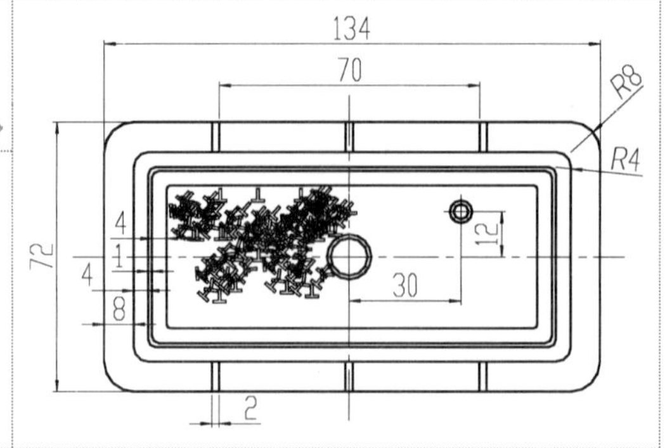

首先根据图形特征可先绘制一大的矩形对象，接着再进行偏移得到内部的轮廓，然后进行倒角就可以了。

1）启动 AutoCAD 2013 软件，选择“文件”→“打开”菜单命令，将“案例\06\机械样板.dwt”文件打开，再执行“文件”→“另存为”菜单命令，将其另存为“案例\06\加油孔盖.dwg”文件。

2）将“粗实线”图层设置为当前图层，执行“矩形（REC）”命令，在空白区域绘制 134×72 的矩形对象，并执行“偏移（O）”命令，将所绘制的矩形对象向内依次偏移 8、4、1、4，如图 6-31 所示。

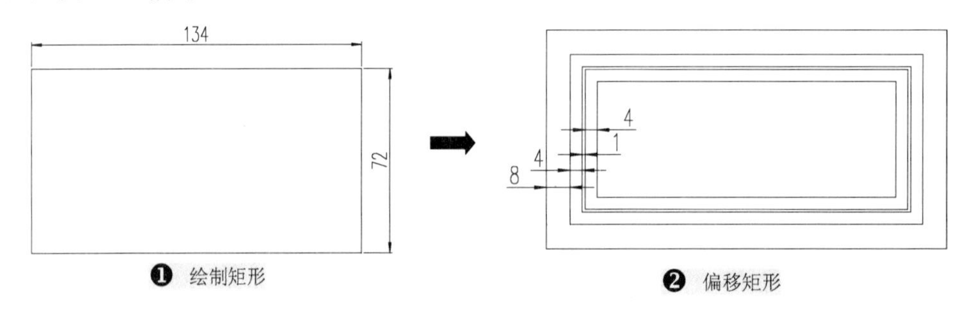

图 6-31　绘制并偏移矩形

3）选择“中心线”图层为当前图层，过矩形的中点绘制其中心线，并对矩形四周进行倒圆角操作，半径分别为 8、4、2、1，如图 6-32 所示。

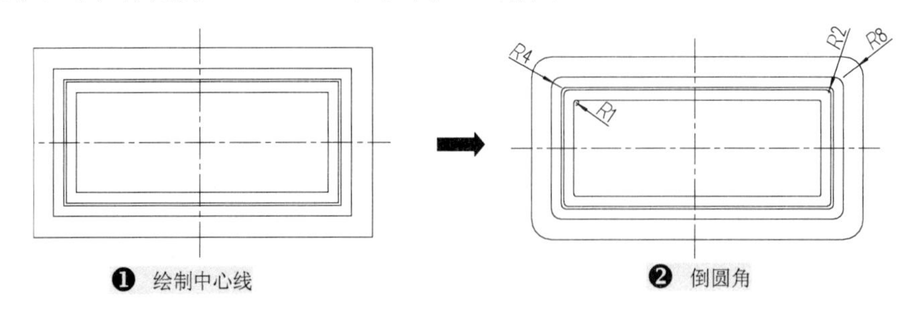

图 6-32　绘制中心线并倒圆角

4）执行“偏移（O）”命令，将水平中心线向上偏移 12，垂直中心线向右偏移 30，

再执行“圆（C）”命令，在中心线位置处绘制两个同心圆，直径为 10、12，如图 6-33 所示。

5）再执行“圆（C）”命令，在偏移的中心线的右上角交点位置处绘制两个圆，直径分别为 6、4，并将偏移的中心线删除，如图 6-34 所示。

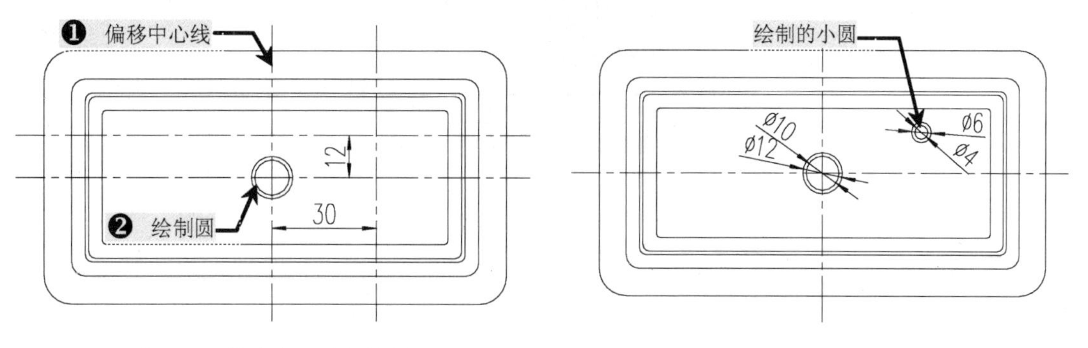

图 6-33 偏移中心线并绘制圆 图 6-34 绘制同心圆

6）继续执行“偏移（O）”命令，将垂直中心线向右偏移 35 和 2，并进行修剪，将偏移的线转换成粗实线，再用“镜像”、“复制”等命令，将偏移修剪后的对象进行创建，如图 6-35 所示。

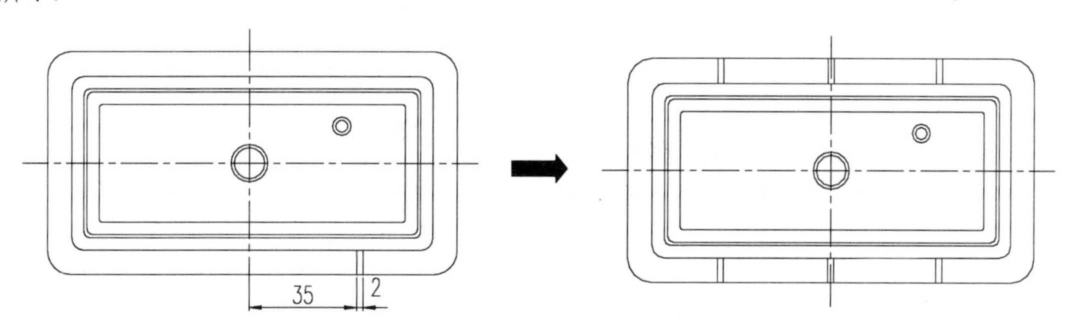

图 6-35 创建边缘轮廓

7）执行“多段线（PL）”命令，绘制不规则的空心“T”字形的图案，并进行复制、旋转等操作将其放置到左上角位置处，如图 6-36 所示。

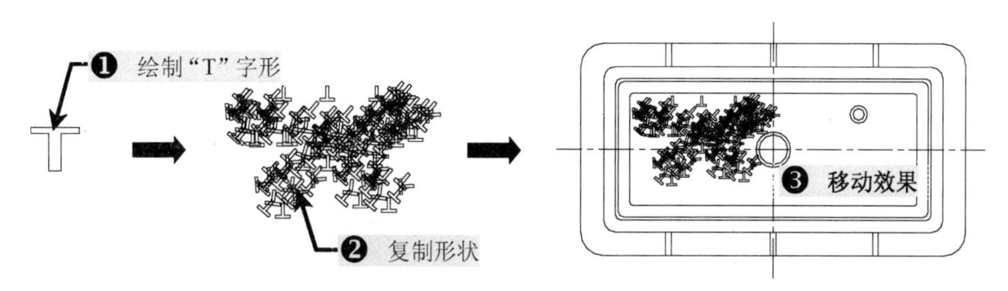

图 6-36 加油孔盖图案的创建

8）切换到“尺寸与公差”图层，根据前面讲的标注方法进行尺寸标注，其标注后的最终效果如图 6-37 所示。

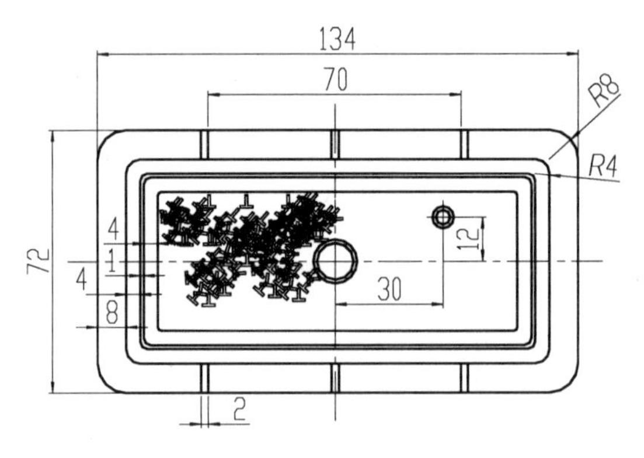

图 6-37　尺寸标注

9）该零件的绘制到此就完成了，用户可直接按〈Ctrl+S〉组合键进行保存。

6.6　通气器的绘制

视频文件：视频\06\通气器的绘制.avi

结果文件：案例\06\通气器.dwg

根据图形特征可先绘制一矩形对象，然后分解，再进行偏移得到内部的轮廓，然后进行圆弧的创建即可。

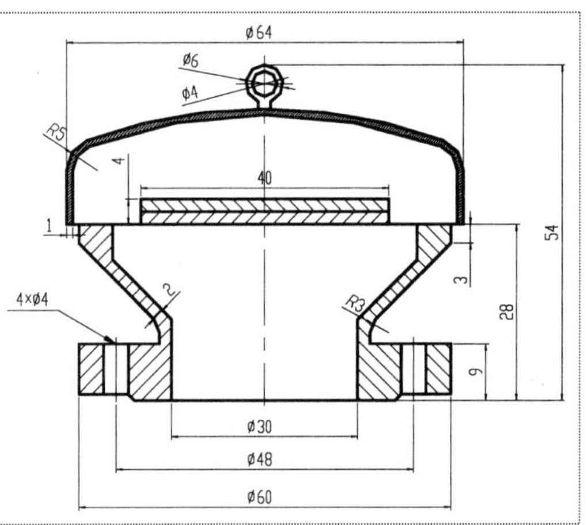

1）启动 AutoCAD 2013 软件，选择“文件”→“打开”菜单命令，将“案例\06\机械样板.dwt”文件打开，再执行“文件”→“另存为”菜单命令，将其另存为“案例\06\通气器.dwg”文件。

2）将“粗实线”图层设置为当前图层，执行“矩形（REC）”命令，在空白区域绘制 60×28 的矩形对象，再执行“分解（X）”命令，将矩形对象分解，并执行“偏移（O）”命令，将矩形下侧水平线依次向上偏移 1、8，并经过其中点绘制一中心线，长度约为 50，如图 6-38 所示。

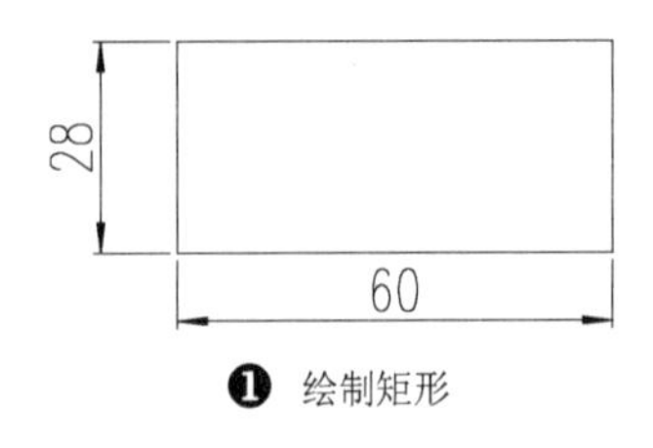

❶ 绘制矩形

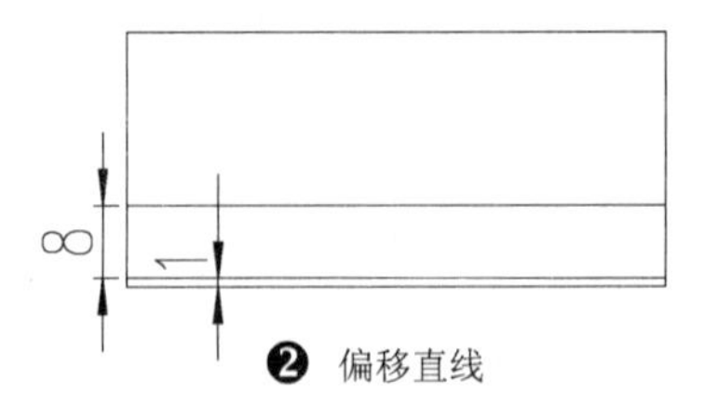

❷ 偏移直线

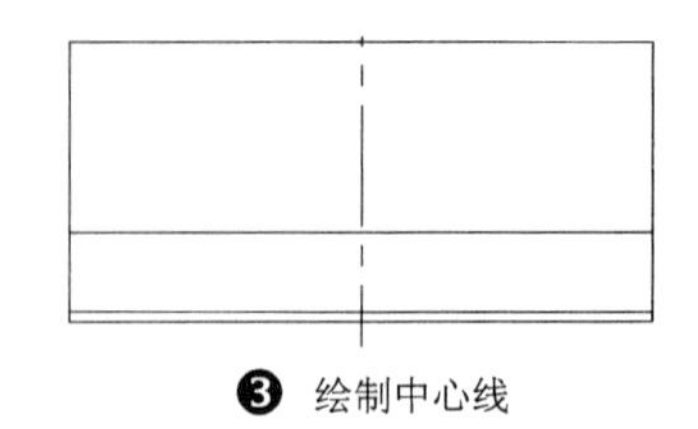

❸ 绘制中心线

图 6-38　绘制矩形并偏移直线

3）执行“偏移（O）”命令，将中心线向左侧偏移相应的尺寸，然后将偏移的线转换成粗实线，执行“直线（L）”命令，过相应交点用直线连接起来，如图 6-39 所示。

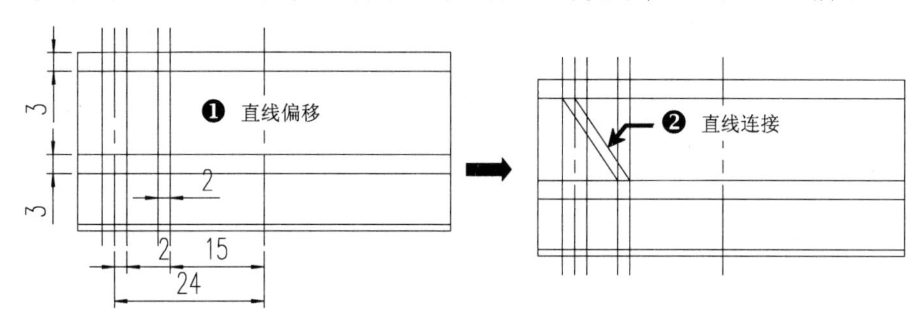

图 6-39 偏移直线并连接

4）执行“修剪（TR）”命令，修剪掉多余的线段，形成通气器主视图左侧轮廓效果，如图 6-40 所示。

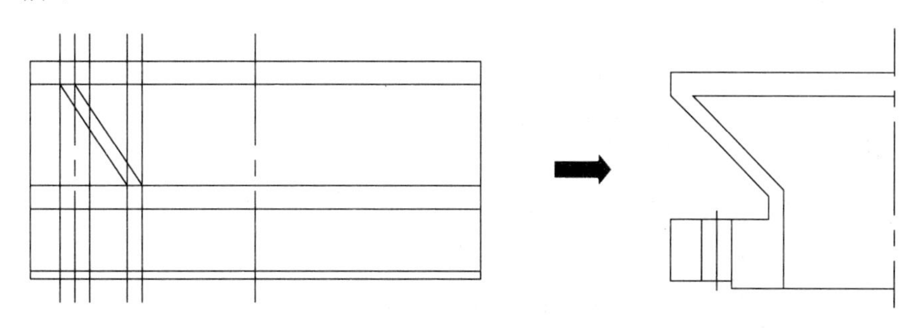

图 6-40 修剪后的效果

注意：由于该结构是左右对称的，因此，在绘制时可以先将左侧的轮廓绘制好，后面可以再进行水平镜像操作。

5）执行“矩形（REC）”命令，绘制两个矩形对象，尺寸分别为 64×12、40×2，再执行“复制”、“移动”、“修剪”等命令，将绘制的矩形对象进行编辑操作，从而创建通气器上侧轮廓效果，如图 6-41 所示。

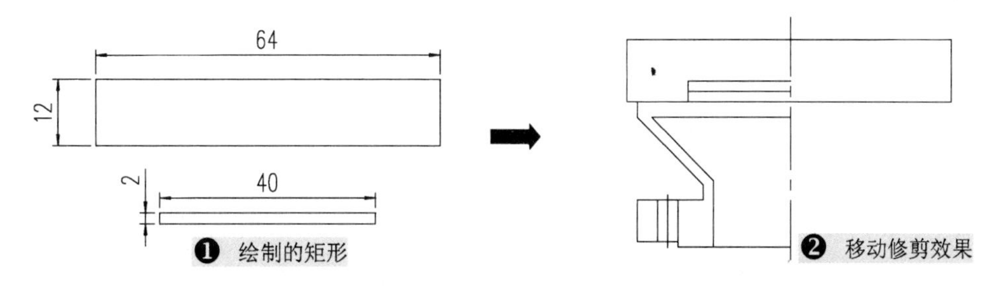

图 6-41 通气器上侧轮廓的创建

6）执行“圆弧（ARC）”命令，过最上侧左右两角点绘制圆弧，并输入半径 95，将多余的线段进行修剪，如图 6-42 所示。

7）继续执行“圆”、“直线”、“修剪”等命令，对通气器上侧的通气帽进行绘制创建，如图 6-43 所示。

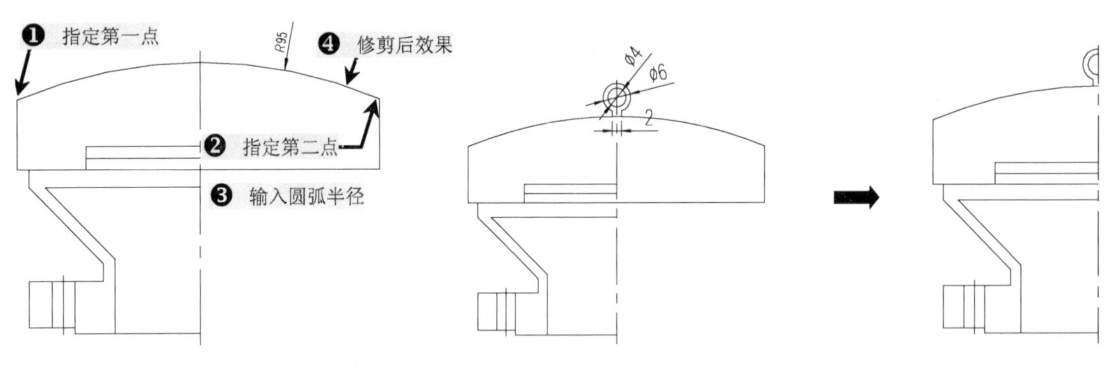

图 6-42 圆弧的创建

图 6-43 通气帽的创建

8）执行“镜像（MI）”命令，将左侧轮廓以垂直中心线为镜像轴线，水平向右镜像一份，如图 6-44 所示。

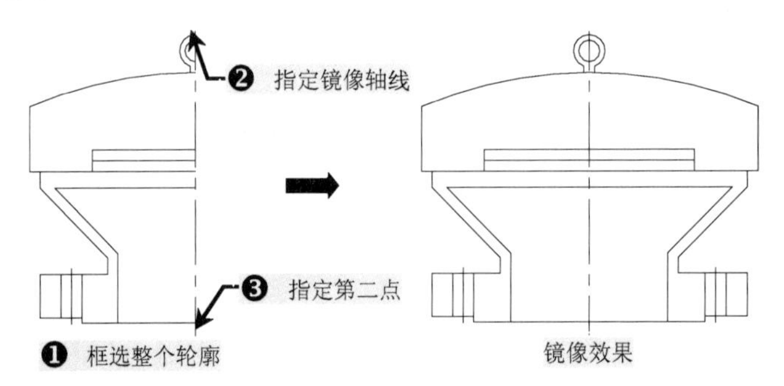

图 6-44 水平镜像轮廓

9）执行“圆角（F）”命令，对通气器部分角点位置处进行倒圆角操作，对部分地方进行相应的编辑，最终效果如图 6-45 所示。

10）切换到“剖面线”图层，执行“图案填充（H）”命令，对通气器内部进行填充操作，填充名为 ANSI31，比例为 0.2、1，角度 90°、0°，如图 6-46 所示。

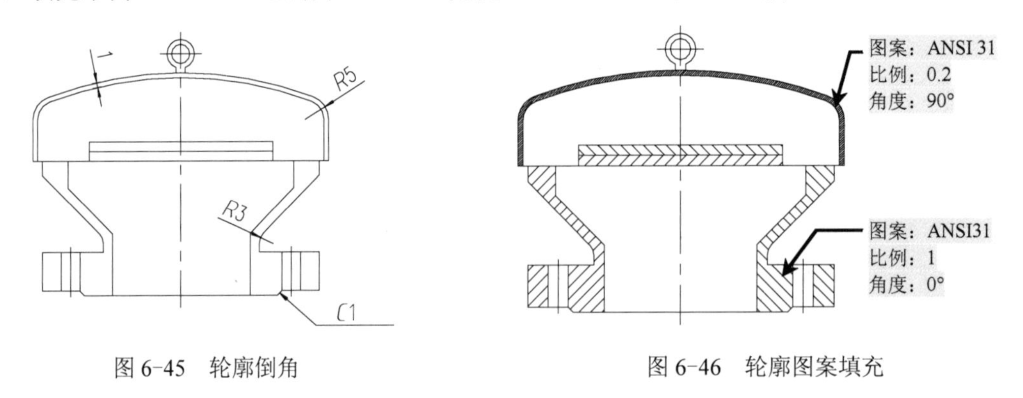

图 6-45 轮廓倒角

图 6-46 轮廓图案填充

11）将“尺寸与公差”图层设置为当前图层，对绘制好的通气器进行尺寸标注，如图 6-47

所示。

12）到此，该零件的绘制就完成了，用户可直接按〈Ctrl+S〉组合键进行保存。

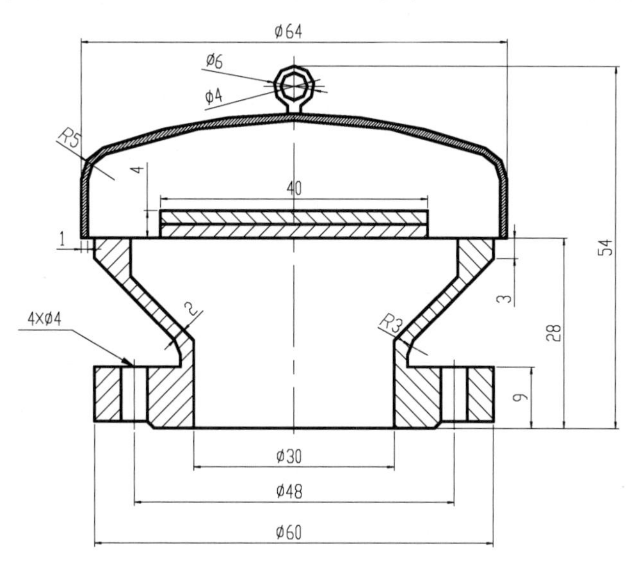

图 6-47 通气器尺寸标注

6.7 泵盖的绘制

可根据图形特征先绘制泵盖的俯视图，在绘制俯视图的时候可先绘制中心线来确定其位置，然后在交点位置处来绘制圆对象，在俯视图绘制好后，再以直线方法向上引伸线来创建主视图，并进行修剪等操作，此时的泵盖也就绘制好了。

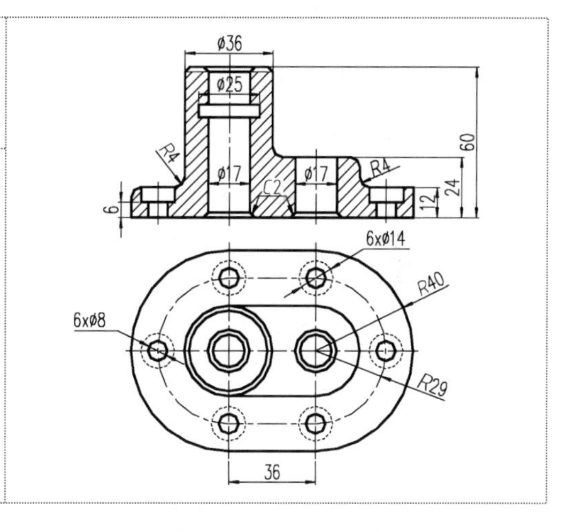

1）启动 AutoCAD 2013 软件，选择“文件”→“打开”菜单命令，将“案例\06\机械样板.dwt”文件打开，再执行“文件”→“另存为”菜单命令，将其另存为“案例\06\泵盖.dwg”文件。

2）将“中心线”图层设置为当前图层，在水平方向上绘制一条长度约为 120 的中心线，再在垂直方向上绘制一条长度约为 86 的中心线，并执行“偏移（O）”命令，将所绘制的垂直线向右偏移 36，如图 6-48 所示。

3）执行“圆（C）”命令，在中心线的交点位置处先绘制内部小圆对象，圆的具体尺寸，如图 6-49 所示。

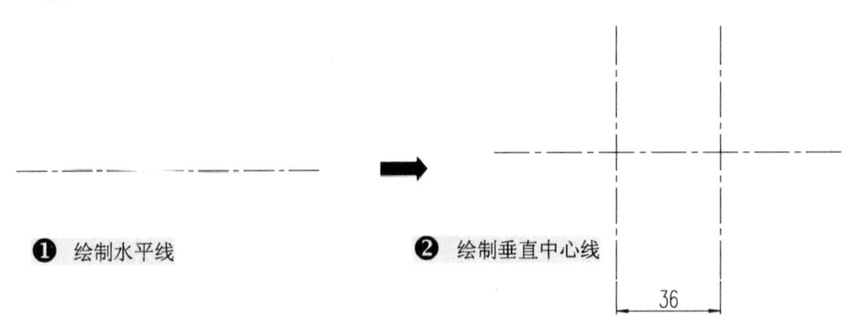

图 6-48　中心线的创建

4）继续执行“圆（C）”命令，以相同的圆心绘制外侧大圆轮廓，如图 6-50 所示。

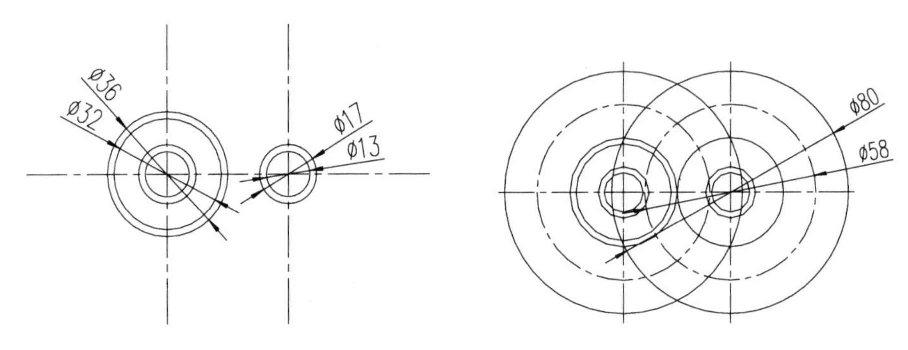

图 6-49　绘制小圆对象　　　　图 6-50　绘制外侧大圆对象

5）执行“直线（L）”命令，过圆的相应象限点进行连接，再使用“修剪（TR）”命令，修剪掉多余的线段，形成泵盖俯视图效果，如图 6-51 所示。

在进行偏移后的圆对象较多时，用户可在偏移的同时立刻进行修剪，以免在后面出现较多的线条时出错。

6）继续执行“圆（C）”命令，在中心线四周交点位置处绘制六个同心圆对象，如图 6-52 所示。

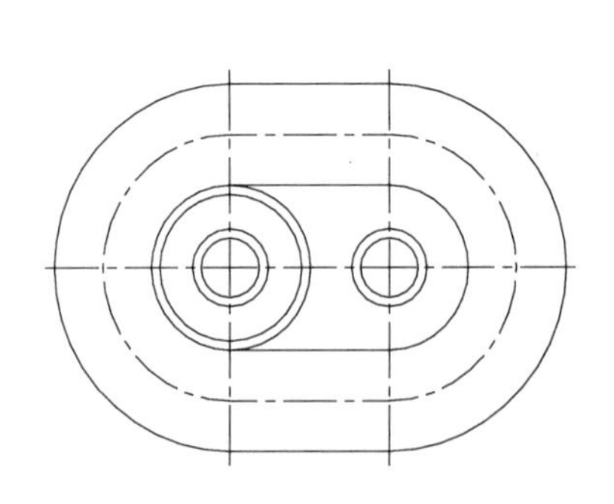

图 6-51　泵盖俯视图的创建

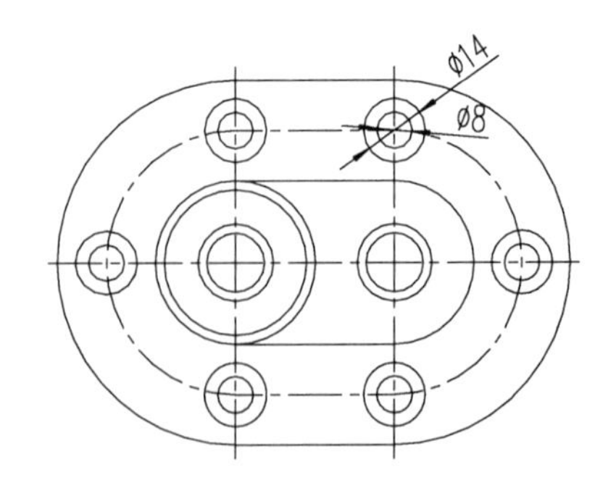

图 6-52　绘制同心圆对象

根据国标规定，机械图样中的线条有明确说明，轮廓线与其他线型的粗细不一致。因此，在绘制时，用户可单击 AutoCAD 2013 软件下侧状态栏中的“显示/隐藏线宽”按钮，此时，图中的轮廓线将变成明显的粗实线效果，如图 6-53 所示。

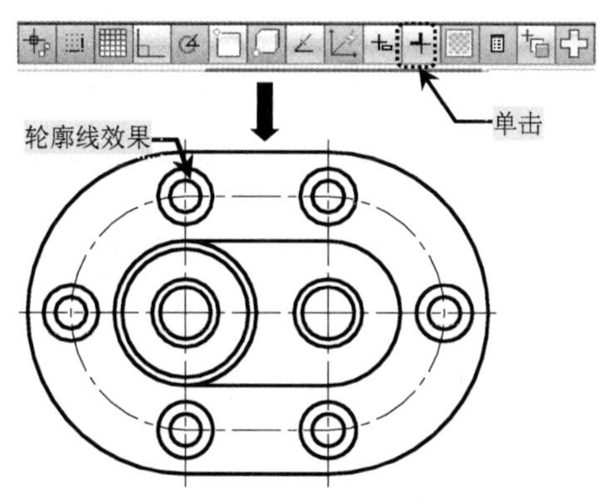

图 6-53 显示线型宽度

7）俯视图绘制好后，执行“直线（L）”命令，过俯视图的部分轮廓位置处向上引伸直线，并绘制一条水平线段，如图 6-54 所示。

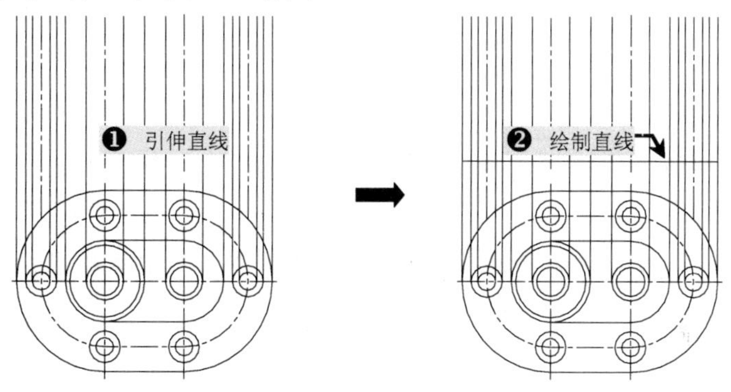

图 6-54 引伸并绘制直线

8）执行“偏移（O）”命令，将绘制的水平线段按要求的尺寸向上进行偏移，然后再修剪多余的线段，从而形成主视图的外轮廓，如图 6-55 所示。

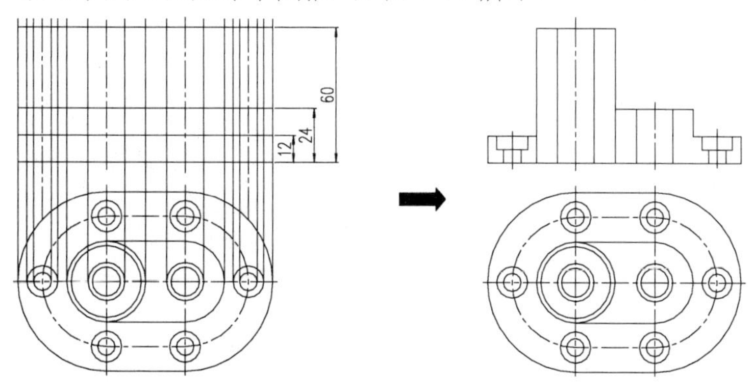

图 6-55 创建主视图

9）继续执行“偏移（O）”命令，将主视图最上侧水平线向下偏移 15 和 5，再将中心线向两侧偏移 12.5，并进行线型转换和修剪，从而创建内部轮廓，如图 6-56 所示。

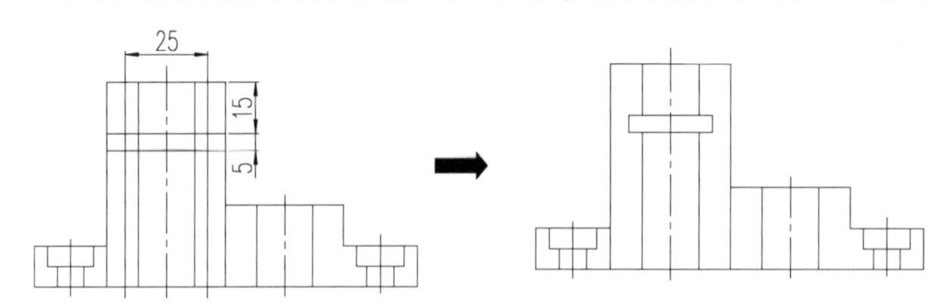

图 6-56　创建主视图内部轮廓

10）执行“圆角（F）”命令和“倒角（CHA）”命令，设置其直角距离为 2，圆角半径为 4，对主视图进行倒角操作，如图 6-57 所示。

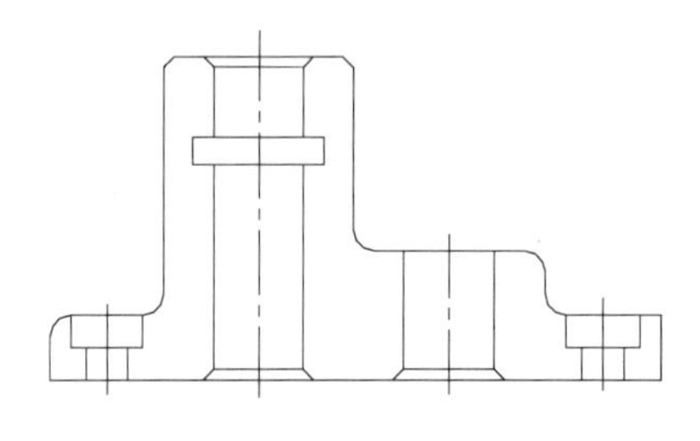

图 6-57　主视图倒角

11）切换到“剖面线”图层，执行“图案填充（H）”命令，对主视图内部进行填充操作，如图 6-58 所示。

12）将“尺寸与公差”图层设置为当前图层，对绘制好的泵盖进行尺寸标注，其标注的最终效果，如图 6-59 所示。

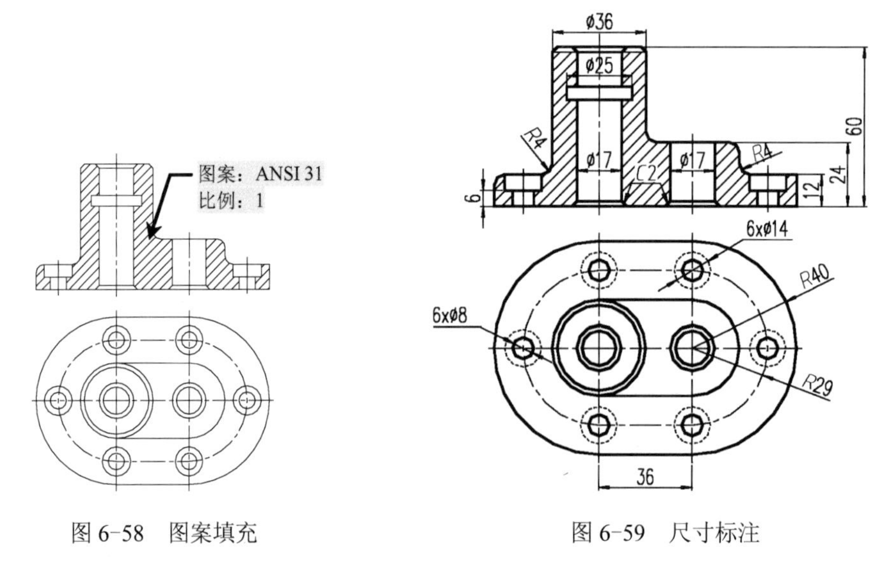

图 6-58　图案填充　　图 6-59　尺寸标注

13）至此，该零件就绘制完成了，用户可直接按〈Ctrl+S〉组合键进行保存。

6.8 蜗轮轴承盖的绘制

由于该零件是左右对称的图形，在绘制时，可先只绘出俯视图的 1/2，再进行镜像。在绘制主视图时，采用半剖的画法，一半画视图，一半画剖视图。

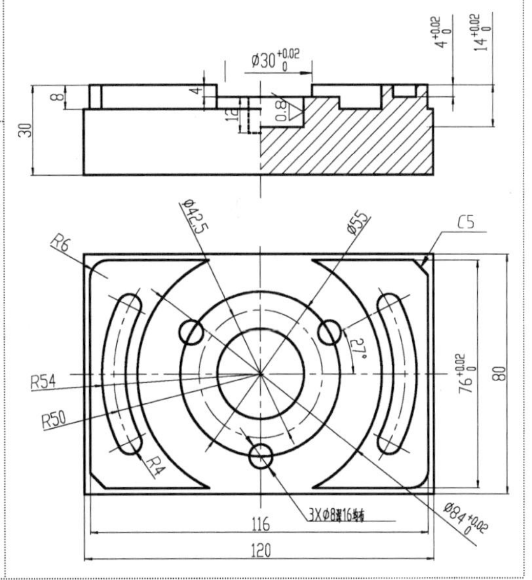

1）启动 AutoCAD 2013 软件，选择“文件”→“打开”菜单命令，将“案例\06\机械样板.dwt”文件打开，再执行“文件”→“另存为”菜单命令，将其另存为“案例\06\蜗轮轴承盖.dwg”文件。

2）将“粗实线”图层设置为当前图层，执行“矩形（REC）”命令，绘制 120×80 的矩形对象，并执行“偏移（O）”命令，向内偏移 2，如图 6-60 所示。

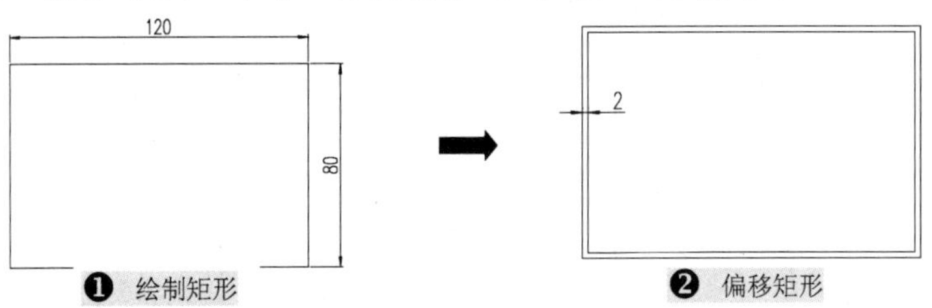

图 6-60 矩形的绘制与偏移

3）切换到“中心线”图层，过矩形中点位置处绘制两条相交且相互垂直的中心线，并执行“圆（C）”命令，以中心线交点为圆心画圆，再将多余的圆弧进行修剪，如图 6-61 所示。

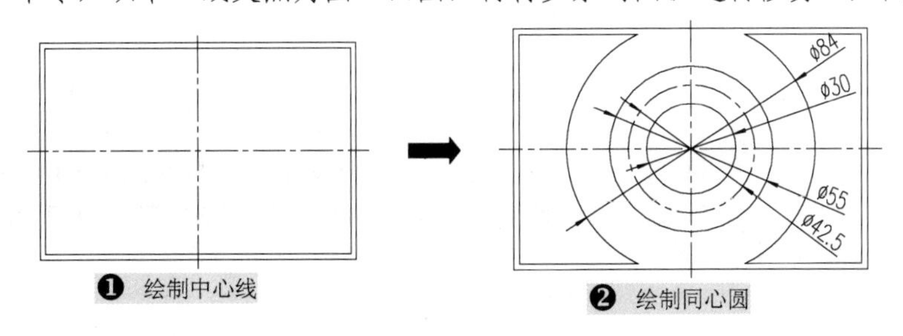

图 6-61 轴承盖外侧轮廓的创建

4）继续执行“圆（C）”命令，再以垂直中心线下侧与ϕ55 圆交点为圆心绘制一小圆对象，并执行“阵列（AR）”命令，将绘制的小圆进行环形阵列，数目为 3，如图 6-62 所示。

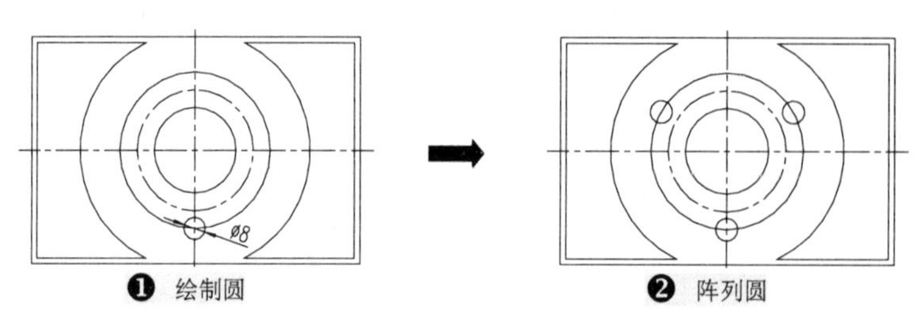

图 6-62　绘制并阵列圆对象

5）再以中心线交点为圆心绘制一圆对象，并向两侧各偏移 4，如图 6-63 所示。

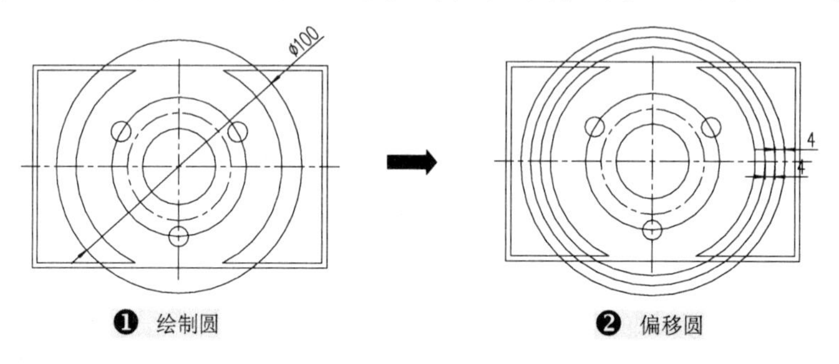

图 6-63　绘制辅助圆

6）执行“构造线（XL）”命令，设构造线“角度（A）”为 27° 并过中心点，执行“镜像（MI）”命令，将创建的构造线向右水平镜像一条，如图 6-64 所示。

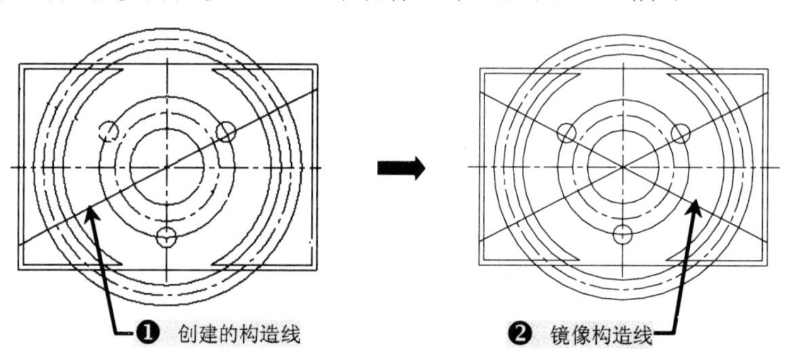

图 6-64　构造线的创建

7）使用“修剪（TR）”命令，修剪掉多余的圆弧对象，效果如图 6-65 所示。

在机械图样中，一般以逆时针方向旋转为正方向，相反为负方向。因此在设置构造线时，在输入角度值时为+27°，也可以输入 207° 或是-153° 等。

8）执行“圆（C）”命令，以构造线与ϕ100 圆弧对象交点为圆心绘制圆，并修剪多余线段，再删除构造线，如图 6-66 所示。

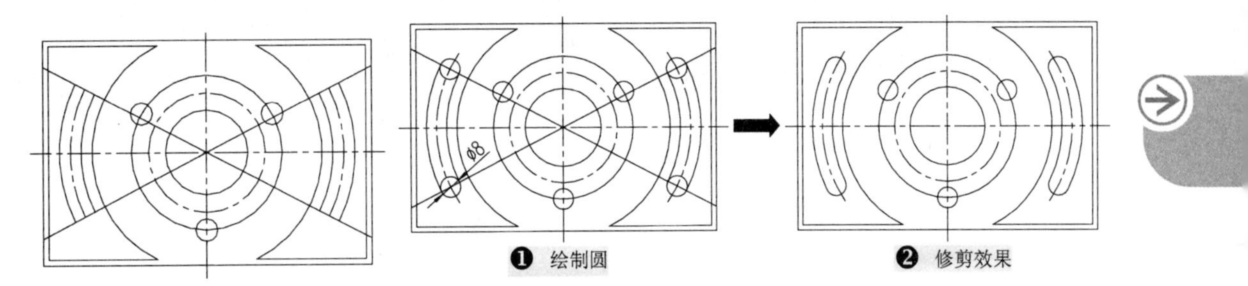

图 6-65　修剪效果　　图 6-66　创建两侧轮廓

9）再对其进行倒角操作，执行“直线（L）”命令，过俯视图的部分轮廓位置处向上引伸直线，并绘制一条水平线段，如图 6-67 所示。

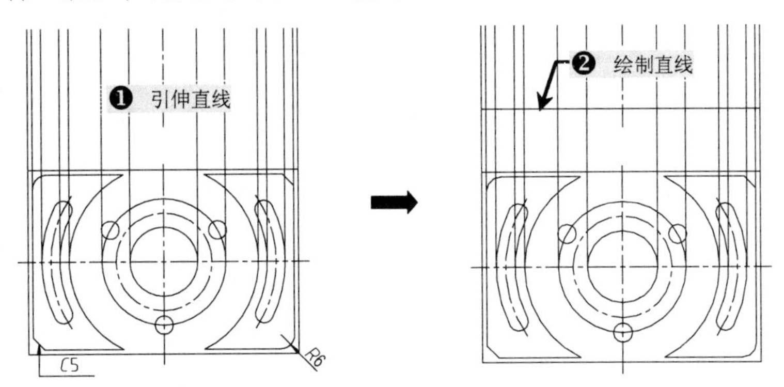

图 6-67　引伸并绘制直线

10）将绘制的水平线段向上进行偏移，并修剪多余的线段，从而创建蜗轮轴承盖的主视图，如图 6-68 所示。

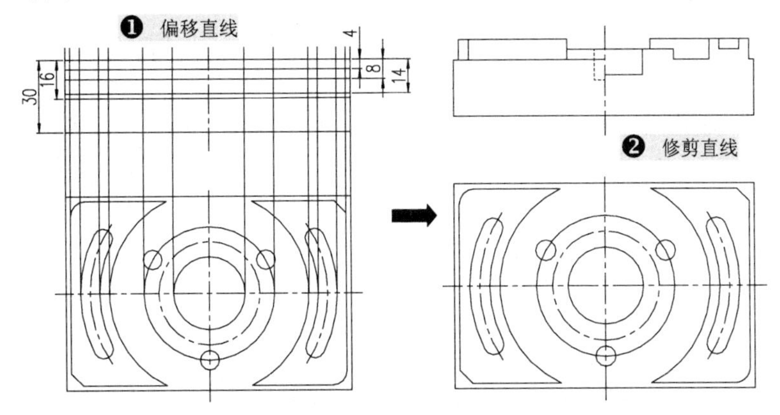

图 6-68　主视图的创建

11）切换“剖面线”图层，执行“图案填充（H）”命令，对主视图的右侧内部进行图案填充，如图 6-69 所示。

由于机械零件图大部分是金属材料，因此在对剖面材料进行填充时，基本上都是用线型图案，也就是填充材料里面的“ANSI31”，然后调整相应的比例即可。

12）切换到“尺寸与公差”图层，对两个视图进行尺寸标注，其标注的效果如图 6-70 所示。

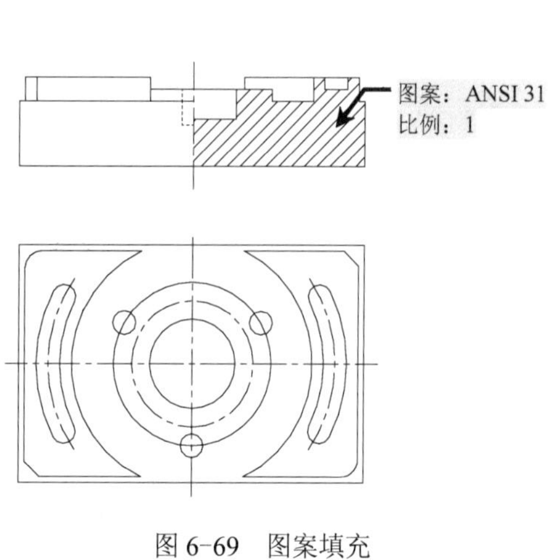

图 6-69　图案填充

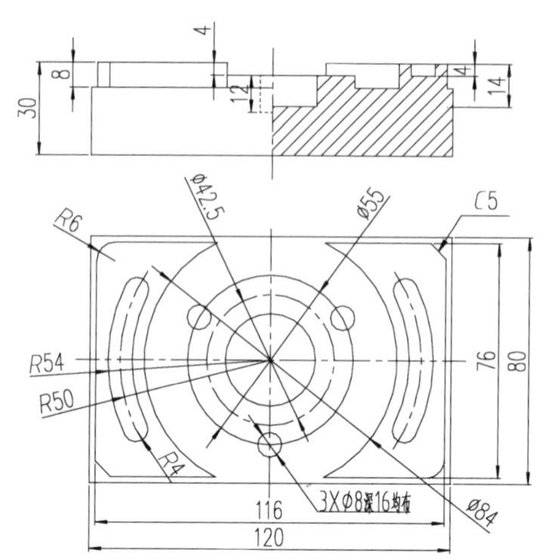

图 6-70　尺寸标注

13）由于该零件精度要求较高，个别尺寸有极限偏差，还有一些表面粗糙度符号，因此，对个别尺寸要进行调整。可用鼠标选中一个尺寸，然后按〈Ctrl+1〉组合键打开“特性”面板，找到“公差”栏，并选择“极限偏差”，输入上、下偏差值就可以了，如图 6-71 所示。

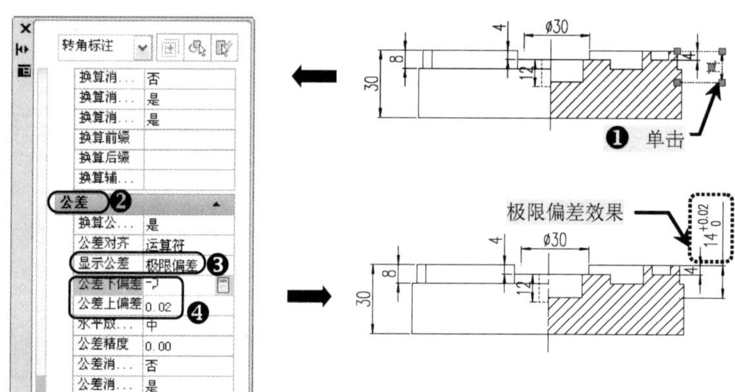

图 6-71　极限偏差的标注

用户在输入“下偏差”时，在默认的情况下它实际上是负值，如果输入的下偏差值为“正”或是“0”，则直接在“下偏差”文本框内再输入负值符号“–”。

上、下偏差值都可以为负或是正，也可以一正一负，只不过要注意大、小放置的具体位置。

14）采用与第 13）步相同的方法再对其他偏差值进行相应的调整，并对表面粗糙度符号进行标注，标注的最后效果如图 6-72 所示。

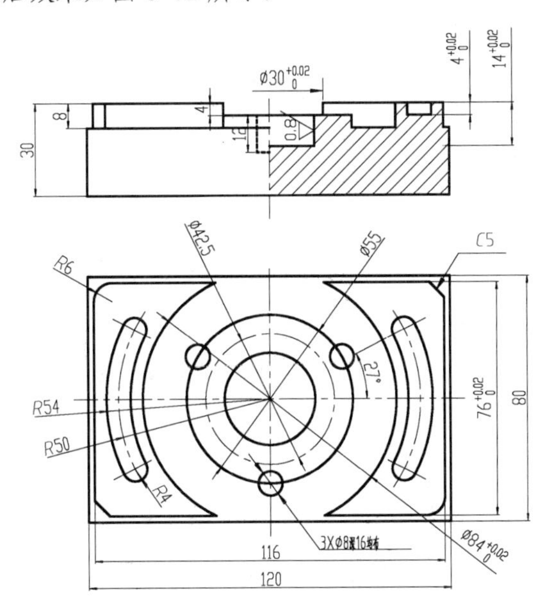

图 6-72　标注的最后效果

15）至此，该零件就绘制完成了，用户可直接按〈Ctrl+S〉组合键进行保存。

6.9　齿轮轴承盖的绘制

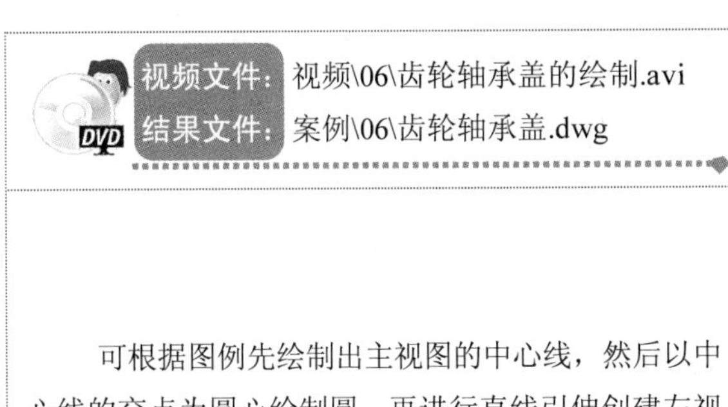

可根据图例先绘制出主视图的中心线，然后以中心线的交点为圆心绘制圆，再进行直线引伸创建左视图，最后进行图案填充即可。

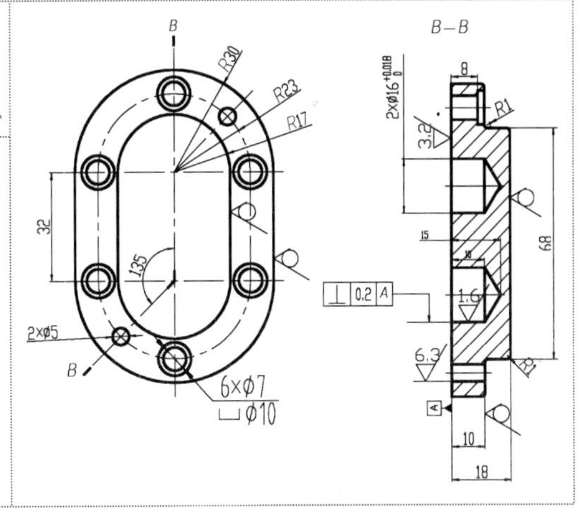

1）正常启动 AutoCAD 2013 软件，选择“文件”→“打开”菜单命令，将“案例\06\机械样板.dwt”文件打开，再执行“文件”→“另存为”菜单命令，将其另存为“案例\06\齿轮轴承盖.dwg”文件。

2）将“中心线”图层设置为当前图层，执行“直线（L）”命令，绘制一条垂直线长度为 100，再在水平方向上绘制一条中心线，并将它向上或是向下偏移 32，如图 6-73 所示。

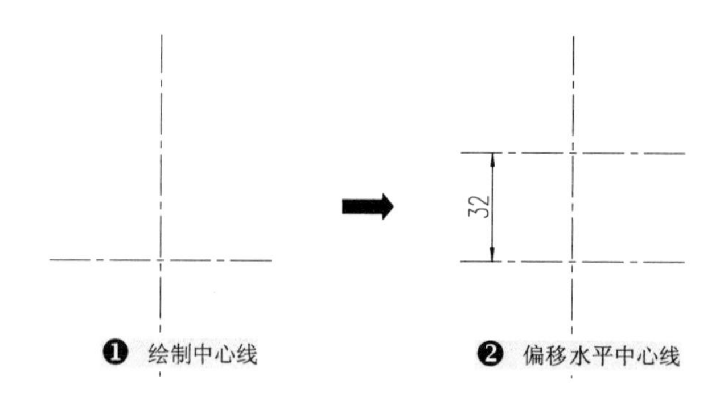

图 6-73　绘制主视图中心线

3）切换到“粗实线”图层，以中心线的两个交点为圆心来绘制圆对象，并用直线连接圆对象，再将多余的弧线进行修剪来创建主视图的外轮廓，如图 6-74 所示。

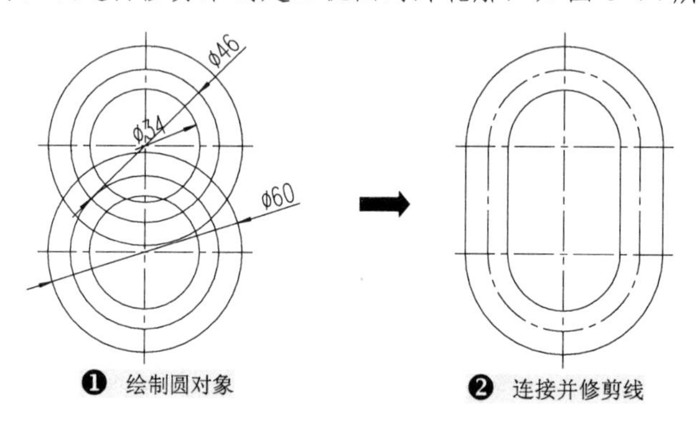

图 6-74　外轮廓的创建

4）继续执行“圆（C）”命令，以第二道弧线与中心线的交点为圆心来绘制六个同心圆，如图 6-75 所示。

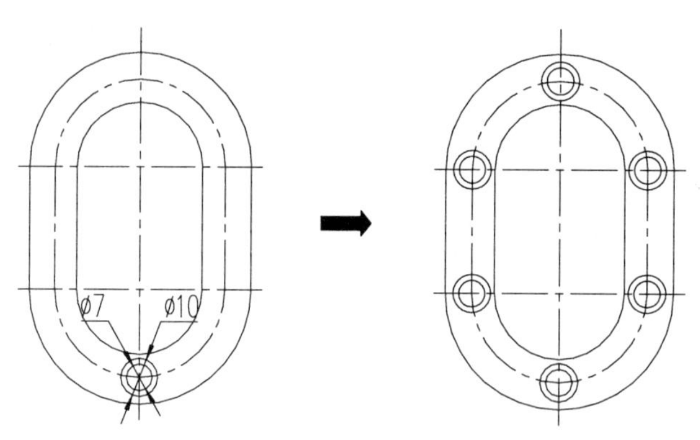

图 6-75　绘制同心圆

5）执行“构造线（XL）”命令，过上、下中心线的两个交点分别创建构造线，其角度设置为 45°，如图 6-76 所示。

6）再以构造线与第二道弧线的交点为圆心来绘制两个小圆对象，再删除构造线，如图 6-77 所示。

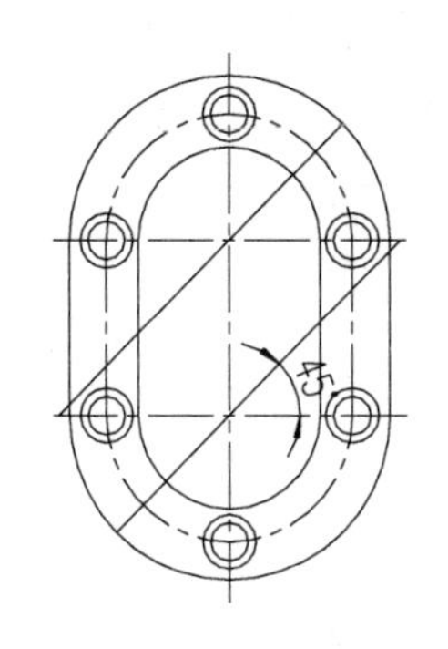

图 6-76　构造线的创建

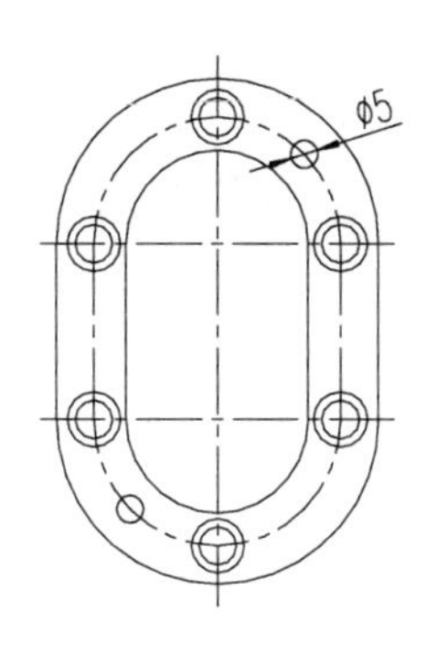

图 6-77　小圆的绘制

7）在主视图创建完成后，执行“直线（L）”命令，以主视图的轮廓来向右引伸直线，并再绘制一垂直线段，如图 6-78 所示。

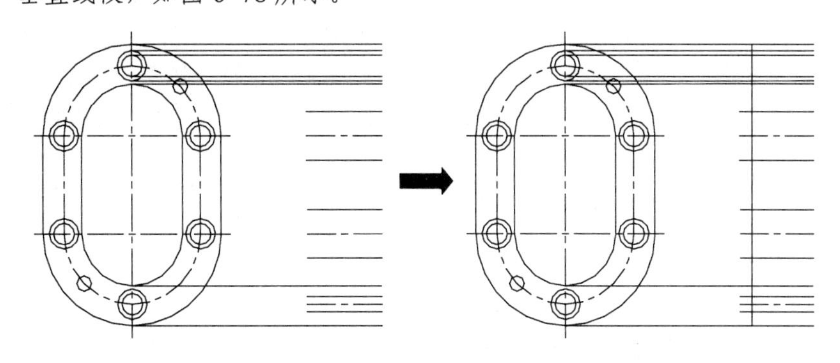

图 6-78　引伸并绘制直线

8）执行“偏移（O）”命令，将绘制的直线进行偏移，并将引伸的中心线进行偏移，然后再转换线型，并进行修剪，同时连接相应的斜线段从而形成左视图的轮廓，如图 6-79 所示。

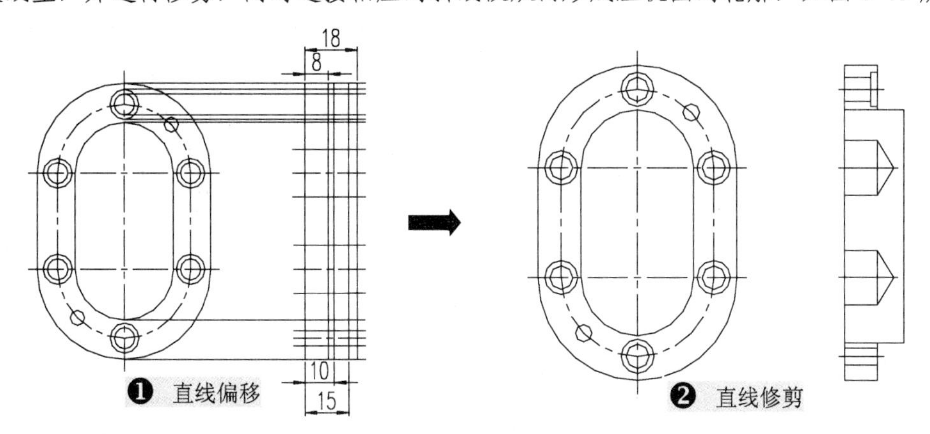

图 6-79　左视图的创建

9）对创建好的左视图进行“倒圆角（F）”操作，半径为 1，并对左视图进行填充，如图 6-80 所示。

10）切换到“尺寸与公差”图层，根据前面讲的方法对绘制的图形进行尺寸标注，如图 6-81 所示。

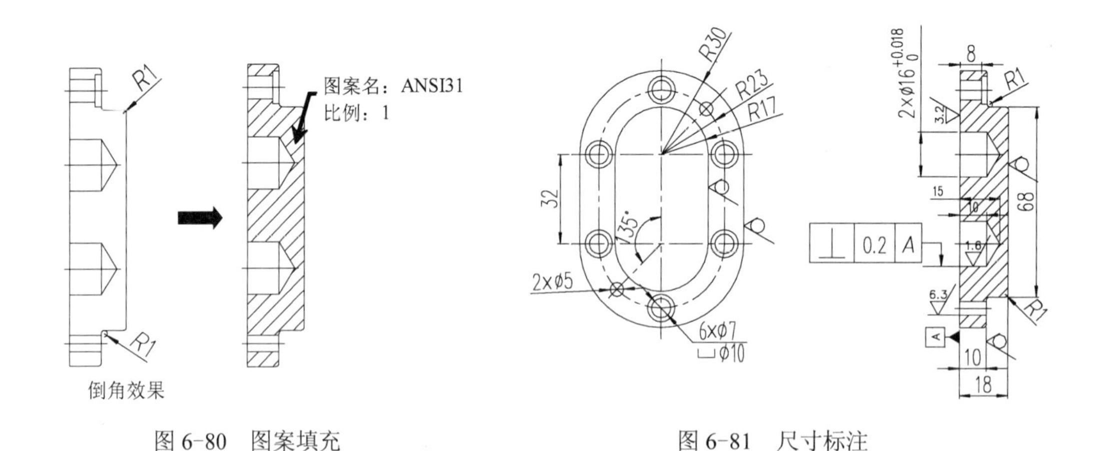

图 6-80 图案填充　　　　图 6-81 尺寸标注

> **提示**
>
> 在标注表面粗糙度符号时，出现了符号“∀”，它表示不用任何去除材料的方法所得到的表面，也就是铸造出来的实际表面。另外，用户可插入“案例\04\表面粗糙度符号.dwg”图块对象，并修改相应参数值。

11）执行“多段线（PL）”命令，设置线宽为 0.5，过主视图中的中心交点位置处创建剖切符号，并对剖视图的名称进行标注，如图 6-82 所示。

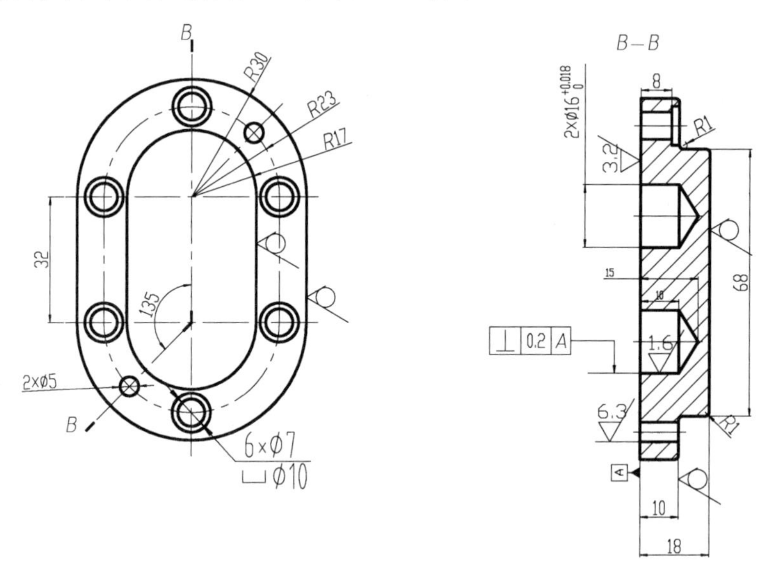

图 6-82 剖切符号与剖视图名称的创建

> **注意**
>
> 在同一平面图中的字母功能只能出现一次，不能重复使用。该图形使用了旋转剖的方法，其剖切面不在同一平面上，因此在绘制左视图下侧的光孔时要注意它的位置与尺寸。

12）至此，该零件图就绘制完成了，可直接按〈Ctrl+S〉组合键进行保存。

6.10 蜗杆左轴承盖的绘制

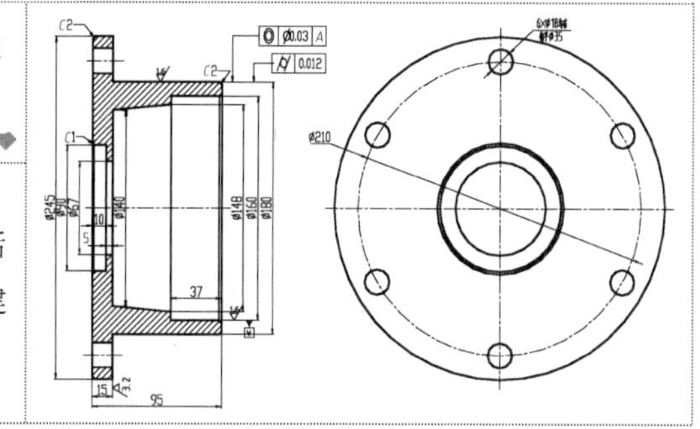

可先绘制出蜗杆左轴承盖左视图的中心线，然后以中心线的交点为圆心绘制圆，再进行直线引伸创建蜗杆左轴承盖的主视图，从而完成绘制要求。

1）启动 AutoCAD 2013 软件，选择“文件”→“打开”菜单命令，将上一节绘制好的“案例\06\齿轮轴承盖”文件打开，再执行“文件”→“另存为”菜单命令，将其另存为“案例\06\蜗杆左轴承盖.dwg”文件。

2）将“中心线”图层设置为当前图层，执行“直线（L）”命令，绘制两条相互垂直的中心线，长度为 250，再执行“圆（C）”命令，以两条中心线的交点为圆心绘制圆对象，如图 6-83 所示。

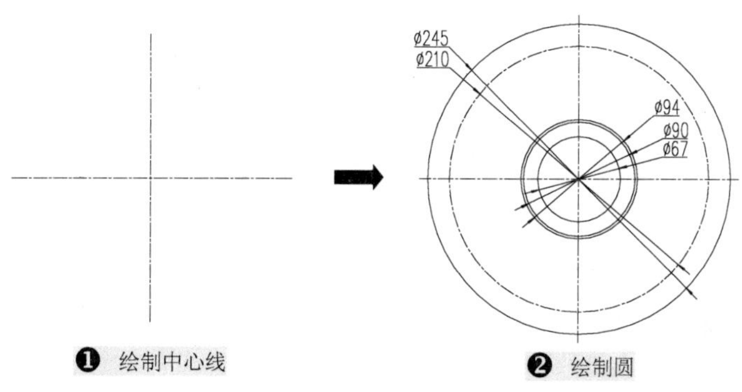

图 6-83 绘制中心线和圆

3）执行“圆（C）”命令，在已绘制的第二个大圆对象上侧象限点位置处绘制一小圆对象，直径为 18，如图 6-84 所示。

4）执行“阵列（AR）”命令，根据前面讲的操作方法将绘制的小圆对象进行环形阵列，阵列的数目为 6，如图 6-85 所示。

5）在蜗杆左轴承盖的左视图绘制好后，再执行“直线（L）”命令，过创建好的轮廓相应交点位置处向左侧引伸直线，并再绘制一条垂直线段，如图 6-86 所示。

6）执行“偏移（O）”命令，将绘制的垂直线段向右侧偏移，并修剪多余的线段，形成蜗杆左轴承盖主视图轮廓，如图 6-87 所示。

7）执行“直线（L）”命令，过修剪后内侧的相应交点位置处用直线连接起来，并删除多余的线段，如图 6-88 所示。

8）对创建好的主视图执行“倒角（CHA）”命令，距离分别为 2 和 1，倒角后的具体效果，如图 6-89 所示。

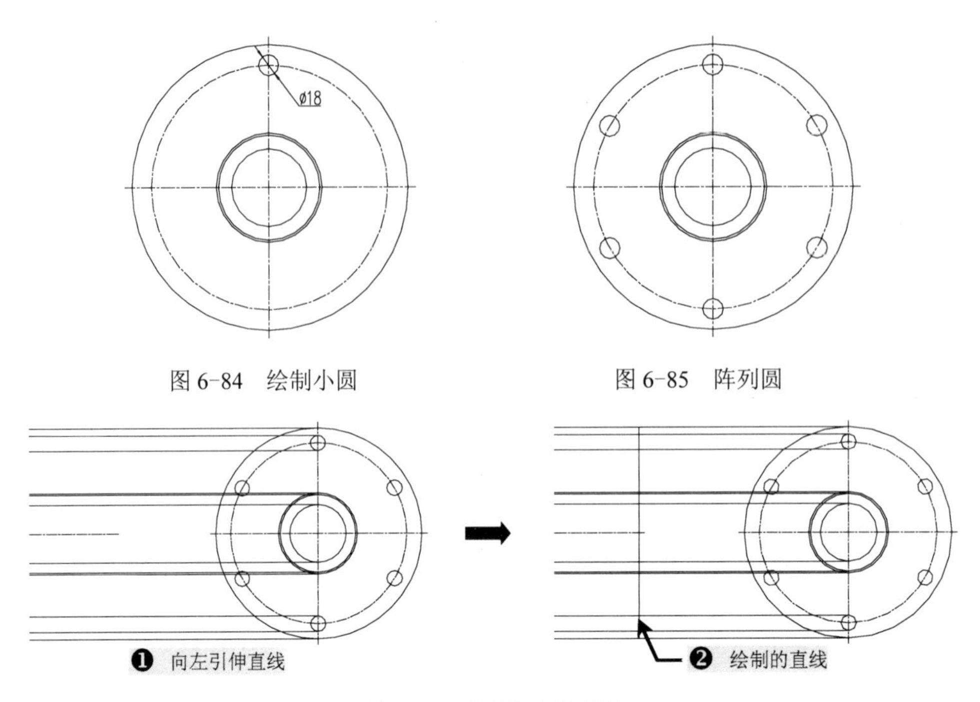

图 6-84　绘制小圆

图 6-85　阵列圆

图 6-86　引伸并绘制直线

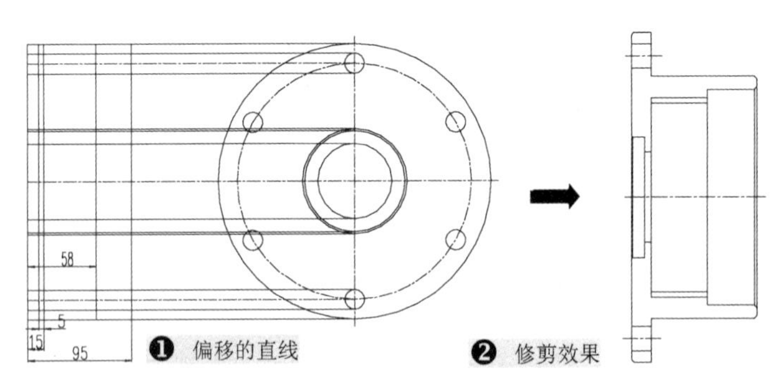

图 6-87　修剪直线形成主视图

9）执行“图案填充（H）”命令，对主视图内部相应的区域进行填充，效果如图 6-90 所示。

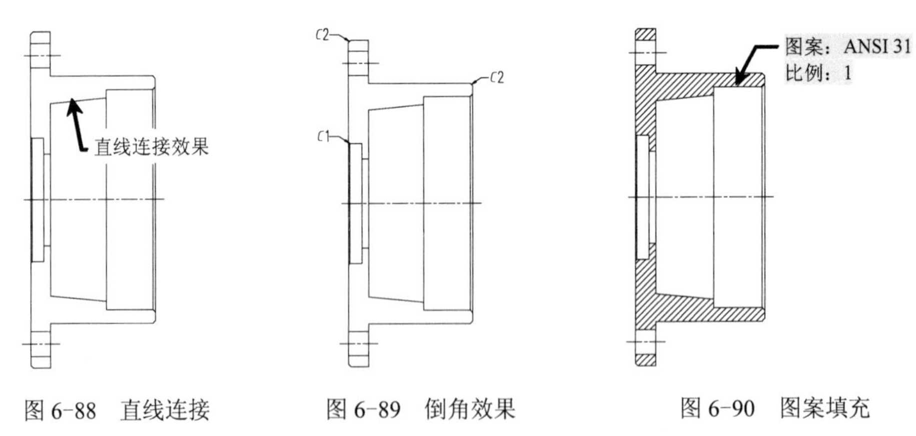

图 6-88　直线连接　　图 6-89　倒角效果　　图 6-90　图案填充

10）切换到“尺寸与公差”图层，根据前面所讲的方法对绘制的图形进行尺寸标注，其标注的最终效果如图 6-91 所示。

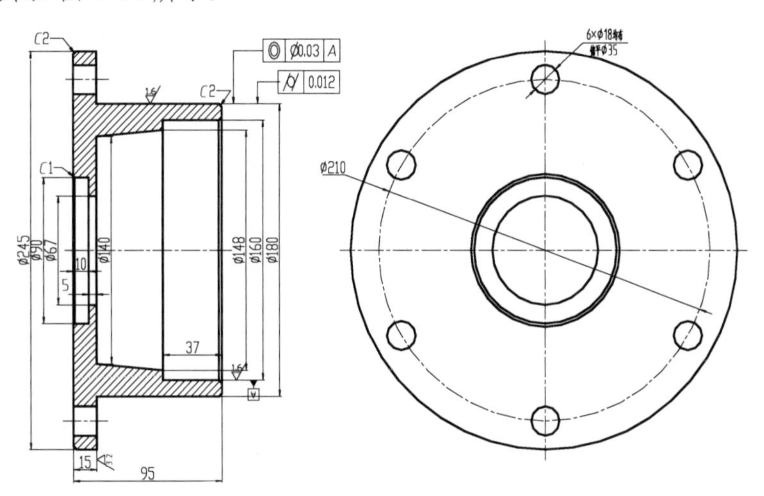

图 6-91　尺寸标注

11）至此，该零件图就绘制完成了，可直接按〈Ctrl+S〉组合键进行保存。

6.11　蜗杆后轴承盖的绘制

同样可先绘制出蜗杆后轴承盖左视图的中心线，然后以中心线的交点为圆心绘制圆，再进行直线引伸创建蜗杆后轴承盖的主视图，从而完成绘制要求。

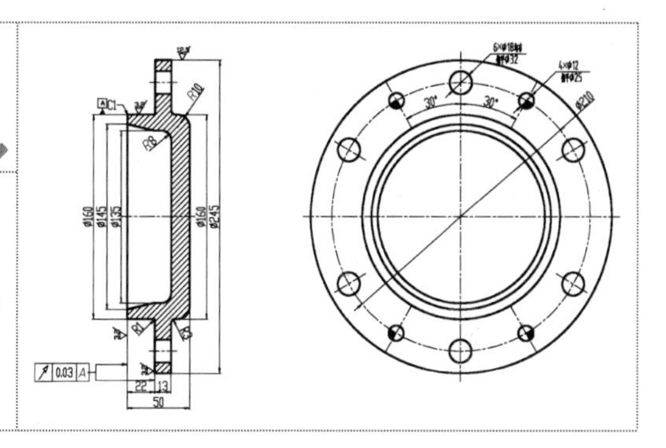

1）启动 AutoCAD 2013 软件，选择“文件”→“打开”菜单命令，将上一节绘制好的“案例\06\蜗杆左轴承盖”文件打开，再执行“文件”→“另存为”菜单命令，将其另存为“案例\06\蜗杆后轴承盖.dwg”文件。

2）将“中心线”图层设置为当前图层，执行“直线（L）”命令，绘制两条相互垂直且相交的中心线，长度约为 250，再执行“圆（C）”命令，以两条中心线交点为圆心绘制同心圆对象，如图 6-92 所示。

3）执行“圆（C）”命令，在已绘制的第二个大圆对象上侧象限点位置处绘制一小圆对象，直径为 18，如图 6-93 所示。

4）执行“阵列（AR）”命令，根据前面所讲的操作方法将绘制的小圆对象进行环形阵列，阵列的数目为 6，如图 6-94 所示。

5）执行“构造线（XL）”命令，过中心线的交点创建一条构造线，其角度设置为 60°，并修剪掉多余的构造线，如图 6-95 所示。

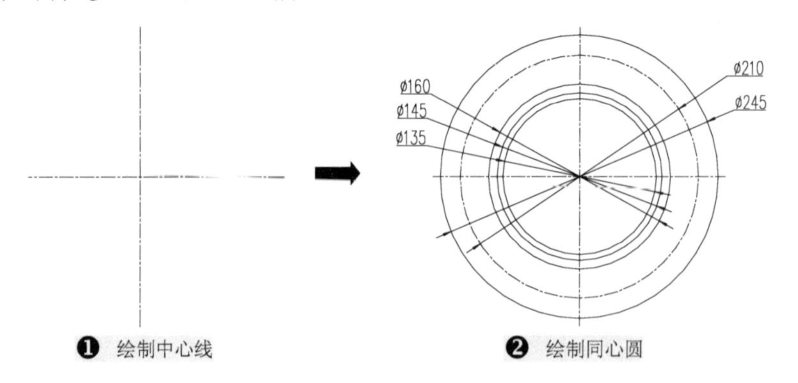

图 6-92　绘制中心线和圆

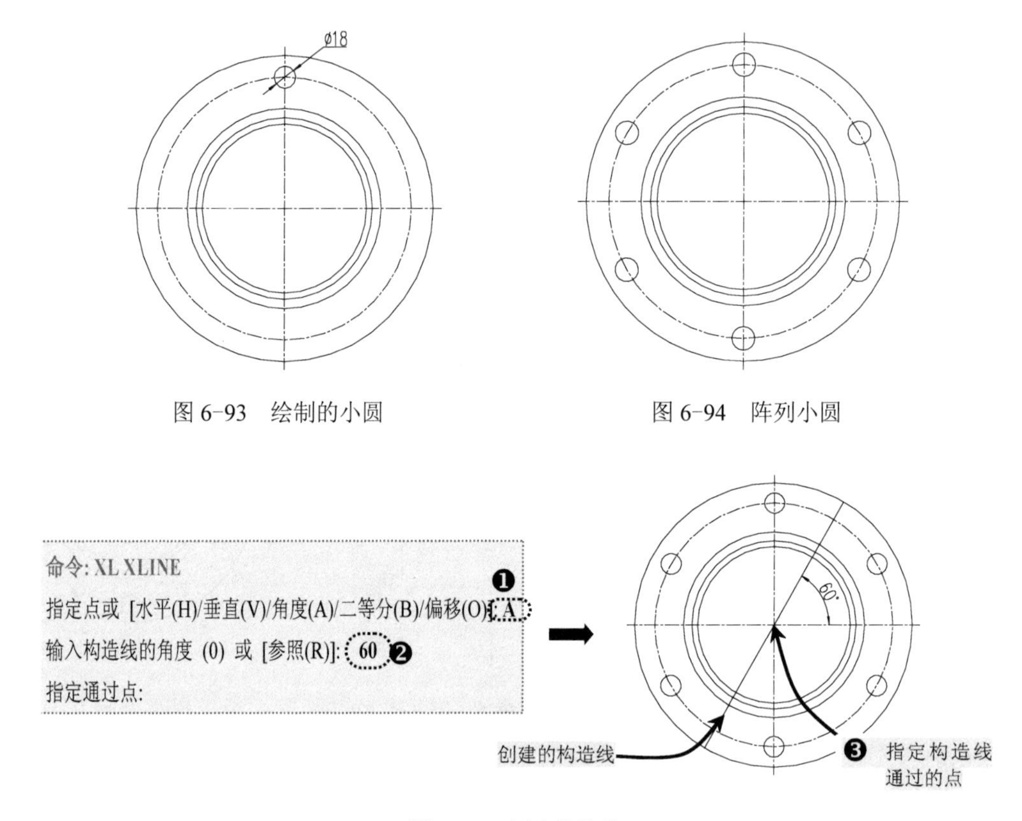

图 6-93　绘制的小圆

图 6-94　阵列小圆

图 6-95　创建构造线

6）以构造线与第二道圆弧线的交点为圆心绘制两个小圆对象，直径为 12，如图 6-96 所示。

7）执行“镜像（MI）”命令，将创建的两个小圆和构造线以垂直中心线为镜像轴水平镜像，如图 6-97 所示。

8）使用“修剪（TR）”命令，修剪掉镜像构造线多余的部分，并将构造线转换为中心线效果，如图 6-98 所示。

9）执行“图案填充（H）”命令，将绘制的四个小圆的 1/4 位置进行填充，比例为 0.01，从而创建销孔的平面效果，如图 6-99 所示。

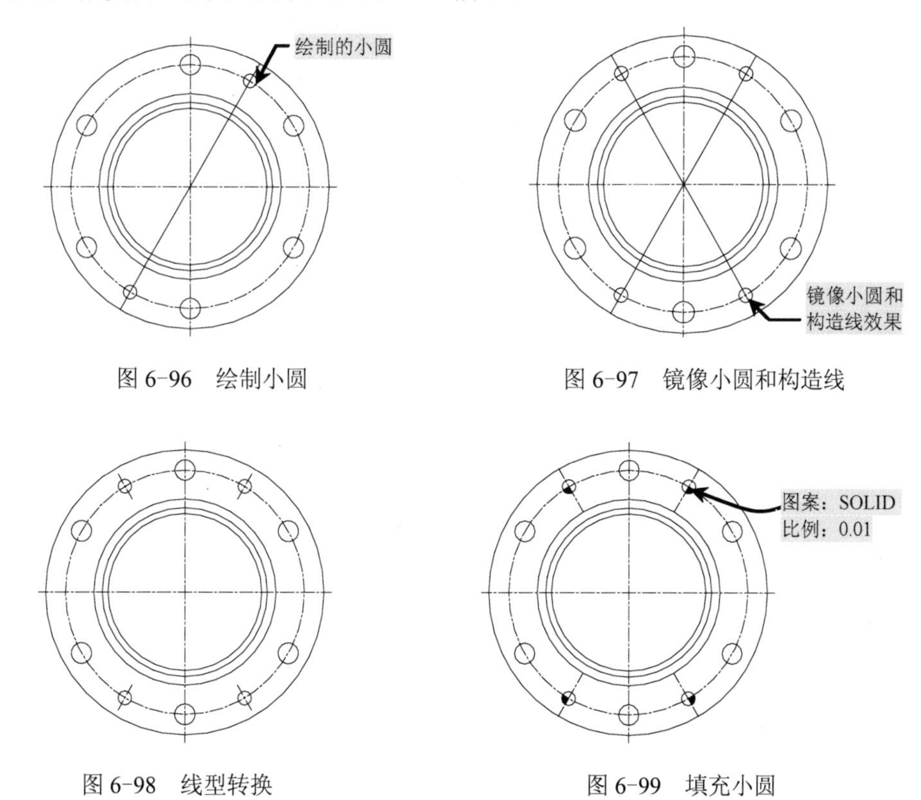

图 6-96 绘制小圆

图 6-97 镜像小圆和构造线

图 6-98 线型转换

图 6-99 填充小圆

10）在蜗杆后轴承盖的左视图绘制好了后，执行“直线（L）”命令，向左侧引伸直线，并再绘制一条垂直线段，如图 6-100 所示。

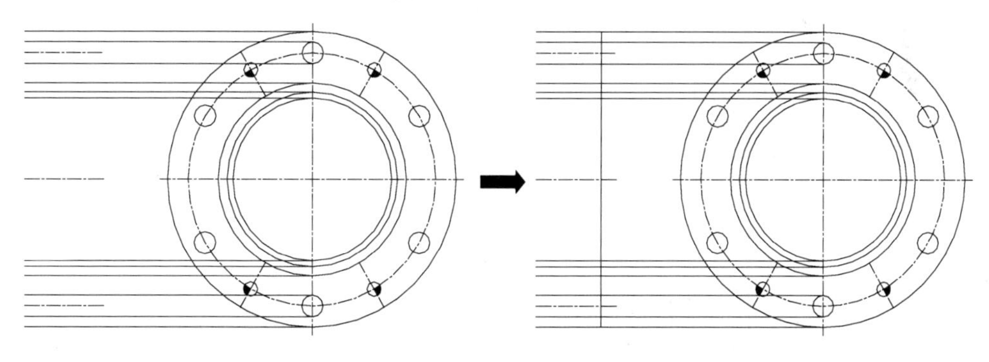

图 6-100 引伸并绘制直线

11）执行“偏移（O）”命令，将绘制的垂直线段向左侧偏移，再使用“修剪（TR）”命令，修剪掉多余的线段，形成蜗杆后轴承盖主视图轮廓，如图 6-101 所示。

12）对创建好的主视图进行倒直角（CHA）和圆角（F）操作，倒角距离为 1，圆角半径为 1、3、8、10，并执行“图案填充（H）”命令，对主视图内部进行填充，填充效果如图 6-102 所示。

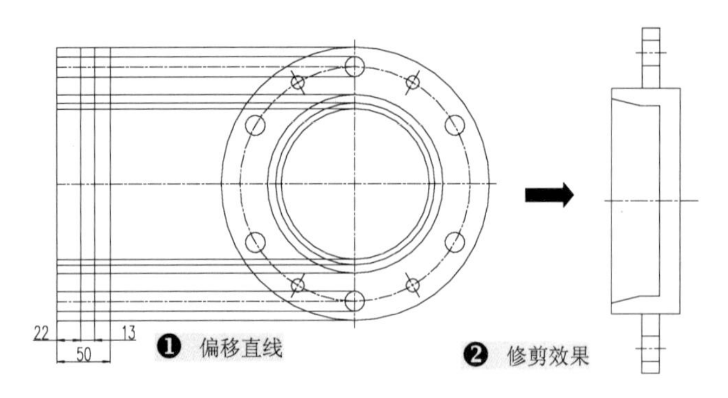

图 6-101　偏移并修剪直线

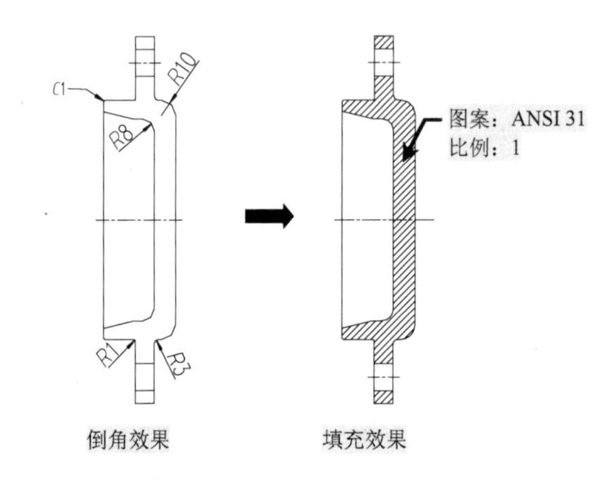

图 6-102　图案填充

13）切换到“尺寸与公差”图层，根据前面所讲的方法对绘制的图形进行尺寸标注，其标注的最终效果，如图 6-103 所示。

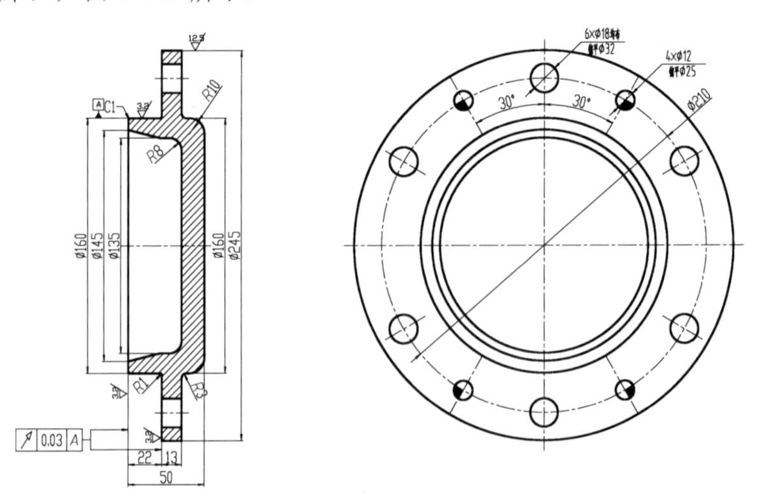

图 6-103　尺寸标注

14）至此，该零件图就绘制完成了，可直接按〈Ctrl+S〉组合键进行保存。

第 7 章　常用零件的绘制

本章导读

结构复杂的机器都是由许多不同的零件连接、装配而成的。其常用件也是机器内部用得较多的零件，虽然不是标准件，但它们的某些结构及尺寸都是已经标准化了的。

在本章当中，主要讲解了机器内部起变速作用的齿轮、蜗轮和起传动作用的带轮的绘制方法，最后以一紧固件为例进行了讲解，让读者不但能从中了解机器内部的盘类件结构，也使读者掌握了不同的机械零件的绘图方法，以达到熟能生巧的效果。

主要内容

☑ 掌握齿轮的绘制方法
☑ 掌握蜗轮的绘制方法
☑ 掌握带轮的绘制方法
☑ 掌握螺栓的绘制方法

预览效果

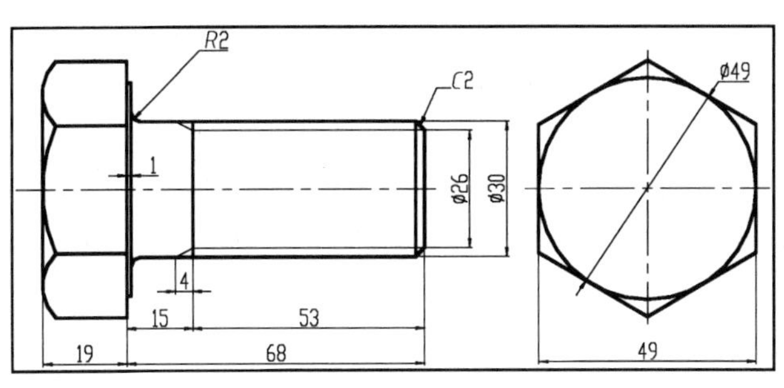

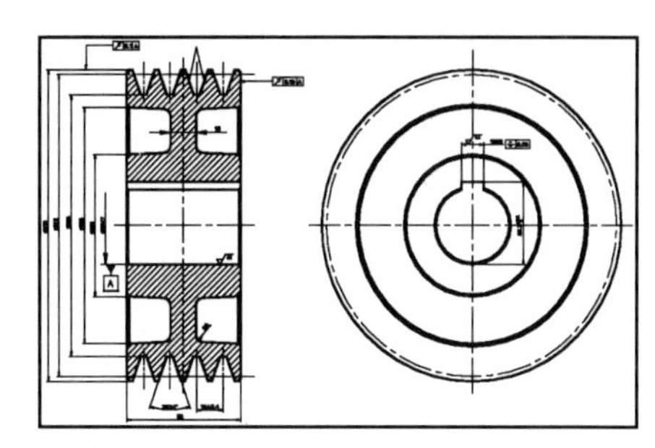

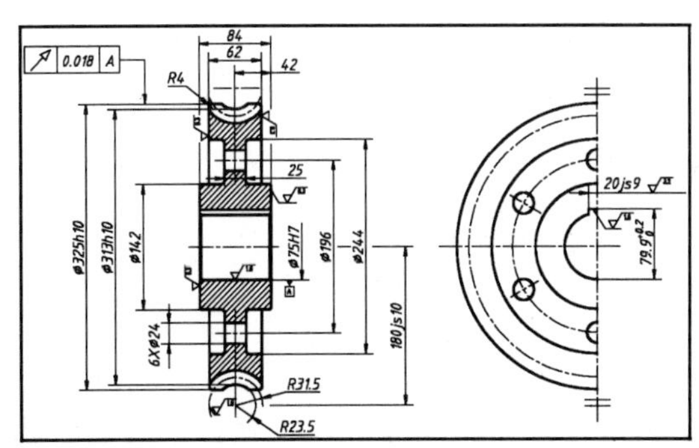

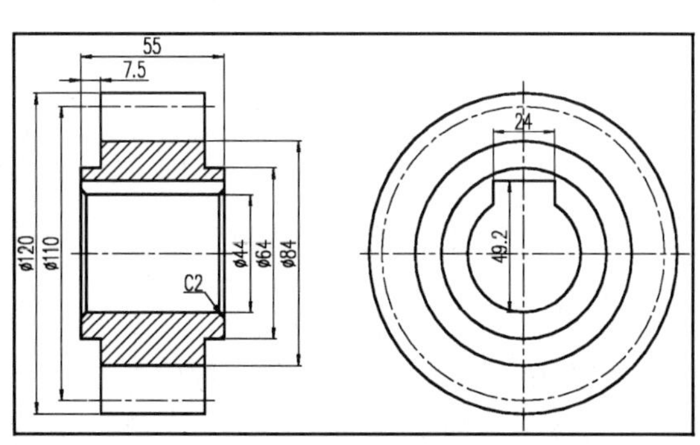

7.1　直齿轮的绘制

视频\07\直齿轮的绘制.avi
案例\07\直齿轮.dwg

该零件属于机械四大类零件之一的盘类，可根据图形特征先绘制直齿轮主视图的轮廓，然后再绘制其中心部位的键槽，具体的方法如下：

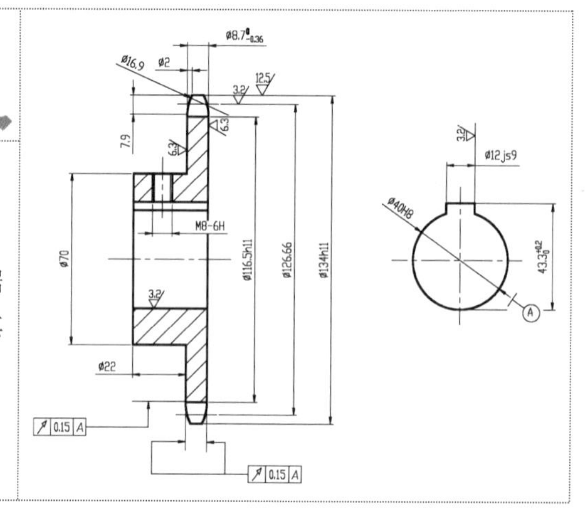

1）正常启动 AutoCAD 2013 软件，选择“文件”→“打开”菜单命令，将“案例\07\机械样板.dwt”文件打开，再执行“文件”→“另存为”菜单命令，将其另存为“案例\07\直齿轮.dwg”文件。

> **提示**　用户也可以直接打开“案例\06”中的文件，然后将其另存为一个新的文件，再将原有文件进行删除，再进行绘图操作。

2）选择“粗实线”图层为当前图层，执行“矩形（REC）”命令，绘制两个 22×70、8.7×134 的矩形对象，如图 7-1 所示。

3）执行“移动（M）”命令，将绘制的两个矩形对象以中点位置进行重合放置；切换至“中心线”图层，再执行“直线（L）”命令，过中点位置绘制一条水平中心线，如图 7-2 所示。

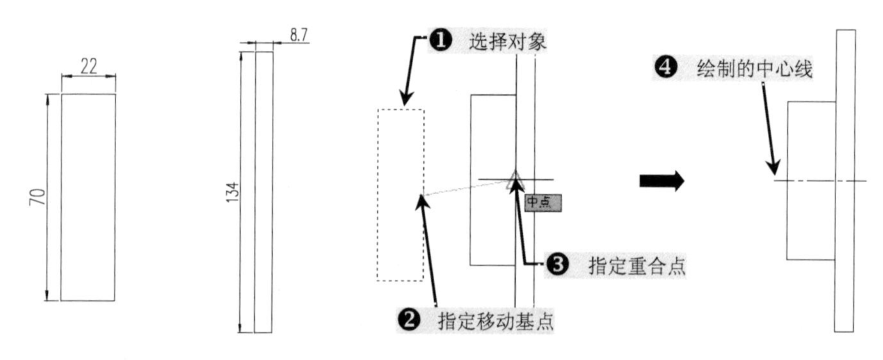

图 7-1　绘制的两个矩形　　　　图 7-2　创建主视图外轮廓

4）执行“分解（X）”命令，将绘制的两个矩形对象进行分解，执行“偏移（O）”命令，将部分线条进行偏移操作，如图 7-3 所示。

5）使用“修剪（TR）”命令，修剪掉多余的线段，从而形成链轮内部轮廓效果，如

图 7-4 所示。

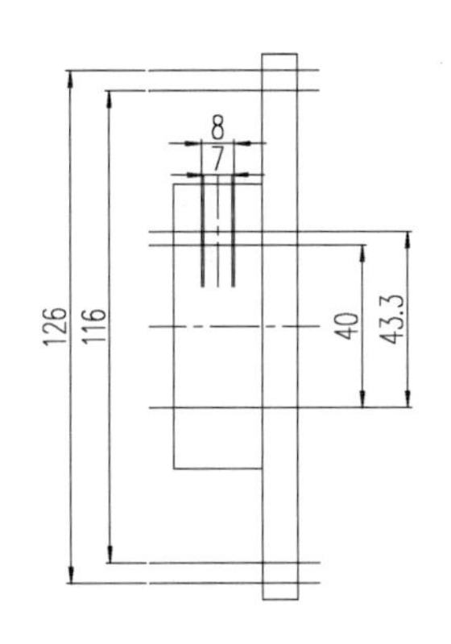

图 7-3 偏移直线

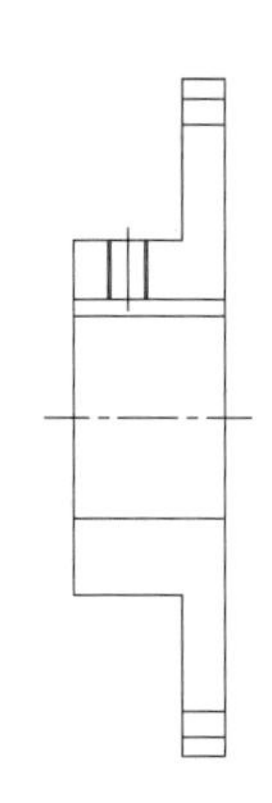

图 7-4 修剪直线

专业技能

在创建机械图样中的平面螺纹时，内螺纹的表示方法是：螺纹外侧用细实线，内侧用粗实线；在绘制外螺纹时与内螺纹相反，外侧用粗实线，内侧用细实线，如图 7-5 所示。

6）执行“偏移（O）”命令，将上侧直线进行偏移后，再绘制圆弧并进行修剪，使之形成齿轮轮齿的弧面轮廓，如图 7-6 所示。

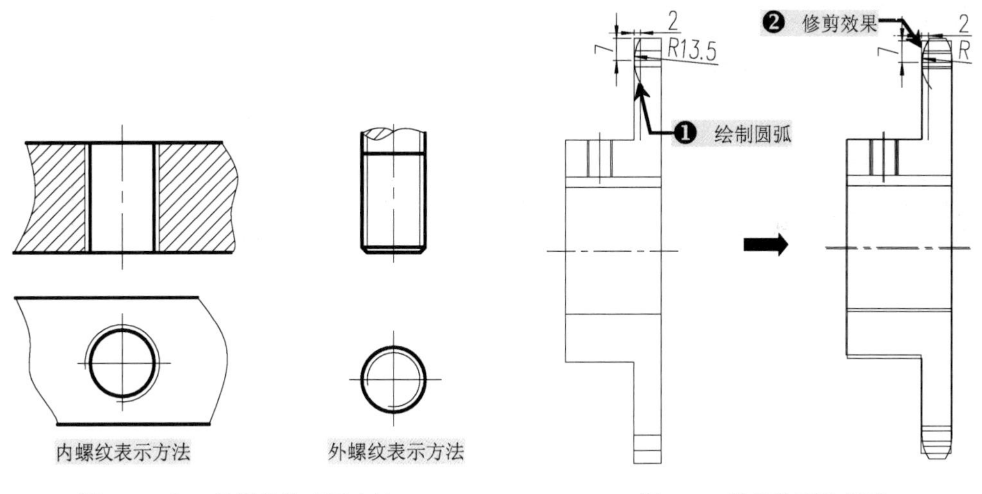

图 7-5 内、外螺纹的表示方法

图 7-6 轮齿轮廓的创建

7）执行“镜像（MI）”命令，对修剪好的轮齿弧面轮廓向下镜像一份，效果如图 7-7 所示。

8）切换到“剖面线”图层，执行“图案填充（H）”命令，在绘制的图形中填充名为 ANSI31 的图案，比例为 1，最终的效果如图 7-8 所示。

9）将“粗实线”设置为当前图层，执行“直线（L）”命令，过绘制好的中心线和部分轮廓向右侧引伸直线，并在引伸的直线中点位置处绘制一条垂直的中心线，如图 7-9 所示。

10）执行“圆（C）”命令，以两点绘圆的方法创建圆对象，并执行“偏移（O）”命令，将垂直线段向左、右两侧分别偏移 6，如图 7-10 所示。

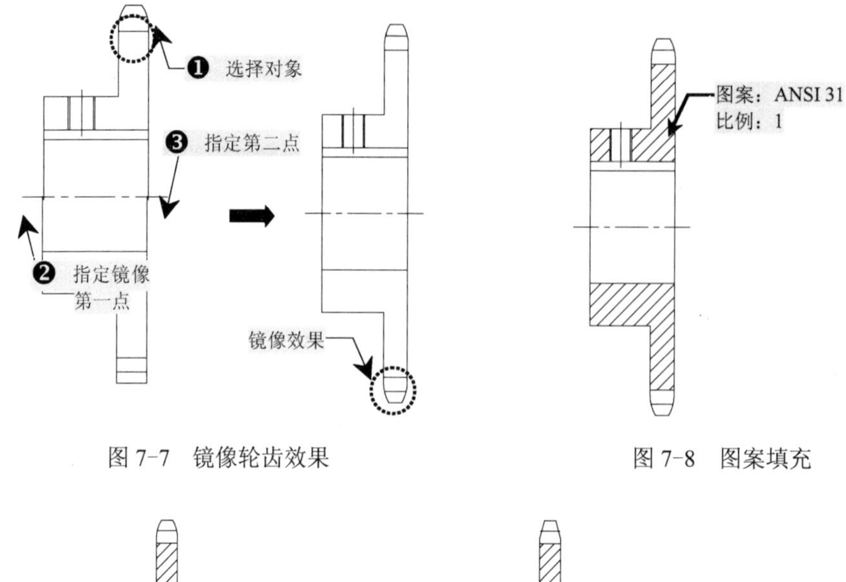

图 7-7 镜像轮齿效果　　图 7-8 图案填充

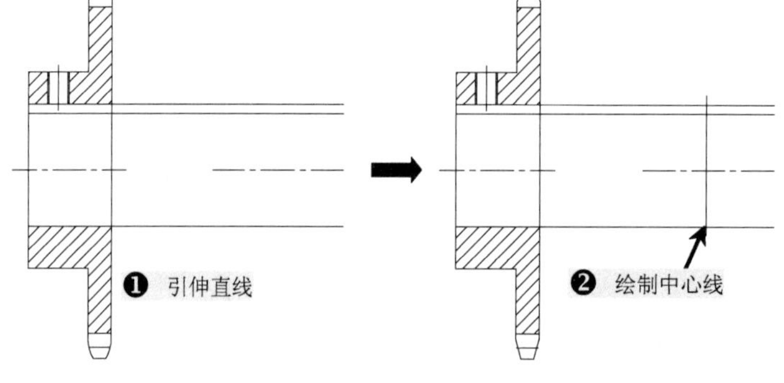

图 7-9 引伸并绘制中心线

11）使用“修剪（TR）”命令，修剪掉多余的线段，从而对齿轮内的键槽进行相应的创建，如图 7-11 所示。

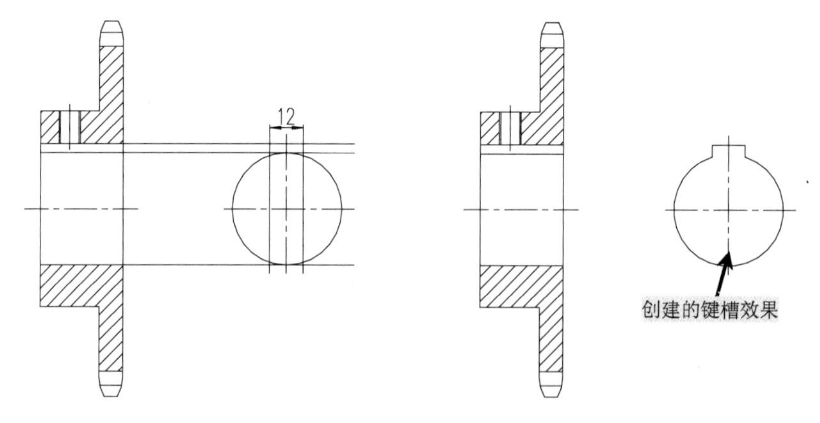

图 7-10 绘制圆并偏移直线　　图 7-11 键槽的创建

12）在直齿轮绘制好了后，切换到“尺寸与公差”图层，并根据前面所掌握的方法对其进行尺寸标注，其最终效果，如图 7-12 所示。

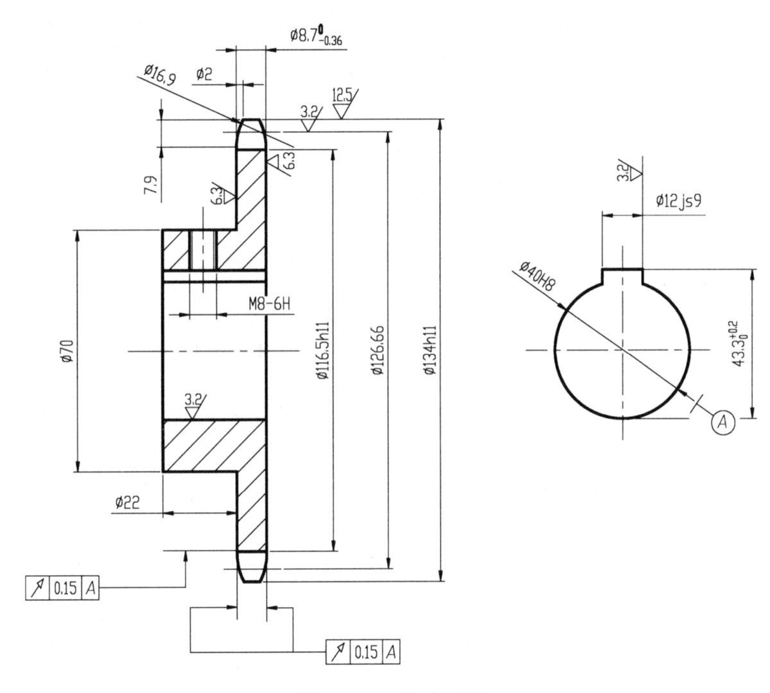

图 7-12 尺寸标注

13）到此，直齿轮的绘制就完成了，直接按〈Ctrl+S〉组合键即可进行保存。

7.2 圆柱齿轮的绘制

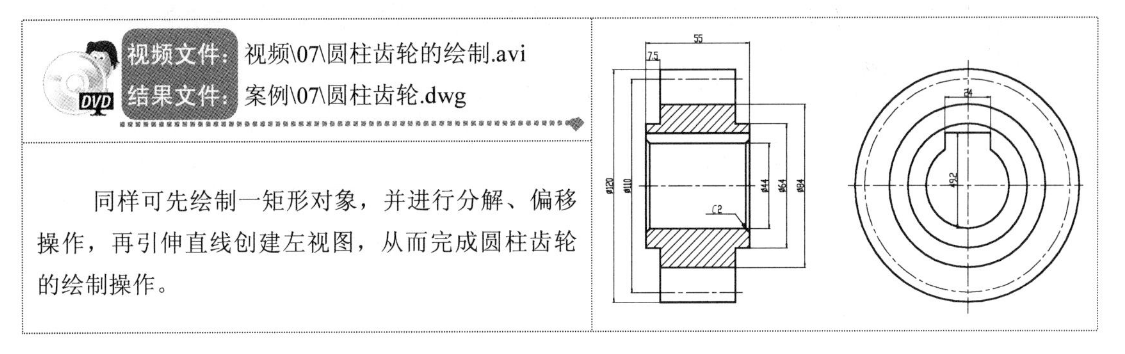

1）打开 AutoCAD 2013 软件，选择“文件”→“打开”菜单命令，将绘制好的“案例\07\直齿轮.dwt”文件打开，再执行“文件”→“另存为”菜单命令，将其另存为“案例\07\圆柱齿轮.dwg”文件。

2）选择“粗实线”图层为当前图层。执行“矩形（REC）”命令，绘制一个 55×120 的矩形对象，再过中点绘制一条水平中心线，如图 7-13 所示。

3）执行“分解（X）”命令，分解绘制的矩形对象，并执行“偏移（O）”命令，对部分线段进行偏移操作，如图 7-14 所示。

4）执行“修剪（TR）”命令，修剪掉多余的线段，形成圆柱齿轮的主视图效果，如

图 7-15 所示。

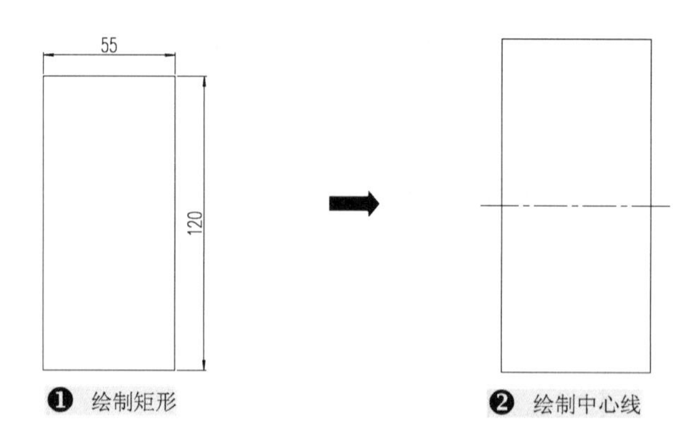

图 7-13　绘制矩形和水平中心线

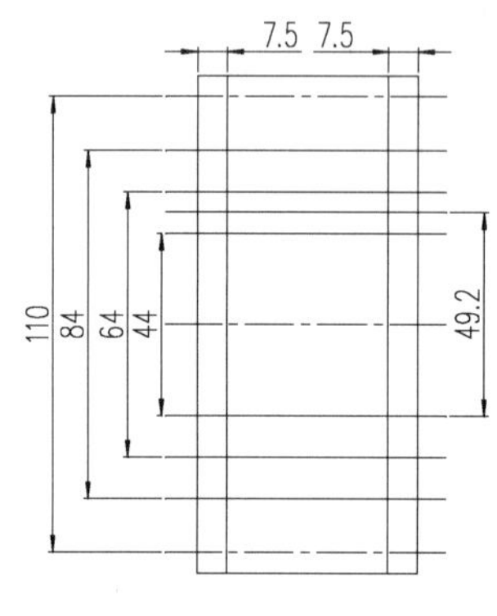

图 7-14　直线偏移

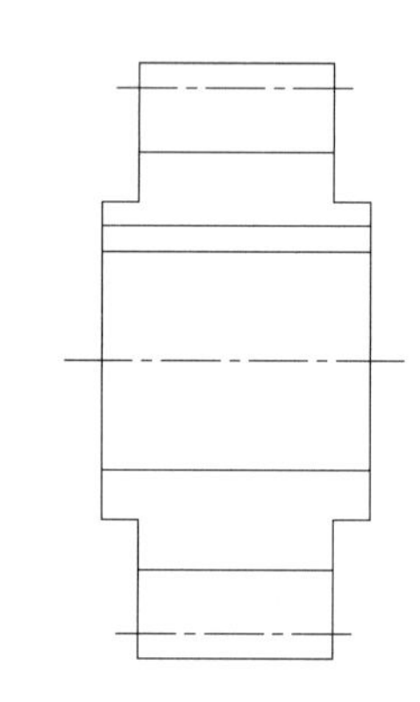

图 7-15　主视图的创建

5）执行“倒角（CHA）”命令，对主视图键槽位置处进行倒角操作，倒角距离为 2，如图 7-16 所示。

6）执行“图案填充（H）”命令，将主视图内部进行图案填充，效果如图 7-17 所示。

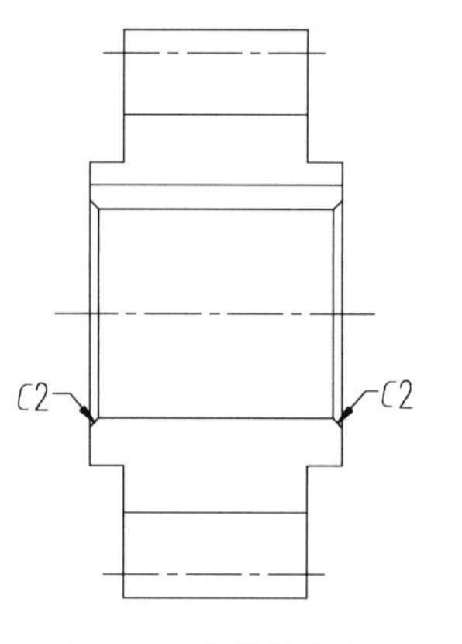

图 7-16　主视图倒角

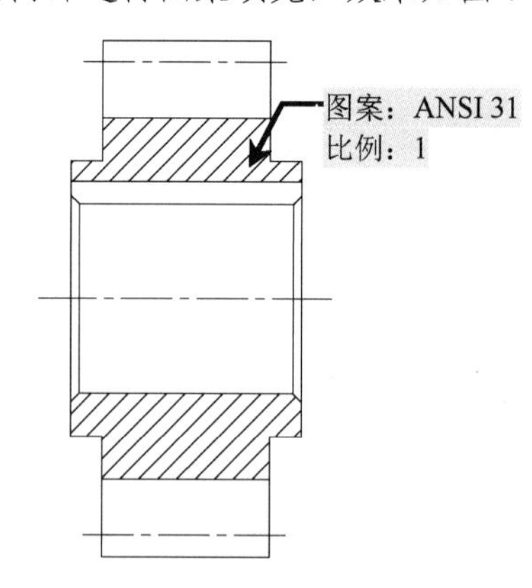

图 7-17　图案填充

7）将“粗实线”设置为当前图层，执行“直线（L）”命令，过绘制好的中心线和部分轮廓向右侧引伸直线，并在引伸的直线中点位置处绘制一垂直的中心线，如图 7-18 所示。

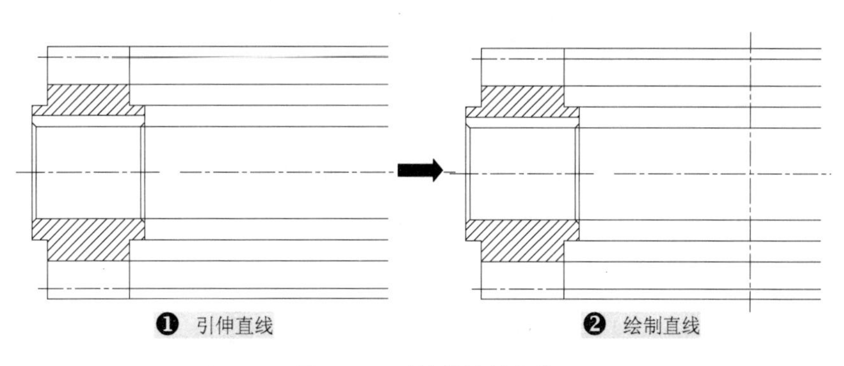

图 7-18 引伸并绘制直线

8）执行“圆（C）”命令，以两点绘圆的方法创建圆对象，并执行“偏移（O）”命令，将垂直线段向左、右两侧分别偏移 12，如图 7-19 所示。

9）使用“修剪（TR）”命令，修剪掉多余的线段，从而形成齿轮的左视图效果，如图 7-20 所示。

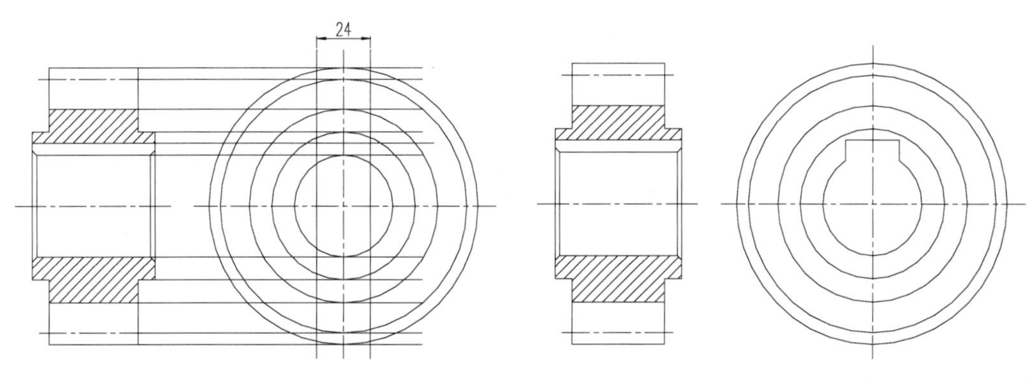

图 7-19 绘制圆并偏移直线　　　　图 7-20 左视图轮廓的创建

10）将左视图的部分线型进行转换，然后切换到“尺寸与公差”图层并对所绘制的图形进行尺寸标注，其最终效果，如图 7-21 所示。

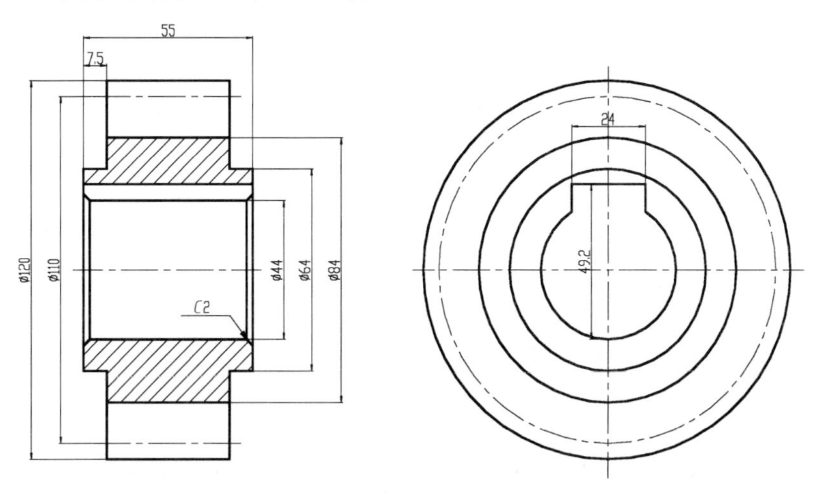

图 7-21 尺寸标注

11）圆柱齿轮的绘制到此就结束了，用户可直接单击工具栏中的“保存”按钮 或是按〈Ctrl+S〉组合键进行保存。

7.3 蜗轮的绘制

由于在本章当中所绘制的都是盘类零件，因此在绘制时都可以采用相同的方法进行相应的操作即可。本节中的蜗轮同样可以先绘制矩形进行主视图的创建，再创建左视图。

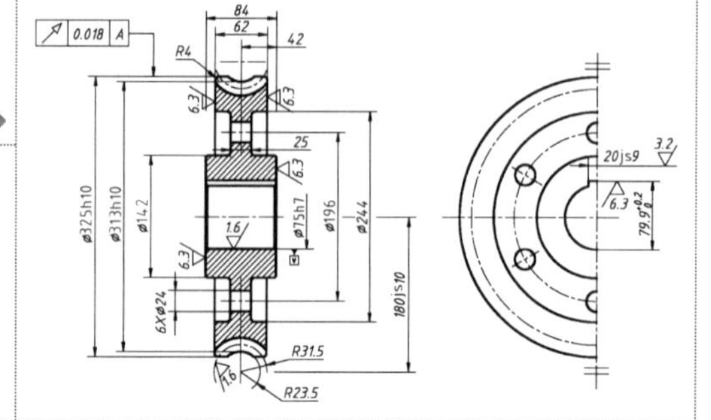

1）打开 AutoCAD 2013 软件，选择“文件”→“打开”菜单命令，将绘制好的“案例\07”中的任意文件打开，再执行“文件”→“另存为”菜单命令，将其另存为“案例\07\蜗轮.dwg”文件。

2）选择“粗实线”图层为当前图层。并执行“矩形（REC）”命令，绘制一个 84×325 的矩形对象，再过中点绘制两条互相垂直的中心线，如图 7-22 所示。

3）执行“分解（X）”命令，分解绘制的矩形对象，并执行“偏移（O）”命令，对部分线段进行偏移操作，然后修剪多余的线条，形成蜗轮的主视图效果，如图 7-23 所示。

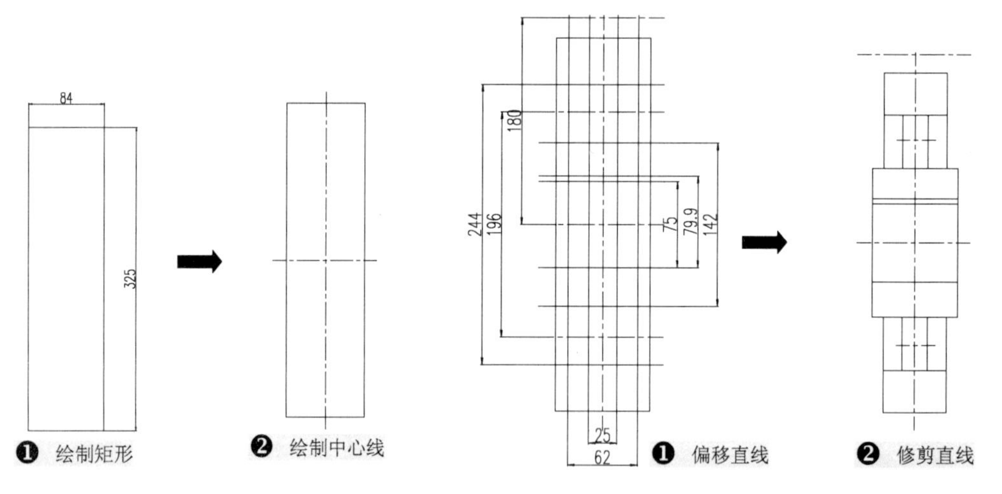

图 7-22　绘制矩形和中心线　　图 7-23　主视图的创建

4）执行“偏移（O）”命令，将上、下两侧的中心线进行偏移，再执行“圆（C）”命令，以最上侧中心线交点为圆心绘制三个同心圆，并修剪多余的线段，如图 7-24 所示。

5）执行“镜像（MI）”命令，将上侧轮廓向下镜像，并对主视图进行倒角和倒圆角操作，如图 7-25 所示。

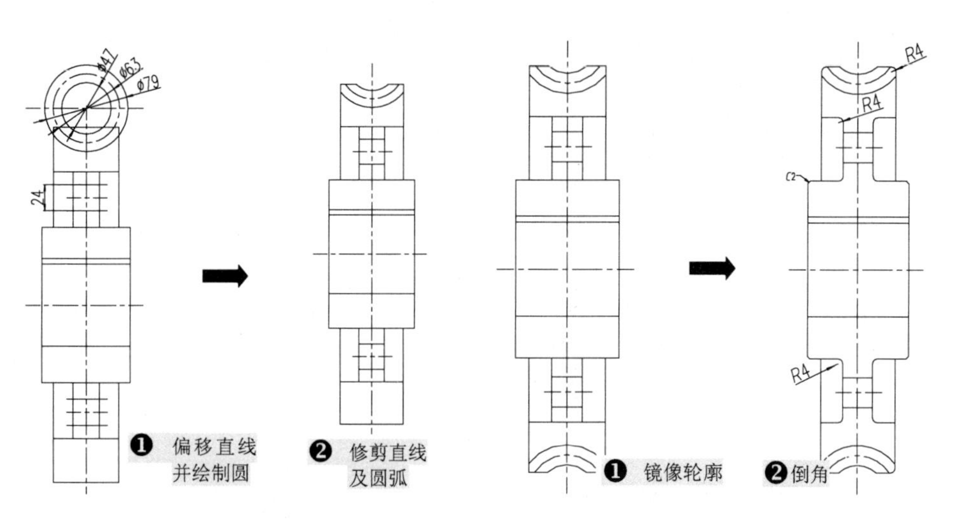

图 7-24 主视图轮廓的创建　　图 7-25 镜像与倒角

在机械图样的标注中，如果图中的角度没有进行标注，则会在“技术要求”里面有提示。例如，未注倒角为 C2 或未注圆角为 *R*2 等。

6）在对所绘图形进行一些调整后，用户可以对该图形执行“图案填充（H）”命令，填充图案为 ANSI31，比例为 2，填充效果如图 7-26 所示。

7）将“粗实线”设置为当前图层，执行“直线（L）”命令，过绘制好的中心线和部分轮廓向右侧引伸直线，并在引伸的直线中点位置处绘制一垂直的中心线，如图 7-27 所示。

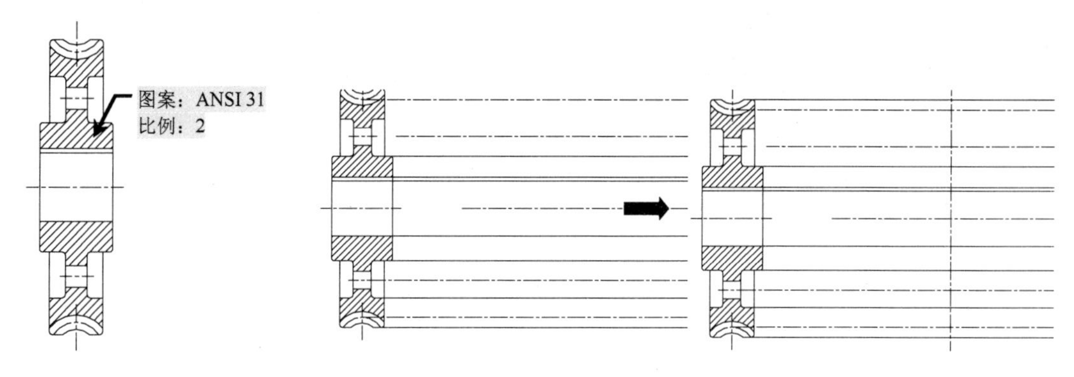

图 7-26 图案填充　　图 7-27 引伸并绘制直线

8）执行“圆（C）”命令，以两点绘圆的方法创建圆对象，并执行“偏移（O）”命令，将垂直线段向左、右两侧分别偏移 10，如图 7-28 所示。

9）使用“修剪（TR）”命令，修剪掉多余的线段，从而创建蜗轮左视图，如图 7-29 所示。

由于该零件为圆盘形状，左右是比较对称的，因此可以只绘制出 1/2 的效果，但中线必须是以“对称线”分开。

10）执行“圆（C）”命令，以垂直中心线与第二道圆弧中心线的交点为圆心绘制一小圆对象，如图 7-30 所示。

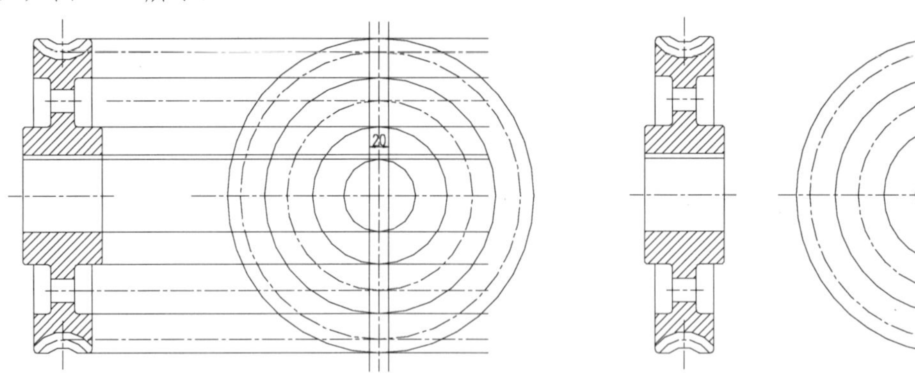

图 7-28　绘制圆并偏移直线　　　　图 7-29　左视图的创建

11）执行“阵列（AR）”命令，根据前面所讲的操作方法对绘制的小圆对象进行阵列，阵列的项目数为 4，角度为 60°，再修剪多余的圆弧，如图 7-31 所示。

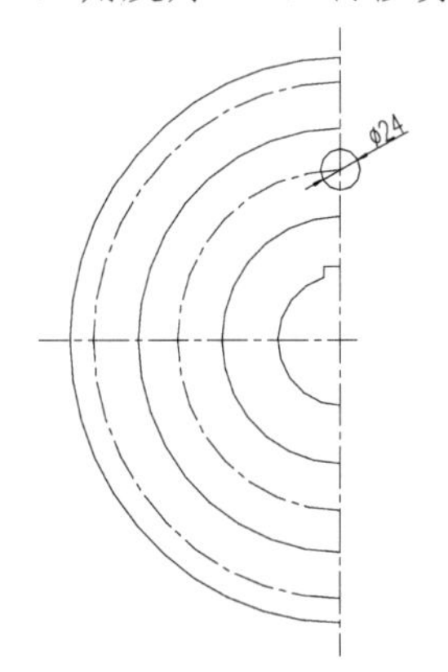

图 7-30　内部圆的创建

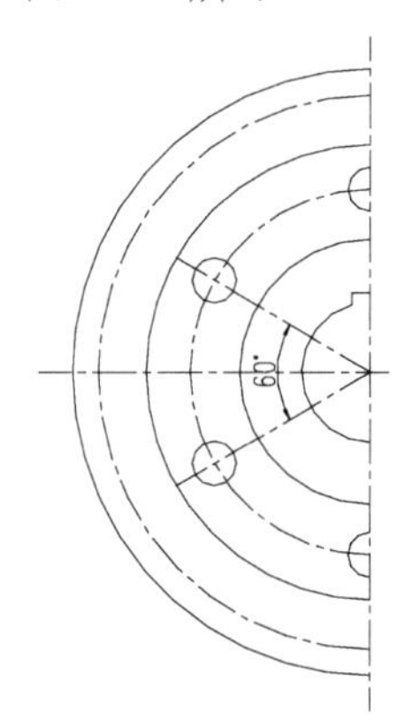

图 7-31　内部圆阵列

12）执行“直线（L）”命令，在垂直中心线的上侧绘制水平直线段对象，并将其偏移 5，向下镜像，从而创建“对称线”效果，如图 7-32 所示。

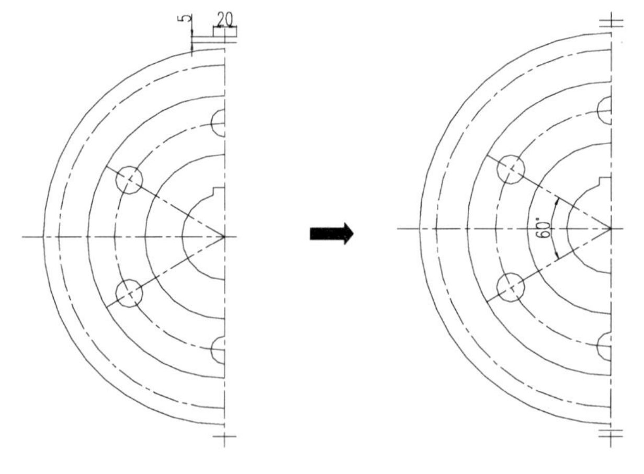

图 7-32　对称线的创建

13）蜗轮的轮廓创建好后，选择“尺寸与公差”图层，根据前面所讲的方法对其进行尺寸标注，标注的最终效果，如图 7-33 所示。

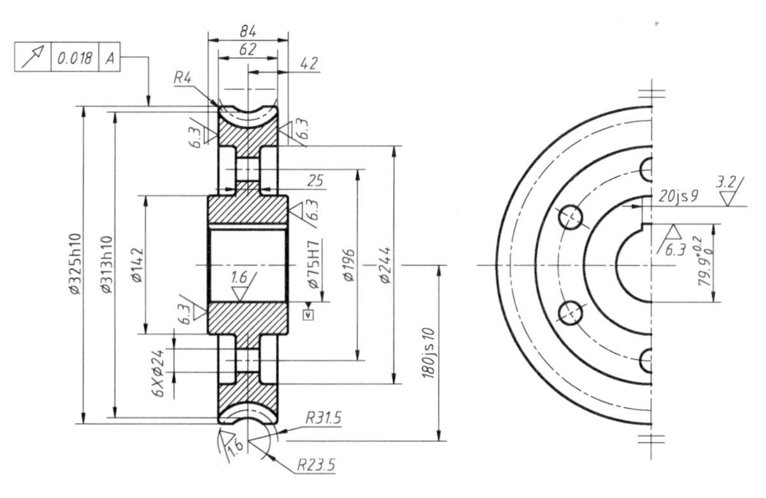

图 7-33　尺寸标注

14）到此该零件就绘制结束了，用户可直接单击工具栏中的“保存”图标 或是按〈Ctrl+S〉组合键进行保存。

7.4　带轮的绘制

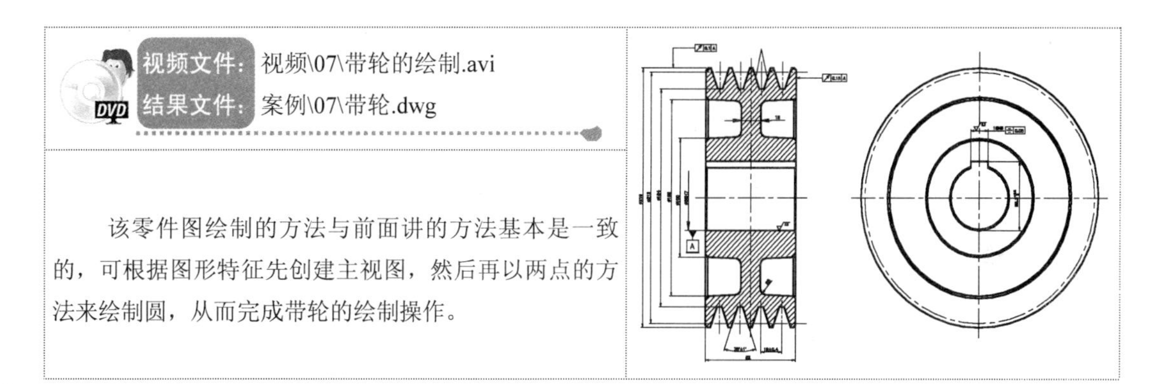

视频文件：视频\07\带轮的绘制.avi

结果文件：案例\07\带轮.dwg

该零件图绘制的方法与前面讲的方法基本是一致的，可根据图形特征先创建主视图，然后再以两点的方法来绘制圆，从而完成带轮的绘制操作。

1）启动 AutoCAD 2013 软件，选择“文件”→“打开”菜单命令，将“案例\07\”中的任意文件打开，再执行“文件”→“另存为”菜单命令，将其另存为“案例\07\带轮.dwg”文件。

2）选择“粗实线”图层为当前图层。并执行“矩形（REC）”命令，绘制一个 82×219 的矩形对象，再过中点绘制两条互相垂直的中心线，如图 7-34 所示。

3）执行“分解（X）”命令，分解绘制的矩形对象，并执行“偏移（O）”命令，对部分线段进行偏移操作，如图 7-35 所示。

4）执行“修剪（TR）”命令，修剪掉多余的线段，形成带轮的主视图轮廓效果，如图 7-36 所示。

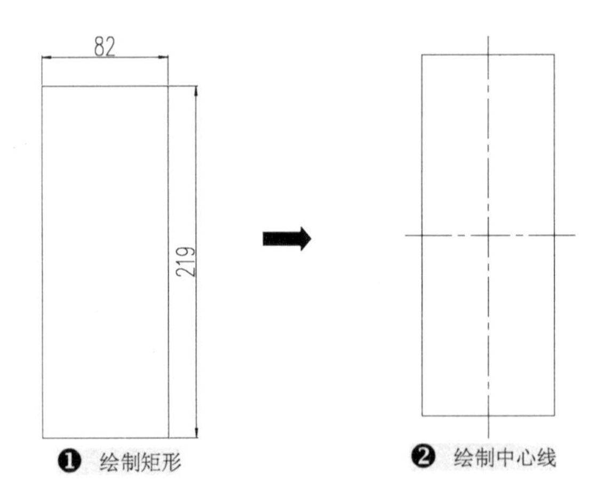

图 7-34　绘制矩形和中心线

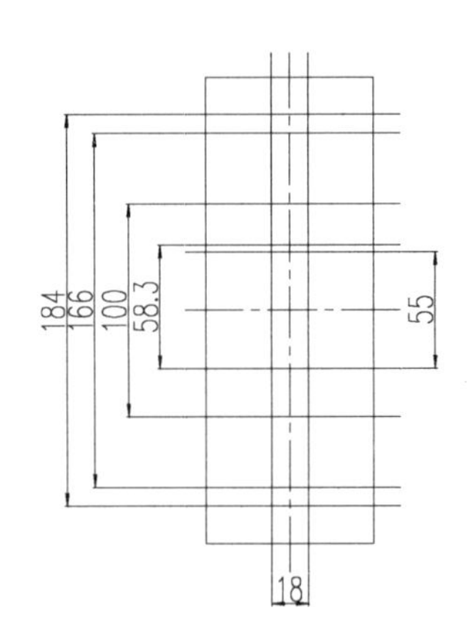

图 7-35　直线的偏移

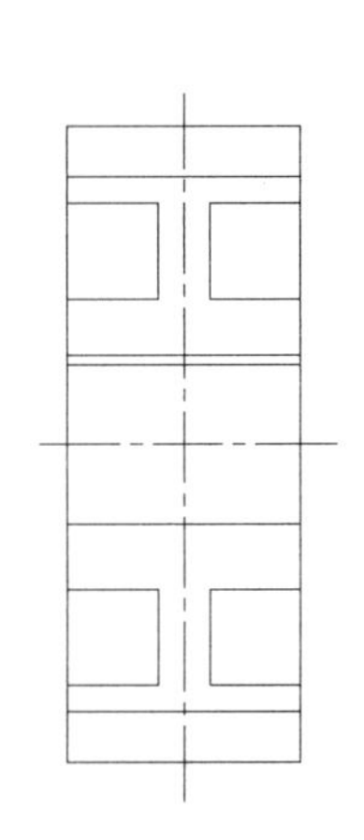

图 7-36　主视图轮廓的创建

5）执行“偏移（O）”命令，将垂直中心线向两侧各偏移 9.5，再转换线型，并执行“构造线（XL）”命令，过相应交点绘制构造线，角度为 71°，并进行修剪，如图 7-37 所示。

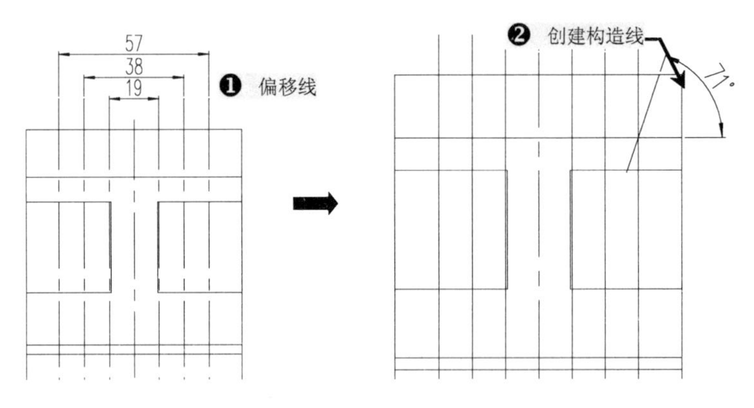

图 7-37　构造线的创建

6）执行“偏移（O）”命令，将创建的构造线向右偏移 2，并将偏移的构造线水平向左镜像一份，再进行修剪并复制到相应的交点。所创建的带轮轮齿效果如图 7-38 所示。

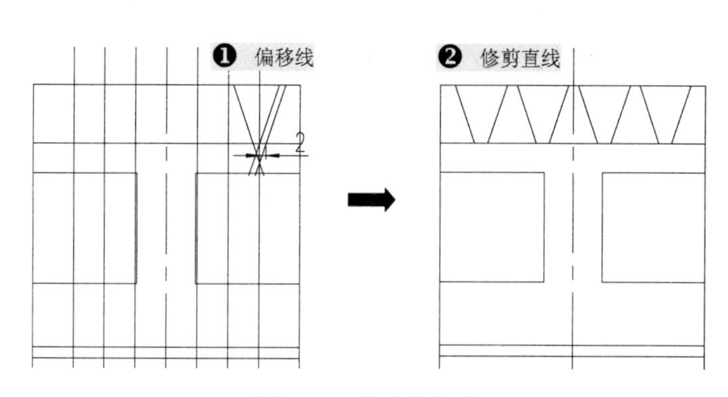

图 7-38　轮齿的创建

7）执行“镜像（MI）”命令，将上侧轮齿向下镜像，并修剪多余的线段，如图 7-39 所示。

8）在对所绘图形进行倒角和倒圆角操作，并对该图形执行“图案填充（H）”命令，填充图案为 ANSI31，比例为 2，填充效果如图 7-40 所示。

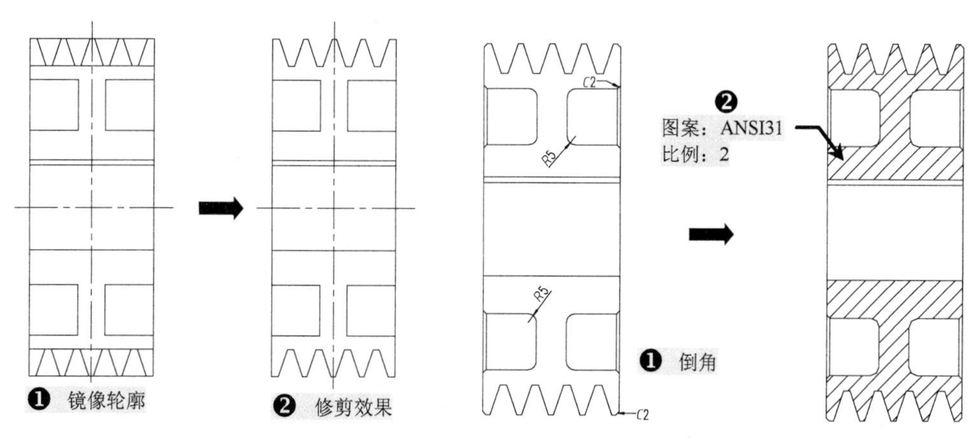

图 7-39　镜像、修剪轮齿

图 7-40　图案填充

9）在将“粗实线”设置为当前图层，执行“直线（L）”命令，过绘制好的中心线和部分轮廓向右侧引伸直线，并在引伸的直线中点位置处绘制一垂直的中心线，如图 7-41 所示。

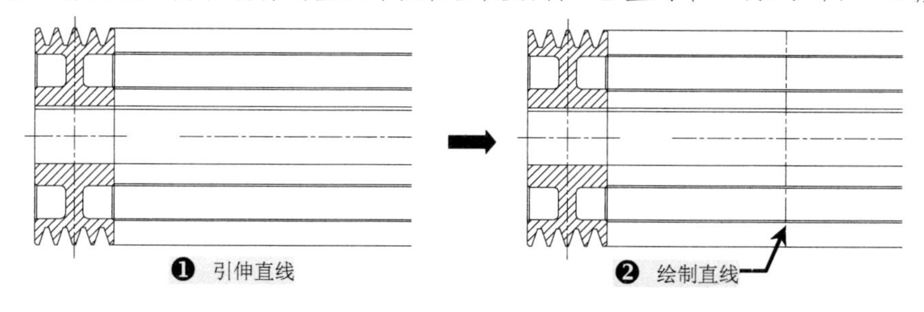

图 7-41　引伸并绘制直线

10）执行“圆（C）”命令，以两点绘圆的方法创建圆对象，并执行“偏移（O）”命令，将垂直线段向左、右两侧分别偏移 8，如图 7-42 所示。

11）执行“修剪（TR）”命令，修剪掉多余的线段，形成带轮的左视图轮廓效果，如图 7-43 所示。

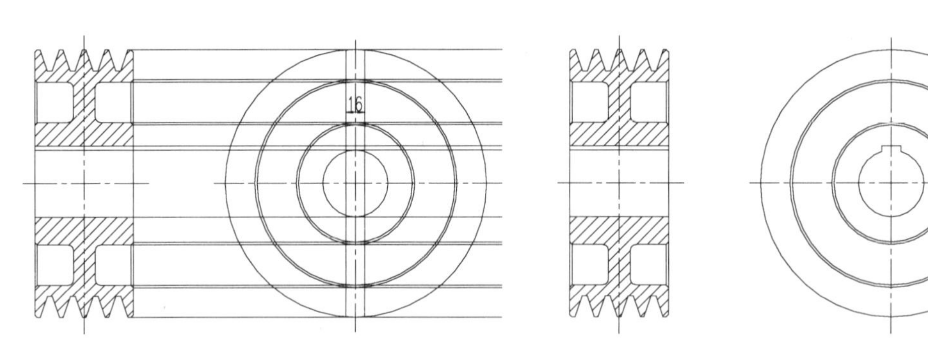

图 7-42　绘制圆并偏移直线　　　　图 7-43　左视图轮廓的创建

12）带轮创建好后，选择“尺寸与公差”图层，根据前面所讲的方法对其进行尺寸标注，标注的最终效果如图 7-44 所示。

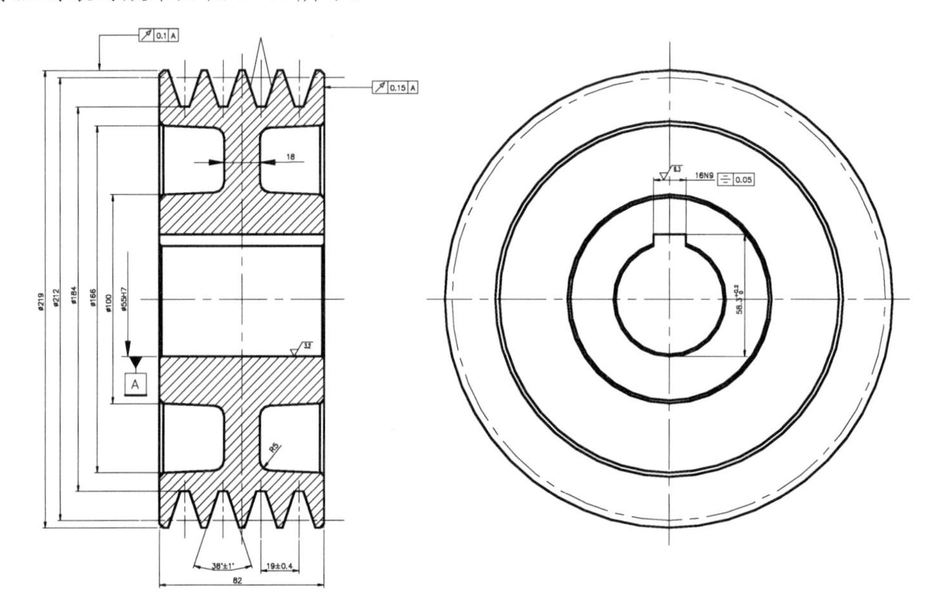

图 7-44　尺寸标注

13）到此，带轮就绘制完成了，直接按〈Ctrl+S〉组合键即可进行保存。

7.5　螺栓的绘制

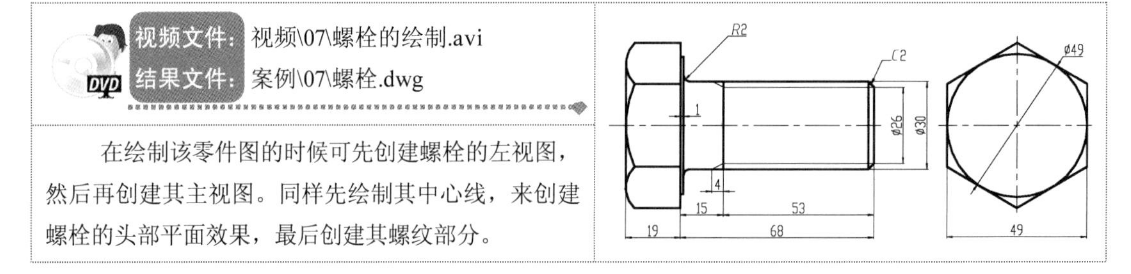

视频文件：视频\07\螺栓的绘制.avi

结果文件：案例\07\螺栓.dwg

在绘制该零件图的时候可先创建螺栓的左视图，然后再创建其主视图。同样先绘制其中心线，来创建螺栓的头部平面效果，最后创建其螺纹部分。

1）启动 AutoCAD 2013 软件，选择“文件”→“打开”菜单命令，将“案例\07\机械样

板.dwt”文件打开，再执行“文件”→“另存为”菜单命令，将其另存为“案例\07\螺栓.dwg”文件。

2）选择“中心线”图层为当前图层。并执行“直线（L）”命令，绘制两条长度为55的相交且相互垂直的中心线，再执行“圆（C）”命令，以中心线交点为圆心，绘制一个直径为49的圆对象，如图7-45所示。

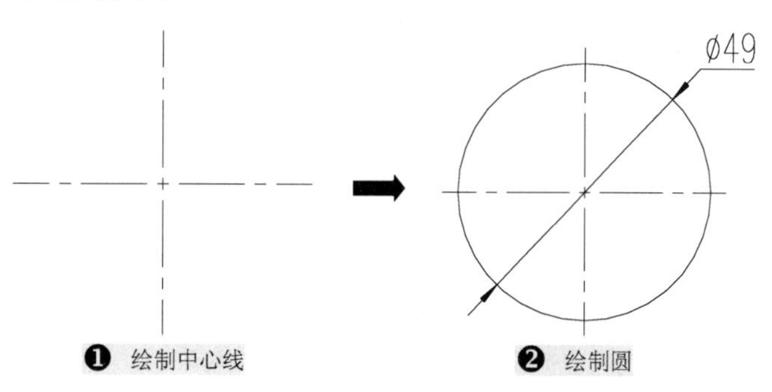

图7-45 绘制中心线和圆

3）执行“多边形（POL）”命令，以圆心作为多边形的中心点绘制一外切的正六边形对象，并将其旋转45°，从而创建螺栓头部平面图效果，如图7-46所示。

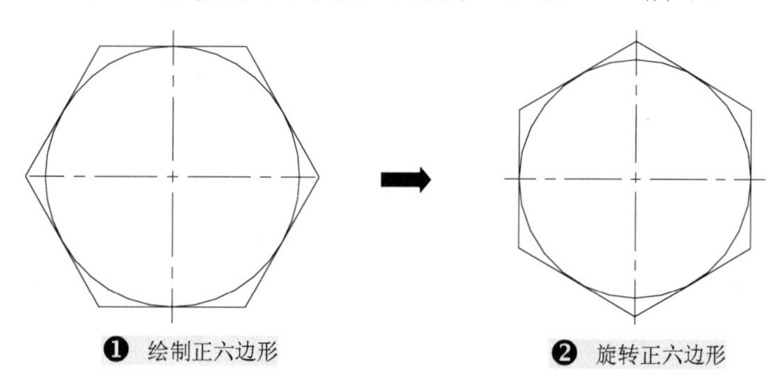

图7-46 绘制正六边形

4）执行“直线（L）”命令，过螺栓的各交点位置处向左引伸直线，并绘制一条垂直的直线段，如图7-47所示。

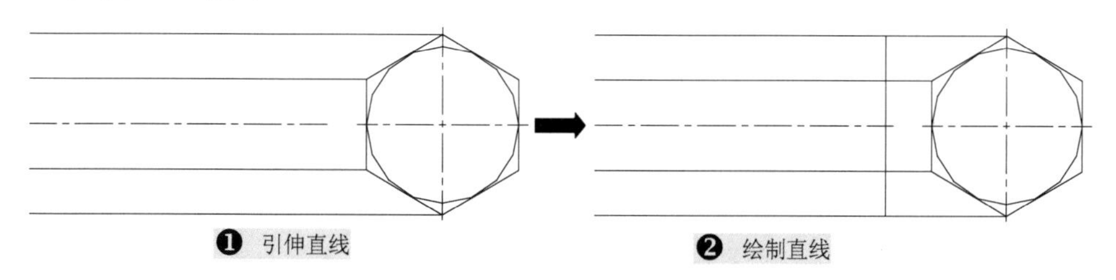

图7-47 引伸并绘制直线

5）执行“偏移（O）”命令，将绘制的直线向左偏移，然后将中心线向上、下进行偏移，并转换相应的线型，如图7-48所示。

6）执行“修剪（TR）”命令，修剪掉多余的线段，螺栓的主视图外轮廓就出来了，如

图 7-49 所示。

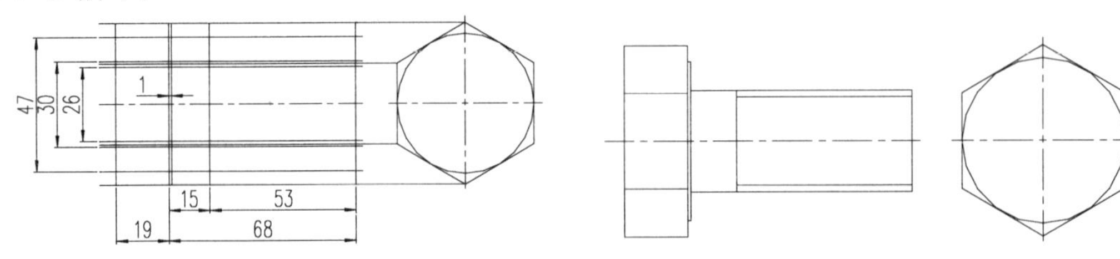

图 7-48　直线的偏移　　　　图 7-49　螺栓主视图外轮廓的创建

7）执行“偏移（O）”命令，并将螺纹处左侧的垂直线向左偏移 4，然后执行“直线（L）”命令，过交点位置处进行连接，并修剪多余的线段，如图 7-50 所示。

由于该螺栓右侧为螺纹效果，因此在绘制线型时，螺纹内侧的线为细实线，外侧为粗实线，用户可打开“状态栏”中的“显示/隐藏线型”按钮，可见螺纹的具体效果，如图 7-51 所示。

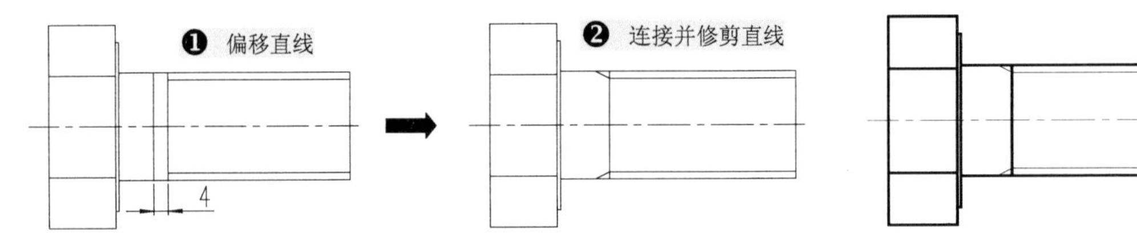

图 7-50　创建局部直线效果　　　　图 7-51　螺纹细实线型效果

8）执行“偏移（O）”命令，将左侧垂直的线段向右偏移 3，再执行“圆（C）”命令，以三点绘圆的方法绘制三个圆对象，再将多余的弧线段进行修剪，如图 7-52 所示。

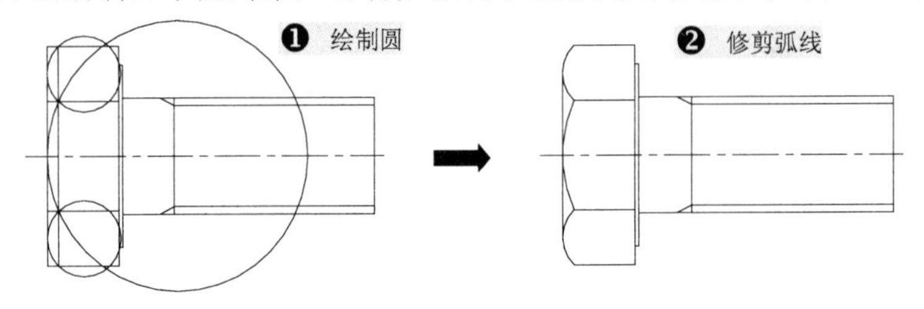

图 7-52　螺栓头轮廓的创建

用户在创建三点绘圆的时候，不需要输入圆的具体尺寸，只需按其先后顺序分别选择相应的交点即可，如图 7-53 所示。

9）执行“倒角（CHA）”命令和“倒圆角（F）”命令，设置倒角距离为 2，倒圆角半径为 2，并连接倒角后的交点位置处，如图 7-54 所示。

10）在螺栓头创建好后，整个图形也就绘制完成了，切换到“尺寸与公差”图层，再对其进行相应的尺寸标注，标注的最终效果如图 7-55 所示。

11）到此，螺栓就绘制完成了，直接按〈Ctrl+S〉组合键即可进行保存。

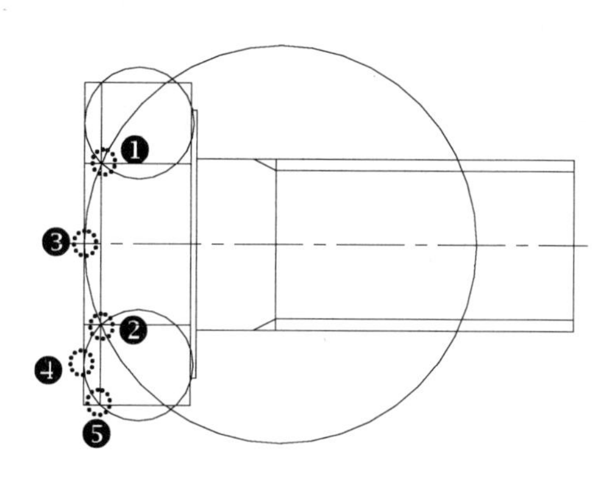

绘制大圆的点顺序：❶❷❸

绘制小圆的点顺序：❷❺❹

图 7-53　三点绘圆的方法

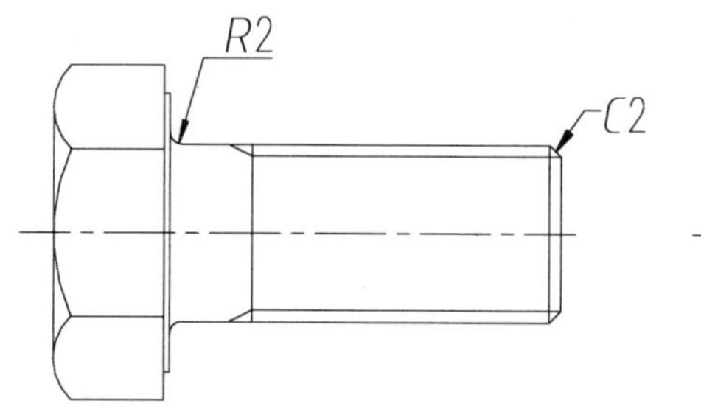

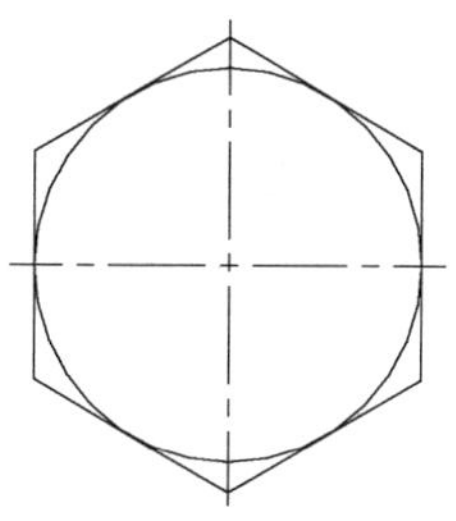

图 7-54　倒角操作

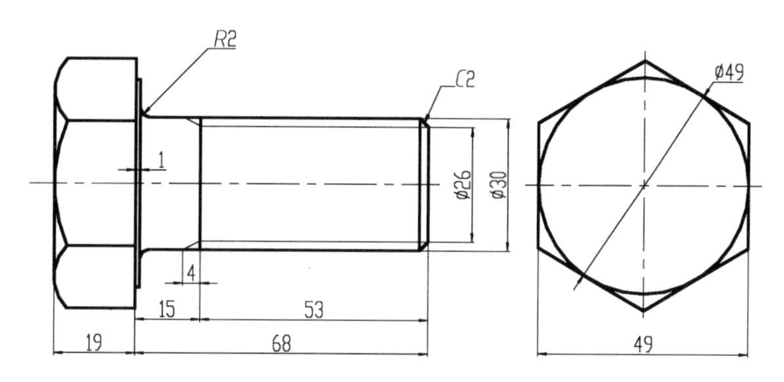

图 7-55　尺寸标注

在标注尺寸时，由于在样板文件中所设置的标注文字样式始终是水平的，因此在标注时可能会出现尺寸文字的错误标注。但在机械图样标注中这是不合理的，这时用户可选择“格式”→“标注样式”菜单命令，打开“标注样式管理器”对话框，再单击“修改”按钮，选择“文字”选项卡，在右下侧选择“与尺寸线对齐”选项，这时在进行标注时，文字则与尺寸线水平，具体操作方法如图 7-56 所示。

用户可根据具体需要对“文字对齐”方式进行设置，但并不是所有的“水平”对齐方式都是错误的，如图 7-57 所示的标注方法则可用“水平”对齐方式，并且还显得比较美观。

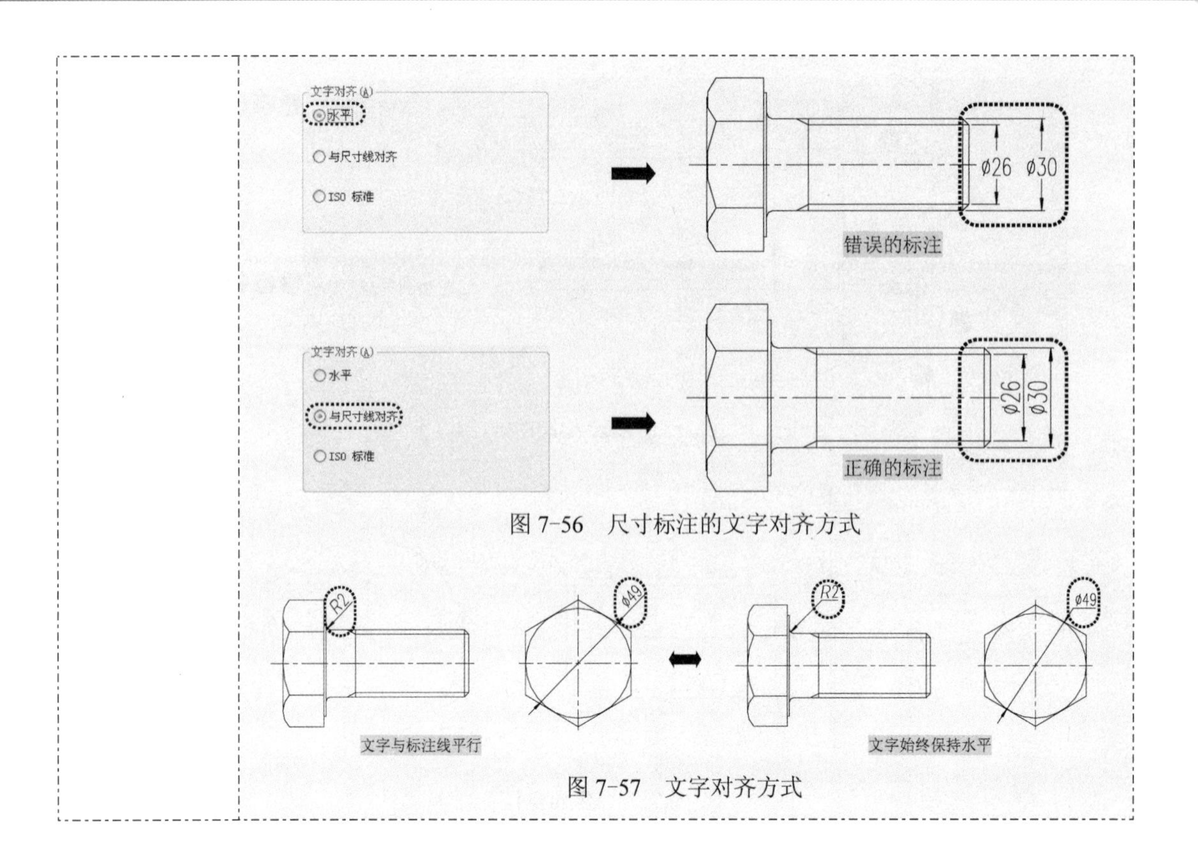

图 7-56　尺寸标注的文字对齐方式

图 7-57　文字对齐方式

第 8 章　典型零件的绘制

本章导读

在本章中所绘制的典型零件主要以轴类零件为主。轴类零件主要是用来起支撑、传动作用，轴上常有一些标准型工艺结构，如键槽、螺纹、倒角和中心孔等。

本章除了给出了轴类零件绘制实例外，在后两节还给出了较为复杂的箱体零件，让读者在逐渐熟悉一些绘制技巧的同时，也能由简及难地掌握不同的机械零件的绘图方法，起到熟能生巧的作用。

学习目标

- ☑ 掌握蜗轮轴及蜗杆轴全套零件图的绘制方法
- ☑ 掌握主动齿轮轴及定位套全套零件图的绘制方法
- ☑ 掌握箱盖及蜗杆箱体全套零件图的绘制方法

效果预览

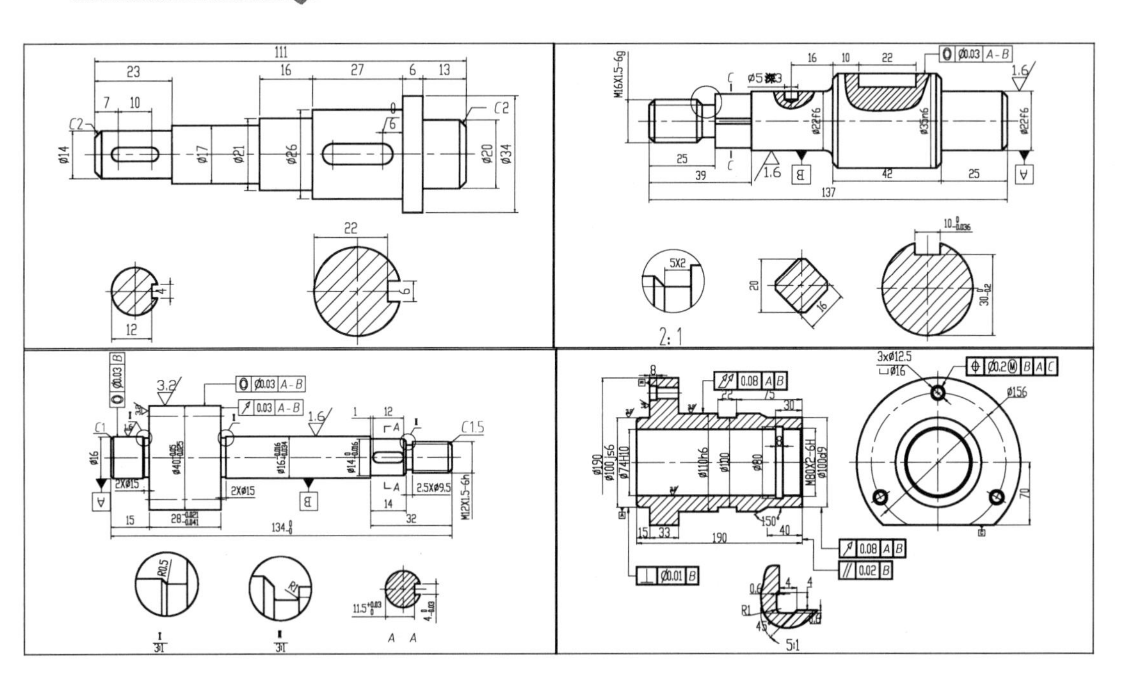

8.1 蜗轮轴的绘制

视频文件：视频\08\蜗轮轴的绘制.avi
结果文件：案例\08\蜗轮轴.dwg

该零件属于机械四大类零件之一的轴类。在绘制时可以根据图形特征先绘制一中心线，然后再绘制多个矩形对象，并进行相应移动，最后进行编辑调整即可。

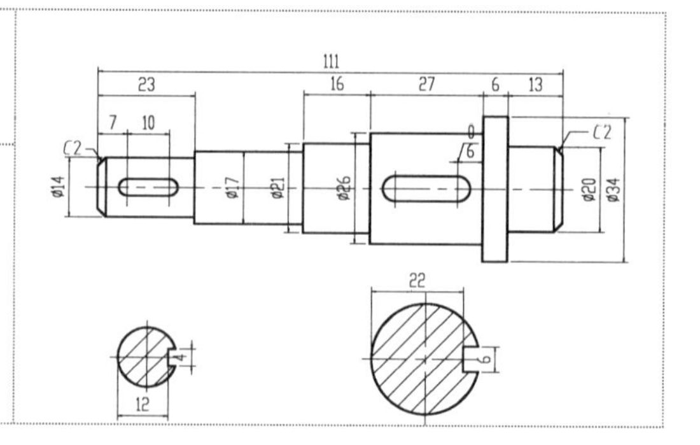

1）正常启动 AutoCAD 2013 软件，选择“文件”→“打开”菜单命令，将“案例\08\机械样板.dwt”文件打开，再执行“文件”→“另存为”菜单命令，将其另存为“案例\08\蜗轮轴.dwg”文件。

提示 用户也可以直接打开“案例\07”中的任意一文件，然后将其“另存为”一个新的文件，再将原有文件删除即可进行绘图操作。

2）选择“中心线”图层为当前图层，执行“直线（L）”命令，绘制一条水平中心线，长度为 120，再切换到“粗实线”图层，执行“矩形（REC）”命令，绘制相应的矩形对象，如图 8-1 所示。

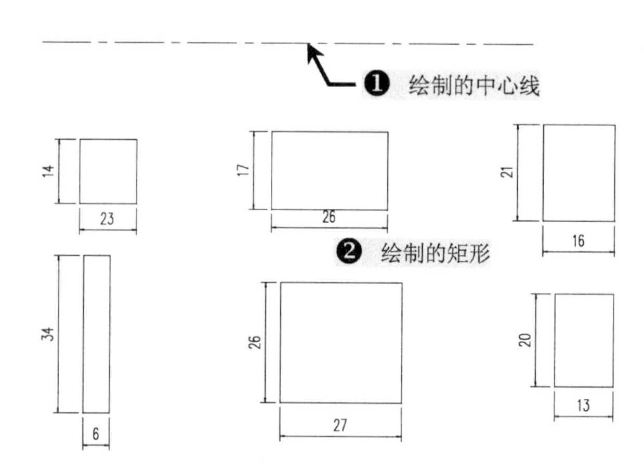

图 8-1 创建中心线与矩形

在绘制好中心线后，用户可执行“格式”→“线型”命令，将打开“线型管理器”对话框，并在“全局比例因子”文本框中输入比例为 1，这时的中心线的效果将发生改变。

3）执行“移动（M）”命令，将左侧第一个矩形对象移动至中心线位置处，并以矩形中点位置作为移动基点与另一矩形移动连接，连接后的效果如图 8-2 所示。

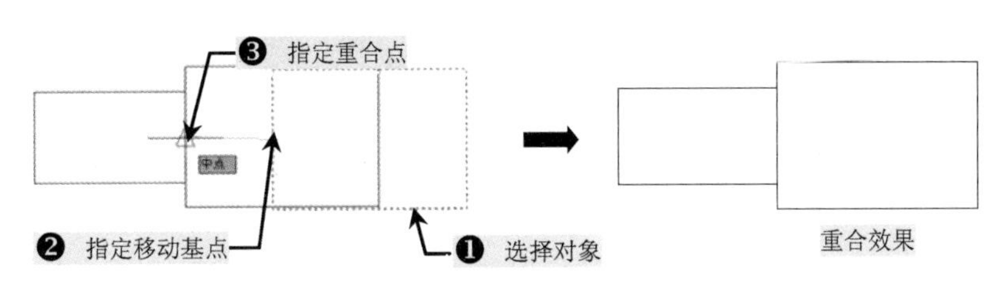

图 8-2 移动矩形

4）采用与第 3）步相同的方法对其他矩形对象进行相应的移动操作，移动后的最终效果，如图 8-3 所示。

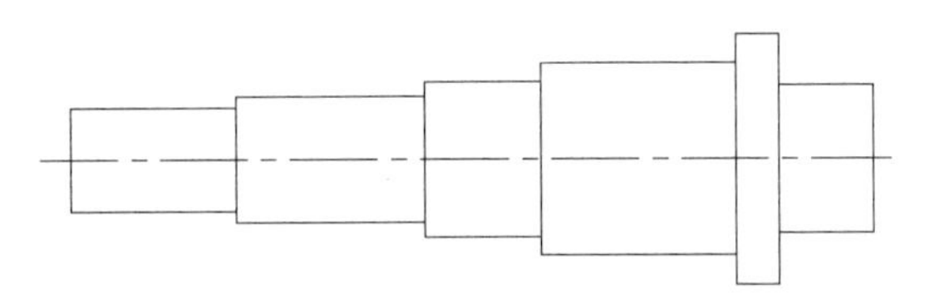

图 8-3 移动矩形后的效果

专业技能

用户在绘制该轴类件时，由于上下是比较对称的，可以“执行“多段线（PL）”命令，先绘制出轴的 1/2 的轮廓，然后再执行“镜像（MI）”命令，将其向下镜像一份，然后用直线连接就可以了，具体的操作方法如图 8-4 所示。

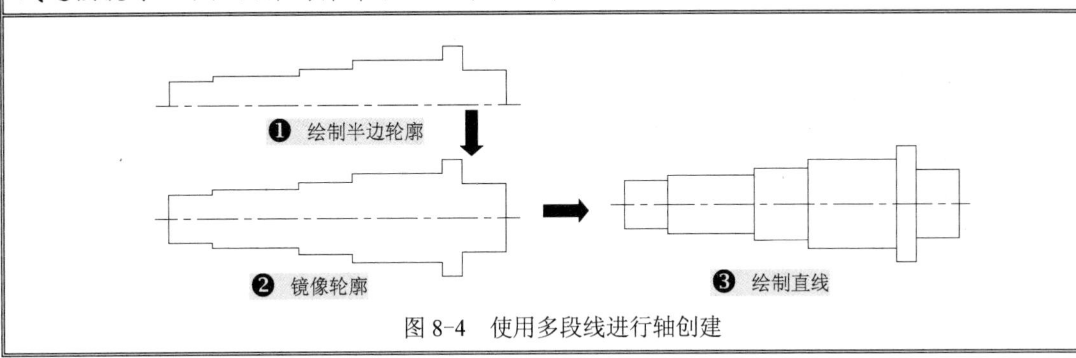

图 8-4 使用多段线进行轴创建

5）执行“分解（X）”命令，将移动后的矩形进行分解操作，再执行“偏移（O）”命令，将中心线向上、下分别偏移 2、3，然后偏移部分矩形边线，如图 8-5 所示。

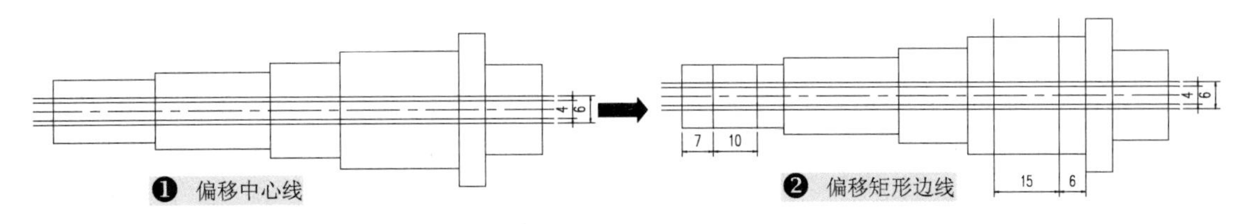

图 8-5 偏移直线

6）执行“圆（C）”命令，以偏移直线与水平中心线的交点为圆心，绘制两对不同的圆对象，直径分别为 4、6，如图 8-6 所示。

7）使用“修剪（TR）”命令，修剪掉多余的圆弧以及线段，从而创建轴上的两个键槽效果，如图 8-7 所示。

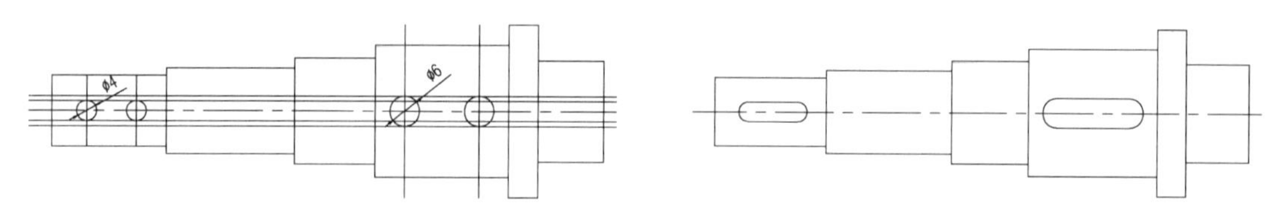

图 8-6　绘制的圆对象　　　　图 8-7　键槽的创建

8）执行“倒直角（CHA）”命令，其倒角距离为 2，然后将倒角后的轮廓用直线连接起来，如图 8-8 所示。

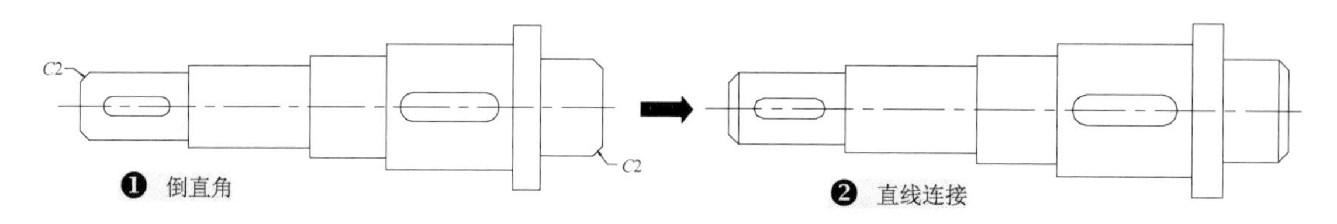

图 8-8　倒角操作

在绘制机械轴时，一般都要在键槽位置处绘制断面图，其主要目的是显示键槽位置处的深度。下面就将键槽位置处的断面图绘制进行讲解。

9）切换到“中心线”图层，再执行“直线（L）”命令，过键槽位置处分别绘制垂直中心线，再绘制水平中心线，如图 8-9 所示。

10）执行“圆（C）”命令，以中心线交点为圆心绘制两个大小不等的圆对象，直径分别为 14、26，如图 8-10 所示。

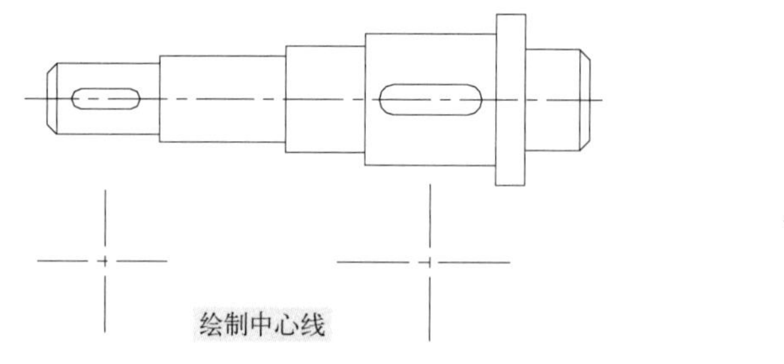

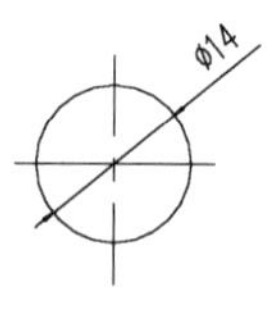

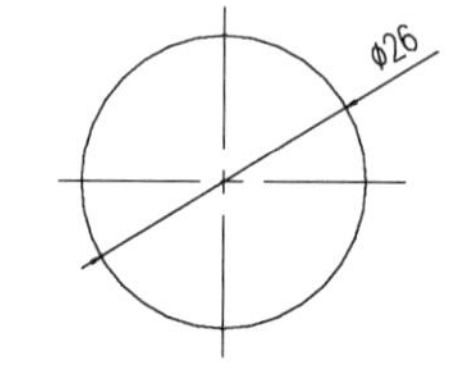

图 8-9　绘制中心线　　　　图 8-10　绘制的两个圆

11）执行“偏移（O）”命令，将两个圆位置处的水平中心线向上、下进行偏移，垂直中心线向右偏移，如图 8-11 所示。

12）使用“修剪（TR）”命令，修剪掉多余的线段，从而形成键槽位置处的凹槽效果，如图 8-12 所示。

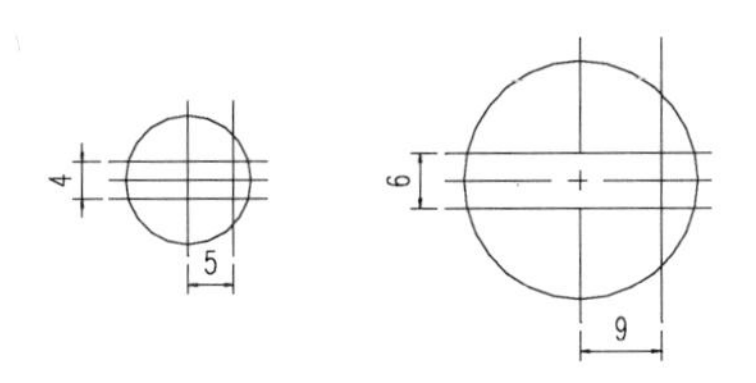

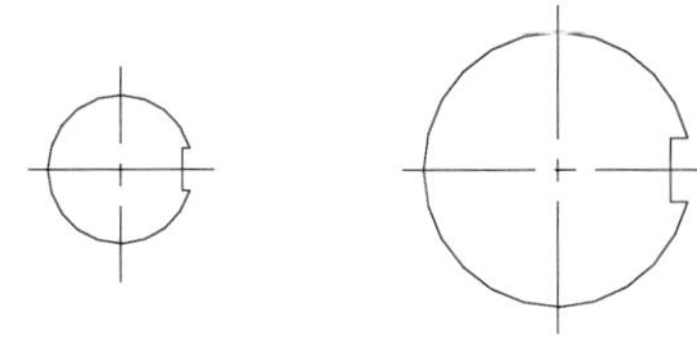

图 8-11 偏移中心线　　　　图 8-12 修剪多余线段

13）再切换到“剖面线”图层，执行“图案填充（H）”命令，对断面图内部进行填充操作，如图 8-13 所示。

14）切换到“尺寸与公差”图层，按照前面章节的讲解进行尺寸标注，其标注的最终效果如图 8-14 所示。

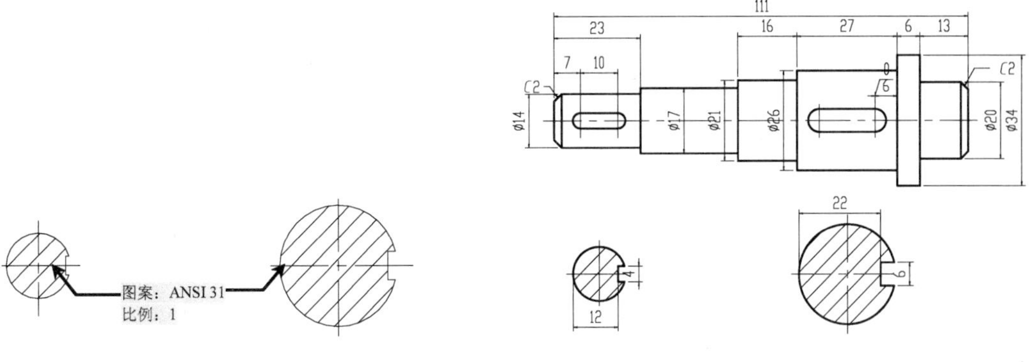

图 8-13 填充断面图　　　　图 8-14 尺寸标注

15）到此，蜗轮轴的平面图就绘制完成了，用户直接按〈Ctrl+S〉组合键进行保存。

8.2 蜗杆轴的绘制

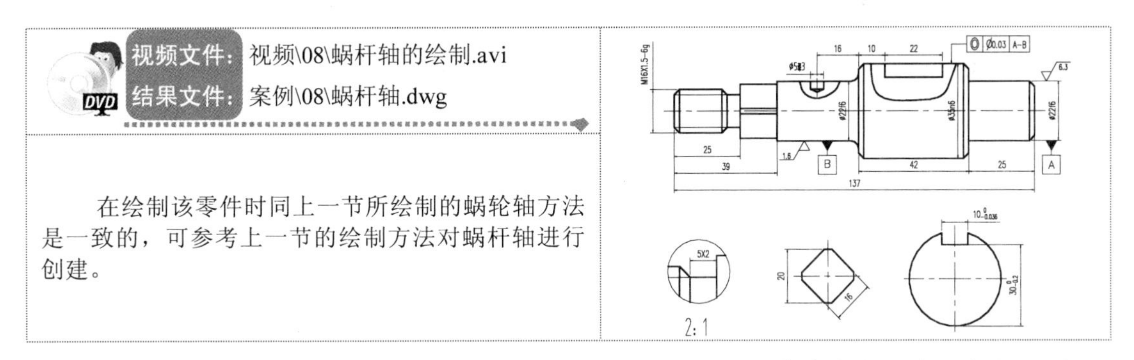

在绘制该零件时同上一节所绘制的蜗轮轴方法是一致的，可参考上一节的绘制方法对蜗杆轴进行创建。

1）启动 AutoCAD 2013 软件，选择“文件”→“打开”菜单命令，将“案例\08\蜗轮轴.dwg”文件打开，再执行“文件”→“另存为”菜单命令，将其另存为“案例\08\蜗杆轴.dwg”文件。

2）选择“中心线”图层为当前图层，执行“直线（L）”命令，绘制一条水平中心线，长度为 145，再切换到“粗实线”图层，执行“矩形（REC）”命令，绘制相应的矩形对象，如图 8-15 所示。

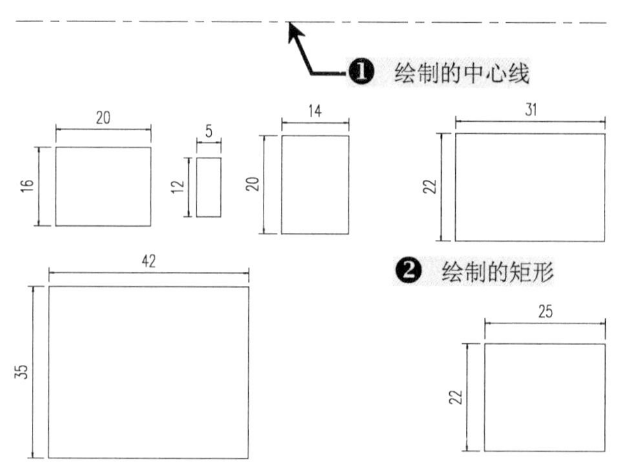

图 8-15　中心线和矩形的创建

3）执行“移动（M）”命令，将左侧第一个矩形对象移动至中心线位置处，并以矩形中点位置作为移动基点与另一矩形移动连接，连接后的效果如图 8-16 所示。

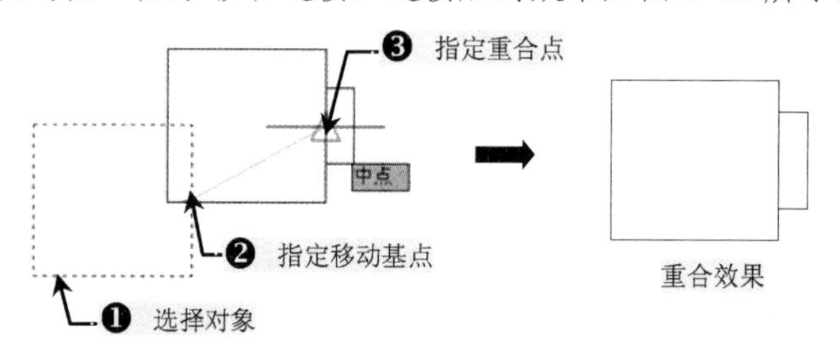

图 8-16　移动矩形

4）采用与第 3）步相同的方法对其他矩形对象进行相应的移动操作，移动后的最终效果如图 8-17 所示。

5）执行“倒直角（CHA）”命令，将部分蜗杆轴的倒角距离设置为 2，如图 8-18 所示。

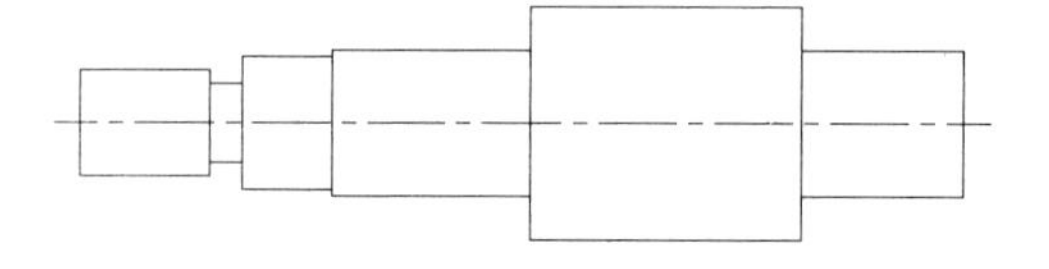

图 8-17　移动矩形后的效果

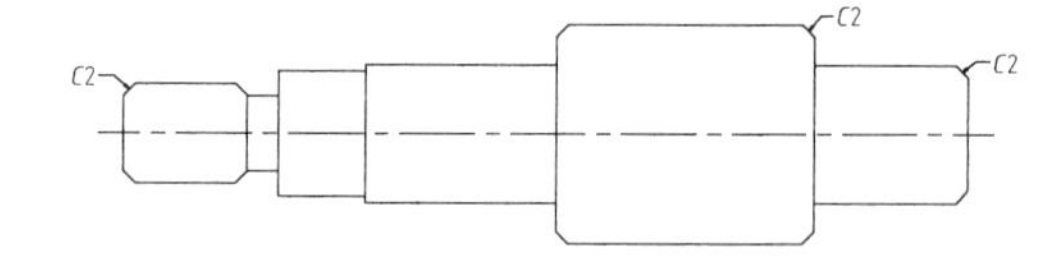

图 8-18　倒角操作

6）执行“直线（L）”命令，过倒角后的交点位置处用直线连接起来，如图 8-19 所示。

由于蜗杆轴的左侧是一外螺纹效果，因此在用直线连接时，要选择“细实线”图层进行连接，其连接后与粗实线的区别，用户可单击“状态栏”中的“显示/隐藏线型”按钮，其效果如图 8-20 所示。

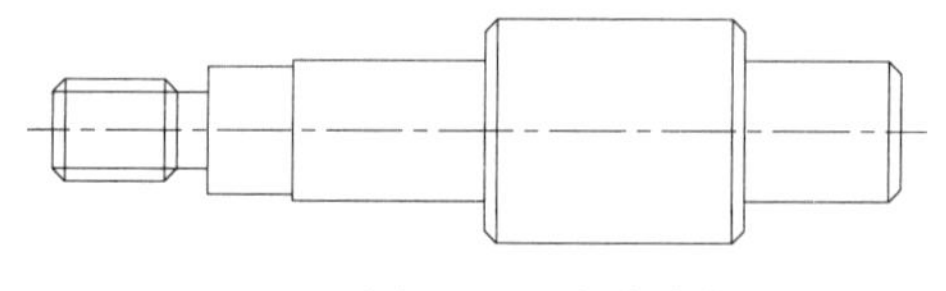

图 8-19　直线连接

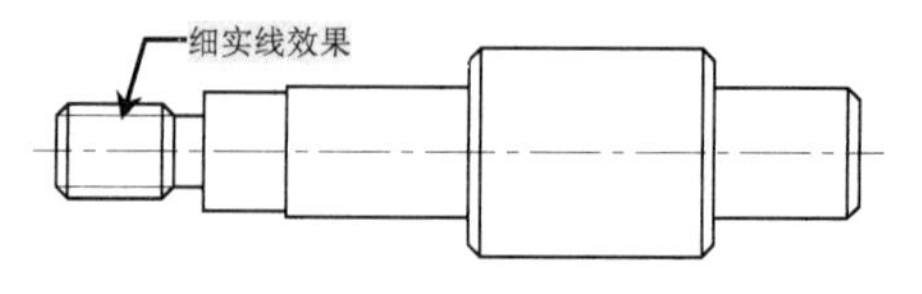

图 8-20　外螺纹线型的区别

7）执行“分解（X）”命令，将绘制的矩形对象进行分解，然后执行“偏移（O）”命令，将部分矩形边线进行偏移，如图 8-21 所示。

8）使用“修剪（TR）”命令，修剪掉多余的线段，从而创建键槽和定位销孔，如图 8-22 所示。

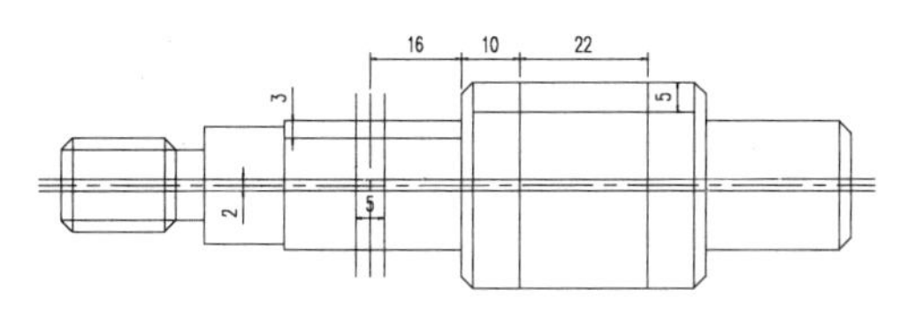

图 8-21　矩形边线偏移

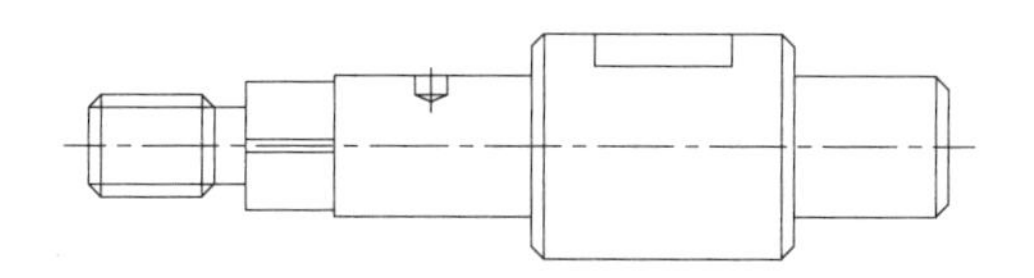

图 8-22　修剪多余线段

9）执行“样条曲线（SPL）”命令，在第 8）步所创建的键槽和定位销孔位置处绘制一封闭的样条曲线，效果如图 8-23 所示。

10）执行“图案填充（H）”命令，将绘制的样条曲线内部进行填充操作，其效果如图 8-24 所示。

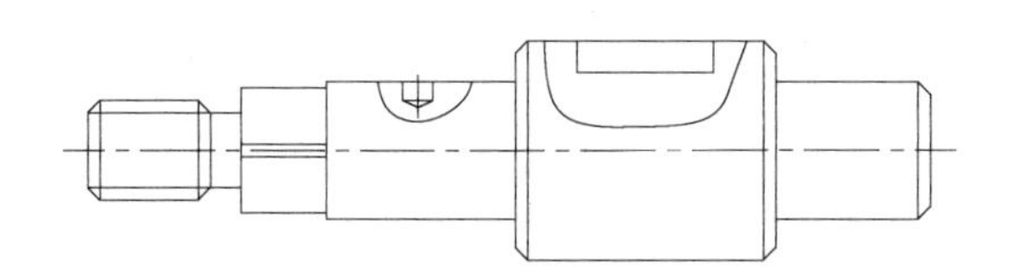

图 8-23　绘制样条曲线

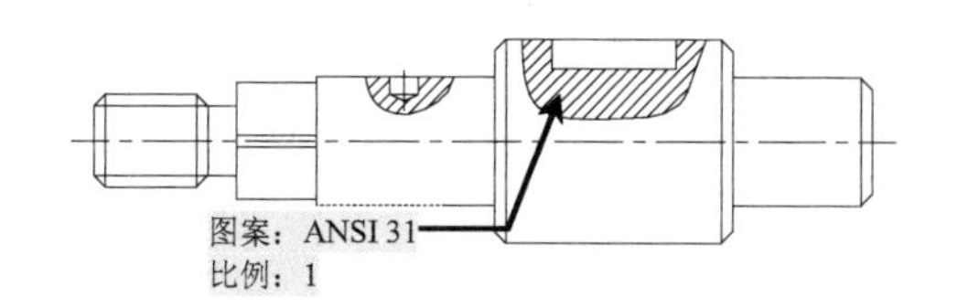

图 8-24　图案填充

在绘制样条曲线时，需关掉“正交”模式。如果用户对所绘制的样条曲线不满意或是需要编辑，则可用鼠标选中该曲线，在出现的夹点上进行拖动、修改等操作，可改变当前样条曲线的形状。

11）执行“圆（C）”命令，在左侧螺纹位置处绘制一圆对象来创建一局部放大的范围符号，如图 8-25 所示。

12）执行“多段线（PL）”命令，并设置其宽度为 1，在左侧第三个矩形位置处创建剖切符号，然后再执行“单行文字”命令，在所剖切位置处创建名称为“*C—C*”，如图 8-26 所示。

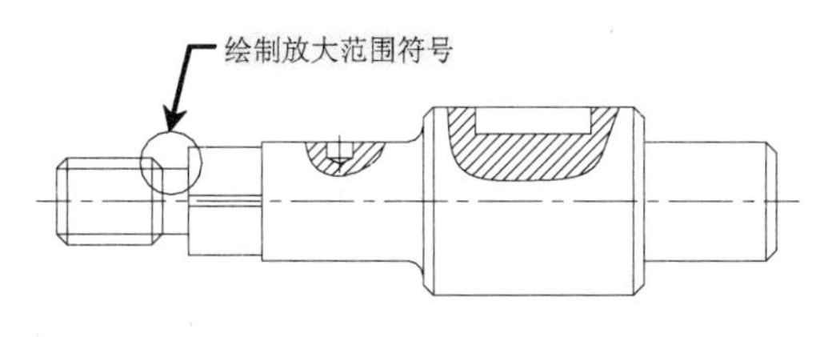

图 8-25　创建范围符号

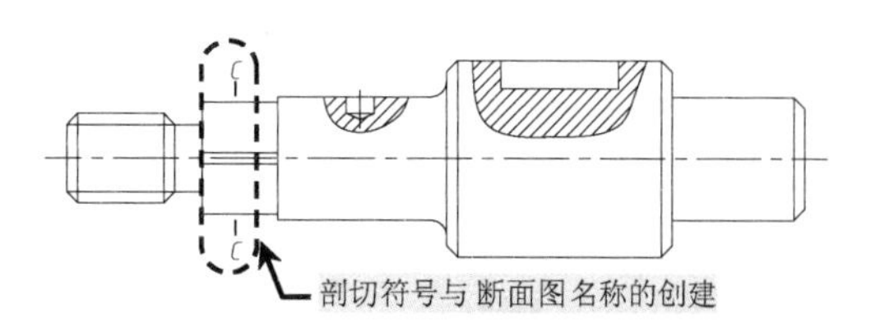

图 8-26　剖切符号和断面图名称的创建

13）切换到“中心线”图层，绘制两条相互垂直并相交的中心线，然后再向右侧复制一份。

14）执行“矩形（REC）”命令，绘制一个 16×16 的且倒角距离为 2 的正方形，如图 8-27

所示。

15）执行“旋转（RO）”命令，先将绘制的矩形对象旋转 45°，再执行“移动（M）”命令，将正方形正中心位置处移动至中心线交点位置处，如图 8-28 所示。

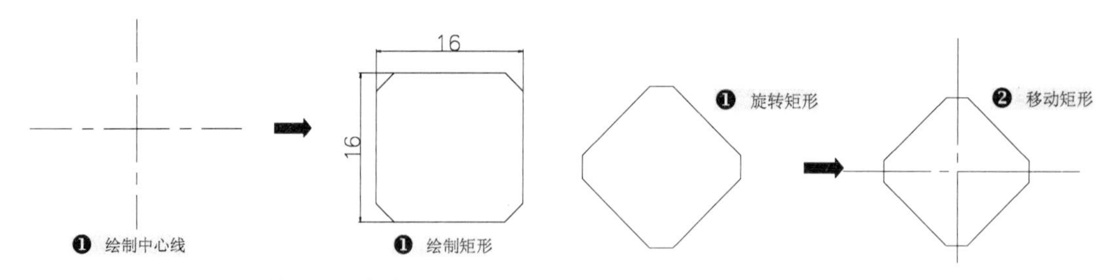

图 8-27　绘制中心线和倒角矩形　　图 8-28　矩形移动

在移动矩形之前，为了捕捉矩形的正中心位置处，用户可用直线过矩形中点位置绘制一条辅助线，这样就更容易找到中心位置了。

16）执行“圆（C）”命令，以复制的中心线的交点为圆心绘制一直径为 35 的圆对象，并执行“偏移（O）”命令，将中心线进行偏移，然后将其进行线型的转换，如图 8-29 所示。

17）使用“修剪（TR）”命令，修剪掉多余的线段，从而创建断面图键槽位置处键槽的深度效果，如图 8-30 所示。

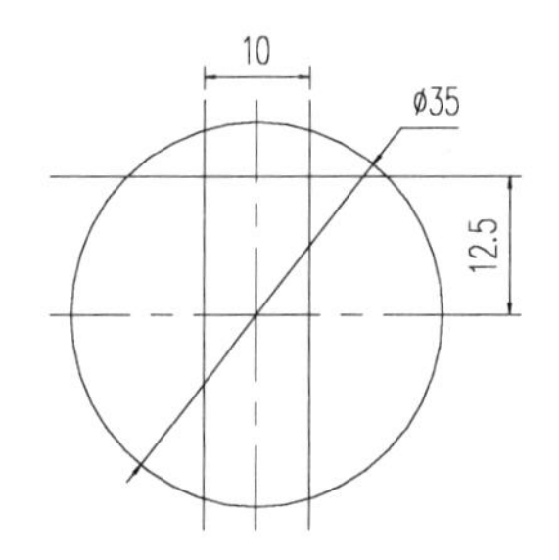

图 8-29　绘制圆并偏移直线

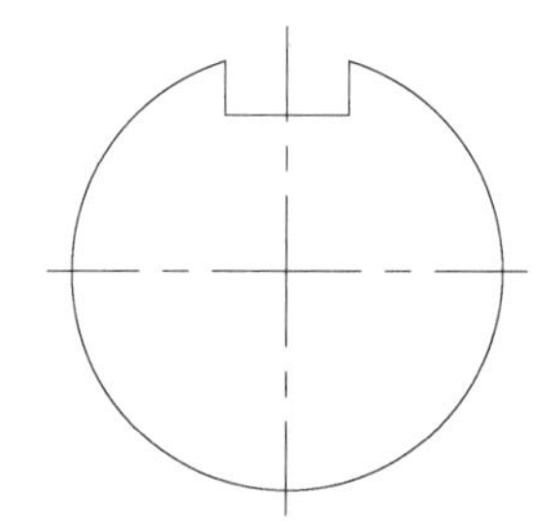

图 8-30　键槽深度的创建

18）执行“复制（CO）”命令，将局部放大符号位置处的轮廓进行复制，并将多余的部分进行修剪整理，然后执行“缩放（SC）”命令，将整理好的局部图进行放大 2 倍操作，其效果如图 8-31 所示。

19）执行“图案填充（H）”命令，将前面所创建的断面图进行填充操作，如图 8-32 所示。

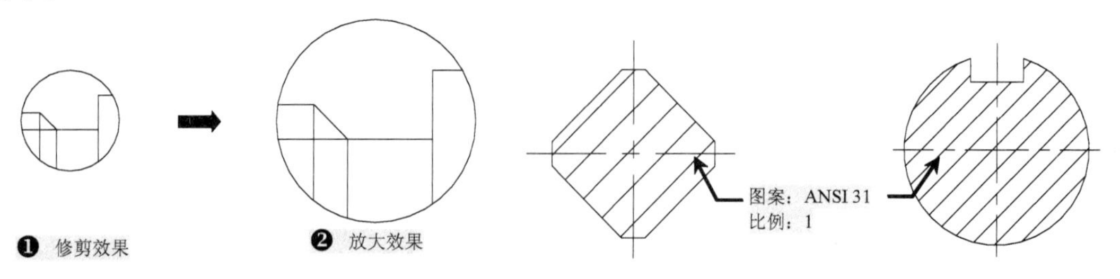

图 8-31　局部放大图的创建　　图 8-32　图案填充

20）在所有的图形绘制完成后，用户可按前面所讲的标注方法对其进行尺寸标注，标注的最终效果如图 8-33 所示。

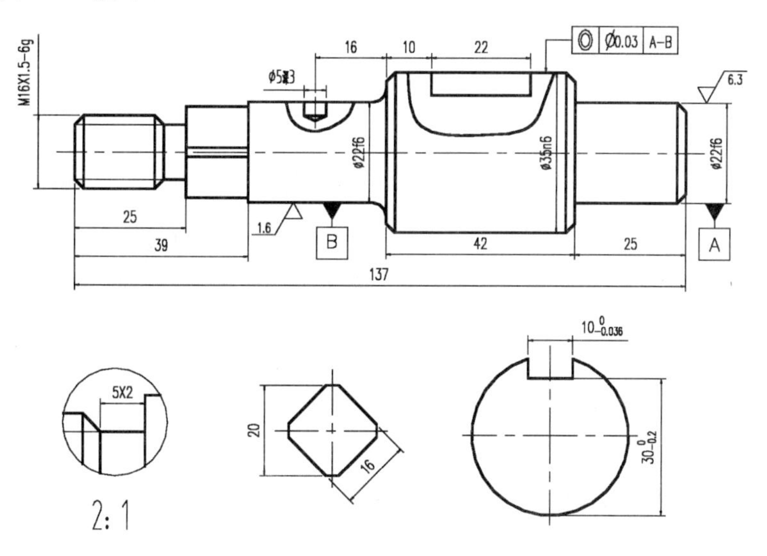

图 8-33　尺寸标注效果

21）到此，蜗杆轴就绘制完成了，直接按〈Ctrl+S〉组合键进行保存即可。

8.3　主动齿轮轴的绘制

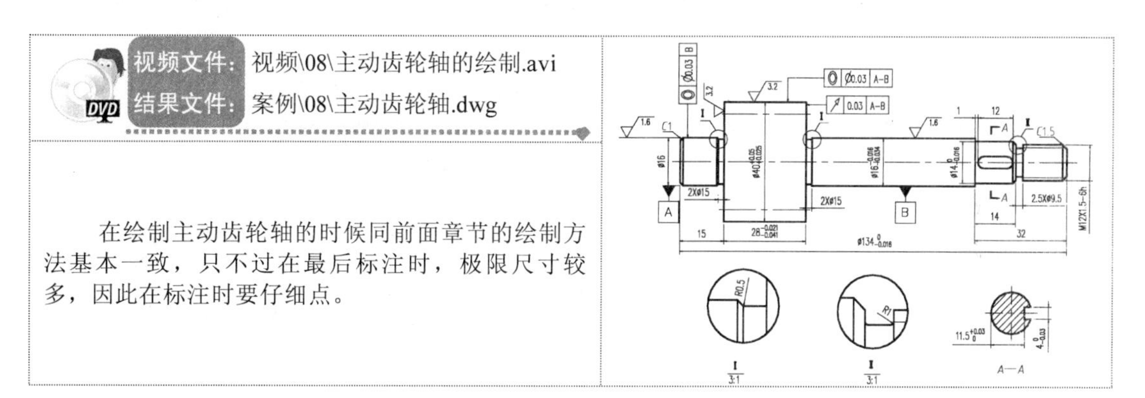
视频文件：视频\08\主动齿轮轴的绘制.avi

结果文件：案例\08\主动齿轮轴.dwg

在绘制主动齿轮轴的时候同前面章节的绘制方法基本一致，只不过在最后标注时，极限尺寸较多，因此在标注时要仔细点。

1）打开 AutoCAD 2013 软件，选择“文件”→“打开”菜单命令，将绘制好的“案例\08\蜗杆轴.dwg”文件打开，再执行“文件”→“另存为”菜单命令，将其另存为“案例\08\主动齿轮轴.dwg”文件。

2）选择“中心线”图层为当前图层。执行“直线（L）”命令，绘制一条水平长度为 140 的中心线，并执行“矩形（REC）”命令，绘制一些矩形对象，如图 8-34 所示。

提示　在绘制矩形时，一定要按照先后顺序排列好，以防后面进行移动时出现错误。

3）执行“移动（M）”命令，将左侧第一个矩形对象移动至中心线位置处，并以矩形中点位置作为移动基点与另一矩形移动连接，连接后的效果，如图 8-35 所示。

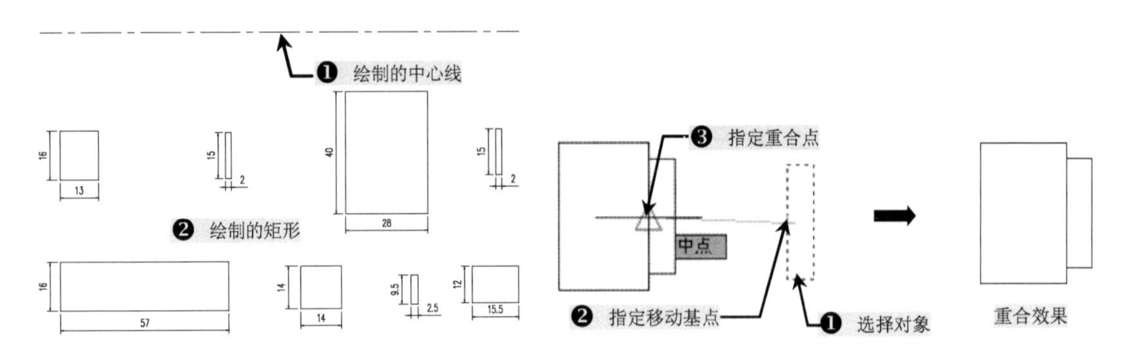

图 8-34　中心线和矩形的创建

图 8-35　移动矩形

4）采用与第 3）步相同的方法对其他矩形对象进行相应的移动操作，移动后的最终效果如图 8-36 所示。

5）执行“倒直角（CHA）”命令，将部分主动齿轮轴的倒角距离设置为 1.5、1、0.5，如图 8-37 所示。

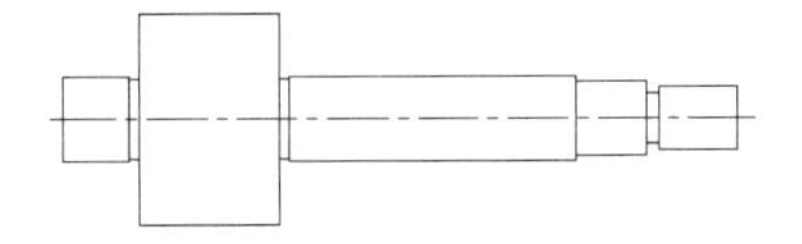

图 8-36　移动矩形后的效果

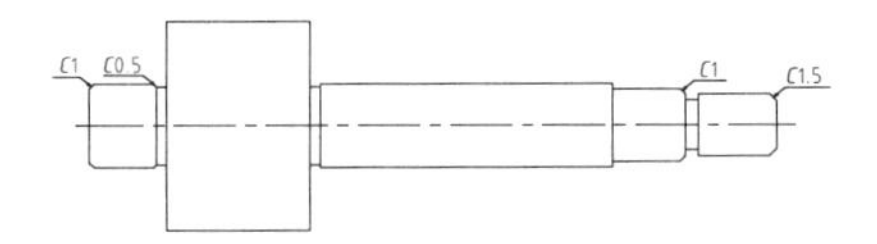

图 8-37　倒直角效果

6）执行“直线（L）”命令，将倒角位置处的交点轮廓用直线连接起来，如图 8-38 所示。

7）执行“分解（X）”命令，将绘制的矩形对象进行分解，然后执行“偏移（O）”命令，将中心线和矩形的边线进行偏移，再进行线型的转换，如图 8-39 所示。

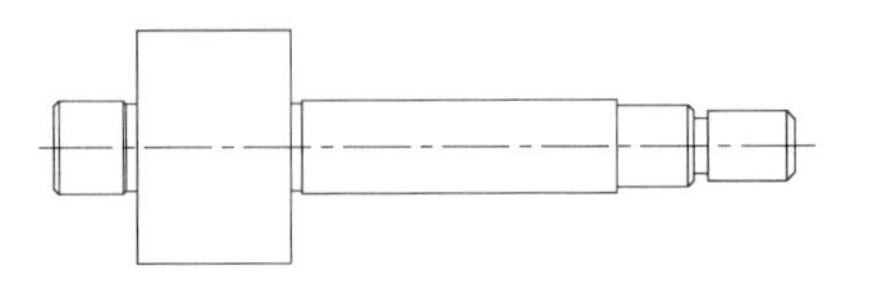

图 8-38　直线连接倒角轮廓

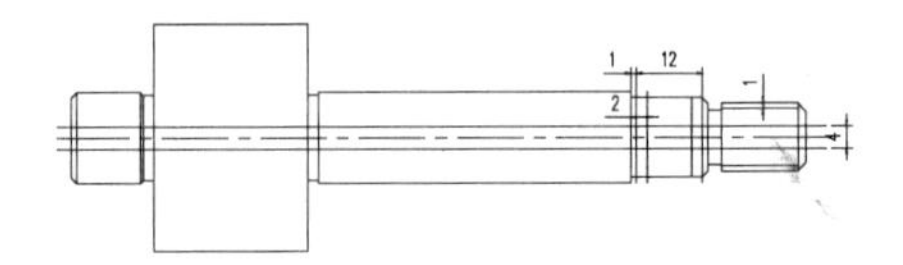

图 8-39　直线偏移

8）使用“修剪（TR）”命令，修剪掉多余的线段，从而创键螺纹等效果，如图 8-40 所示。

注意　螺纹位置处的两条内侧线应转换为细实线。

9）执行“圆（C）”命令，以偏移的矩形边线和中心线的交点为圆心绘制两个直径为 4 的圆对象，如图 8-41 所示。

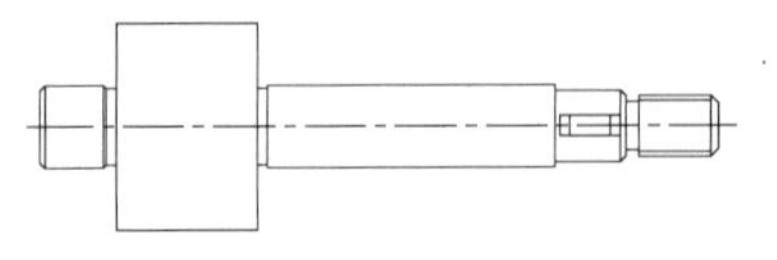

图 8-40　螺纹线条创建

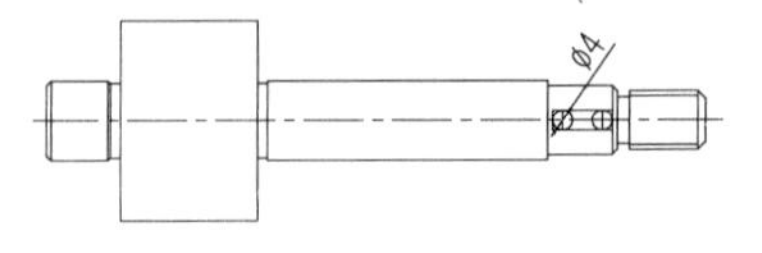

图 8-41　绘制小圆

10）使用“修剪（TR）”命令，修剪掉两边多余的圆弧，从而创建主动齿轮轴上的键槽效果，如图 8-42 所示。

11）执行“圆（C）”命令，在主动齿轮轴的相应位置处绘制圆对象来创建局部放大的范围符号，效果如图 8-43 所示。

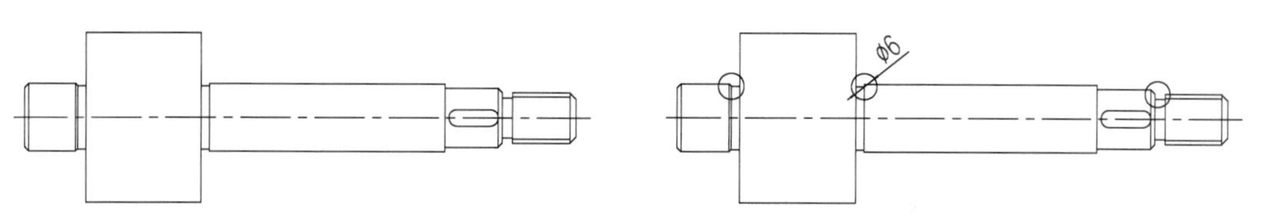

图 8-42　键槽的创建　　图 8-43　局部范围符号的创建

12）执行“复制（CO）”命令，将局部放大符号位置处进行复制，并将多余的部分进行修剪整理，然后执行“缩放（SC）”命令，将整理好的局部图进行放大 3 倍操作，其效果如图 8-44 所示。

13）切换到“中心线”图层，绘制两条相互垂直并相交的中心线。

14）执行“圆（C）”命令，以中心线交点为圆心绘制一个直径为 14 的圆，如图 8-45 所示。

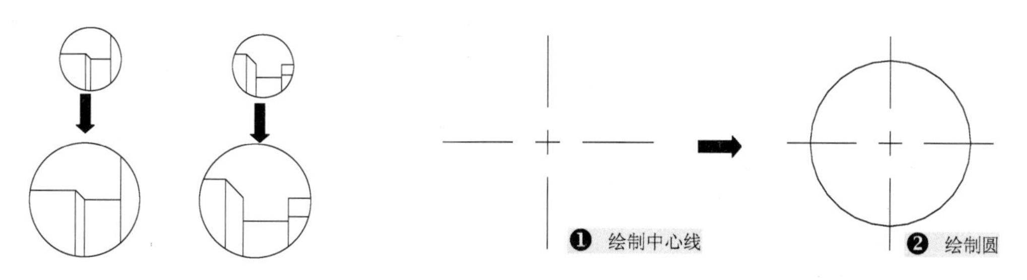

图 8-44　局部放大图的创建　　图 8-45　断面图轮廓的创建

15）执行“偏移（O）”命令，将中心线进行偏移，然后转换图层，如图 8-46 所示。

16）执行“修剪（TR）”命令，将多余的线段进行修剪，从而创建断面图键槽位置处键槽的深度效果，如图 8-47 所示。

17）切换到“剖面线”图层，执行“图案填充（H）”命令，对创建的断面图进行图案填充操作，如图 8-48 所示。

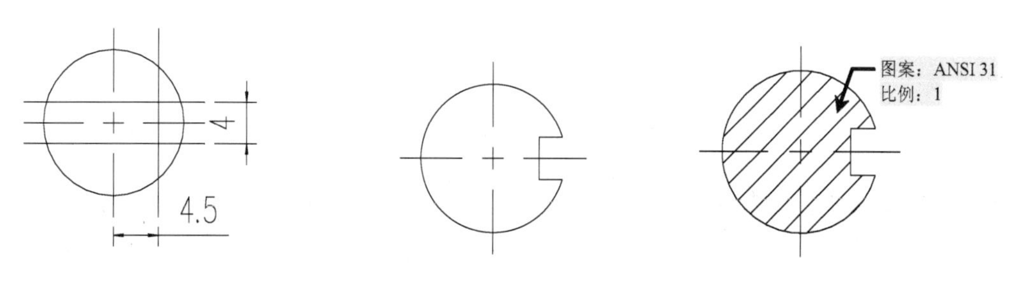

图 8-46　偏移中心线　　图 8-47　键槽深度的创建　　图 8-48　图案填充

18）再单击工具栏中的“引线标注”按钮，对主动齿轮轴键槽位置处进行剖切符号的创建，再选择“单行文字”命令，对断面图名称进行相应的创建，如图 8-49 所示。

19）执行“直线（L）”命令，对局部放大位置进行引线创建，选择“单行文字”命令进行局部放大名称的标注，如图 8-50 所示。

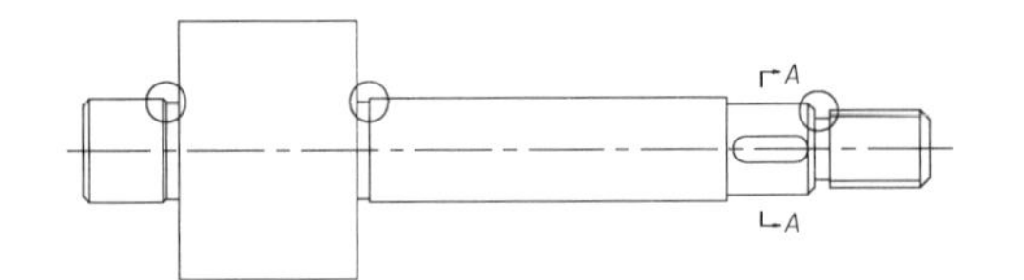

图 8-49　剖切符号与断面图名称的创建

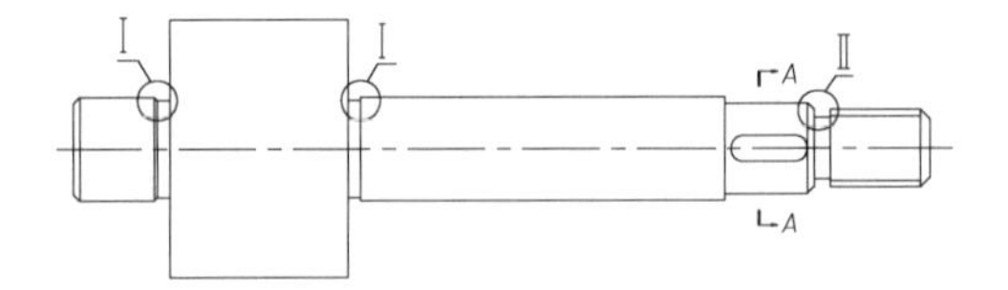

图 8-50　局部放大图名称的标注

用户在对机械图样中的局部放大名称标注时只能用罗马数字，而不能采用其他任何文字表示。

20）切换到“尺寸与公差”图层，按照前面所讲的方法对所绘制的图形进行尺寸标注，其最终效果，如图 8-51 所示。

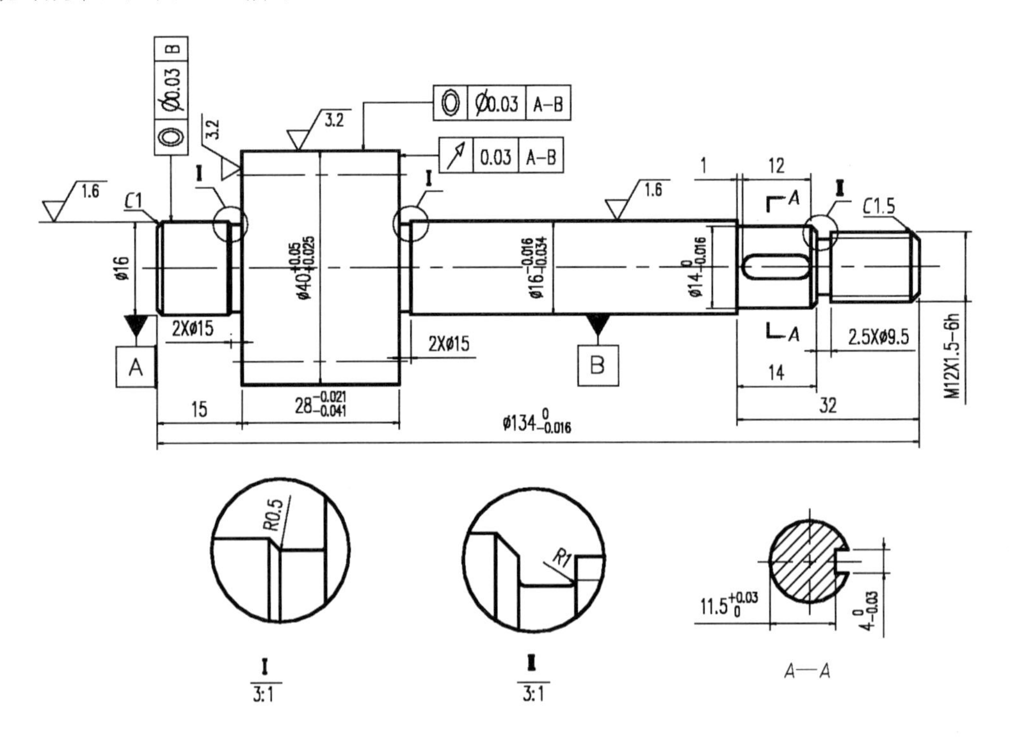

图 8-51　尺寸标注

在对部分尺寸进行极限标注时，有些需保留小数点后三位，这时用户直接在“特性”面板中的“公差”选项中将“公差精度”设置为 0.000 即可。

21）主动齿轮轴的绘制到此就结束了，用户可直接单击工具栏中的“保存”按钮或是按〈Ctrl+S〉组合键进行保存。

8.4 定位套的绘制

视频文件：视频\08\定位套的绘制.avi

结果文件：案例\08\定位套.dwg

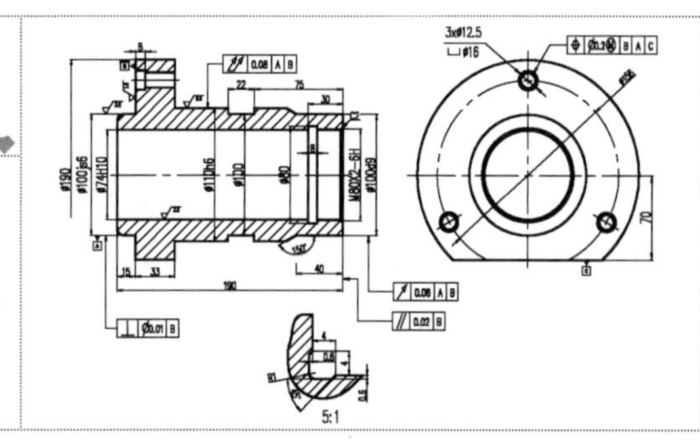

在绘制该零件图时，由于它是一套类零件，内部为空心部分，因此在绘制时也需要进行定位、定形的操作。它的绘制方法有很多种，下面就将常用方法进行详解。

1）正常打开 AutoCAD 2013 软件，选择“文件”→“打开”菜单命令，将绘制好的“案例\08\主动齿轮轴. dwg”文件打开，再执行“文件”→“另存为”菜单命令，将其另存为“案例\08\定位套.dwg”文件。

2）分别选择“中心线”和“粗实线”图层。执行“直线（L）”命令，绘制一条水平长度为 200 的中心线，再用粗实线绘制一垂直线段，如图 8-52 所示。

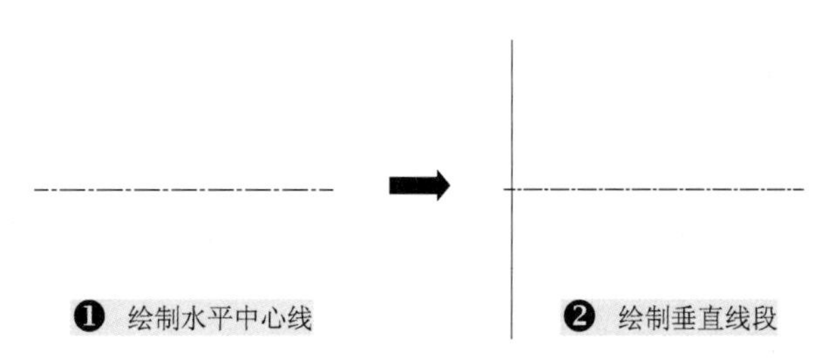

图 8-52 绘制中心线段和垂直线段

3）执行“偏移（O）”命令，将垂直线段向右按相应的尺寸进行偏移，如图 8-53 所示。

4）执行“偏移（O）”命令，再将水平中心线向上、下两侧分别偏移并转换线型，如图 8-54 所示。

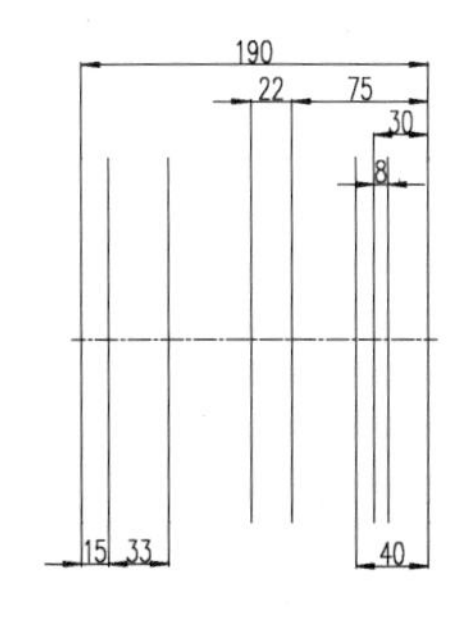

图 8-53 偏移垂直线

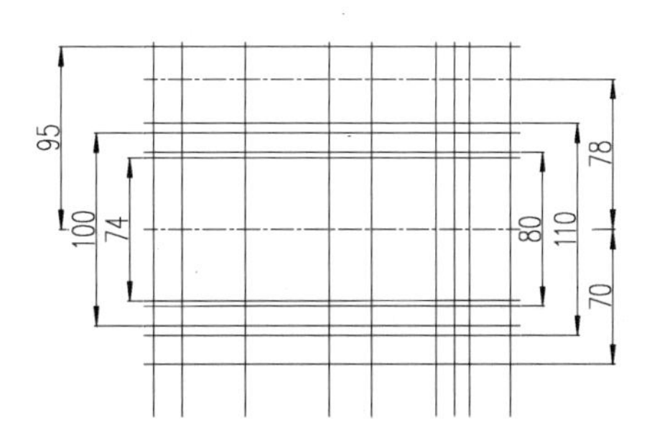

图 8-54 偏移水平中心线

5）使用“修剪（TR）”命令，修剪掉多余的线段，从而形成定位套外形轮廓，如图 8-55 所示。

6）执行“偏移（O）”命令，将图形上侧水平中心线向上、下两侧偏移，再进行修剪，从而形成阶梯孔效果，如图 8-56 所示。

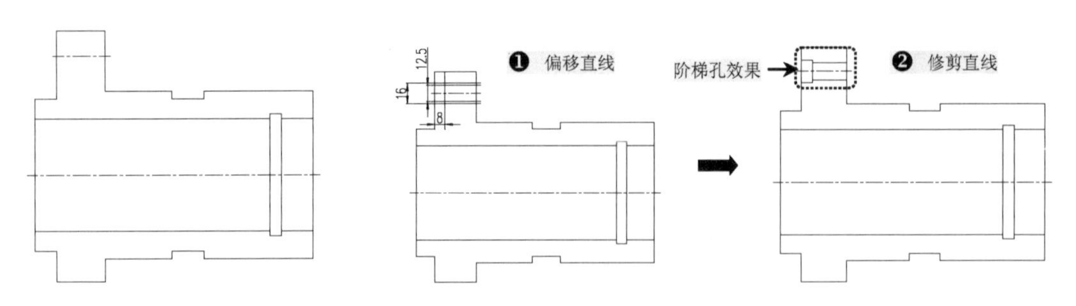

图 8-55　定位套外形轮廓创建　　　　图 8-56　阶梯孔的创建

7）执行“偏移（O）”命令，将定位套尾部的部分直线进行偏移，如图 8-57 所示。

8）执行“构造线（XL）”命令，过相应交点创建构造线，并设置构造线角度为-150°，再使用“修剪（TR）”命令，修剪掉多余的线段，让其形成尾部轮廓效果，如图 8-58 所示。

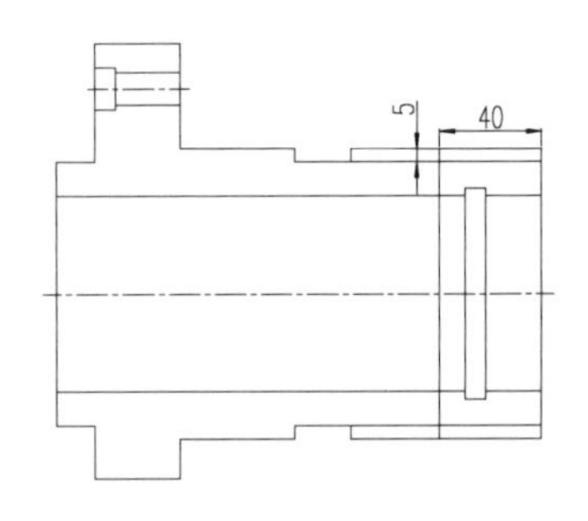

图 8-57　偏移直线

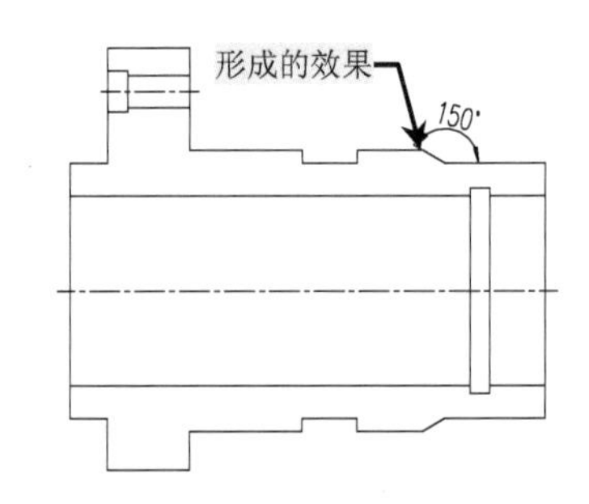

图 8-58　定位套尾部的创建

用户在创建构造线时，所输入的角度值是以下侧交点为基准的，然后再修剪，可采用镜像的方法将轮廓向下镜像一份即可。

9）执行“倒直角（CHA）”命令和“圆角（F）”命令，对创建好的轮廓进行倒角操作，如图 8-59 所示。

10）切换到“剖面线”图层，执行“图案填充（H）”命令，对轮廓内部进行图案填充操作，如图 8-60 所示。

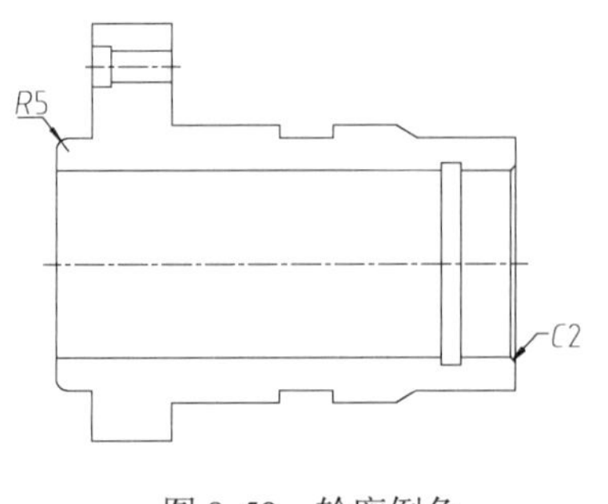

图 8-59　轮廓倒角

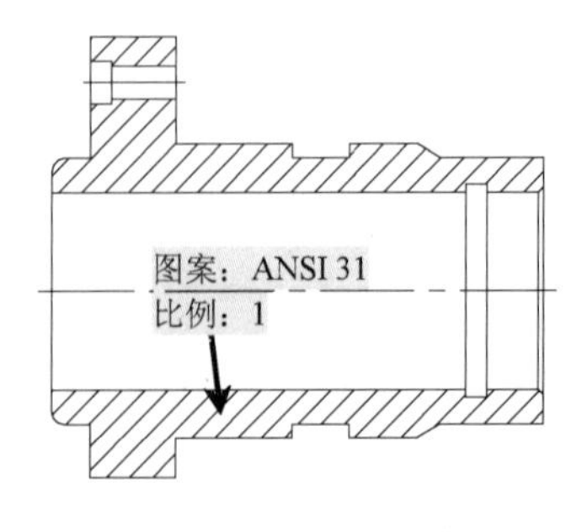

图 8-60　图案填充

11）关闭“剖面线”图层，执行“圆（C）”命令，在定位套上侧圆盘直角位置处创建一局部图范围符号，直径为 15，如图 8-61 所示。

12）在创建好定位套的主视图后，执行“直线（L）”命令，过主视图相应轮廓向右引伸直线，并绘制一条垂直线，如图 8-62 所示。

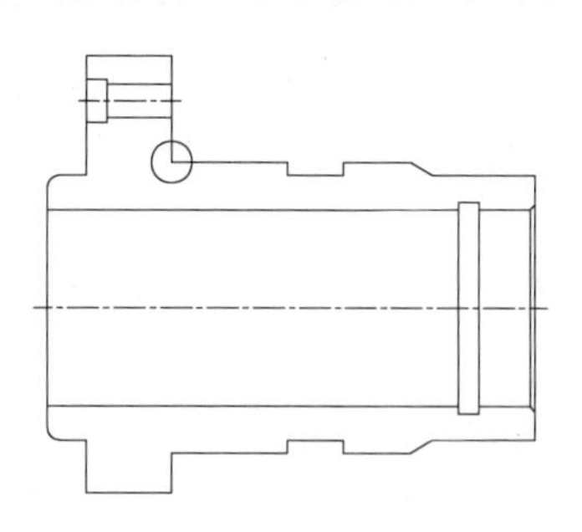

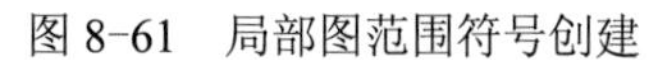

图 8-61　局部图范围符号创建

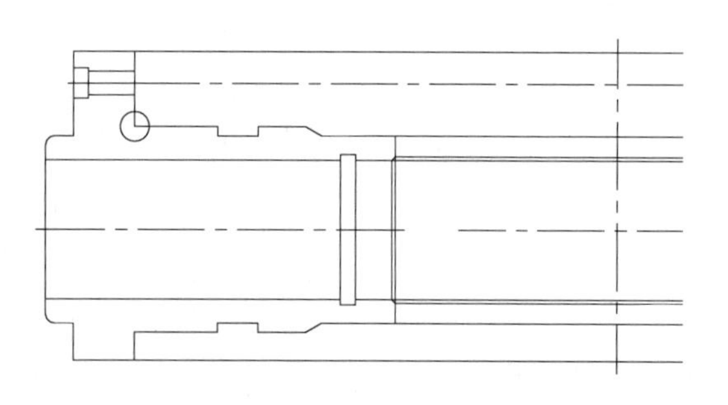

图 8-62　引伸并绘制直线

13）执行“圆（C）”命令，以两点绘制圆的方法来创建定位套的左视图，如图 8-63 所示。

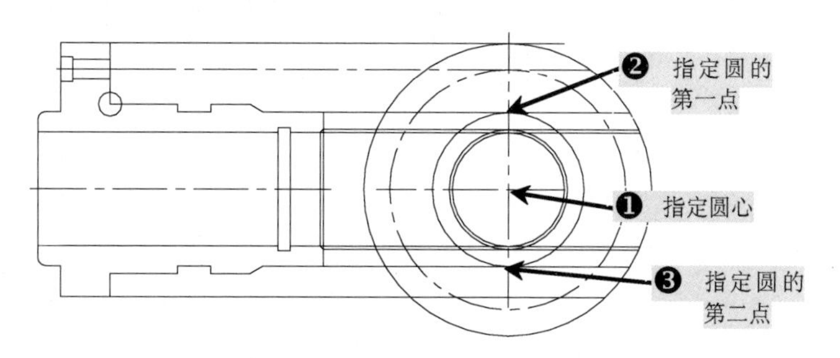

图 8-63　两点绘圆

14）使用“修剪（TR）”命令，修剪掉多余的线段，从而形成定位套左视图效果，如图 8-64 所示。

15）执行“圆（C）”命令，以上侧第二道圆弧与垂直线的交点为圆心绘制两个小圆，效果如图 8-65 所示。

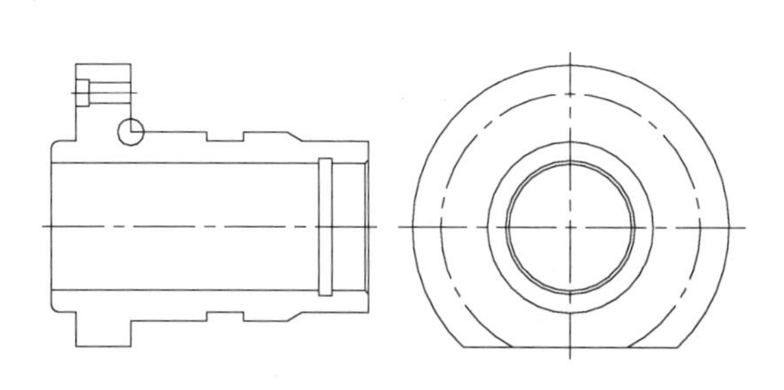

图 8-64　左视图轮廓的创建

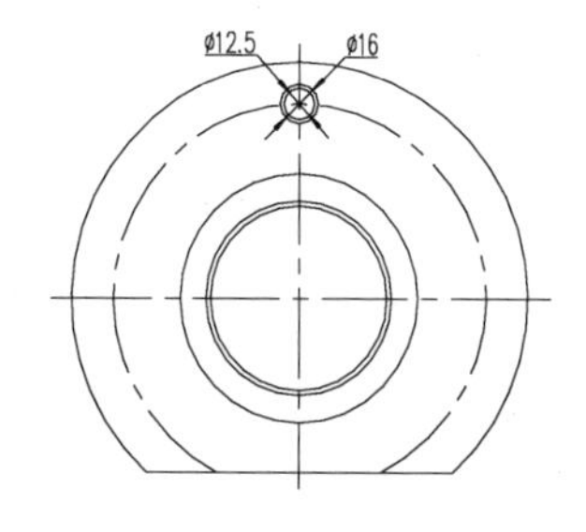

图 8-65　绘制同心圆

16）执行“阵列（AR）”命令，选择第 15）步所绘制的两个同心圆对象进行极轴阵列，其阵列的项目数量为 3，如图 8-66 所示。

命令: ARRAY
选择对象: 找到 1 个
输入阵列类型 [矩形(R)/路径(PA)/极轴(PO)] <极轴>: PO ❷
指定阵列的中心点或 [基点(B)/旋转轴(A)]:
选择夹点以编辑阵列或 [关联(AS)/基点(B)/项目(I)/项目间角度(A)/填充角度(F)/行(ROW)/层(L)/旋转项目(ROT)/退出(X)] <退出>: I ❹
输入阵列中的项目数或 [表达式(E)] <6>: 3 ❺

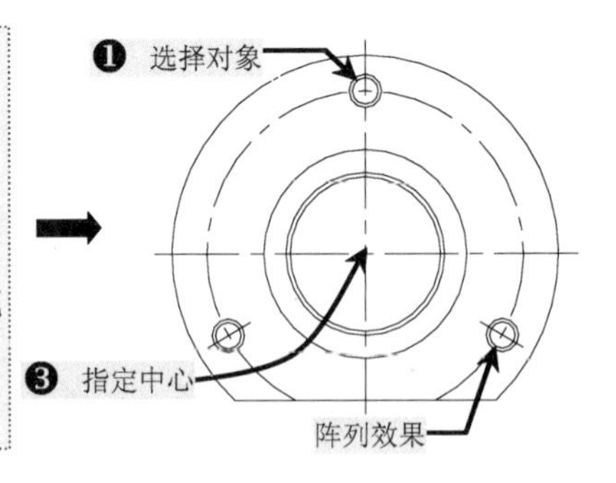

图 8-66 阵列圆

17）定位套的两个主要视图绘制好了后，可执行“复制（CO）”命令，将前面所创建的局部图范围符号处进行复制，并修剪。再执行“缩放（SC）”命令，将整理后的局部图放大 3 倍，如图 8-67 所示。

18）执行“直线”、“偏移”、“修剪”等命令，对局部图形内部的轮廓进行创建，其效果如图 8-68 所示。

19）执行“样条曲线（SPL）”命令，过局部图形四周创建样条曲线，将其他多余线条进行修剪操作，再执行“图案填充（H）”命令，将局部图形内部进行填充操作，其局部放大图的最终效果，如图 8-69 所示。

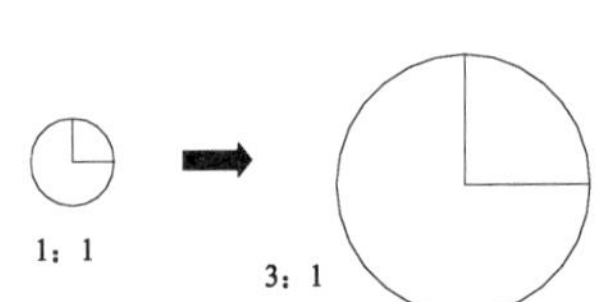

图 8-67 局部图形进行放大

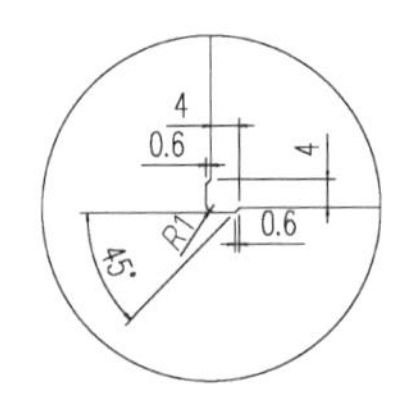

图 8-68 局部图内部轮廓的创建

图 8-69 局部放大图的填充

20）在所有的视图创建完成后，选择“尺寸与公差”图层，根据前面所讲的方法对当前的定位套进行尺寸标注，其定位套的整体效果如图 8-70 所示。

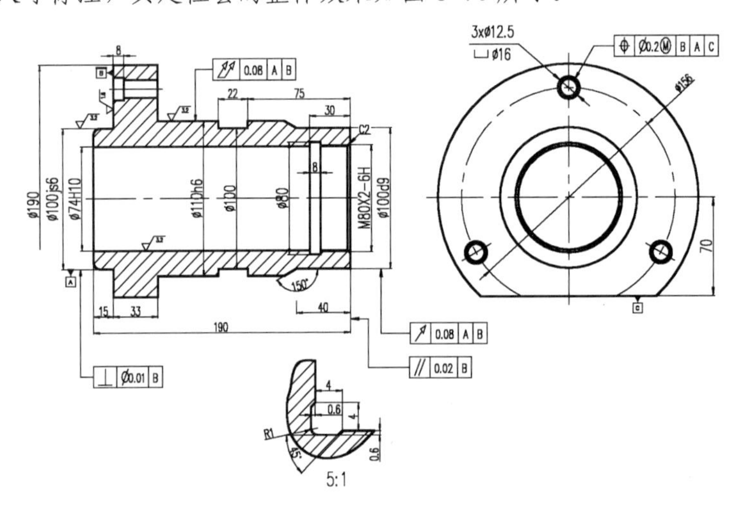

图 8-70 定位套尺寸标注

21）至此，定位套零件图就绘制完成了，用户按〈Ctrl+S〉组合键进行保存即可。

8.5 箱盖的绘制

视频文件：视频\08 箱盖的绘制.avi

结果文件：案例\08\箱盖.dwg

箱盖是机器零件的重要组成部分，由于它的内部结构轮廓较复杂，因此在绘制时它的三个基本视图都需要进行创建。由于当前这个箱盖本身不是很复杂，所以只需绘制出三个基本视图就可以了。下面将对箱盖三视图的绘制方法进行讲解。

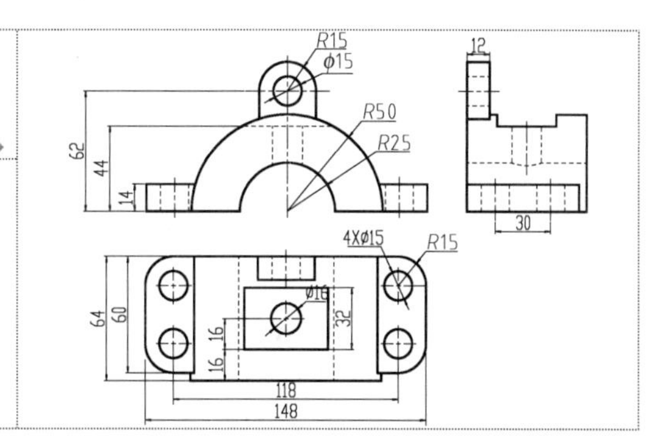

1）打开 AutoCAD 2013 软件，选择“文件”→“打开”菜单命令，将第三节绘制好的“案例\08\主动齿轮轴.dwg”文件打开，再执行“文件”→“另存为”菜单命令，将其另存为“案例\08\箱盖.dwg”文件。

2）选择“粗实线”图层为当前图层。执行“矩形（REC）”命令，绘制一个 148×64 且圆角半径为 15 的矩形对象，然后执行“分解（X）”命令，并将其进行分解操作，如图 8-71 所示。

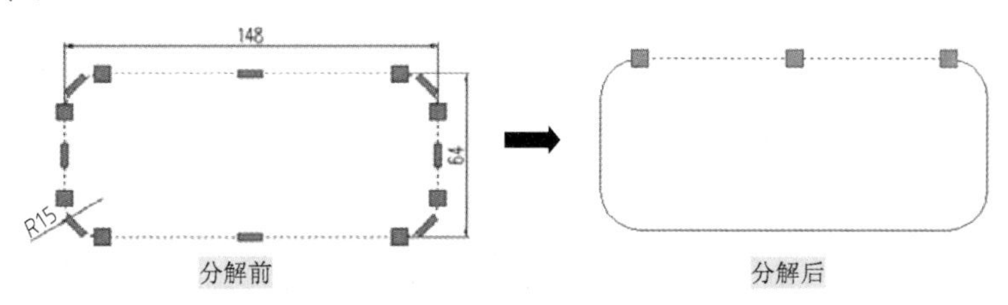

图 8-71　绘制圆角矩形

3）执行“直线（L）”命令，过矩形水平和垂直方向上的中点绘制两条辅助线，如图 8-72 所示。

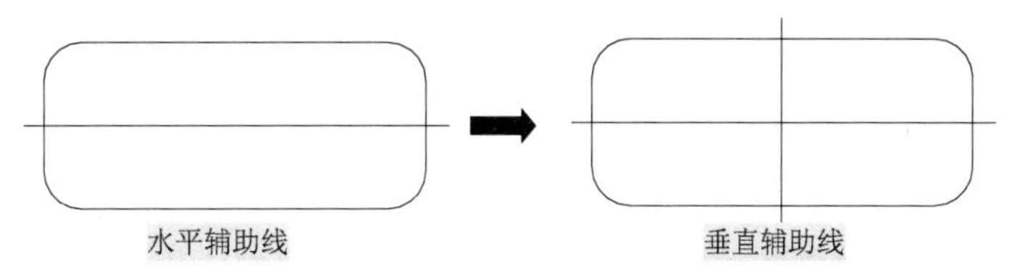

图 8-72　辅助线的创建

4）执行“偏移（O）”命令，将垂直辅助线向左、右偏移相应的距离，同样再将水平方向的辅助线向上、下偏移，偏移后的效果如图 8-73 所示。

用户在绘制机械零件的三视图时，有些部分的尺寸一个视图是无法清楚表达的。这时用户可以根据三视图的性质（长对正、高平齐、宽相等），在其他视图绘制好后进行引伸轮廓，或是在其他视图中去找尺寸来进行绘制。

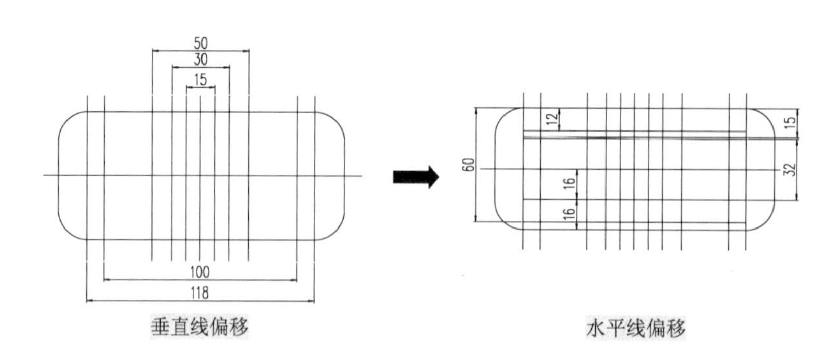

图 8-73　直线偏移

5）执行“修剪（TR）”命令，修剪掉多余的线段，并将部分线型转换成虚线和点画线，从而形成俯视图轮廓，如图 8-74 所示。

6）执行“圆（C）”命令，以偏移线段的相应交点为圆心绘制两个圆对象，如图 8-75 所示。

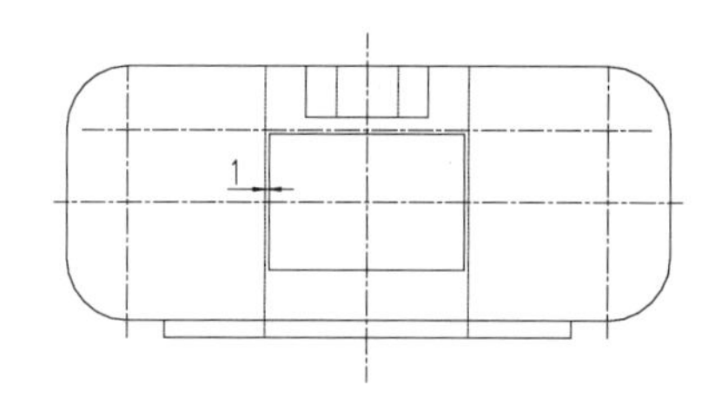

图 8-74　修剪多余线段并转换线型

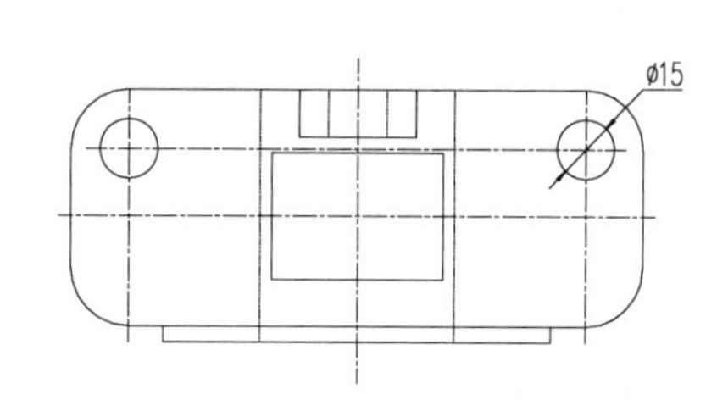

图 8-75　绘制圆对象

7）执行“镜像（MI）”命令，以水平中心线为对称轴线，将绘制的两个圆向下镜像一份，如图 8-76 所示。

8）执行“圆（C）”命令，以正中心点为圆心绘制一直径为 16 的圆对象，如图 8-77 所示。

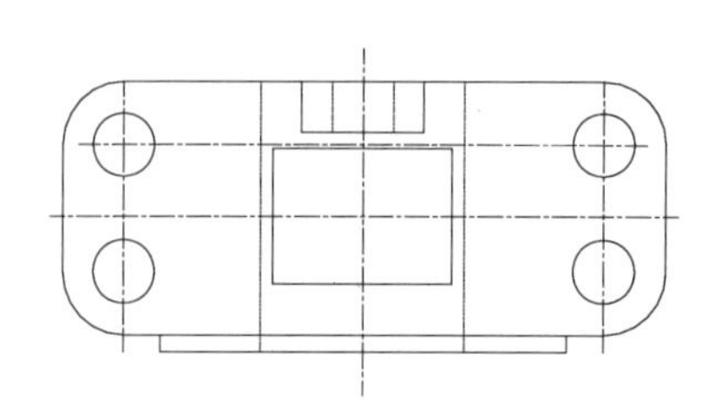

图 8-76　镜像圆

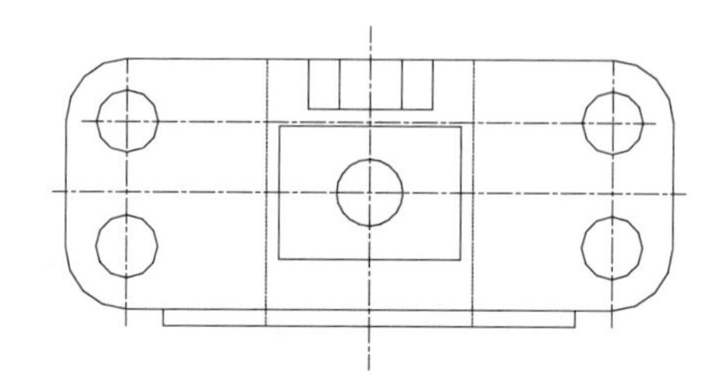

图 8-77　创建中心圆对象

箱盖的俯视图大致创建完成，还有两个轮廓线必须得主视图创建好后向下引伸直线从而自动完成。

9）选择“粗实线”图层，以创建好的箱盖俯视图向上引伸直线，并在水平方向上绘制一水平线，如图 8-78 所示。

10）执行“偏移（O）”命令，将绘制的水平线向上偏移 14、44 和 62，如图 8-79 所示。

11）执行“圆（C）”命令，过引伸直线的相应交点以两点绘圆的方法创建圆对象，如图 8-80 所示。

12）执行“修剪（TR）”命令，修剪掉多余的线段，并对部分线型进行相应的调整，从而创建箱盖的主视图效果，如图 8-81 所示。

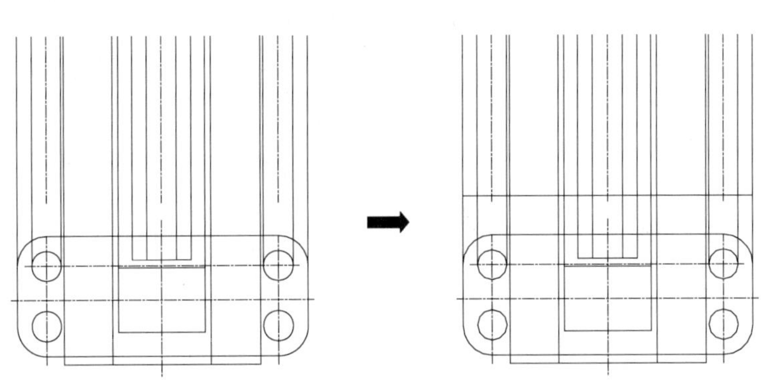

图 8-78 引伸并绘制直线

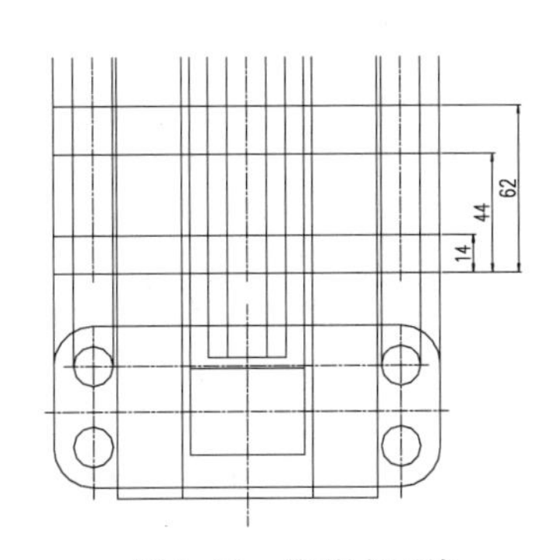

图 8-79 偏移水平线

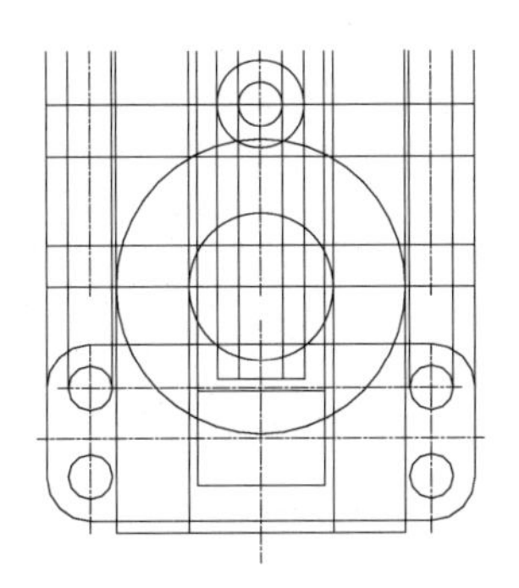

图 8-80 两点绘圆

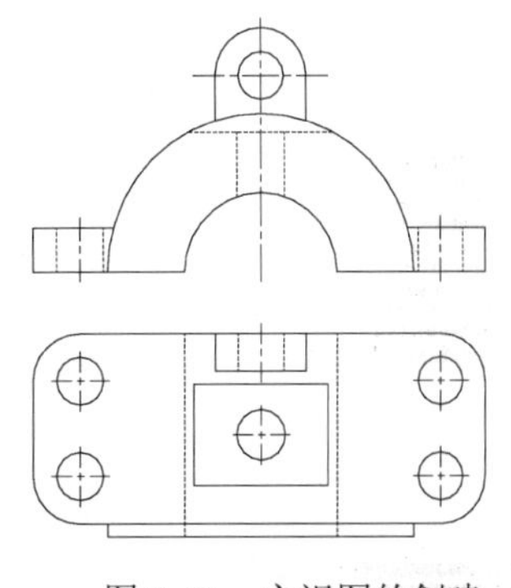

图 8-81 主视图的创建

由于该零件图没有采用剖视，所以内部的轮廓是看不到的，必须用虚线来表示内部轮廓效果，因此要转换线型。

13）主视图到此基本创建好了，这时可用直线过主视图水平轮廓与大圆弧交点位置处向俯视图引伸直线，再修剪创建俯视图的两侧轮廓效果，如图 8-82 所示。

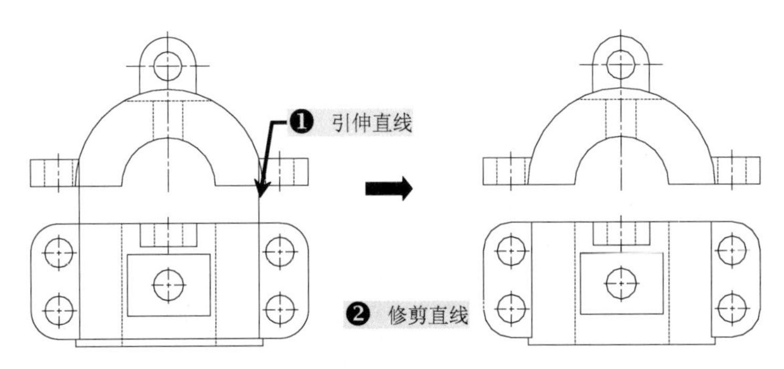

图 8-82 俯视图两侧轮廓的创建

14）在主、俯视图创建好后，再执行“直线（L）”命令，过主视图轮廓向右引伸直线，并再绘制一条垂直线对象，如图 8-83 所示。

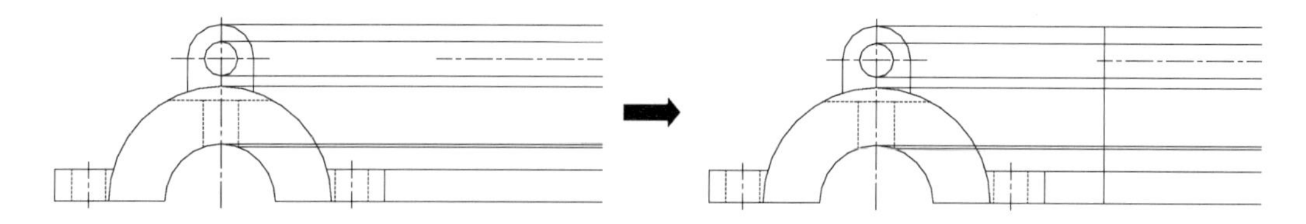

图 8-83 引伸并绘制直线

15）执行“偏移（O）”命令，将绘制的垂直线向右侧进行相应的尺寸偏移，如图 8-84 所示。

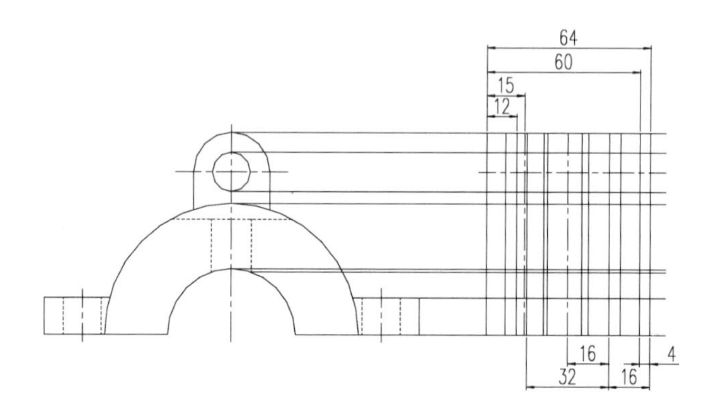

图 8-84 线段偏移

专业技能

用户在创建箱盖左视图时，可根据三视图的关系和性质，对其左视图的轮廓进行相应的引伸创建，不需要输入任何尺寸，具体的方法如图 8-85 所示。

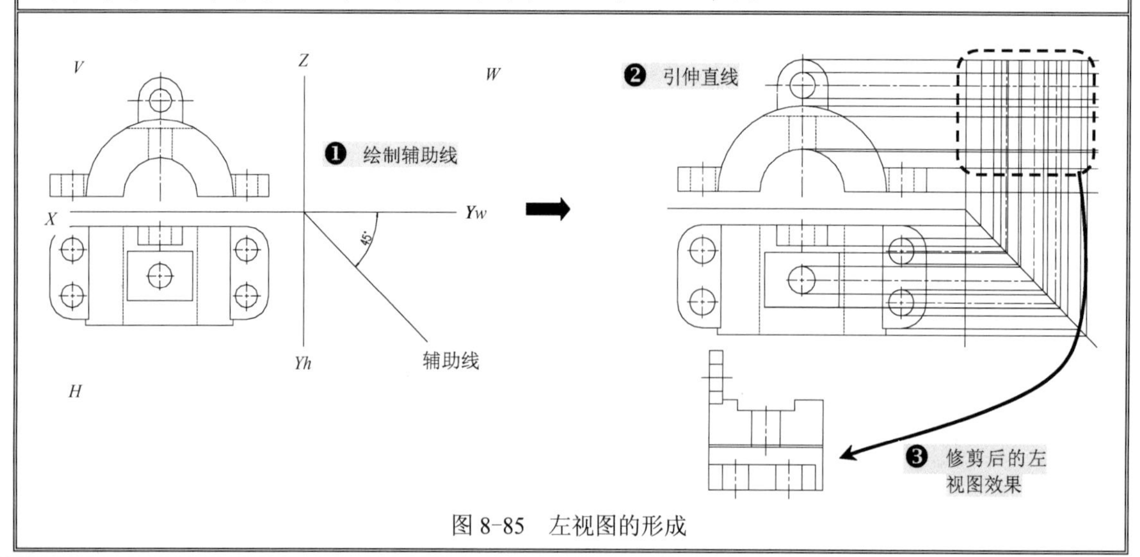

图 8-85 左视图的形成

16）使用“修剪（TR）”命令，修剪掉多余的线段，从而完成左视图轮廓的创建，如图 8-86 所示。

17）执行“圆（C）”命令，以三点绘制圆的方法，绘制一圆对象，并修剪多余线条，从而对左视图内部轮廓进行创建，如图 8-87 所示。

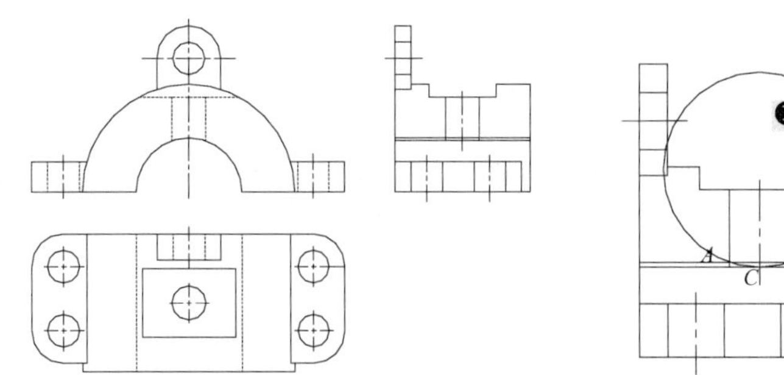

图 8-86　左视图轮廓的创建

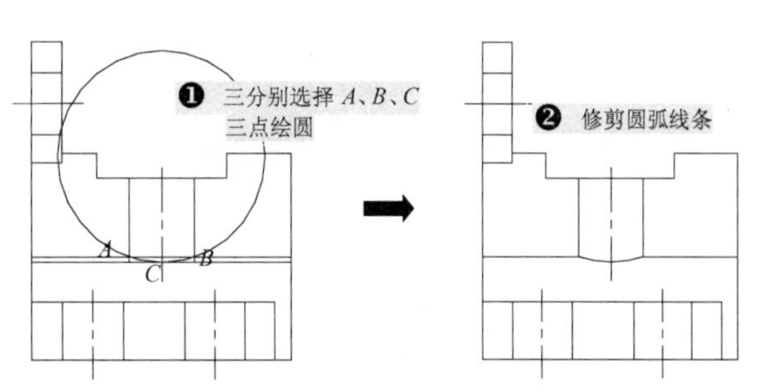

图 8-87　左视图内部轮廓创建

18）将左视图内的部分线型转换成虚线，如图 8-88 所示。

19）这时箱盖的三视图就绘制完成了，再切换到“尺寸与公差”图层，对视图进行尺寸标注，标注后的效果如图 8-89 所示。

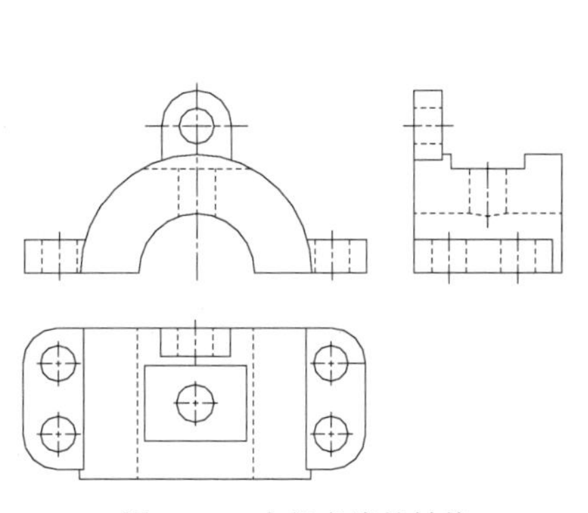

图 8-88　内部虚线的转换

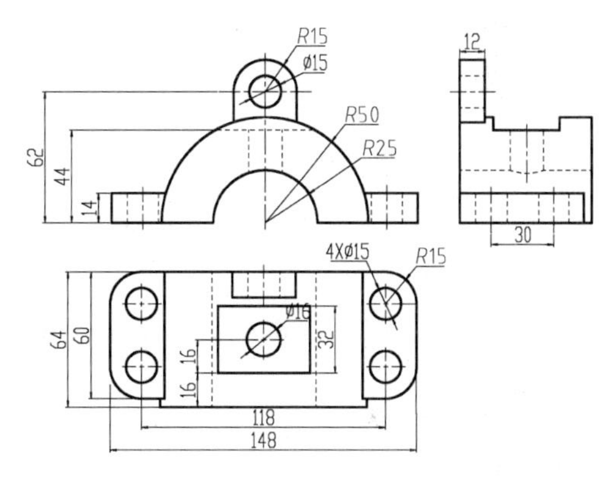

图 8-89　尺寸标注

20）至此，箱盖零件图就绘制完成了，用户按〈Ctrl+S〉组合键进行保存即可。

8.6　蜗杆箱体的绘制

视频文件：视频\08\蜗杆箱体的绘制.avi

结果文件：案例\08\蜗杆箱体.dwg

由于该箱体的结构较为复杂，在绘制不同视图时，都采用了剖视的方法，在绘制该零件时还用到了三个不同方向的向视图，对个别地方进行了特殊的表示。下面将对蜗杆箱体零件进行详细的讲解。

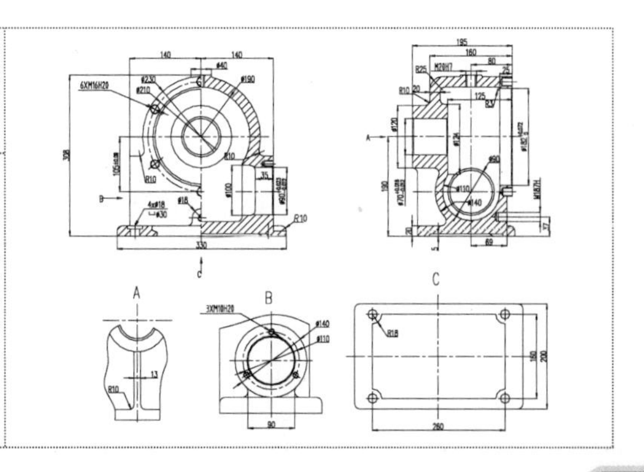

1）启动 AutoCAD 2013 软件，选择“文件”→“打开”菜单命令，将上节绘制好的“案例\08\箱盖.dwg”文件打开，再执行“文件”→“另存为”菜单命令，将其另存为“案例\08\蜗杆箱体.dwg”文件。

2）选择“中心线”图层为当前图层。执行“直线（L）”命令，绘制两条相交并相互垂直的中心线，来确定箱体的中心位置，如图 8-90 所示。

在绘制好中心线后，用户可选择“格式”→“线型”菜单命令，在弹出的“线型特性管理器”对话框中将“全局比例因子”调整为 3，同样在“标注样式管理器”对话框中设置“箭头”大小为 5，“文字高度”为 7。

3）执行“偏移（O）”命令，将水平中心线向上、下两侧偏移相应的距离，同样再将垂直中心线向左、右两侧偏移，然后将偏移的线型进行转换，如图 8-91 所示。

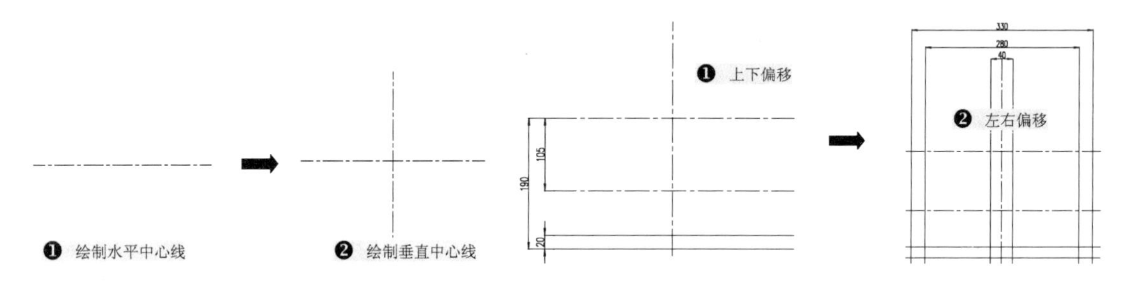

图 8-90　绘制中心线　　　　图 8-91　偏移直线

4）切换到“粗实线”图层，并执行“圆（C）”命令，以中心线交点为圆心绘制多个同心圆，如图 8-92 所示。

5）再使用“修剪（TR）”命令，修剪掉圆弧以外多余的线段，从而创建主视图相应的轮廓效果，如图 8-93 所示。

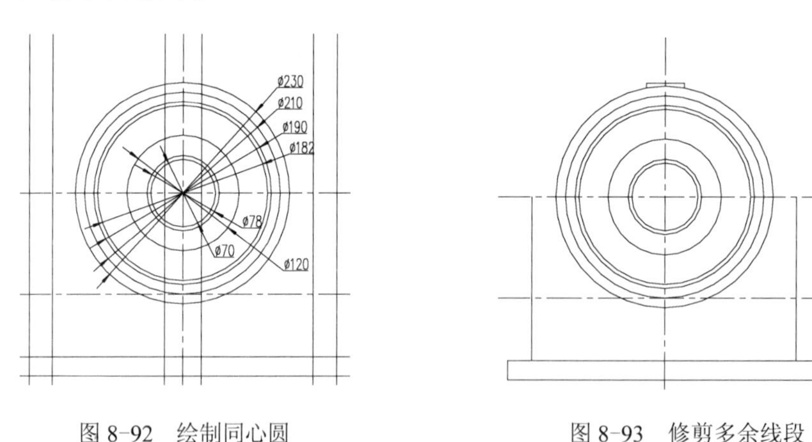

图 8-92　绘制同心圆　　　　图 8-93　修剪多余线段

6）继续执行“圆（C）”命令，以直径为 210 的圆弧下侧象限点为圆心绘制两个小圆对象，直径分别为 16 和 18，如图 8-94 所示。

7）执行“阵列（AR）”命令，按照前面所讲的方法将绘制的小圆对象进行环形阵列，阵列数目为 4，项目角度为 60°，填充角度为–180°，如图 8-95 所示。

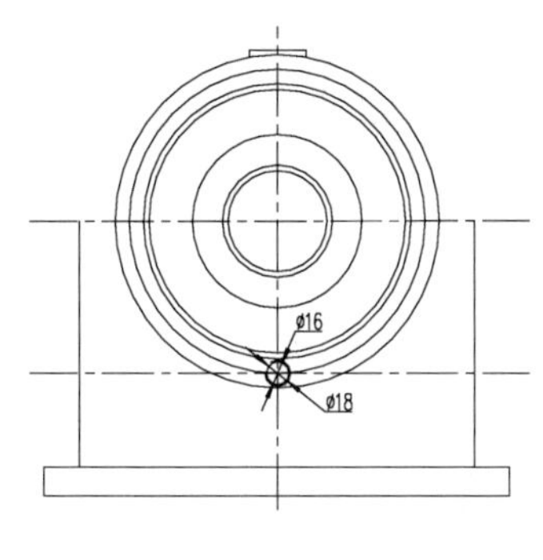

图 8-94 绘制小圆

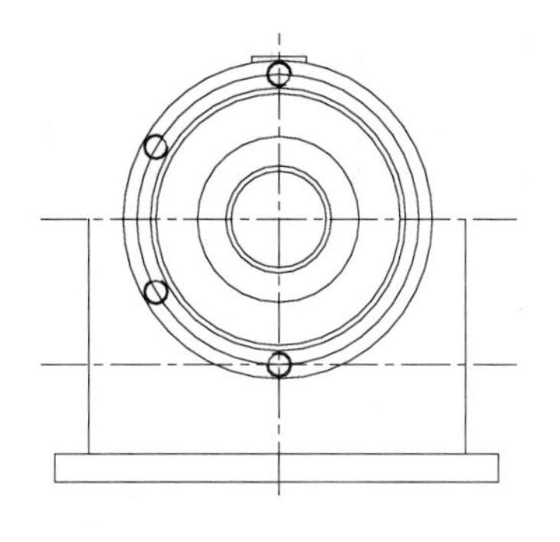

图 8-95 阵列小圆

8）执行“修剪（TR）”命令，修剪掉多余的圆弧对象，如图 8-96 所示。

9）执行“圆角（F）”命令，对箱体底座和部分地方进行倒圆角操作，如图 8-97 所示。

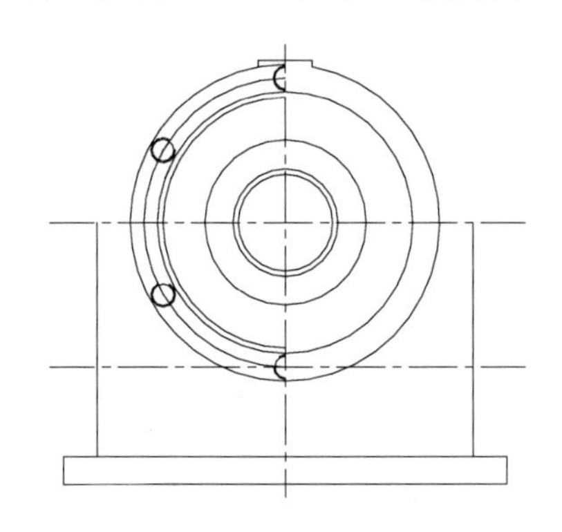

图 8-96 修剪多余圆弧

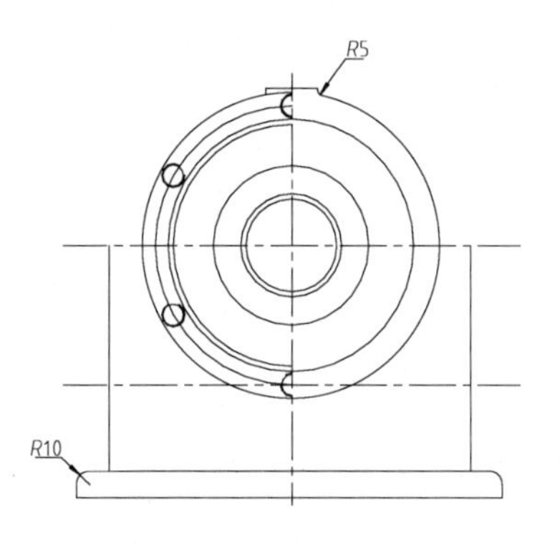

图 8-97 倒圆角

由于该零件的主视图为半剖画法，所以在左侧采用了视图，右侧采用了剖视，因此在创建时有很大区别。

10）执行“偏移（O）”命令，将部分线段进行偏移，对箱体底座的阶梯孔对象进行创建，如图 8-98 所示。

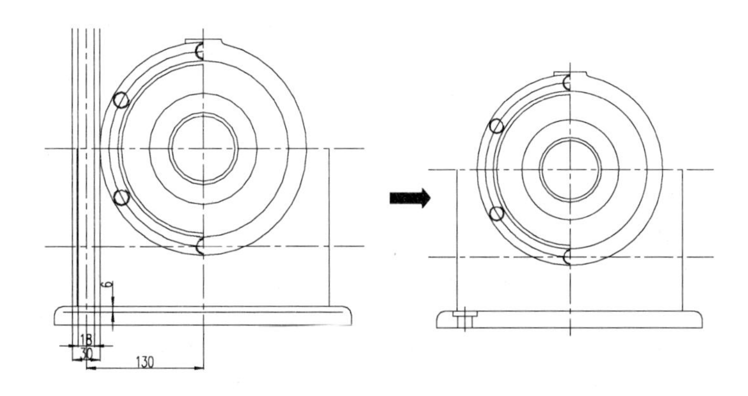

图 8-98 阶梯孔的创建

11）执行“偏移（O）”命令，将个别的线条进行偏移操作，对左侧视图和右侧剖视的右下角轮廓进行创建，如图 8-99 所示。

12）执行“圆（C）”命令，以相应交点为圆心绘制左侧正中位置处的螺孔和圆弧效果，并将其他多余线条进行修剪、倒圆角，其效果如图 8-100 所示。

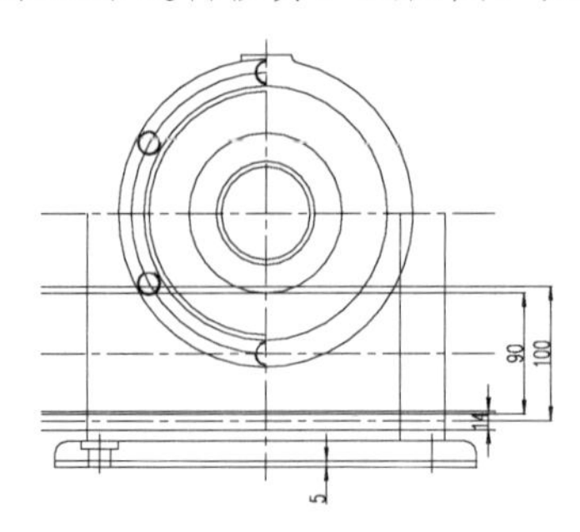

图 8-99 偏移直线

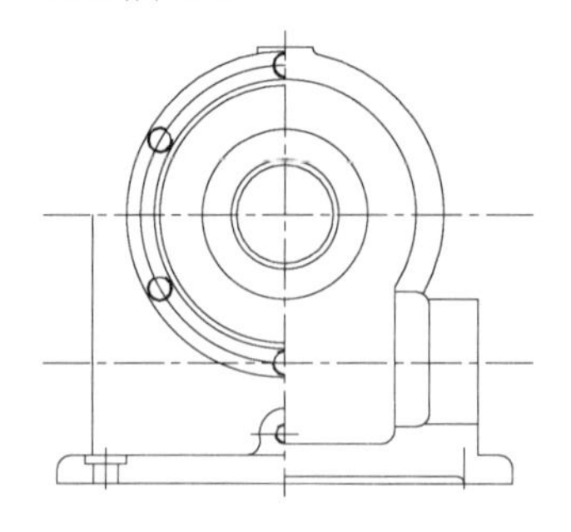
图 8-100 创建左侧轮廓

13）执行“直线”、“偏移”、“修剪”等命令，对主视图的个别细微处进行调整创建，主视图的最终效果如图 8-101 所示。

14）选择“剖面线”图层，执行“图案填充（H）”命令，对主视图右侧的剖视部分进行填充操作，比例设置为 3，填充后效果如图 8-102 所示。

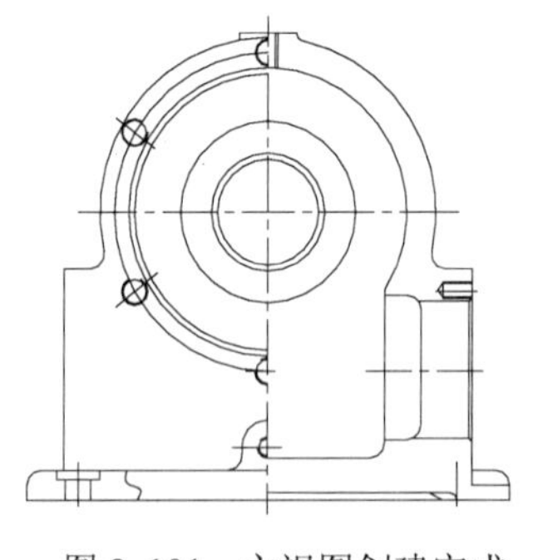
图 8-101 主视图创建完成

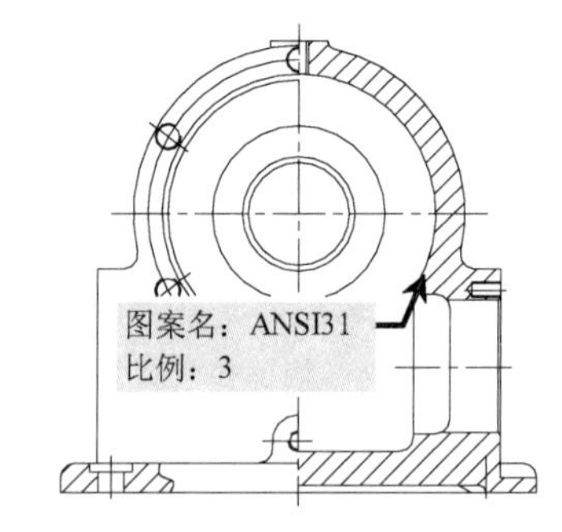

图 8-102 图案填充

15）箱体主视图创建好后，将“粗实线”图层设置为当前图层，执行“直线（L）”命令，过主视图的部分轮廓向右侧引伸直线，并在引伸的直线上绘制一垂直的中心线，如图 8-103 所示。

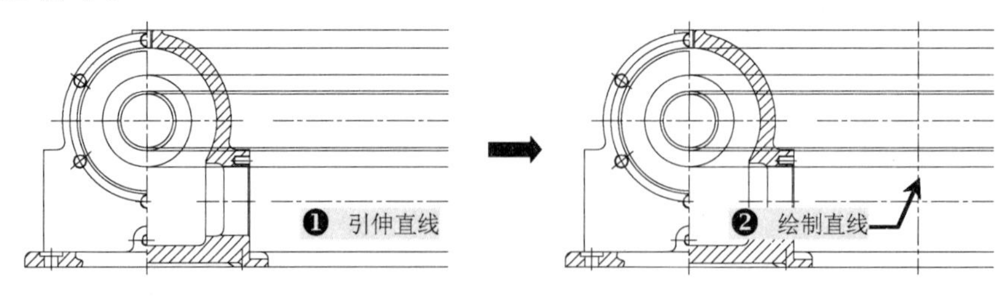

图 8-103 引伸并绘制直线

16）执行“偏移（O）”命令，先将绘制的中心线进行左、右偏移，并转换偏移线段图层，如图 8-104 所示

17）执行“修剪（TR）”命令，修剪掉多余的线段，从而形成左视图的外轮廓效果，如图 8-105 所示。

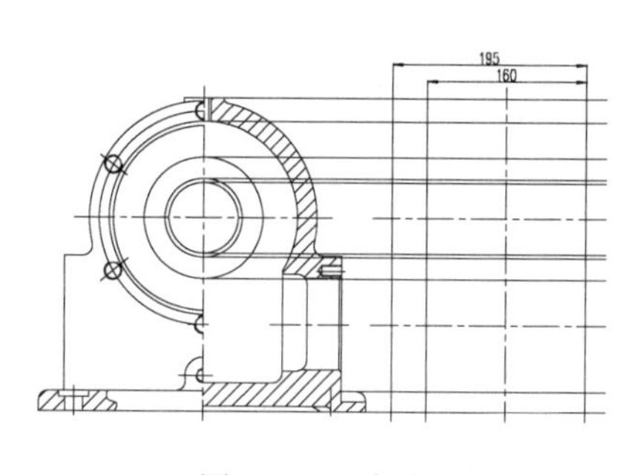

图 8-104　直线的偏移

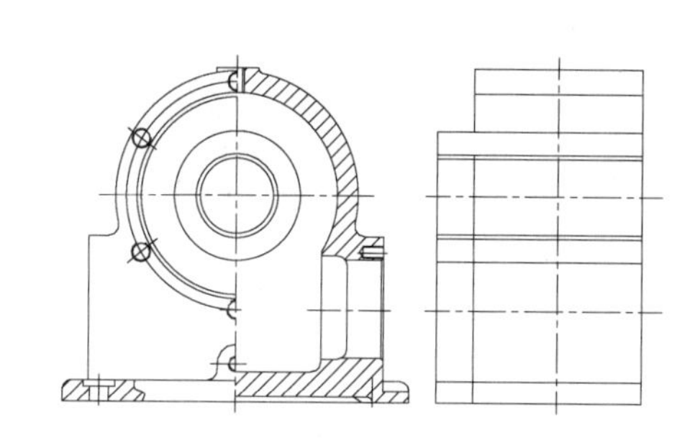

图 8-105　左视图外轮廓的创建

18）执行“偏移（O）”命令，将部分线条向内偏移，再进行修剪操作，对左视图的内轮廓进行创建，如图 8-106 所示。

19）执行“圆（C）”命令，以下侧中心线交点为圆心绘制同心圆对象，再对其修剪操作，如图 8-107 所示。

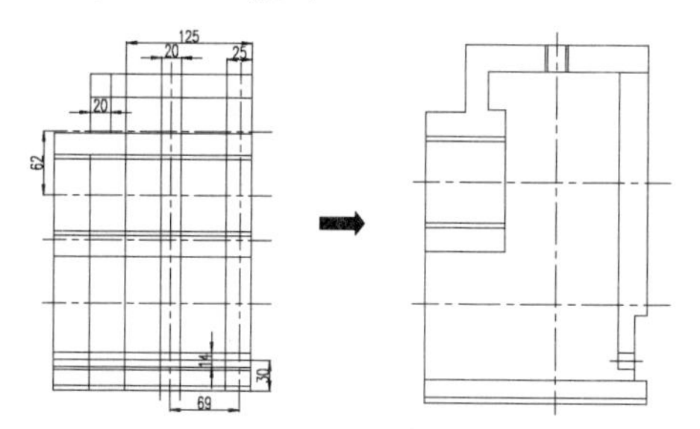

图 8-106　左视图内轮廓的创建

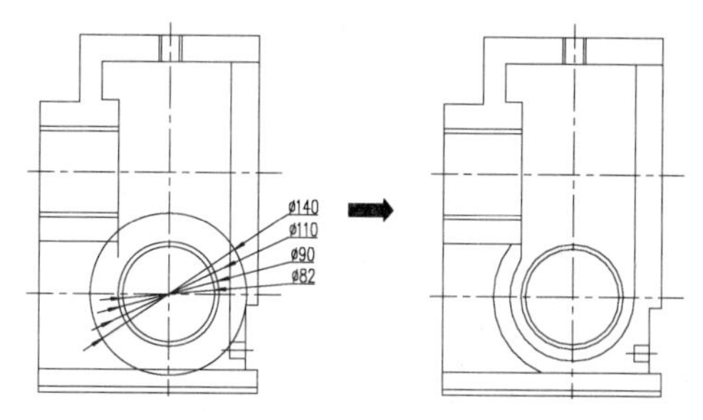

图 8-107　左视图内轮廓的创建

20）执行“倒直角（CHA）”命令和“倒圆角（F）”命令，对创建的左视图进行倒角的创建，所形成的最终效果如图 8-108 所示。

21）执行“直线（L）”命令，以主视图部分螺纹轮廓向左视图引伸直线，再将多余的线段进行修剪，从而创建左视图剖视螺孔效果，如图 8-109 所示。

22）箱体左视图创建好后，再切换“剖面线”图层，对左视图进行内部填充操作，如图 8-110 所示。

23）在左视图创建好后，再单击“标注”工具栏中的“标注、引线”按钮，并在主视图和左视图的相应位置创建向视图符号，如图 8-111 所示。

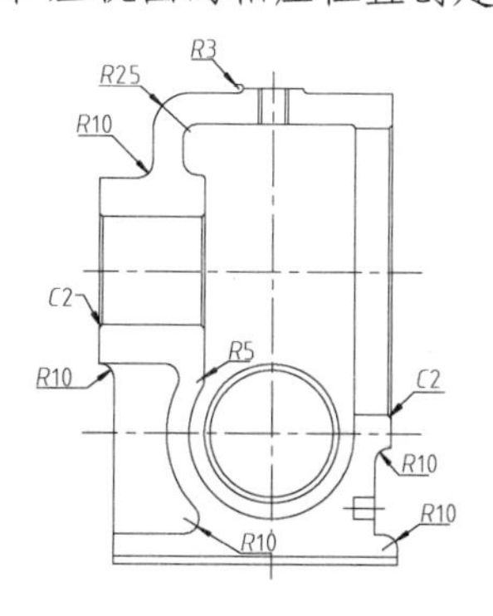

图 8-108　左视图倒角

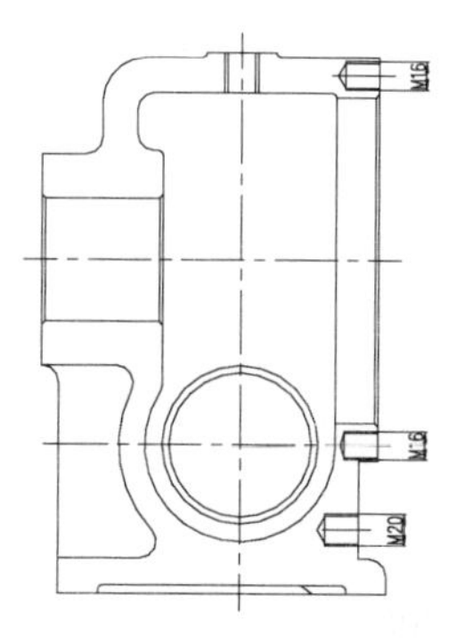

图 8-109　左视图螺孔创建

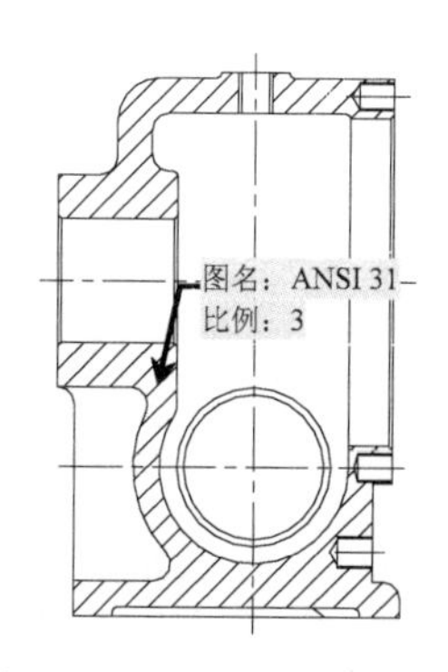

图 8-110　左视图内部填充

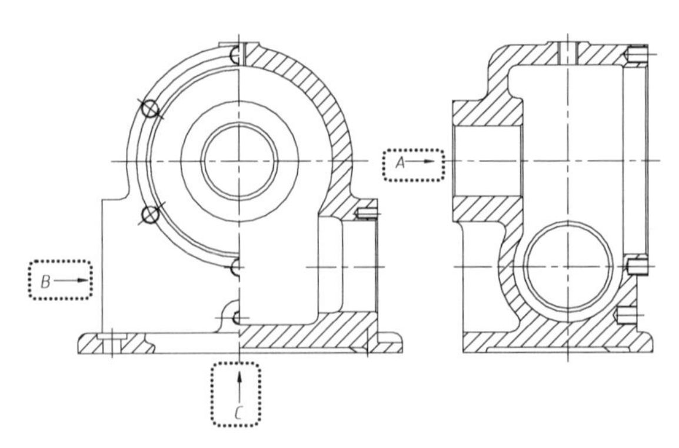

图 8-111　向视图符号的创建

用户在打开的 AutoCAD 2013 界面中，可能当前“标注”工具栏中没有“标注，引线”按钮，这时用户可调用“自定义”里面的“引线”图标，具体的调用方法如图 8-112 所示。

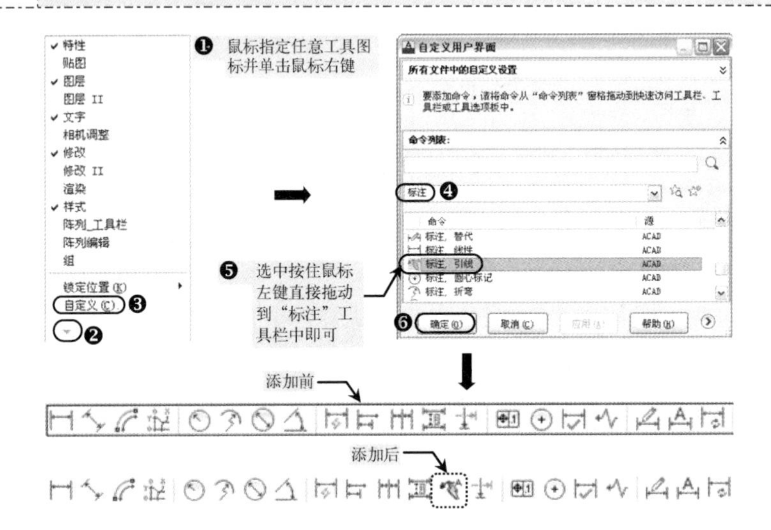

图 8-112　“引线”图标的添加

24）在创建好向视图符号后，可对各个向视图进行绘制操作。执行“矩形（REC）”命令，绘制一个 330×200 且圆角半径为 10 的矩形对象，并过中点绘制中心线，如图 8-113 所示。

25）执行“分解（X）”命令，将矩形对象进行分解操作，然后执行“偏移（O）”命令，将矩形四边进行相应的偏移，并修剪多余线条，如图 8-114 所示。

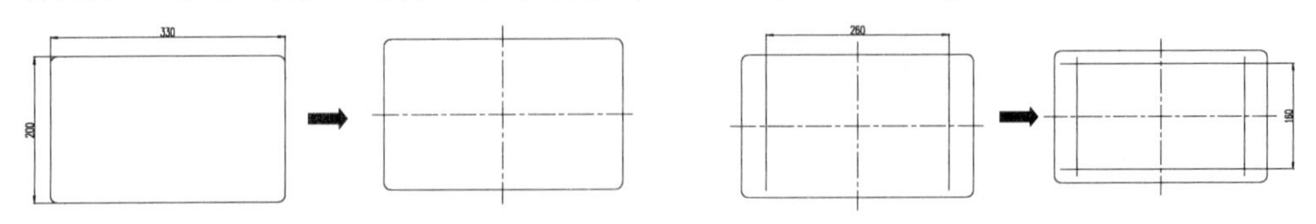

图 8-113　*C* 向视图外轮廓的创建　　　　图 8-114　偏移直线

26）以偏移直线交点为圆心，绘制两个不同大小的圆对象，再修剪多余弧线，*C* 向视图就完成了，如图 8-115 所示。

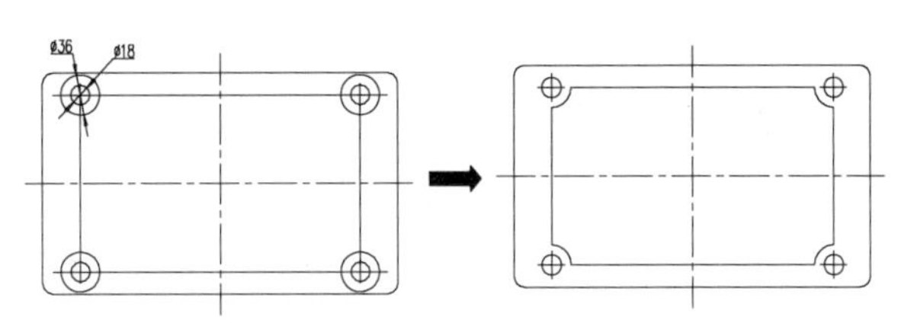

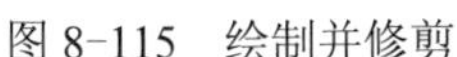
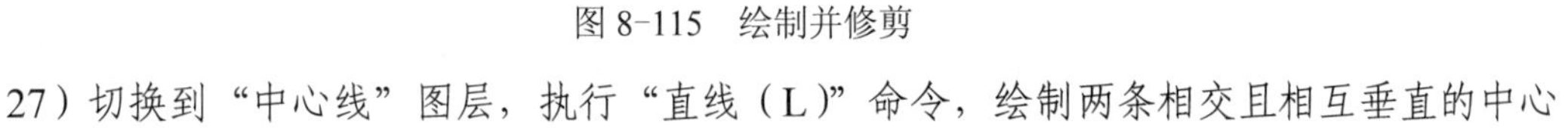

图 8-115 绘制并修剪

27）切换到“中心线”图层，执行“直线（L）”命令，绘制两条相交且相互垂直的中心线，如图 8-116 所示。

28）再选择“粗实线”图层，执行“圆（C）”命令，过中心线交点位置绘制同心圆对象，如图 8-117 所示。

29）执行“偏移（O）”命令，将中心线按不同的方向和尺寸进行相应的偏移，并修剪掉多余的线段，从而形成 *B* 向视图的轮廓，如图 8-118 所示。

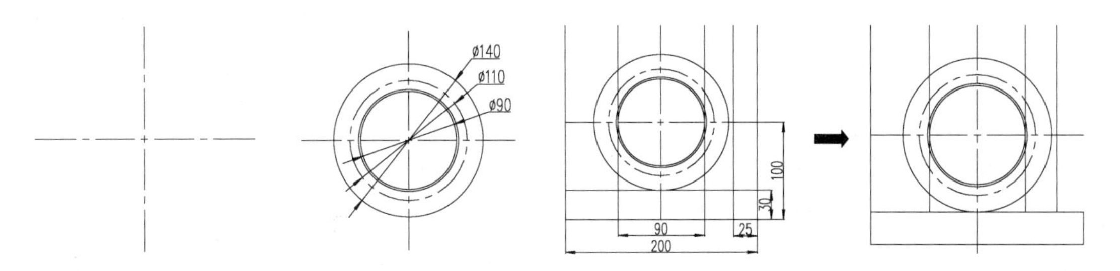

图 8-116 绘制中心线　　图 8-117 绘制同心圆　　图 8-118 *B* 向视图轮廓创建

30）执行“样条曲线（SPL）”命令，过圆上侧绘制一条样条曲线，再使用“修剪（TR）”命令，修剪掉多余的线段，并对向视图进行倒圆角操作，如图 8-119 所示。

31）执行“圆（C）”命令，以垂直中心线与第二道圆弧交点为圆心创建小圆对象，如图 8-120 所示。

32）执行“阵列（AR）”命令，按照前面所讲的方法将绘制的螺孔轮廓进行环形阵列，设置项目数为 3，项目角度为 120° ，如图 8-121 所示。

33）在 *B* 向视图创建好后，最后对 *A* 向视图进行创建，同样选择“中心线”图层，绘制相交的中心线，如图 8-122 所示。

34）执行“圆（C）”命令，以两条中心线交点为圆心绘制圆对象，如图 8-123 所示。

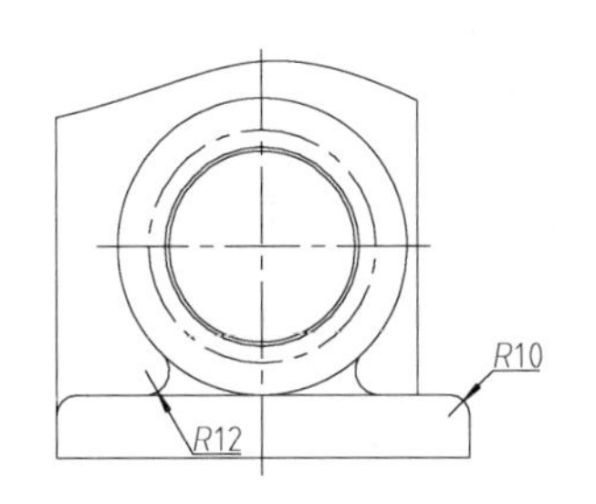

图 8-119 *B* 向视图的创建

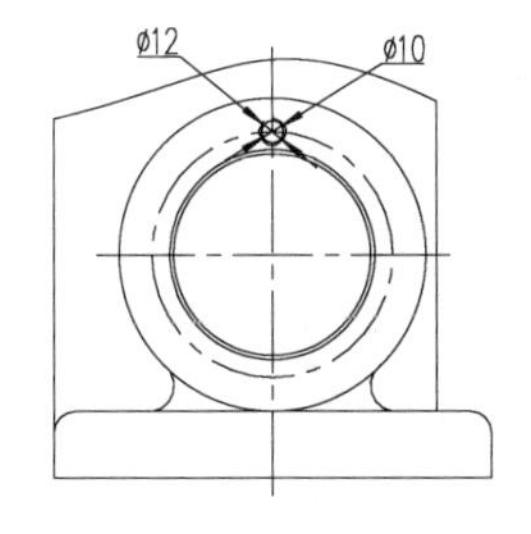

图 8-120 螺孔轮廓的创建

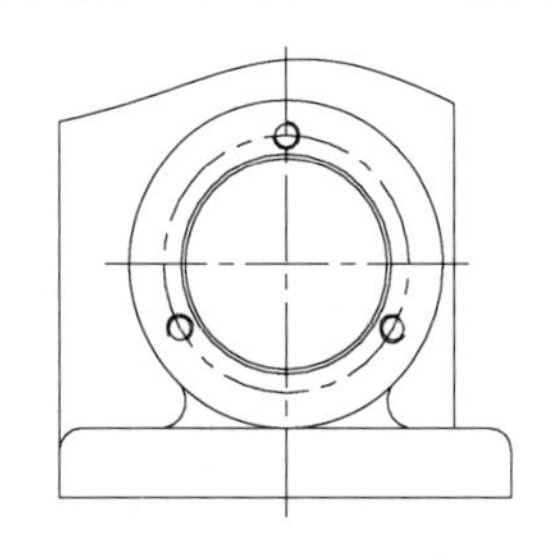

图 8-121 阵列螺孔轮廓

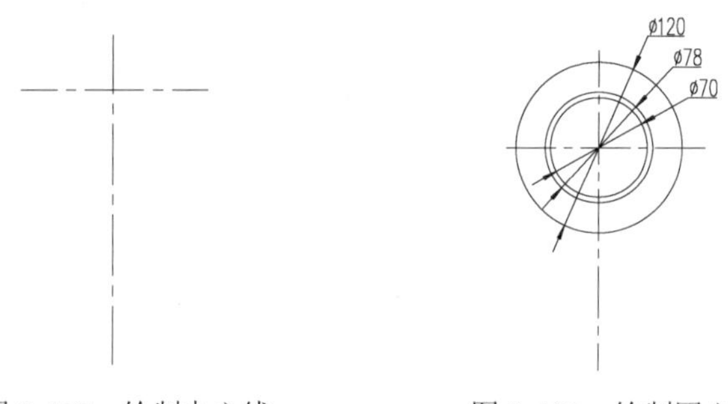

图 8-122　绘制中心线　　　　图 8-123　绘制同心圆

35）执行“偏移（O）”命令，将中心线按不同的方向和尺寸进行相应的偏移，如图 8-124 所示。

36）执行“样条曲线（SPL）”命令，过圆和水平直线绘制两条不规则的样条曲线，使形成完全封闭效果，再修剪多余线条并倒圆角，如图 8-125 所示。

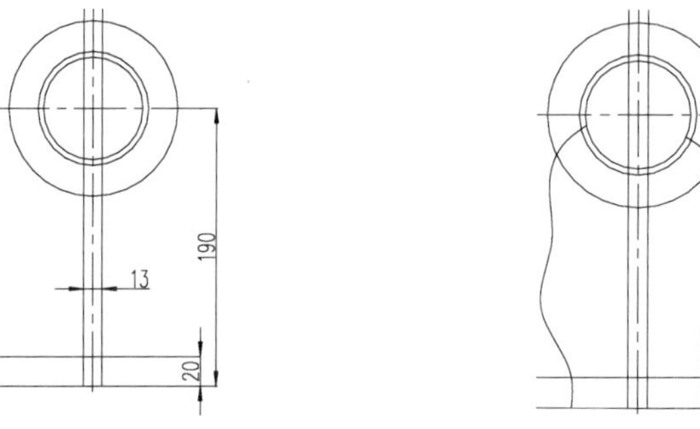

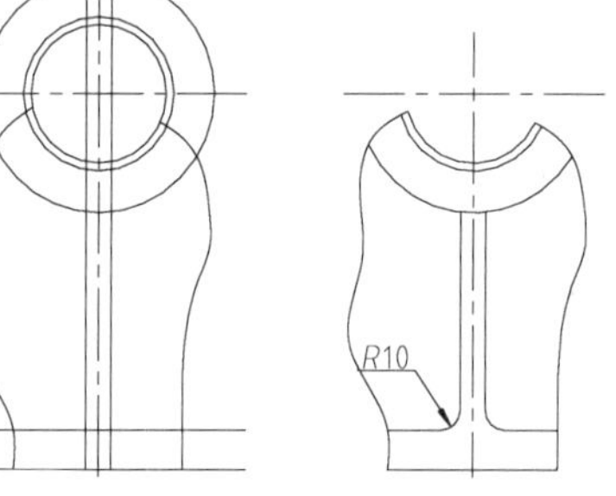

图 8-124　偏移直线　　　　图 8-125　*A* 向视图轮廓创建

37）在整个蜗杆箱体的视图绘制完成后，选择“尺寸与公差”图层，对已绘制好的视图进行尺寸标注，标注完成后的效果如图 8-126 所示。

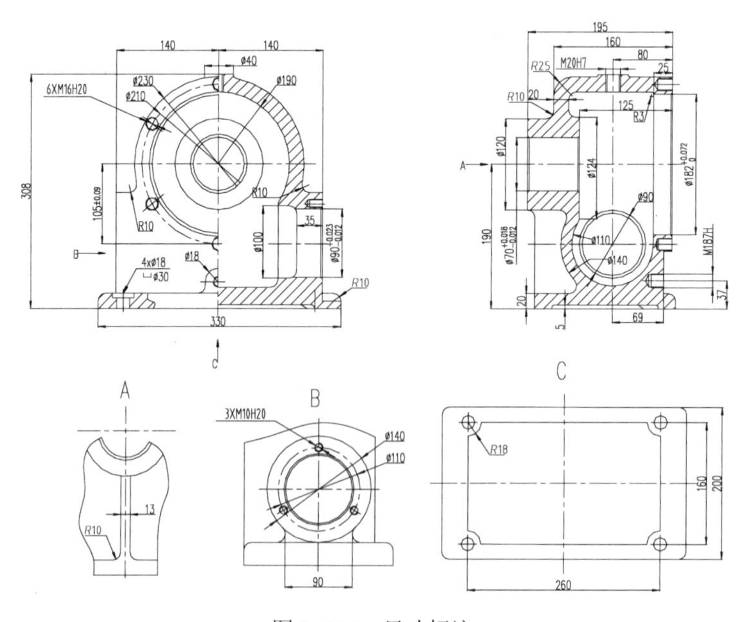

图 8-126　尺寸标注

38）到此，整个蜗杆箱体的视图就绘制完成了，用户直接按〈Ctrl+S〉组合键即可进行保存。

专业技能

用户在对绘制好的图形文件进行尺寸标注时，由于部分图形内部结构较为复杂，轮廓较多，因此在标注的时候个别地方可以省略，但在“技术要求”里面必须要给出提示（注意：省略的部分标注只有倒角和表面粗糙度符号），图 8-127 所示为一完整的机械零件图样效果。

图中未标注的倒角尺寸在“技术要求”里面有具体说明，而表面粗糙度符号未标注的，在图样右上角“其余”位置处有具体说明。

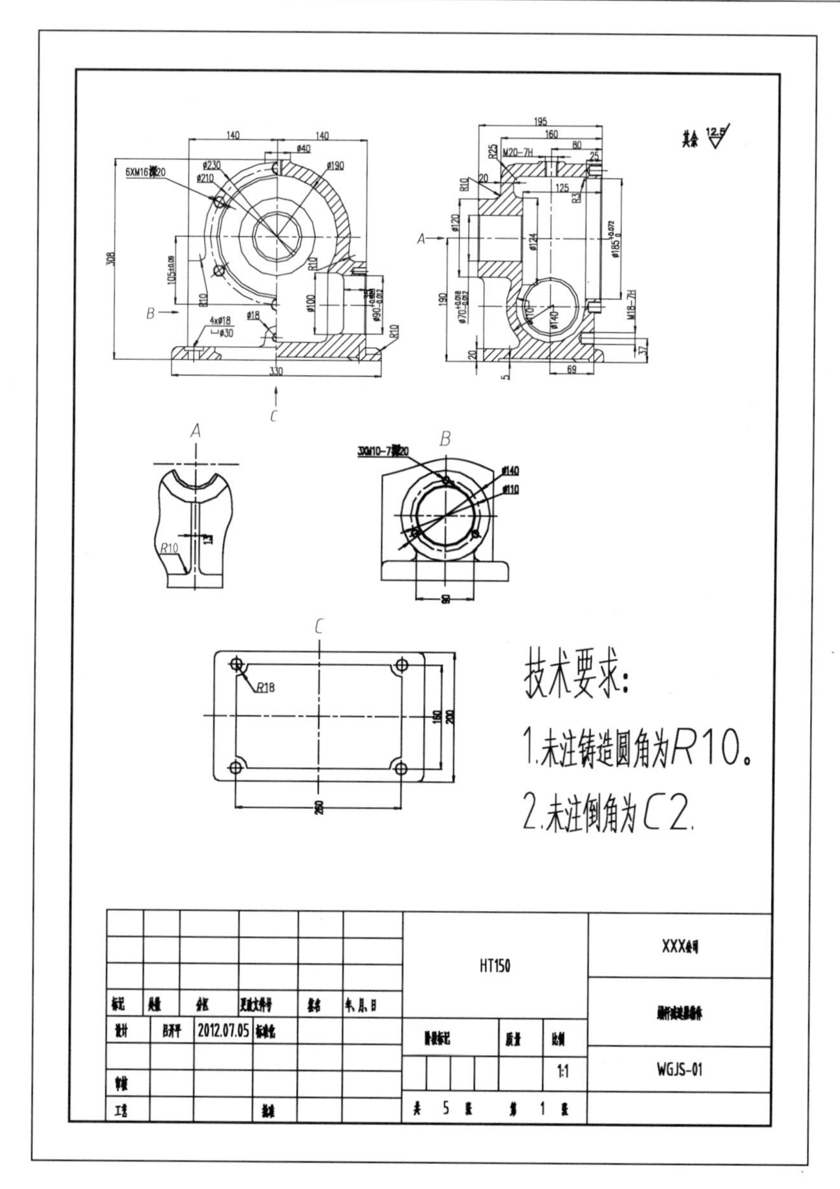

图 8-127 蜗杆箱体零件图

8.7　手轮零件的绘制

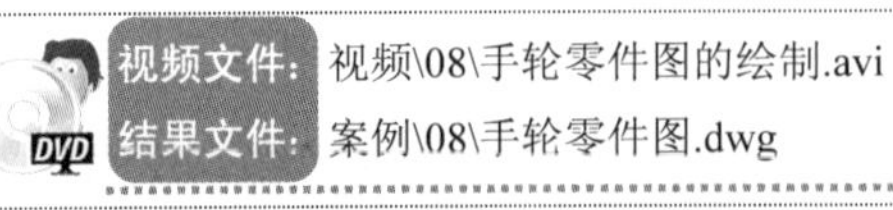
视频文件：视频\08\手轮零件图的绘制.avi
结果文件：案例\08\手轮零件图.dwg

首先打开“机械样板.dwt”文件，再将其另存为新的“手轮零件图.dwg”文件，要求绘制十字中心线，并绘制几个同心圆，再绘制斜线段，并将斜线段进行偏移，再进行环形阵列，然后对其进行圆角和修剪操作，从而完成手轮左视图的绘制，再根据要求绘制手轮断面图的轮廓对象，最后对其图形进行尺寸标注。

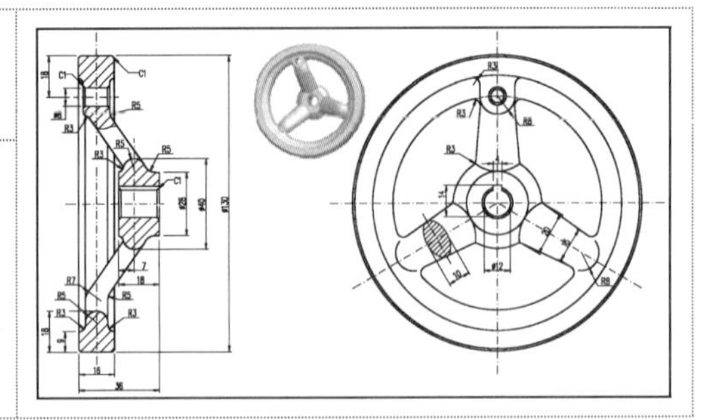

1）正常启动 AutoCAD 2013 软件，执行“文件”→“打开”菜单命令，打开“案例\08\机械样板.dwt”文件，再执行“文件”→“另存为”菜单命令，将其另存为“案例\08\手轮零件图.dwg”文件。

2）将“中心线”图层设置为当前图层，使用“直线（L）”命令绘制长度约为 15 的、互相垂直的垂直线段和水平中心线段。

3）将“粗实线”图层设置为当前图层，执行“圆（C）”命令，以两条中心线的交点作为圆心，绘制直径为 130 的圆，再执行“偏移（O）”命令，将该圆向内分别偏移 1、9 和 18，从而绘制手轮的外圆轮廓，如图 8-128 所示。

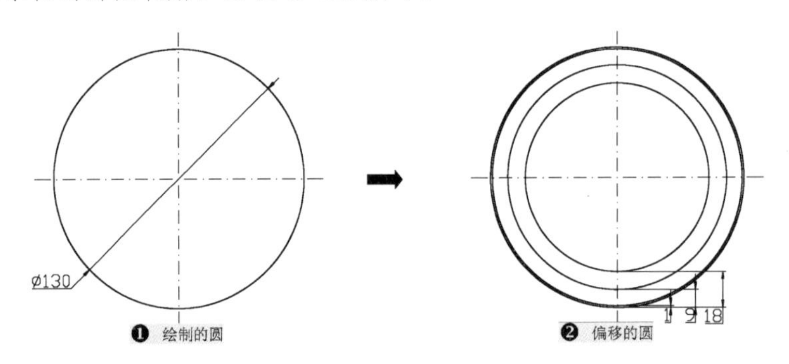

图 8-128　绘制圆并偏移圆

4）执行“圆（C）”命令，绘制直径分别为 40、28、14 和 12 的同心圆，再根据要求绘制内圆的插槽，如图 8-129 所示。

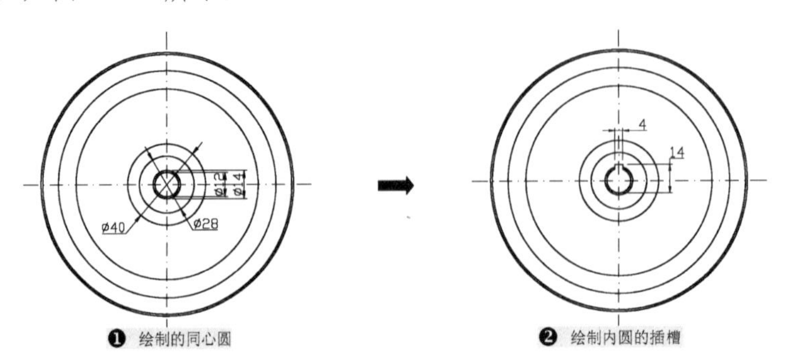

图 8-129　绘制同心圆和插槽

5）执行“直线（L）”命令，捕捉圆心点为起点，再输入“@75<-30”确定端点，从而绘制与水平线夹角为-30°的斜线，并将其转换为中心线，再执行“偏移（O）”命令，将该斜线段分别向两侧各偏移7.5和10，如图8-130所示。

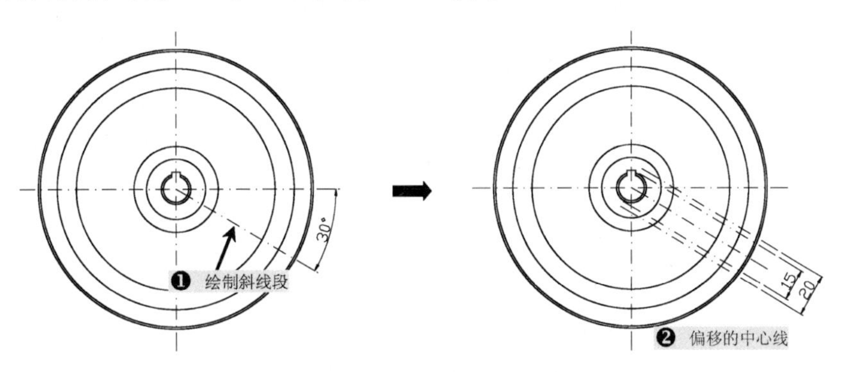

图8-130 绘制斜线段并偏移

6）在“绘制”工具栏中单击“构造线”按钮，捕捉指定的起点和终点来绘制两条构造线，再执行“修剪（TR）”命令，将多余的构造线进行修剪，如图8-131所示。

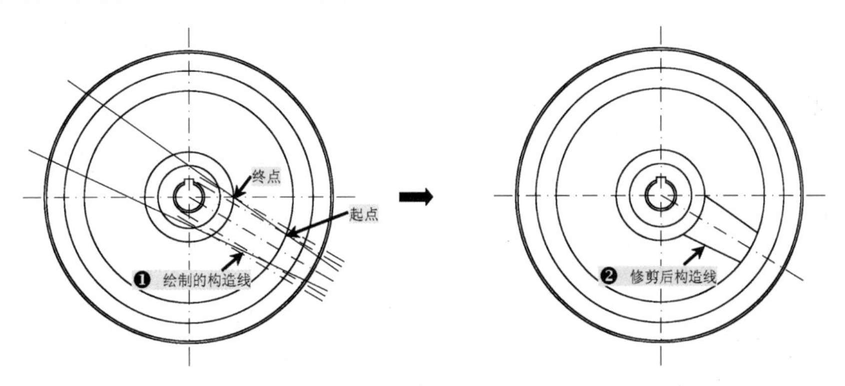

图8-131 绘制的构造线

7）执行“圆弧（ARC）”命令，分别捕捉相应的交点来绘制一段圆弧，再执行“绘图”→“圆弧”→“起点、端点、半径”命令，绘制半径为8的圆弧，如图8-132所示。

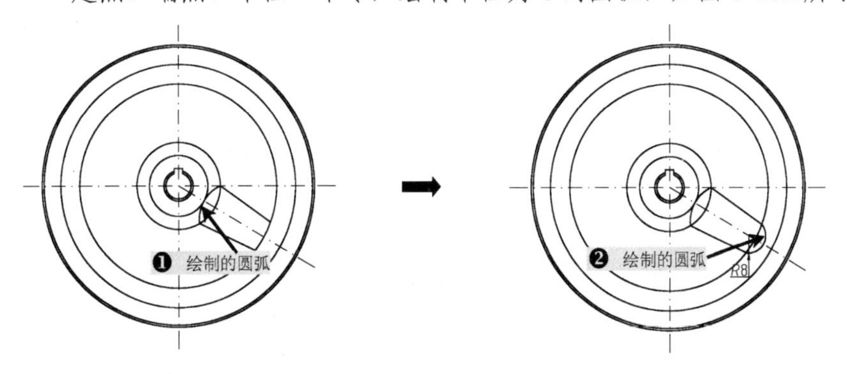

图8-132 绘制的圆弧

8）执行“阵列（AR）”命令，将刚绘制的斜线段、构造线、圆弧对象，按照圆心点进行环形阵列，阵列的数量为3，再执行“修剪（TR）”命令，对多余的圆弧进行修剪，如

图 8-133 所示。

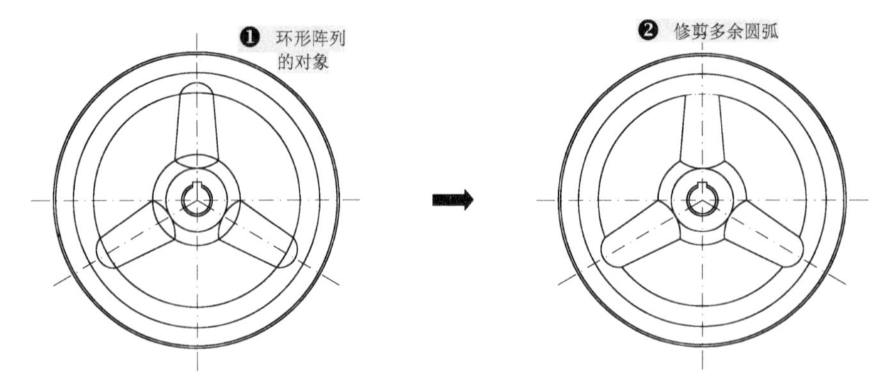

图 8-133　环形阵列并修剪多余圆弧

9）执行“圆角（F）”命令，按照半径为 3 对拐角处进行圆角处理，再执行“圆（C）”命令，在手轮的上侧绘制半径分别为 8、4、2 的同心圆，再执行“修剪”和“圆角”命令，对其进行修剪和圆角操作，从而完成手轮圆孔的绘制，如图 8-134 所示。

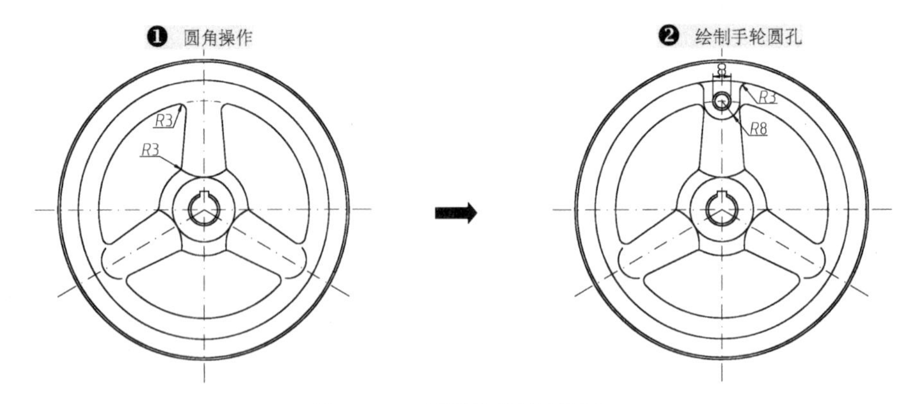

图 8-134　倒圆角并绘制圆孔

10）执行“构造线（XPL）”命令，根据命令行提示选择“角度（A）”选项，再选择“参照（R）”选项，根据命令行提示选择图形左下侧手轮图形上的中心线，再输入构造线的角度为 90°，使之与夹角为 120° 的中心线垂直，再执行“偏移（O）”命令，将该构造线向两侧各偏移 5，再将绘制和偏移的构造线转换为“中心线”图层，如图 8-135 所示。

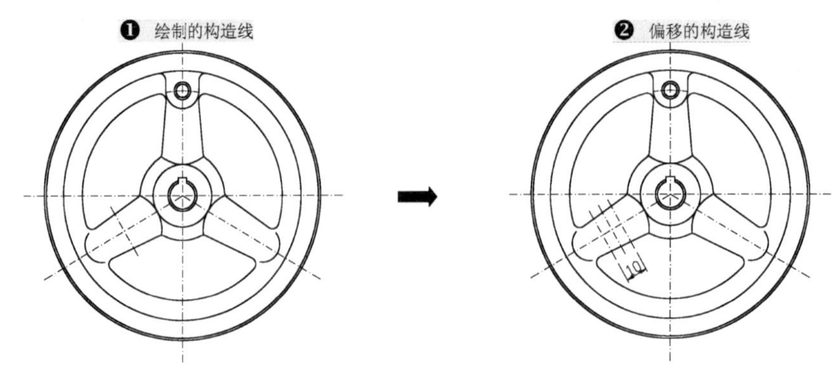

图 8-135　绘制构造线并偏移

11）执行“椭圆（EL）”命令，根据命令行提示选择“中心点（C）”选项，捕捉指定交点作为椭圆的中心点，再指定轴端点和另一条半轴长度，从而绘制椭圆，然后将多余的中心线删除，再执行“图案填充（H）”命令，对其进行 ANSI31 图案填充，填充的比例为 0.5，如图 8-136 所示。

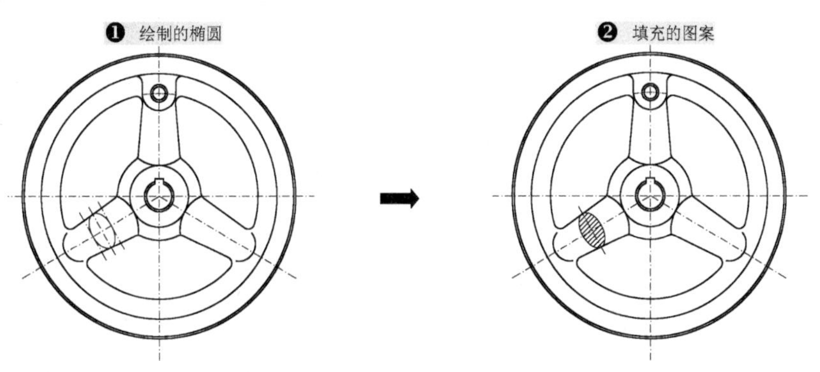

图 8-136　绘制椭圆并图案填充

12）执行“复制（CO）”命令，将水平和垂直中心线向左侧进行复制操作，如图 8-137 所示。

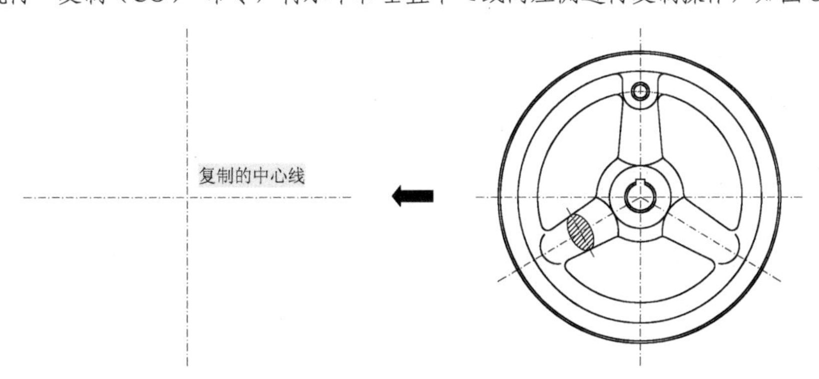

图 8-137　复制中心线

13）执行“偏移（O）”命令，将左侧的水平中心线向上、下各偏移 65，将下侧偏移的水平中心线向上偏移 9 和 18，将上侧偏移的水平中心线向下偏移 18，再将该偏移的中心线向两侧各偏移 4 和 8，最后将垂直中心线向左、右各偏移 5、8，如图 8-138 所示。

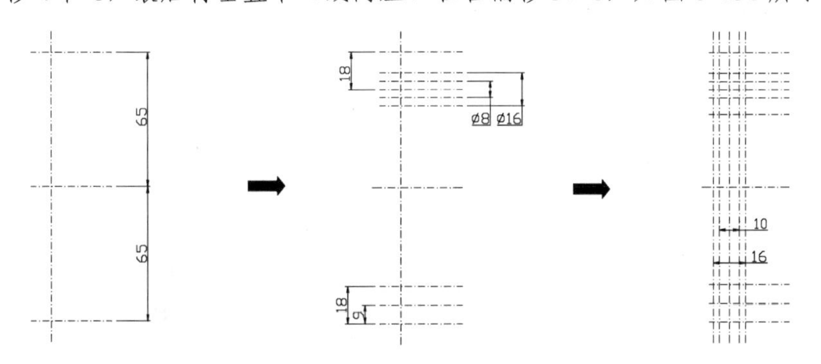

图 8-138　偏移中心线

14）执行“多段线（PL）”命令，捕捉指定的交点绘制多个多段线，执行“偏移（O）”命令，再对上侧指定的多段线向左、右偏移各 1，然后执行“修剪（TR）”命令，将多余的多段线进行修剪，如图 8-139 所示。

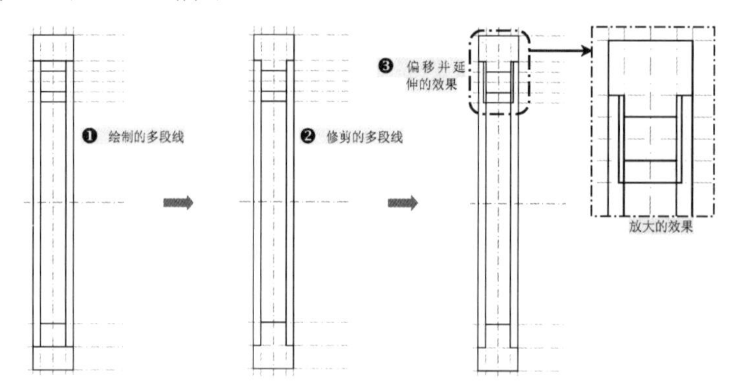

图 8-139 绘制多段线并进行修剪

15）执行“倒角（CHA）”命令，对手轮上、下两端按照倒角距离为 1 进行倒角处理，再执行“圆角（F）”命令，按照半径为 2、3 和 5 进行圆角处理，如图 8-140 所示。

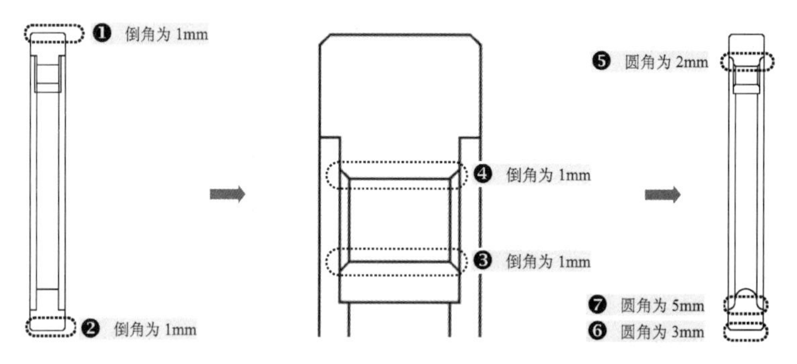

图 8-140 进行倒角和圆角处理

提示：用户可以将“中心线”图层临时关闭，以便更好地操作和观察

16）执行“偏移（O）”命令，将最左侧的垂直中心线向右偏移 36，再将偏移的垂直中心线向左侧偏移 18，接着将中间的水平中心线向上、下各偏移 14、20，然后执行“多段线（PL）”命令，来捕捉相应的交点绘制线段，如图 8-141 所示。

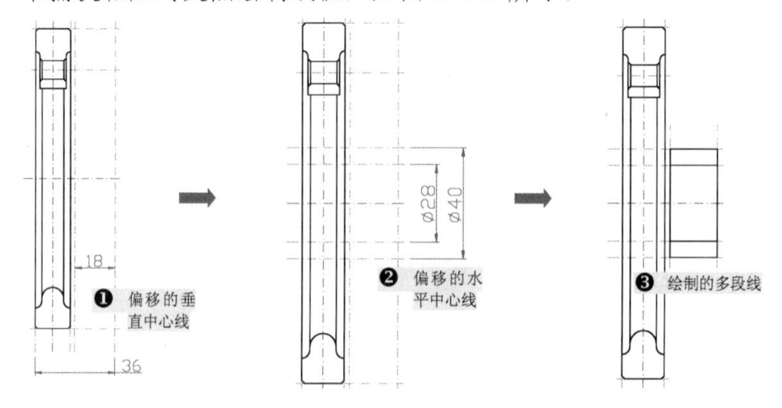

图 8-141 偏移中心线并绘制线段

17）按照前面所讲的方法，使用“偏移”、“直线”等命令，绘制如图 8-142 所示圆孔及插槽效果。

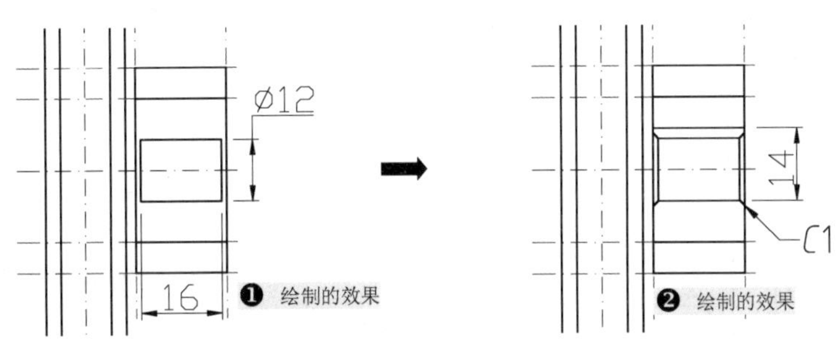

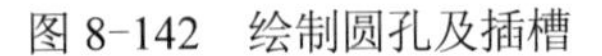
图 8-142　绘制圆孔及插槽

18）执行“偏移（O）”命令，将指定的垂直中心线向右侧偏移 7，再执行“圆（C）”命令，绘制一个半径为 5 的圆，使圆的下侧象限点与指定的交点重合，再执行“绘图”→“圆”→“相切、相切、半径”命令，绘制半径为 3 和 5 的两个圆，如图 8-143 所示。

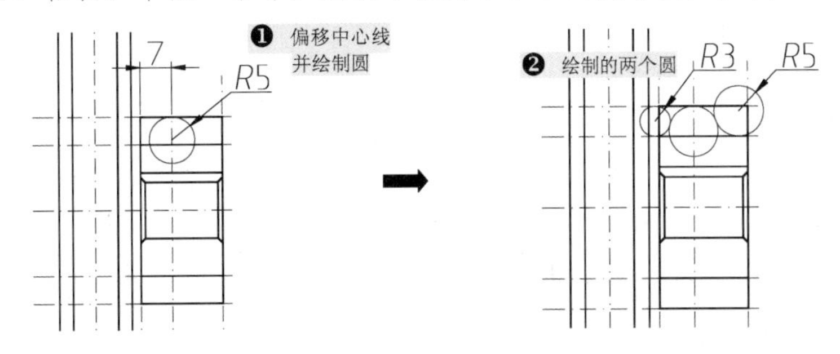

图 8-143　偏移中心线并绘制圆

19）执行“直线（L）”命令，捕捉指定的端点作为起点，再捕捉中间半径为 5 的圆的切点作为终点，来绘制一条斜线段，接着执行“复制（CO）”命令，选择该斜线段右下侧的端点作为起点，然后捕捉半径为 3 和 5 圆的交点作为复制的目标点，从而复制一条斜线段，如图 8-144 所示。

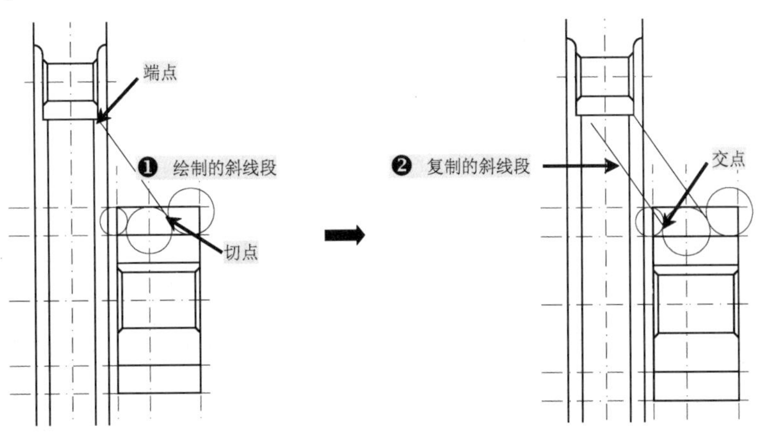

图 8-144　绘制斜线段并复制

20）执行“镜像（MI）”命令，将前面绘制的圆和斜线段进行垂直镜像，再执行“修剪（TR）”命令，将多余的圆弧和线段进行修剪，如图 8-145 所示。

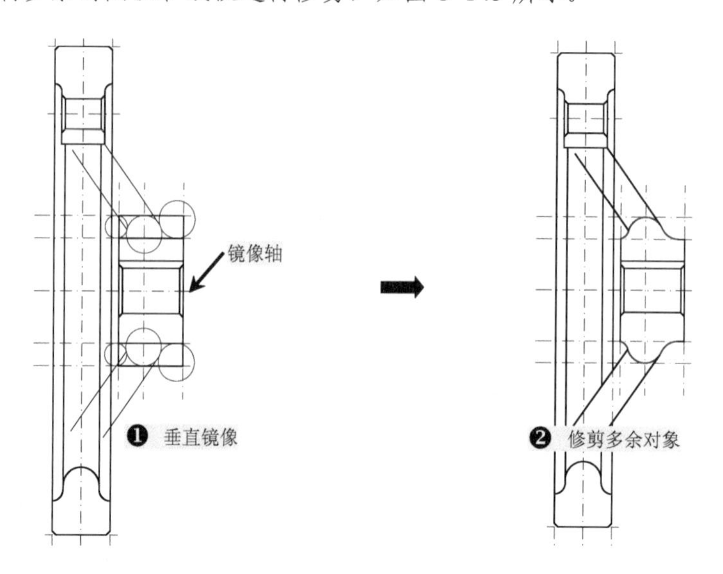

图 8-145　镜像操作并修剪多余对象

21）执行“倒角”、“圆角”、“修剪”等命令，对图形按照图 8-146 所示进行处理和修剪。

22）执行“样条曲线（SPL）”命令，绘制一样条曲线，再执行“图案填充（H）”命令，对指定的区域进行图案填充，填充的图案为 ANSI31，比例为 1，从而完成剖视图形的绘制，如图 8-147 所示。

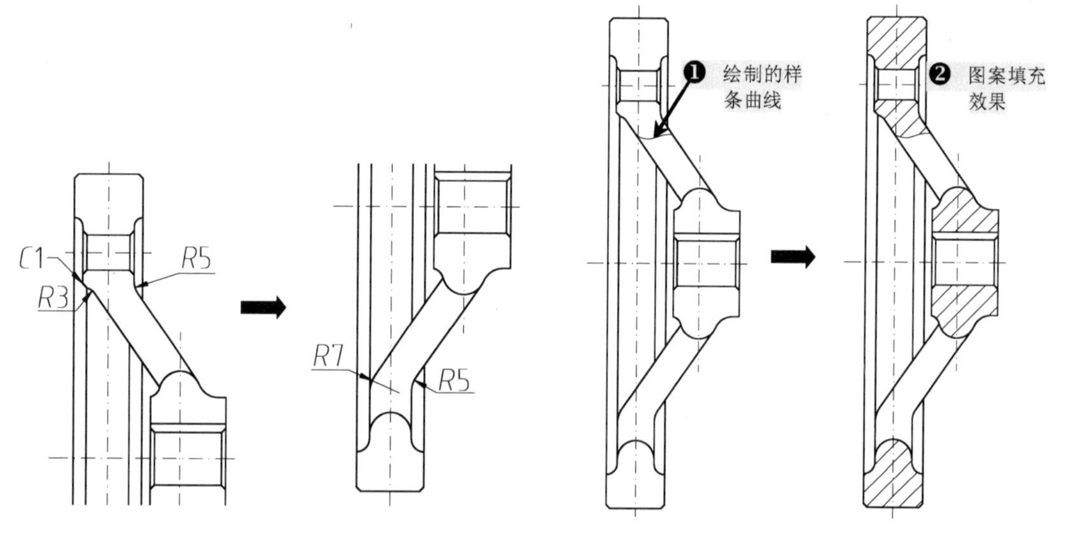

图 8-146　圆角和修剪操作

图 8-147　进行图案填充

23）将“尺寸与公差”图层设置为当前图层，在“标注”工具栏中单击“线性”按钮和“对齐”按钮按钮，对右侧手轮的左视图进行线性尺寸标注，再单击“半径”按钮，对其进行半径标注，如图 8-148 所示。

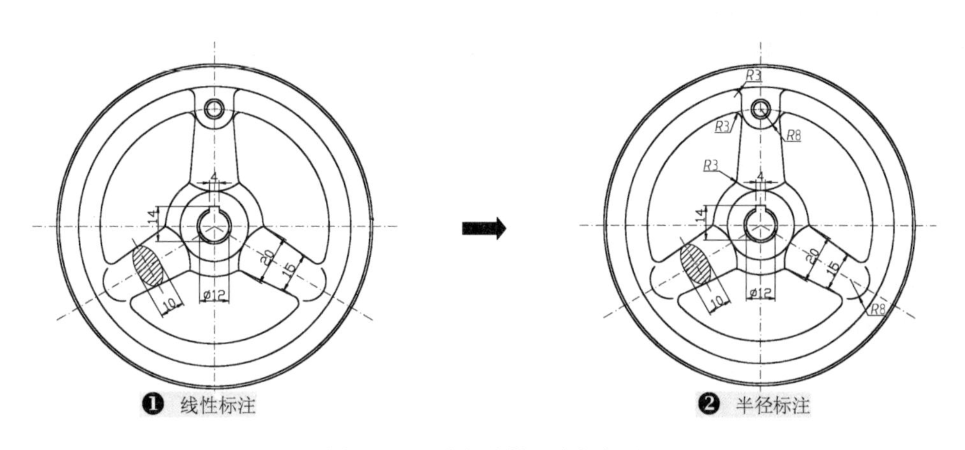

图 8-148　进行线性和半径标注

24）同样，单击“线性”按钮，对其左侧的剖视图进行线性和直径标注，如图 8-149 所示。

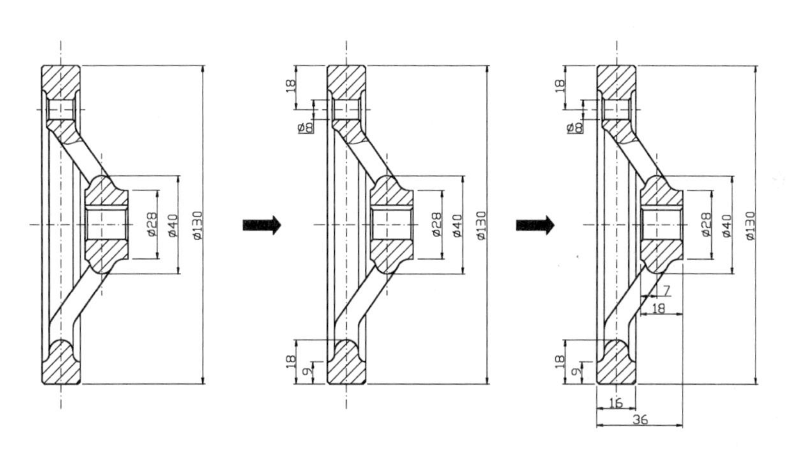

图 8-149　进行线性和直径标注

25）单击“半径”按钮和“引线”按钮，对剖视图进行圆角和倒角标注，从而完成剖视图的标注，如图 8-150 所示。

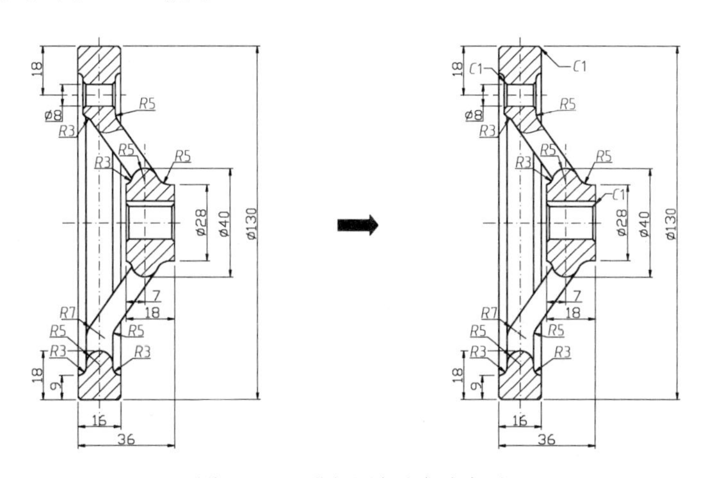

图 8-150　进行圆角和倒角标注

26）至此，该手轮零件图的左视图和剖视图对象已经绘制完成，按〈Ctrl+S〉组合键进行保存。

8.8 拨叉零件的绘制

视频文件：视频\08\拨叉零件图的绘制.avi

结果文件：案例\08\拨叉零件图.dwg

首先打开“机械样板.dwt”文件，再将其另存为新的“拨叉零件图.dwg”文件，接着绘制拨叉俯视图的轮廓对象，并绘制凸台对象的剖视图，以及绘制连接肋的断面图形轮廓对象，然后根据俯视图，将其中心线对象垂直向上复制，并以此绘制主视图的轮廓对象，最后对图形进行尺寸标注。

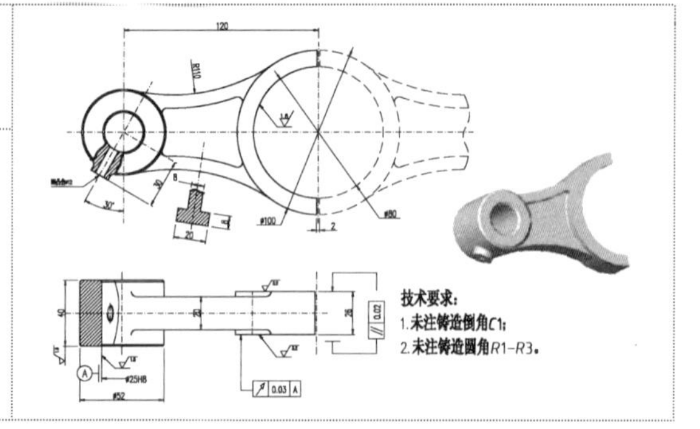

1）正常启动 AutoCAD 2013 软件，执行“文件”→“打开”菜单命令，打开“案例\08\机械样板.dwt”文件，再执行“文件”→“另存为”菜单命令，将其另存为“案例\08\拨叉零件图.dwg”文件。

2）将“中心线”图层设置为当前图层，使用“直线（L）”命令绘制长度约为 250 的水平中心线，再在水平中心线左侧绘制长度约为 110 的垂直中心线，再执行“偏移（O）”命令，将垂直中心线向右侧偏移 120。

3）将“粗实线”图层设置为当前图层，执行“圆（C）”命令，以左侧两条中心线的交点作为圆心点，绘制直径分别为 52 和 26 的两个同心圆，再执行“偏移（O）”命令，将两个圆分别向内偏移 1，如图 8-151 所示。

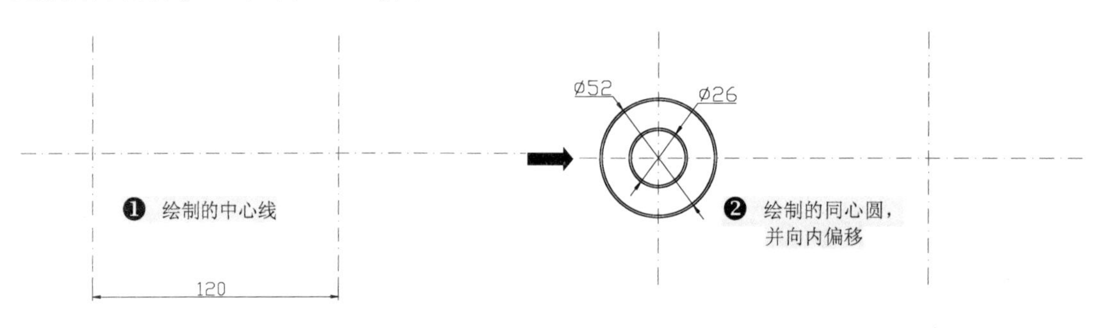

图 8-151　绘制中心线和圆

4）执行“构造线（XL）”命令，根据命令行提示选择“角度（A）”选项，输入构造线角度为 60°。捕捉左侧中心线的交点，再执行“构造线（XL）”命令，根据命令行提示选择“角度（A）”选项，再选择“参照（R）”选项，选择刚绘制的夹角为 60° 的构造线作为参照对象，输入构造线角度为 90°。执行“偏移（O）”命令，将绘制的构造线向左侧偏移 30，然后将构造线转换为“中心线”图层，如图 8-152 所示。

5）根据图形的要求，执行“偏移（O）”命令，将指定的中心构造线向两侧各偏移 3 和 6。执行“直线（L）”命令，捕捉相应的交点来绘制直线段，如图 8-153 所示。

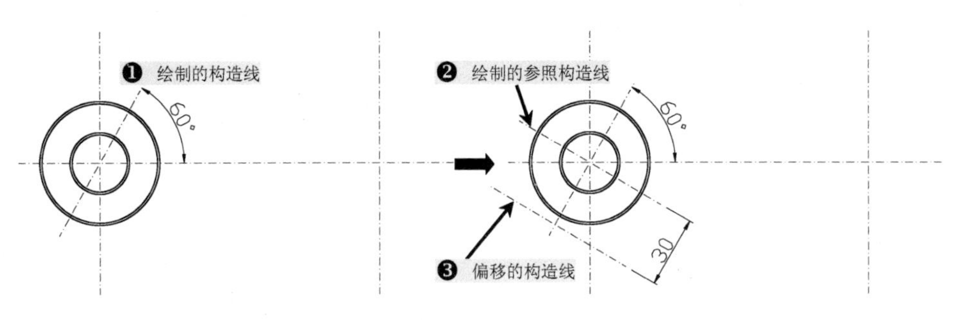

图 8-152　绘制并偏移构造线

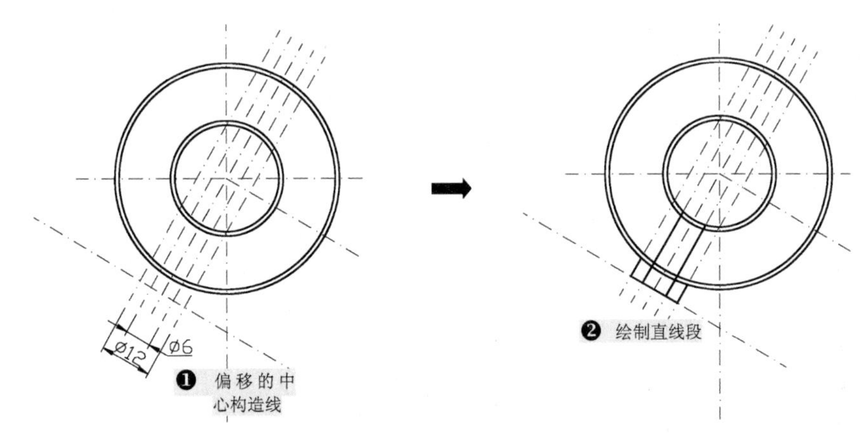

图 8-153　偏移中心线并绘制直线段

6）执行“圆角（F）”命令，按照半径为 3 对指定的拐角进行圆角处理。执行“样条曲线（SPL）”命令，绘制一样条曲线，再对其进行镜像复制。执行“修剪（TR）”命令，将多余的圆弧进行修剪，最后执行“图案填充（H）”命令，对指定的剖视区域进行 ANSI 31 图案填充，填充比例为 0.5，如图 8-154 所示。

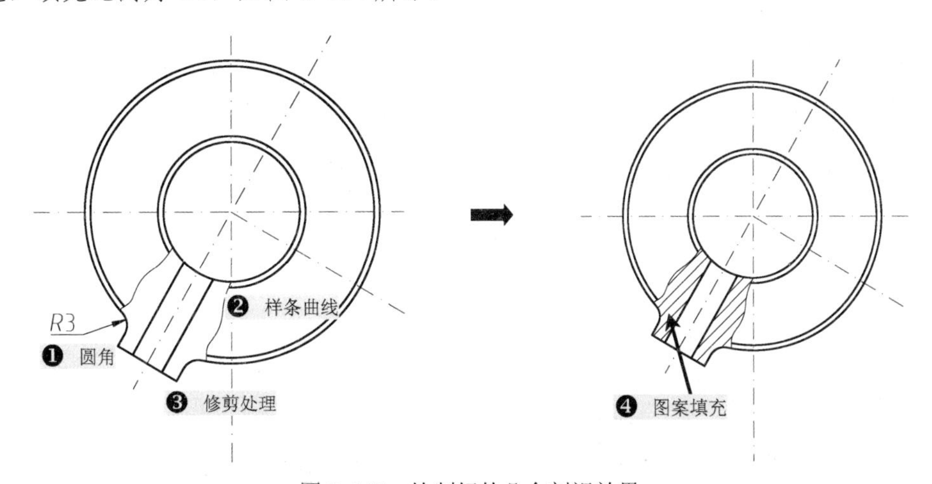

图 8-154　绘制好的凸台剖视效果

7）执行“圆（C）”命令，以右侧两条中心线的交点作为圆心点，绘制直径分别为 100 和 80 的两个同心圆，再通过“偏移”、“直线”、“修剪”等命令，将两个同心圆进行“分断”处理，如图 8-155 所示。

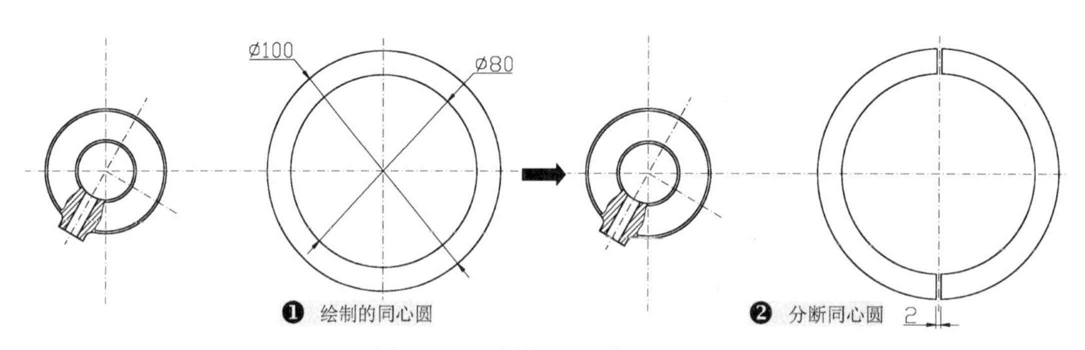

图 8-155　绘制同心圆并分断处理

8）执行“圆（C）”命令，根据命令行提示选择“相切、相切、半径（T）”选项，将光标靠近左侧大圆的右上侧位置（切点）并单击，再将光标靠近右侧大圆的左上侧位置（切点）并单击，然后输入半径 110，从而绘制与两个圆相切 *R*110 的圆，再对圆进行修剪处理，如图 8-156 所示。

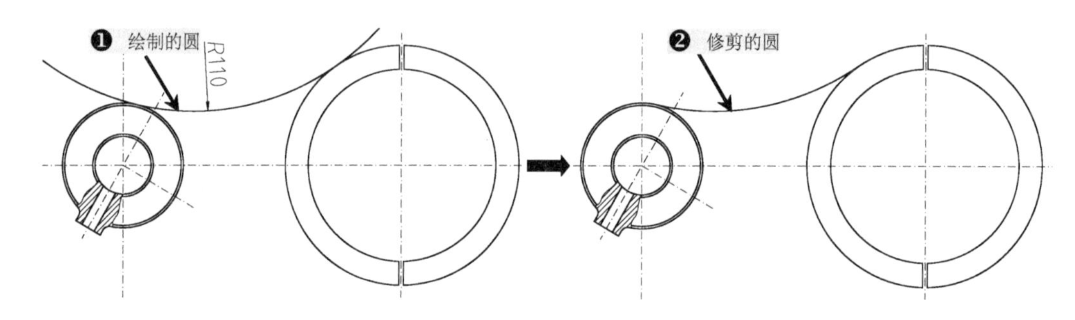

图 8-156　绘制圆并进行修剪

9）执行“偏移（O）”命令，将修剪后的圆弧对象向下偏移 8，且执行“修剪（TR）”命令，将多余的圆弧进行修剪。再执行“圆角（F）”命令，按照半径为 3 对其进行圆角处理，如图 8-157 所示。

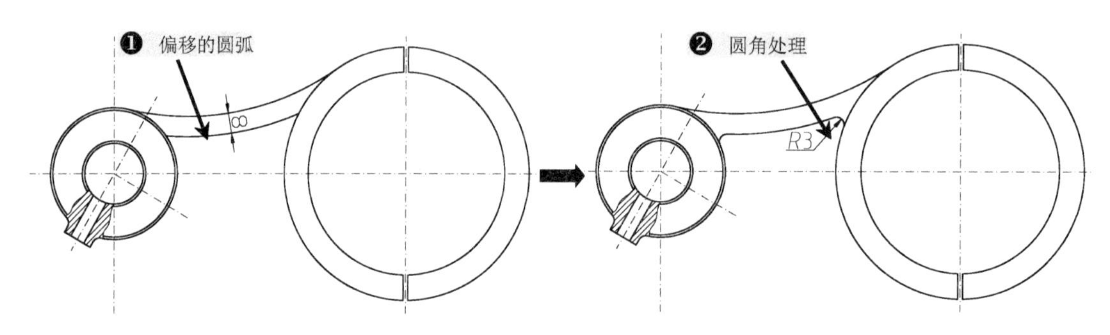

图 8-157　偏移圆弧并圆角处理

10）执行“镜像（MI）”命令，对水平中心线上侧的指定圆弧对象进行垂直镜像操作，同样再对其大圆左侧的圆弧对象进行水平镜像操作，如图 8-158 所示。

11）执行“样条曲线（SPL）”命令，在右侧绘制一样条曲线，再执行“修剪（TR）”命令，将多余的圆弧对象进行修剪，然后将右侧指定的对象转换为“细虚线”图层，如图 8-159 所示。

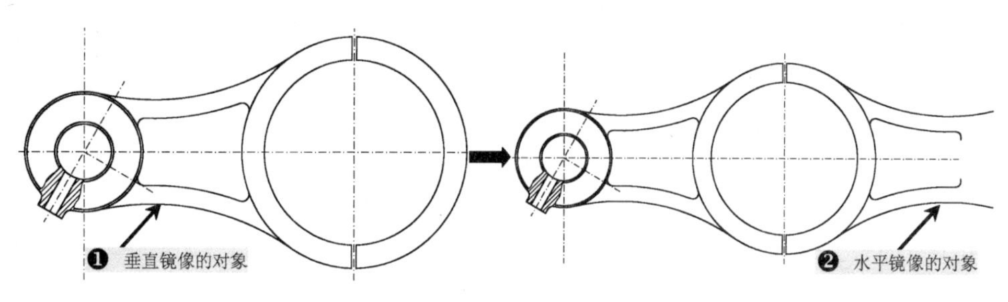

图 8-158 镜像操作

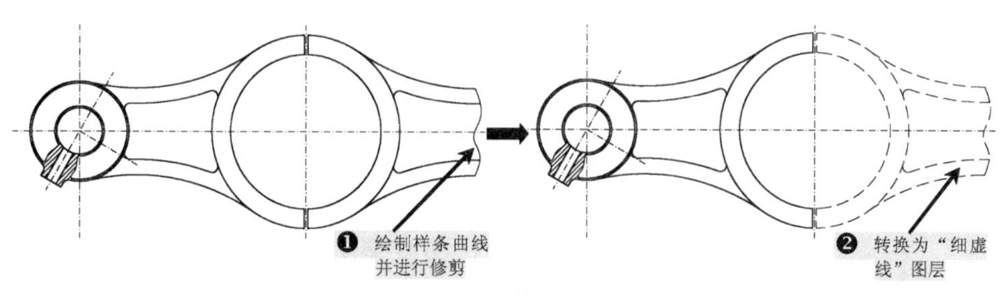

图 8-159 转换为细虚线对象

12）执行“直线（L）”命令，根据要求绘制一条与半径为 110 的圆弧对象垂直的直线段，且将其转换为“中心线”图层，使之成为剖切线，再根据图形的要求，来绘制断面图形对象，且进行图案填充，如图 8-160 所示。

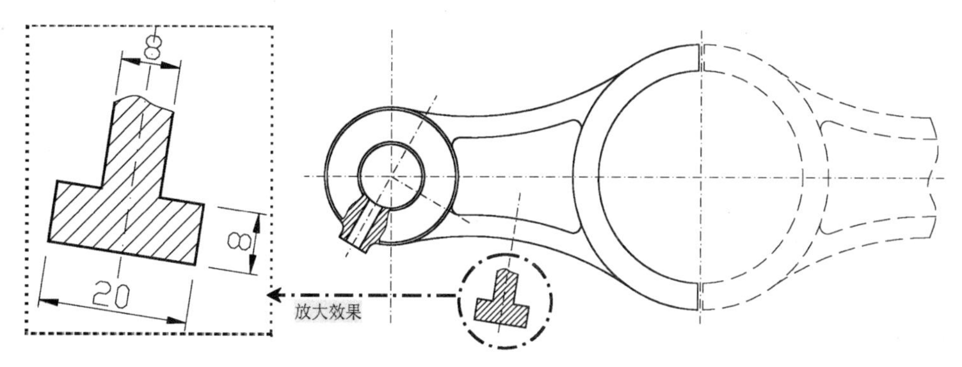

图 8-160 绘制的断面图形

13）执行“复制（CO）”命令，将水平和左、右两侧的垂直中心线对象垂直向下复制。

14）执行“矩形（REC）”命令，绘制 52 × 40 和 100 × 26 的两个矩形，分别将矩形的中心点与两个中心线的交点对齐，如图 8-161 所示。

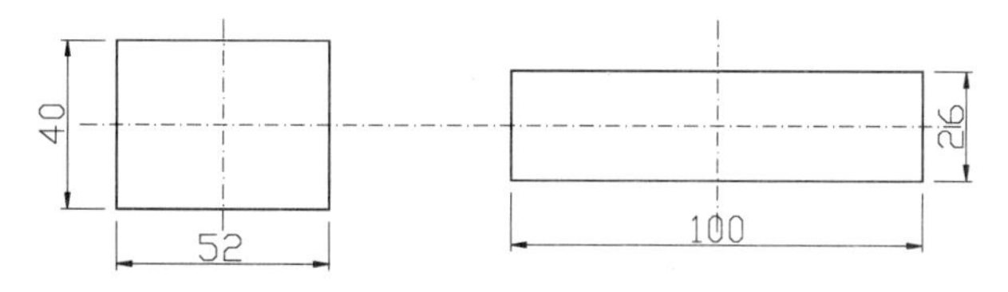

图 8-161 绘制的两个矩形

15）执行“倒角（CHA）”命令，将左侧的矩形的四个角按照倒角距离为 1 进行倒角处理。再执行“偏移（O）”命令，将左侧的垂直中心线向左侧偏移 12.5。再执行“直线（L）”命令，根据要求连接倒角线，如图 8-162 所示。

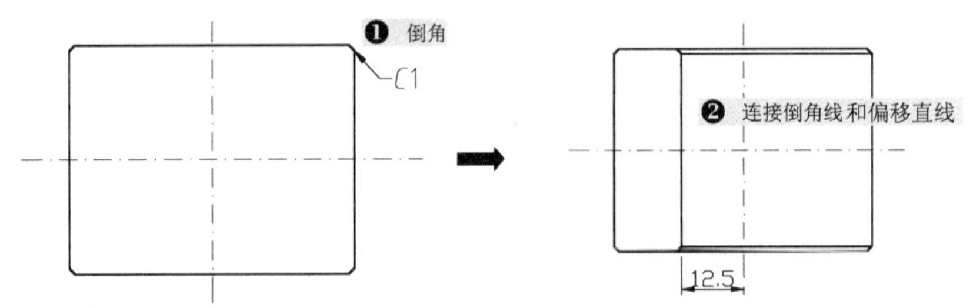

图 8-162 倒角处理并连接倒角线

16）执行“样条曲线（SPL）”命令，绘制剖视图样条曲线，再执行“椭圆（EL）”命令，绘制两个椭圆对象，然后执行“图案填充（H）”命令，对指定区域进行图案填充，如图 8-163 所示。

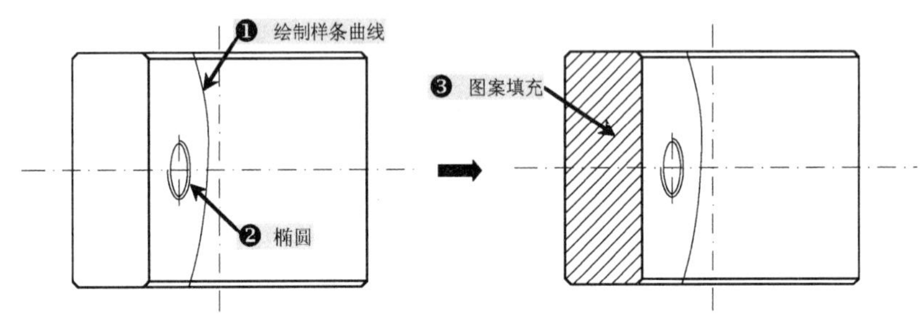

图 8-163 绘制剖切对象

17）执行“偏移（O）”命令，将右侧的垂直中心线向左侧偏移 1，再绘制相应的垂直线段，然后将多余的线段进行修剪，如图 8-164 所示。

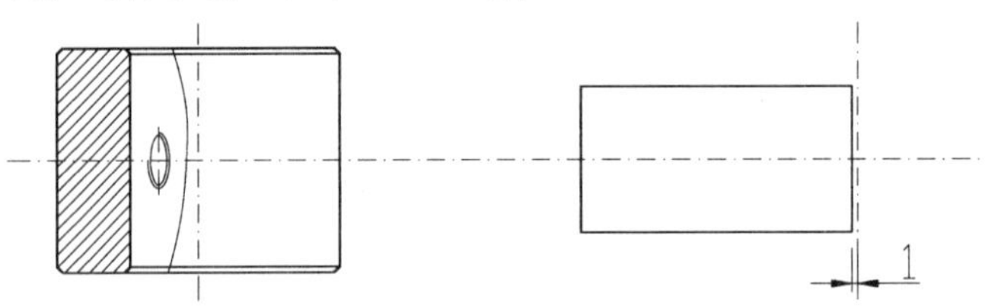

图 8-164 偏移并绘制的直线段

18）执行“直线（L）”命令，将下侧圆弧与外圆的交点作为起点，分别向下绘制垂直线段，且将其转换为“中心线”图层，再执行“偏移（O）”命令，将下侧的水平中心线分别向上、下各偏移 10，如图 8-165 所示。

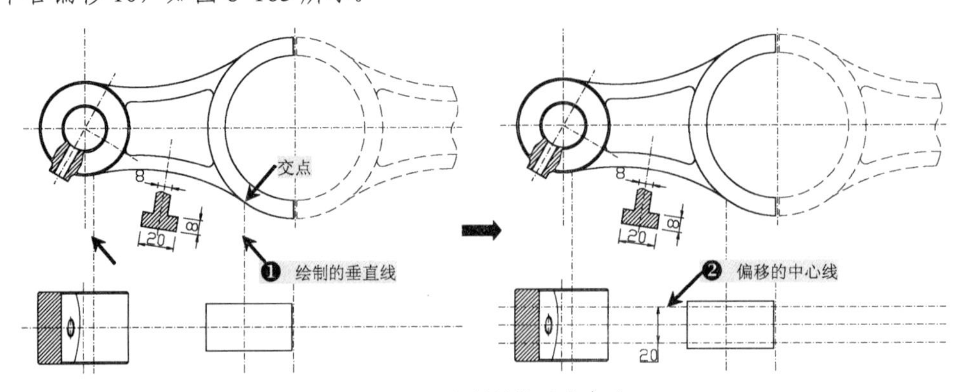

图 8-165 绘制并偏移中心线

19）执行“直线（L）”命令，捕捉相应的交点来绘制直线段，再执行“圆角（F）”命令，按照半径为 3 进行圆角处理，然后执行“修剪（TR）”命令，将多余的线段进行修剪处理，如图 8-166 所示。

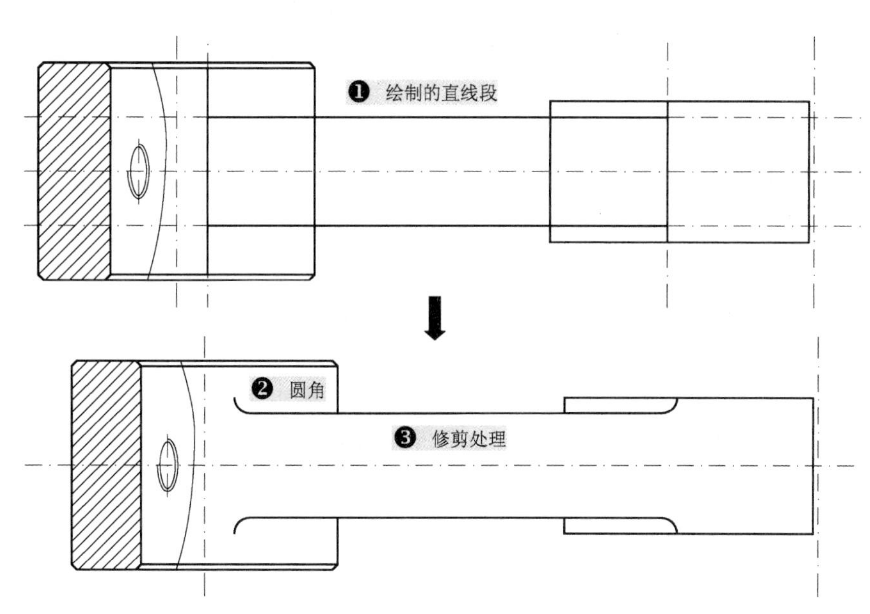

图 8-166　绘制直线并修剪处理

20）将“尺寸与公差”图层设置为当前图层，按照前面所讲的方法分别对图形进行尺寸和文字标注，如图 8-167 所示。

21）至此，拨叉零件图的俯视图和主视图对象已经绘制完成，按〈Ctrl+S〉组合键进行保存。

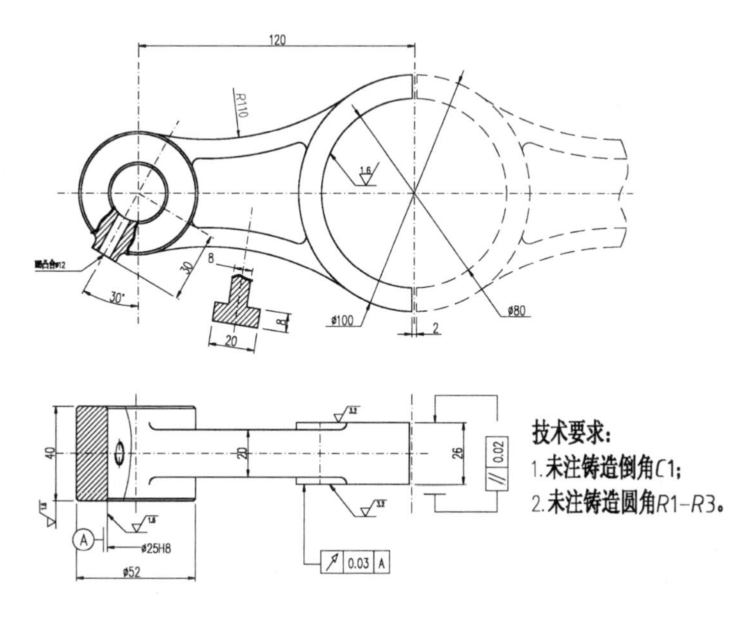

图 8-167　标注效果

第 9 章 零件图与装配图的绘制

本章导读

装配图是表达机器或部件的图样，主要表达其工作原理和装配关系。在机器设计过程中，装配图的绘制位于零件图之前，并且装配图与零件图所表达的内容也不同。它主要用于机器或部件的装配、调试、安装、维修等场合，也是生产中的一种重要的技术文件。

在本章中给出了两套二维装配图的实例来进行绘制练习，一个是结构较简单的连接板装配图和零件图，另一个是结构稍微复杂的钻模板装配图与零件图。让读者由简及难的对装配图进行相应的了解与掌握。

学习目标

☑ 熟练绘制连接板的各个零件图
☑ 熟悉并掌握装配的创建方法
☑ 熟练绘制钻模板的零件图
☑ 熟悉并掌握钻模板装配图的绘制方法

效果预览

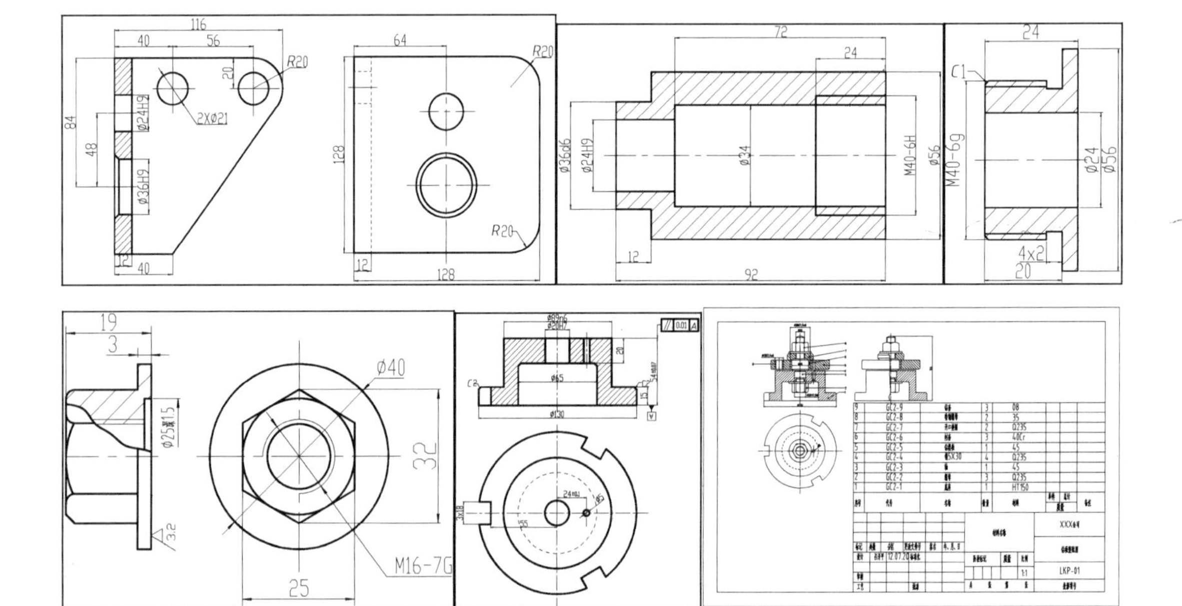

9.1　连接板-支架的绘制

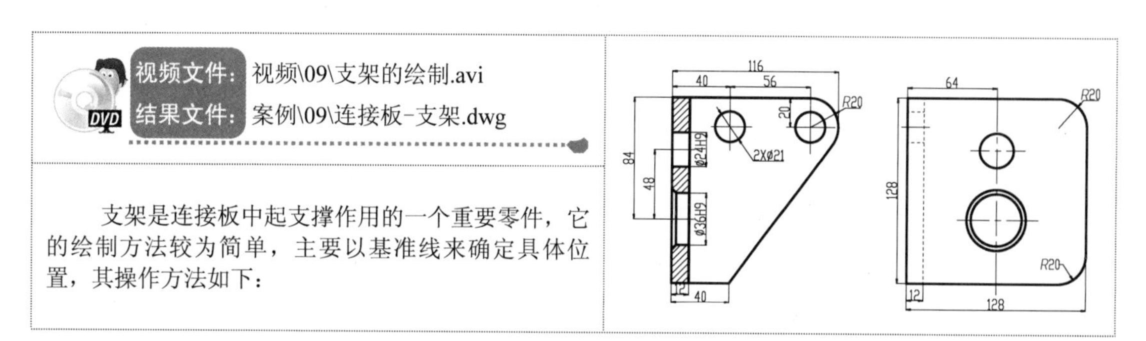

视频文件：视频\09\支架的绘制.avi

结果文件：案例\09\连接板-支架.dwg

支架是连接板中起支撑作用的一个重要零件，它的绘制方法较为简单，主要以基准线来确定具体位置，其操作方法如下：

1）正常启动 AutoCAD 2013 软件，选择“文件”→“打开”菜单命令，将“案例\09\机械样板.dwt”文件打开，再执行“文件”→“另存为”菜单命令，将其另存为“案例\09\连接板-支架.dwg”文件。

2）在“图层”工具栏的“图层控制”组合框中选择“粗实线”图层，使之成为当前图层。

3）执行“矩形（REC）”命令，在空白区域绘制一个 128×128 的矩形对象，如图 9-1 所示。

4）执行“分解（X）”命令，将绘制的矩形对象进行分解操作，然后执行“偏移（O）”命令，将矩形的边线进行相应的尺寸偏移，如图 9-2 所示。

提示

用户在打开样本文件后，可以选择“格式”→“标注样式”命令，将“标注管理器”对话框中的文字高度改为 7，箭头大小改为 3，或者选择“格式”→“线型”命令，将“全局比例因子”改为 2，再单击“确定”按钮就可以了。

5）选择偏移的线条，然后将部分线条进行相应图层的转换，转换效果如图 9-3 所示。

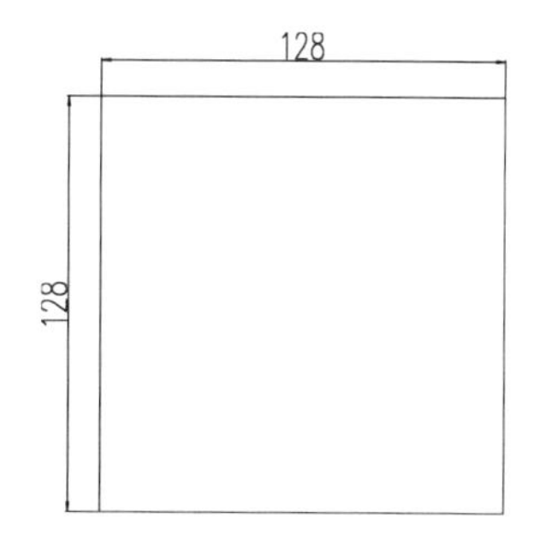

图 9-1　绘制的矩形

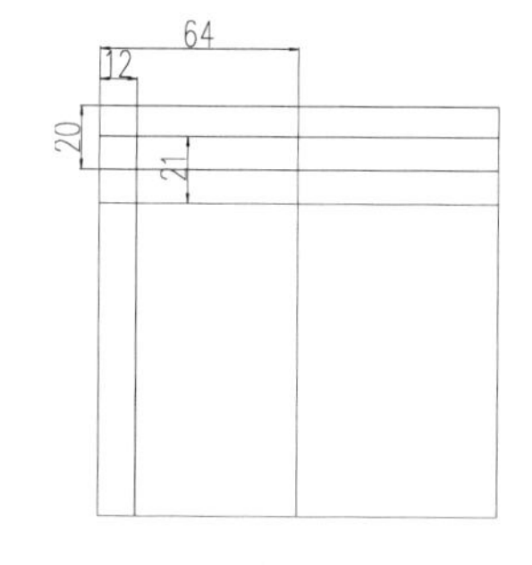

图 9-2　偏移矩形边

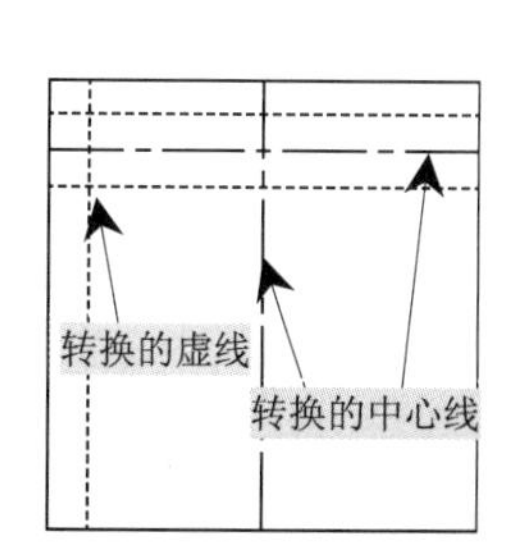

图 9-3　线型的转换

6）使用“修剪（TR）”命令，修剪掉多余的线段，并对部分转换的中心线进行相应的调整，如图 9-4 所示。

7）继续执行“偏移”、“修剪”等命令对内部相应轮廓进行创建，如图 9-5 所示。

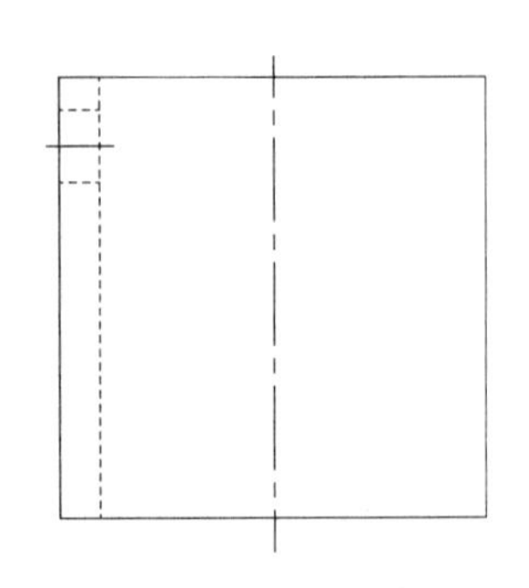

图 9-4　修剪效果

图 9-5　内部轮廓的创建

8）选择“粗实线”图层，并执行“圆（C）”命令，再以不同中心线交点为圆心绘制圆对象，如图 9-6 所示。

9）执行“圆角（F）”命令，对创建的轮廓右侧两个角点位置处进行倒圆角操作，其半径为 20，如图 9-7 所示。

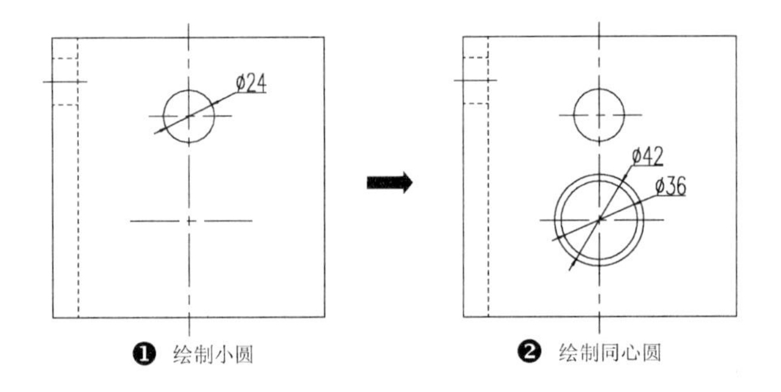

图 9-6　绘制圆对象

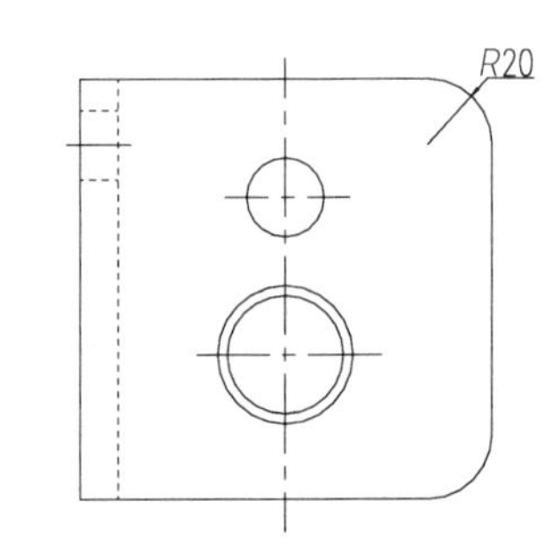

图 9-7　倒圆角

10）选择“粗实线”图层，执行“直线（L）”命令，过支架左视图相应的轮廓向左侧引伸直线，并在左侧位置处再绘制一条垂直线段，如图 9-8 所示。

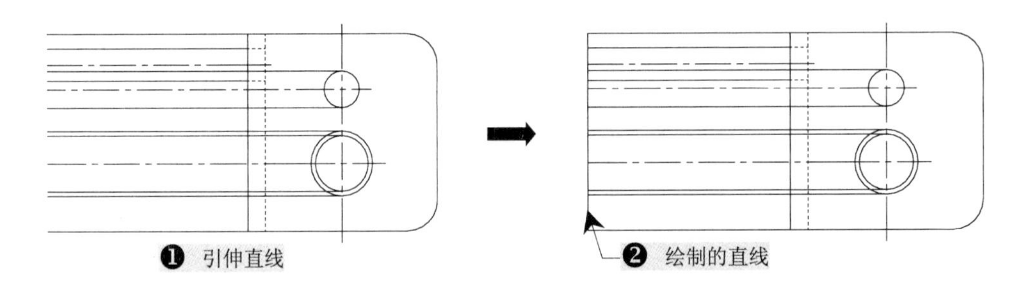

图 9-8　引伸并绘制直线

11）执行“偏移（O）”命令，将绘制的垂直线向右侧进行相应的偏移，使用“修剪（TR）”命令，再修剪掉多余的线段，如图 9-9 所示。

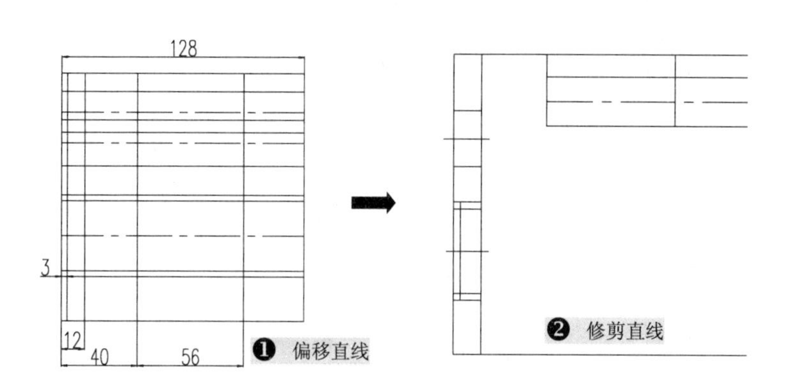

图 9-9 偏移并修剪直线

12）执行“圆（C）”命令，以两点绘圆法或是以中心点绘圆法绘制两个直径分别为 21 和 40 的圆对象，删除其他多余的直线，如图 9-10 所示。

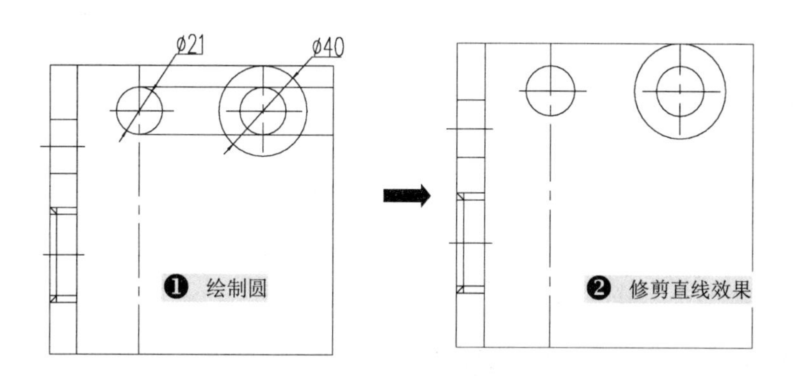

图 9-10 支架主视图内轮廓的创建

13）执行“直线（L）”命令，过圆弧外侧切点与左下侧交点位置进行连接，然后删除多余线段，对主视图外轮廓的创建，如图 9-11 所示。

14）再选择“剖面线”图层，执行“图案填充（H）”命令，对创建的主视图内部进行图案填充操作，如图 9-12 所示。

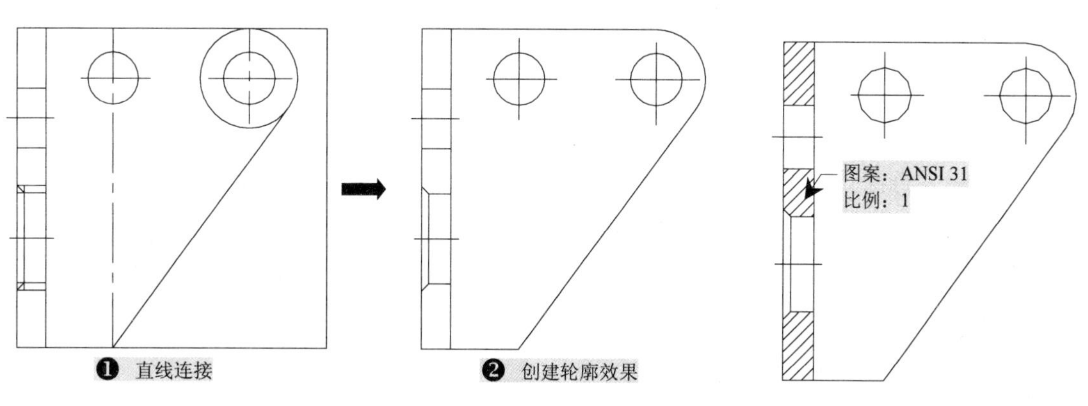

图 9-11 主视图外轮廓的创建

图 9-12 图案填充

15）切换到“尺寸与公差”图层，按照前面所讲的方法对创建好的支架平面图进行尺寸标注，标注的最终效果，如图 9-13 所示。

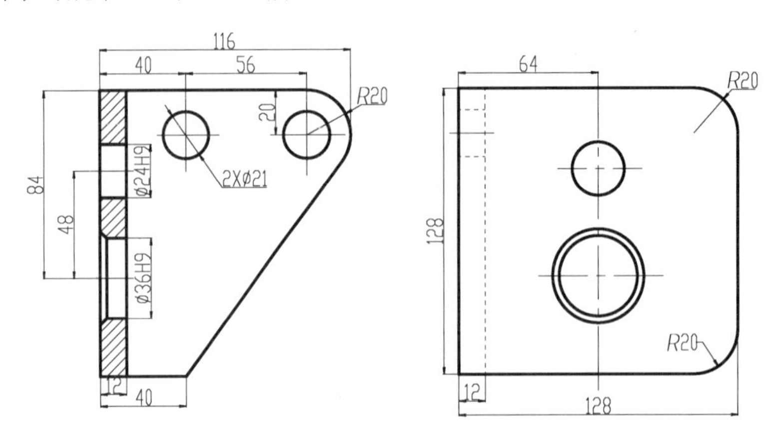

图 9-13　尺寸标注

16）至此，该支架已经绘制完成，按〈Ctrl+S〉组合键对文件进行保存。

9.2　连接板-套筒的绘制

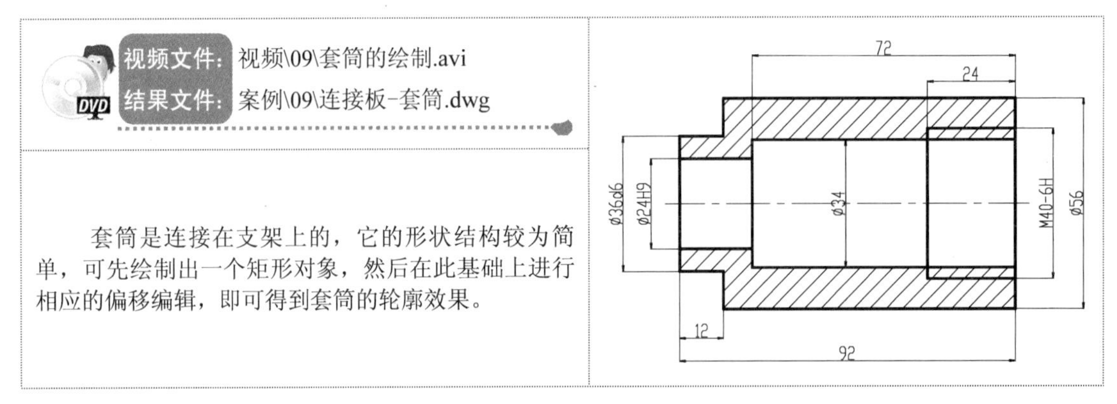

1）正常启动 AutoCAD 2013 软件，选择“文件”→“打开”菜单命令，将“案例\09\连接板-支架.dwg”文件打开，再执行“文件”→“另存为”菜单命令，将其另存为“案例\09\连接板-套筒.dwg”文件。

2）执行“删除（E）”命令，将原有的平面图例进行删除操作，然后再选择“粗实线”图层，使之成为当前图层。

3）执行“矩形（REC）”命令，在空白区域绘制一个 92 × 56 的矩形对象，如图 9-14 所示。

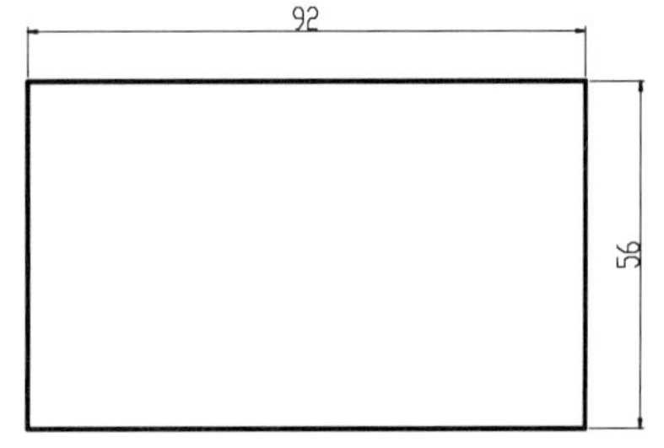

图 9-14　绘制的矩形

4）执行“分解（X）”命令，将绘制的矩形对象进行分解操作，再执行“偏移（O）”命令，将矩形的边线进行相应的尺寸偏移，如图 9-15 所示。

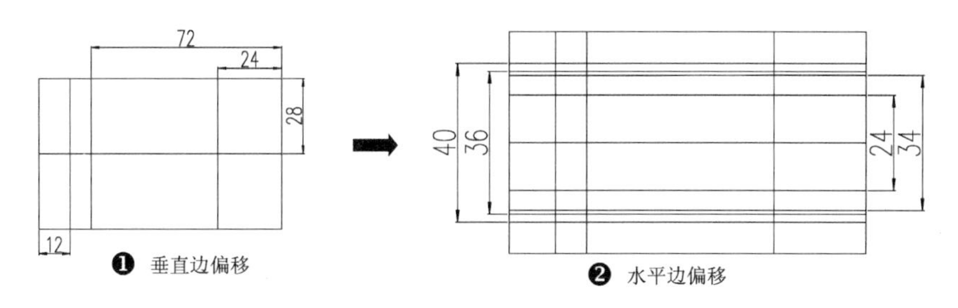

图 9-15 矩形边线偏移

5）选择相应的偏移线段，再将其转换为不同的图层线，并使用“修剪（TR）”命令，修剪掉多余的线段，从而创建套筒的轮廓效果，如图 9-16 所示。

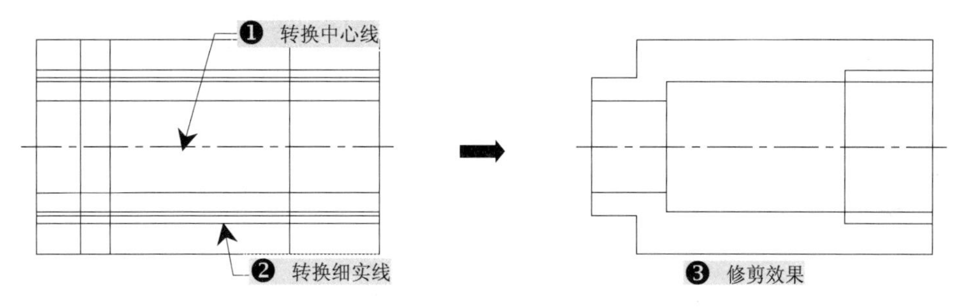

图 9-16 套筒轮廓的创建

由于套筒右侧位置有一内螺纹效果，在转换“细实线”轮廓后，需单击一次 CAD 下侧任务栏中的“显示/隐藏线宽”按钮，图形中的线型就较为明显了，如图 9-17 所示。

6）再选择“剖面线”图层，执行“图案填充（H）”命令，对套筒内侧部分位置进行填充，图案为 ANSI31，比例为 1，填充效果如图 9-18 所示。

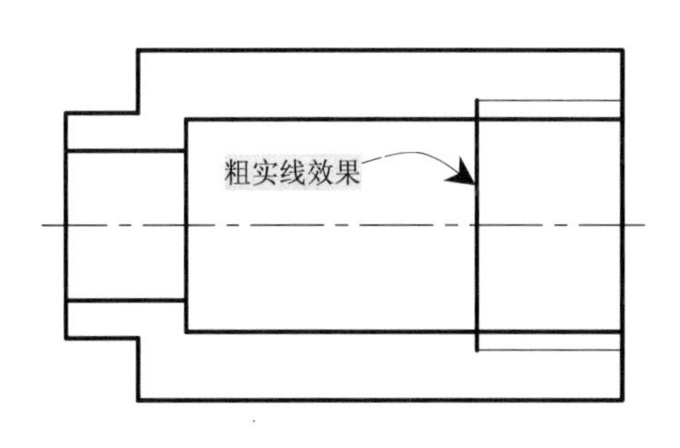

图 9-17 粗、细实线的区别

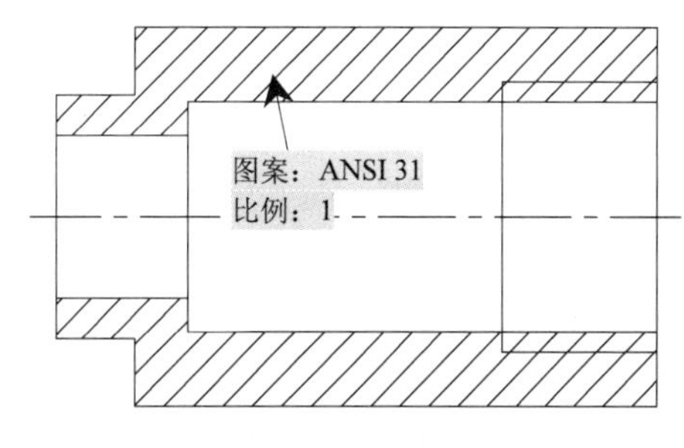

图 9-18 图案填充

7）切换到“尺寸与公差”图层，对绘制好的套筒平面图进行尺寸标注，如图 9-19 所示。

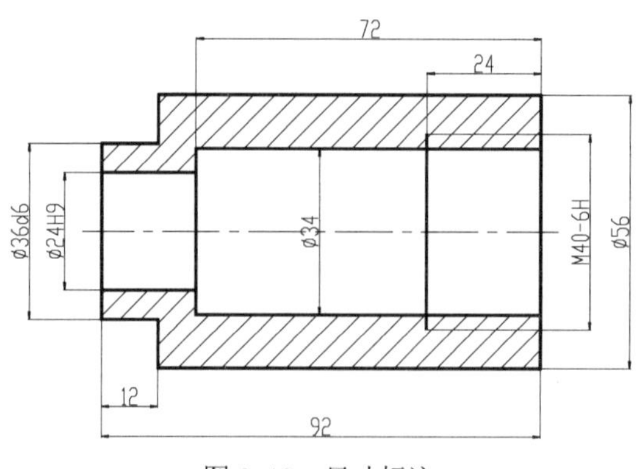

图 9-19 尺寸标注

8）到此，连接板中的套筒零件就绘制完成了，再按〈Ctrl+S〉组合键进行保存。

9.3 连接板-端盖的绘制

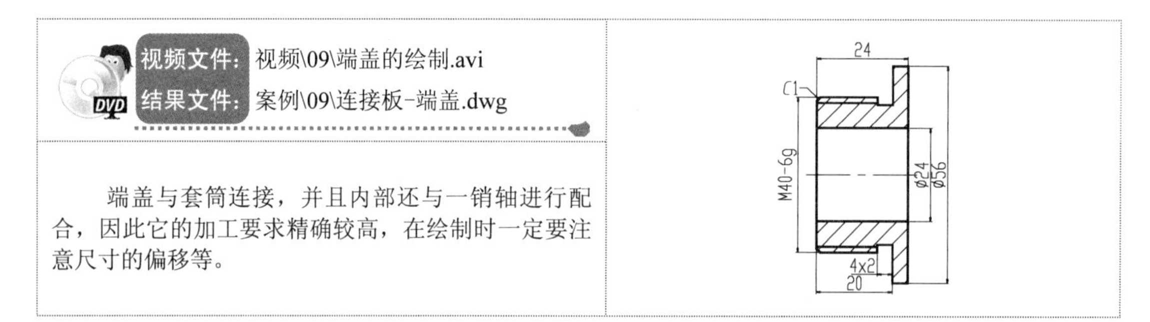

1）正常启动 AutoCAD 2013 软件，选择“文件”→“打开”菜单命令，将“案例\09\连接板-套筒.dwg”文件打开，再执行“文件”→“另存为”菜单命令，将其另存为“案例\09\连接板-端盖.dwg”文件。

2）执行“删除（E）”命令，将原有的平面图例进行删除操作，然后再选择“粗实线”图层，使之成为当前图层。

3）执行“矩形（REC）”命令，绘制一个 24×56 的矩形对象，如图 9-20 所示。

4）选择“中心线”图层，过矩形中点绘制一条水平的中心线，如图 9-21 所示。

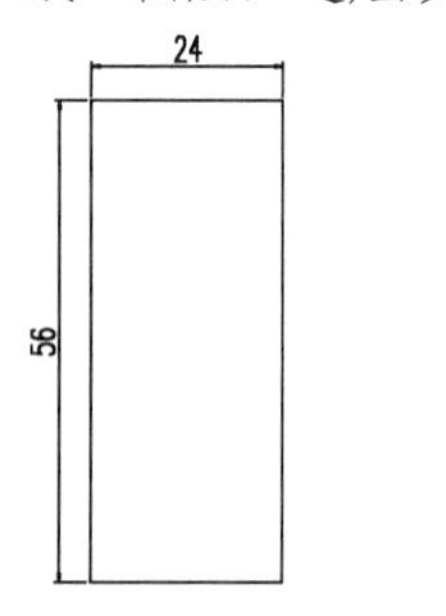

图 9-20 绘制的矩形

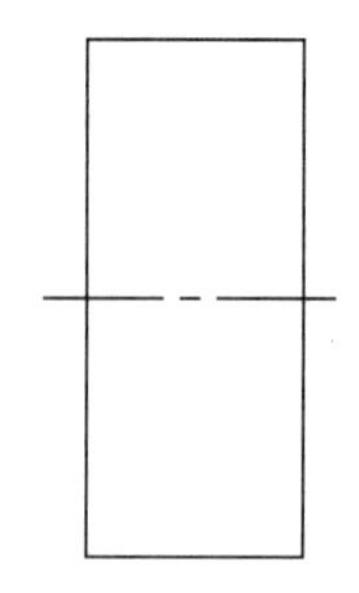

图 9-21 绘制的中心线

5）执行“分解（X）”命令，将绘制的矩形对象进行分解操作，再执行“偏移（O）”命令，将矩形的边线进行相应的尺寸偏移，如图 9-22 所示。

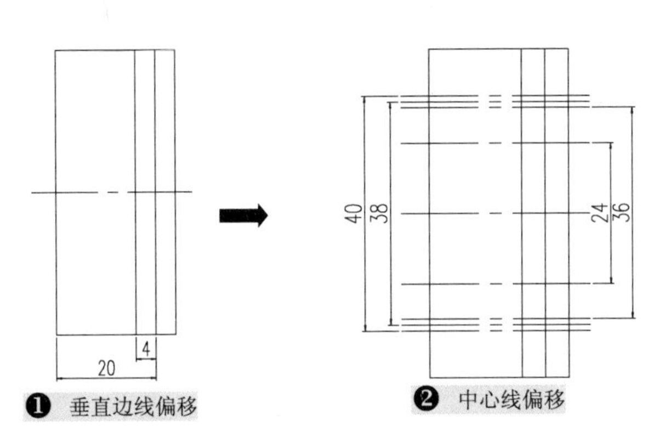

图 9-22　直线偏移

6）选择偏移的中心线，再将其转换为“粗实线”图层，并使用“修剪（TR）”命令，修剪掉多余的线段，从而创建端盖的轮廓效果，如图 9-23 所示。

7）执行“倒直角（CHA）”命令，对端盖左侧上、下位置处进行倒直角操作，设置倒角距离为 1，如图 9-24 所示。

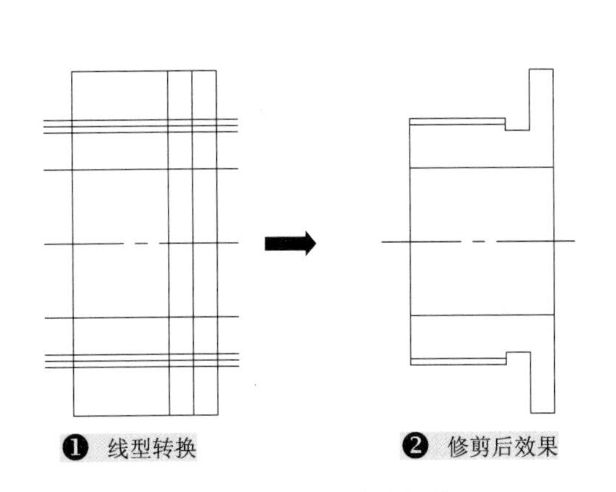

图 9-23　端盖轮廓的创建

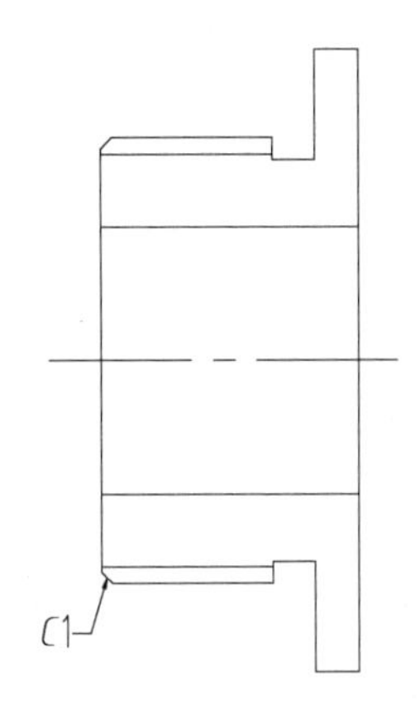

图 9-24　端盖轮廓倒角

8）再选择“剖面线”图层，执行“图案填充（H）”命令，对端盖内侧部分位置进行填充，图案为 ANSI31，比例为 1，填充效果如图 9-25 所示。

9）切换到“尺寸与公差”图层，对绘制好的端盖平面图进行尺寸标注，如图 9-26 所示。

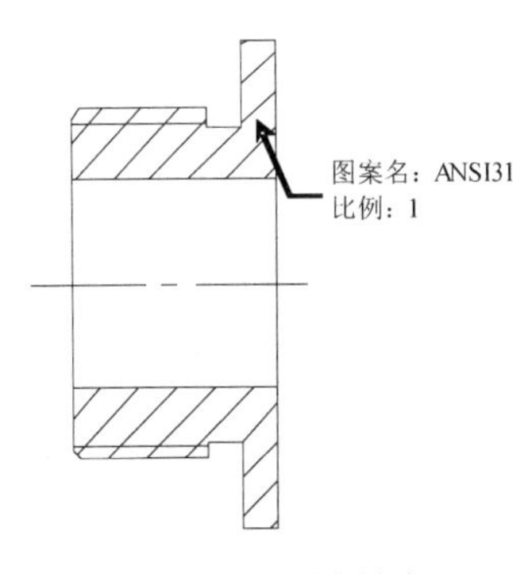

图 9-25　图案填充

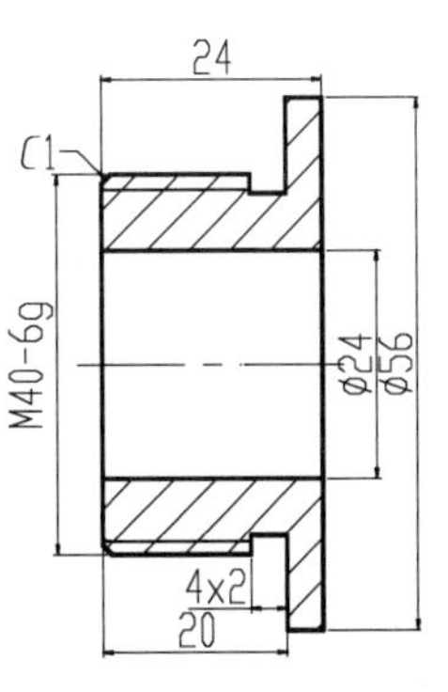

图 9-26　尺寸标注

10）至此，连接板中的端盖零件就绘制完成了，用户按〈Ctrl+S〉组合键进行保存就可以了。

9.4 连接板-销轴的绘制

视频文件：视频\09\销轴的绘制.avi

结果文件：案例\09\连接板-销轴.dwg

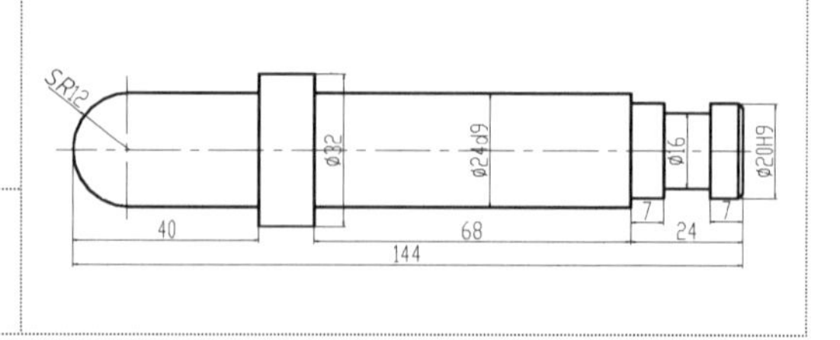

销轴是连接板中的最后一个零件，它是整个装配图中的最重要的零件，在绘制时同样也可以以矩形的方式对其进行创建。

1）正常启动 AutoCAD 2013 软件，选择“文件”→“打开”菜单命令，将“案例\09\连接板-套筒.dwg”文件打开，再执行“文件”→“另存为”菜单命令，将其另存为“案例\09\连接板-销轴.dwg”文件。

2）执行“删除（E）”命令，将原有的平面图例进行删除操作，然后再选择“粗实线”图层，使之成为当前图层。

3）执行“矩形（REC）”命令，按照如图 9-27 所示的矩形尺寸进行绘制。

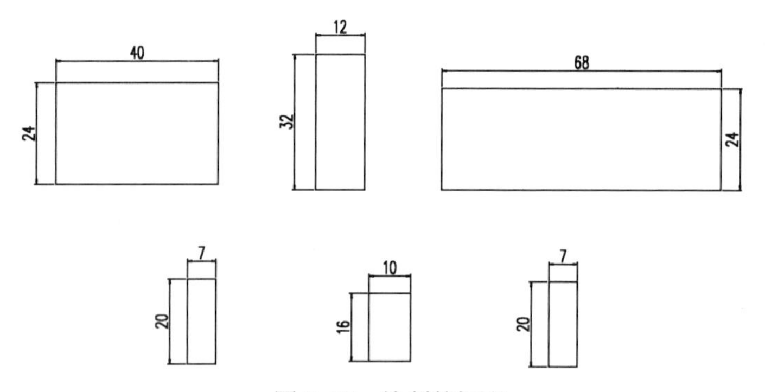

图 9-27　绘制的矩形

4）执行“移动（M）”命令，以矩形中点位置为移动基点和重合点，进行相应的移动连接，连接后的效果如图 9-28 所示。

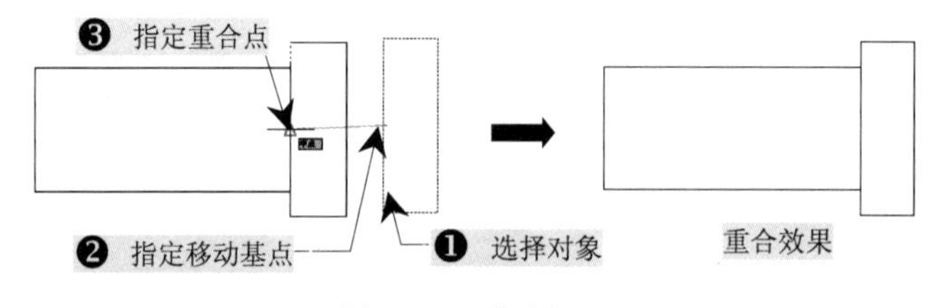

图 9-28　移动矩形

5）采用与第 4）步骤相同的方法对其他矩形对象进行相应的移动操作，移动后的最终效果，如图 9-29 所示。

6）执行“圆（C）”命令，选择三点绘圆的方法，在连接后的销轴左侧位置绘制一圆对象，如图 9-30 所示。

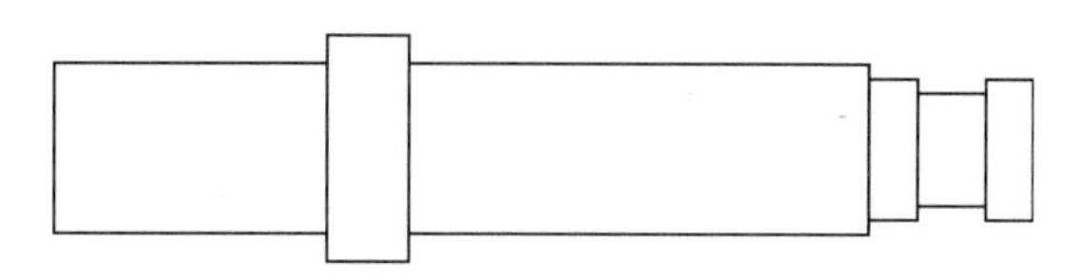

图 9-29　移动矩形的最终效果

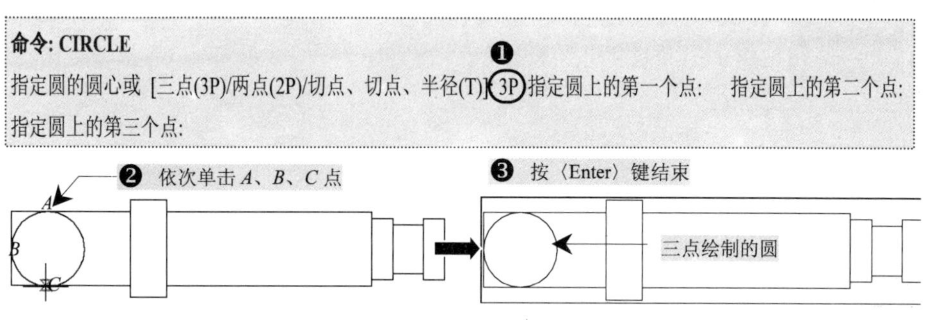

图 9-30　三点绘圆

7）执行“倒直角（CHA）”命令，对销轴右侧位置处进行倒直角操作，并执行“直线（L）”命令，过倒角后的角点位置处进行连接，如图 9-31 所示。

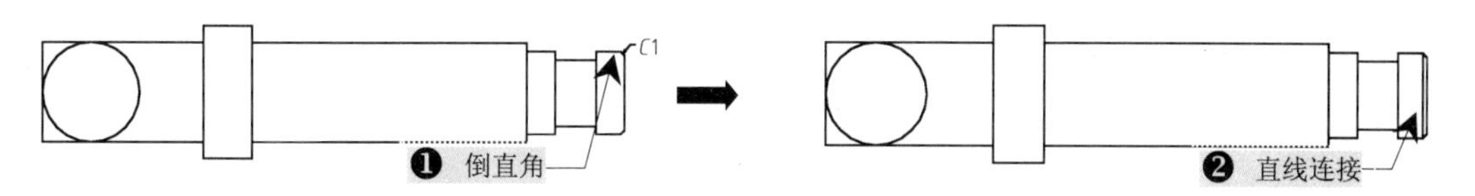

图 9-31　倒角并连接

8）选择“中心线”图层，过中点位置处绘制一水平中心线，并执行“修剪（TR）”命令，修剪掉多余的弧线和直线段，如图 9-32 所示。

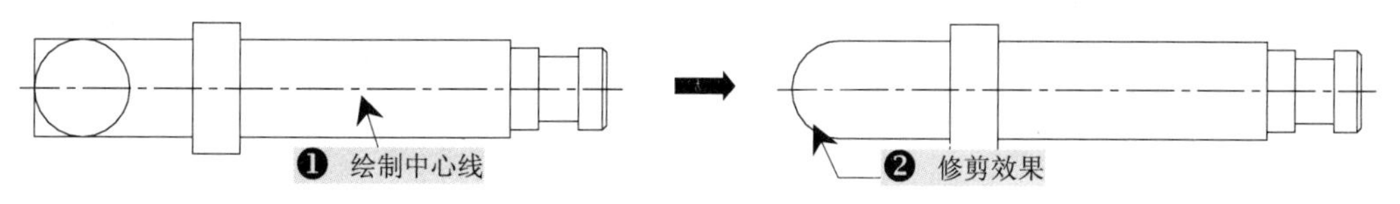

图 9-32　修剪轮廓效果

9）切换到“尺寸与公差”图层，对绘制好的销轴平面图进行尺寸标注，如图 9-33 所示。

10）至此，连接板中的销轴零件就绘制完成了，用户按〈Ctrl+S〉组合键进行保存就可以了。

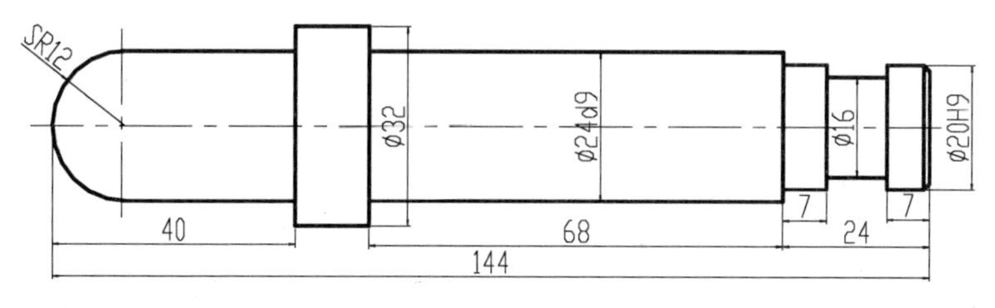

图 9-33　尺寸标注

尺寸标注中的“*SR*12”表示为一球体，半径为 12。

9.5 连接板装配图的绘制

视频文件：视频\09\连接板装配图的绘制.avi

结果文件：案例\09\连接板装配图.dwg

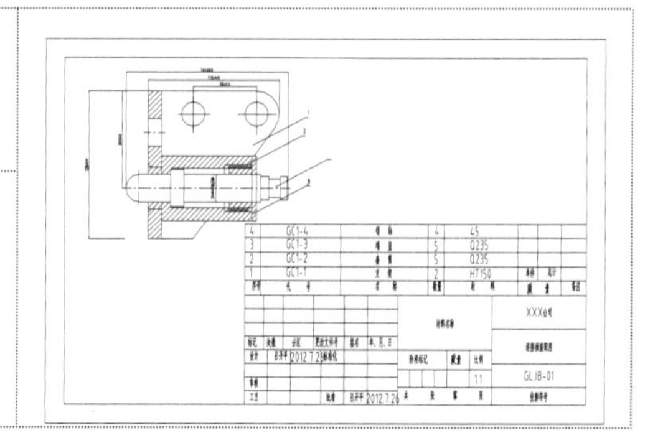

在所有连接板的零件图形绘制完成后，可以直接对连接板进行相应的装配图的绘制。

1）正常启动 AutoCAD 2013 软件，选择“文件”→“打开”菜单命令，将“案例\09\连接板-销轴.dwg”文件打开，再执行“文件”→“另存为”菜单命令，将其另存为“案例\09\连接板装配图.dwg”文件。

2）继续选择“文件”→“打开”菜单命令，将“案例\09\”中其他的连接板零件文件进行打开（连接板-支架.dwg、连接板-套筒.dwg、连接板-端盖.dwg），再执行“复制（CO）”命令，将连接板的所有零件平面图复制到“连接板装配图.dwg”文件中，如图 9-34 所示。

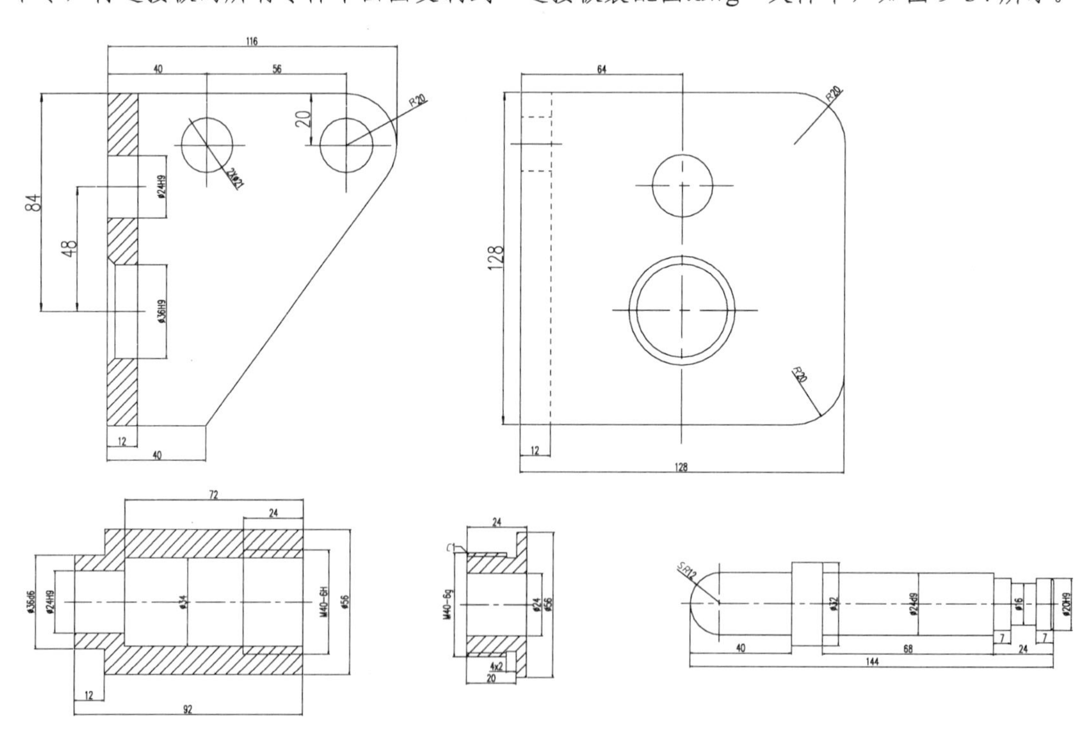

图 9-34 连接板零件图的复制

用户在将“连接板-支架.dwg”零件复制到装配图中时，首先应在“窗口”菜单下切换至“连接板-支架.dwg”文件，按〈Ctrl+A〉组合键选中所有的图形文件，再按〈Ctrl+C〉组合键将选中的对象复制到粘贴板中；接着在“窗口”菜单下切换至“连接板装配图.dwg”文件，再按〈Ctrl+V〉组合键将粘贴板中的内容粘贴至当前文件的空白位置。其余另外两个文件中的图形复制方法与此类似，在此就不一一赘述了。

3）在“图层”工具栏的“图层控制”下拉列表框中关闭“尺寸与公差”图层，再执行“删除（E）”命令，将支架的左视图进行删除操作，并执行“移动（M）”命令对每个零件文件进行调整，如图9-35所示。

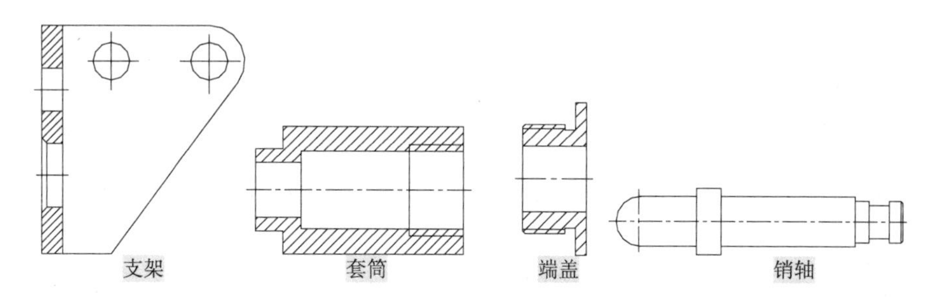

图9-35 连接板零件图的编辑

用户在进行装配图绘制之前，可以分别将每个单独的零件进行群组操作，群组快捷键为〈G〉。

4）执行“移动（M）”命令，选择端盖的所有对象，再选择相应指定的点作为基点与套筒的指定交点重合，如图9-36所示。

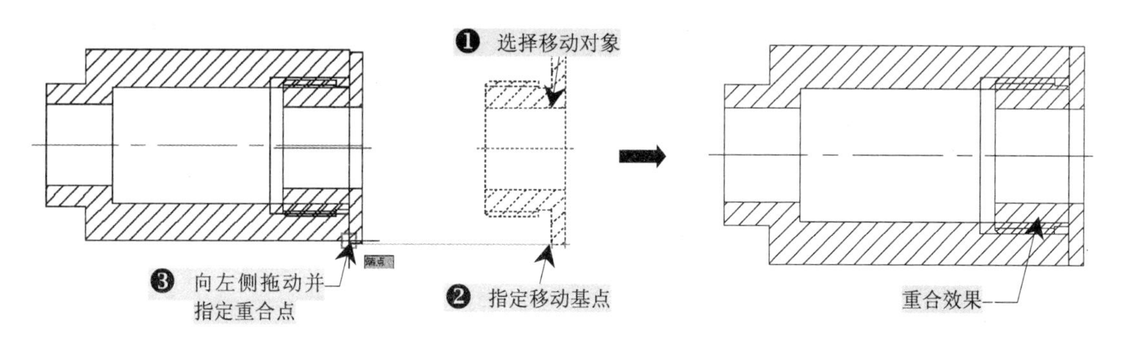

图9-36 端盖与套筒的装配

5）执行“移动（M）”命令，选择销轴的所有对象，再选择相应交点与套筒内部阶梯位置处与中心线的交点进行重合，如图9-37所示。

6）执行“移动（M）”命令，选择支架零件左侧内孔交点与套筒左上侧内角点进行重合，如图9-38所示。

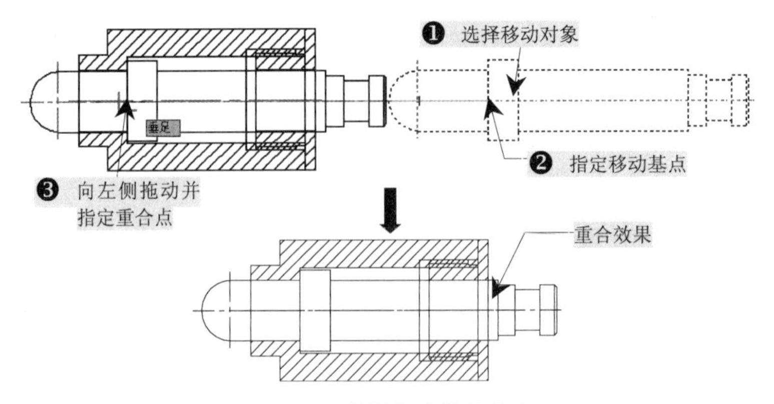

图 9-37 销轴与套筒的装配

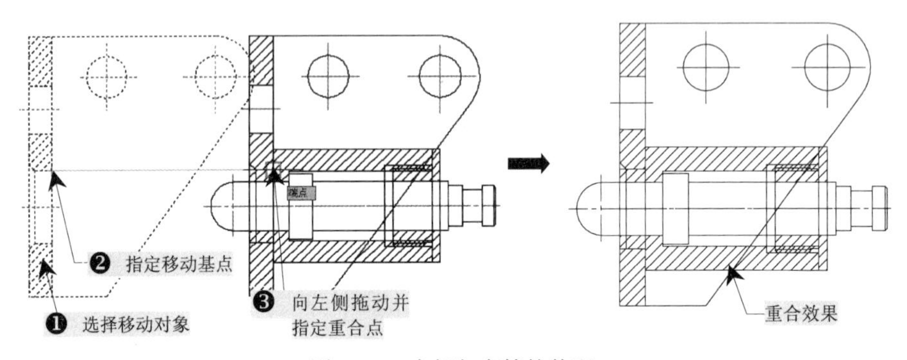

图 9-38 支架与套筒的装配

7）使用"修剪（TR）"命令，将装配图中的多余线段进行修剪，修剪后的最终效果如图 9-39 所示。

当将各个零件装配在一起后，应将多余的对象进行修剪或删除操作，但由于前面已将每个零件进行了群组操作，这时应执行"取消群组"命令（鼠标右键单击群组对象，从弹出的快捷菜单中选择"取消群组"命令），才能进行修剪操作。

8）打开"尺寸与公差"图层，将原有的尺寸标注进行删除，然后再对装配图外形尺寸进行标注，如图 9-40 所示。

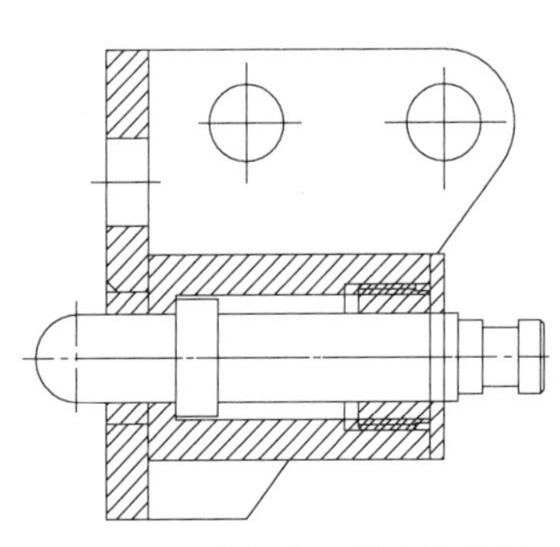
图 9-39 支架装配图内部编辑

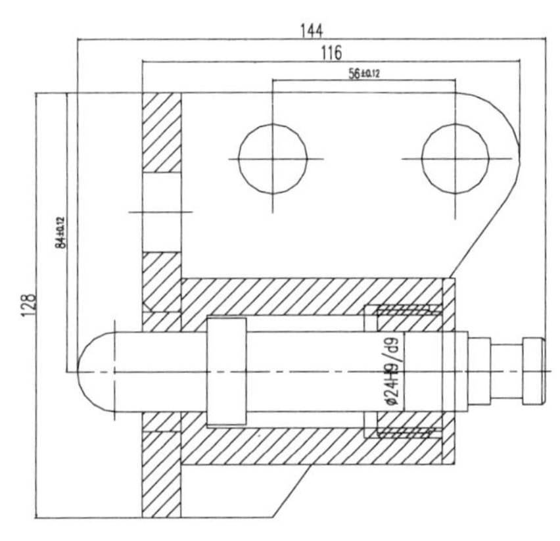

图 9-40 装配图尺寸标注

9）选择“标注，引线标注”命令，对装配图中各个零件进行序号的编写，具体方法如图 9-41 所示。

命令: _qleader
指定第一个引线点或 [设置(S)] <设置>:指定下一点: <正交 关>指定下一点:指定文字宽度 <0>:
输入注释文字的第一行 <多行文字(M)>: 1

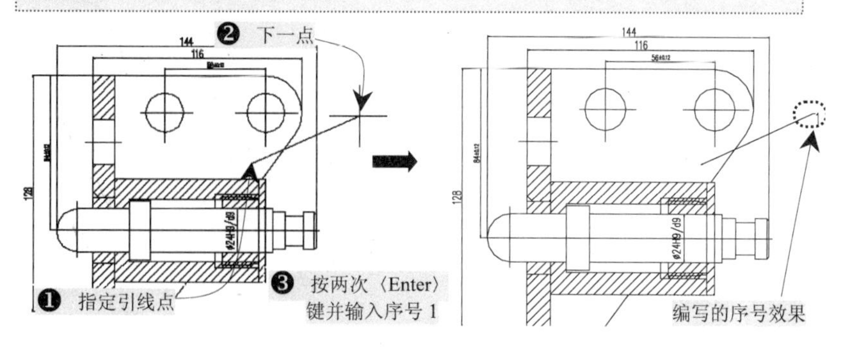

图 9-41　引线标注

提示　在引线标注好后，用户可按〈Ctrl+1〉组合键，在打开的“特性”面板中将箭头符号改为“点”样式，并将文字高度设为 5。

10）采用相同的方法对其他零件序号进行相应的标注，其整个装配图标注的最终效果如图 9-42 所示。

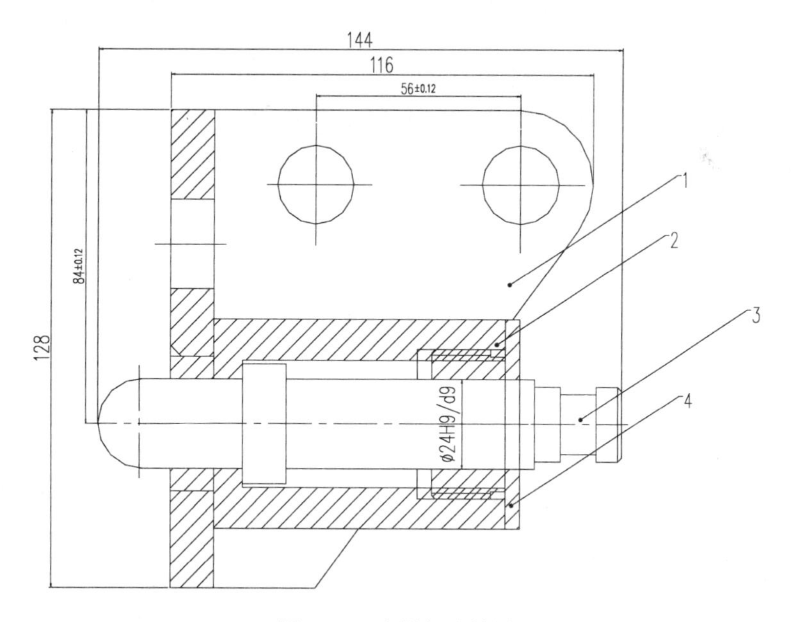

图 9-42　序号标注效果

11）在菜单栏选择“文件”→“打开”菜单命令，将“案例\09\标准图框 1.dwg”文件打开，再执行“复制（CO）”命令，将图框进行框选，然后在“连接板装配图.dwg”文件中执行“粘贴”命令，并执行“移动（M）”命令将图框附着在装配图上，如图 9-43 所示。

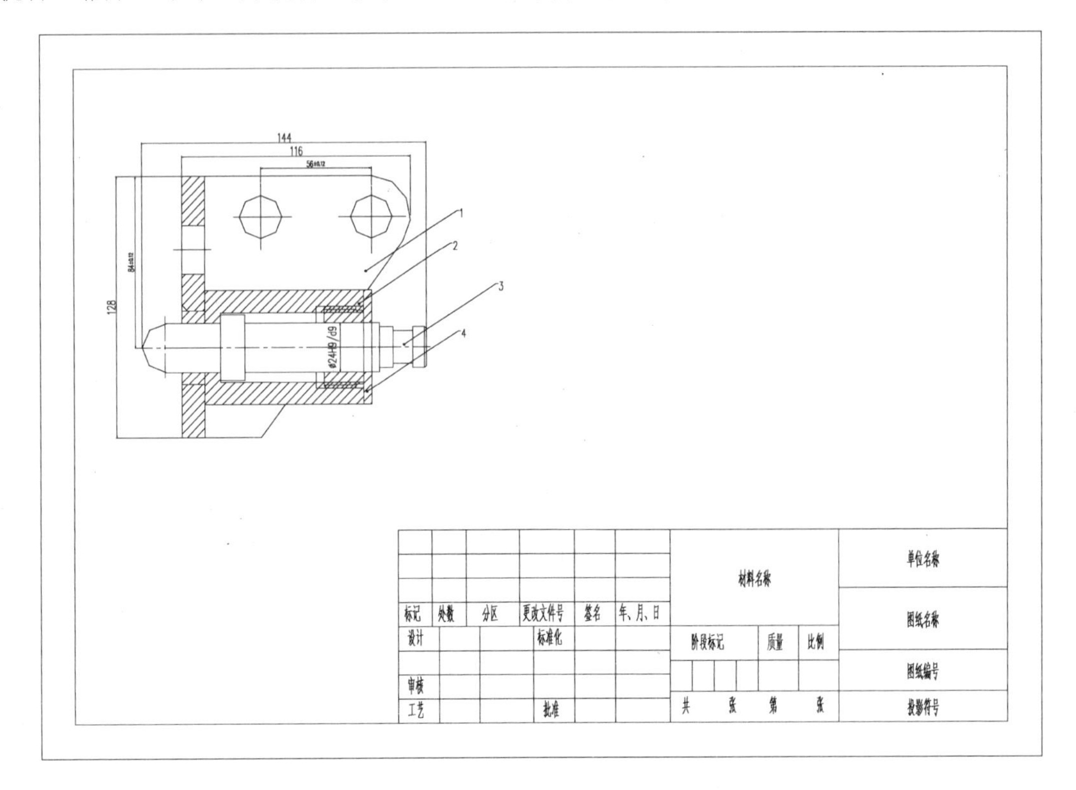

图 9-43　图框的放置

提示

在将图框复制到装配图文件中时，如果图框的区域过小，这时可执行“缩放”命令（SC），将图框放大到合适的尺寸，再将其附着在装配图上。

12）选择“绘图”→“表格”命令，在弹出的“插入表格”对话框中，设置表格的部分参数并单击“确定”按钮，将新建的表格插入到装配图文件中，如图 9-44 所示。

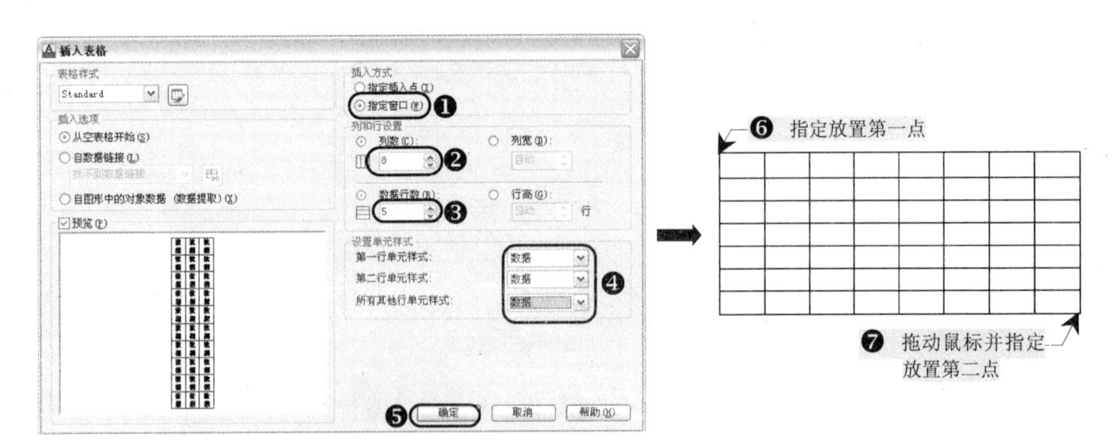

图 9-44　创建表格

在以对角方式放置创建的表格时，会弹出“文字格式”并会指定具体的某一单元格进行文字的输入，这时只需要单击一次右上角的“确定”按钮即可。

13）在表格创建好后，执行“移动（M）”命令，将表格的左下角交点位置与图框内标题栏左上角进行重合，再将表格右下角进行移动与标题栏右上角重合，移动后的效果如图 9-45 所示。

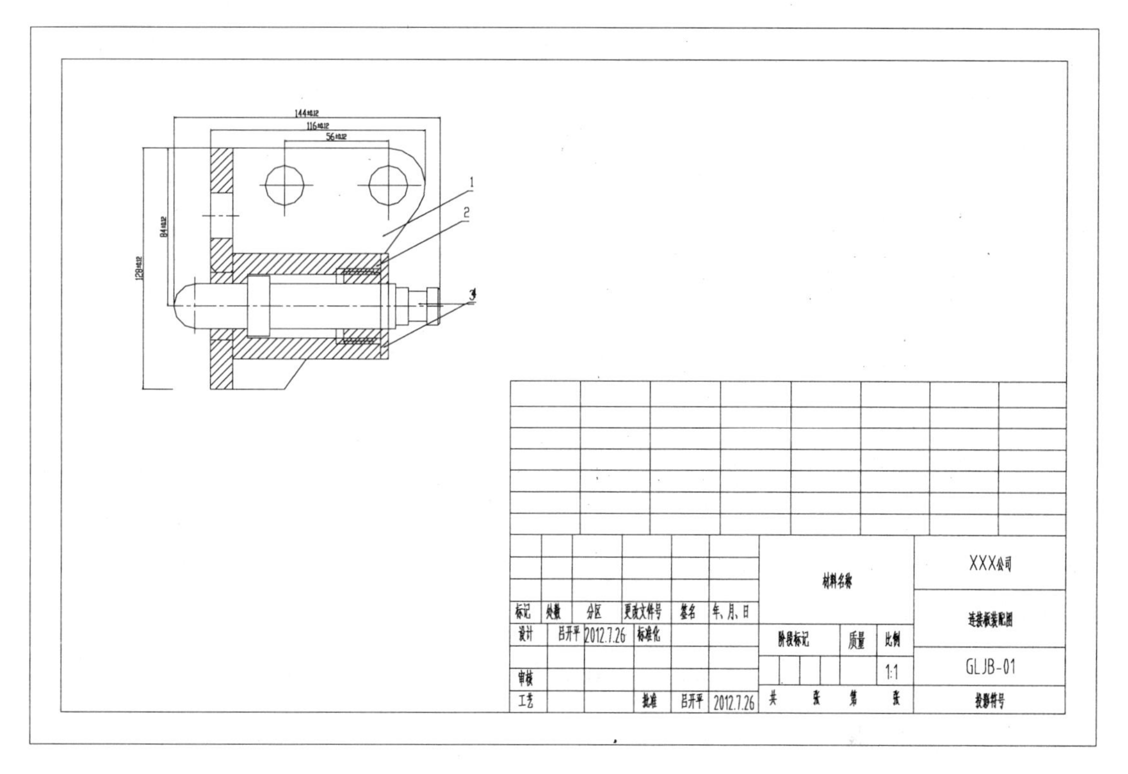

图 9-45　表格的移动

14）使用鼠标选中移动的表格，再选择相应的表格竖向夹点进行左右移动，对纵向单元格的间距进行调整操作，如图 9-46 所示。

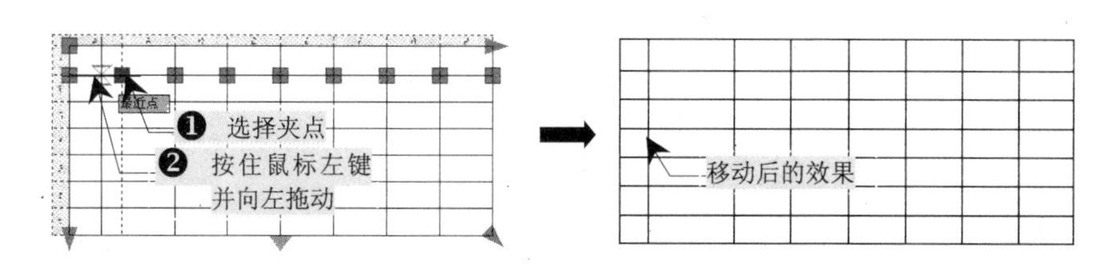

图 9-46　表格夹点编辑

15）使用相同的方法对其他单元格进行相应的编辑操作，从而创建装配图中的明细表格内容，其最终的效果如图 9-47 所示。

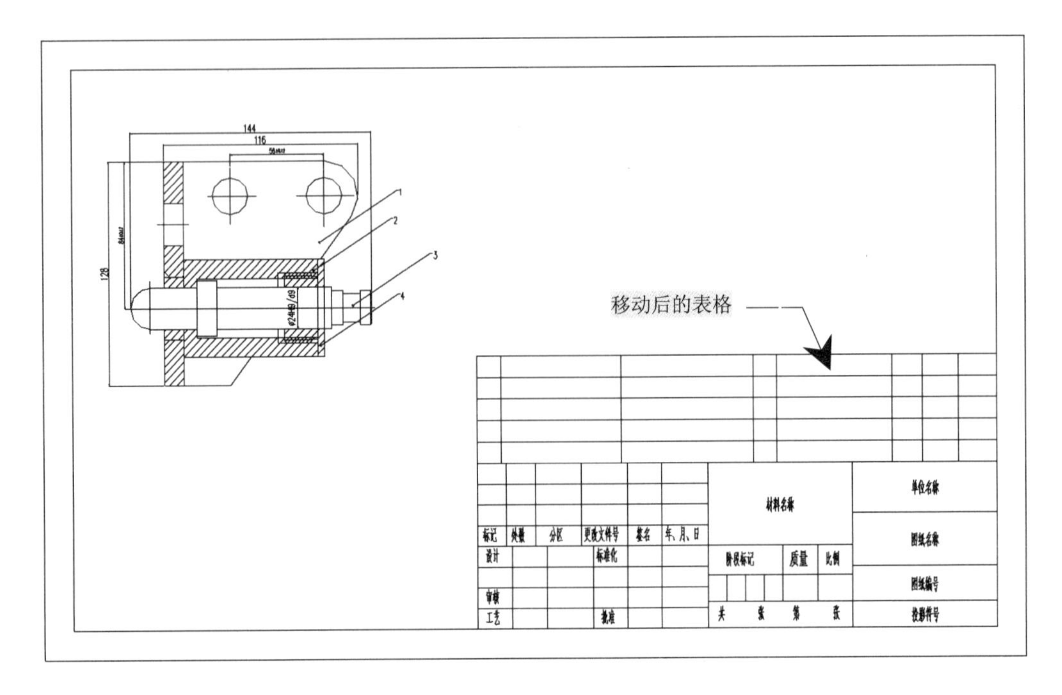

图 9-47　表格编辑效果

16）使用鼠标双击调整后的左下侧单元格，并输入相应的文字内容，具体的操作方法如图 9-48 所示。

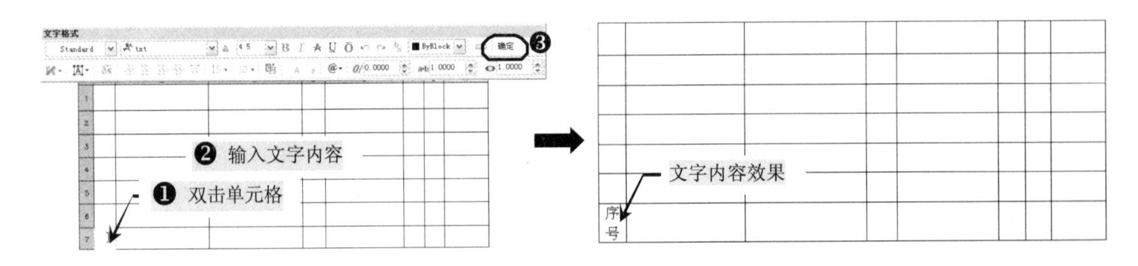

图 9-48　输入表格文字

17）采用相同的方法对其他文字内容进行相应的输入，具体输入的文字内容如图 9-49 所示。

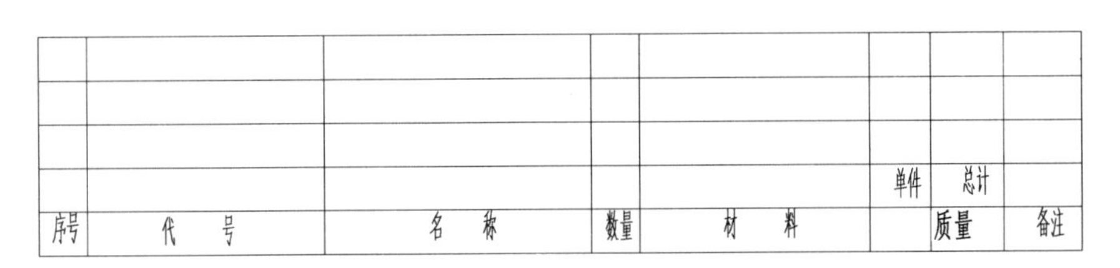

					单件	总计	
序号	代　号	名　称	数量	材　料		质量	备注

图 9-49　文字内容的输入

18）同样再对明细表中装配图的一些零件“名称”、“代号”、“材料”等进行相应的文字输入，明细表最终的效果如图 9-50 所示。

4	GC1-3	端 盖	5	Q235			
3	GC1-4	销 轴	4	45			
2	GC1-2	套 筒	5	Q235			
1	GC1-1	支 架	2	HT150	单件	总计	
序号	代 号	名 称	数量	材 料	质量		备注

图 9-50 明细表内容的输入

19）再用鼠标双击下侧标题栏内的内容进行修改，如图 9-51 所示。

4	GC1-3	端 盖	5	Q235			
3	GC1-4	销 轴	4	45			
2	GC1-2	套 筒	5	Q235			
1	GC1-1	支 架	2	HT150	单件	总计	
序号	代 号	名 称	数量	材 料	质 量		备注

						材料名称			XXX公司
标记	处数	分区	更改文件号	签名	年、月、日				连接板装配图
设计	吕开平	2012.7.26	标准化			阶段标记	质量	比例	
								1:1	GLJB-01
审核									
工艺			批准	吕开平	2012.7.26	共 张		第 张	投影符号

图 9-51 标题栏内容的输入

用户可以对创建的明细栏执行“分解”命令（X），将其进行分解操作，明细栏就不会以“Word”表格的方式出现了。

20）至此，整个连接板装配图的绘制就完成了，效果如图 9-52 所示，直接按〈Ctrl+S〉组合键进行保存就可以了。

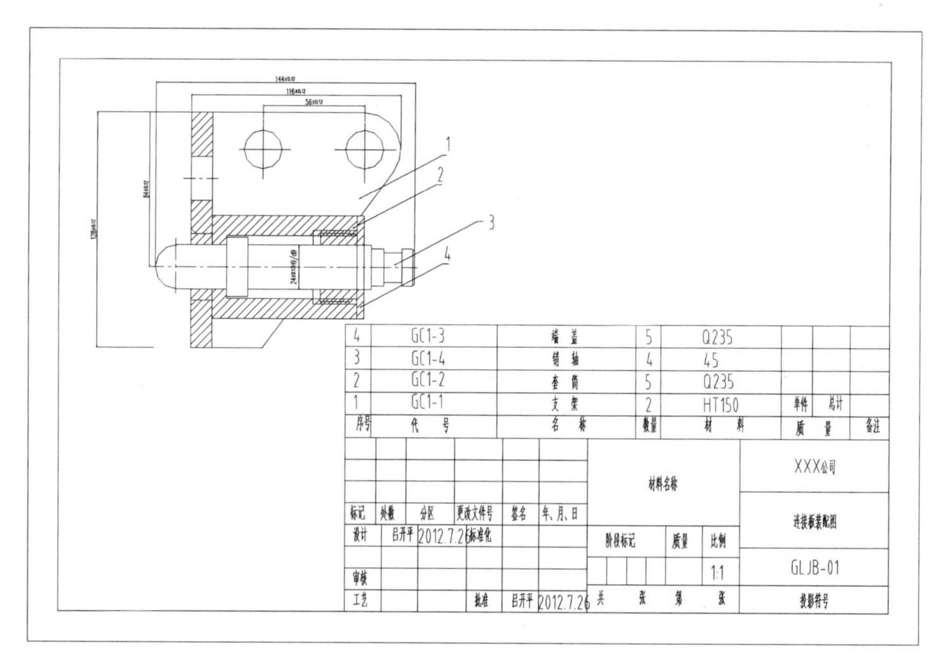

图 9-52 连接板装配图效果

9.6　钻模板-底座的绘制

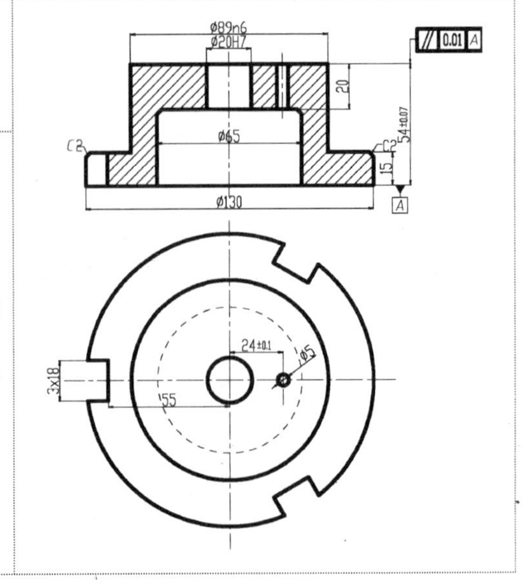

钻模板-底座是整个钻模板的承重件，它是一圆柱形结构，并在四周带有一定的装饰轮廓。在绘制时可以先将底座的俯视图创建好，然后采用引伸的方法对主视图进行相应的绘制。

1）正常启动 AutoCAD 2013 软件，选择“文件”→“打开”菜单命令，将“案例\09\连接板-销轴.dwg”文件打开，再执行“文件”→“另存为”菜单命令，将其另存为“案例\09\钻模板-底座.dwg”文件。

2）执行“删除（E）”命令，将原有的平面图例进行删除操作，然后再选择“中心线层”图层，使之成为当前图层。

3）执行“直线（L）”命令，绘制两条相交且过中点垂直的中心线，如图 9-53 所示。

4）选择“粗实线”图层，再执行“圆（C）”命令，过两条中心线交点绘制四个同心圆对象，如图 9-54 所示。

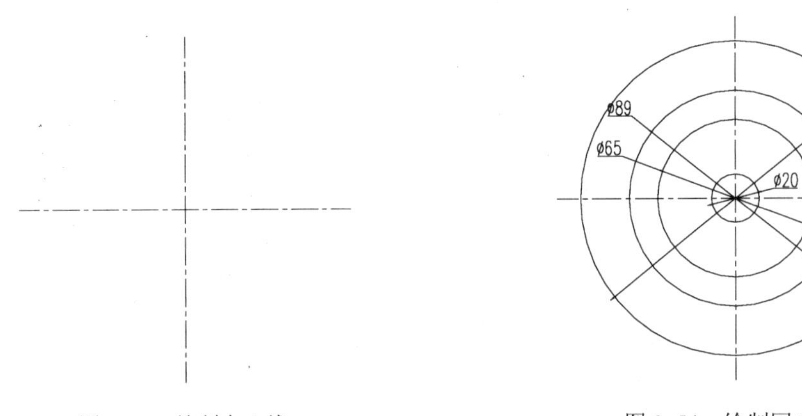

图 9-53　绘制中心线　　　　图 9-54　绘制同心圆

5）执行“偏移（O）”命令，将中心线进行相应的偏移，并将偏移的线型进行转换，接着执行“修剪（TR）”命令，再修剪掉多余的线段，如图 9-55 所示。

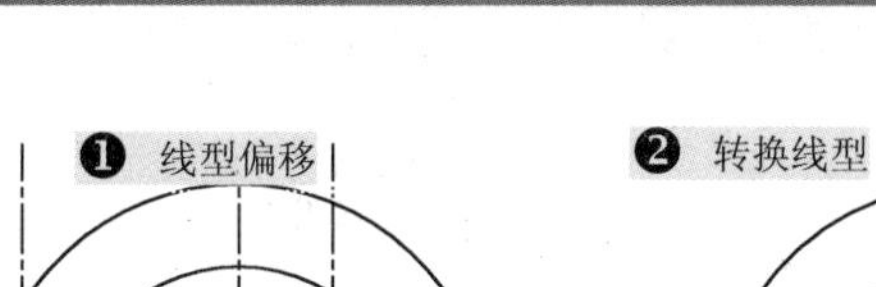
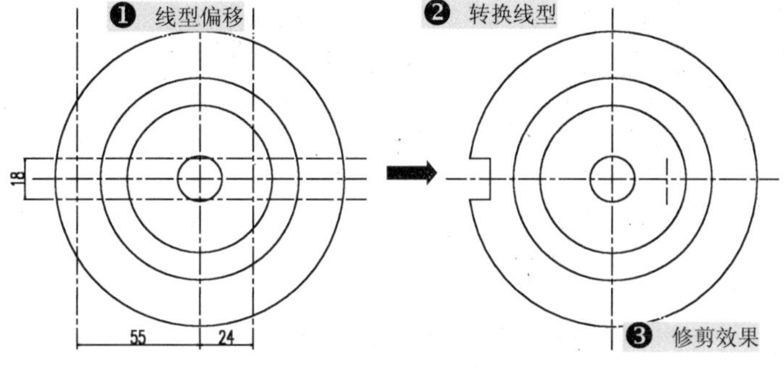

图 9-55　俯视图轮廓的创建

6）执行“圆（C）”命令，在圆心右侧中心线交点位置处绘制一直径为 5 的小圆对象，如图 9-56 所示。

7）执行“阵列（AR）”命令，将修剪后的左侧缺口轮廓进行环形阵列，阵列数目为 3，并修剪掉多余的弧段，效果如图 9-57 所示。

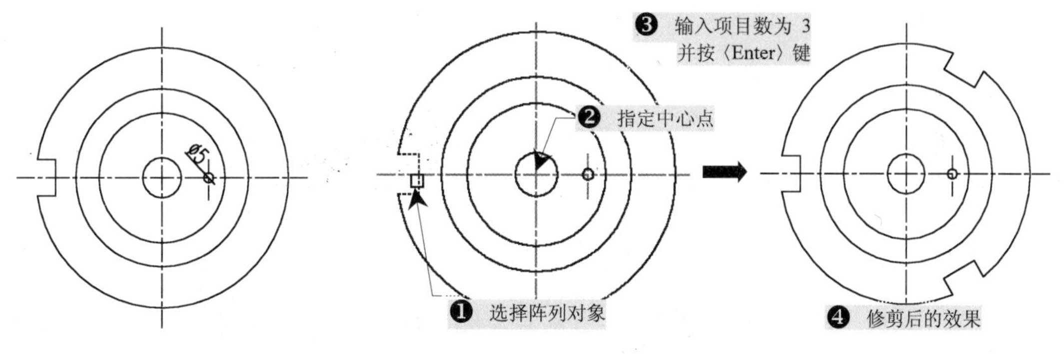

图 9-56　绘制小圆　　　　图 9-57　阵列轮廓

8）执行“直线（L）”命令，过绘制好的轮廓相应交点位置向上引伸直线，并在水平方向上绘制一条直线段，如图 9-58 所示。

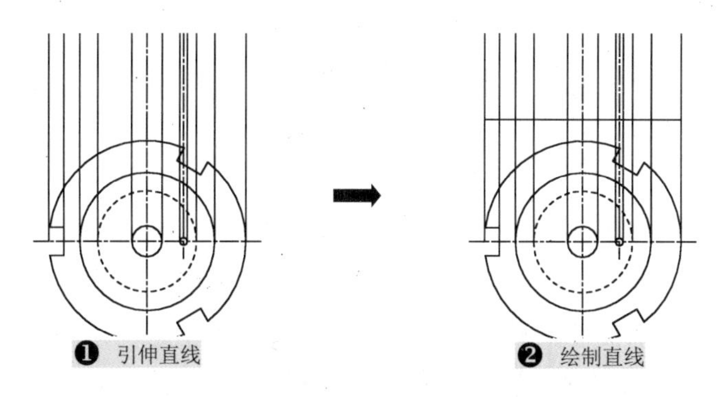

图 9-58　俯视图轮廓的引伸

9）执行“偏移（O）”命令，将绘制的水平线向上进行相应的尺寸偏移，并使用“修剪（TR）”命令，修剪掉多余的线段，从而完成钻模板-底座主视图轮廓的创建，如图 9-59 所示。

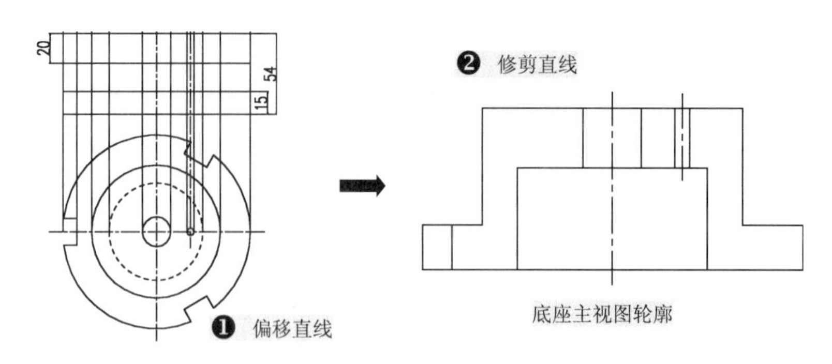

图 9-59　主视图轮廓的创建

10）执行“倒直角（CHA）”命令，对主视图个别位置进行倒直角操作，如图 9-60 所示。

11）选择“剖面线”图层，对主视图内部进行图案填充操作，填充图案名为 ANSI31，比例为 1，如图 9-61 所示。

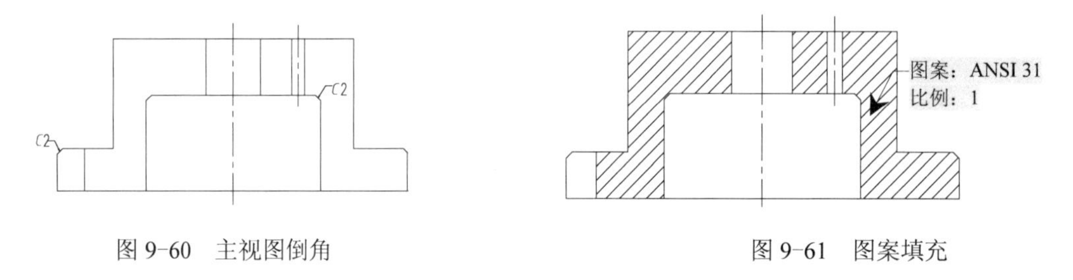

图 9-60　主视图倒角

图 9-61　图案填充

12）再切换到“尺寸与公差”图层，按照前面所讲的方法对底座零件进行尺寸标注，标注后的效果，如图 9-62 所示。

13）至此，钻模板-底座平面图就创建完成了，按〈Ctrl+S〉组合键进行保存即可。

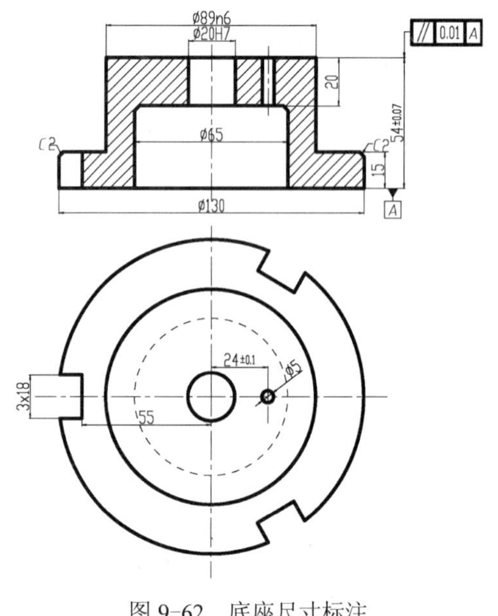

图 9-62　底座尺寸标注

9.7 钻模板-轴的绘制

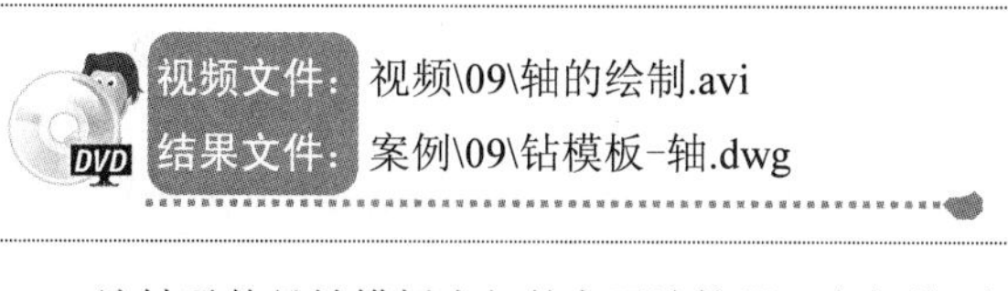

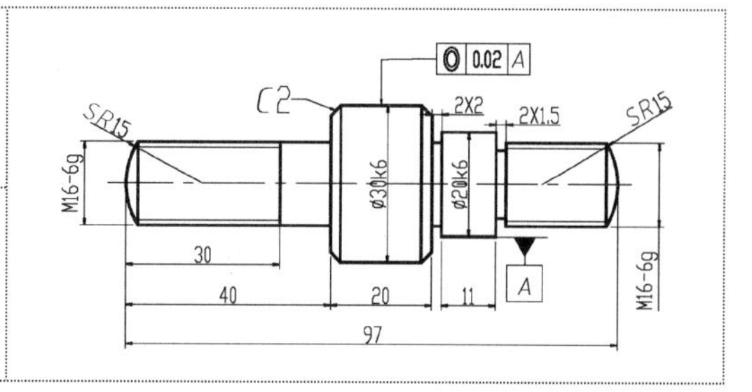

该轴零件是钻模板内部的主要连接器，它与前面章节所创建的轴有一些区别，该轴主要以两端螺纹进行连接。

1）正常启动 AutoCAD 2013 软件，选择“文件”→“打开”菜单命令，将“案例\09\钻模板-底座.dwg”文件打开，再执行“文件”→“另存为”菜单命令，将其另存为“案例\09\钻模板-轴.dwg”文件。

2）执行“删除（E）”命令，将原有的平面图例进行删除操作，然后再选择“粗实线”图层，使之成为当前图层。

3）执行“矩形（REC）”命令，绘制如图 9-63 所示的矩形对象。

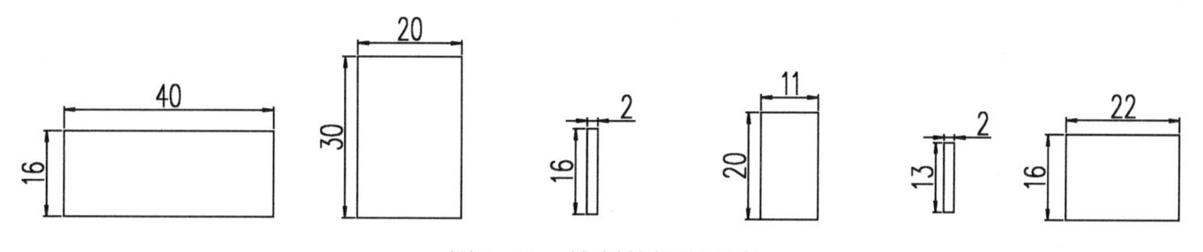

图 9-63 绘制的矩形对象

4）执行“移动（M）”命令，以矩形中点位置进行相应的移动连接，连接后的效果如图 9-64 所示。

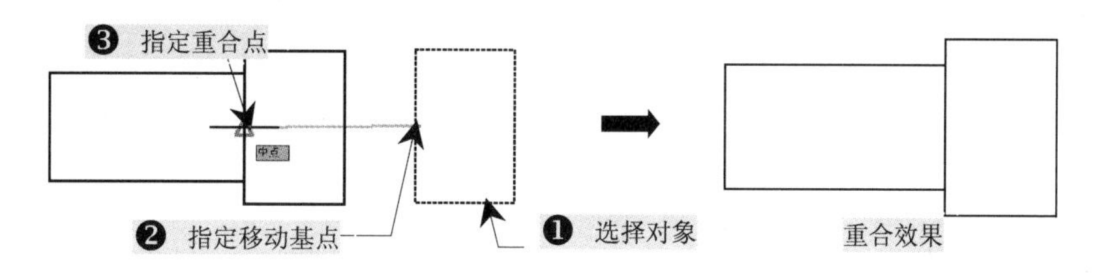

图 9-64 移动矩形

5）采用与第 4）步相同的方法对其他矩形对象进行相应的移动操作，移动后的最终效果如图 9-65 所示。

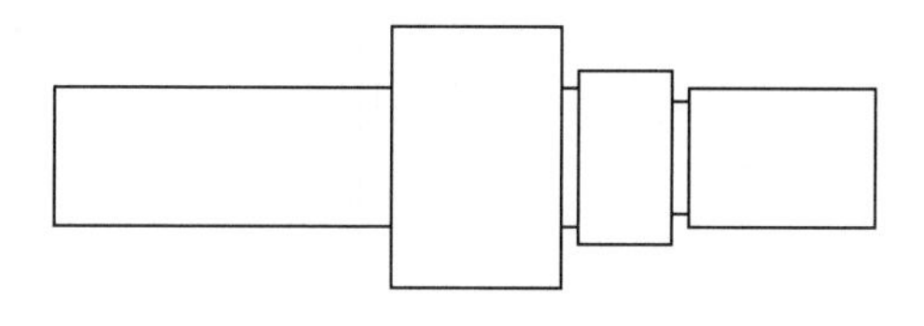

图 9-65 矩形对象移动效果

6）选择“中心线”图层，过矩形中点绘制一水平中心线，并对个别矩形进行倒角操作，执行“直线”命令（L），过倒角位置处然后用直线连接起来，如图 9-66 所示。

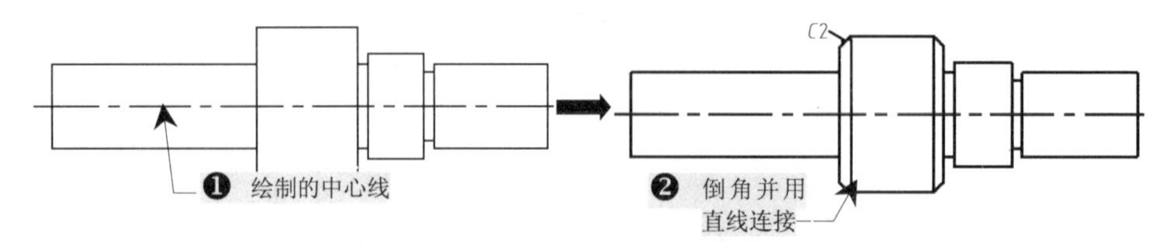

图 9-66 轴轮廓倒角

7）执行“分解（X）”命令，将左、右两侧的矩形对象进行分解，然后执行“偏移（O）”命令，将矩形边线进行相应的尺寸偏移，如图 9-67 所示。

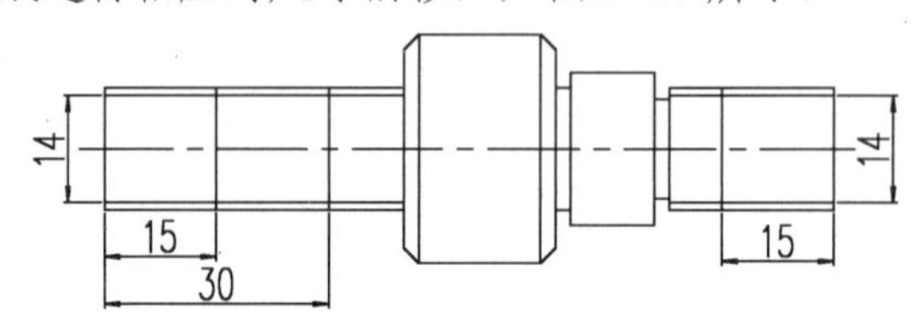

图 9-67 线段偏移

8）执行“圆（C）”命令，以偏移线与中心线的交点为圆心绘制半径为 15 的圆对象，再使用“修剪（TR）”命令，修剪掉多余的线段，从而对轴的轮廓进行完整创建，如图 9-68 所示。

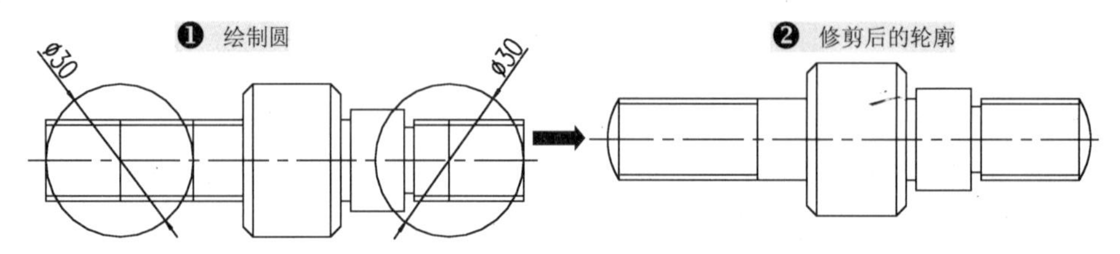

图 9-68 轴轮廓的修整

由于轴两端有外螺纹效果，因此，在偏移、修剪后，应将内侧的线型转换为细实线，以达到外螺纹效果。

9）钻模板-轴的轮廓绘制好后，再切换至“尺寸与公差”图层，对轴图形进行尺寸标注，标注的最终效果，如图 9-69 所示。

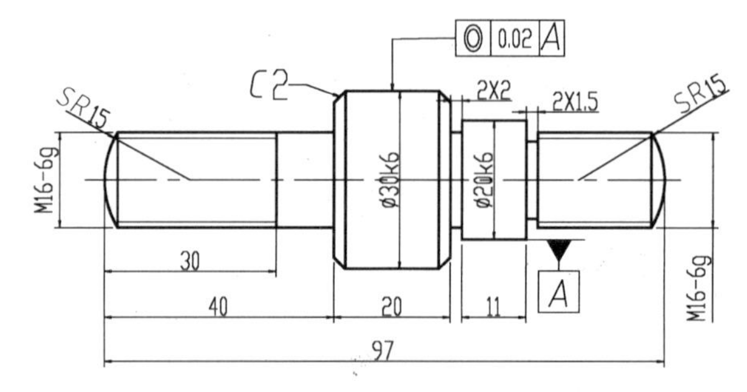

图 9-69 尺寸标注

10）至此，钻模板-轴就绘制好了，直接按〈Ctrl+S〉组合键进行保存就可以了。

9.8 钻模板-模板的绘制

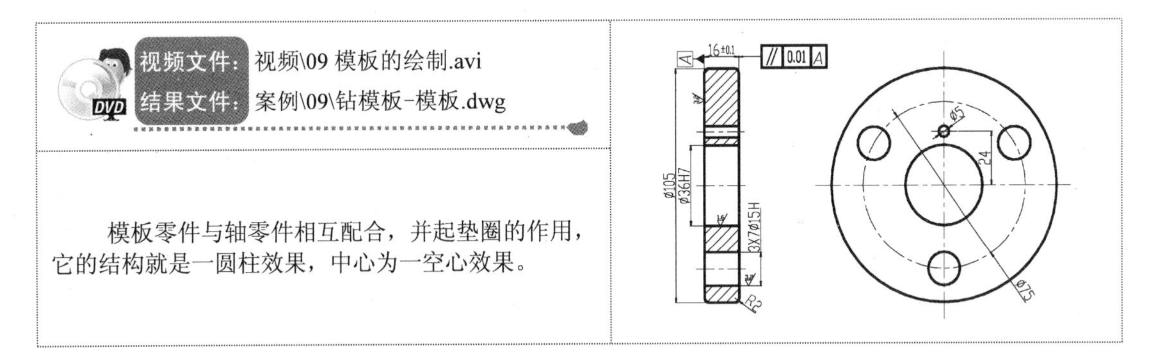

1）启动 AutoCAD 2013 软件，选择“文件”→“打开”菜单命令，将“案例\09\钻模板-轴.dwg”文件打开，再执行“文件”→“另存为”菜单命令，将其另存为“案例\09\钻模板-模板.dwg”文件。

2）将原有的平面图例进行删除操作，然后再选择“中心线”图层，并使之成为当前图层。

3）执行“直线（L）”命令，绘制两条相交且相互垂直的中心线，如图 9-70 所示。

4）选择“粗实线”图层，并执行“圆（C）”命令，过两条中心线交点位置绘制三个直径分别为 36、75、105 的同心圆，并对第二个同心圆进行图层的转换，如图 9-71 所示。

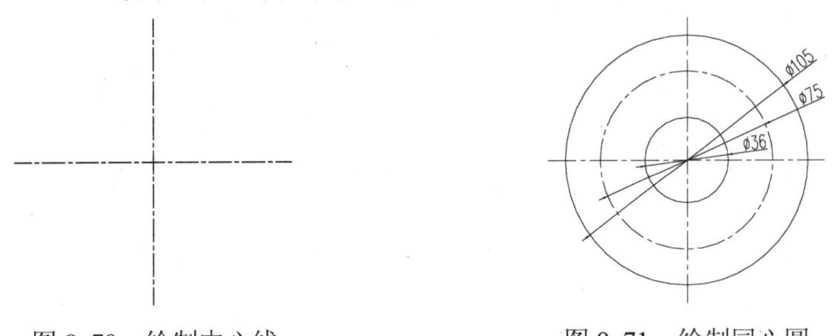

图 9-70 绘制中心线　　图 9-71 绘制同心圆

5）执行“偏移（O）”命令，将水平中心线向上偏移 24，再执行“圆（C）”命令，在偏移的中心线与垂直中心线的交点位置绘制一直径为 5 的小圆，然后在中心线圆下侧象限点上绘制直径为 15 的圆对象，如图 9-72 所示。

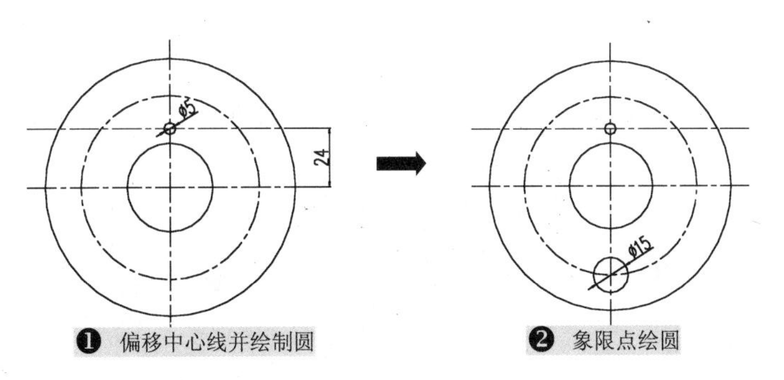

图 9-72 左视图轮廓的创建

6）执行“阵列（AR）”命令，以中心线交点为阵列中心，将绘制的直径 15 的圆对象进行环形阵列，阵列数目为 3，再对偏移的中心线进行调整，如图 9-73 所示。

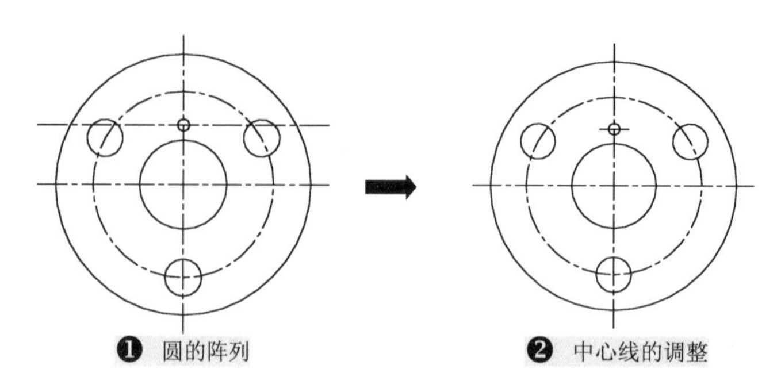

图 9-73　左视图其他轮廓的创建

7）执行“矩形（REC）”命令，在左视图左侧位置处绘制一个四周圆角为 2，尺寸为 16 × 105 的矩形对象，如图 9-74 所示。

8）执行“分解（X）”命令，将矩形对象进行分解操作，选择“中心线”图层，过矩形中点绘制一水平中心线，并与左视图水平中心线对齐，如图 9-75 所示。

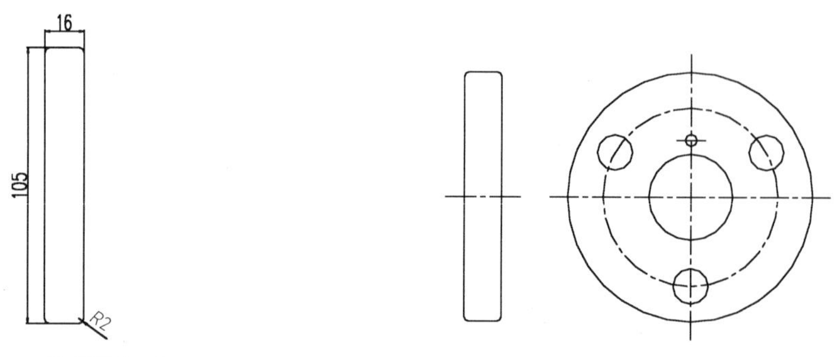

图 9-74　绘制的矩形

图 9-75　绘制中心线并移动

9）执行“直线（L）”命令，过左视图轮廓向主视图方向引伸直线，并使用“修剪（TR）”命令，修剪掉多余的线段，从而创建模板主视图轮廓，如图 9-76 所示。

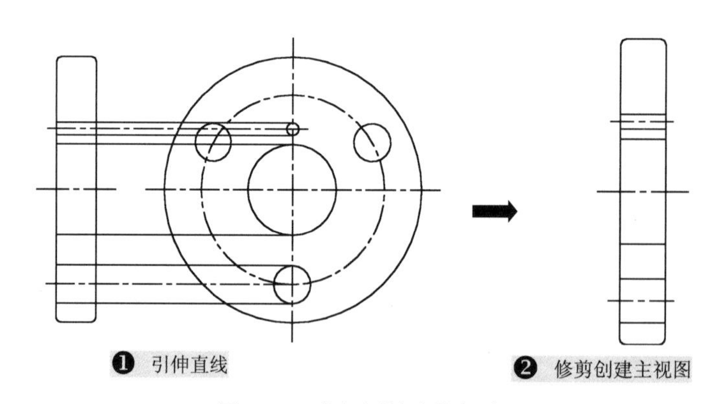

图 9-76　主视图轮廓的创建

10）选择“剖面线”图层，执行“图案填充（H）”命令，对主视图内部进行相应的图

案填充，其效果如图 9-77 所示。

11）切换至“尺寸与公差”图层，对模板平面图进行相应的尺寸标注，标注后效果如图 9-78 所示。

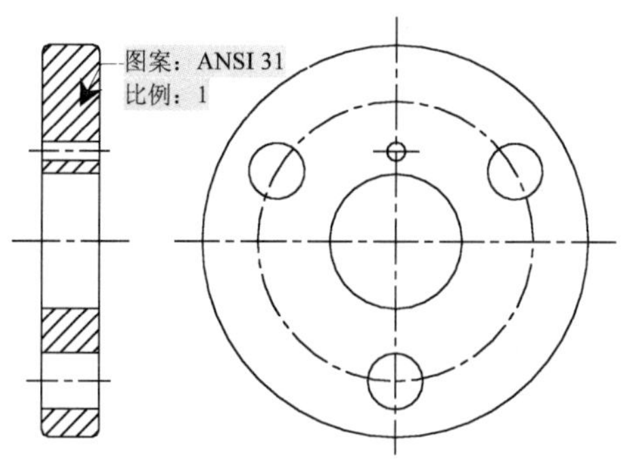

图 9-77　主视图图案填充

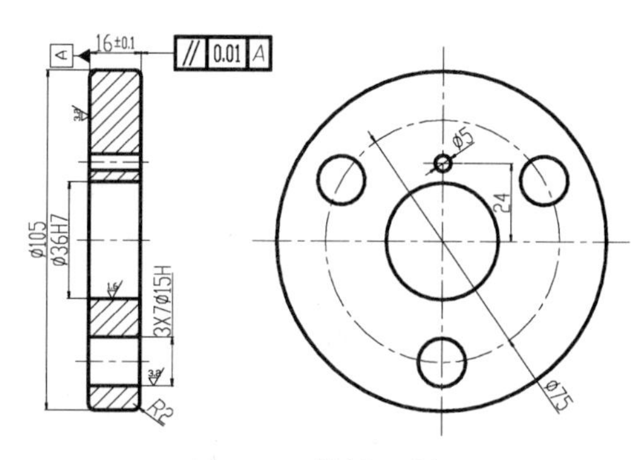

图 9-78　模板尺寸标注

12）至此，模板平面图就创建完成了，直接按〈Ctrl+S〉组合键进行保存即可。

9.9　钻模板-开口垫圈的绘制

视频文件：视频\09\开口垫圈的绘制.avi

结果文件：案例\09\钻模板-开口垫圈.dwg

开口垫圈是在零件装配时起锁紧作用的，该垫圈是圆形一端开口式的简单类型结构。绘制时主要以圆形和矩形绘制较为方便。

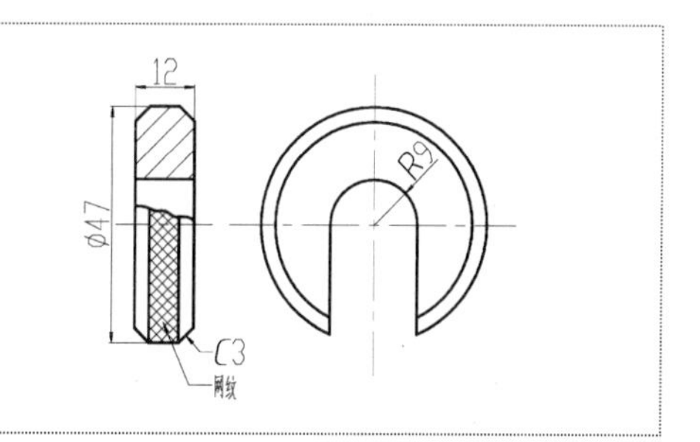

1）启动 AutoCAD 2013 软件，选择“文件”→“打开”菜单命令，将“案例\09\钻模板-模板.dwg”文件打开，再执行“文件”→“另存为”菜单命令，将其另存为“案例\09\钻模板-开口垫圈.dwg”文件。

2）将原有的平面图例进行删除操作，然后再选择“中心线”图层，使之成为当前图层。

3）执行“直线（L）”命令，绘制两条相交且相互垂直的中心线，如图 9-79 所示。

4）选择“粗实线”图层，并执行“圆（C）”命令，过中心线交点位置绘制三个直径分别为 18、41、47 的同心圆，如图 9-80 所示。

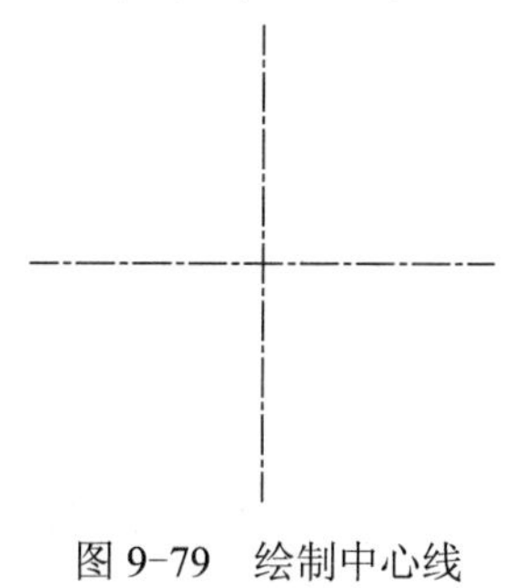

图 9-79　绘制中心线

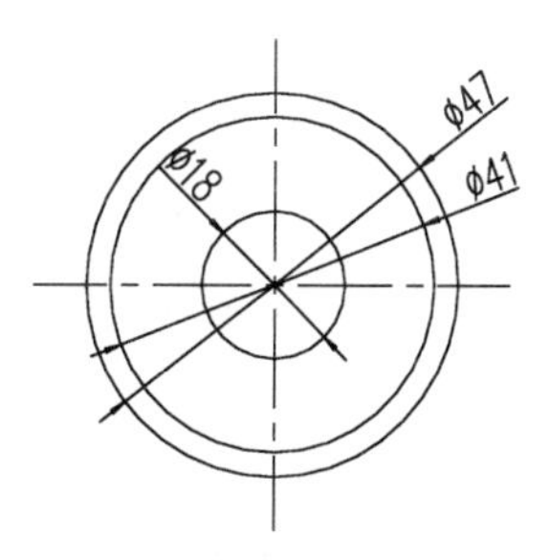

图 9-80　绘制同心圆

5）执行“直线（L）”命令，过内侧圆两边象限点向下绘制直线，并使用“修剪（TR）”命令修剪掉多余的线段，从而创建垫圈的左视图，如图 9-81 所示。

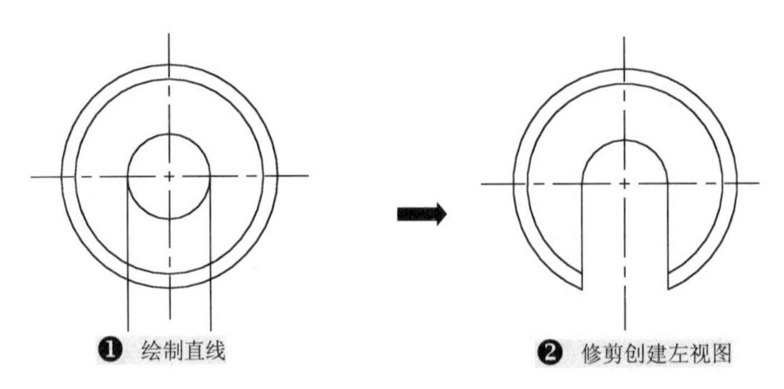

图 9-81　左视图轮廓的创建

6）执行“矩形（REC）”命令，绘制一个倒角为 3，尺寸为 12×47 的矩形对象，如图 9-82 所示。

7）选择“中心线”图层，并继续执行“直线（L）”命令，过矩形中点位置绘制一水平中心线，并与左视图水平中心线对齐，如图 9-83 所示。

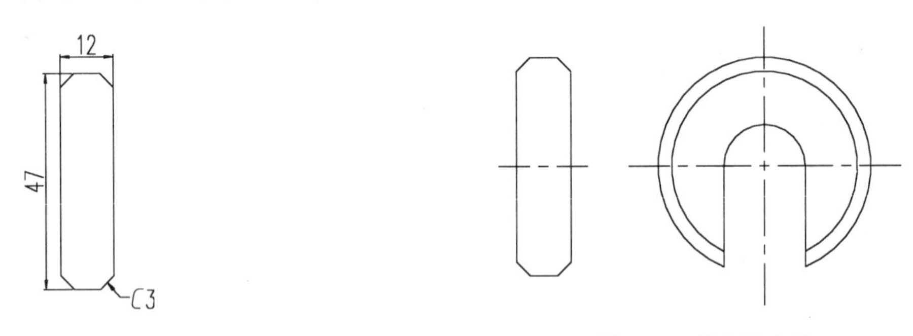

图 9-82　绘制矩形　　图 9-83　绘制中心线

8）执行“直线（L）”命令，过矩形倒角位置处向上绘制直线，并以左视图轮廓向左引伸一条直线，再将多余的线段进行修剪，结果如图 9-84 所示。

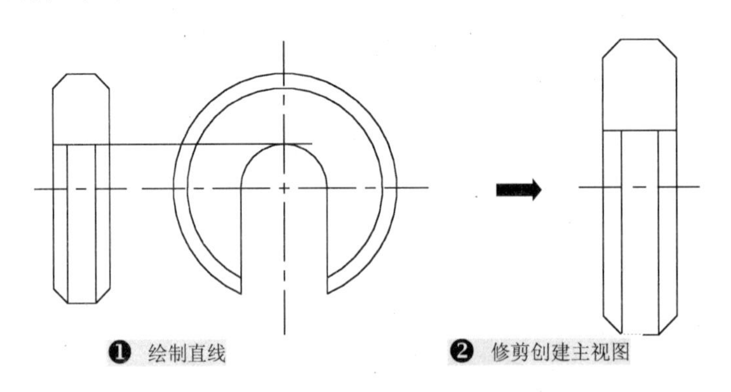

图 9-84　主视图轮廓的创建

9）执行“样条曲线（SPL）”命令，在主视图相应位置绘制一样条曲线，并修剪多余的线条，如图 9-85 所示。

10）选择“剖面线”图层，对主视图内部进行图案填充操作，结果如图 9-86 所示。

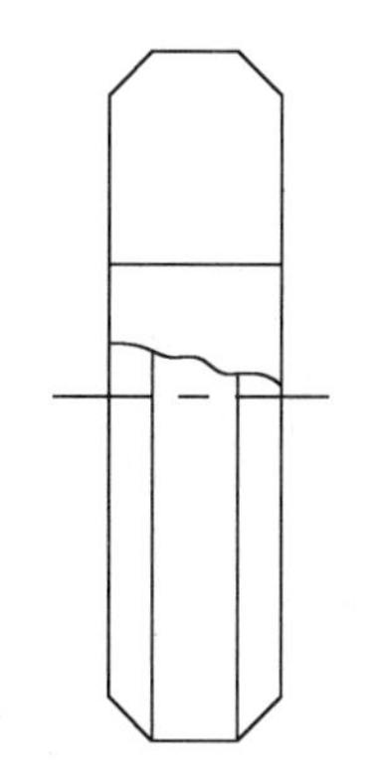

图 9-85　绘制样条曲线

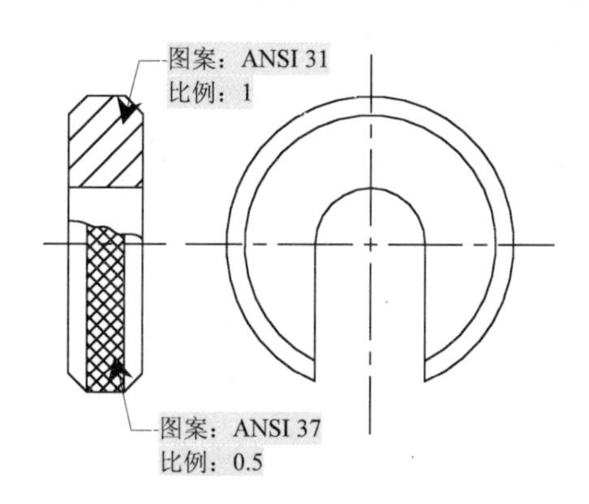

图 9-86　图案填充

11）再选择“尺寸与公差”图层，对绘制好的开口垫圈平面图进行尺寸标注，效果如图 9-87 所示。

12）开口垫圈至此就绘制完成了，按〈Ctrl+S〉组合键进行保存即可。

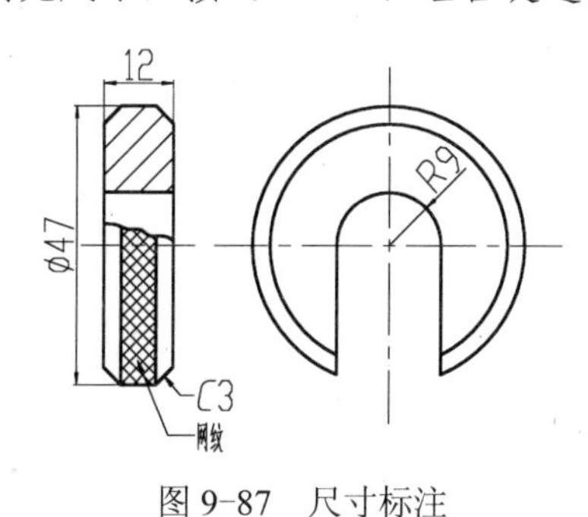

图 9-87　尺寸标注

9.10　钻模板-特制螺母的绘制

该螺母有一自带的螺母盘，有一定的特殊性，在绘制时同样是在圆的基础上来进行创建。

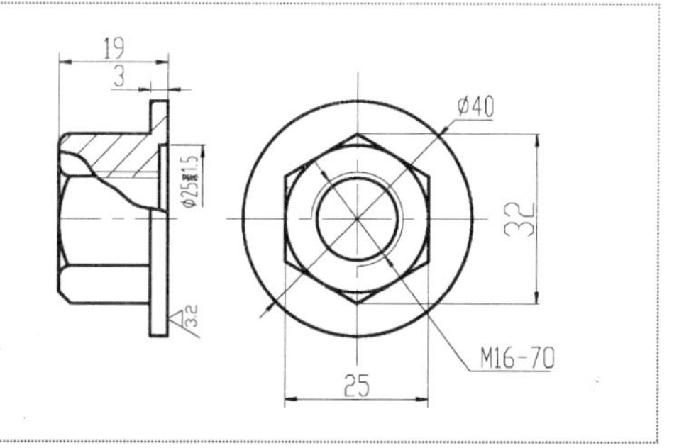

1）启动 AutoCAD 2013 软件，选择“文件”→“打开”菜单命令，将“案例\09\钻模板-模板.dwg”文件打开，再执行“文件”→“另存为”菜单命令，将其另存为“案例\09\钻模板-特制螺母.dwg”文件。

2）将原有的平面图例进行删除操作，然后再选择“中心线”图层，使之成为当前图层。

3）执行“直线（L）”命令，绘制两条相交且相互垂直的中心线，如图 9-88 所示。

4）选择“粗实线”图层，并执行“圆（C）”命令，过中心线交点位置绘制四个直径分别为 14、16、25、40 的同心圆，如图 9-89 所示。

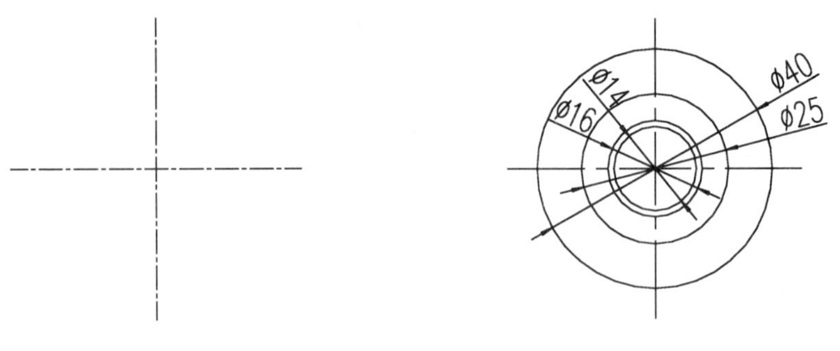

图 9-88　绘制中心线　　　　图 9-89　绘制同心圆

5）将直径为 16 的圆的线型转换为细实线，并执行“多边形（POL）”命令，绘制一外切的正六边形对象，如图 9-90 所示。

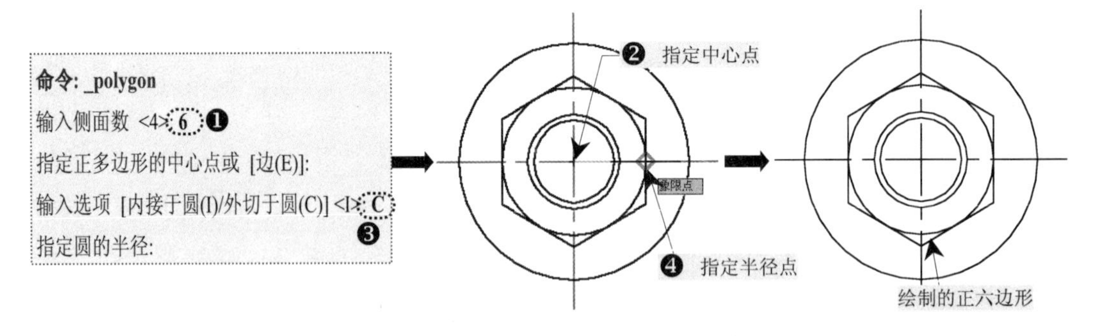

图 9-90　正六边形的绘制

6）执行“直线（L）”命令，过螺母左视图相应的交点轮廓向左侧引伸直线，并绘制一条垂直的直线段，如图 9-91 所示。

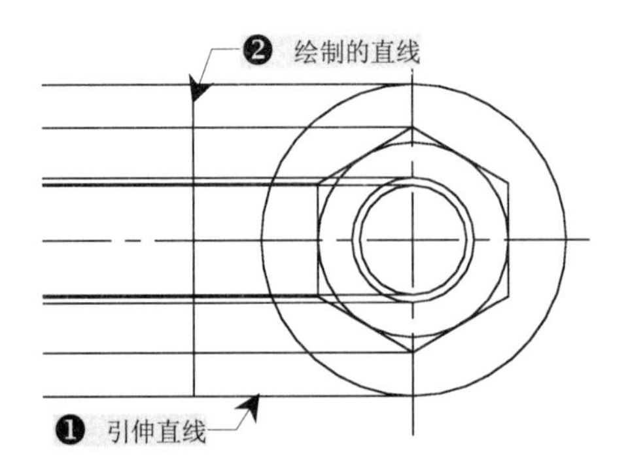

图 9-91　引伸直线

7）执行“偏移（O）”命令，将绘制的直线向左侧偏移相应距离，再使用“修剪（TR）”命令，修剪掉多余的线段，从而创建特制螺母的主视图效果，如图 9-92 所示。

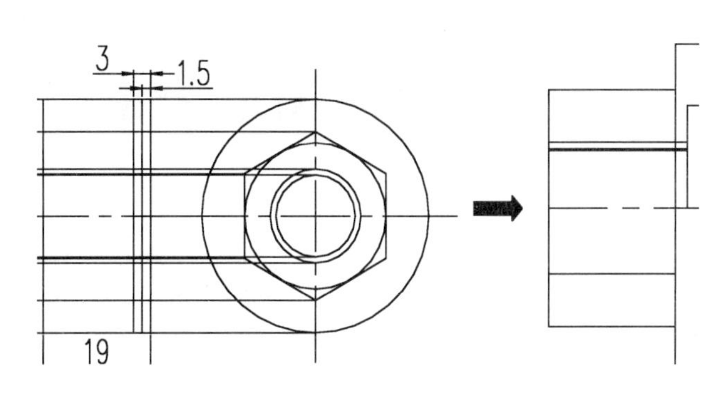

图 9-92 主视图轮廓的创建

8）执行“样条曲线（SPL）”命令，在主视图相应位置绘制一样条曲线，并修剪掉多余的线条，如图 9-93 所示。

9）执行“圆角”和“倒直角”命令，对创建的主视图进行倒角操作，倒角后的效果如图 9-94 所示。

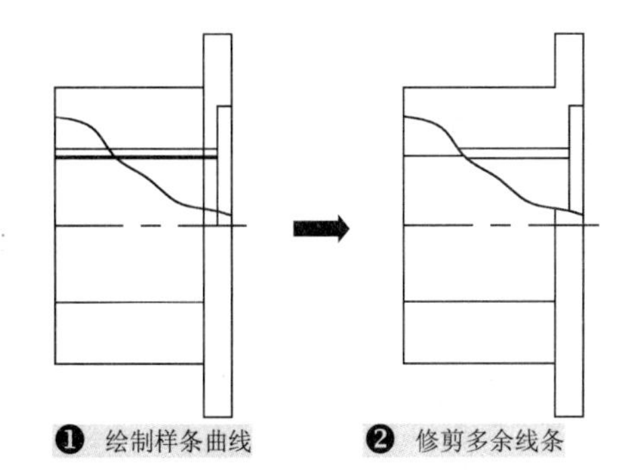

图 9-93 主视图内轮廓的创建

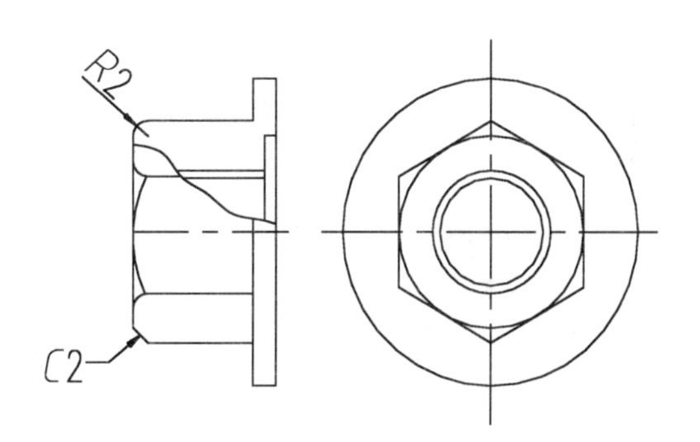

图 9-94 主视图轮廓倒角

10）选择“剖面线”图层，对特制螺母局部进行图案填充，填充图案为 ANSI31，比例为 1，如图 9-95 所示。

11）再选择“尺寸与公差”图层，对特制螺母进行相应的尺寸标注，标注后的效果如图 9-96 所示。

12）特制螺母的绘制到此就完成了，直接按〈Ctrl+S〉组合键进行保存就可以了。

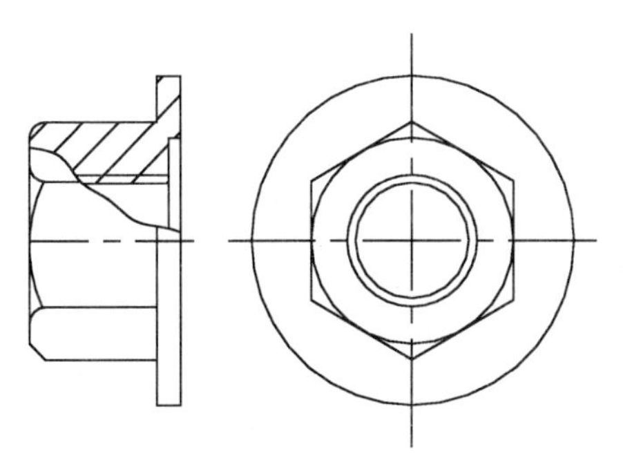

图 9-95 主视图图案填充

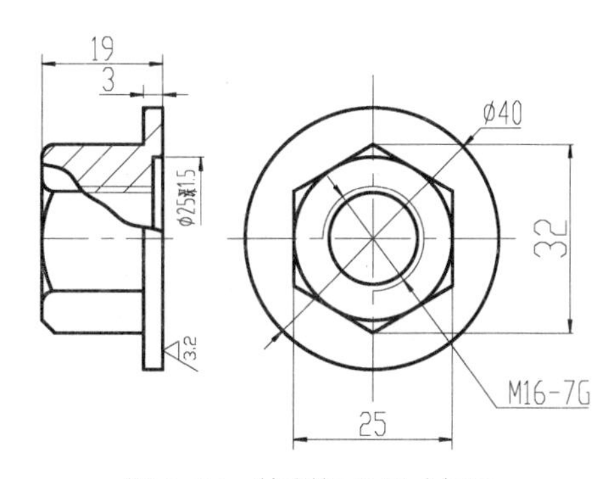

图 9-96 特制螺母尺寸标注

9.11 钻模板-衬套、钻套

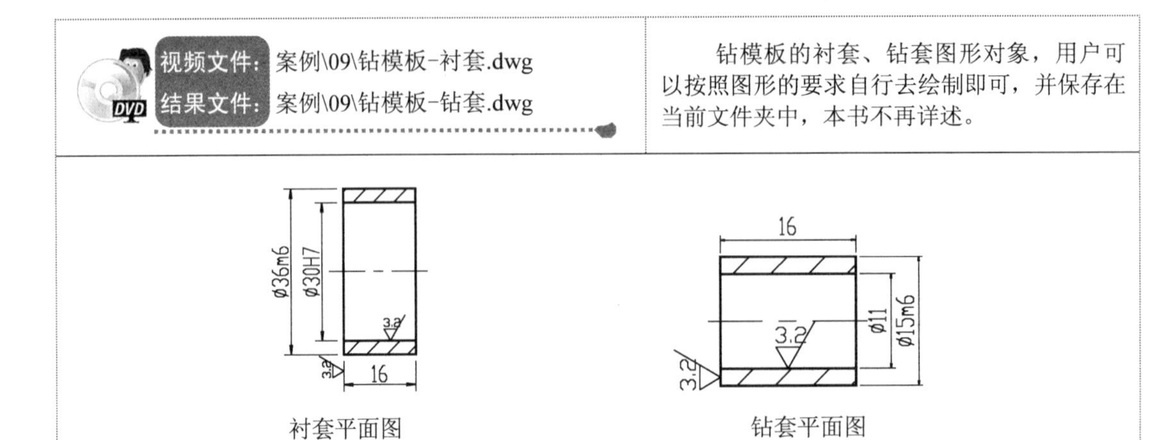

钻模板的衬套、钻套图形对象，用户可以按照图形的要求自行去绘制即可，并保存在当前文件夹中，本书不再详述。

衬套平面图

钻套平面图

9.12 钻模板装配图的绘制

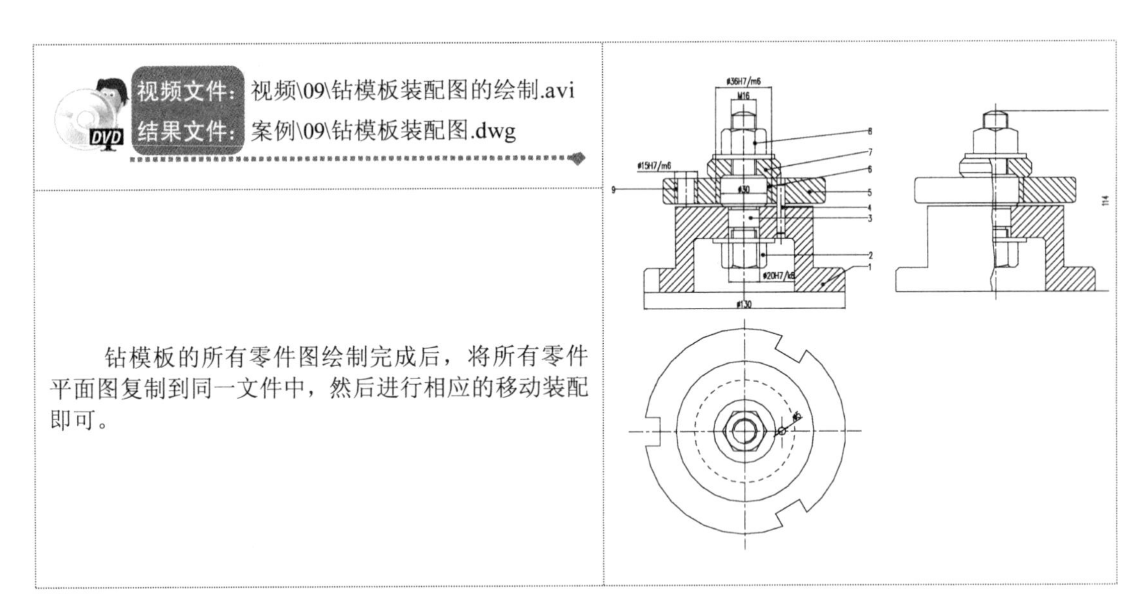

钻模板的所有零件图绘制完成后，将所有零件平面图复制到同一文件中，然后进行相应的移动装配即可。

1）正常启动 AutoCAD 2013 软件，系统会自动生成一个空白文件，这时再选择“文件”→“保存”菜单命令，将该空白文件保存为“案例\09\钻模板装配图.dwg”文件。

2）在菜单中选择“文件”→“打开”菜单命令，将“案例\09”中的所有钻模板零件图文件进行打开，再执行“复制（CO）”命令，将钻模板的所有零件平面图复制到“钻模板装配图.dwg”文件中，如图 9-97 所示。

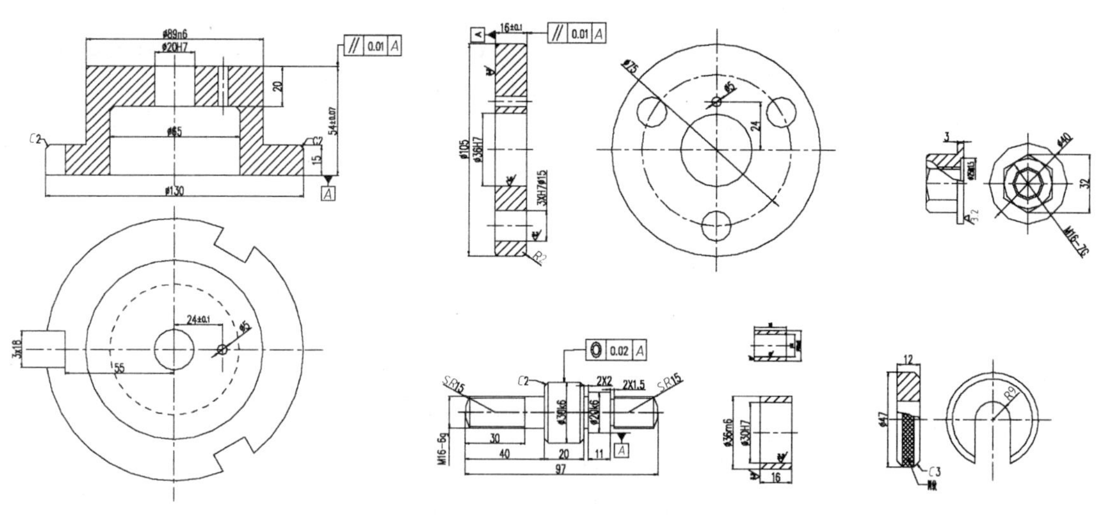

图 9-97　零件图复制到一起

3）在“图层控制”下拉列表框中关闭“尺寸与公差”图层，再执行“删除（E）”命令，将开口垫圈的左视图和模板的左视图进行删除操作，如图 9-98 所示。

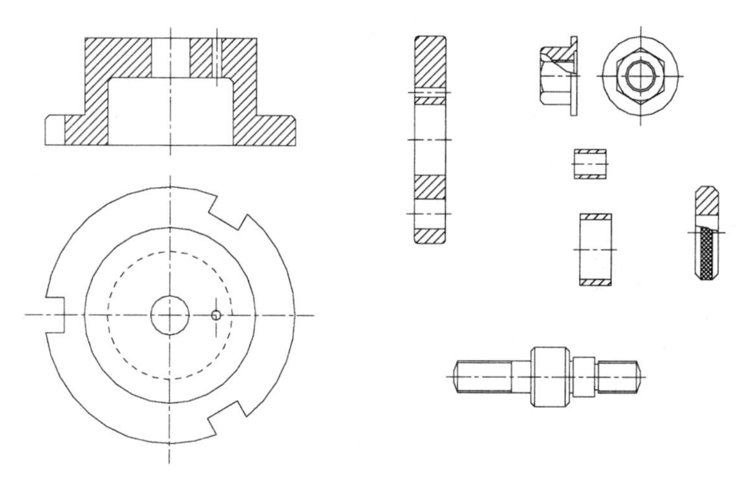

图 9-98　关闭标注图层并删除部分零件视图

4）执行“旋转（RO）”命令，将装配图中的特制螺母、轴、模板、衬套、开口垫圈、钻套视图旋转-90°，旋转后效果如图 9-99 所示。

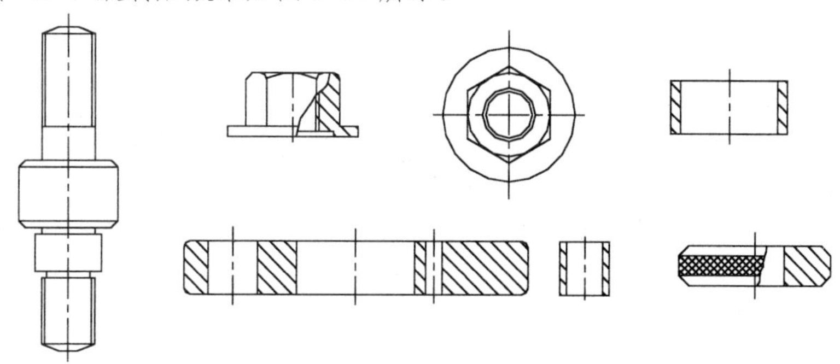

图 9-99　部分零件图旋转

提示 在进行图形装配时，先不要关闭掉“中心线”图层，在对零件图进行移动时，可参考相应的中心线交点来确定具体位置。

5）执行“移动（M）”命令，选择衬套平面图，以上侧中点作为基点与模板上侧中点进行重合，如图 9-100 所示。

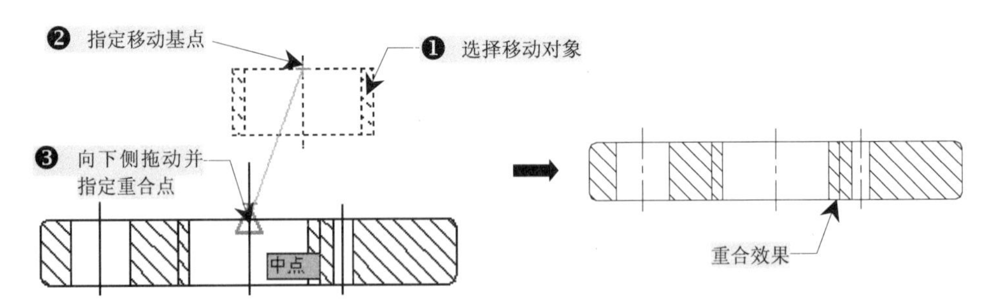

图 9-100　衬套与模板装配

在装配移动时，可以先将个别零件移动至空白区域，再进行装配。装配时一般遵循先简单后复杂的先后顺序。

6）同样，继续执行“移动（M）”命令，再将开口垫圈图与模板进行装配，如图 9-101 所示。

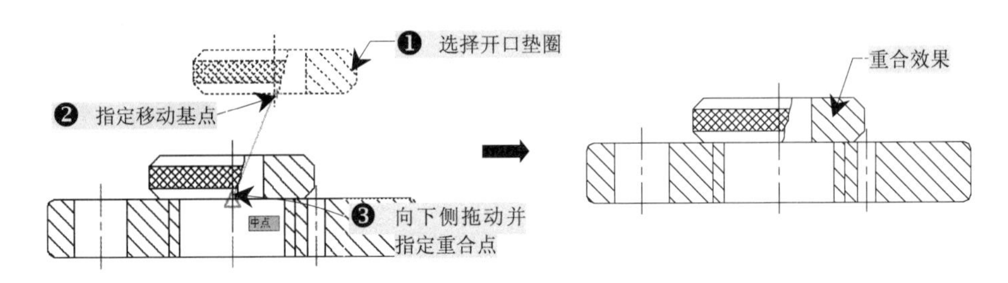

图 9-101　开口垫圈与模板装配

7）执行“移动（M）”命令，选择钻套图与模板左侧通孔进行装配，如图 9-102 所示。

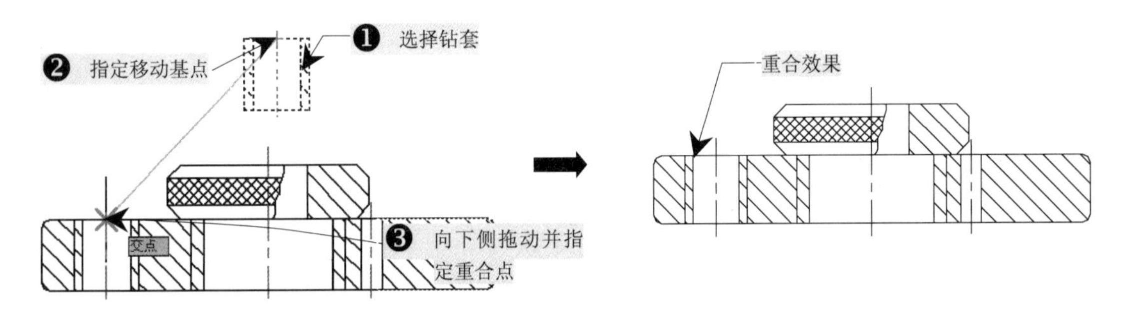

图 9-102　钻套与模板装配

8）执行“移动（M）”命令，将特制螺母在开口垫圈上侧中点位置处进行装配，如图9-103所示。

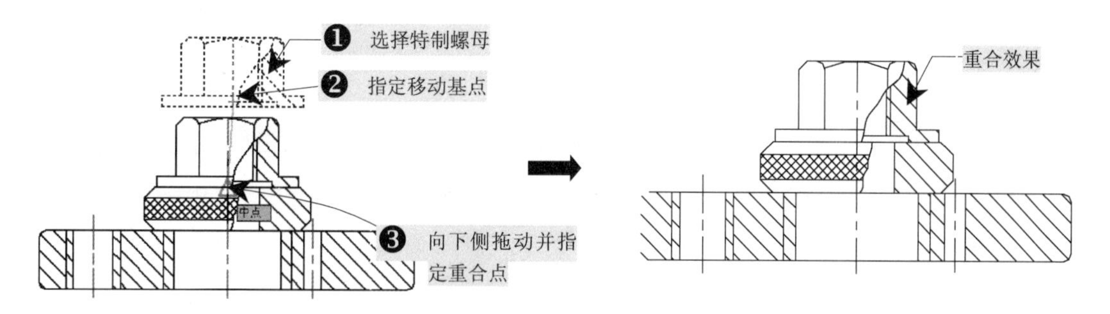

图9-103　特制螺母与开口垫圈装配

9）继续执行“移动（M）”命令，选择轴零件在底座的主视图上侧的中点位置处进行重合装配，如图9-104所示。

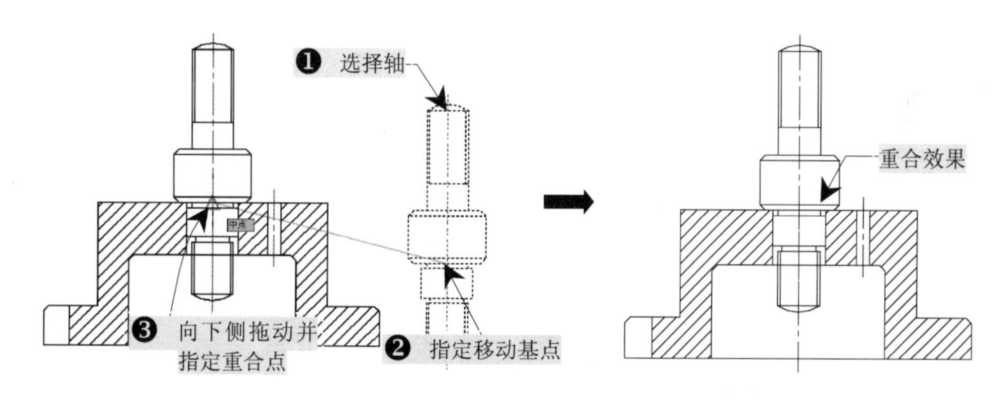

图9-104　轴与底座进行装配

10）执行“复制（CO）”命令，将特制螺母向空白区域复制一份，并将其旋转180°，然后执行“移动（M）”命令，将特制螺母与轴下侧进行装配操作，如图9-105所示。

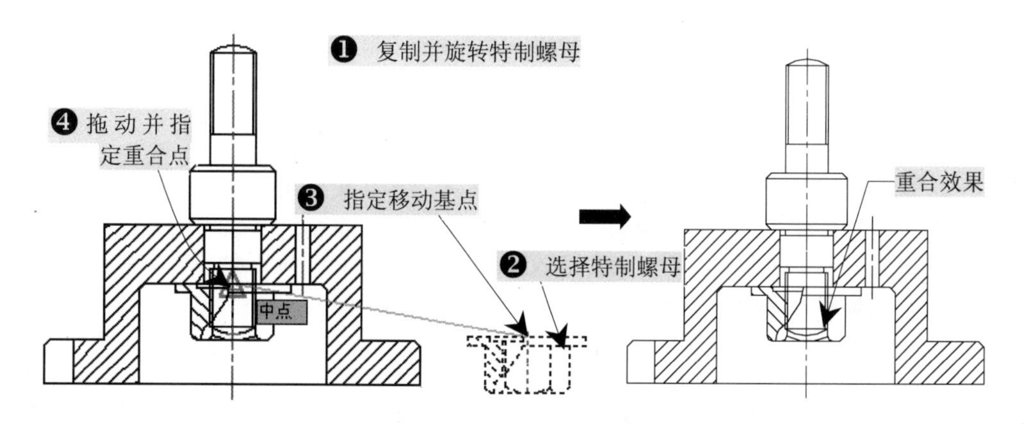

图9-105　特制螺母与轴的装配

11）执行“移动（M）”命令，在将前面所装配的部分零件与轴的上部分进行相应的装配，如图 9-106 所示。

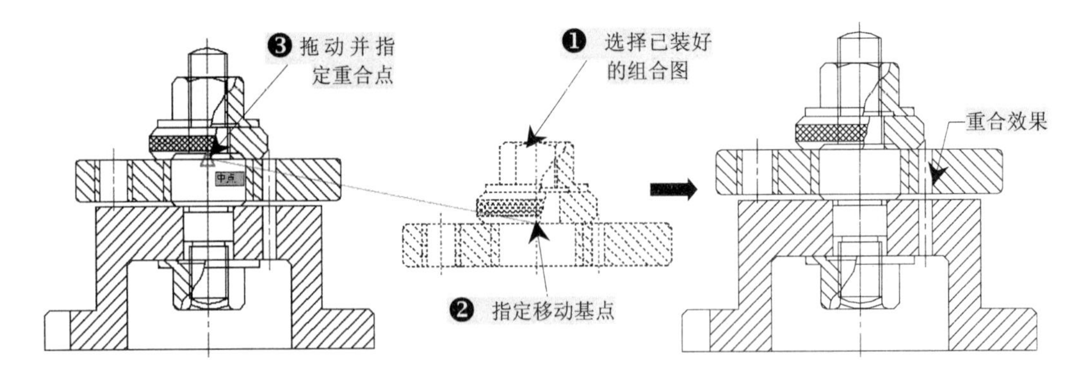

图 9-106　钻模板主视图的装配

12）在装配好主视图后，执行“修剪”、“删除”等命令，将主视图内部进行编辑操作，钻模板装配主视图编辑后的最终效果如图 9-107 所示。

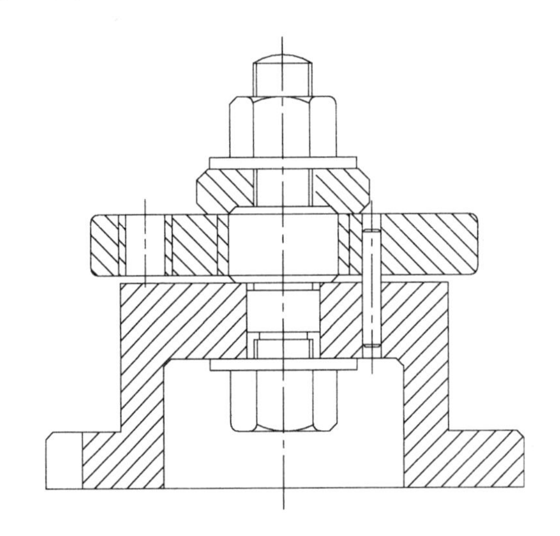

图 9-107　钻模板主视图编辑效果

机械装配图也称为组装图。可根据组装图的复杂程度来确定装配图的视图数量。本章前面所讲到的连接板装配图，由于整个组装图结构较为简单，因此有一个主视图就能表达内部的具体结构。而钻模板装配图由于零件较多，内部结构相对有些复杂，因此，在确定了钻模板装配后的主视图外，还需将它的俯视图和左视图都表达出来，如果有必要的话，还得有局部剖视图等。

13）再以主视图下侧中心线对齐来创建它的俯视图。执行“旋转（RO）”命令，先将特制螺母的左视图旋转 90°，再执行“移动（M）”命令，将特制螺母左视图移动至底座俯视图中心位置处，如图 9-108 所示。

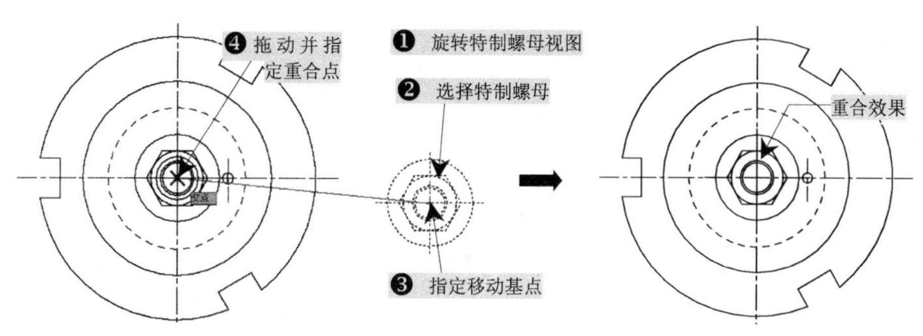

图 9-108 特制螺母与底座俯视图配合

14）将俯视图最里面的线型转换为细实线，并修剪 1/4 的圆弧对象，从而创建外螺纹的俯视效果，如图 9-109 所示。

15）执行“复制（CO）”命令，将钻模板的主视图水平向右侧复制一份，选择“细实线”图层，再执行“样条曲线（SPL）”命令，过复制的主视图左侧位置绘制一样条曲线，如图 9-110 所示。

16）执行“删除”、“修剪”等命令，将绘制的样条曲线左侧内部的线条进行编辑操作，效果如图 9-111 所示。

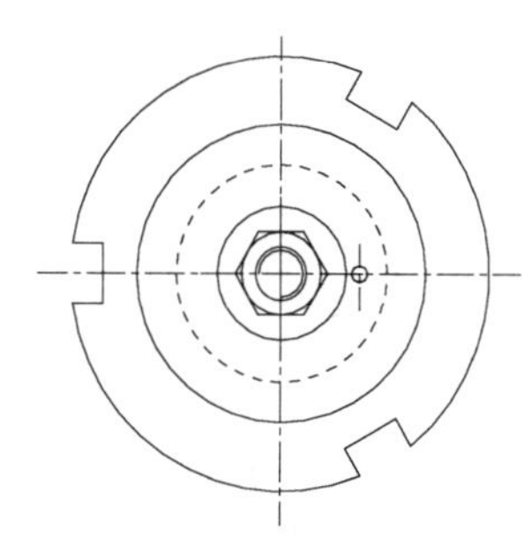

图 9-109 俯视图螺纹效果

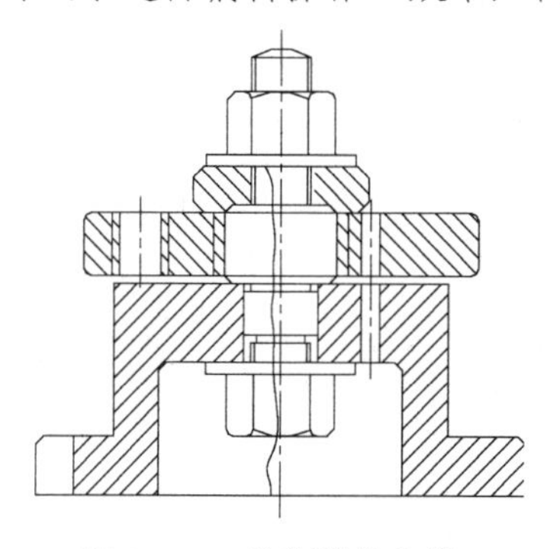

图 9-110 绘制样条曲线

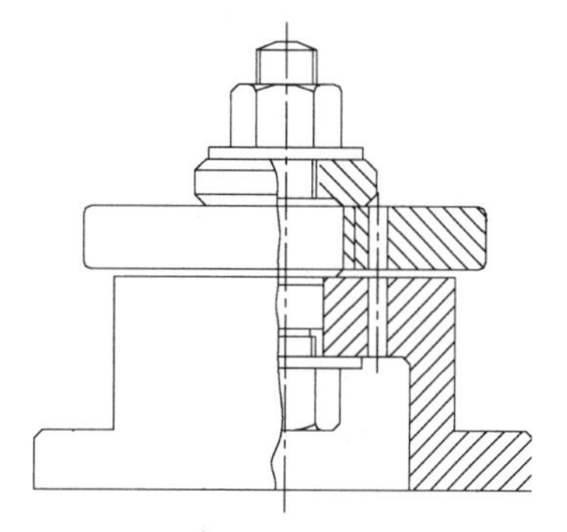

图 9-111 创建左视图

17）执行“直线（L）”命令，在左视图上侧特制螺母中心位置处绘制一条垂直的线段，并将两侧的特制螺母轮廓线删除，如图 9-112 所示。

18）执行“直线”、“修剪”等命令，对左视图右侧内部轮廓进行编辑操作，其最终效果如图 9-113 所示。

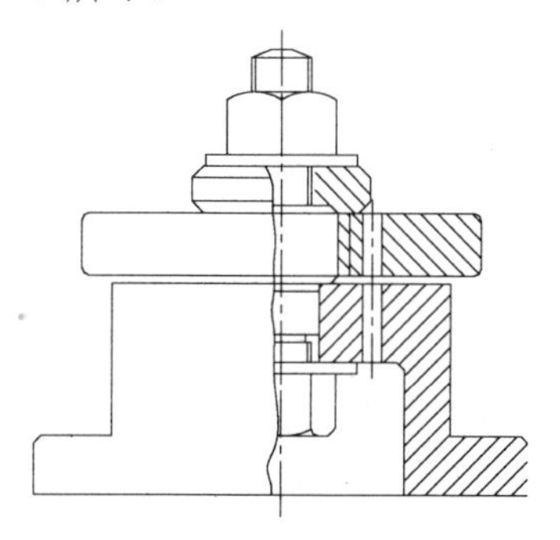

图 9-112 特制螺母轮廓改变

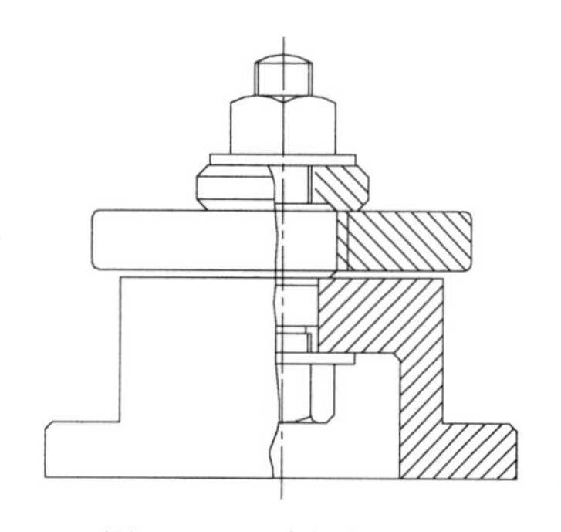

图 9-113 编辑左视图

19）切换到“尺寸与公差”图层，对钻模板装配图进行相应的尺寸标注，标注的效果如图 9-114 所示。

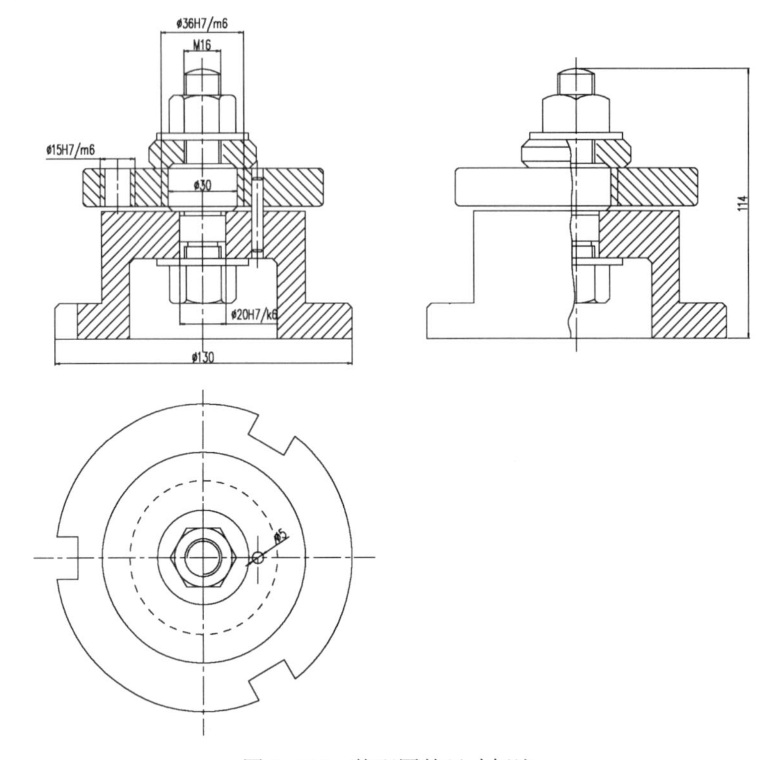

图 9-114　装配图的尺寸标注

20）在菜单中选择“引线标注”命令，对钻模板主视图中的零件进行编号操作，如图 9-115 所示。

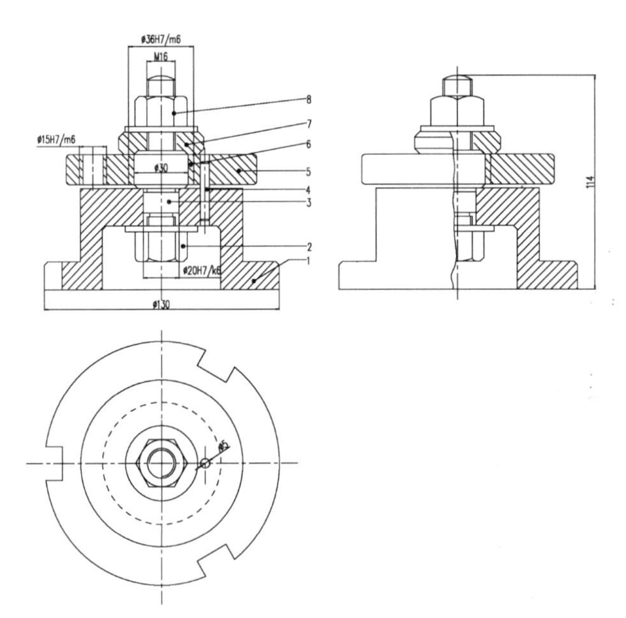

图 9-115　装配图序号的标注

用户在对装配图引线标注完成后，可按〈Ctrl+1〉组合键打开“特性”面板，再选择“直线和箭头”选项，并设置箭头的样式为“点”样式效果。

21）在钻模板装配图创建完成后，用户可调用已准备好的“标准图框”文件。在菜单中选择“文件”→“打开”命令，将“案例\09\标准图框 2”文件进行打开，然后将其复制到“钻模板装配图.dwg”文件中，并附着在平面图上，如图 9-116 所示。

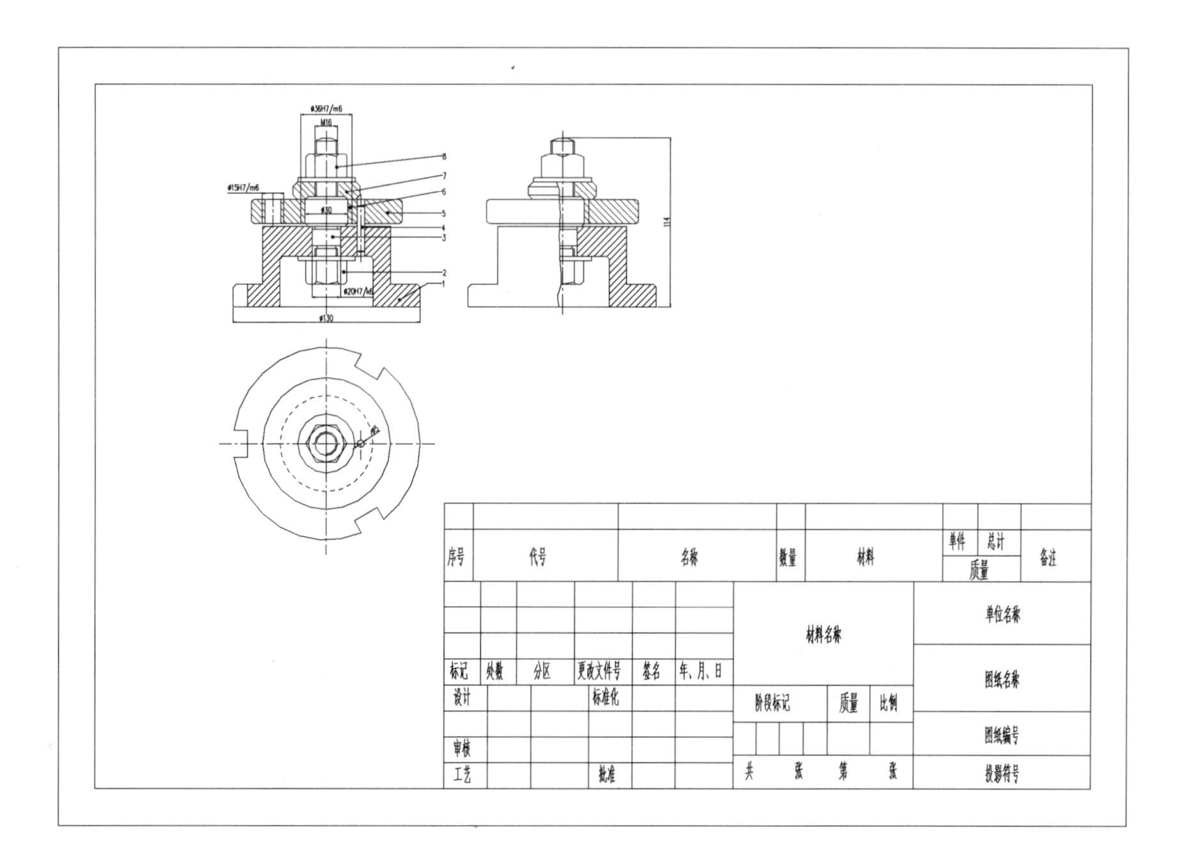

图 9-116 图框的添加

如果复制的图框不能框住平面图，可执行“缩放（SC）”命令，将图框放大到相应的合适尺寸，再进行放置即可。

22）执行“复制（CO）”命令或“直线（L）”命令，在标题栏上侧位置建立明细表效果，如图 9-117 所示。

23）在菜单栏中选择“单行文字”命令，在明细栏内创建装配图中所有的文字内容，如代号、名称、材料等，所创建的最终效果如图 9-118 所示。

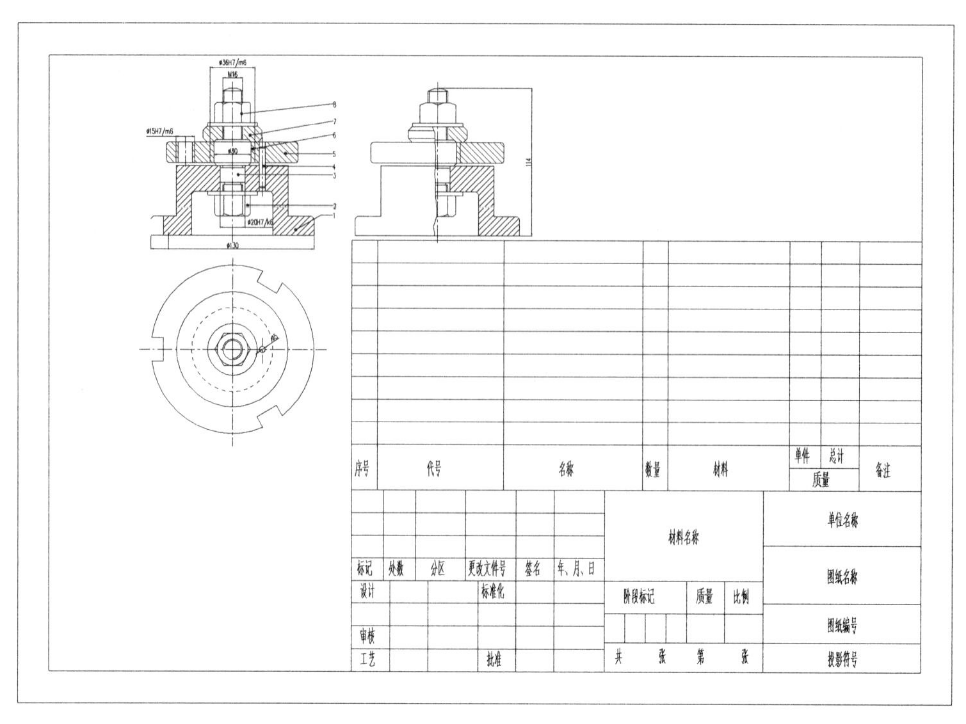

图 9-117　明细表的创建

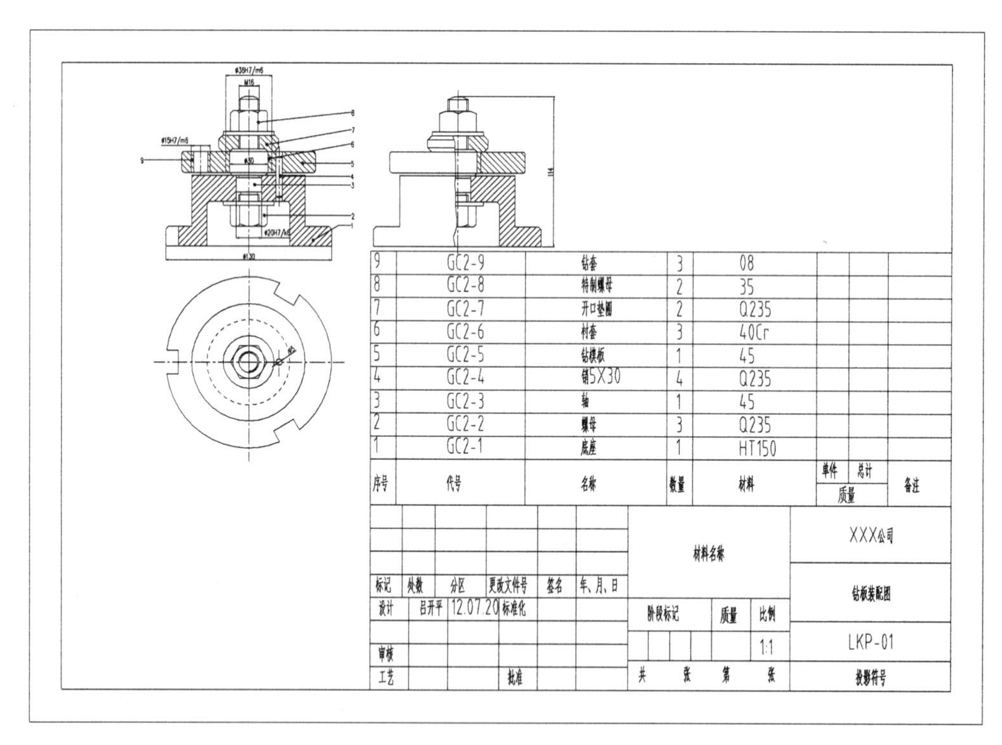

图 9-118　明细表内文字输入的效果

24）至此，钻模板的装配图就完成了，用户直接按〈Ctrl+S〉组合键进行保存就可以了。

第 10 章 标准件三维实体的创建

本章导读

在 AutoCAD 以前的版本中，三维实体基本用得较少，随着 AutoCAD 版本的不断升级，其三维造型功能也越来越完善，因此，读者注重掌握 CAD 里面的三维实体功能是有必要的。

本章所绘制的图形都是机械中标准件的实体图形，通过对这些标准件的练习，能给读者在三维造型上带来更大的学习兴趣。

学习目标

☑ 熟练掌握螺栓实体的创建方法
☑ 掌握螺纹绘制的方法与技巧
☑ 熟悉并掌握螺母的创建方法
☑ 掌握垫圈的创建方法
☑ 熟悉并掌握轴承实体的创建方法

效果预览

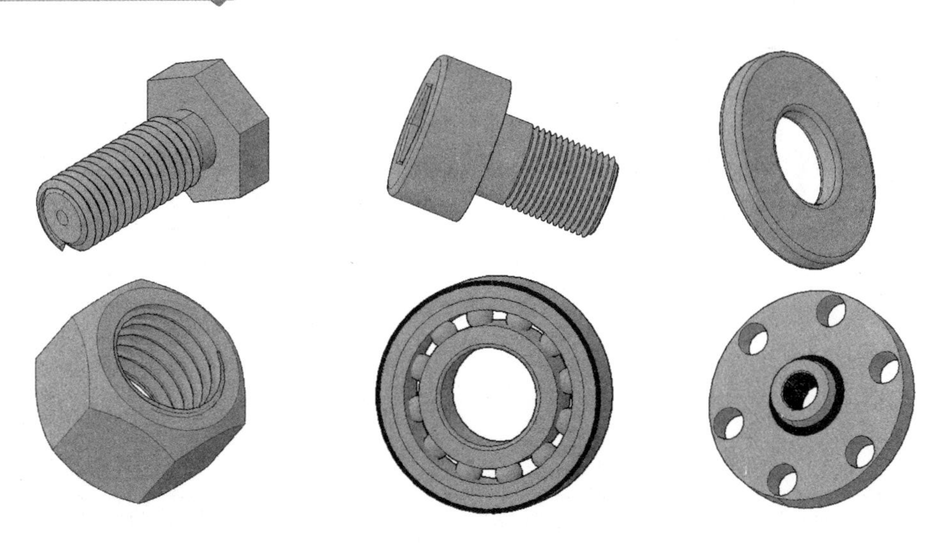

10.1 螺栓实体的创建

视频文件：视频\10\螺栓实体的绘制.avi

结果文件：案例\10\螺栓实体.dwg

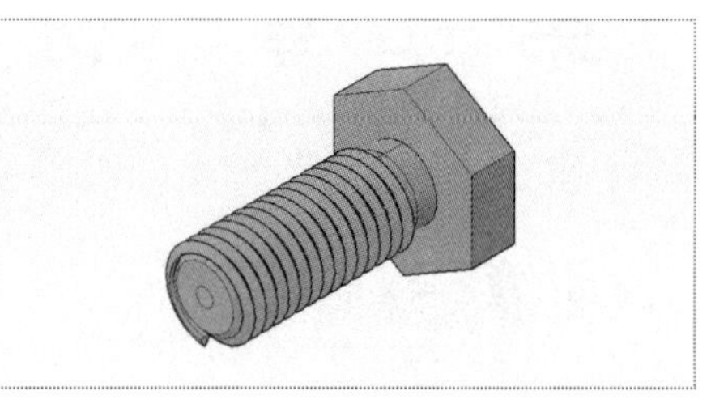

在绘制实体时，会用到二维平面与三维实体等绘图工具来进行创建，因此在绘制时要从不同的视图方向来进行相应的调整创建。

1）正常启动 AutoCAD 2013 软件，选择“文件”→“打开”菜单命令，将“案例\10\机械实体样板.dwt”文件打开，再执行“文件”→“另存为”菜单命令，将其另存为“案例\10\螺栓实体.dwg”文件。

专业技能

用户在绘制三维实体时，为方便绘图速度，可以打开 AutoCAD 2013 中的“三维实体”工具栏，如“建模”、“实体编辑”、“视觉样式”、“视图”和“动态观察”，如图 10-1 所示。

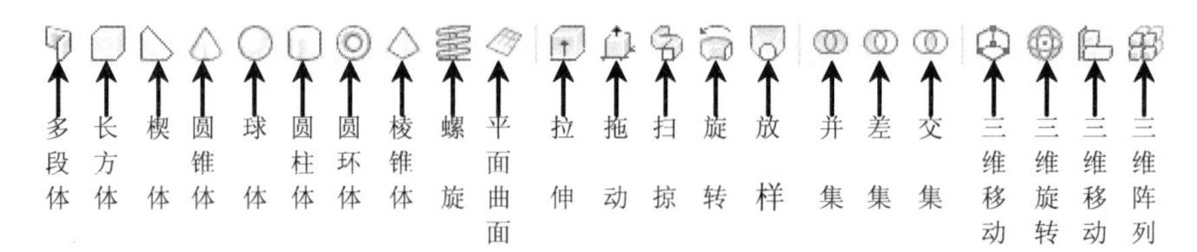

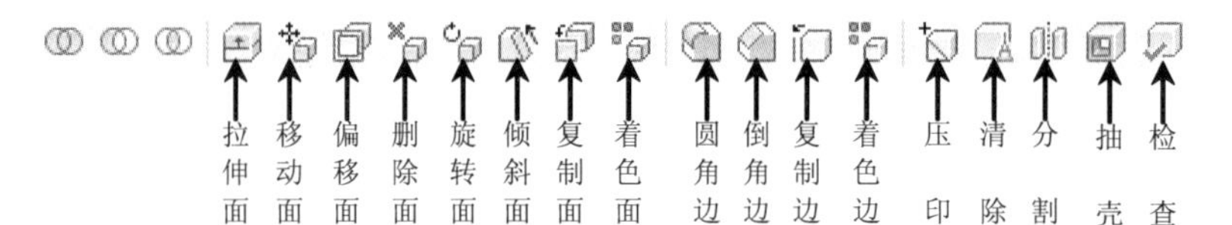

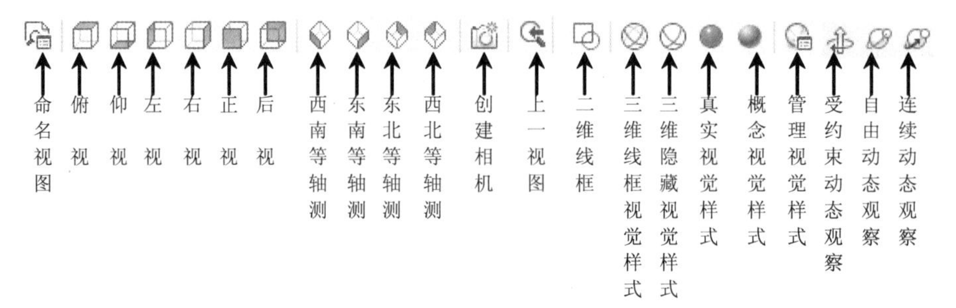

图 10-1 “三维实体”工具栏

2）在菜单中选择“视图”→“三维视图”→“前视”命令，将螺栓实体文件的当前视口呈现前视效果。

3）再选择“文件”→“打开”菜单命令，将“案例\10\螺栓平面图.dwg”文件打开，再执行“复制（CO）”命令，将“螺栓平面图”复制到“螺栓实体.dwg”文件当中，如图 10-2

所示。

4）执行“修剪”和“删除”命令，将螺栓平面图的多余对象进行删除操作，并只保留螺栓上半部分轮廓，如图 10-3 所示。

由于螺栓是圆柱体，在创建实体时，可以直接采用“旋转”的方法对平面轮廓进行实体的旋转操作即可。

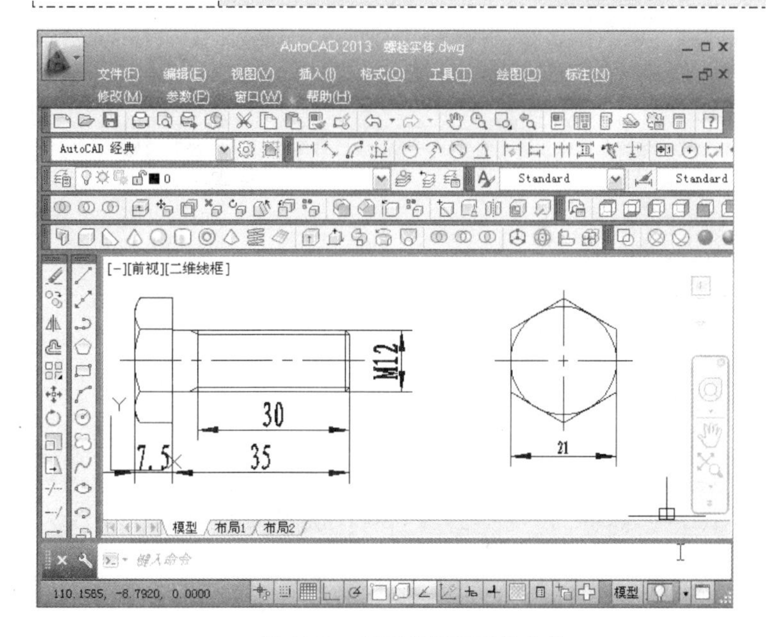

图 10-2 打开并复制原始文件

图 10-3 删除、修剪后的轮廓

5）将中心线切换为“粗实线”图层，并在菜单中选择“绘图”→“面域”命令，将框选平面图中轮廓对象进行面域操作，如图 10-4 所示。

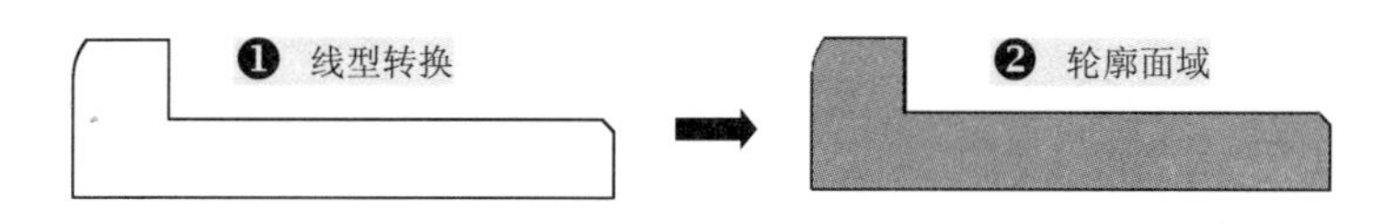

图 10-4 轮廓面域

6）在菜单栏中选择“绘图”→“建模”→“旋转”命令，根据命令提示行提示选择旋转对象，并指定旋转轴线的起点和终点，再按〈Enter〉键即可，如图 10-5 所示。

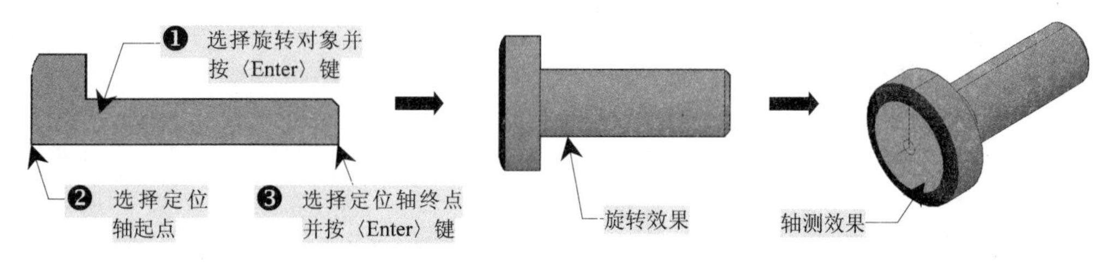

图 10-5 旋转效果

7）为了操作方便可将当前轴测投影切换到“东南等轴测”，其效果如图 10-6 所示。

8）在菜单栏中选择“绘图”→“建模”→“螺旋”命令，根据命令提示行提示选择中心点并输入相应的尺寸，再按如图 10-7 所示的操作步骤进行螺旋线效果创建。

命令: Helix
指定底面的中心点:
指定底面半径或 [直径(D)] <1.0000>: 6
指定顶面半径或 [直径(D)] <5.0000>: 6 ❷
指定螺旋高度或 [轴端点(A)/圈数(T)/圈高(H)/扭曲(W)] <1.0000>: W ❸
输入螺旋的扭曲方向 [顺时针(CW)/逆时针(CCW)] <CCW>: CCW ❹
指定螺旋高度或 [轴端点(A)/圈数(T)/圈高(H)/扭曲(W)] <1.0000>: H ❺
指定圈间距 <0.2500>: 2 ❻
指定螺旋高度或 [轴端点(A)/圈数(T)/圈高(H)/扭曲(W)] <1.0000>: -30 ❼

图 10-6 东南等轴测效果

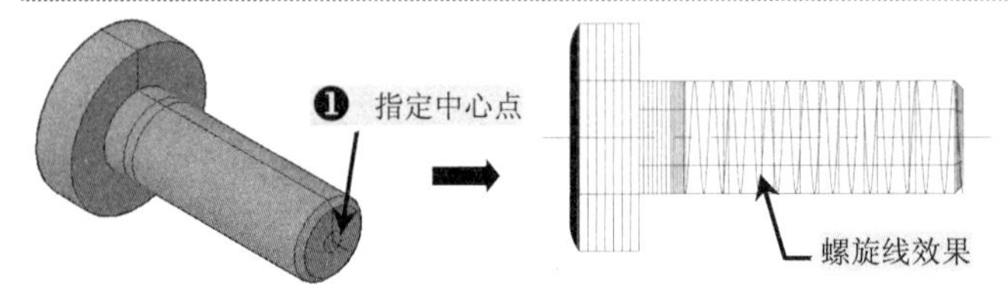

图 10-7 创建螺旋线

国标规定螺纹的旋向主要有两种，分为左旋螺纹和右旋螺纹，但右旋螺纹用得较为普遍，也比较多。因此在设置螺纹旋向时一般为逆时针方向。

9）执行“直线（L）”命令，在空白区域绘制一三角形对象，如图 10-8 所示。

10）在菜单栏中选择“绘图”→“面域”命令，选择第 9）步绘制的三角形对象并按〈Enter〉键，这时三角形出现了实体面效果，如图 10-9 所示。

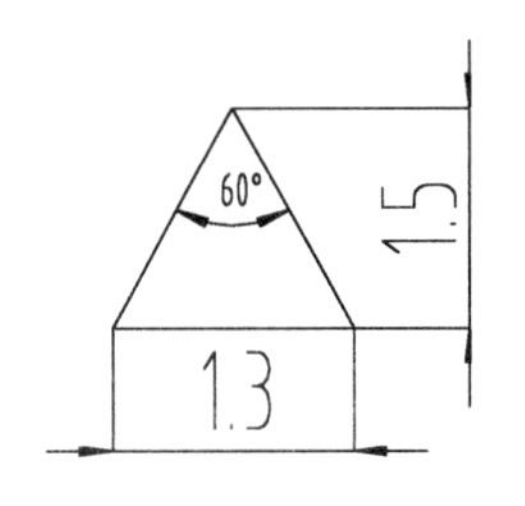

图 10-8 创建三角形

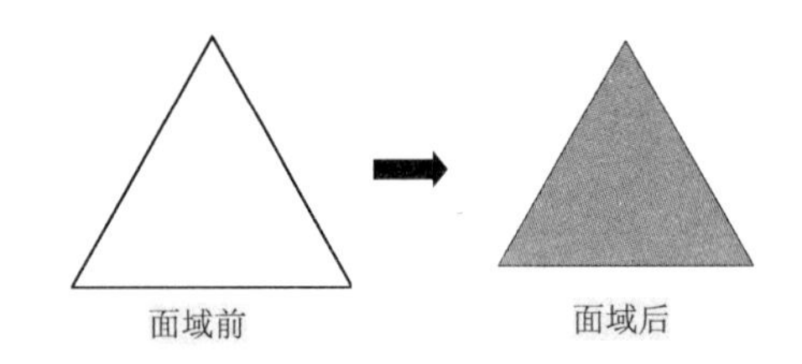

图 10-9 面域效果

用户在面域操作后，必须要打开“概念视觉样式”才会有实体三维效果。

11）选择“绘图”→“建模”→“扫掠”命令，再根据命令行提示对螺纹进行创建，具体方法如图 10-10 所示。

12）将当前视图切换到“左视”图，再执行“多边形（POL）”命令，在命令行提示下创建一个外切的正六边形，如图 10-11 所示。

```
命令: _sweep
选择要扫掠的对象或 [模式(MO)]:
选择扫掠路径或 [对齐(A)/基点(B)/比例(S)/扭曲(T)]: B
指定基点:
选择扫掠路径或 [对齐(A)/基点(B)/比例(S)/扭曲(T)]:
```

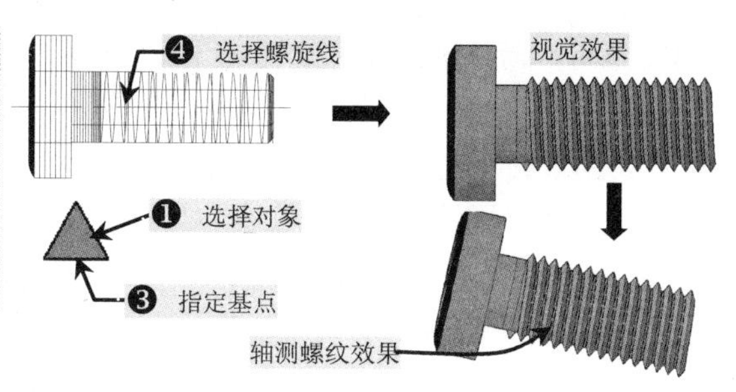

图 10-10　螺纹的创建

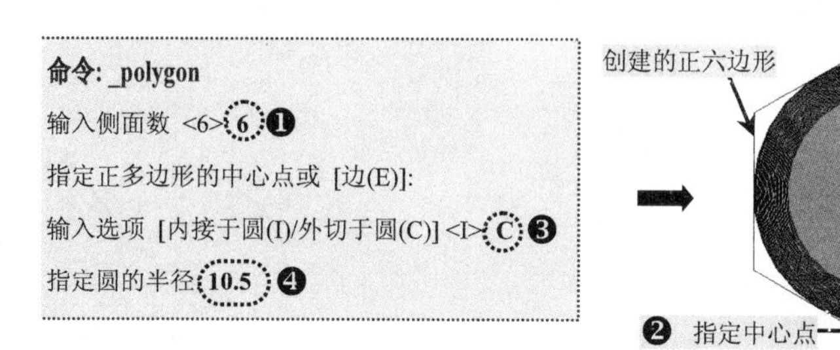

图 10-11　正六边形的创建

13）在菜单栏中选择“绘图”→“面域”命令，对创建的正六边形进行面域操作，然后将其拉伸-7.5，从而创建螺栓六角头效果，如图 10-12 所示。

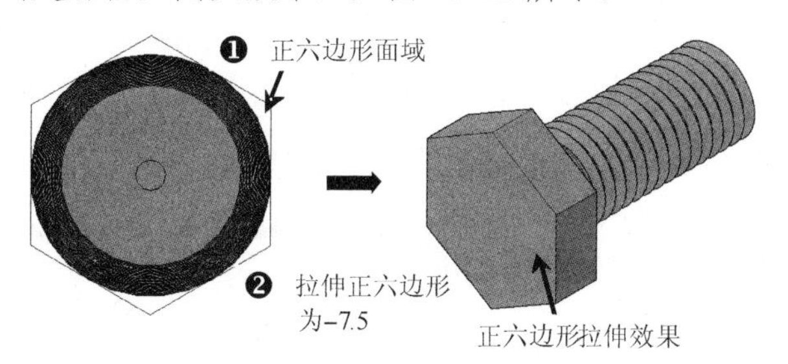

图 10-12　拉伸六边形

14）至此，螺栓的三维实体就创建完成了，用户直接按〈Ctrl+S〉组合键进行保存。

10.2　螺母实体的创建

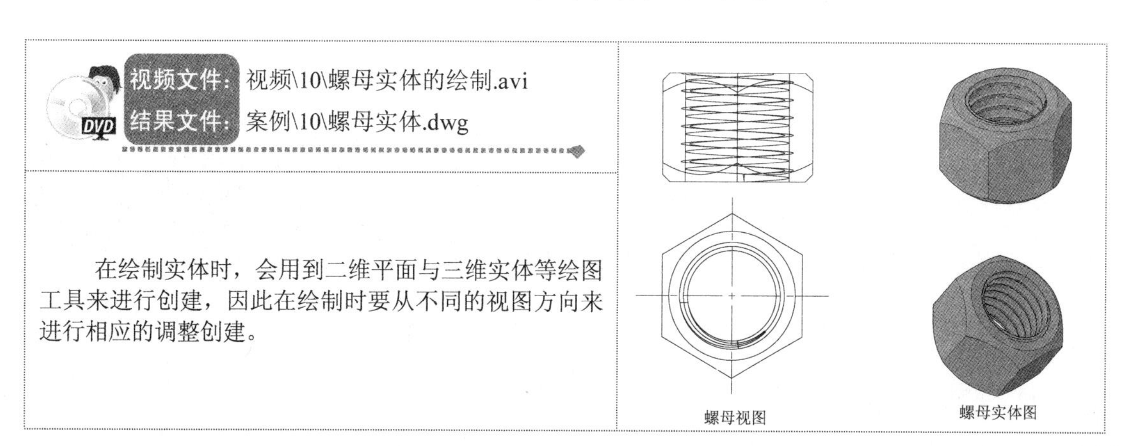

1）正常启动 AutoCAD 2013 软件，选择“文件”→“打开”菜单命令，将“案例\10\机械实体样板.dwt”文件打开，再执行“文件”→“另存为”菜单命令，将其另存为“案例\10\螺母实体.dwg”文件。

2）选择“视图”→“三维视图”→“俯视”命令，再将“中心线”图层置为当前图层，绘制两条相交且垂直的中心线，如图 10-13 所示。

3）执行“圆（C）”命令，以中心线交点为圆心，绘制一直径为 10 的圆对象，如图 10-14 所示。

4）执行“多边形（POL）”命令，根据命令行提示在绘制圆的内部绘制一内接的正六边形对象，如图 10-15 所示。

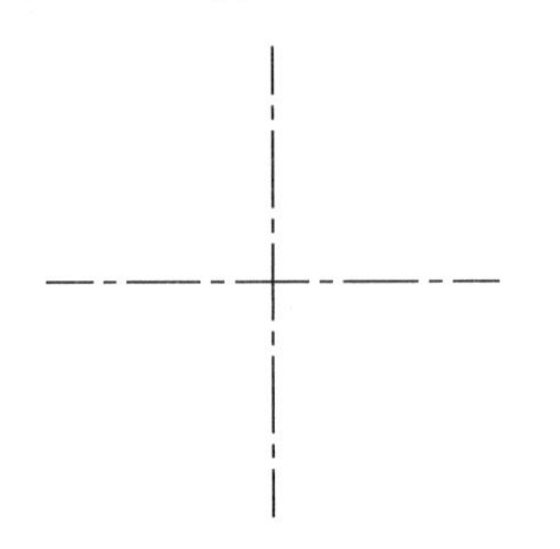

图 10-13　绘制中心线

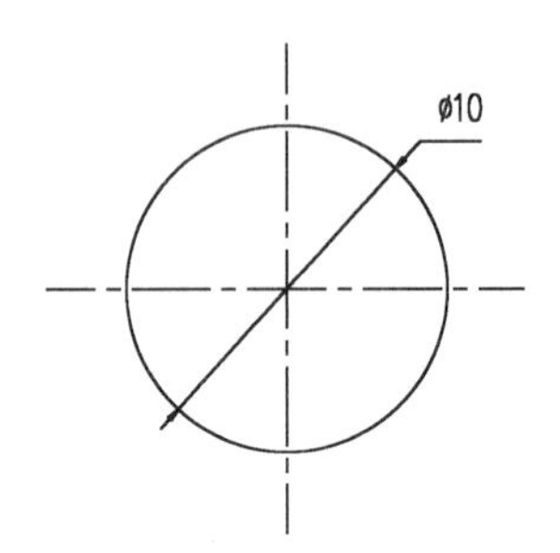

图 10-14　绘制圆对象

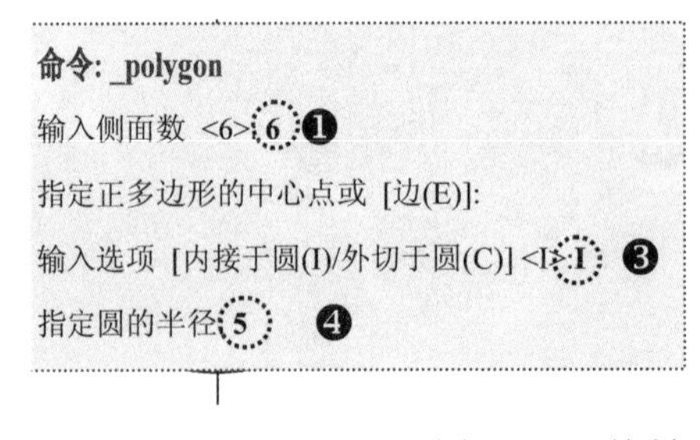

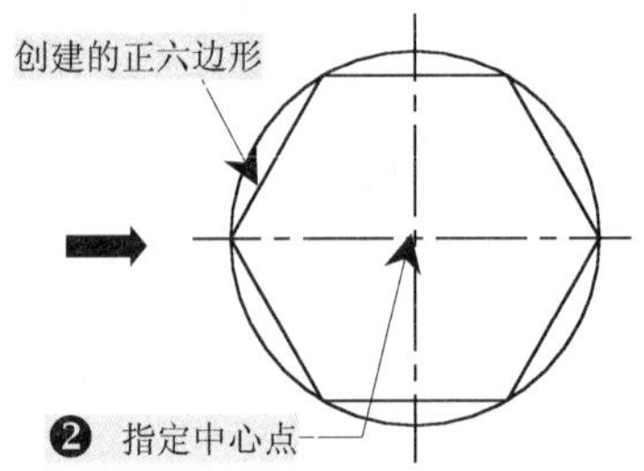

图 10-15　绘制正六边形

5）选择“视图”→“三维视图”→“西南等轴测”命令，当前所绘制的平面图出现倾斜效果，如图 10-16 所示。

6）在菜单栏中选择“绘图”→“面域”命令，将绘制的圆和正六边形对象进行面域操作，其效果如图 10-17 所示。

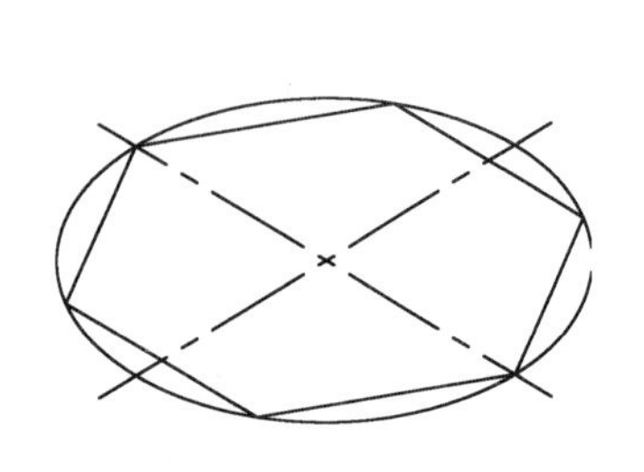

图 10-16　西南等轴测视图

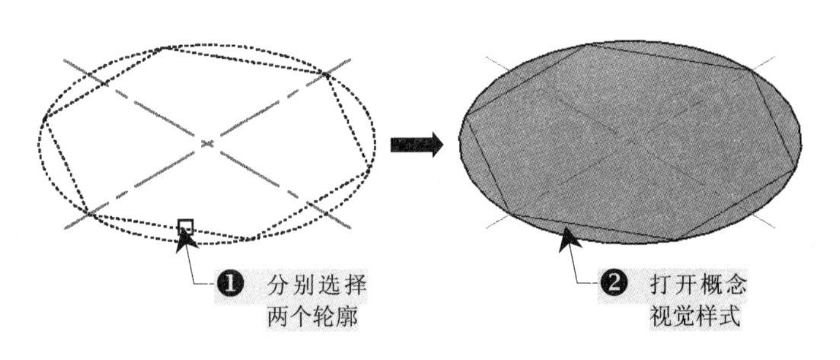

图 10-17　轮廓面域

7）在菜单栏中选择“绘图”→“建模”→“拉伸”命令，先将正六边形向上拉伸 2.5，效果如图 10-18 所示。

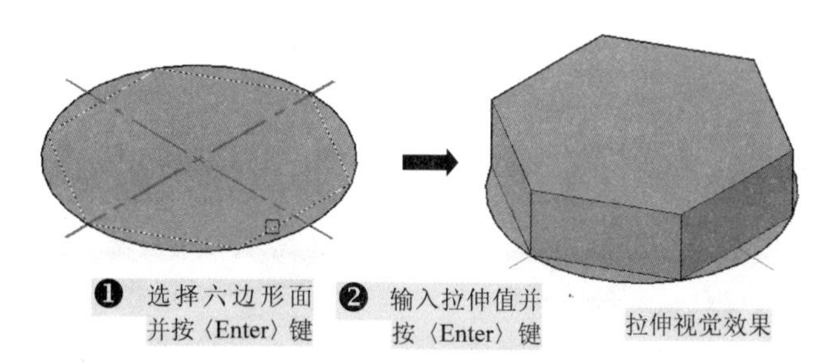

图 10-18　拉伸正六边形

用户在拉伸平面时，可以向上或是向下拉伸，如果用户想将实体向相反方向拉伸时，可直接在输入的尺寸前加一负号符号“-”，所拉伸的效果如图 10-19 所示。

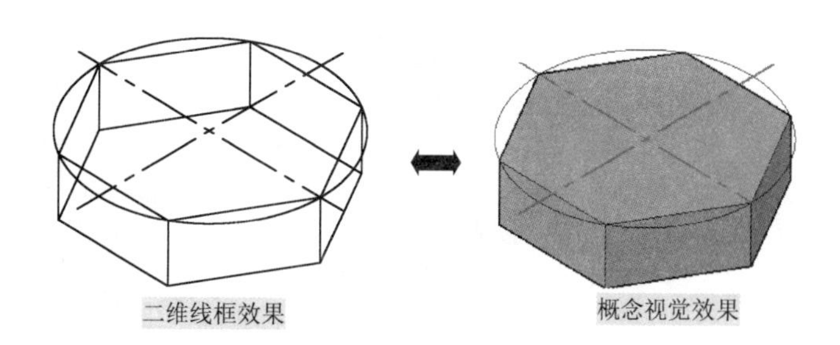

图 10-19　反方向拉伸

8）继续选择“绘图”→“建模”→“拉伸”命令，再将圆对象向上拉伸 5，并设置它的倾斜度为 45°，如图 10-20 所示。

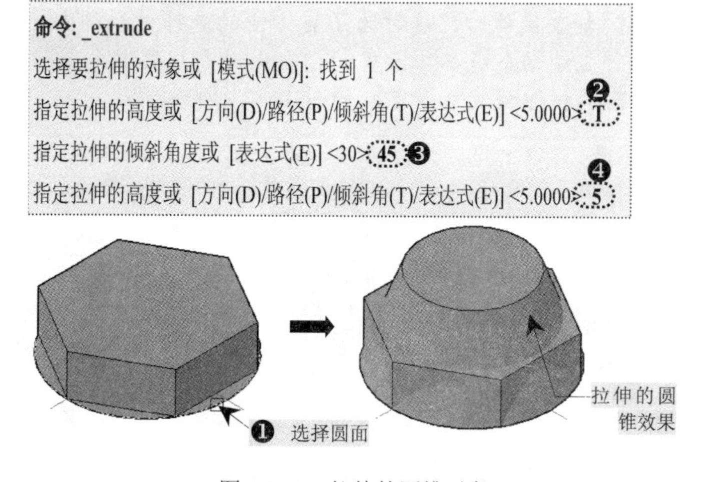

图 10-20　拉伸的圆锥对象

9）在菜单栏中选择“修改”→“实体编辑”→“交集”命令，根据命令行提示选择实体对象，执行布尔运算，其效果如图 10-21 所示。

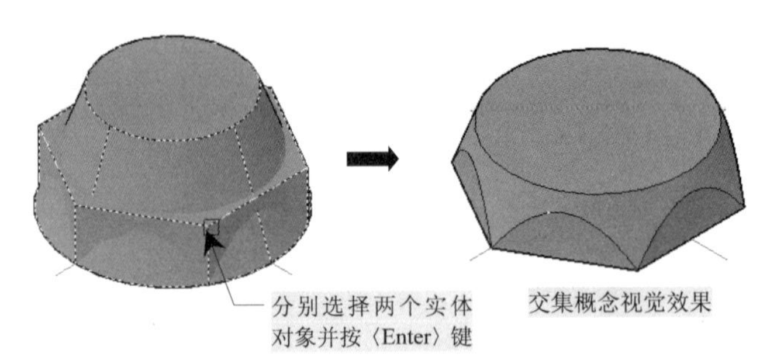

图 10-21　交集布尔运算

10）关闭“中心线”图层，执行“自由动态观察”命令，将交集操作后的实体对象旋转至一定的方向，并选择“修改”→“实体编辑”→“拉伸面”命令，选择下侧水平面向反方向拉伸 2，如图 10-22 所示。

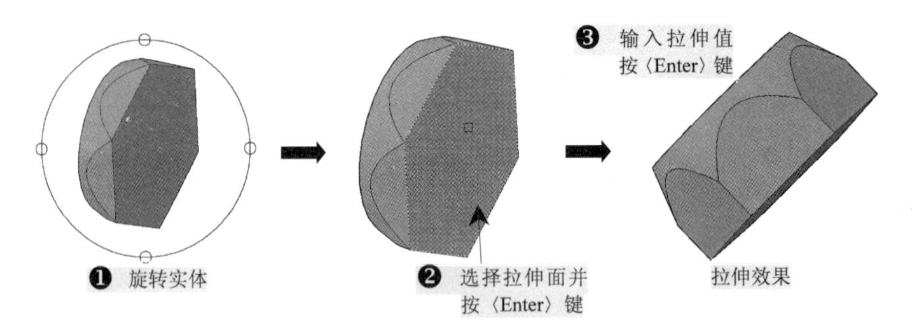

图 10-22　拉伸面

专业技能

在进行“拉伸面”命令操作时，这时为了更方便的选择被拉伸面，可将“中心线”图层进行关闭。再用“三维动态观察”器里的“自由动态观察”命令，将图形旋转到较为直观的方向，再选择拉伸面就可以了，如图 10-23 所示。

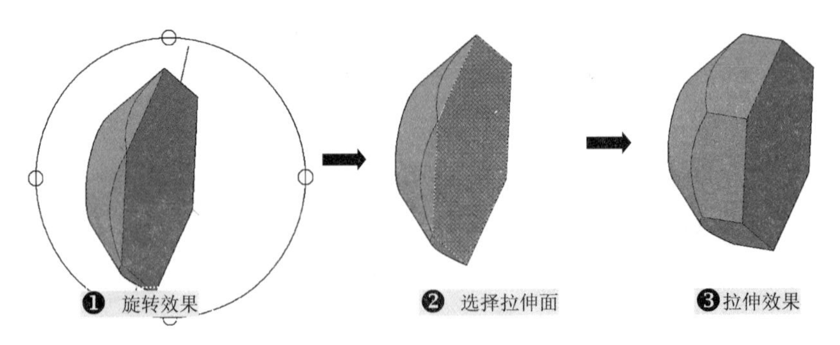

图 10-23　“三维动态观察”拉伸面

11）将当前视图切换到“主视”，执行“镜像（MI）”命令，将实体效果向下镜像一份，效果如图 10-24 所示。

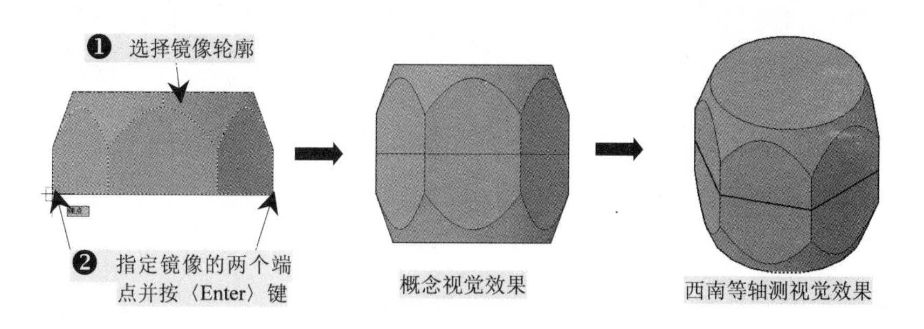

图 10-24 镜像实体

12）选择“修改”→“实体编辑”→“并集”命令，选择上、下实体对象进行并集操作，结果如图 10-25 所示。

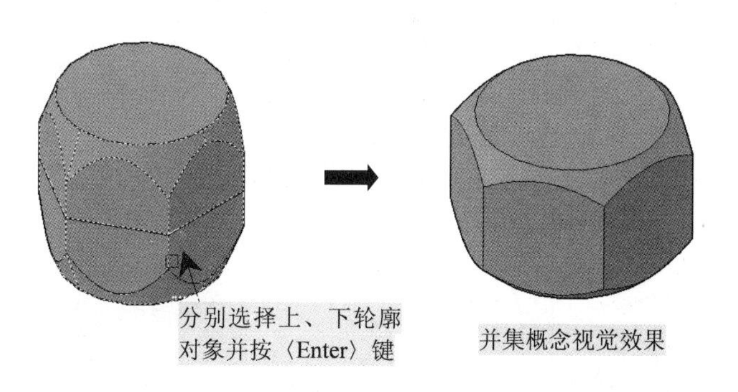

图 10-25 并集效果

13）切换至“二维线框”模式，先选择“俯视”图，再选择“西南等轴测”图，然后在菜单栏中选择“绘图”→“建模”→“圆柱体”命令，在创建的实体下侧中心位置处绘制一圆柱体对象，如图 10-26 所示。

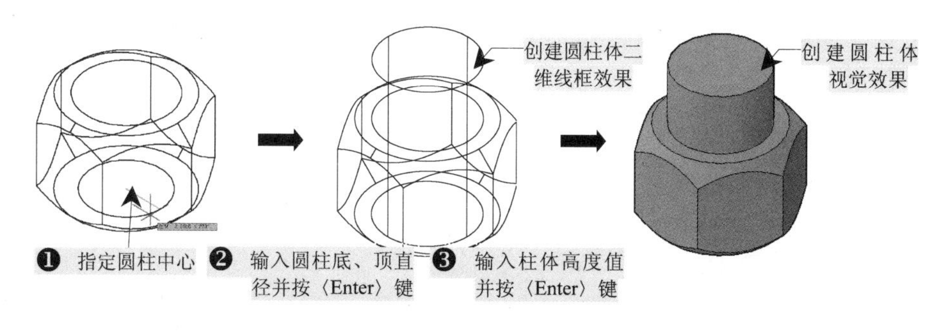

图 10-26 内侧圆柱体的创建

14）选择“修改”→“实体编辑”→“差集”命令，选择上、下实体对象进行差集操作，结果如图 10-27 所示。

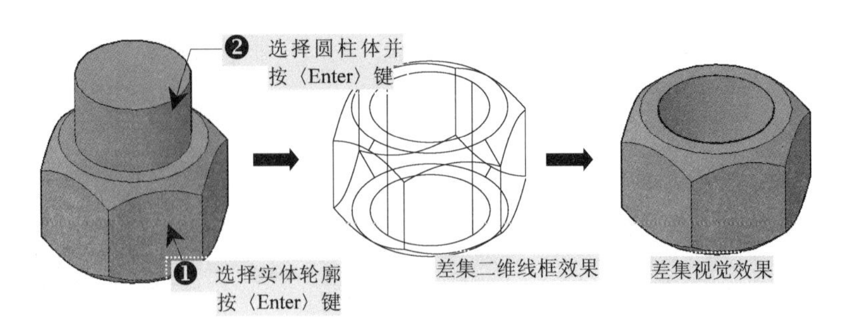

图 10-27　差集效果

15）将当前视图切换到“左视”图，再选择“绘图”→“螺旋”命令，根据命令行提示创建螺母内螺旋线，如图 10-28 所示。

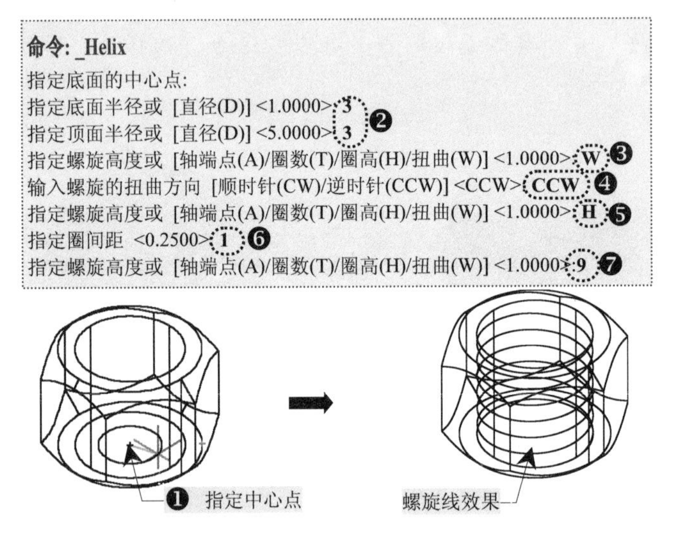

图 10-28　创建螺旋线

16）切换到“前视”图，执行“直线（L）”命令，在空白区域绘制一三角形对象，如图 10-29 所示。

17）在菜单栏中选择“绘图”→“面域”命令，选择所绘制的三角形对象，并按〈Enter〉键，如图 10-30 所示。

18）选择“绘图”→“建模”→“扫掠”命令，再根据命令行提示对螺纹进行创建，具体方法如图 10-31 所示。

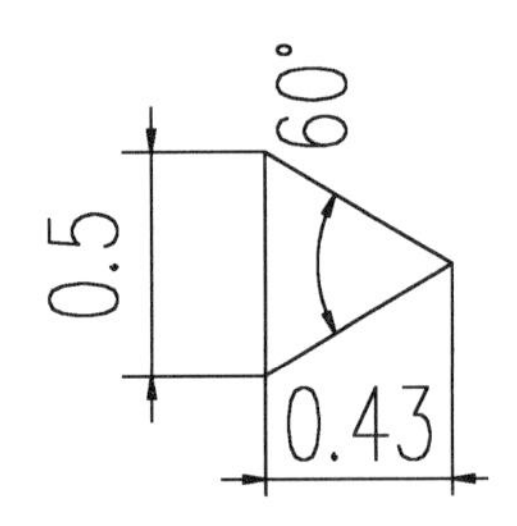

图 10-29　创建三角形

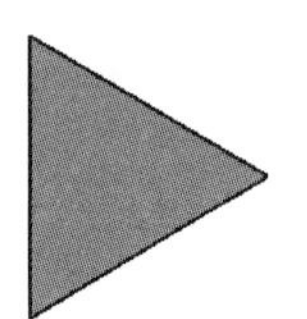

图 10-30　面域效果

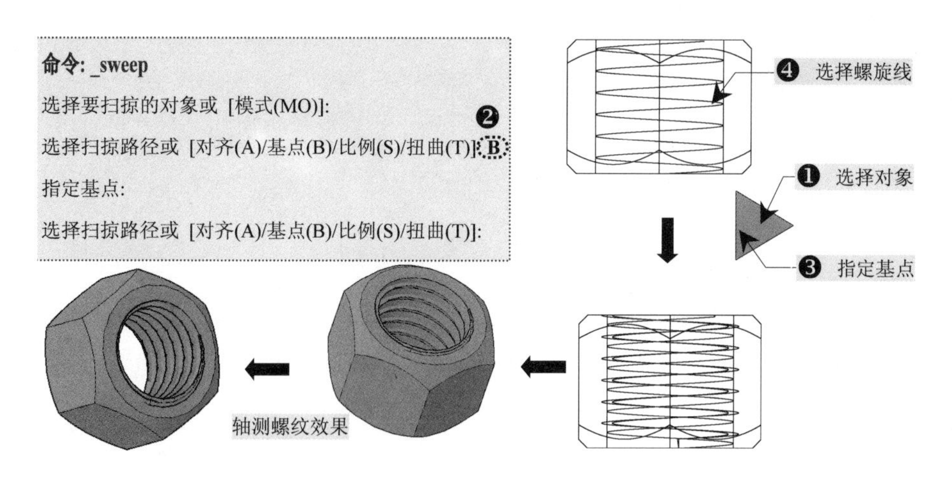

图 10-31 内螺纹的创建

19）到此，螺母三维实体就创建完成了，如图 10-32 所示，用户直接按〈Ctrl+S〉组合键进行保存。

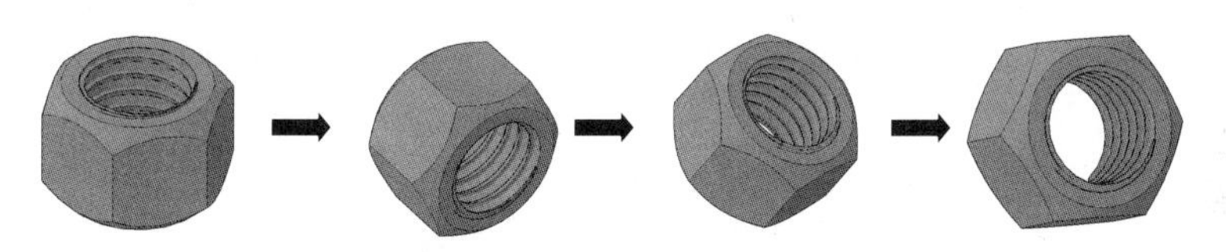

图 10-32 螺母实体图

10.3 垫圈实体的创建

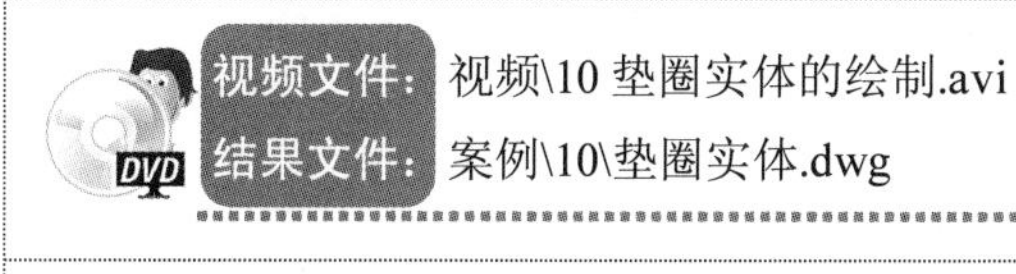

垫圈三维实体的绘制比较简单，它就是一个实体圆柱，然后在中间位置处再创建一圆柱，再进行布尔运算，垫圈的实体图就出来了。

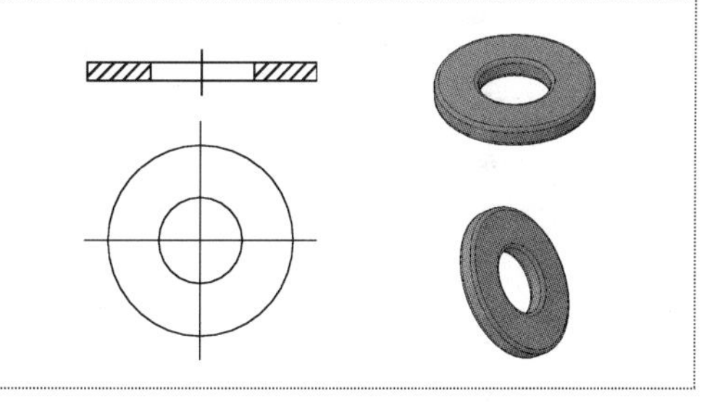

1）正常启动 AutoCAD 2013 软件，选择“文件”→“打开”菜单命令，将“案例\10\螺母实体.dwg”文件打开，再执行“文件”→“另存为”菜单命令，将其另存为“案例\10\垫圈实体.dwg”文件。

2）选择“视图”→“三维视图”→“俯视”命令，并选择“中心线”图层为当前图层，绘制两条相交且相互垂直的中心线，如图 10-33 所示。

3）执行“圆（C）”命令，以中心线交点为圆心，绘制两个直径分别为 4 和 1.8 的同心圆对象，如图 10-34 所示。

4）选择“视图”→“三维视图”→“西南等轴测”命令，当前所绘制的平面图出现倾斜效果，如图 10-35 所示。

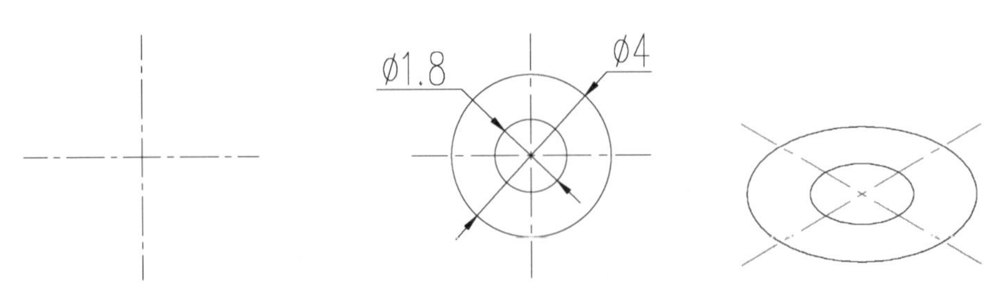

图 10-33　绘制中心线　　图 10-34　绘制圆对象　　图 10-35　西南等轴测视图

5）在菜单栏中选择“绘图”→“面域”命令，将绘制的两个圆对象进行面域操作，如图 10-36 所示。

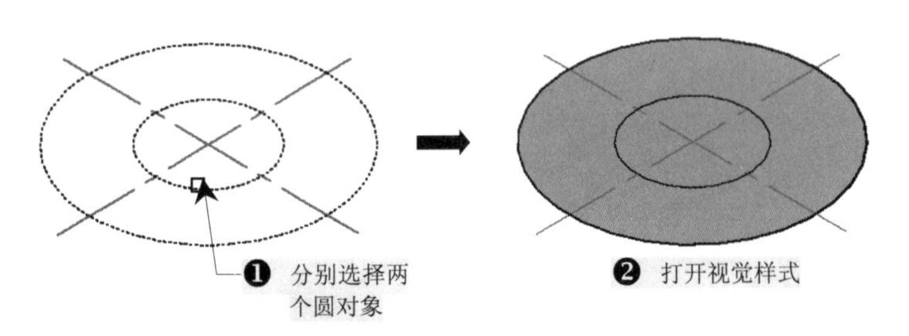

图 10-36　面域圆

6）关闭“中心线”图层，再在菜单栏中选择“绘图”→“建模”→“拉伸”命令，先将外圆向 Z 轴方向拉伸 0.5，如图 10-37 所示。

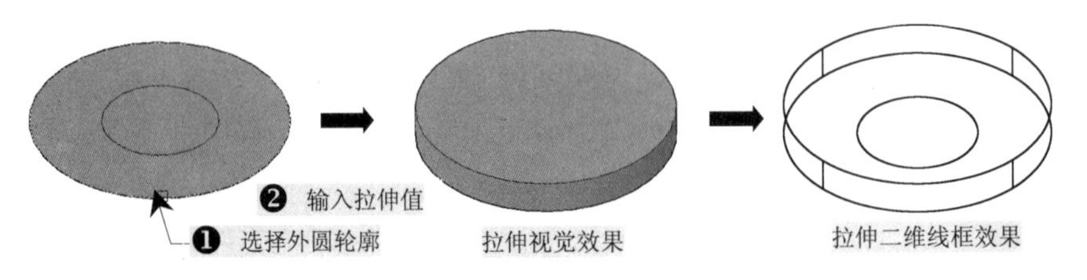

图 10-37　拉伸圆

提示

用户也可直接选择“绘图”→“建模”→“圆柱体”命令，然后根据命令行提示输入柱体的相应参数即可创建所需的柱体对象，如图 10-38 所示。

在三维模型中常用“ISOLINES”命令来控制每个面上线框弯曲部分的素线数目，主要是为了显示对象的平滑度，它的默认值为 4，有效整数值为 0～2047。具体用法的效果如图 10-39 所示。

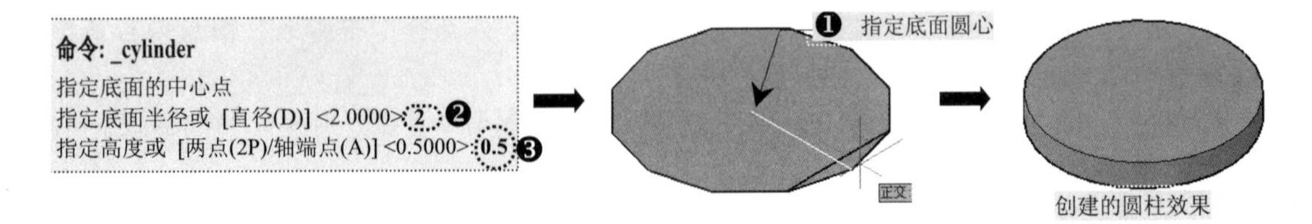

图 10-38　直接绘制圆柱体

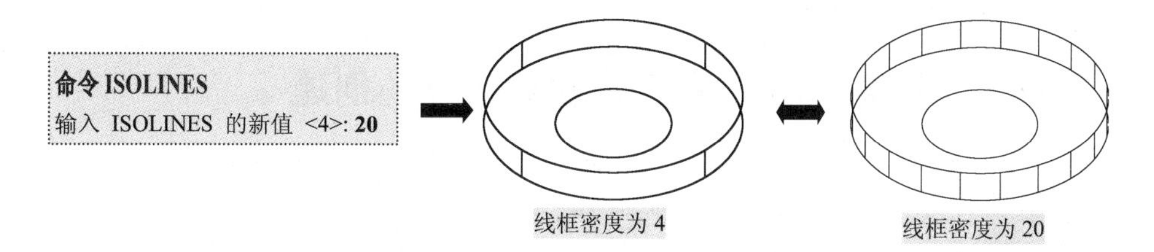

图 10-39 二维线框密度的设置

7）切换到“二维线框”模式，继续执行“拉伸”命令，再将里面的小圆对象向上拉伸1，如图 10-40 所示。

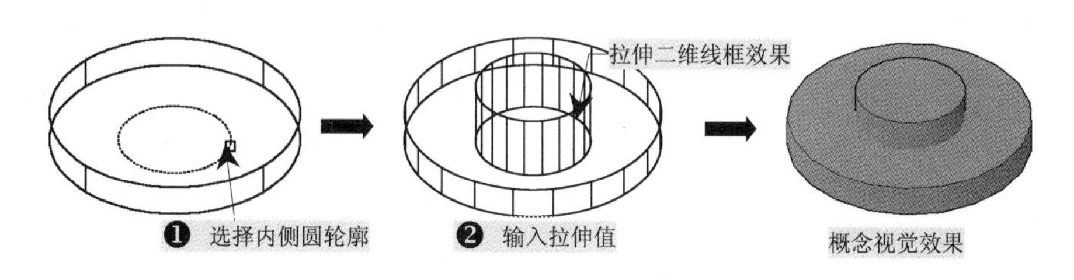

图 10-40 拉伸小圆对象

8）选择“修改”→“实体编辑”→“差集”命令，将选择的两个圆柱实体对象进行差集操作，结果如图 10-41 所示。

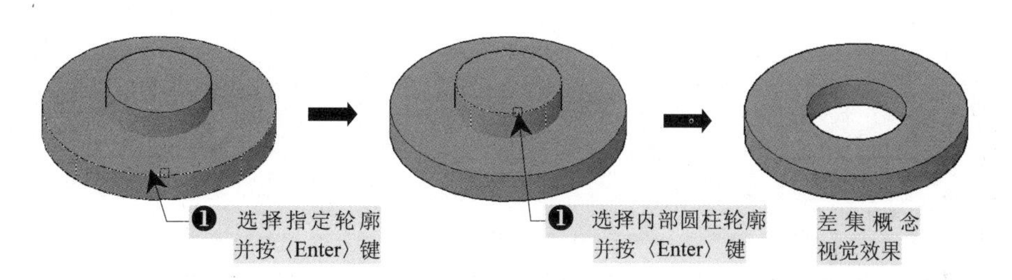

图 10-41 差集效果

9）选择“修改”→“实体编辑”→“圆角边”命令，对所创建的垫圈对象进行倒圆角操作，设置圆角半径为 0.1，倒圆角后效果如图 10-42 所示。

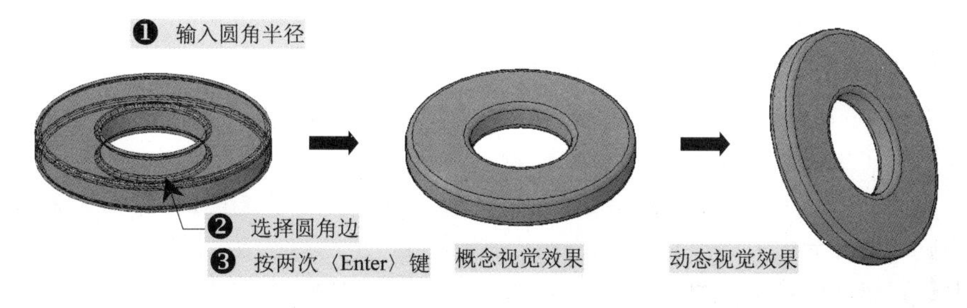

图 10-42 倒圆角

10）到此，该垫圈的实体图就绘制完成了，用户直接按〈Ctrl+S〉组合键进行保存。

10.4 内六角螺钉实体的创建

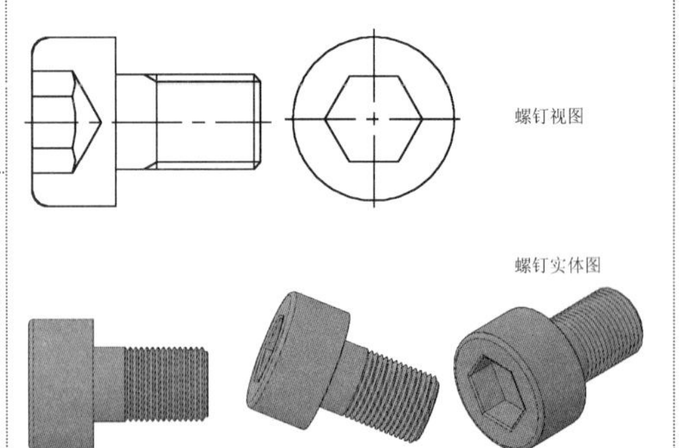

内六角螺钉实体的绘制与前面的螺栓绘制方法基本是一致的，可通过旋转的方式得到螺钉的柱形效果，然后再对右侧螺纹进行创建即可。

1）正常启动 AutoCAD 2013 软件，选择“文件”→“打开”菜单命令，将“案例\10\螺母实体.dwg”文件打开，再执行“文件”→“另存为”菜单命令，将其另存为“案例\10\螺钉实体.dwg”文件。

2）选择“文件”→“打开”菜单命令，再将准备好的“案例\10\内六角螺钉平面图.dwg”文件打开。

3）在“螺钉实体.dwg”文件中先将视图切换到“前视”图。然后再执行“复制（CO）”命令，将“内六角螺钉平面图.dwg”复制到“螺钉实体.dwg”文件中，如图 10-43 所示。

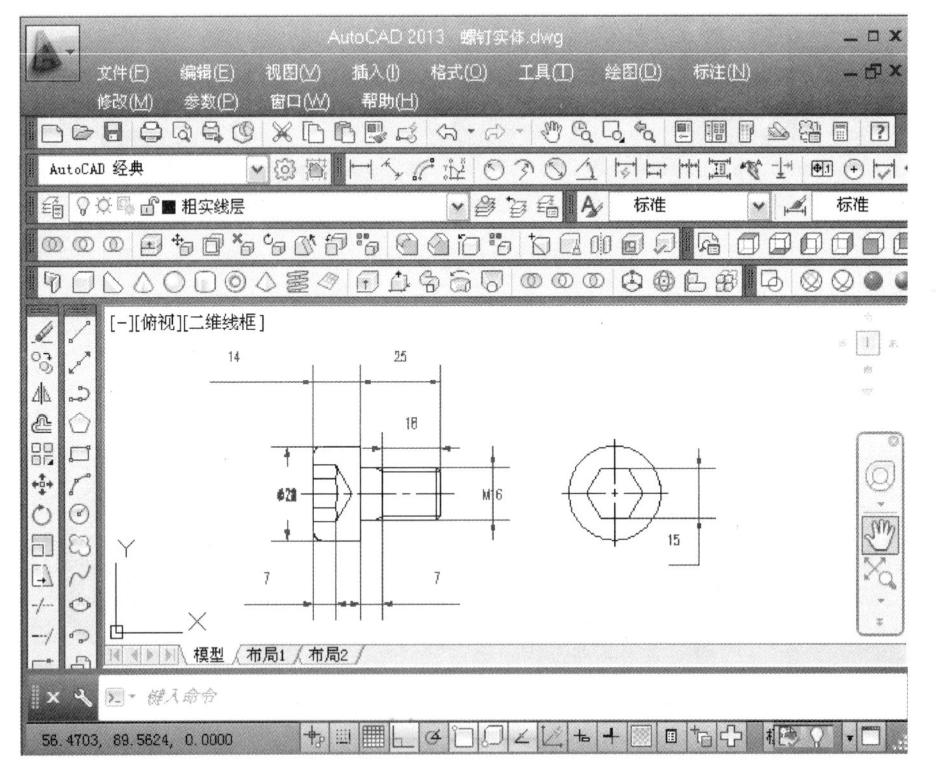

图 10-43 文件的复制

用户在用 AutoCAD 2013 绘制实体图时，在选择不同“视口”的同时，在绘图区域的右上角位置处会显示不同的“视口”文字方向，可以此判断当前的视口名称，如图 10-44 所示。

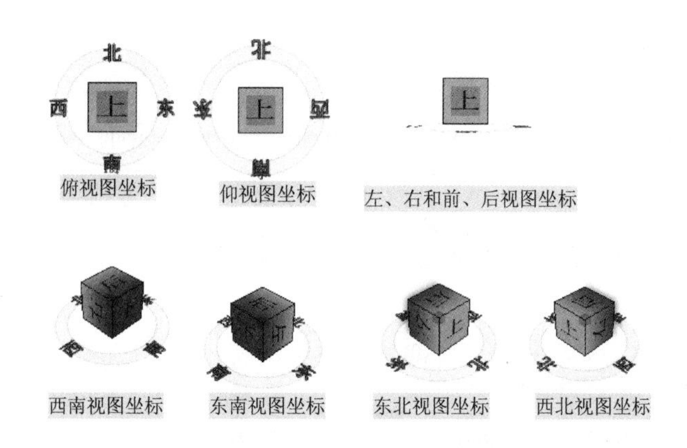

图 10-44 视口名称与坐标符号

4）关闭“尺寸与公差”图层，执行“修剪”、“删除”等命令，将螺钉部分对象进行整理，只保留螺钉外侧轮廓 1/2 效果，如图 10-45 所示。

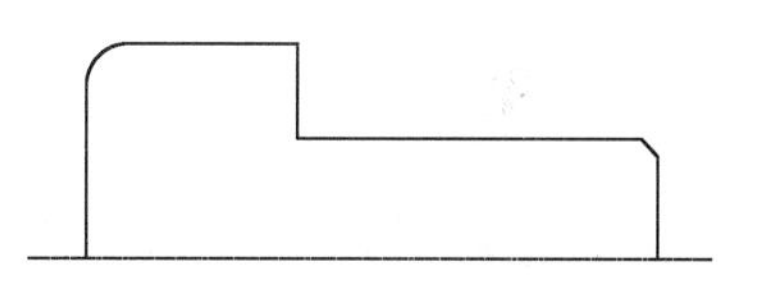

图 10-45 保留的轮廓

5）将中心线转换为粗实线线型并进行调整，然后选择“绘图”→“面域”命令，对轮廓对象进行面域操作，效果如图 10-46 所示。

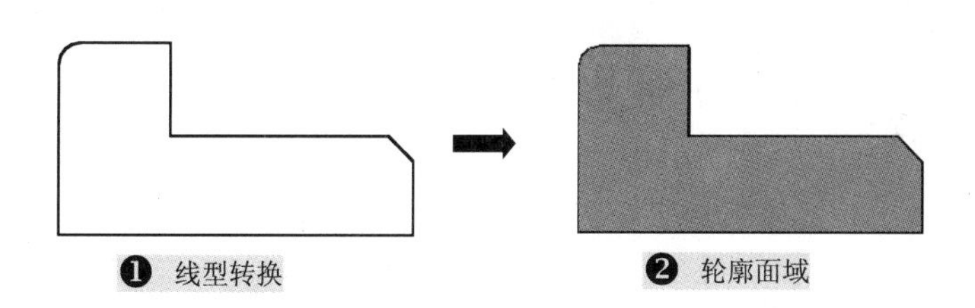

图 10-46 轮廓面域

6）在菜单栏中选择“绘图”→“建模”→“旋转”命令，根据命令提示行提示选择旋转对象，并指定旋转轴线的起点和终点，再按〈Enter〉键即可，如图 10-47 所示。

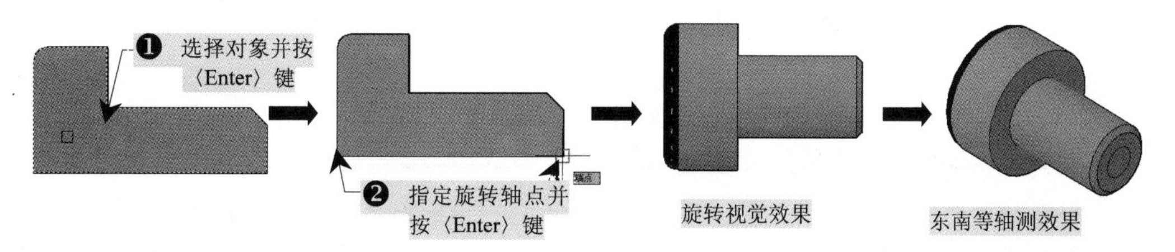

图 10-47 三维旋转效果

7）切换到“东南等轴测”视口，并在菜单栏中选择“绘图”→“建模”→“螺旋”命令，根据命令提示行提示选择中心点并输入相应的尺寸，再按图 10-48 所示的操作步骤进行螺旋效果创建。

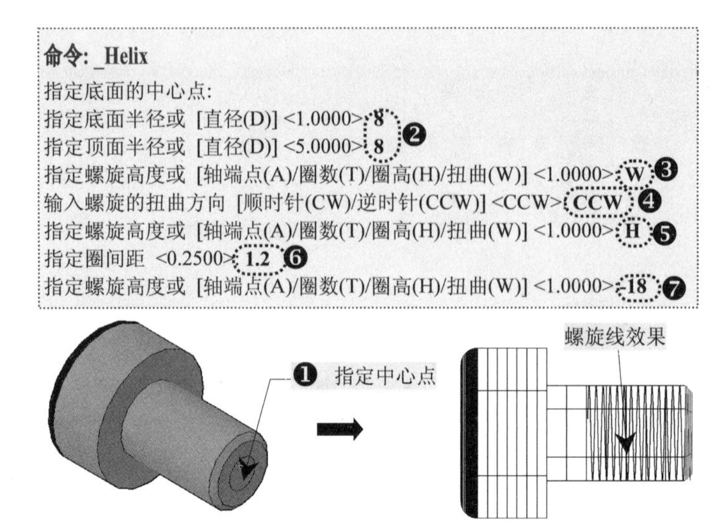

图 10-48 创建螺旋线

专业技能

在实体上创建螺旋线时，一定要选择相应的视图与轴测投影相匹配，否则所创建的对象与当前的视图不符合。也就是在不同视图方向上创建轮廓时，必须在与视图相符合的基础上再选择相应的轴测投影（只用于实体），如图 10-49 所示。

由于在本节实例中所创建的螺钉在右侧位置处有螺纹效果，因此在创建螺旋线时，以右侧圆柱面的中心点作为基点来创建比较方便。所以用户可先选择“右视”图，再选择“东南等轴测”绘制螺旋线就可以了。

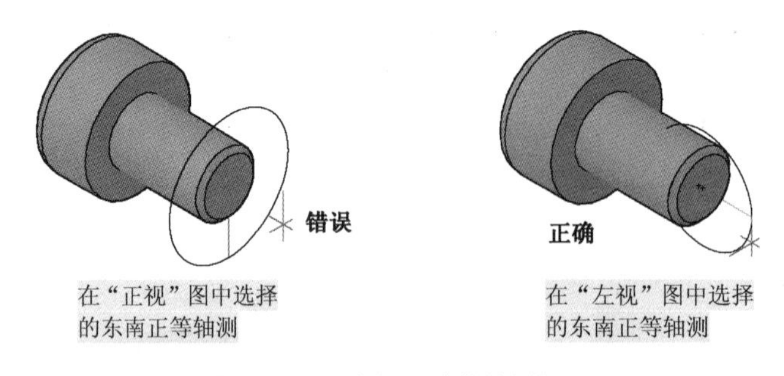

图 10-49 选择正确的绘图视口

8）执行“直线（L）”命令，在空白区域绘制一三角形对象，如图 10-50 所示。

9）在菜单栏中选择“绘图”→“面域”命令，选择第 8）步绘制的三角形对象并按〈Enter〉键，这时三角形出现了实体面效果，如图 10-51 所示。

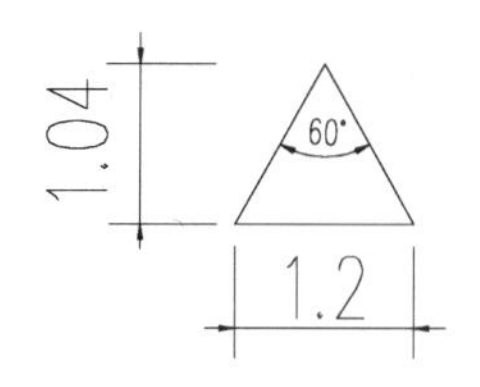

图 10-50　创建三角形

图 10-51　面域效果

10）选择“绘图”→“建模”→“扫掠”命令，再根据命令行提示对螺纹进行创建，具体方法如图 10-52 所示。

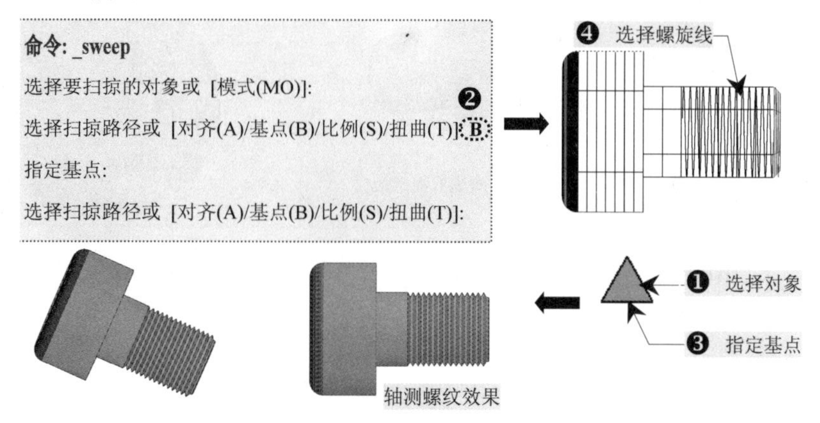

图 10-52　螺纹的创建

11）在右侧螺纹创建完成后，先选择“左视”视口，再选择“西南等轴测”投影，并执行“多边形（POL）”命令，在螺钉头表面位置处创建一内正六边形，半径为 7，如图 10-53 所示。

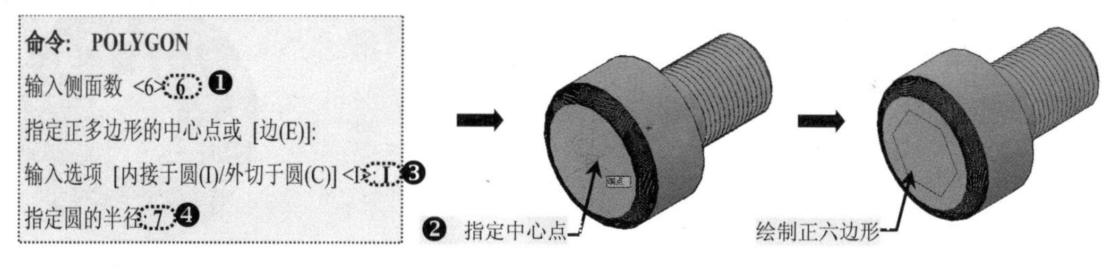

图 10-53　多边形的创建

12）选择“绘图”→“面域”命令，对绘制的正六边形进行面域操作，再选择“绘图”→“建模”→“拉伸”命令，将创建的正六边形向内部拉伸，距离为-7，如图 10-54 所示。

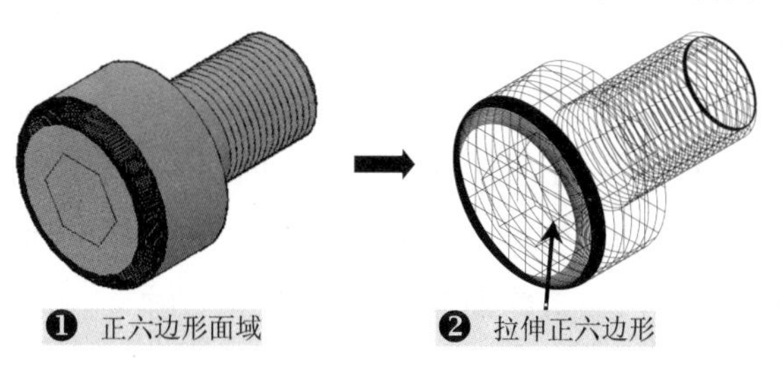

图 10-54　正六边形的拉伸

13）切换至“二维线框”模式，再在菜单栏选择“修改”→“实体编辑”→“差集”命令，根据命令行提示先选择整个螺钉头，再选择拉伸的正六棱柱，差集后的效果如图 10-55 所示。

14）选择“修改”→“实体编辑”→“圆角边”命令，选择相应的边，对创建的内六角轮廓进行半径为 1 的倒圆角操作，效果如图 10-56 所示。

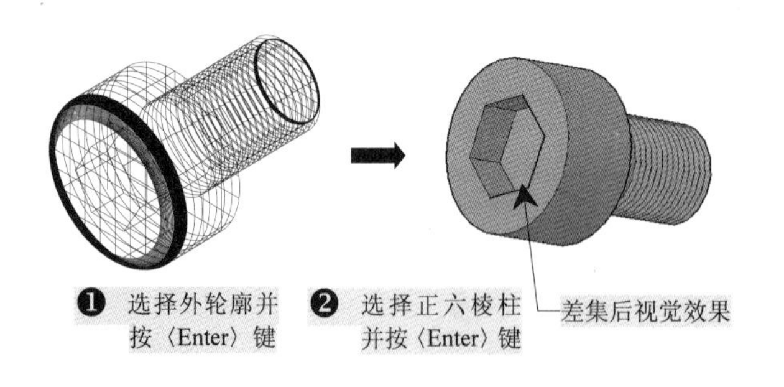

图 10-55 差集效果

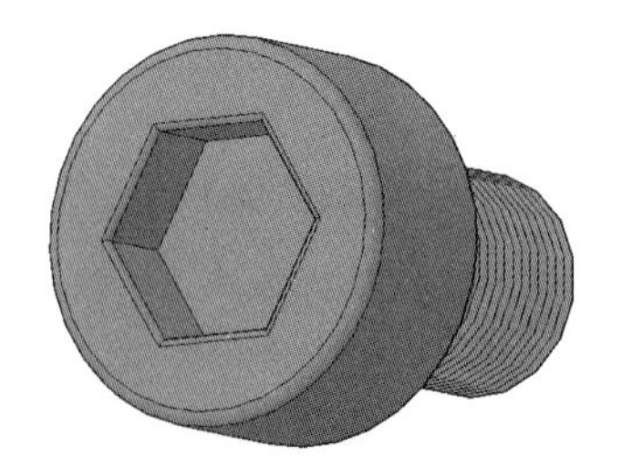

图 10-56 倒圆角

15）到此，该内六角螺钉的实体图就绘制完成了，用户可直接按〈Ctrl+S〉组合键进行保存。

10.5 深沟球轴承实体的创建

视频文件：视频\10 深沟球轴承实体的绘制.avi

结果文件：案例\10\深沟球轴承实体.dwg

在绘制轴承实体时，可先创建两个同心圆，然后再进行拉伸，再切换视口对内部的轴承珠进行创建。具体方法如下：

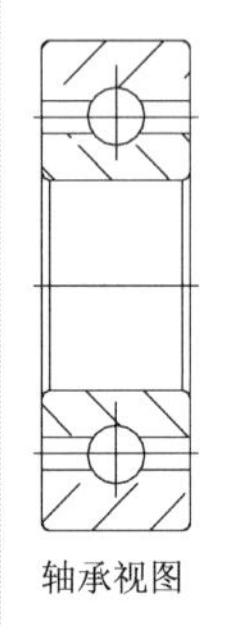

轴承视图

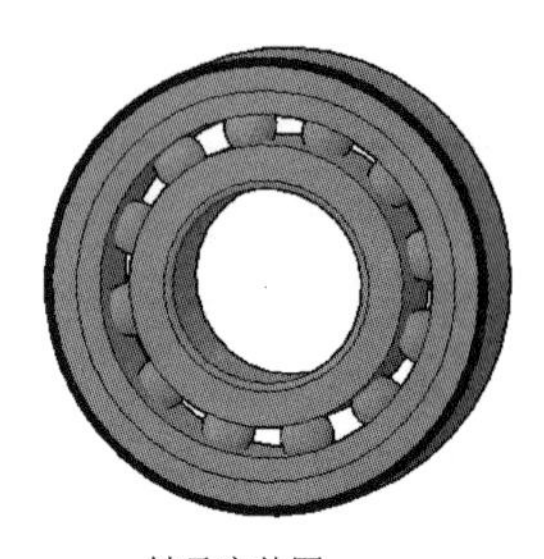

轴承实体图

1）正常启动 AutoCAD 2013 软件，选择“文件”→“打开”菜单命令，将“案例\10\螺钉实体.dwg”文件打开，再执行“文件”→“另存为”菜单命令，将其另存为“案例\10\深沟球轴承实体.dwg”文件。

2）继续选择“文件”→“打开”菜单命令，再将准备好的“案例\10\深沟球轴承平面图.dwg”文件打开，按〈Ctrl+A〉组合键将当前视图中的所有对象选中。

3）按〈Ctrl+Tab〉组合键切换至“深沟球轴承实体”文件中，再按〈Ctrl+V〉组合键将其平面图文件粘贴至当前文件的空白位置处，如图 10-57 所示。

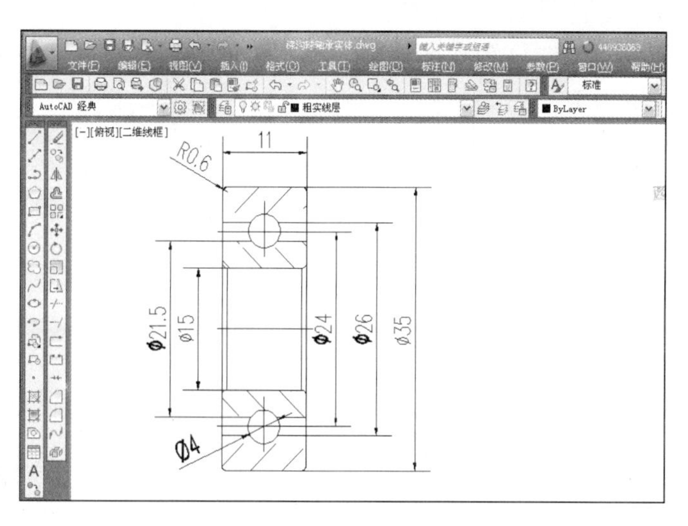

图 10-57 文件的复制

4）关闭“尺寸与公差”图层，并执行“修剪”、“删除”等命令，将其余部分对象进行整理，只保留少部分轮廓，如图 10-58 所示。

5）选择“绘图”→“面域”命令，对保留的轮廓对象进行面域操作，效果如图 10-59 所示。

图 10-58 保留的轮廓　　图 10-59 轮廓面域

6）在菜单栏中选择“绘图”→“建模”→“旋转”命令，根据命令提示行提示选择旋转对象，并指定旋转轴线的起点和终点，再按〈Enter〉键即可，如图 10-60 所示。

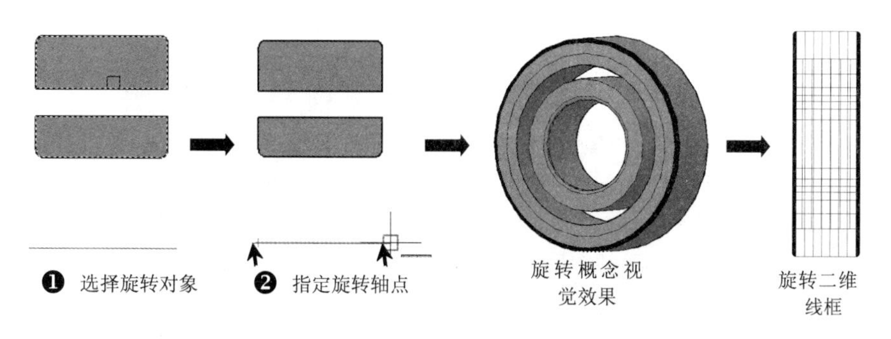

图 10-60 轮廓旋转效果

7）在 AutoCAD 2013 菜单栏中选择“绘图”→“建模”→“球体”命令，根据命令行提示在空白区域创建一直径为 4 的球体对象，如图 10-61 所示。

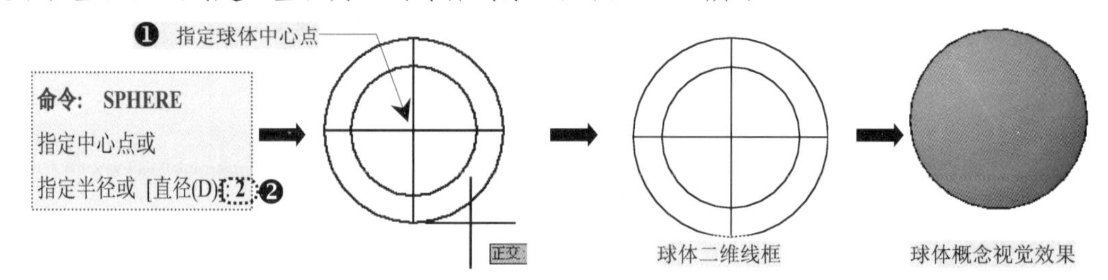

图 10-61 轴承珠的创建

8）选择“左视”视口，再切换到“西南等轴测”图，执行“圆（C）”命令，过中心点绘制一直径为 24 的圆对象，如图 10-62 所示。

9）执行“移动（M）”命令，将绘制的圆对象向 Z 轴方向移动 5.5，如图 10-63 所示。

用户在实体中创建新的对象时，如果通过轴测投影方向不便于捕捉或是存在其他的不方便，这时最好使用“动态观察”工具。

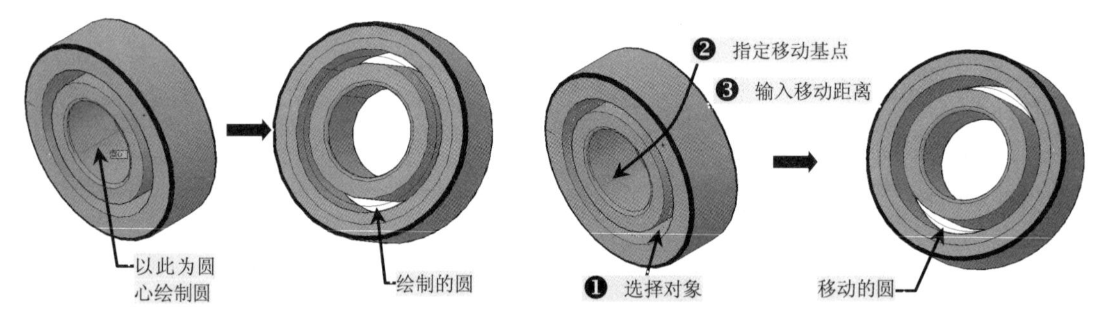

图 10-62 创建辅助圆　　图 10-63 移动圆

10）切换到“二维线框”模式，再选择“西南等轴测”图，继续执行“移动（M）”命令，将创建好的球体的中心点移动到所创建圆的上侧象限点位置处，如图 10-64 所示。

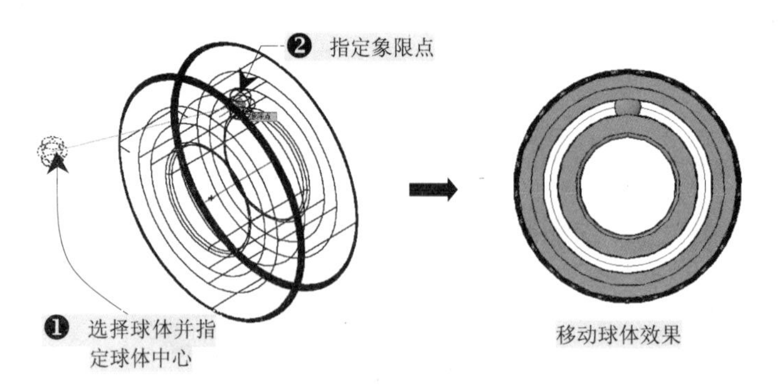

图 10-64 移动球体

11）选择“修改”→“三维操作”→“三维阵列”命令，在命令行提示下选择移动的球体对象进行环形阵列，阵列数目为 12，再删除辅助圆，其最终效果如图 10-65 所示。

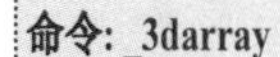

命令: _3darray

选择对象:　找到 1 个

选择对象: 输入阵列类型 [矩形(R)/环形(P)] <R>: P ❷

指定阵列的中心点或 [基点(B)]:指定第二点

输入阵列中项目的数目: 12 ❹　指定填充角度 (+=逆时针，-=顺时针) <360>: 360 ❺

是否旋转阵列中的对象? [是(Y)/否(N)] <Y>: Y ❻

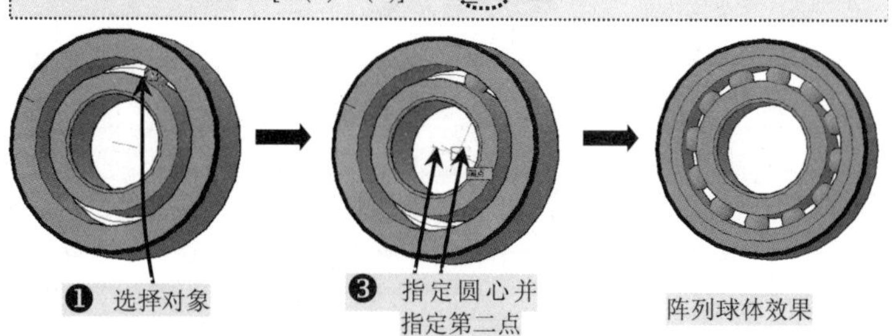

图 10-65　阵列轴承珠

12）执行“修改”→“实体编辑”→“并集”命令，先选择外侧轮廓然后再选择阵列的球体对象并按〈Enter〉键，使整个轴承形成为一个整体效果，如图 10-66 所示。

13）到此，深沟球轴承实体就绘制完成了，用户可直接按〈Ctrl+S〉组合键进行保存。

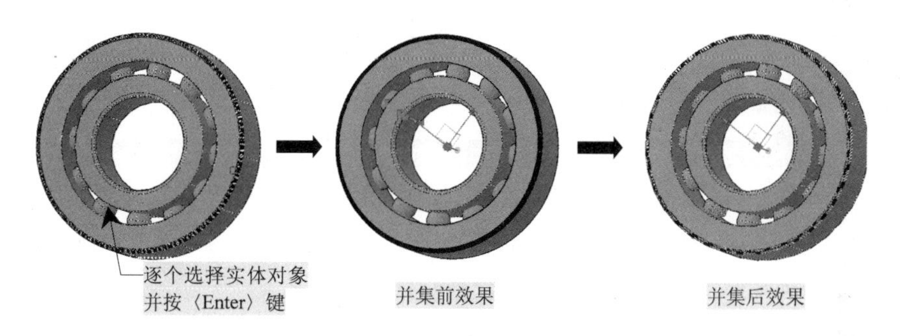

图 10-66　轴承珠并集操作

10.6　法兰盘实体的创建

视频文件：视频\10 法兰盘实体的绘制.avi

结果文件：案例\10\法兰盘实体.dwg

法兰盘实体的创建与上一节的深沟球轴承创建基本相似，只是在最后对盘上的六个圆孔进行相应的创建就可以了。

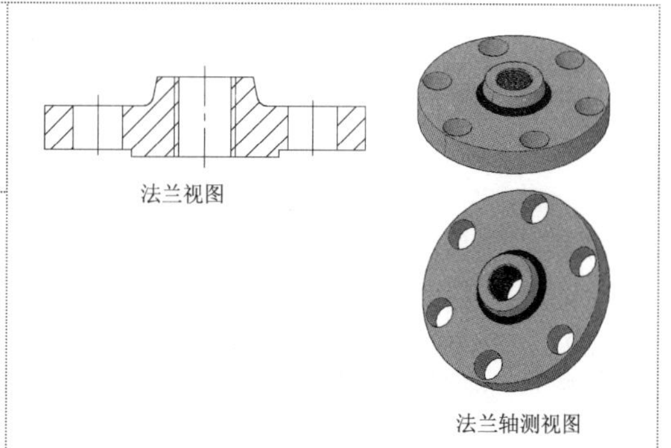

1）正常启动 AutoCAD 2013 软件，选择“文件”→“打开”菜单命令，将“案例\10\螺钉实体.dwg”文件打开，再执行“文件”→“另存为”菜单命令，将其另存为“案例\10\法兰盘实体.dwg”文件。

2）选择“文件”→“打开”菜单命令，再将准备好的“案例\10\法兰盘平面图.dwg”文件打开。

3）在“法兰盘实体.dwg”文件中先将视图切换到“前视”图。然后再执行“复制（CO）”命令，将“法兰盘平面图.dwg”复制到“法兰盘实体.dwg”文件中，如图 10-67 所示。

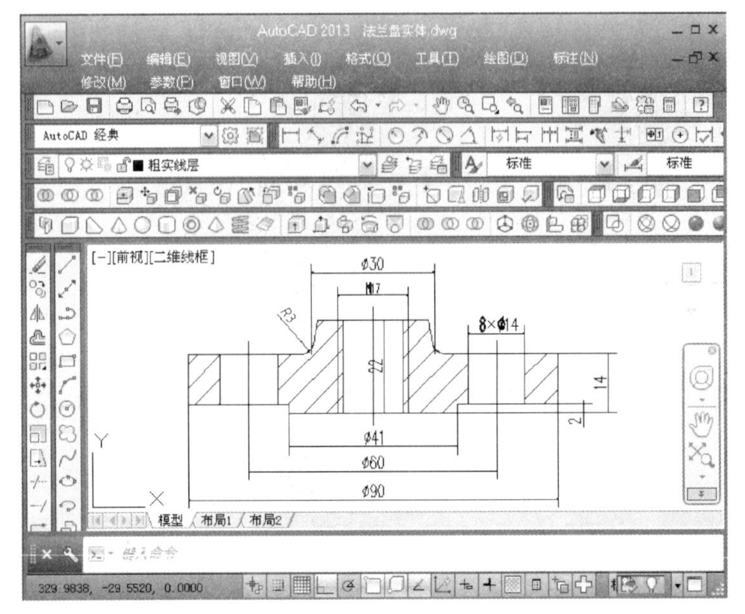

图 10-67　文件的复制

4）将平面图中的“尺寸与公差”图层进行关闭，再执行“修剪”、“删除”等命令，将其余部分对象进行整理，只保留少部分轮廓，如图 10-68 所示。

5）在菜单中选择“绘图”→“面域”命令，对保留轮廓进行面域操作，如图 10-69 所示。

图 10-68　修剪保留部分轮廓　　　　图 10-69　面域效果

在进行实体拉伸或是旋转前，都要进行面域操作，否则所创建的实体对象的内部是空心效果。

6）在 AutoCAD 2013 菜单栏中选择“绘图”→“建模”→“旋转”命令，根据命令提示行提示选择旋转对象，并指定旋转轴线的起点和终点，再按〈Enter〉键即可，如图 10-70 所示。

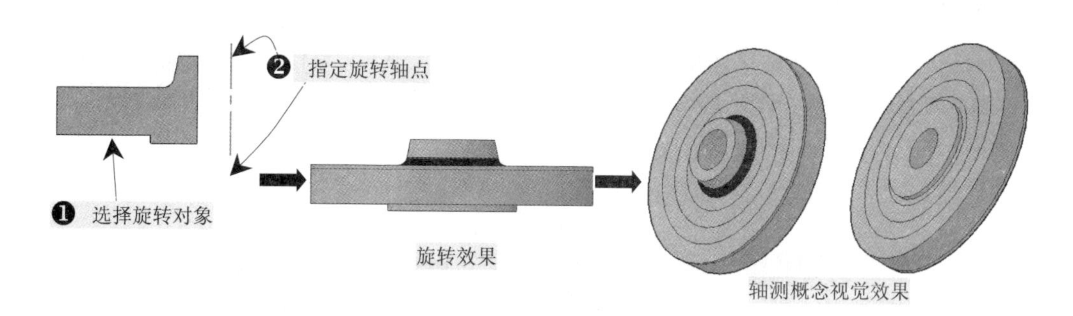

图 10-70 旋转效果

7）选择“俯视”视口，再切换到“西南等轴测”视图，执行“圆（C）”命令，捕捉相应的圆心绘制一直径为 60 的圆对象，如图 10-71 所示。

8）选择“绘图”→“建模”→“圆柱体”命令，在第 7）步绘制的圆对象上的象限点位置处创建一直径为 14，高度为 30 的圆柱体对象，如图 10-72 所示。

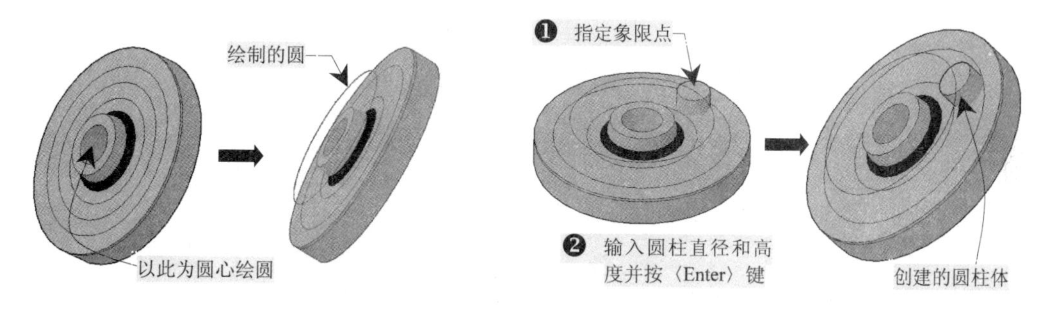

图 10-71 绘制圆　　　　图 10-72 创建圆柱体

9）选择“修改”→“三维操作”→“三维阵列”命令，在命令行提示下选择法兰盘上的圆柱，并进行环形阵列，再删除辅助圆，其最终效果如图 10-73 所示。

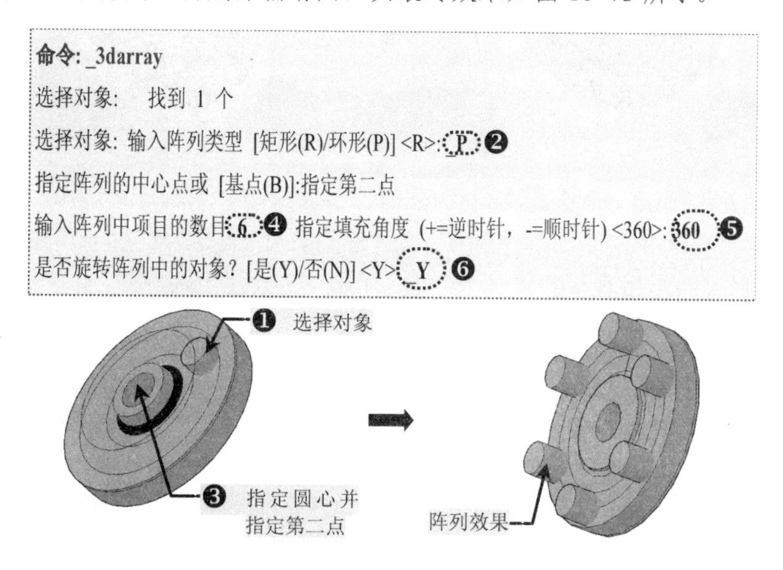

图 10-73 阵列效果

10）选择“修改”→“实体编辑”→“差集”命令，在命令行提示下选择相应的实体对象创建盘上的光孔效果，如图 10-74 所示。

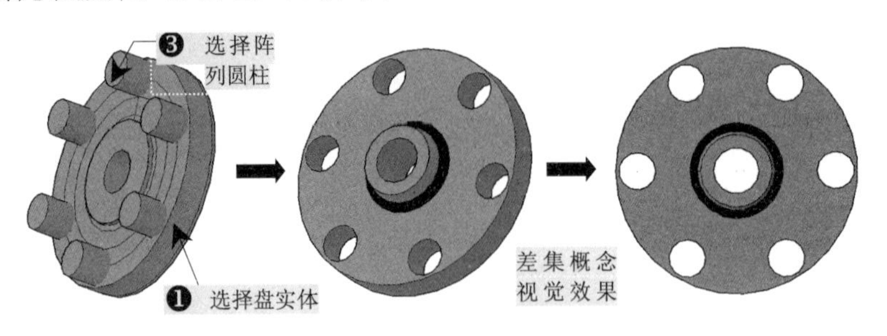

图 10-74　差集效果

11）先选择“俯视”图再切换到“西南等轴测”视口，并在菜单栏中选择“绘图”→“建模”→“螺旋”命令，根据命令提示行提示选择中心点并输入相应的尺寸，对法兰盘的内螺纹进行创建，如图 10-75 所示。

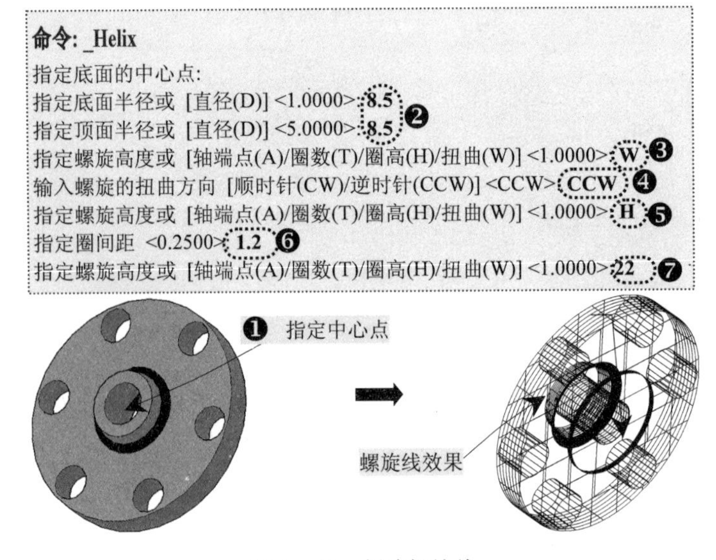

图 10-75　创建螺旋线

12）执行“直线（L）”命令，在空白区域绘制一三角形对象，如图 10-76 所示。

13）在菜单栏中选择“绘图”→“面域”命令，选择第 12）步绘制的三角形对象并按〈Enter〉键，这时三角形出现了实体面效果，如图 10-77 所示。

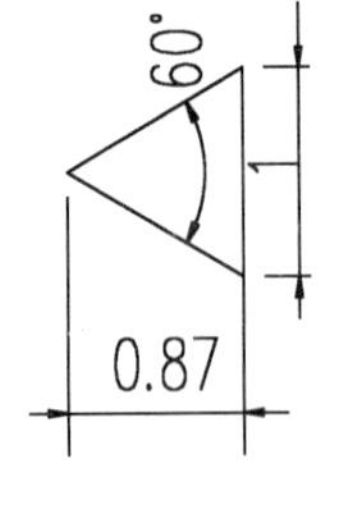

图 10-76　创建三角形

图 10-77　面域效果

在创建螺纹的横断面形状（三角形）时，一定要按照断面三角形的具体方向来进行创建，外螺纹和内螺纹的齿底和齿顶的方向是相反的。

14）选择“绘图”→“建模”→“扫掠”命令，再根据命令行提示对螺纹进行创建，具体方法如图 10-78 所示。

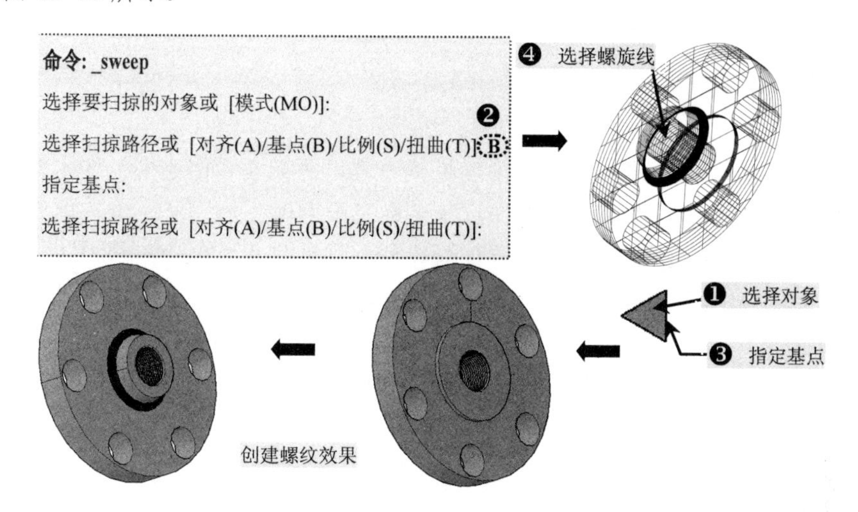

图 10-78 螺纹的创建

15）到此，法兰盘实体就绘制完成了，用户可直接按〈Ctrl+S〉组合键进行保存。

第 11 章　简单零件三维实体的创建

本章导读

在前一章的三维实体创建实例中主要以机械中常用的标准零件为主。在本章当中给出了一些机器上的稍微简单的三维实体零件，让读者在“学中做”的同时，也可以对机械零件有一些初步的认识，然后在绘制三维实体零件时也能起到熟能生巧的作用。

本章中的实例大都是以圆柱体零件为主，因此在绘制时，只要掌握了其中一个零件的绘制方法，后面的零件就迎刃而解了。

学习目标

- ☑ 熟悉垫片实体的创建方法
- ☑ 掌握套圈、挡圈等实体零件的绘制方法
- ☑ 熟悉并掌握泵盖的创建方法
- ☑ 掌握通气器的创建方法
- ☑ 掌握轴端盖实体的创建方法

效果预览

11.1 垫片实体的创建

视频文件：视频\11 垫片实体的绘制.avi

结果文件：案例\11\垫片实体.dwg

根据图形要求，在绘制实体时，可先绘制出垫片的形状，然后直接对平面图进行拉伸就完成了整个垫片的创建。

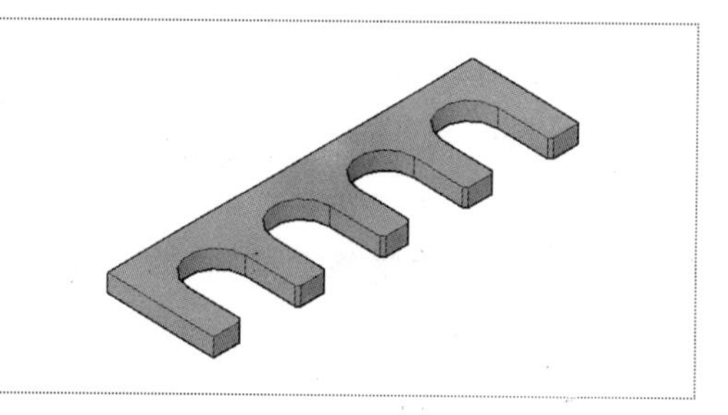

1）正常启动 AutoCAD 2013 软件，选择“文件”→“打开”菜单命令，将“案例\11\机械实体样板.dwt”文件打开，再执行“文件”→“另存为”菜单命令，将其另存为“案例\11\垫片实体.dwg”文件。

2）在屏幕菜单中选择“视图”→“三维视图”→“俯视”命令，选择“粗实线”图层，并执行“矩形（REC）”命令，在空白区域绘制一 65×19 的矩形对象，如图 11-1 所示。

3）执行“分解（X）”命令，将第 2）步所绘制的矩形对象进行分解操作，再执行“偏移（O）”命令，将部分线段进行偏移，偏移效果如图 11-2 所示。

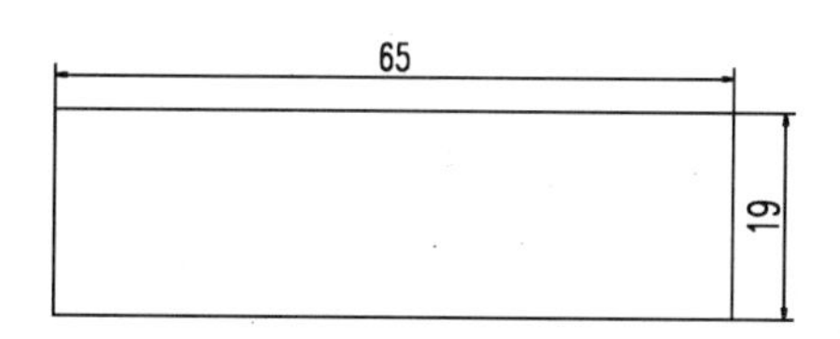

图 11-1 绘制矩形

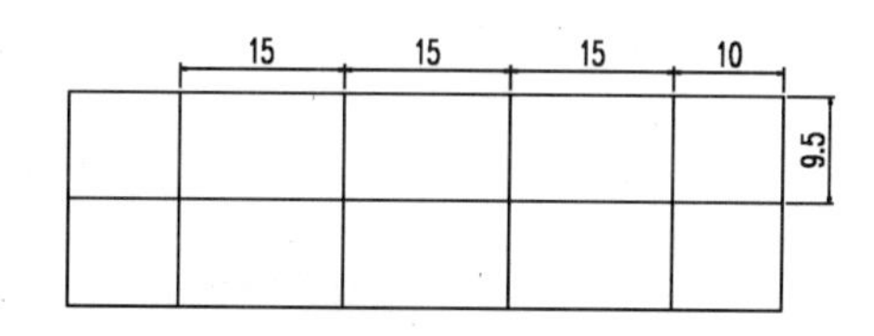

图 11-2 偏移直线

4）以偏移直线的交点位置处为圆心，绘制直径为 10 的圆对象，如图 11-3 所示。

5）执行“直线（L）”命令，过绘制圆的两侧象限点位置处向下绘制直线，如图 11-4 所示。

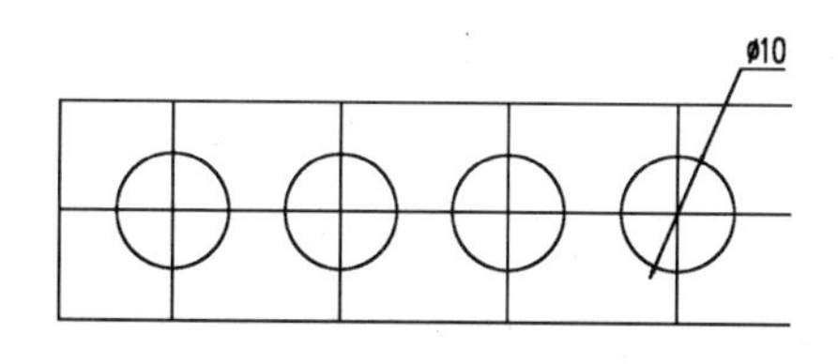

图 11-3 绘制圆对象

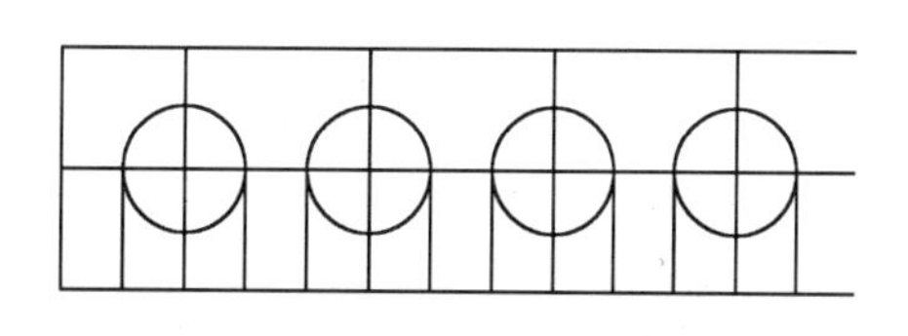

图 11-4 绘制直线

6）执行“修剪”和“删除”命令，修剪掉多余的线段，从而形成垫片的轮廓效果，如图 11-5 所示。

7）执行“倒直角（CHA）”命令，对圆弧下侧位置处进行倒直角操作，设置倒角距离为 2，倒直角效果如图 11-6 所示。

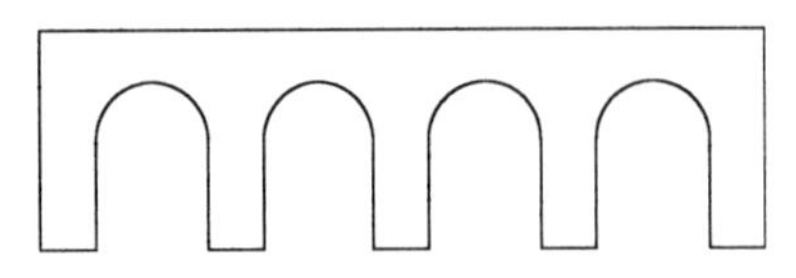

图 11-5　修剪并删除线条

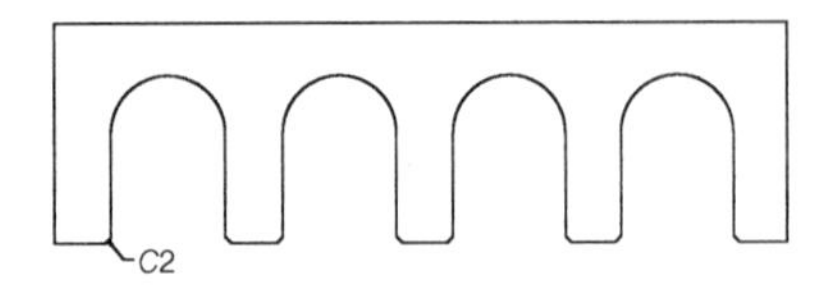

图 11-6　倒直角效果

8）选择“视图”→“三维视图”→“西南等轴测”命令，当前所绘制的平面图出现倾斜效果，如图 11-7 所示。

9）在菜单中选择“绘图”→“面域”命令，将框选平面图中所有轮廓对象进行面域操作，如图 11-8 所示。

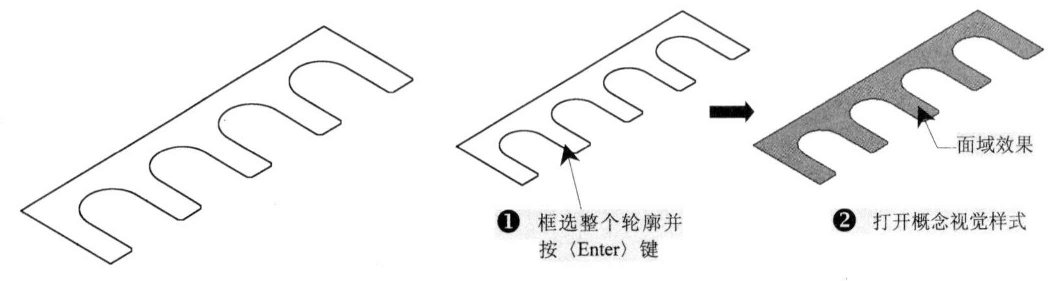

图 11-7　西南等轴测视图　　图 11-8　面域效果

10）在菜单栏中选择“绘图”→“建模”→“拉伸”命令，选择所有轮廓并向 Z 轴方向拉伸 3，如图 11-9 所示。

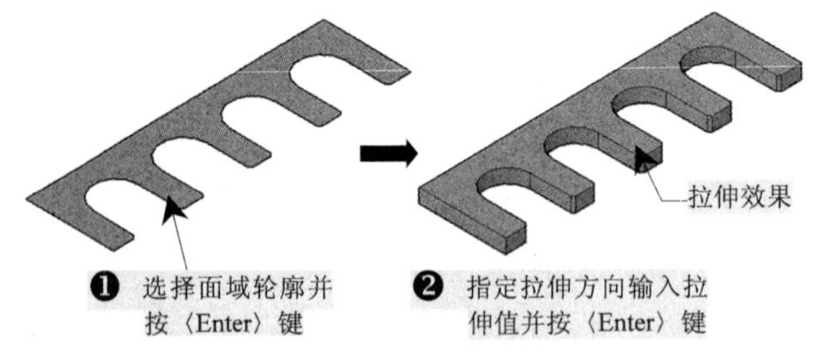

图 11-9　垫片的拉伸

11）至此，垫片的三维实体就创建完成了，用户直接按〈Ctrl+S〉组合键进行保存。

11.2　调整片、套圈、挡圈和毡圈实体的创建

视频文件：视频\11\调整片、套圈、挡圈和毡圈实体的绘制.avi

结果文件：案例\11\调整片、套圈、挡圈和毡圈实体.dwg

在本节中给出了几个常用的且结构较为简单的实体零件，它们的绘制方法基本是相同的，都是先将平面图画好后，直接进行拉伸操作就可以形成实体了。

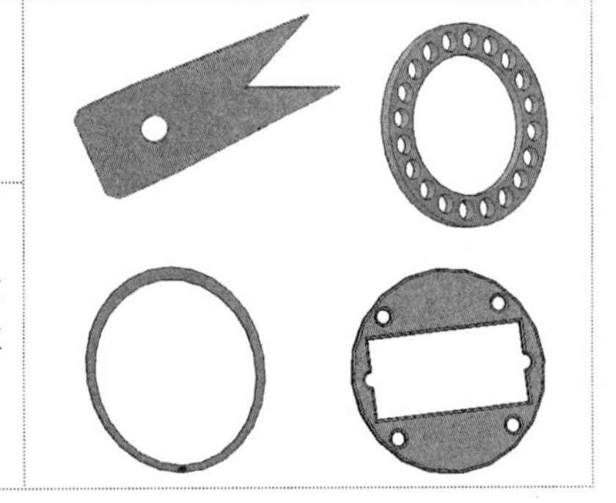

1. 调整片实体

1）正常启动 AutoCAD 2013 软件，选择“文件”→“打开”菜单命令，将“案例\11\垫片实体.dwg”文件打开，再执行“文件”→“另存为”菜单命令，将其另存为“案例\11\调整片、套圈、挡圈和毡圈实体.dwg”文件。

2）在屏幕菜单中选择“视图”→“三维视图”→“俯视”命令，选择“粗实线”图层，并执行“矩形（REC）”命令，在空白区域绘制一个 55×21 的矩形对象，如图 11-10 所示。

3）执行“分解（X）”命令，先分解所绘制的矩形对象，再执行“偏移（O）”命令，将矩形边线进行相应尺寸的偏移，偏移效果如图 11-11 所示。

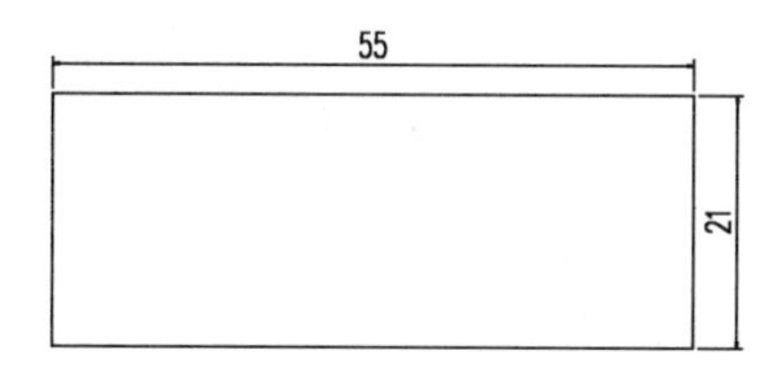

图 11-10 绘制矩形

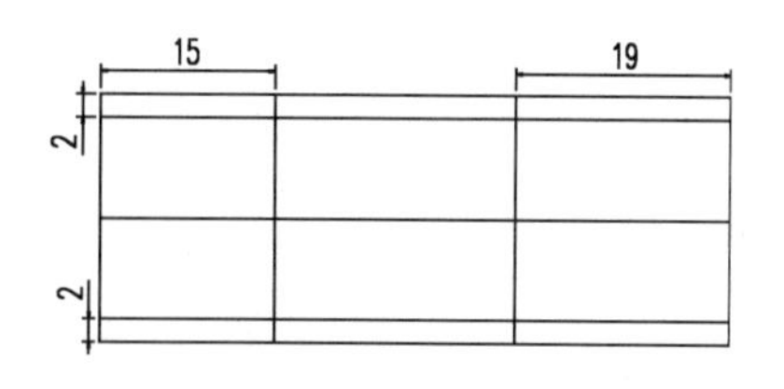

图 11-11 偏移直线

4）先执行“直线（L）”命令，连接相应的交点，再将部分多余的线段进行修剪操作，如图 11-12 所示。

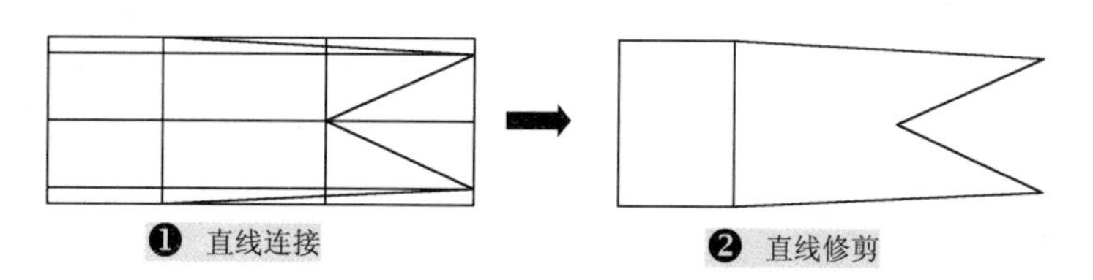

图 11-12 调整片轮廓的创建

5）执行“圆（C）”命令，在偏移直线的中点位置处绘制一个直径为 6 的圆对象，再删除多余的直线，如图 11-13 所示。

6）执行“倒直角（CHA）”命令，对调整片进行倒直角操作，倒角距离为 2，如图 11-14 所示。

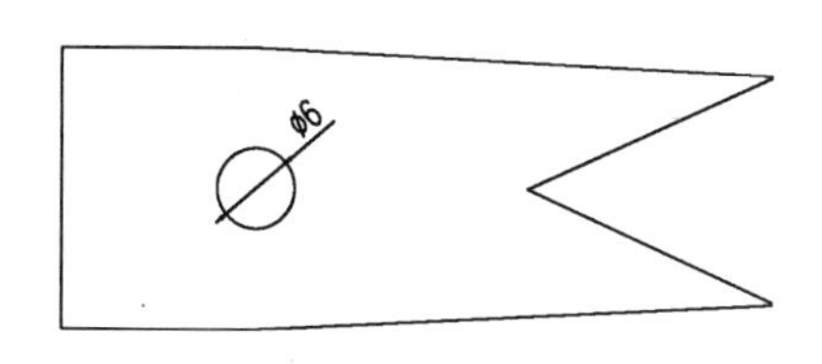

图 11-13 绘制的圆对象

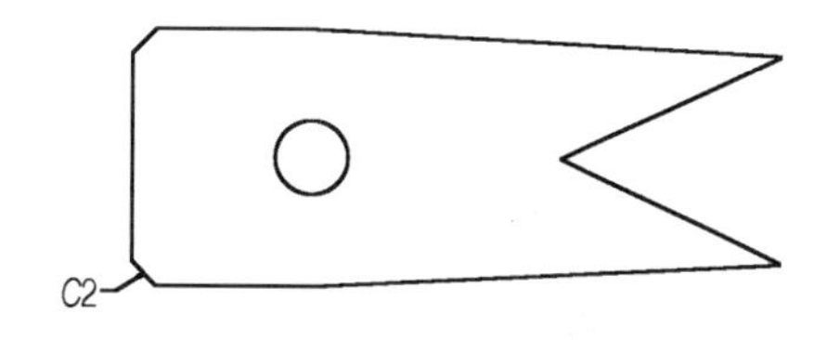

图 11-14 倒角操作

7）在调整片的轮廓绘制完成后，先将视口切换到“西南等轴测”图，再在菜单中选择“绘图”→“面域”命令，将框选平面图中所有轮廓对象进行面域操作，如图 11-15 所示。

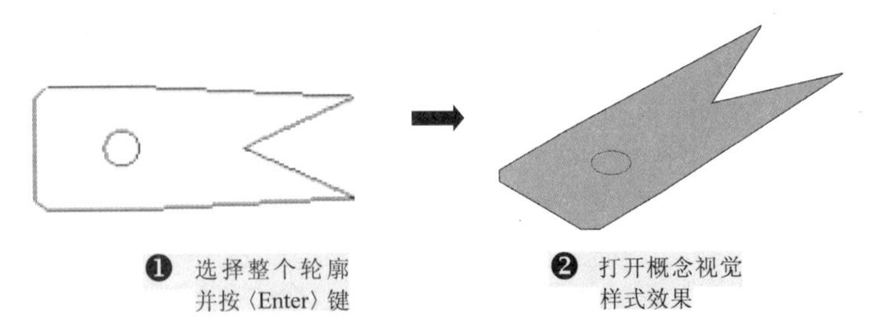

图 11-15 调整片面域效果

8）在菜单栏中选择“绘图”→“建模”→“拉伸”命令，将选择的所有轮廓向 Z 轴方向拉伸 1.5，如图 11-16 所示。

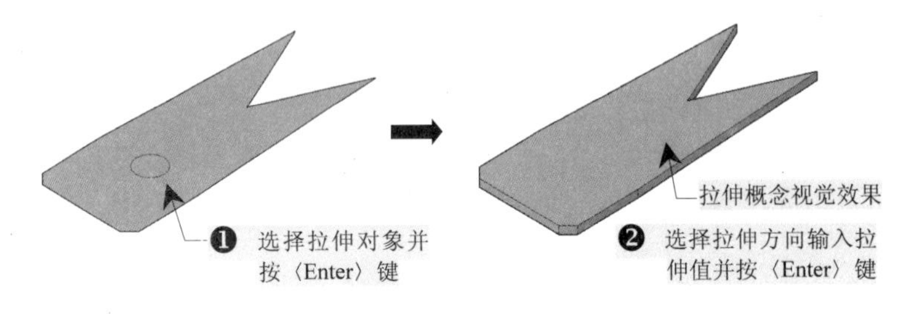

图 11-16 调整片的拉伸

9）切换到“二维线框”模式，执行“拉伸”命令，将圆对象向 Z 轴方向拉伸 2，如图 11-17 所示。

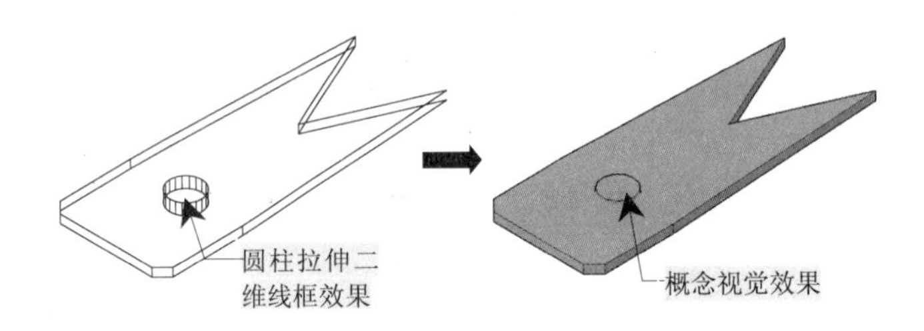

图 11-17 圆柱的拉伸

10）选择“修改”→“实体编辑”→“差集”命令，在命令行提示下选择相应的实体对象创建光孔效果，如图 11-18 所示。

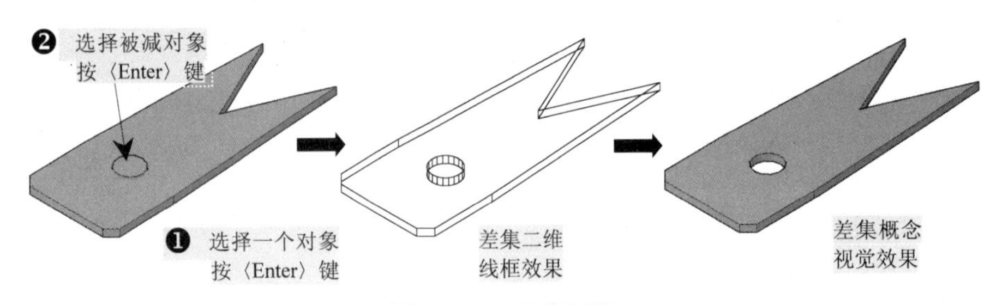

图 11-18 差集运算

11）至此，调整片的三维实体就创建完成了，用户按〈Ctrl+S〉组合键进行一次保存。

2．套圈实体

1）继续在当前文件夹中选择“视图”→“三维视图”→“西南等轴测”命令，再在菜单中选择“绘图”→“建模”→“圆柱体”命令，创建一个直径为 150，高度为 9.5 的圆柱体，如图 11-19 所示。

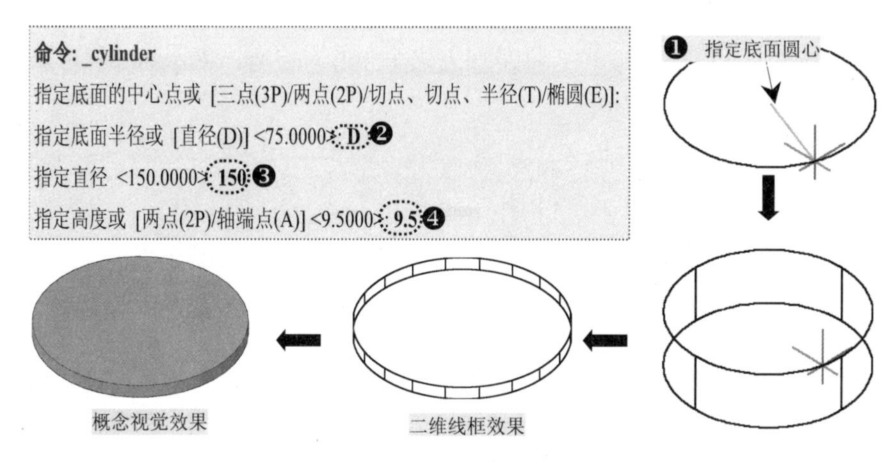

图 11-19　圆柱体的创建

2）再切换到“二维线框”模式，继续执行“圆柱体”命令，在大圆柱体内部创建一直径为 105，高度为 12 的圆柱体对象，如图 11-20 所示。

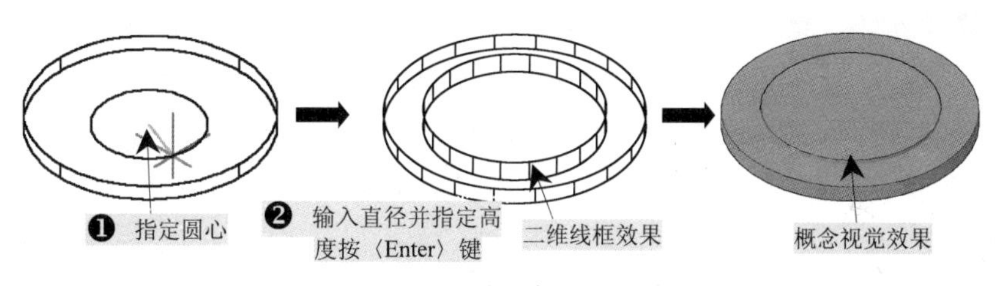

图 11-20　内圆柱体的创建

3）选择“修改”→“实体编辑”→“差集”命令，在命令行提示下选择相应的实体对象创建孔效果，如图 11-21 所示。

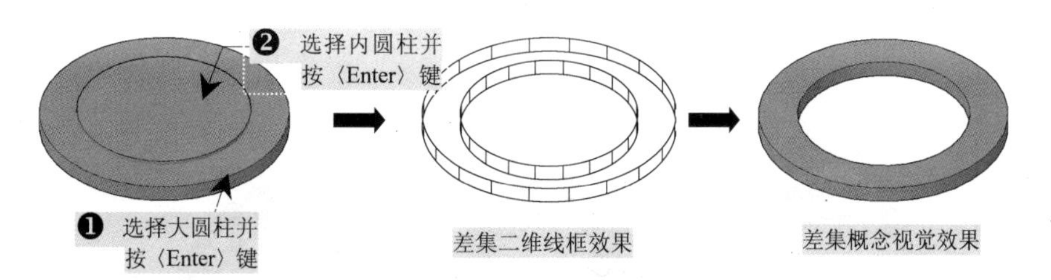

图 11-21　差集效果

4）同样切换到“二维线框”模式，执行“圆（C）”命令，以创建的圆柱体上侧中心点为圆心绘制一同心圆对象，直径为 126，如图 11-22 所示。

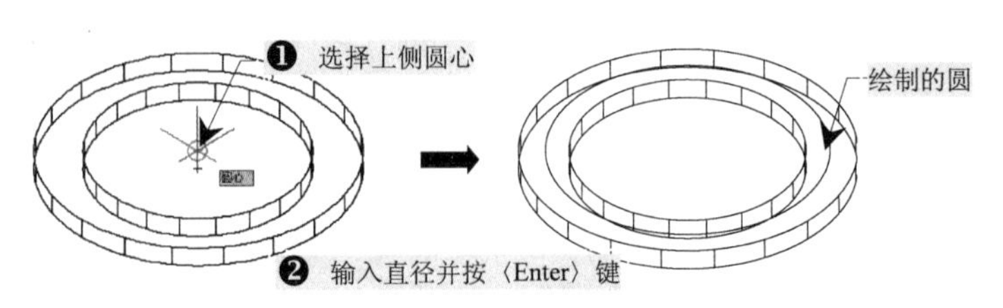

图 11-22　绘制圆

5）继续执行“圆（C）”命令，再以第 4）步绘制的圆的右侧象限点为圆心绘制一小圆对象，直径为 15，如图 11-23 所示。

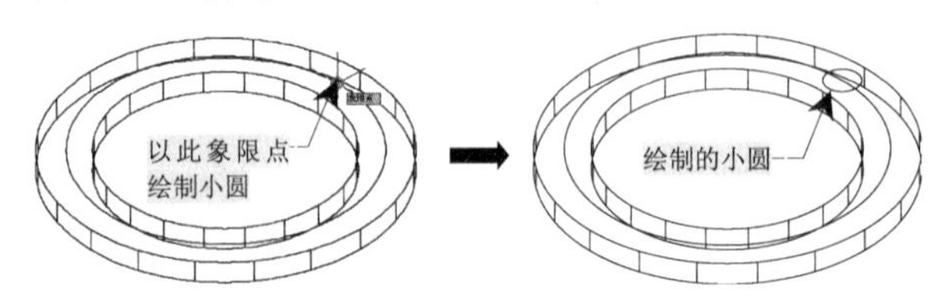

图 11-23　绘制小圆

6）在菜单中选择“绘图”→“面域”命令，将绘制的小圆轮廓对象进行面域操作，再执行“拉伸”命令，将绘制的小圆对象向 *Z* 轴的负方向拉伸 15，如图 11-24 所示。

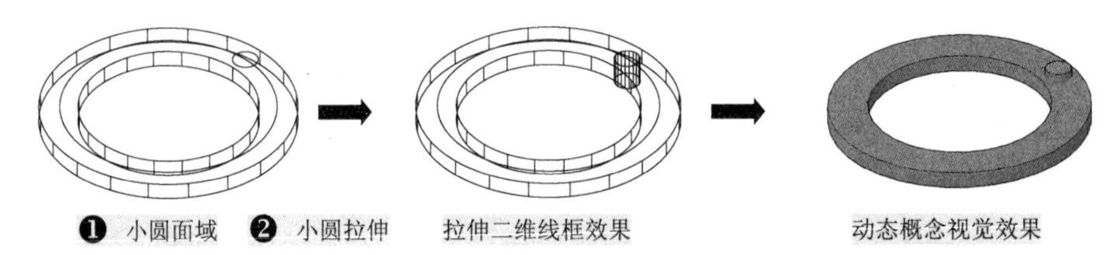

图 11-24　小圆的拉伸

7）选择“修改”→“三维操作”→“三维阵列”命令，在命令行提示下选择小圆柱对象，并进行环形阵列，阵列的数目为 20，再删除前面步骤所绘制的辅助圆，其最终效果如图 11-25 所示。

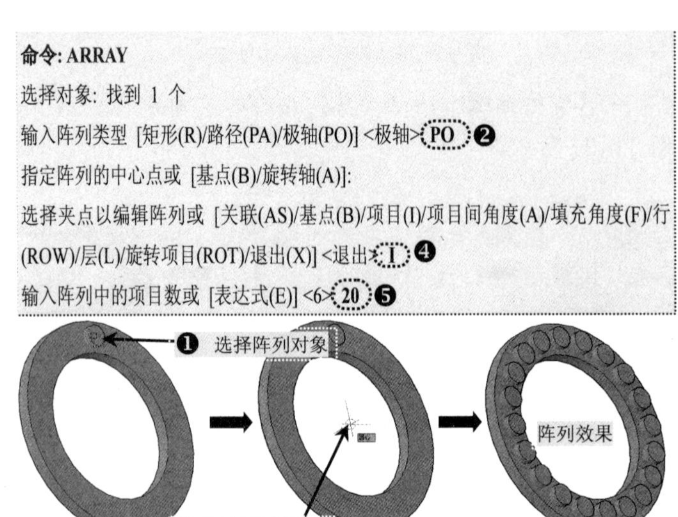

图 11-25　阵列效果

8）选择“修改”→“实体编辑”→“差集”命令，在命令行提示下选择相应的实体对象创建盘上的光孔效果，如图 11-26 所示。

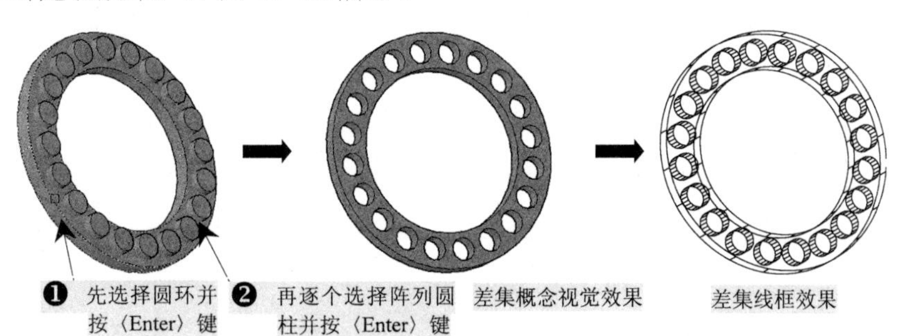

图 11-26 套圈差集效果

9）选择“修改”→“实体编辑”→“倒角边”命令，并设置倒角距离为 1，如图 11-27 所示。

10）到此，套圈的三维实体就创建完成了，用户按〈Ctrl+S〉组合键进行一次保存。

3. 毡圈实体

1）在当前文件中选择“视图”→“三维视图”→“俯视图”命令，将“中心线”图层设置为当前图层，执行“直线（L）”命令，绘制两条相交且相互垂直的中心线，如图 11-28 所示。

2）执行“偏移（O）”命令，将水平中心线和垂直中心线向上、下、左、右分别进行相应的尺寸偏移，如图 11-29 所示。

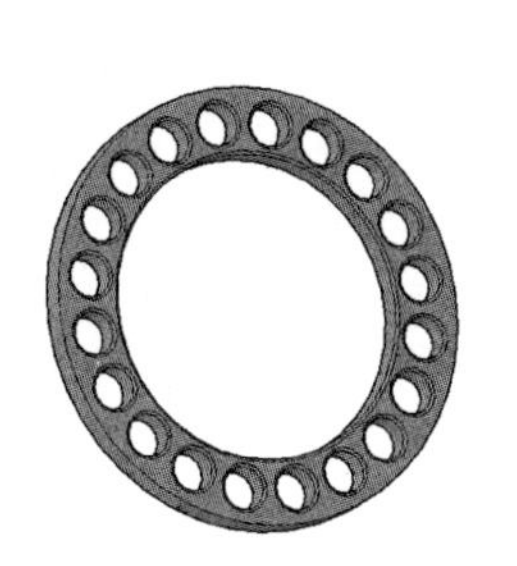

图 11-27 倒直角效果

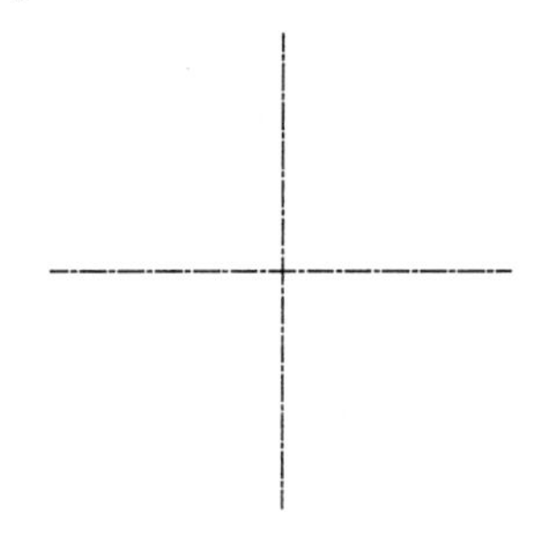

图 11-28 绘制中心线

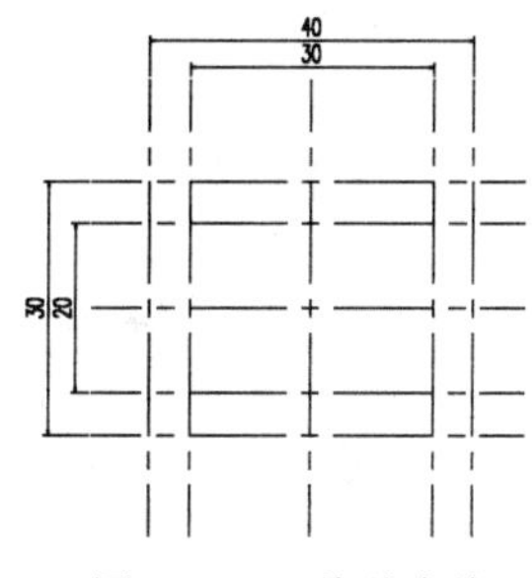

图 11-29 偏移直线

3）执行“圆（C）”命令，先以中心线交点为圆心绘制一个直径为 50 的圆，如图 11-30 所示。

4）在将部分偏移的中心线进行线型的转换，如图 11-31 所示。

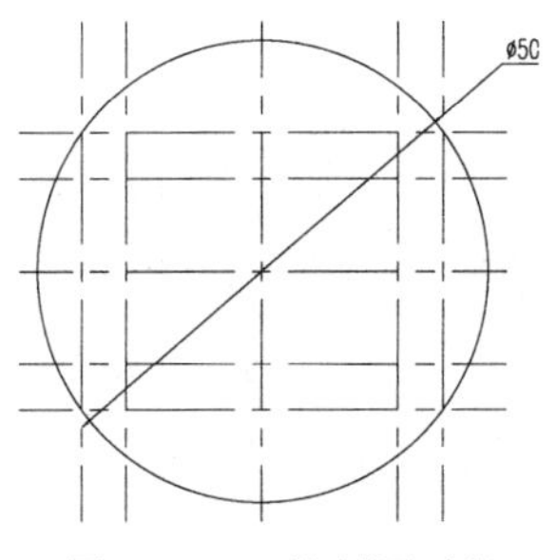

图 11-30 绘制圆对象

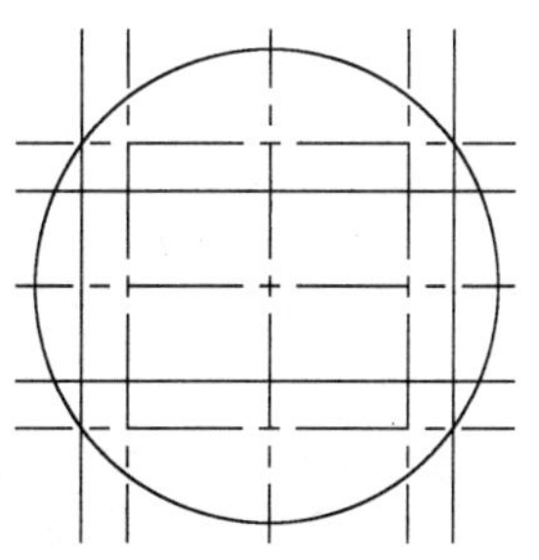

图 11-31 线型转换

5）继续执行“圆（C）”命令，以相应的交点来绘制六个直径为 4 的小圆对象，如图 11-32 所示。

6）执行“修剪（TR）”命令，修剪掉多余的线段，再关闭“中心线”图层，从而创建毡圈的轮廓效果，如图 11-33 所示。

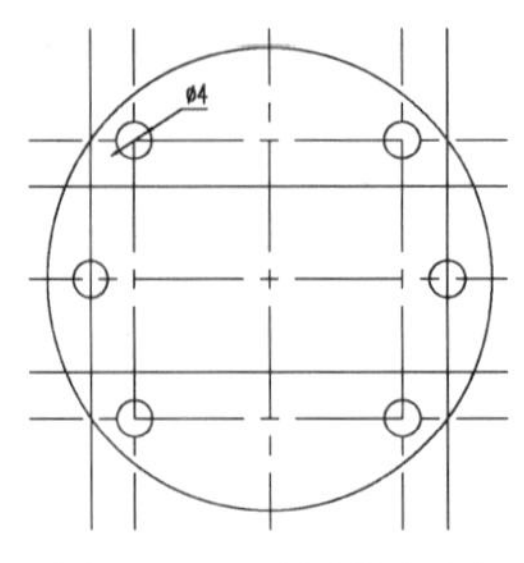

图 11-32 绘制圆对象

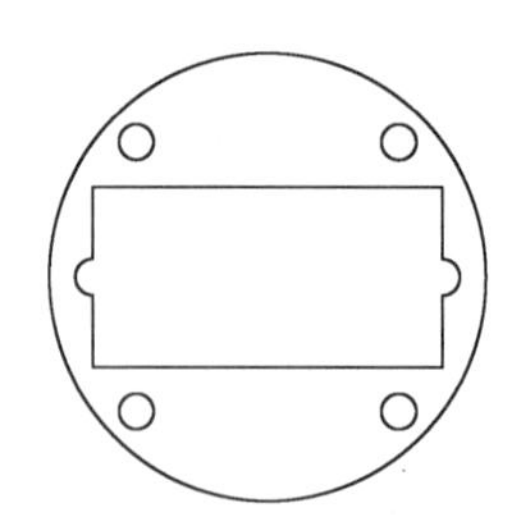

图 11-33 创建毡圈轮廓

7）将当前视口切换到“西南等轴测”图，再在菜单中选择“绘图”→“面域”命令，将圆对象进行面域操作，如图 11-34 所示。

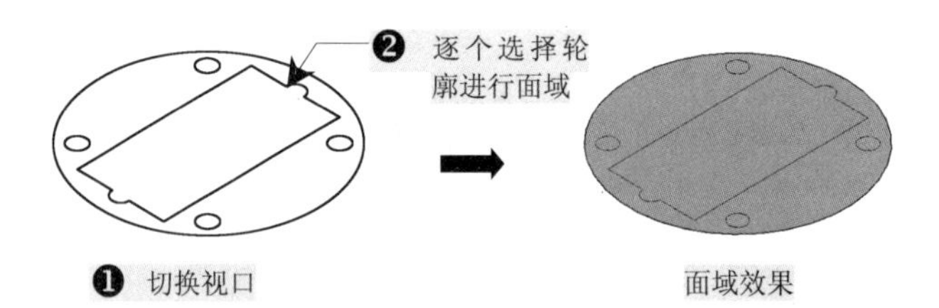

图 11-34 面域效果

8）在菜单栏中选择“绘图”→“建模”→“拉伸”命令，选择所有轮廓并向 Z 轴方向拉伸 1.2，如图 11-35 所示。

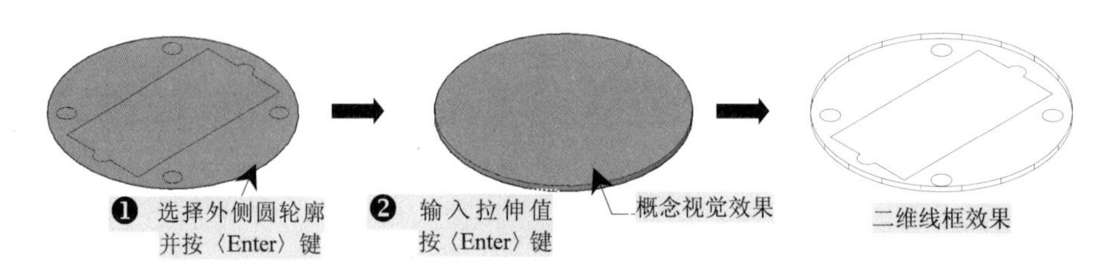

图 11-35 毡圈外轮廓的拉伸

9）切换到“二维线框”模式，继续执行“拉伸”命令，将内部的矩形轮廓和四个小圆对象向 Z 轴方向拉伸 2，如图 11-36 所示。

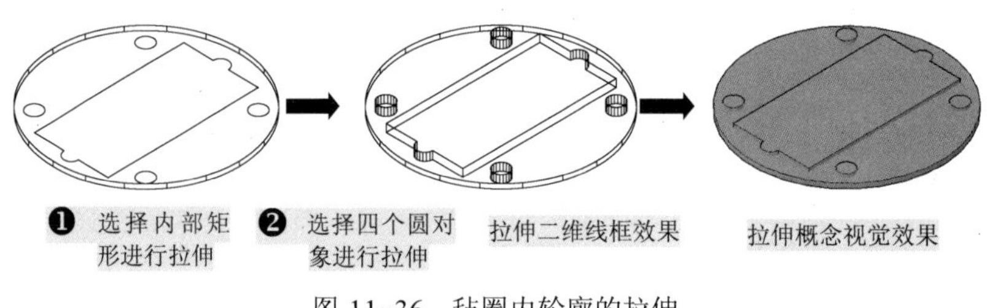

图 11-36 毡圈内轮廓的拉伸

10）选择“修改”→“实体编辑”→“差集”命令，先选择圆柱对象，然后再选择内部拉伸的矩形实体和四个圆柱对象，进行差集操作，其效果如图 11-37 所示。

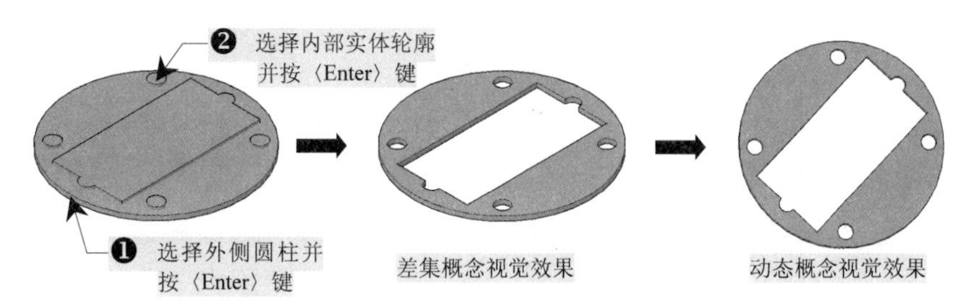

图 11-37 毡圈差集效果

11）选择“修改”→“实体编辑”→“圆角边”命令，并设置圆角半径为 0.5，倒圆角效果如图 11-38 所示。

12）到此，毡圈的三维实体就创建好了，用户再按〈Ctrl+S〉组合键进行一次保存。

4．挡圈实体

1）同样在当前文件中选择“视图”→“三维视图”→“俯视”图命令，将“中心线”图层设置为当前图层，执行“直线（L）”命令，绘制两条相交且相互垂直的中心线，如图 11-39 所示。

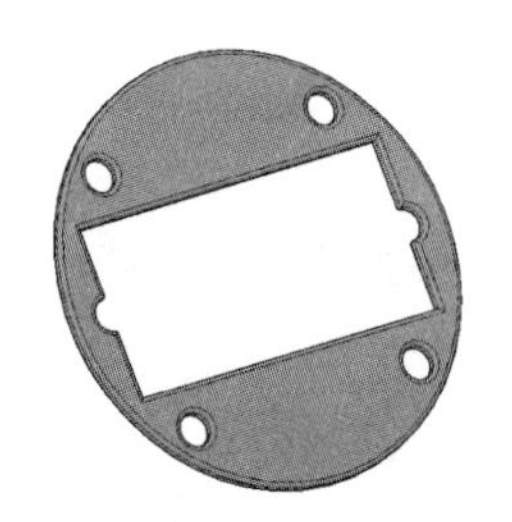

图 11-38 倒圆角效果

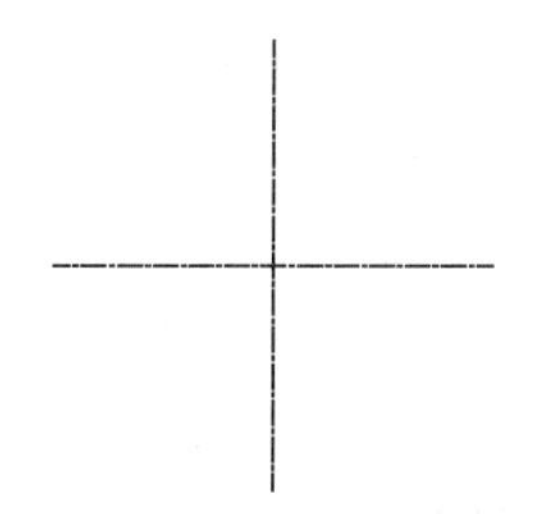

图 11-39 绘制中心线

2）执行“偏移（O）”命令，将水平中心线向上、下分别偏移 3 和 108，如图 11-40 所示。

3）执行“圆（C）”命令，先以中心线交点为圆心绘制一个直径为 208 的圆，再以向上偏移的中心线交点为圆心绘制一个直径为 230 的圆，如图 11-41 所示。

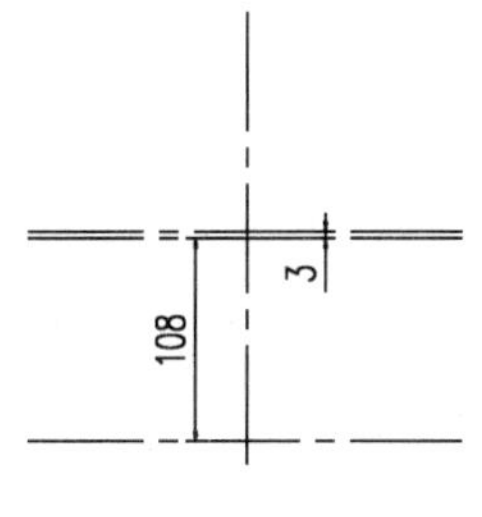

图 11-40 偏移直线

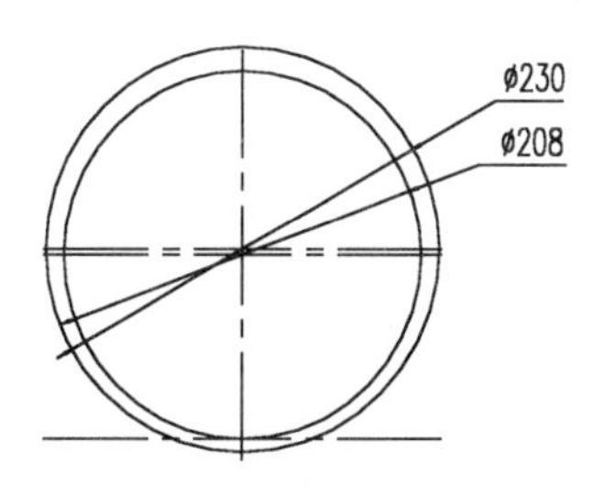

图 11-41 绘制的圆对象

4）执行“偏移（O）”命令，将垂直中心线向两侧各偏移 1 和 3.5，再以偏移线段与下部水平中心线交点为圆心绘制两个小圆对象，直径为 4，如图 11-42 所示。

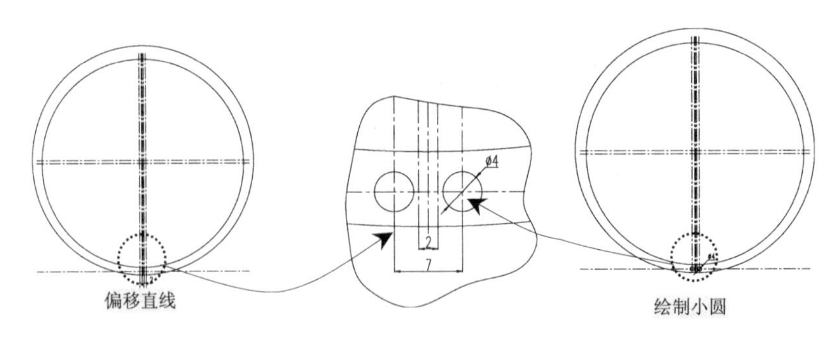

图 11-42　偏移并绘制小圆

5）使用“修剪（TR）”命令，修剪掉多余的线段，从而创建挡圈的平面轮廓效果，如图 11-43 所示。

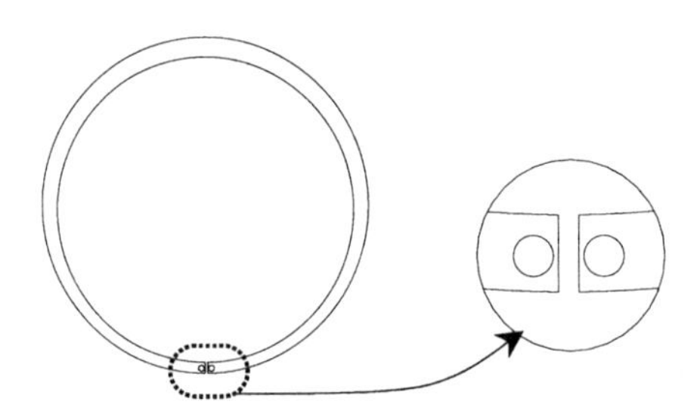

图 11-43　修剪形成挡圈轮廓

6）将当前视口切换到“西南等轴测”图，再在菜单中选择“绘图”→“面域”命令，将挡圈外侧轮廓对象进行面域操作，如图 11-44 所示。

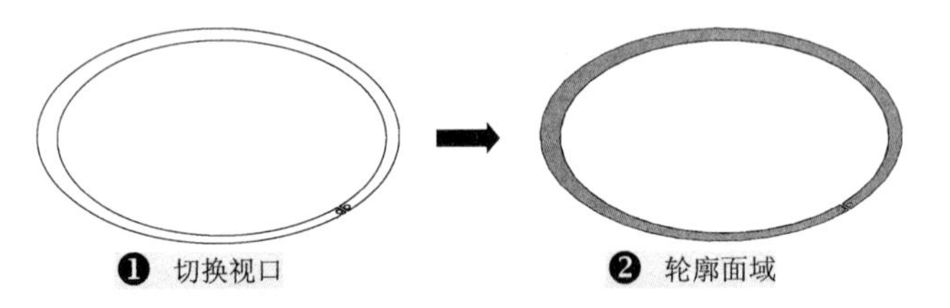

图 11-44　挡圈面域

7）在菜单栏中选择“绘图”→“建模”→“拉伸”命令，选择所有轮廓并向 Z 轴方向拉伸 1.5，如图 11-45 所示。

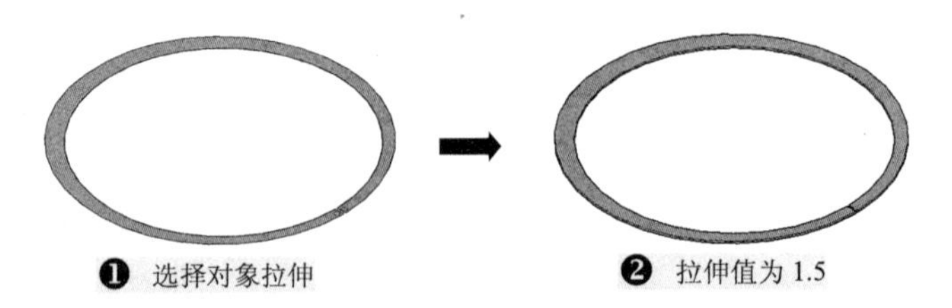

图 11-45　挡圈外轮廓的拉伸

8）切换到“二维线框”模式，继续执行“拉伸”命令，将内部的两个小圆轮廓对象向Z轴方向拉伸2，如图11-46所示。

9）选择“修改”→“实体编辑”→“差集”命令，在命令行提示下选择相应的实体对象创建两个小圆光孔效果，如图11-47所示。

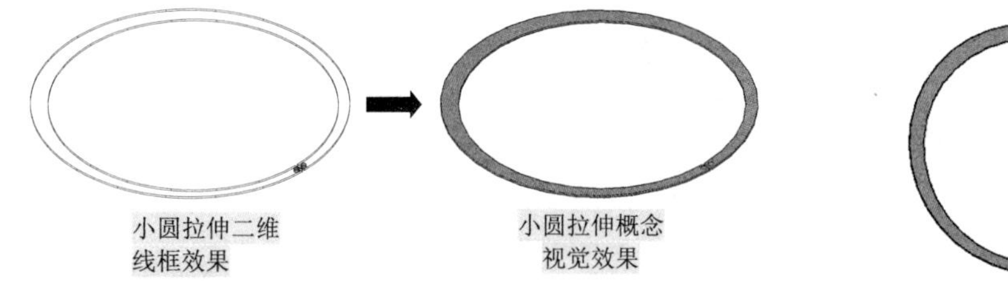

图11-46 挡圈内小圆的拉伸

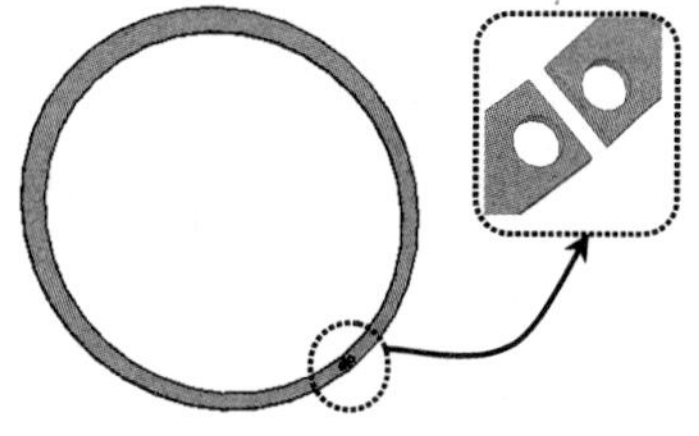

图11-47 差集效果

10）到此，挡圈的三维实体就创建好了，用户再按〈Ctrl+S〉组合键进行一次保存。

11.3 压盖和泵盖实体的创建

视频文件：视频\11\压盖和泵盖实体的绘制.avi

结果文件：案例\11\压盖和泵盖实体.dwg

在绘制盖零件实体时，同前面章节所讲的方法大体是一致的，只不过在创建泵盖实体时，稍微麻烦一点，通过由简及难的练习，让读者从中掌握实体创建的其他绘图工具的使用方法。

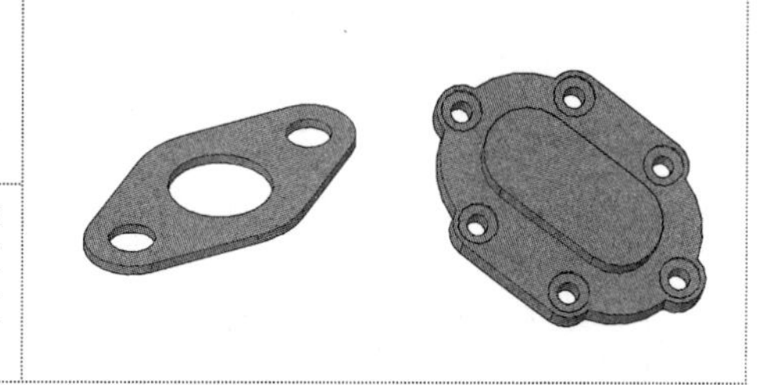

1. 压盖实体

1）正常启动AutoCAD 2013软件，选择“文件”→“打开”菜单命令，将“案例\11\机械实体样板.dwt”文件打开，再执行“文件”→“另存为”菜单命令，将其另存为“案例\11\压盖和盖泵实体.dwg”文件，并选择“俯视”视口。

2）选择“文件”→“打开”菜单命令，将已准备好的“案例\11\椭圆形压盖平面图.dwg”文件打开，并执行“复制（CO）”命令，将平面图复制到“压盖实体.dwg”文件中。

3）将平面图中的“尺寸与公差”和“中心线”图层进行暂时关闭。切换到“西南等轴测”视口，如图11-48所示。

4）在菜单中选择“绘图”→“面域”命令，将框选平面图中所有轮廓对象进行面域操作，如图11-49所示。

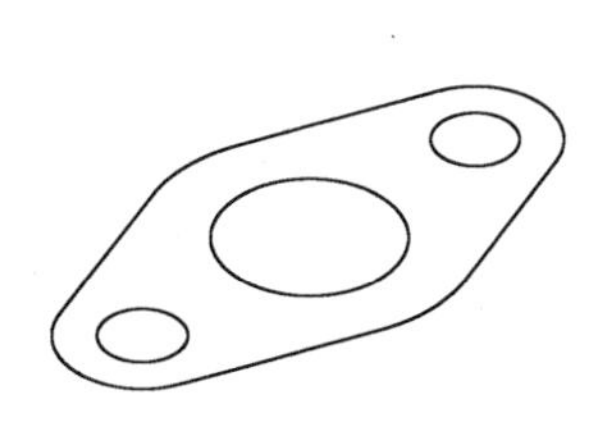

图11-48 西南等轴测效果

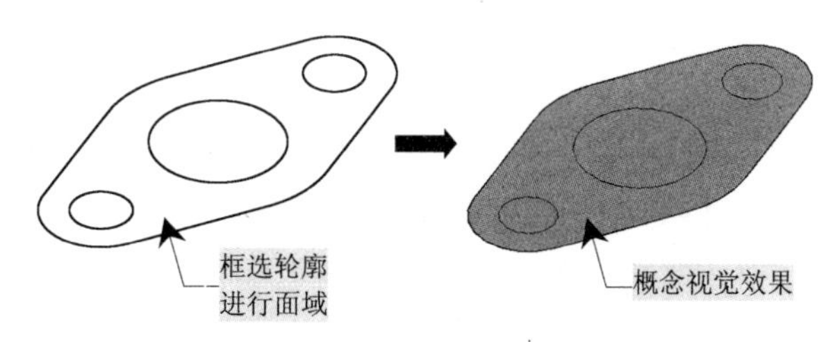

图11-49 面域效果

5）在菜单栏中选择“绘图”→“建模”→“拉伸”命令，先将压盖外侧轮廓向 Z 轴方向拉伸-2，如图 11-50 所示。

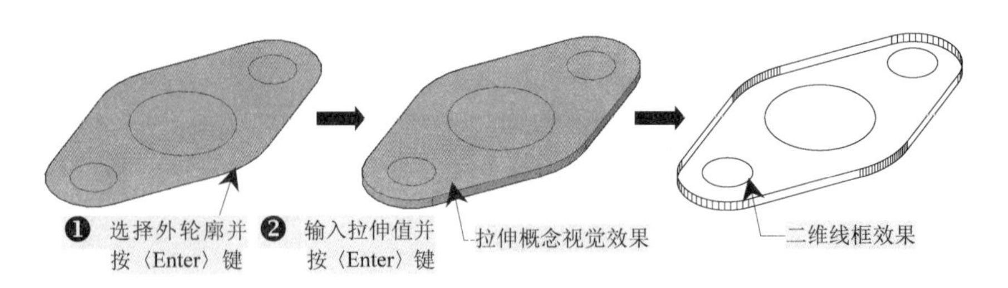

图 11-50　外轮廓的拉伸

6）切换到“二维线框”模式，继续选择“绘图”→“建模”→“拉伸”命令，再将内部圆向 Z 轴方向上拉伸-5，如图 11-51 所示。

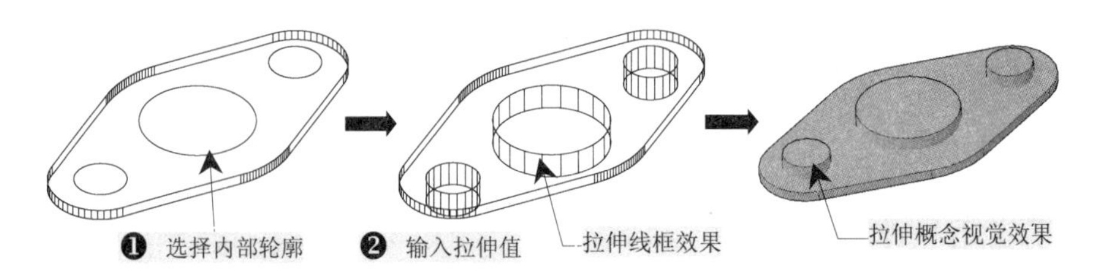

图 11-51　拉伸圆对象

7）在菜单栏中选择“修改”→“实体编辑”→“差集”命令，根据命令行提示选择实体对象，执行布尔运算，其效果如图 11-52 所示。

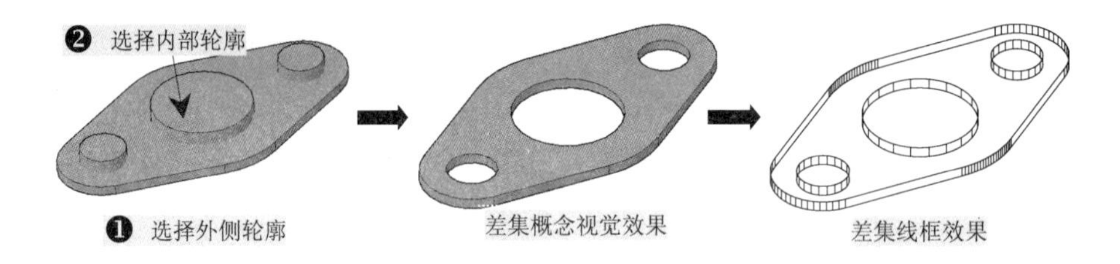

图 11-52　布尔运算效果

8）到此，椭圆形压盖的三维实体就创建好了，用户再按〈Ctrl+S〉组合键进行一次保存。

2. 泵盖实体

1）在当前文件下选择“文件”→“打开”菜单命令，将已准备好的“案例\11\泵盖平面图.dwg”文件打开，并执行“复制（CO）”命令，将平面图复制到“压盖实体.dwg”文件中，如图 11-53 所示。

2）将平面图中的“尺寸与公差”和“中心线”图层进行暂时关闭。切换到“西南等轴测”视口，如图 11-54 所示。

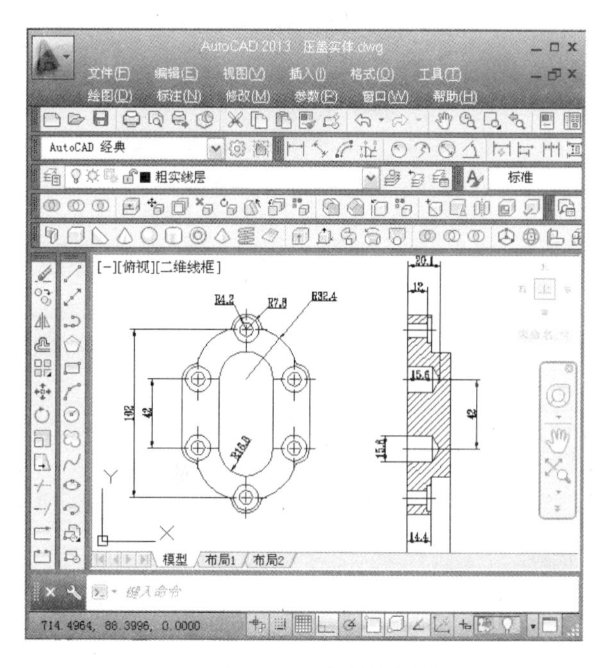

图 11-53 文件的复制

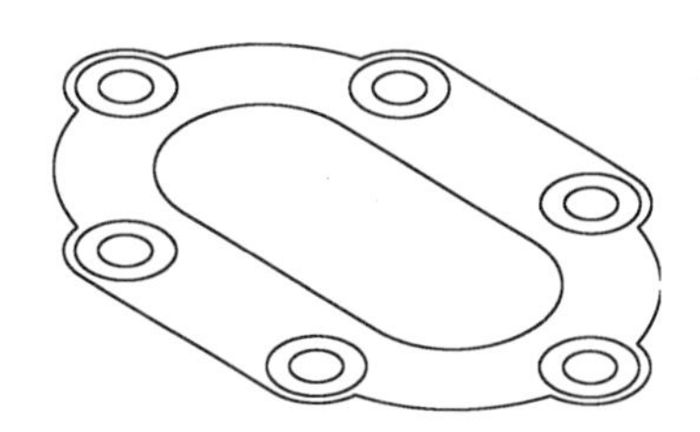

图 11-54 西南等轴测效果

3）在菜单中选择“绘图”→“面域”命令，将泵盖的外侧轮廓选中并进行面域操作，如图 11-55 所示。

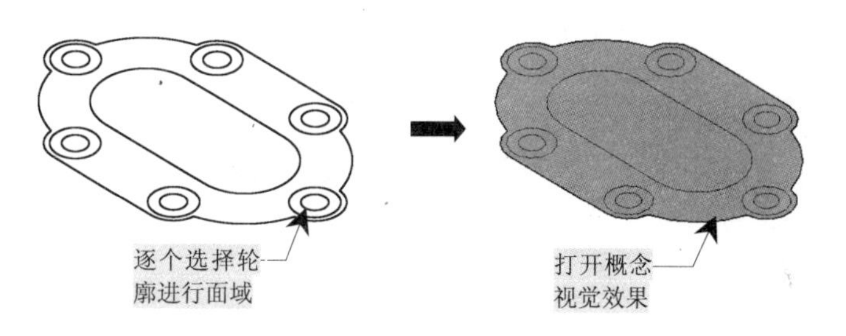

图 11-55 面域效果

4）在菜单栏中选择“绘图”→“建模”→“拉伸”命令，先将泵盖外侧轮廓向 Z 轴方向拉伸-14.4，如图 11-56 所示。

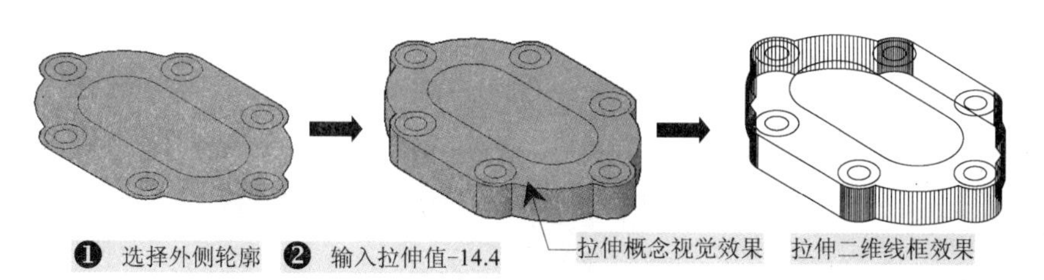

图 11-56 外轮廓的拉伸

5）切换到“二维线框”模式，继续选择“绘图”→“建模”→“拉伸”命令，再将泵盖内部轮廓向 Z 轴方拉伸 12，如图 11-57 所示。

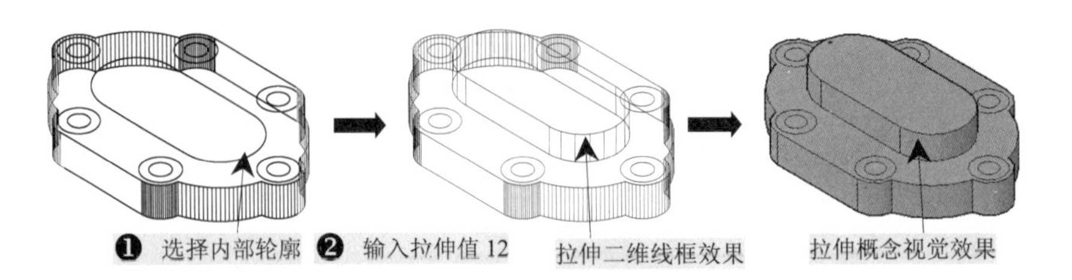

图 11-57 拉伸内部轮廓

6）切换到“二维线框”模式，选择“拉伸”命令，再将泵盖四周的通孔圆向 Z 轴方向拉伸-20，如图 11-58 所示。

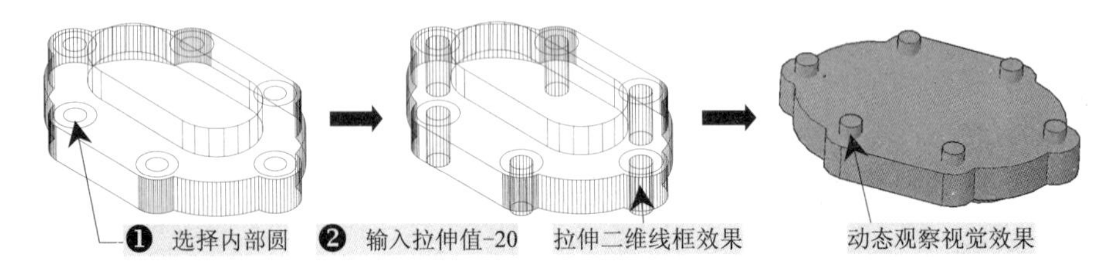

图 11-58 拉伸内部通孔圆柱

7）在菜单栏中选择“修改”→“实体编辑”→“差集”命令，根据命令行提示选择实体对象，执行布尔运算，其效果如图 11-59 所示。

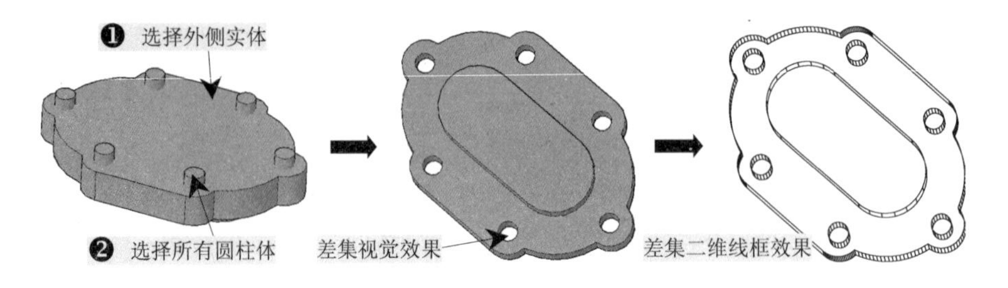

图 11-59 差集创建通孔效果

8）切换到“二维线框”模式，选择“拉伸”命令，再将泵盖四周的通孔处的沉孔圆向 Z 轴方向拉伸-2.4，如图 11-60 所示。

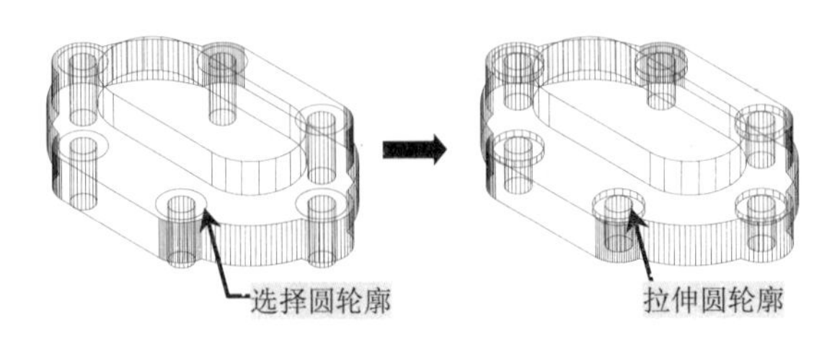

图 11-60 拉伸沉孔圆柱

9）在菜单栏中选择“修改”→“实体编辑”→“差集”命令，根据命令行提示选择实体对象，执行布尔运算，其效果如图 11-61 所示。

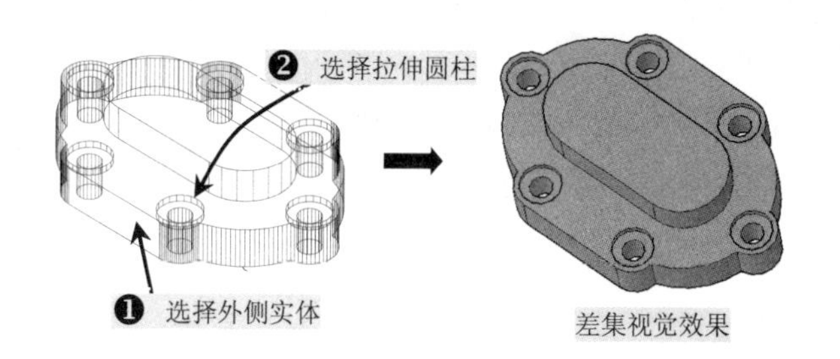

图 11-61　差集创建沉孔效果

10）返回到“二维线框”模式，执行“圆（C）”命令，选择相应的圆心点绘制两个直径为 15.6 的圆对象，如图 11-62 所示。

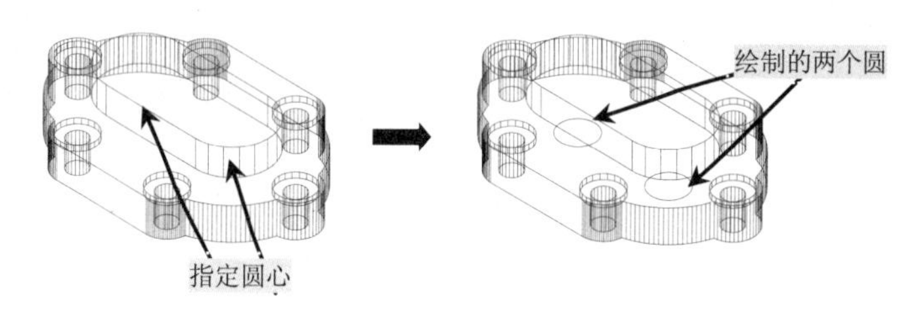

图 11-62　绘制内部圆

11）选择“拉伸”命令，将绘制的两个圆对象向 Z 轴方向拉伸 15.6，如图 11-63 所示。

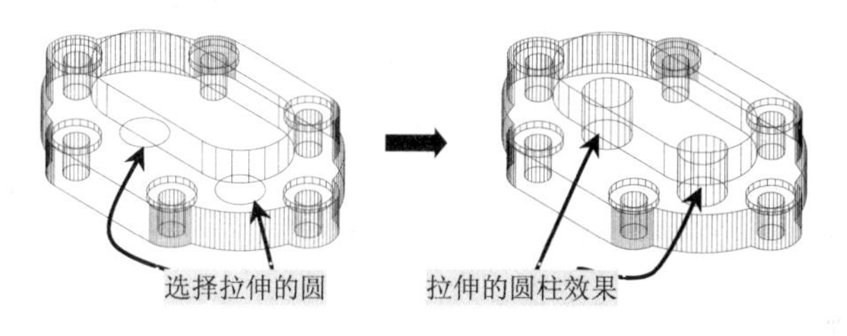

图 11-63　拉伸圆柱

12）选择“修改”→“实体编辑”→“差集”命令，根据命令行提示选择两个圆柱体对象，执行布尔运算，其效果如图 11-64 所示。

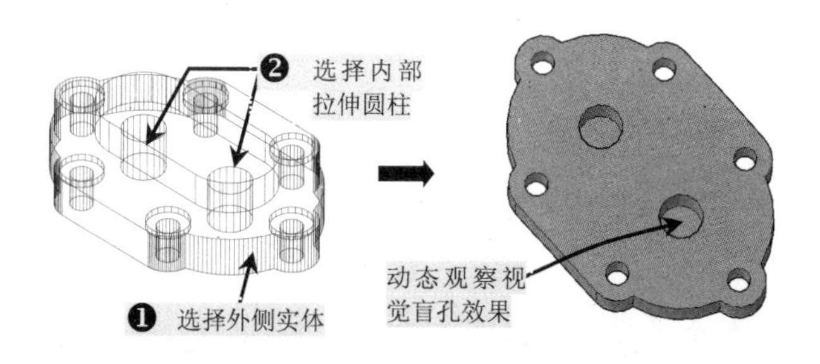

图 11-64　差集创建盲孔效果

13）到此，整个泵盖的实体图就创建完成了，用户可用“动态观察”工具旋转不同方向，其效果如图 11-65 所示。然后进行保存就可以了。

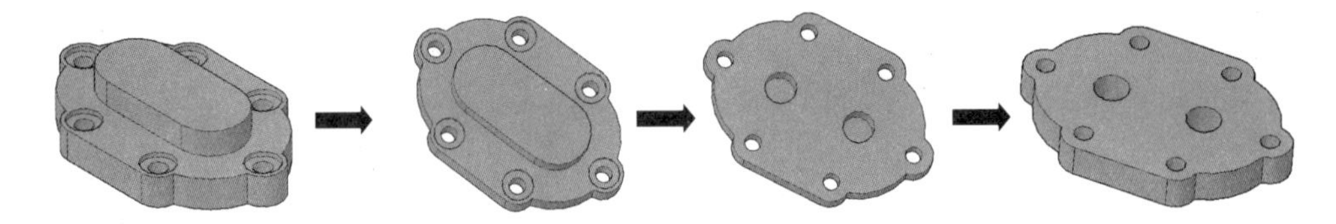

图 11-65　动态观察效果

11.4　通气器实体的创建

视频文件：视频\11\通气器实体的绘制.avi

结果文件：案例\11\通气器实体.dwg

通气器是一环形的实体，在创建的时候可以先对平面图的 1/2 进行面域操作，然后进行旋转操作，最后进行局部的创建就可以了。

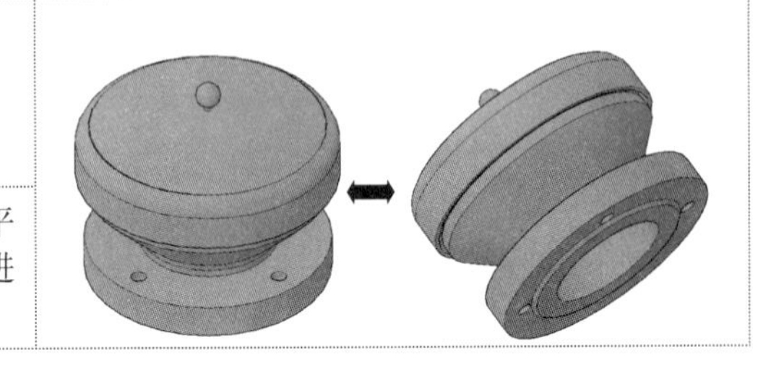

1）启动 AutoCAD 2013 软件，选择“文件”→“打开”菜单命令，将“案例\11\垫片实体.dwg”文件打开，再执行“文件”→“另存为”菜单命令，将其另存为“案例\11\通气器实体.dwg”文件，并选择“前视”视口。

2）继续选择“文件”→“打开”菜单命令，将前面已绘制好的“案例\06\通气器平面图.dwg”文件打开，并执行“复制（CO）”命令，将平面图复制到“通气器实体.dwg”文件中。

3）将复制的“通气器平面图”的“尺寸与公差”图层进行关闭，再使用“修剪（TR）”命令，修剪掉中心线右侧多余的线段，如图 11-66 所示。

4）在菜单中选择“绘图”→“面域”命令，将通气器外侧轮廓选中并进行面域操作，如图 11-67 所示。

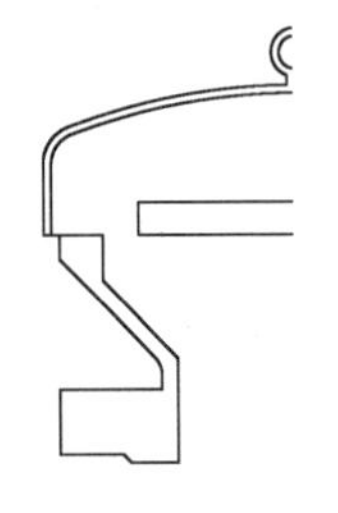

图 11-66　修剪多余轮廓

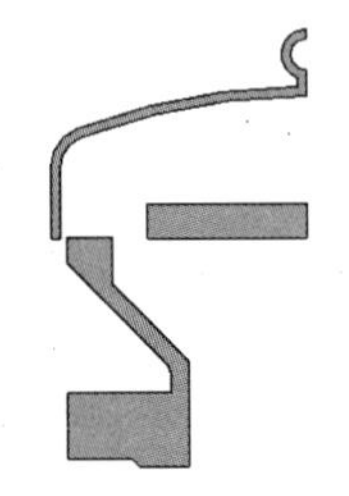

图 11-67　面域轮廓

注意

在对图形进行面域时，必须是封闭的完整图形，多线条、线条没有完全封闭都可能影响面域的操作。因此，在修剪和删除时一定要将不必要的线条删除干净。

5）切换至“二维线框”模式，再在菜单中选择“绘图”→“建模”→“旋转”命令，选择通气器所有面域对象并以垂直中线为旋转轴进行旋转操作，旋转后效果如图 11-68 所示。

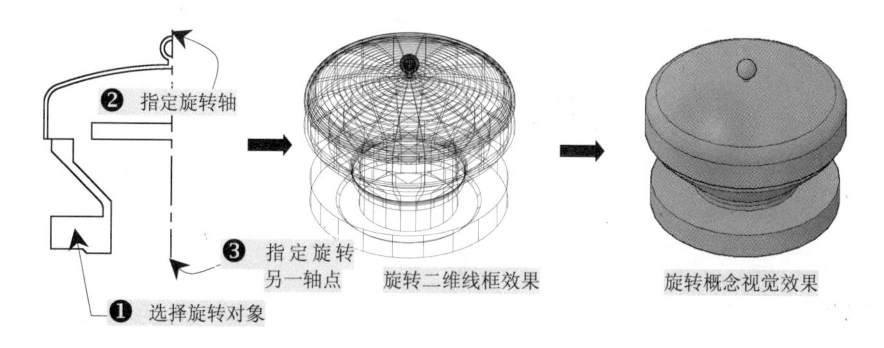

图 11-68 旋转得到的通气器外轮廓效果

6）切换到“二维线框”模式，先选择“俯视”图后，再选择“西南等轴测”投影，执行“圆（C）”命令，过最下侧的实体中心点绘制一直径为 48 的圆对象，如图 11-69 所示。

7）执行“圆（C）”命令，在第 6）步所绘制圆的象限点位置处绘制一直径为 4 的小圆对象，如图 11-70 所示。

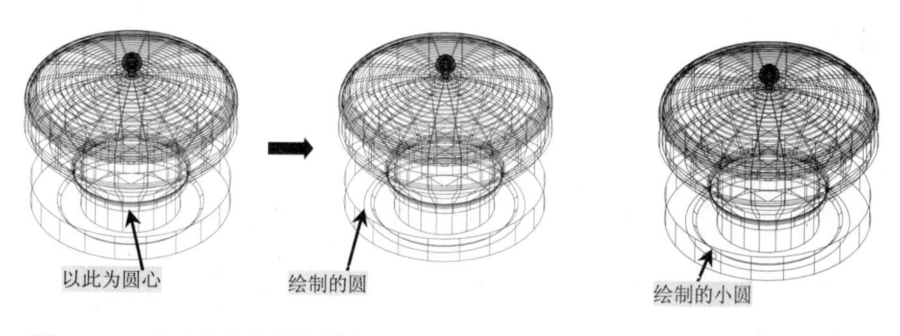

图 11-69 在底盘位置处绘制圆　　　　图 11-70 绘制小圆对象

8）先对绘制的小圆对象进行面域操作，再选择“绘图”→“建模”→“拉伸”命令，将创建的小圆对象向 Z 轴方向上拉伸 12，如图 11-71 所示。

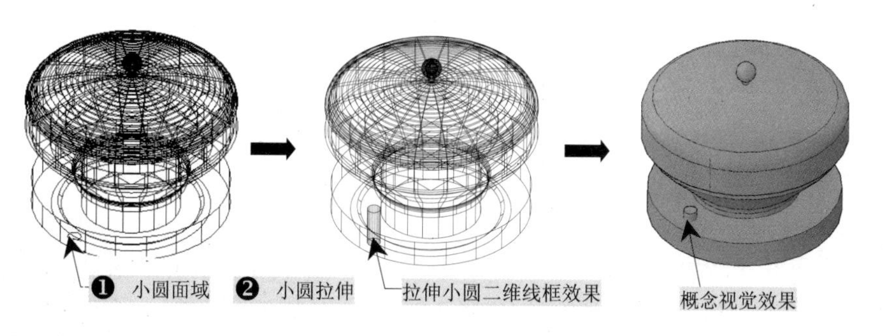

图 11-71 拉伸小圆柱效果

9）选择“修改”→“三维操作”→“三维阵列”命令，对上一步拉伸的小圆柱对象进行环形阵列操作，阵列数目为 4，如图 11-72 所示。

命令: AR ARRAY
选择对象: 找到 1 个
输入阵列类型 [矩形(R)/路径(PA)/极轴(PO)] <极轴>: PO ❷
指定阵列的中心点或 [基点(B)/旋转轴(A)]:
选择夹点以编辑阵列或 [关联(AS)/基点(B)/项目(I)/项目间角度(A)/填充角度(F)/行(ROW)/层(L)/旋转项目(ROT)/退出(X)] <退出>: I ❹
输入阵列中的项目数或 [表达式(E)] <6>: 4 ❺

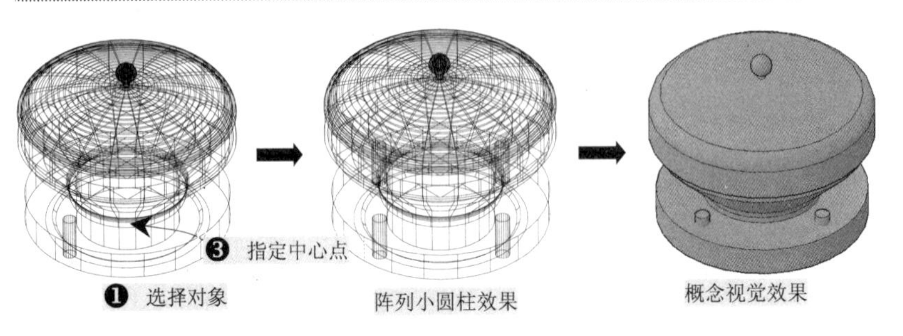

图 11-72　阵列小圆柱效果

10）选择“修改”→“实体编辑”→“差集”命令，根据命令行提示选择小圆柱体对象，执行布尔运算，其效果如图 11-73 所示。

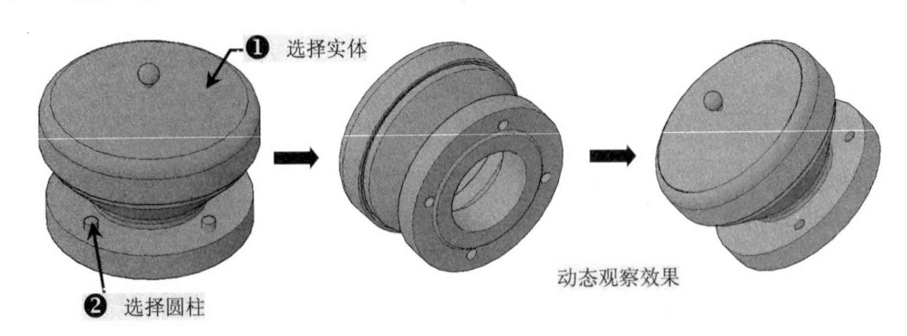

图 11-73　差集效果

11）到此，该通气器的绘制就完成了，用户直接按〈Ctrl+S〉组合键进行保存就可以了。

11.5　轴端盖实体的创建

视频文件：视频\11\轴端盖实体的绘制.avi
结果文件：案例\11\轴端盖实体.dwg

在创建轴端盖实体时，可以将平面图的 1/2 进行面域操作，然后再进行旋转得到轴端盖的外围实体效果，最后再创建盘上的通孔就完成了。

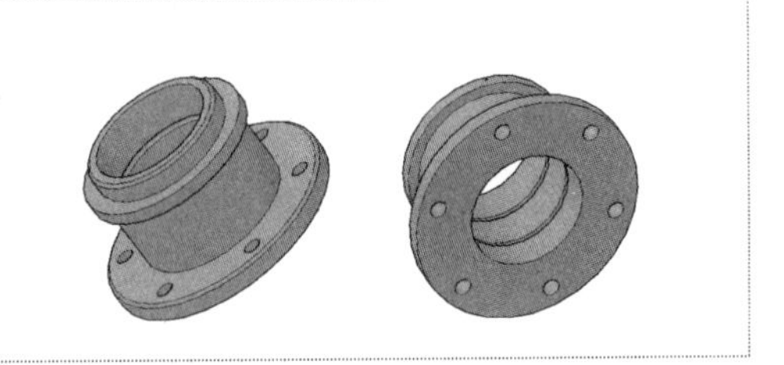

1）启动 AutoCAD 2013 软件，选择“文件”→“打开”菜单命令，将“案例\11\通气器实体.dwg”文件打开，再执行“文件”→“另存为”菜单命令，将其另存为“案例\11\轴端

盖实体.dwg”文件，并选择“前视”视口。

2）选择“文件”→“打开”菜单命令，将已准备好的“案例\11\轴端盖平面图.dwg”文件打开，并执行“复制（CO）”命令，将平面图复制到“轴端盖实体.dwg”文件中，如图 11-74 所示。

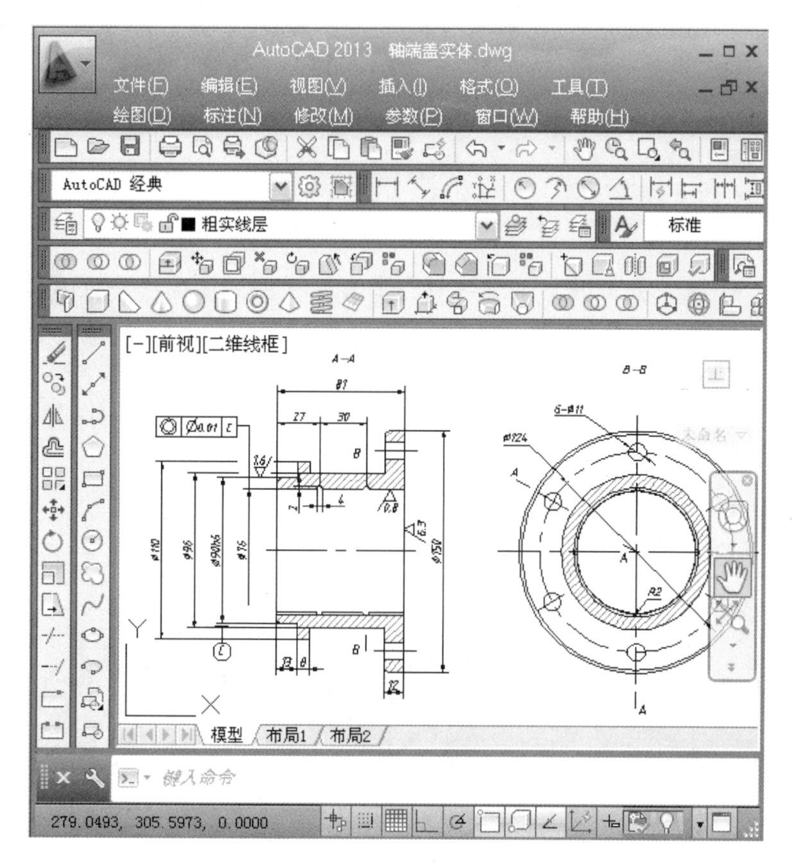

图 11-74 文件的复制

3）将复制的“轴端盖平面图”的“尺寸与公差”图层进行关闭，再使用“修剪（TR）”命令，修剪掉中心线下侧多余的线段，如图 11-75 所示。

4）在菜单中选择“绘图”→“面域”命令，将轴端盖外侧轮廓选中并进行面域操作，如图 11-76 所示。

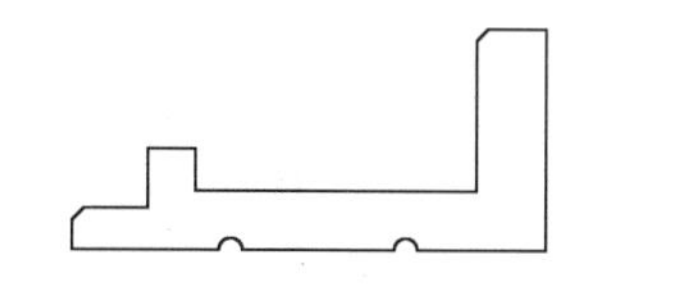

图 11-75 修剪多余轮廓

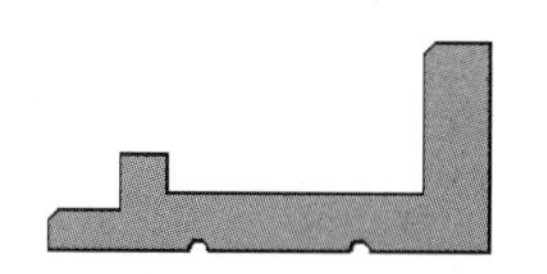

图 11-76 面域轮廓

5）在菜单中选择“绘图”→“建模”→“旋转”命令，选择轴端盖面域对象并以水平中线为旋转轴进行旋转操作，旋转后效果如图 11-77 所示。

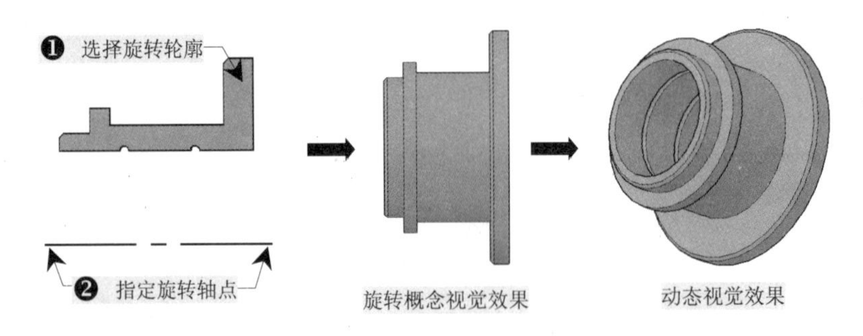

图 11-77 旋转轴端盖轮廓效果

6）切换到“二维线框”模式，先选择“右视”图后，再选择“西南等轴测”投影，执行“圆（C）”命令，过最右侧的实体中心点绘制一直径为 124 的圆对象，如图 11-78 所示。

7）执行“圆（C）”命令，在第 6）步所绘制圆的象限点位置处绘制一直径为 11 的小圆对象，如图 11-79 所示。

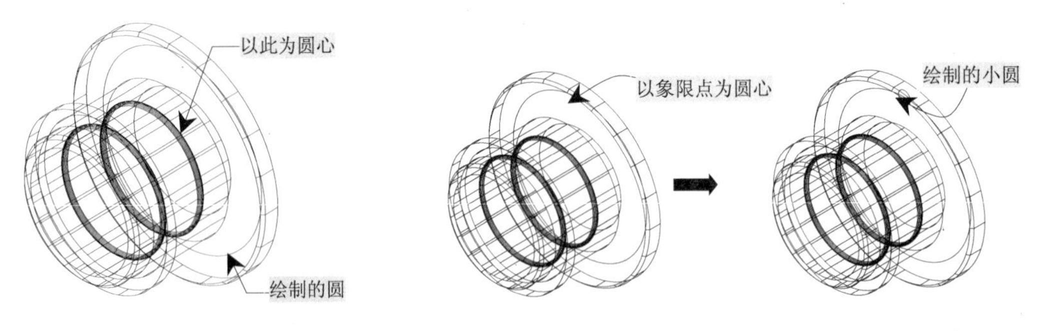

图 11-78 绘制圆　　图 11-79 绘制的小圆

8）先对绘制的小圆对象进行面域操作，再选择“绘图”→“建模”→“拉伸”命令，将创建的小圆对象向 Z 轴方向拉伸-15，如图 11-80 所示。

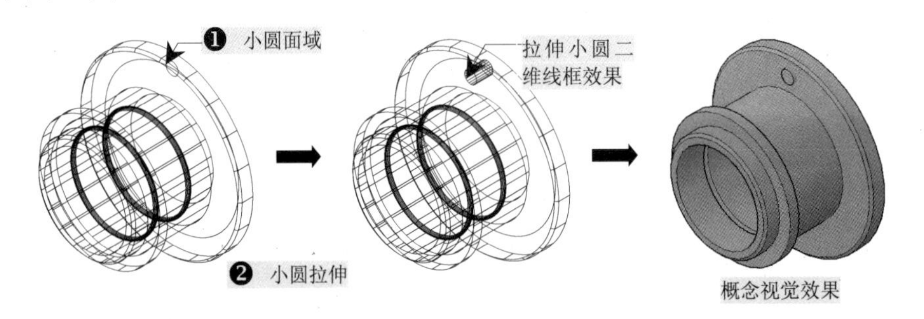

图 11-80 拉伸小圆柱效果

9）切换到“二维线框”模式，再选择“修改”→“三维操作”→“三维阵列”命令，对上一步拉伸的小圆柱对象进行环形阵列操作，阵列数目为 6，如图 11-81 所示。

命令: AR ARRAY
选择对象: 找到 1 个
输入阵列类型 [矩形(R)/路径(PA)/极轴(PO)] <极轴>: PO ❷
指定阵列的中心点或 [基点(B)/旋转轴(A)]:
选择夹点以编辑阵列或 [关联(AS)/基点(B)/项目(I)/项目间角度(A)/填充角度(F)/行(ROW)/层(L)/旋转项目(ROT)/退出(X)] <退出>: I ❹
输入阵列中的项目数或 [表达式(E)] <6>: 6 ❺

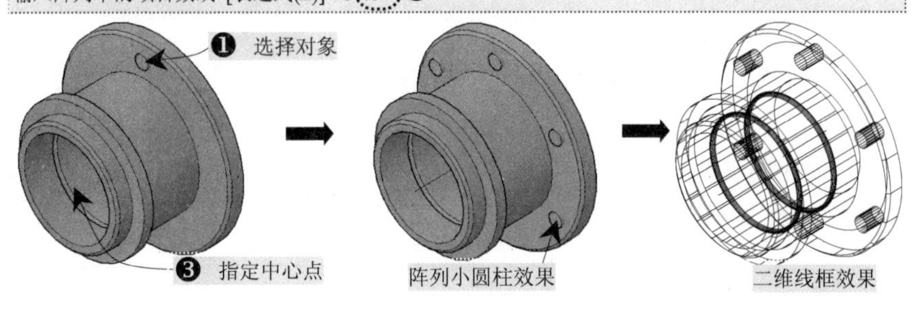

图 11-81 小圆柱阵列效果

提示

在进行环形阵列时，用户最好是将“中心线”图层打开，在命令行提示下选择阵列旋转轴上的点时会比较方便。

10）选择“修改”→“实体编辑”→“差集”命令，根据命令行提示选择小圆柱体对象，执行布尔运算，其效果如图 11-82 所示。

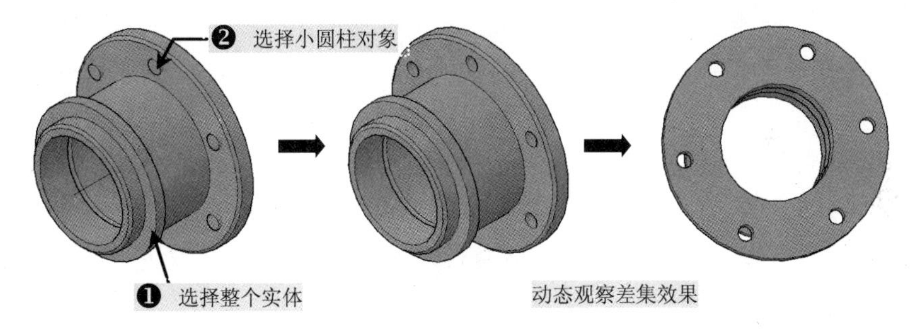

图 11-82 差集效果

11）到此，轴端盖就绘制完成了，用户按〈Ctrl+S〉组合键进行保存就可以了。

第 12 章　常用零件三维实体的创建

本章导读

本章以机械中常用的四大类零件中的盘类件作为实例讲解。主要以齿轮箱体内部的常见齿轮为主，先对直齿轮进行了讲解，然后讲解了不规则的锥齿轮和蜗轮的创建方法。而后以一种特殊的带轮的实例进行绘制、创建讲解，在最后给出了一个综合体的螺塞零件进行组合式的讲解，让读者在进行实体绘制的同时也对机械内部零件进行相应的认识、掌握。

主要内容

☑ 掌握直齿轮创建方法
☑ 掌握锥齿轮的绘制方法
☑ 掌握蜗轮的创建方法
☑ 掌握带轮的创建方法
☑ 掌握螺塞实体的创建方法

效果预览 

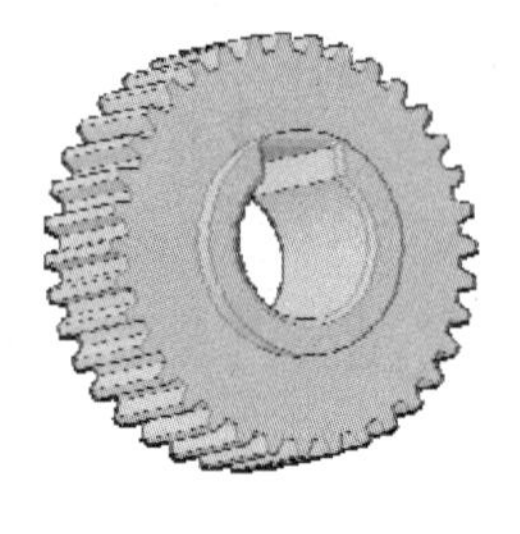

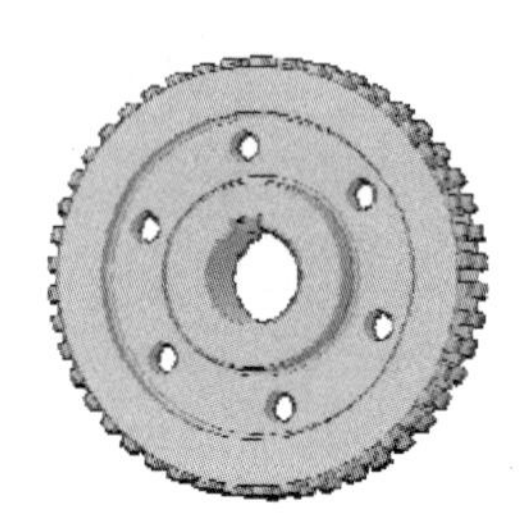

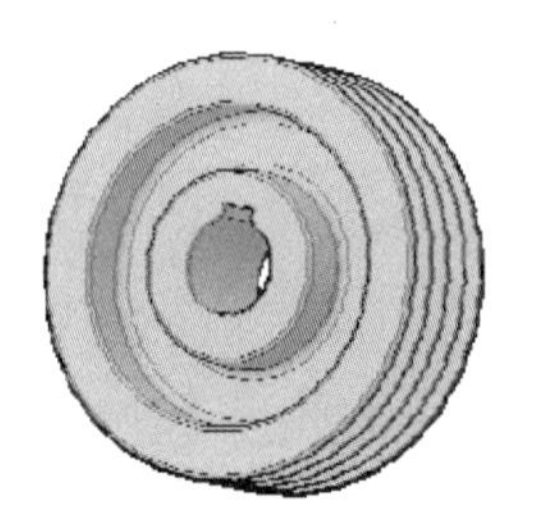
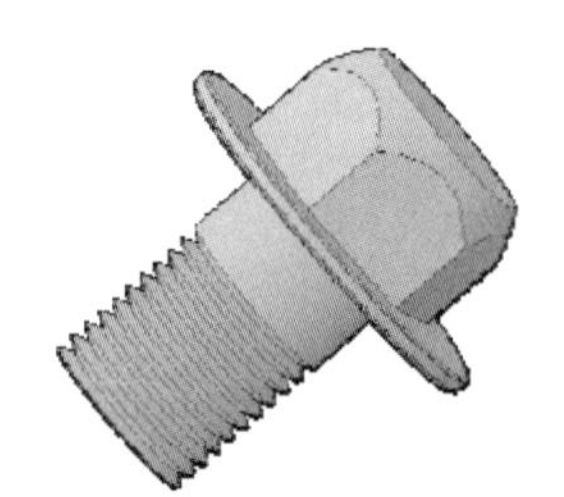
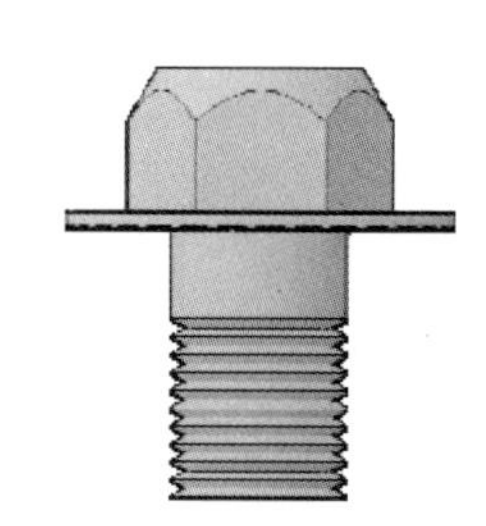

12.1 直齿轮的创建

视频文件：视频\12\直齿轮的绘制.avi

结果文件：案例\12\直齿轮实体.dwg

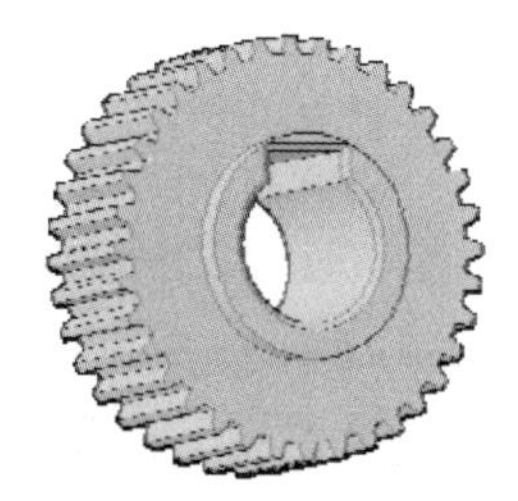

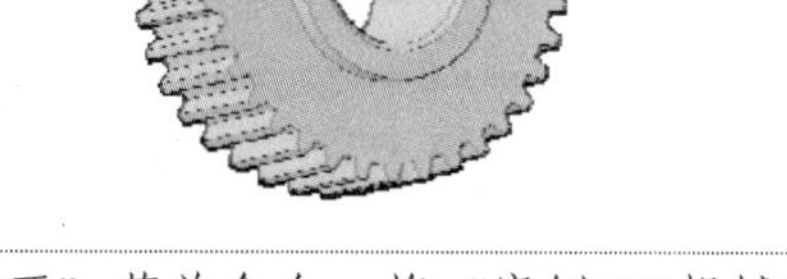

齿轮属于机械类四大零件之一的盘类件，在创建齿轮实体时，可以直接采用旋转方法，或是拉伸方法，在本章中主要是以齿轮的创建为主。

1）启动 AutoCAD 2013 软件，选择“文件”→“打开”菜单命令，将“案例\12\机械实体样板.dwt”文件打开，再执行“文件”→“另存为”菜单命令，将其另存为“案例\12\直齿轮实体.dwg”文件。

2）选择“文件”→“打开”菜单命令，将已绘制好的“案例\07\直齿轮.dwg”平面图文件打开，并执行“复制（CO）”命令，将平面图复制到“直齿轮实体.dwg”文件中，如图 12-1 所示。

3）将复制文件的“尺寸与公差”图层进行关闭，然后执行“偏移（O）”命令，将左视图的垂直中心线向左、右两侧分别偏移 1 和 3，如图 12-2 所示。

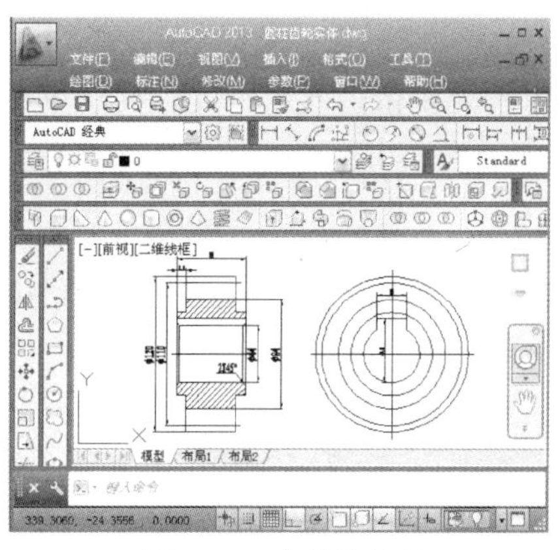

图 12-1 文件的复制

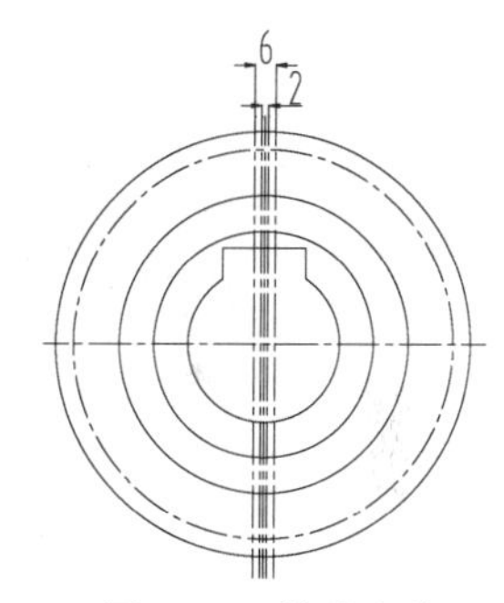

图 12-2 偏移直线

4）执行“直线（L）”命令，过偏移的中心线的交点进行直线连接，如图 12-3 所示。

5）使用“修剪（TR）”命令，修剪掉多余的线段，从而创建轮齿效果，如图 12-4 所示。

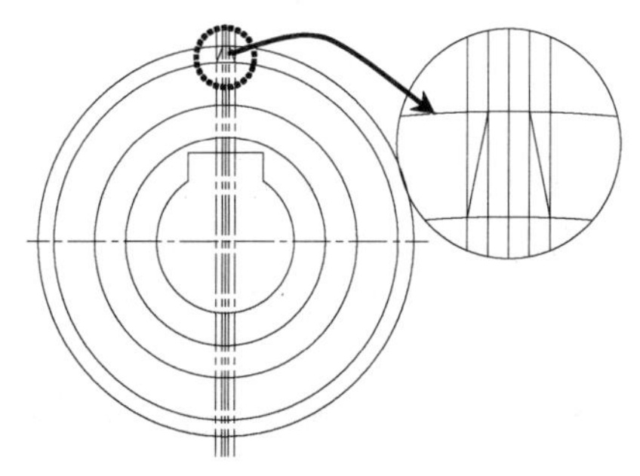

图 12-3 直线连接

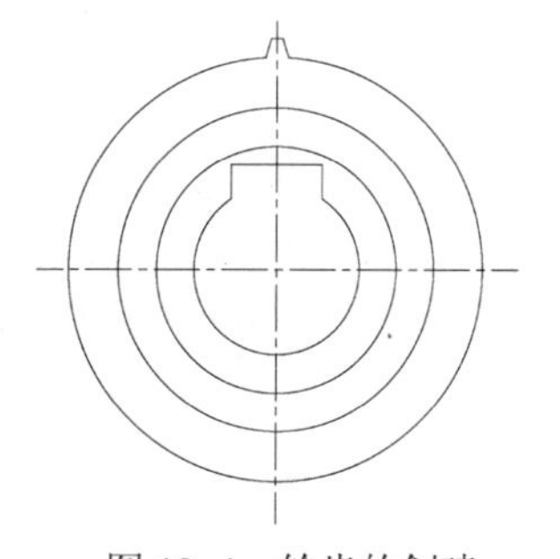

图 12-4 轮齿的创建

6）执行“阵列（AR）”命令，将轮齿沿四周进行环形阵列，设置轮齿的齿数为 36，阵列的效果如图 12-5 所示。

命令: ARRAY
选择对象:
输入阵列类型 [矩形(R)/路径(PA)/极轴(PO)] <极轴>: PO ❷
指定阵列的中心点或 [基点(B)/旋转轴(A)]:
选择夹点以编辑阵列或 [关联(AS)/基点(B)/项目(I)/项目间角度(A)/填充角度(F)/行(ROW)/层(L)/旋转项目(ROT)/退出(X)] <退出>: I ❹
输入阵列中的项目数或 [表达式(E)] <6>: 36 ❺

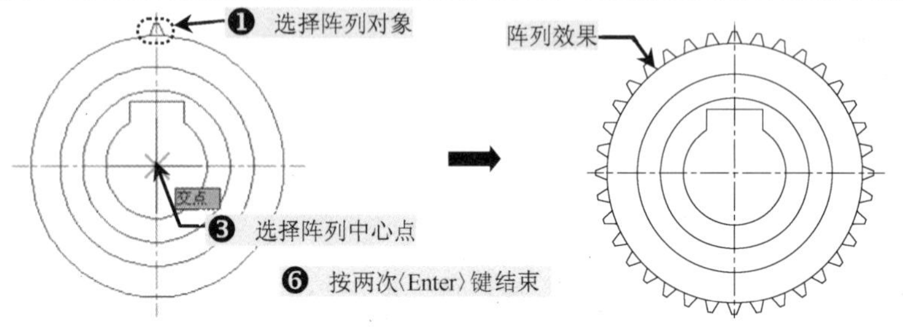

图 12-5　轮齿的阵列

7）执行“修剪（TR）”命令，修剪掉轮齿位置处多余的线段，并关闭“中心线”图层，如图 12-6 所示。

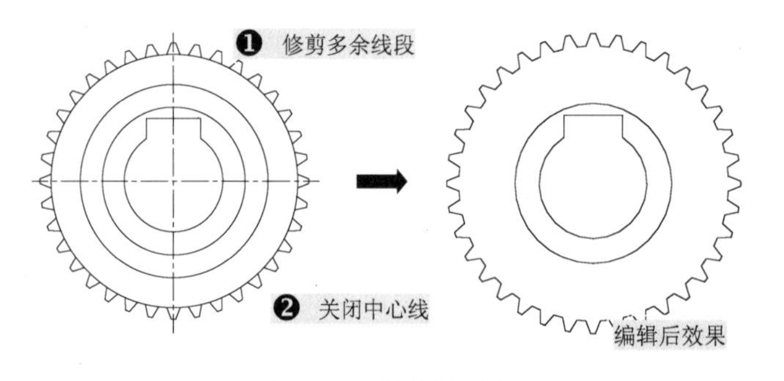

图 12-6　轮齿的编辑

8）在菜单中选择“绘图”→“面域”命令，将平面图中所有轮廓选中并进行面域操作，如图 12-7 所示。

用户在修剪轮齿后，在进行面域时，可能会出现面域失败，主要原因是阵列后的轮齿是一个整体，因此这时需要执行“分解（X）”命令，先将这些轮齿进行分解，然后再进行面域就可以了。

9）选择“视图”→“三维视图”→“西南等轴测”命令，当前图形出现倾斜效果，如图 12-8 所示。

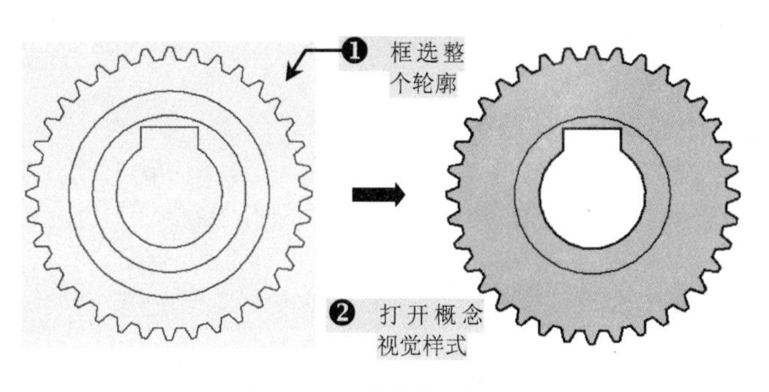

图 12-7　轮齿的面域

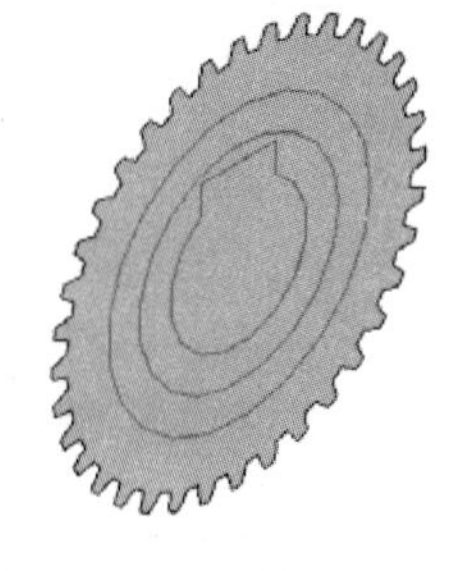

图 12-8　西南等轴测视图

10）在菜单栏中选择“绘图”→“建模”→“拉伸”命令，选择所有轮廓并向 Z 轴方向拉伸–40，如图 12-9 所示。

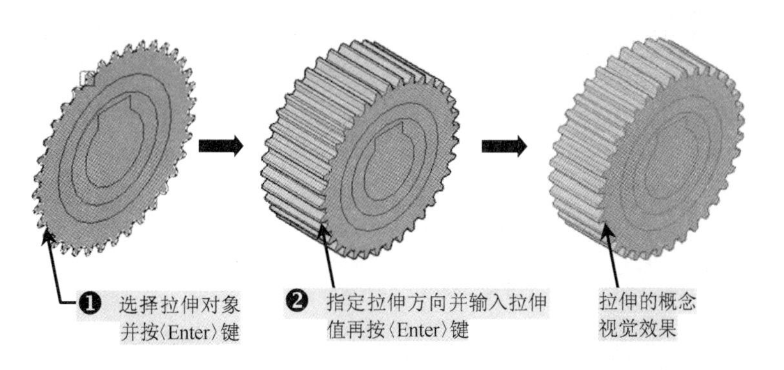

图 12-9　齿轮外轮廓的拉伸

11）切换至“二维线框”模式，继续选择“绘图”→“建模”→“拉伸”命令，将齿轮内部第二道轮廓进行拉伸 7.5，如图 12-10 所示。

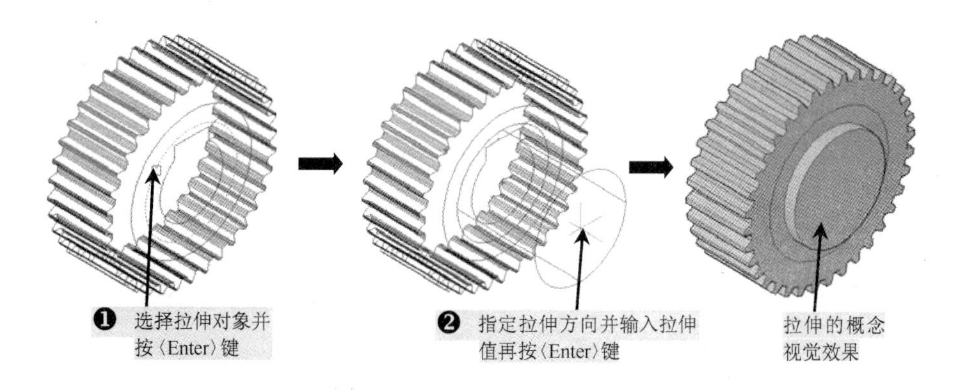

图 12-10　齿轮内轮廓的拉伸

12）选择“修改”→“三维编辑”→“三维镜像”命令，按命令行提示选择三点镜像，对拉伸的圆柱轮廓进行镜像操作，如图 12-11 所示。

13）选择“修改”→“三维编辑”→“并集”命令，按命令行提示分别选择内部拉伸的圆柱和镜像的圆柱，使其合成为一个整体，其效果如图 12-12 所示。

```
命令: _mirror3d
选择对象: 找到 1 个
指定镜像平面 (三点) 的第一个点或
[对象(O)/最近的(L)/Z 轴(Z)/视图(V)/XY 平面(XY)/YZ 平面(YZ)/ZX 平面(ZX)/三点(3)] <三点>: 3 ❷
在镜像平面上指定第一点:      在镜像平面上指定第二点:      在镜像平面上指定第三点:
是否删除源对象？[是(Y)/否(N)] <否>: N ❻
```

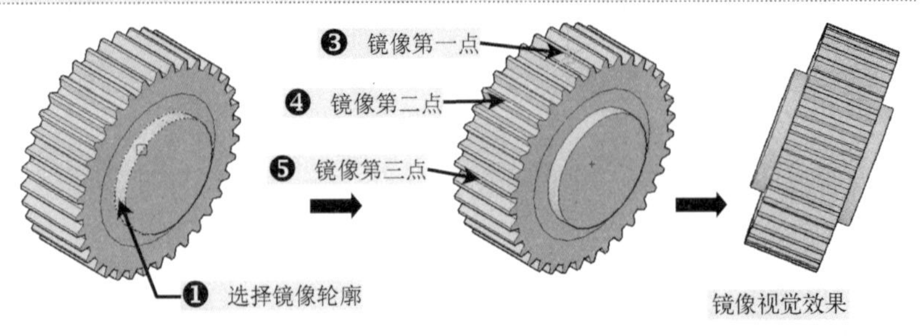

图 12-11 齿轮内轮廓镜像

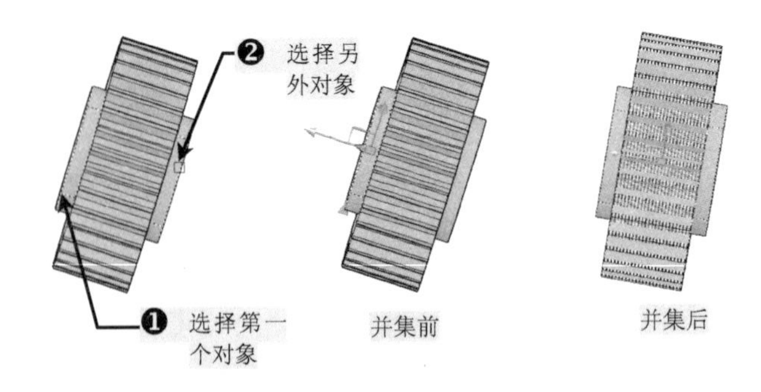

图 12-12 内轮廓并集

14）将视口转换到“二维线框”模式，选择“拉伸”命令，将齿轮内侧的键槽位置处的轮廓进行拉伸，拉伸距离为–60，如图 12-13 所示。

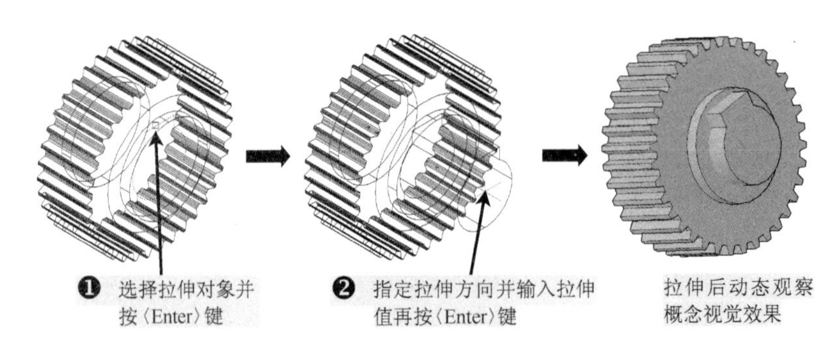

图 12-13 齿轮内轮廓拉伸

15）选择“二维线框”模式，再在菜单栏选择“修改”→“实体编辑”→“拉伸面”命令，然后选择拉伸的键槽轮廓的另一面进行拉伸，拉伸距离为 15，如图 12-14 所示。

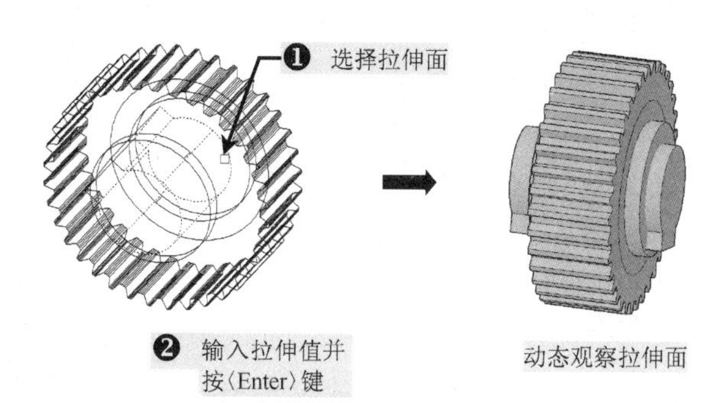

图 12-14　拉伸面

16）选择“修改”→“实体编辑”→“差集”命令，根据命令行提示选择齿轮内部键槽体对象，执行布尔运算，其效果如图 12-15 所示。

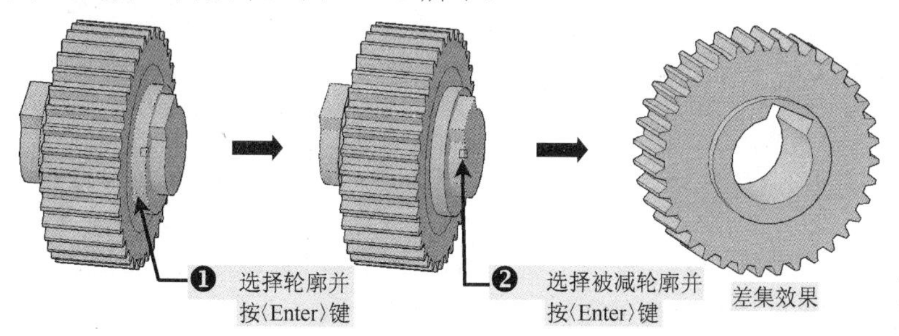

图 12-15　差集效果

在进行差集操作后，将前面面域的外侧第二道轮廓进行删除操作，即可看到键槽位置处为空心效果，如图 12-16 所示。

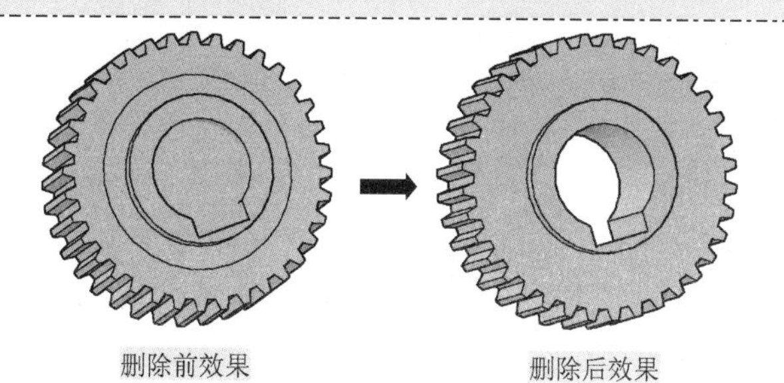

图 12-16　键槽处的编辑

17）选择“修改”→“实体编辑”→“倒角边”命令，对齿轮键槽处进行倒角编辑，其最终效果如图 12-17 所示。

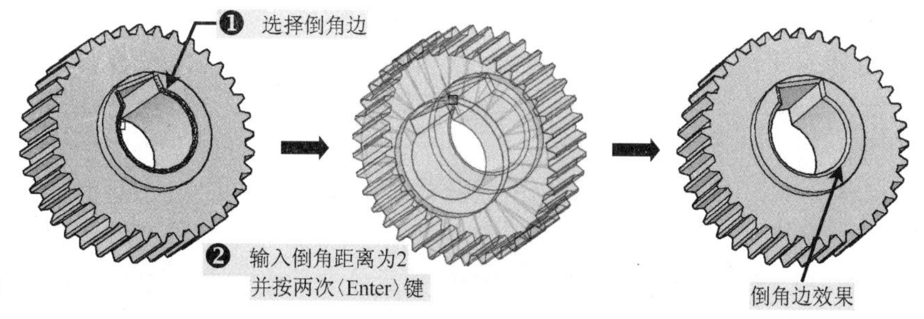

图 12-17　齿轮倒直角操作

18）至此，直齿轮的三维实体就绘制完成了，直接按〈Ctrl+S〉组合键进行保存就可以了。

12.2 锥齿轮实体的创建

视频文件：视频\12\锥齿轮的绘制.avi

结果文件：案例\12\锥齿轮实体.dwg

锥齿轮也是机械内部起传速运动的常用齿轮件，但它的结构与一般的直齿轮有很大的区别。它的齿盘有一定的倾斜角度。下面就将锥齿轮的创建进行讲解。

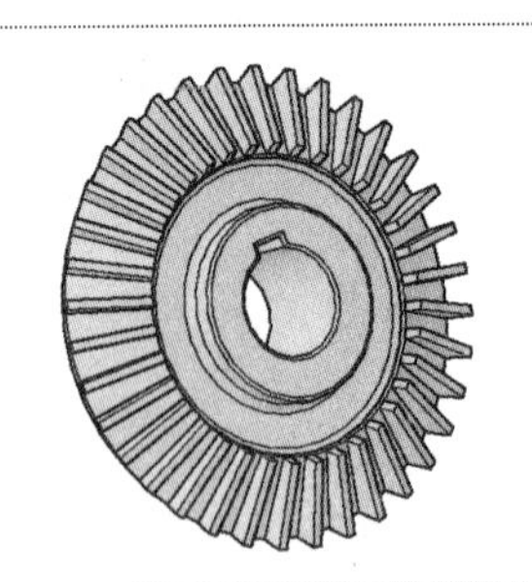

1）正常启动 AutoCAD 2013 软件，选择“文件”→“打开”菜单命令，将“案例\12\机械实体样板.dwt”文件打开，再执行“文件”→“另存为”菜单命令，将其另存为“案例\12\锥齿轮实体.dwg”文件。

2）选择“文件”→“打开”菜单命令，将已绘制好的“案例\12\锥齿轮.dwg”平面图文件打开，并执行“复制（CO）”命令，将平面图复制到“锥齿轮实体.dwg”文件中。将复制文件的“尺寸与公差”图层进行关闭，如图 12-18 所示。

3）执行“修剪”、“删除”等命令将锥齿轮主视图中心线下侧多余轮廓进行修剪或是删除，保留少部分轮廓，如图 12-19 所示。

4）选择“绘图”→“面域”命令，将保留的锥齿轮轮廓选中并进行面域操作，如图 12-20 所示。

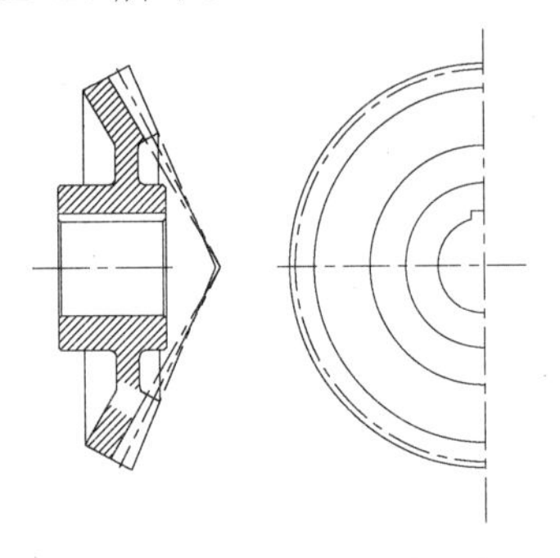

图 12-18　锥齿轮平面图

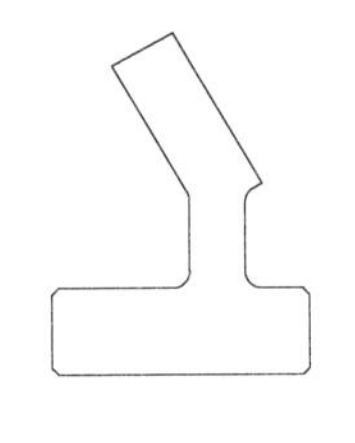

图 12-19　锥齿轮轮廓

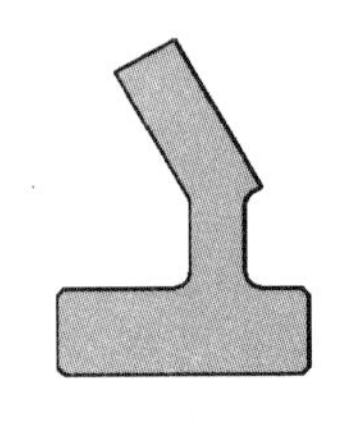

图 12-20　面域效果

5）在菜单中选择“绘图”→“建模”→“旋转”命令，选择面域对象并以水平中心线为旋转轴进行旋转操作，旋转后效果如图 12-21 所示。

6）切换到“二维线框”模式，执行“复制（CO）”命令，复制锥齿轮轮齿部分轮廓，如图 12-22 所示。

7）执行“移动（M）”命令，将复制的轮齿轮廓与外轮廓的交点位置处的某一点重合，如图 12-23 所示。

8）选择“绘图”→“面域”命令，将移动的轮齿轮廓选中并进行面域操作，如图 12-24 所示。

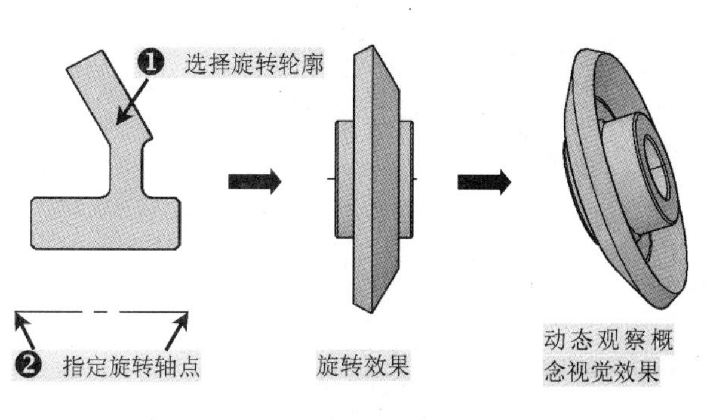

图 12-21 锥齿轮外轮廓的旋转

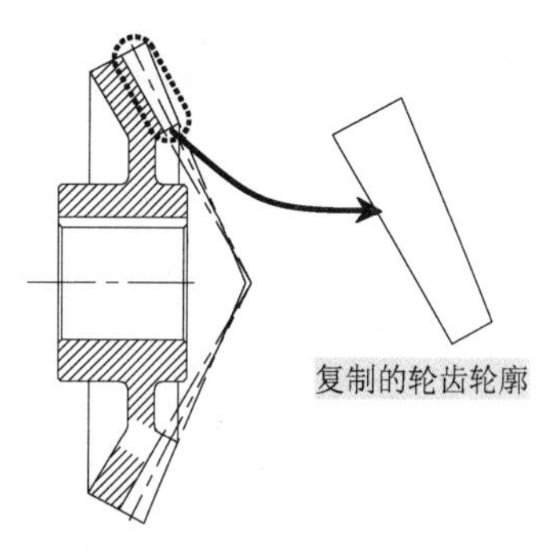

图 12-22 轮齿轮廓的复制

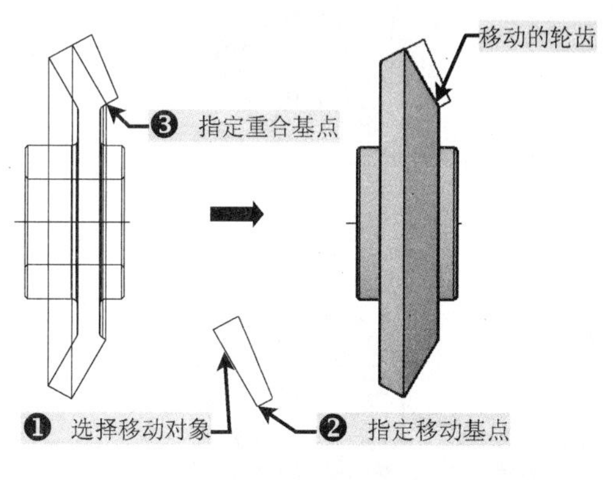

图 12-23 移动轮齿轮廓

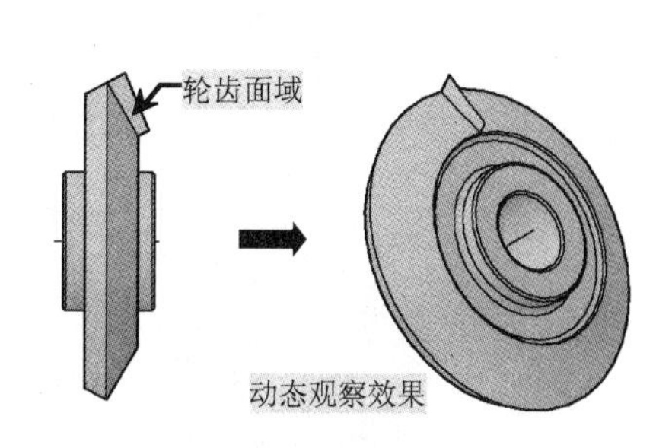

图 12-24 轮齿面域

9）在菜单栏中选择“绘图”→“建模”→“拉伸”命令，选择第 8）步面域的轮齿轮廓并向 Z 轴方向拉伸 5，如图 12-25 所示。

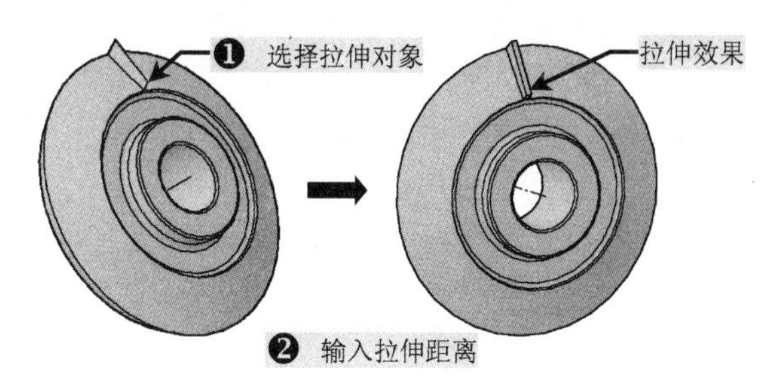

图 12-25 轮齿拉伸

10）切换到“二维线框”模式，再选择“修改”→“三维操作”→“三维阵列”命令，对轮齿对象进行环形阵列操作，阵列数目为 36 齿，如图 12-26 所示。

11）选择“修改”→“实体编辑”→“并集”命令，根据命令行提示选择所有轮齿和外轮廓，执行布尔运算，其效果如图 12-27 所示。

12）切换到“二维线框”模式，执行“复制（CO）”命令，将锥齿轮平面图内侧的键槽位置处向空白区域复制一份，然后进行编辑调整，如图 12-28 所示。

13）选择“绘图”→“面域”命令，将键轮廓进行拉伸操作，拉伸距离为 18，如图 12-29 所示。

命令: AR ARRAY
选择对象:
输入阵列类型 [矩形(R)/路径(PA)/极轴(PO)] <极轴>: PO ❷
指定阵列的中心点或 [基点(B)/旋转轴(A)]:
选择夹点以编辑阵列或 [关联(AS)/基点(B)/项目(I)/项目间角度(A)/填充角度(F)/行(ROW)/层(L)/
旋转项目(ROT)/退出(X)] <退出>: I ❹
输入阵列中的项目数或 [表达式(E)] <6>: 36 ❺

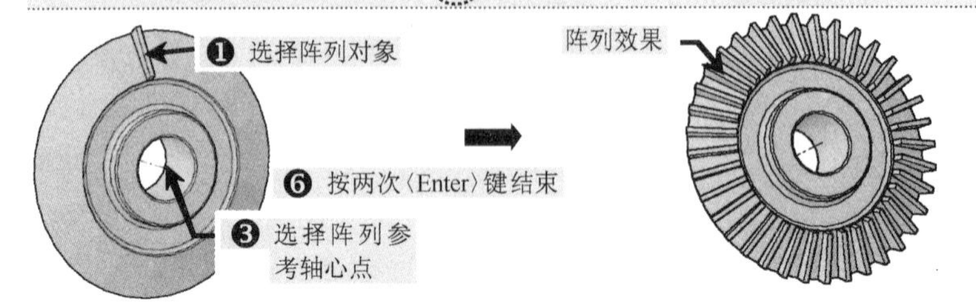

图 12-26　轮齿环形阵列效果

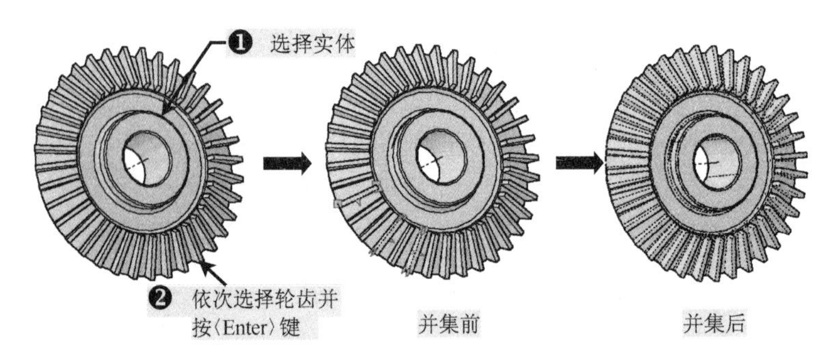

图 12-27　布尔运算“并集”

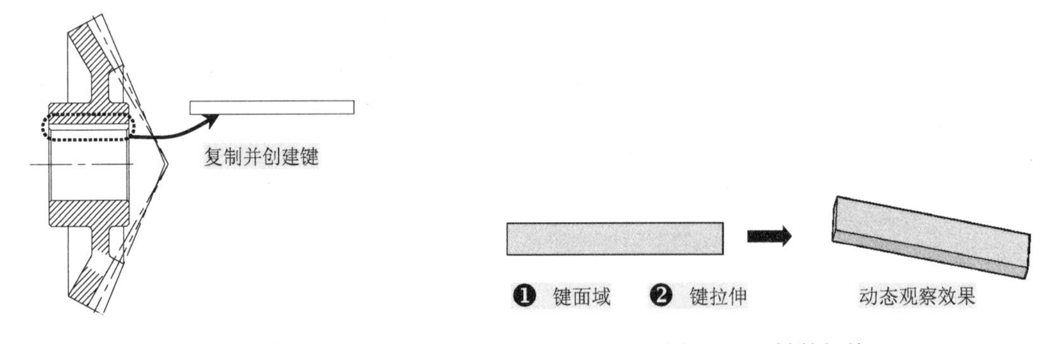

图 12-28　键轮廓的复制　　　　图 12-29　键的拉伸

提示 为了使键位于中点位置处，在拉伸时先向 Z 方向拉伸 9，然后执行“拉伸面”命令，向相反方向拉伸 9，所创建的键就位于中点位置处了。为后面移动提供了帮助。

14）切换至“二维线框”模式，再执行“移动（M）”命令，选择拉伸的键并指定基点，再移动至整个锥齿轮内部轮廓的圆的象限点位置处进行重合，如图 12-30 所示。

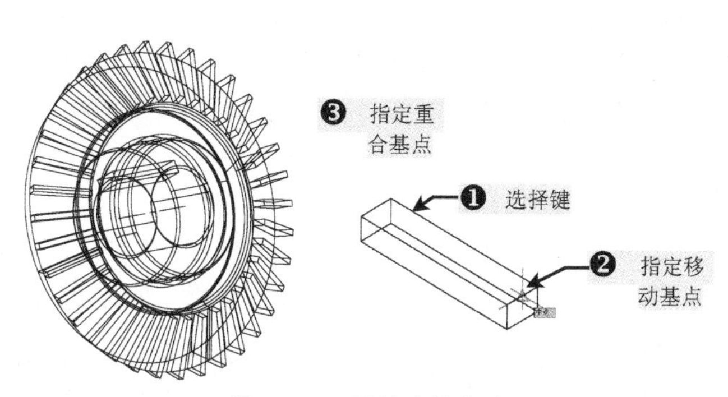

图 12-30 键轮廓的移动

15）选择“修改”→“实体编辑”→“差集”命令，根据命令行提示选择轮廓和键，执行布尔运算，其效果如图 12-31 所示。

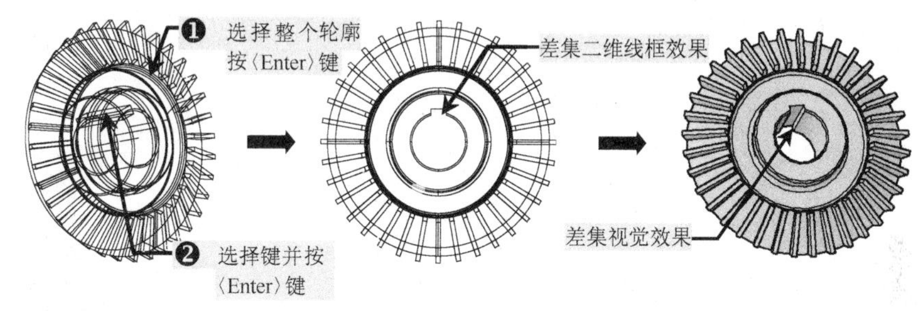

图 12-31 差集创建键槽

16）选择“修改”→“实体编辑”→“倒角边”命令，对锥齿轮部分轮廓进行倒直角操作，如图 12-32 所示。

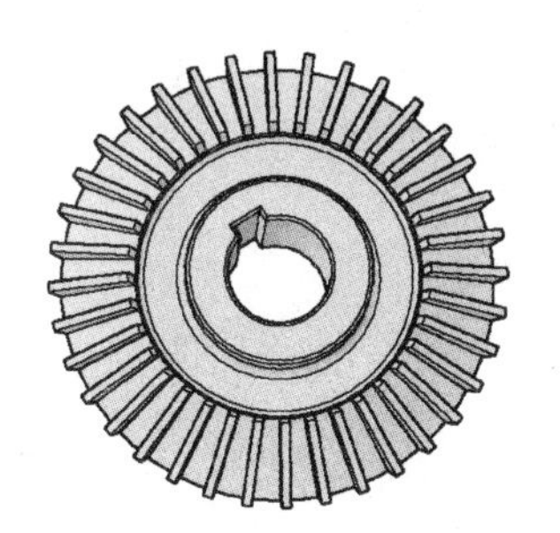

图 12-32 锥齿轮倒角

17）到此，锥齿轮就创建好了，用户再按〈Ctrl+S〉组合键进行保存。

12.3 蜗轮实体的创建

视频文件：视频\12\蜗轮的绘制.avi

结果文件：案例\12\蜗轮实体.dwg

蜗轮与其他齿轮的区别在于它的轮齿为凹弧状结构，因此在创建蜗轮轮齿时有些地方较为复杂。下面就将蜗轮的创建进行讲解。

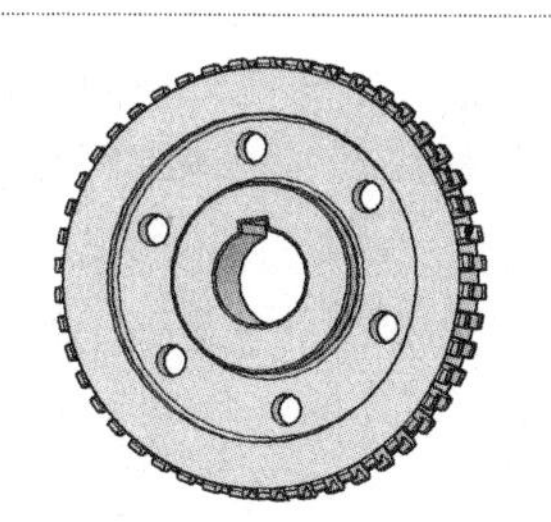

1）正常启动 AutoCAD 2013 软件，选择“文件”→“打开”菜单命令，将“案例\12\锥齿轮实体.dwg”文件打开，再执行“文件”→“另存为”菜单命令，将其另存为“案例\12\蜗轮实体.dwg”文件。

2）删除原有的实体内容，并将视口转换到“前视”视口。

3）选择“文件”→“打开”菜单命令，将前面章节绘制好的“案例\07\蜗轮.dwg”平面图文件打开，并执行“复制（CO）”命令，将平面图复制到“蜗轮实体.dwg”文件中。再将复制文件的“尺寸与公差”图层进行关闭，如图 12-33 所示。

4）执行“删除”、“修剪”等命令，将蜗轮平面图中主视图中心线下侧轮廓进行删除、修剪等操作，只保留少部分轮廓，如图 12-34 所示。

5）选择“绘图”→“面域”命令，将保留的蜗轮轮廓选中并进行面域操作，如图 12-35 所示。

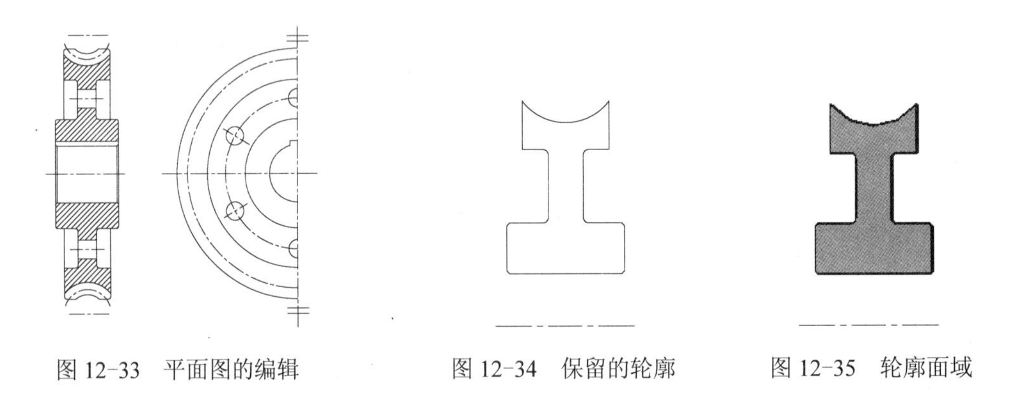

图 12-33　平面图的编辑　　图 12-34　保留的轮廓　　图 12-35　轮廓面域

6）在菜单中选择“绘图”→“建模”→“旋转”命令，选择面域对象并以水平中心线为旋转轴进行旋转操作，旋转后效果如图 12-36 所示。

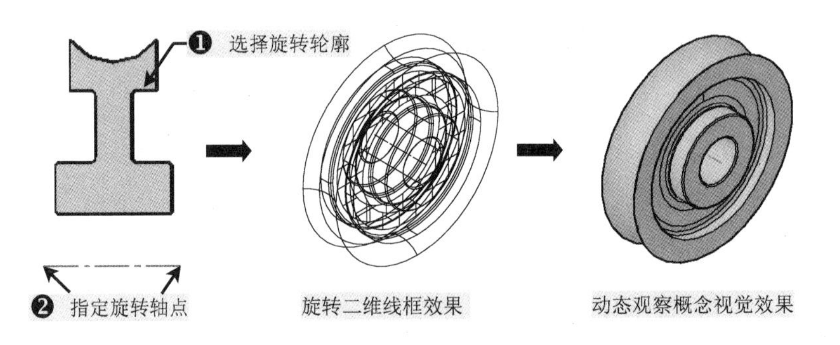

图 12-36　蜗轮外轮廓的旋转

7）切换到“前视”视口，执行“复制（CO）”命令，将蜗轮平面图中上侧位置处的轮齿轮廓进行编辑整理，如图 12-37 所示。

8）执行“移动（M）”命令，选择轮齿并指定移动基点，然后拖动其与旋转的实体某一指定点进行重合，效果如图 12-38 所示。

9）选择“绘图”→“面域”命令，将蜗轮轮齿进行面域操作，面域后的效果如图 12-39 所示。

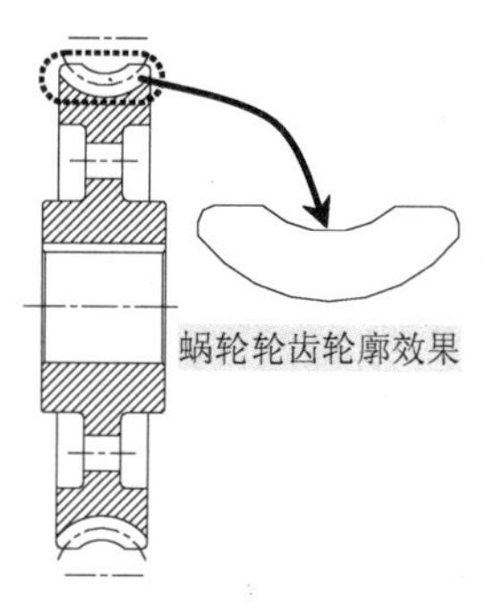

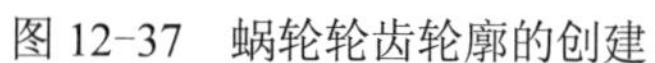
图 12-37 蜗轮轮齿轮廓的创建

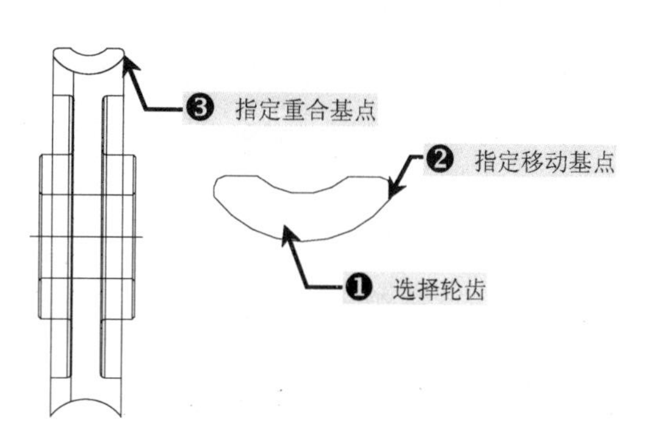

图 12-38 蜗轮轮齿的移动

10）在菜单栏中选择“绘图”→“建模”→“拉伸”命令，选择第 9）步面域的轮齿轮廓并向 Z 轴方向拉伸 12，效果如图 12-40 所示。

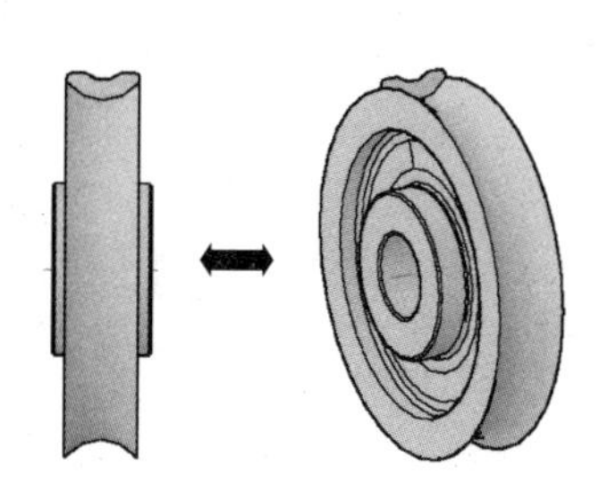

图 12-39 轮齿面域效果

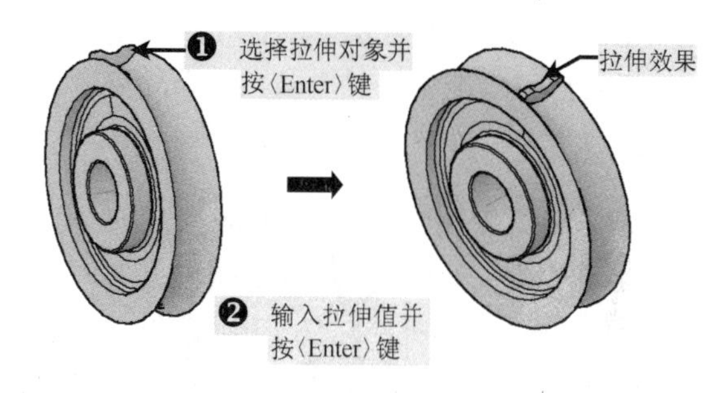

图 12-40 轮齿拉伸

11）切换到“二维线框”模式，再选择“修改”→“三维操作”→“三维阵列”命令，对轮齿对象进行环形阵列操作，阵列数目为 46，如图 12-41 所示。

命令: AR ARRAY
选择对象:
输入阵列类型 [矩形(R)/路径(PA)/极轴(PO)] <极轴>: PO ❷
指定阵列的中心点或 [基点(B)/旋转轴(A)]:
选择夹点以编辑阵列或 [关联(AS)/基点(B)/项目(I)/项目间角度(A)/填充角度(F)/行(ROW)/层(L)/旋转项目(ROT)/退出(X)] <退出>: I ❹
输入阵列中的项目数或 [表达式(E)] <6>: 46 ❺

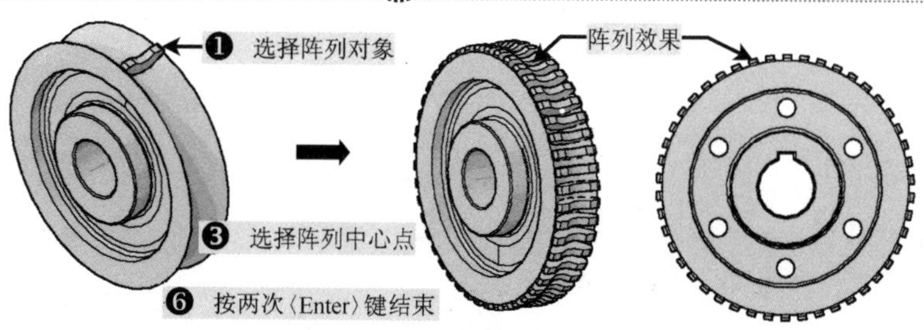

图 12-41 轮齿环形阵列效果

12）选择“修改”→“实体编辑”→“并集”命令，根据命令行提示选择所有轮齿和外轮廓，执行布尔运算，其效果如图 12-42 所示。

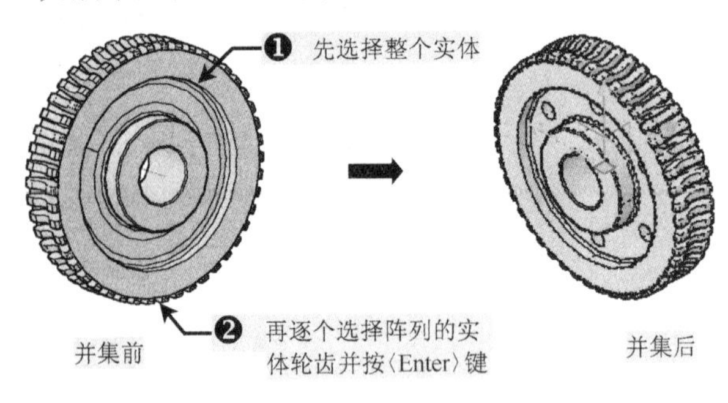

图 12-42 布尔运算“并集”

13）选择“左视”视口，然后切换到“西南等轴测”图，执行“圆（C）”命令，过中心点绘制一直径为 196 的圆对象，如图 12-43 所示。

14）切换至“二维线框”模式，再以绘制圆上侧的象限点为圆心绘制一直径为 24 的小圆对象，如图 12-44 所示。

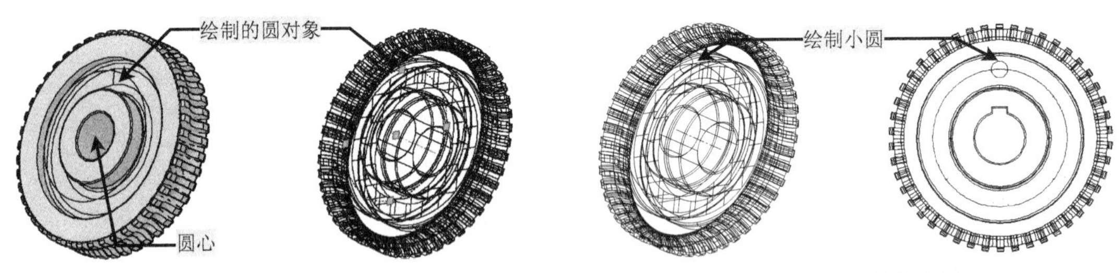

图 12-43 绘制圆

图 12-44 绘制小圆

15）选择“绘图”→“面域”命令，将小圆进行面域操作，然后将其拉伸 120，如图 12-45 所示。

16）切换到“二维线框”模式，再选择“修改”→“三维操作”→“三维阵列”命令，按照前面所讲的方法将拉伸的圆柱对象进行环形阵列，阵列数目为 6，如图 12-46 所示。

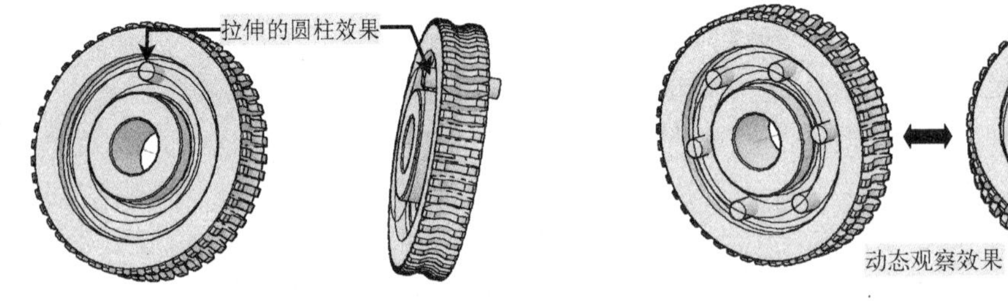

图 12-45 拉伸圆柱

图 12-46 环形阵列圆柱效果

17）选择“修改”→“实体编辑”→“差集”命令，根据命令行提示选择小圆柱体对象，执行布尔运算，其效果如图 12-47 所示。

在对圆柱进行了差集操作后，用户可将部分面域对象进行删除，即可得到圆柱的空心效果，如图 12-48 所示。

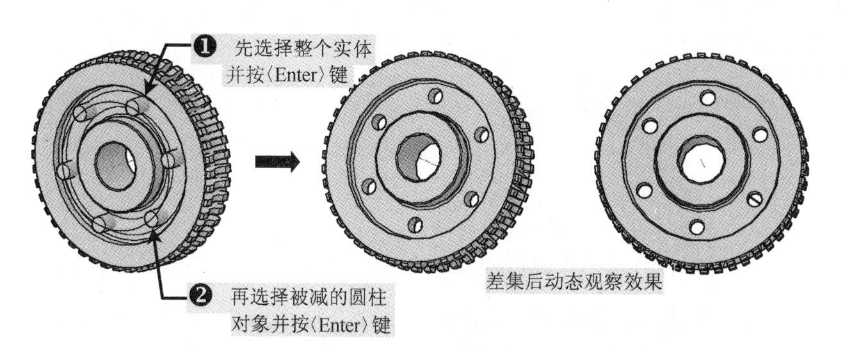

图 12-47　差集效果

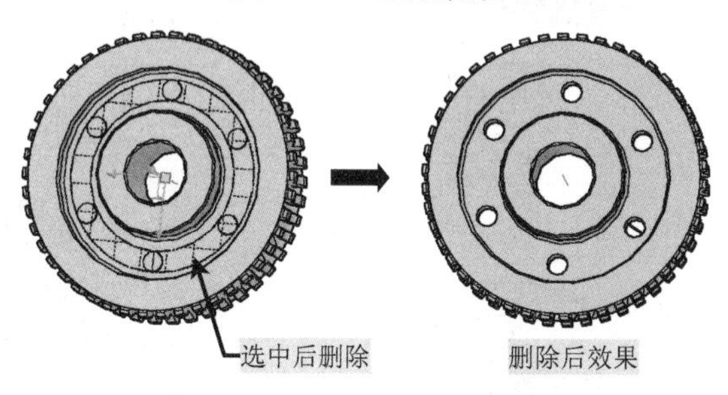

图 12-48　删除多余的面域

18）切换到“二维线框”模式，执行“复制（CO）”命令，将蜗轮平面主视图内侧的键槽轮廓位置处向空白区域复制一份，然后进行编辑调整，得到键的平面效果，如图 12-49 所示。

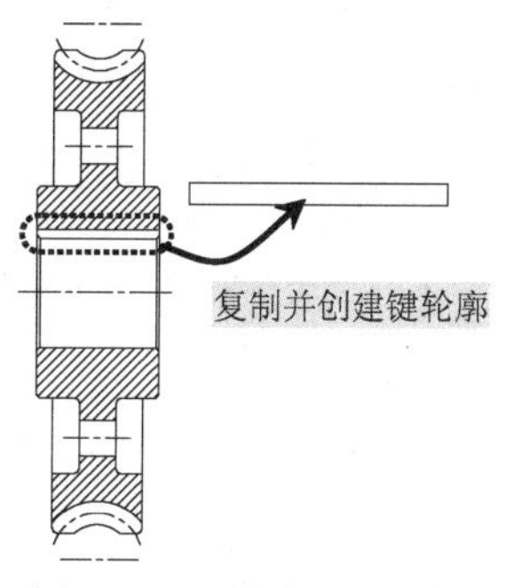

图 12-49　键轮廓的创建

19）选择“绘图”→“面域”命令，将键轮廓进行拉伸操作，拉伸距离为 20，如图 12-50 所示。

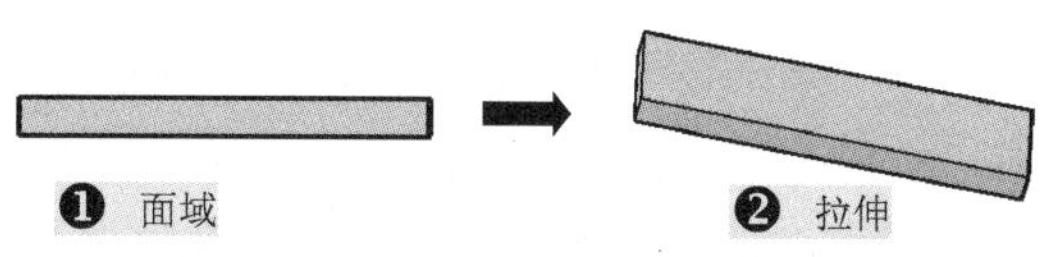

图 12-50　键的拉伸

20）执行“移动（M）”命令，将第 19）步创建好的键实体与蜗轮实体内部通孔位置处上侧的象限点进行重合，如图 12-51 所示。

21）选择“修改”→“实体编辑”→“差集”命令，根据命令行提示选择轮廓和键，执行布尔运算，其效果如图 12-52 所示。

22）选择“修改”→“实体编辑”→“倒角边”命令，对键槽位置处轮廓进行倒直角操作，倒角距离为 2，如图 12-53 所示。

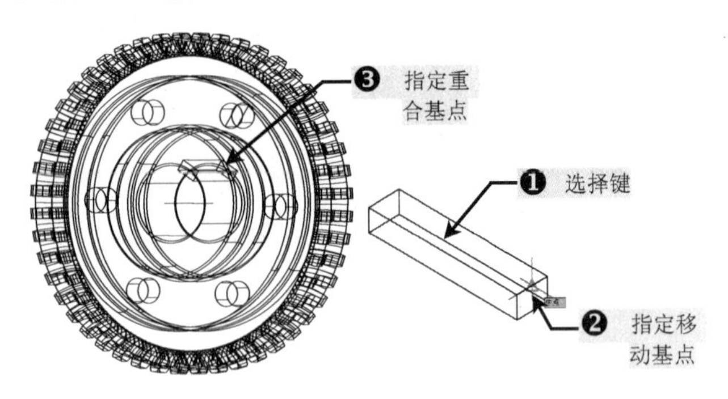

图 12-51　键实体的移动

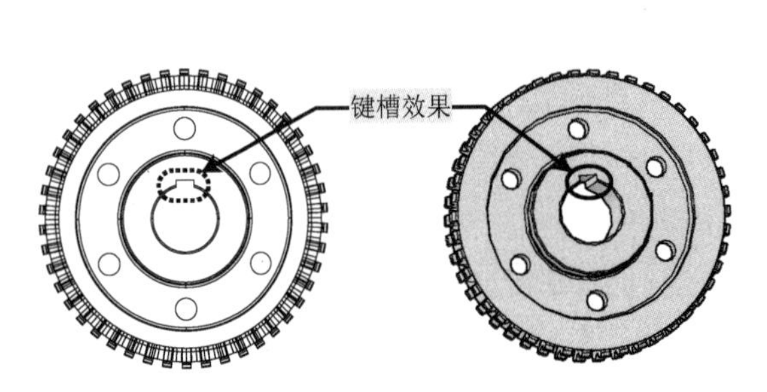

图 12-52　差集创建键槽

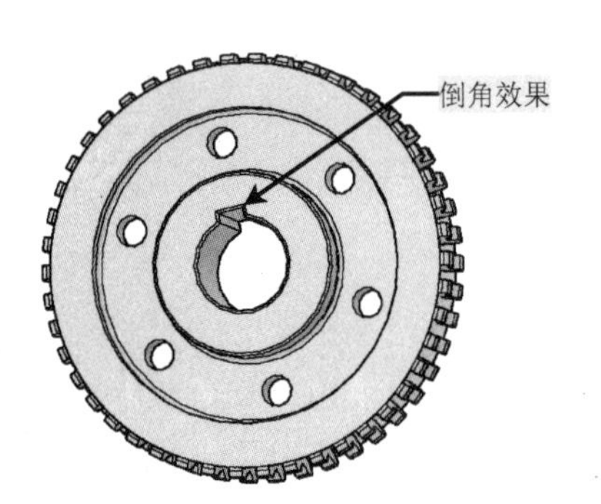

图 12-53　键槽位置处倒角

23）到此，蜗轮就创建好了，用户再按〈Ctrl+S〉组合键进行保存。

12.4　带轮实体的创建

视频文件： 视频\12\带轮实体的绘制.avi

结果文件： 案例\12\带轮实体.dwg

带轮的绘制方法比较简单，只需将带轮轮廓进行面域操作，然后再进行旋转操作，整个带轮的形状就出来了，最后将内部的键槽进行创建就完成了。

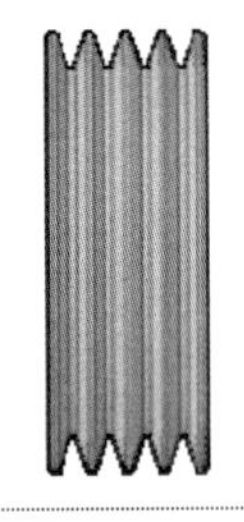

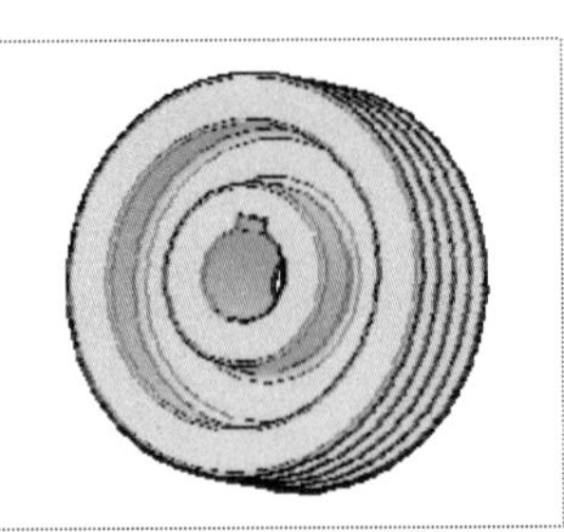

1）正常启动 AutoCAD 2013 软件，选择“文件”→“打开”菜单命令，将“案例\12\蜗轮实体.dwg”文件打开，再执行“文件”→“另存为”菜单命令，将其另存为“案例\12\带轮实体.dwg”文件。

2）删除原有的实体内容，并将视口转换到“前视”视口。

3）继续选择“文件”→“打开”菜单命令，将前面章节绘制好的“案例\07\带轮.dwg”平面图文件打开，并执行“复制（CO）”命令，将平面图复制到“带轮实体.dwg”文件中。再将复制文件的“尺寸与公差”图层进行关闭，如图 12-54 所示。

4）执行“删除”、“修剪”等命令，将带轮平面图中主视图中心线下侧轮廓进行删除、修剪等操作，只保留少部分轮廓，如图 12-55 所示。

5）选择“绘图”→“面域”命令，将保留的带轮轮廓选中并进行面域操作，如图 12-56 所示。

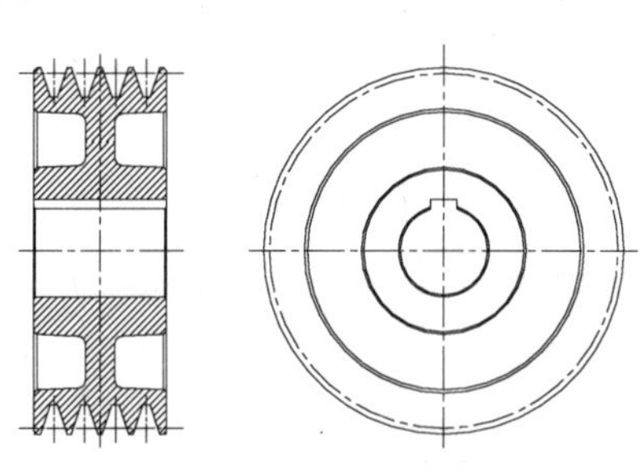

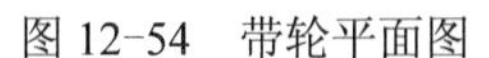

图 12-54　带轮平面图

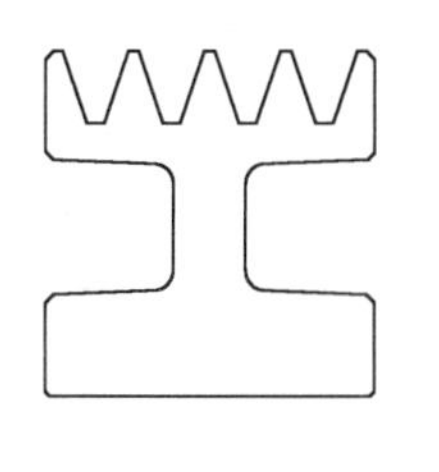

图 12-55　保留的轮廓

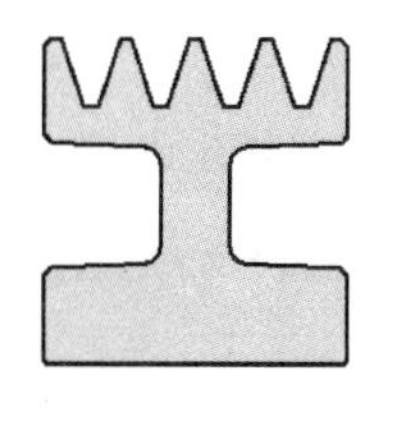

图 12-56　轮廓面域

提示

在对轮廓进行面域操作前，需仔细检查平面轮廓是否完成连接，是否有多余的线条等，否则将面域失败。将这些不用的线条编辑完成后，用户可以将单一的轮廓线条通过“合并”命令，将其合并为一封闭的多段线效果，如图 12-57 所示。

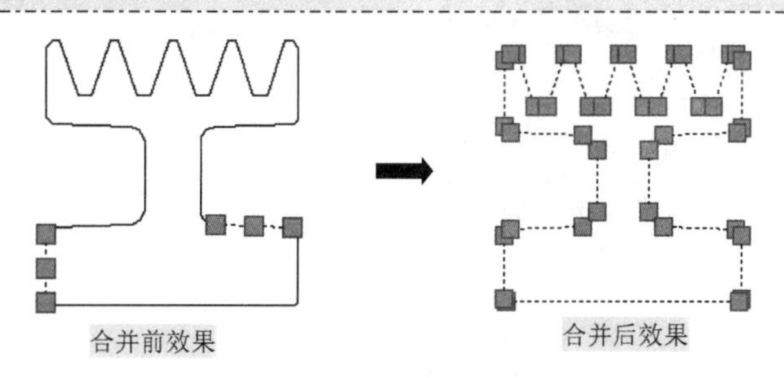

图 12-57　线条合并操作

6）在菜单中选择“绘图”→“建模”→“旋转”命令，选择面域对象并以水平中心线为旋转轴进行旋转操作，旋转后效果如图 12-58 所示。

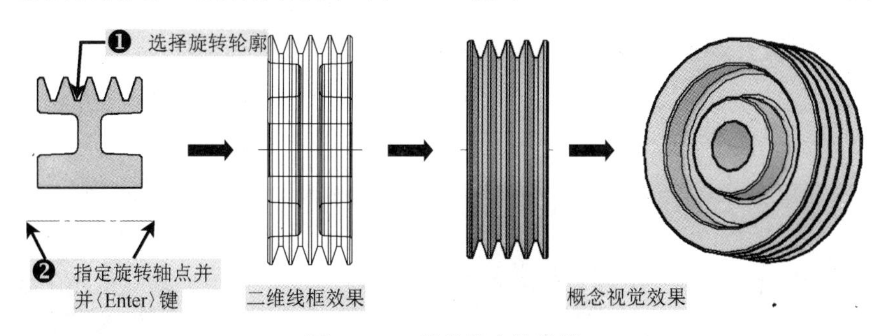

图 12-58　带轮轮廓的旋转

7）切换到“二维线框”模式，执行“复制（CO）”命令，将带轮平面主视图内侧的键槽位置处向空白区域复制一份，然后进行编辑调整，如图 12-59 所示。

8）选择“绘图”→“面域”命令，将键轮廓进行拉伸操作，拉伸距离为 16，如图 12-60 所示。

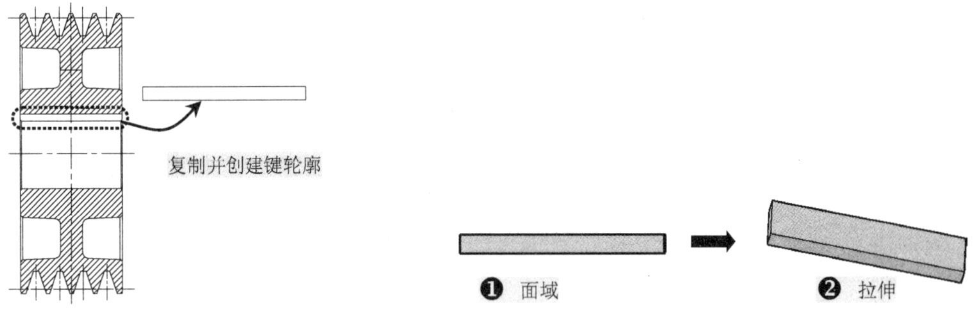

图 12-59　键轮廓的复制　　　　图 12-60　键的拉伸

9）执行“移动（M）”命令，将复制的键轮廓与外轮廓的交点位置处的某一点重合，如图 12-61 所示。

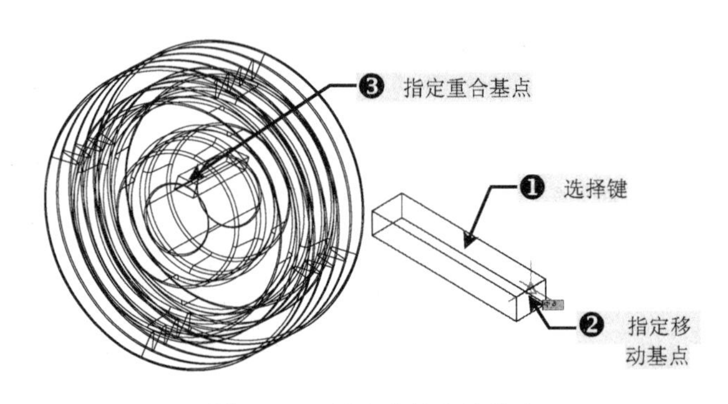

图 12-61　键实体轮廓的移动

用户在拉伸键时，可以将键的下侧面多拉伸几个单位尺寸，以便在后面步骤进行差集操作时，能够更好地相减。

10）选择“修改”→“实体编辑”→“差集”命令，根据命令行提示选择轮廓和键，执行布尔运算，其效果如图 12-62 所示。

11）选择“修改”→“实体编辑”→“倒角边”命令，对键槽位置处轮廓进行倒直角操作，倒角距离为 2，其效果如图 12-63 所示。

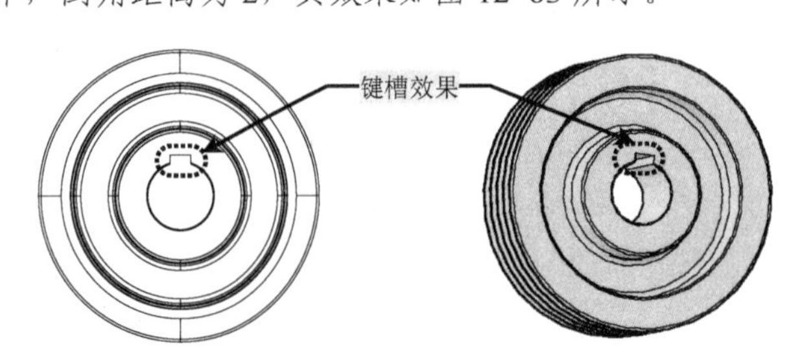

图 12-62　差集创建键槽

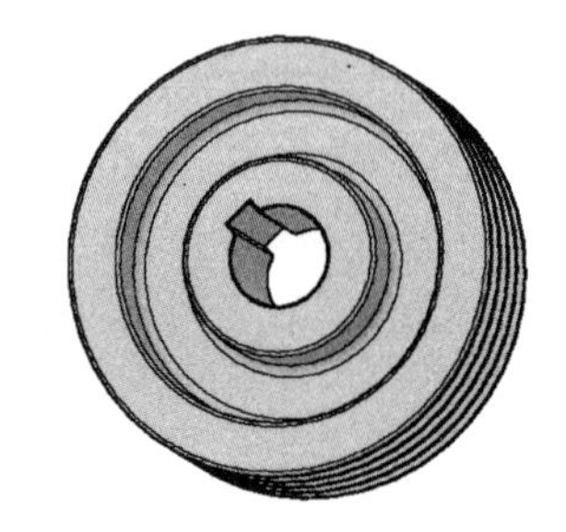

图 12-63　键槽位置处倒角

12）到此，带轮就创建好了，用户再按〈Ctrl+S〉组合键进行保存。

12.5 螺塞实体的创建

视频文件：视频\12\螺塞实体的绘制.avi

结果文件：案例\12\螺塞实体.dwg

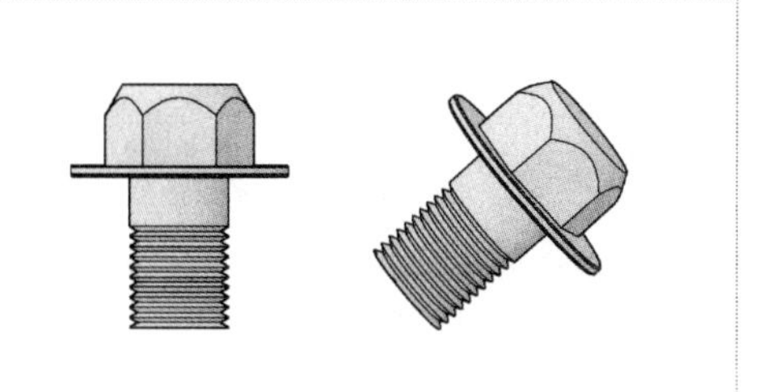

该螺塞零件是由三段不同的圆柱体组合而成的，因此在绘制时可以先从螺塞头进行创建，紧接着再创建螺塞盘，最后创建螺纹效果，整个螺塞就创建完成了。

1）正常启动 AutoCAD 2013 软件，选择“文件”→“打开”菜单命令，将“案例\12\机械实体样板.dwt”文件打开，再执行“文件”→“另存为”菜单命令，将其另存为“案例\12\螺塞实体.dwg”文件。

2）选择“视图”→“三维视图”→“俯视”命令，再将“中心线”图层设置为当前图层，绘制两条相交且垂直的中心线，如图 12-64 所示。

3）执行“圆（C）”命令，以两条中心线交点为圆心，绘制一直径为 15 的圆对象，如图 12-65 所示。

4）执行“多边形（POL）”命令，根据命令行提示在绘制圆的内部绘制一内接的正六边形对象，如图 12-66 所示。

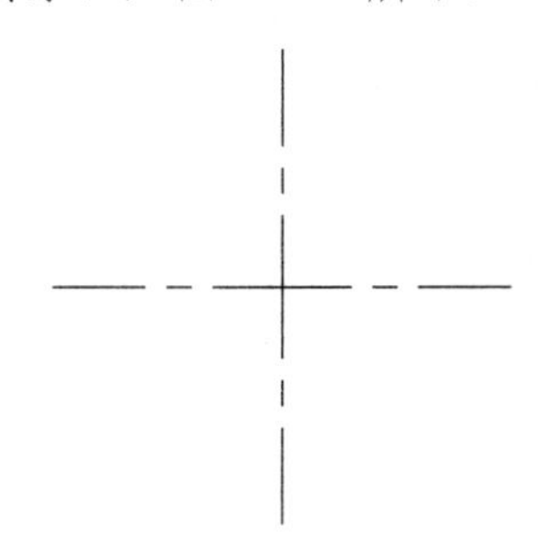

图 12-64 绘制中心线

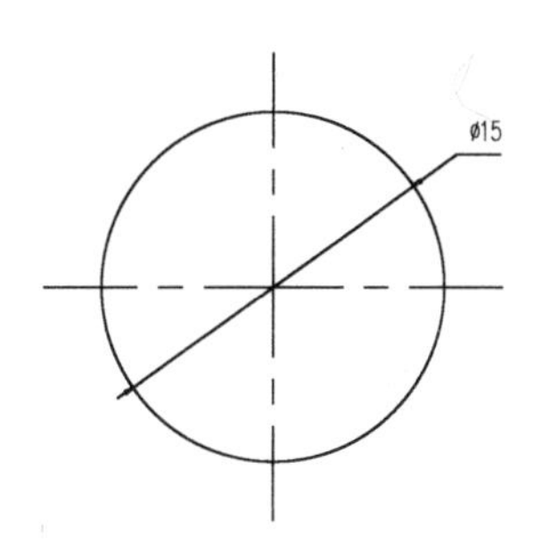

图 12-65 绘制圆对象

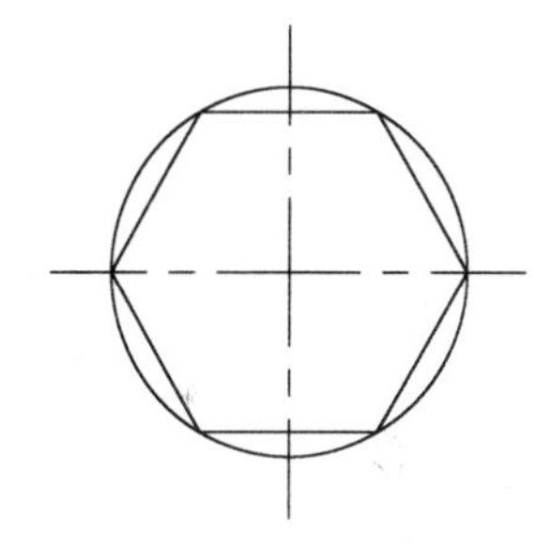

图 12-66 内接正六边形的绘制

5）选择“视图”→“三维视图”→“西南等轴测”命令，当前所绘制的平面图出现倾斜效果，如图 12-67 所示。

6）关闭“中心线”图层，再选择“绘图”→“面域”命令，对创建的正六边形和圆对象进行面域操作，如图 12-68 所示。

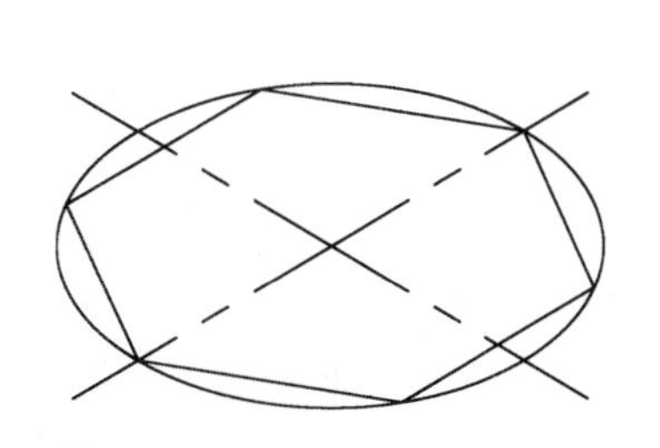

图 12-67 西南等轴测视图

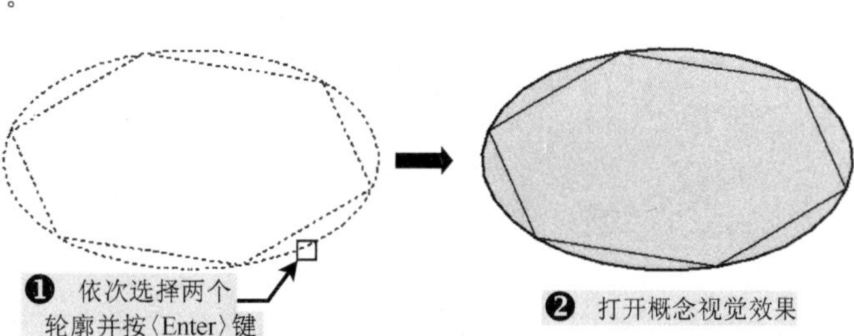

图 12-68 轮廓面域

7）在菜单栏中选择“绘图”→“建模”→“拉伸”命令，先将正六边形向上拉伸 3，如图 12-69 所示。

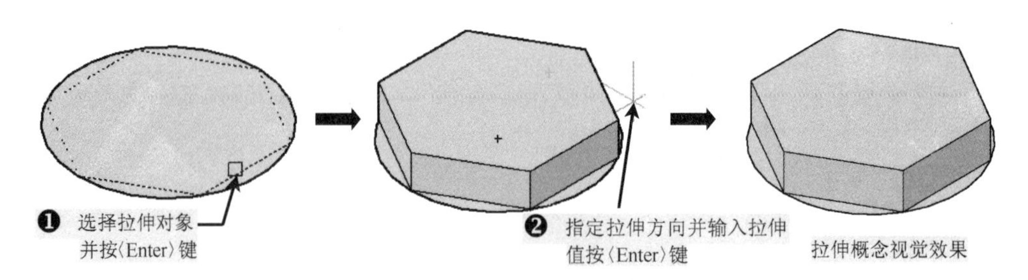

图 12-69　拉伸正六边形

8）继续选择“绘图”→“建模”→“拉伸”命令，再将圆对象向上拉伸 5，并设置它的倾斜度为 30°，如图 12-70 所示。

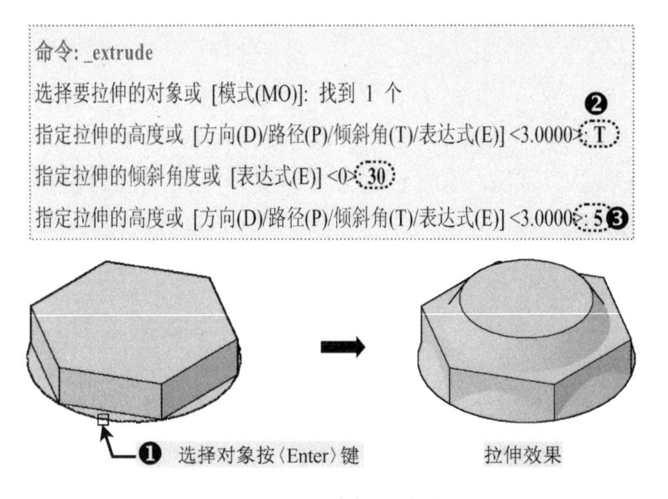

```
命令: _extrude
选择要拉伸的对象或 [模式(MO)]: 找到 1 个
指定拉伸的高度或 [方向(D)/路径(P)/倾斜角(T)/表达式(E)] <3.0000>: T ❷
指定拉伸的倾斜角度或 [表达式(E)] <0>: 30
指定拉伸的高度或 [方向(D)/路径(P)/倾斜角(T)/表达式(E)] <3.0000>: 5 ❸
```


图 12-70　拉伸的圆锥效果

9）在菜单栏中选择“修改”→“实体编辑”→“交集”命令，根据命令行提示选择实体对象，执行布尔运算，其效果如图 12-71 所示。

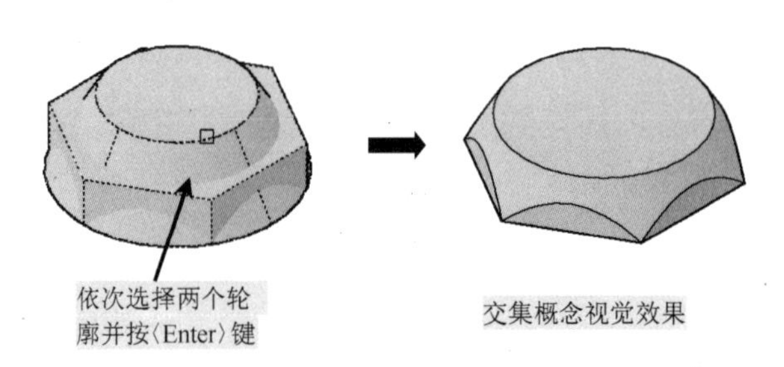

图 12-71　布尔运算“交集”

10）执行“自由动态观察”命令，再选择“修改”→“实体编辑”→“拉伸面”命令，选择下侧水平面进行反方向拉伸 5，如图 12-72 所示。

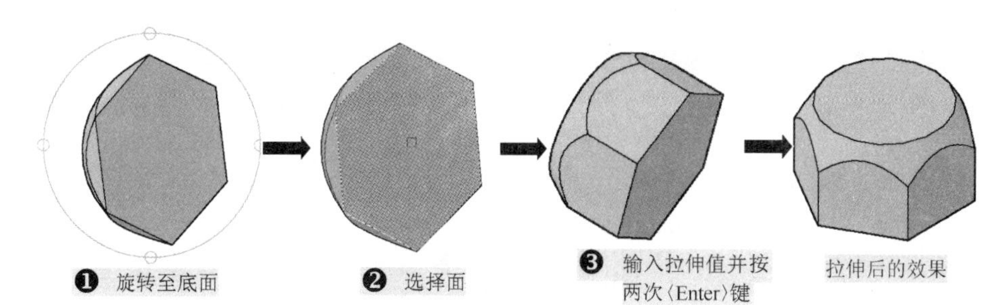

图 12-72　拉伸面

11）切换到“二维线框”模式，转换到“西南等轴测”视口，执行“直线（L）”命令，过正六边形边中点绘制相交辅助线，如图 12-73 所示。

12）执行“圆（C）”命令，以辅助线交点为圆心，绘制一直径为 22 的圆对象，并删除辅助线，如图 12-74 所示。

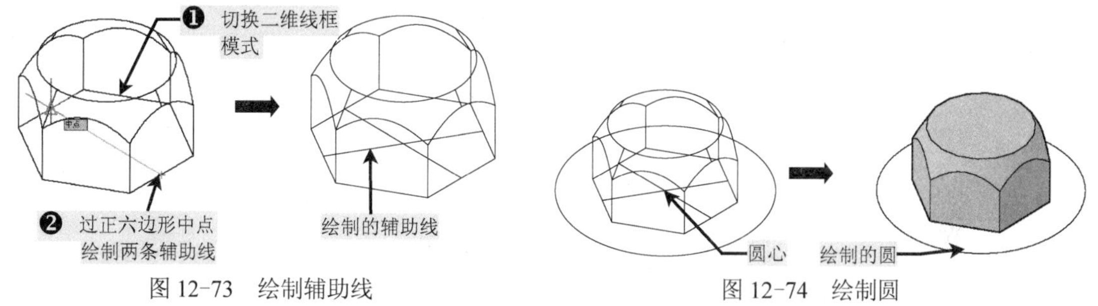

图 12-73　绘制辅助线

图 12-74　绘制圆

13）选择“绘图”→“面域”命令，将绘制的圆对象进行面域操作，然后再选择“拉伸”命令，将其向 Z 轴方向拉伸–1，如图 12-75 所示。

14）切换到“二维线框”模式，以第 13）步拉伸圆的下侧中心点为圆心，继续绘制一个直径为 12 的圆对象，如图 12-76 所示。

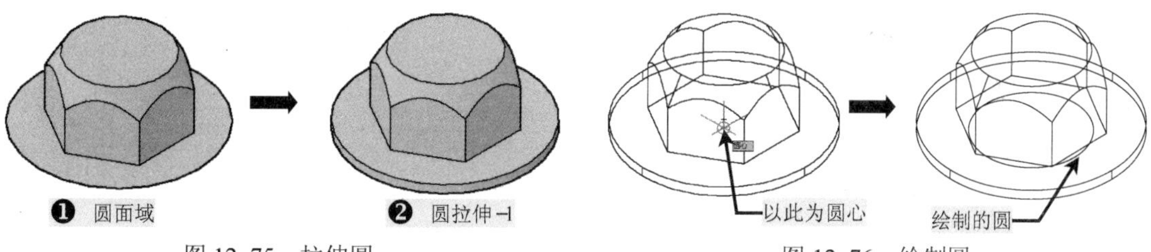

图 12-75　拉伸圆

图 12-76　绘制圆

15）对绘制的圆进行面域操作，然后再选择“拉伸”命令，将其向 Z 轴方向拉伸–15，如图 12-77 所示。

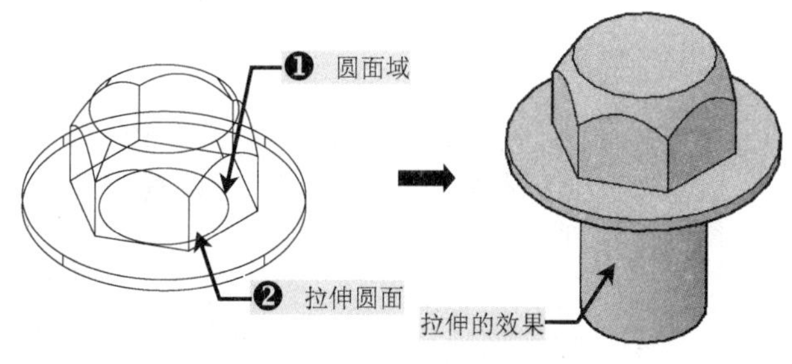

图 12-77　拉伸的圆柱效果

16）切换至“二维线框”模式，在菜单栏中选择“绘图”→“建模”→“螺旋”命令，对拉伸的圆柱进行螺旋线的创建，如图 12-78 所示。

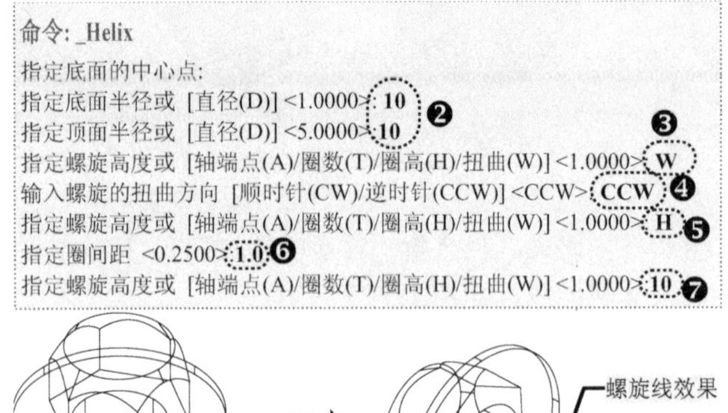

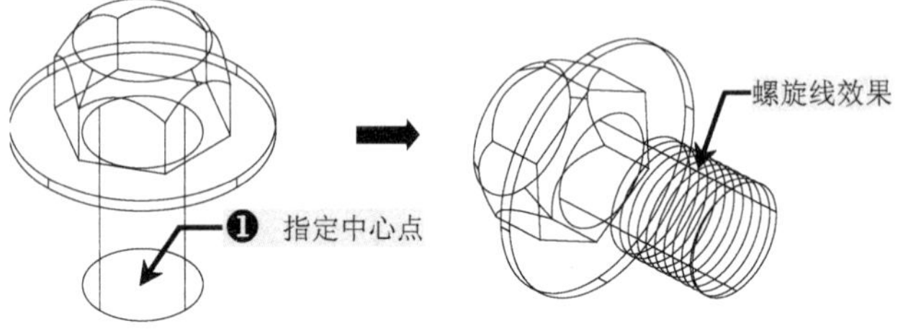

图 12-78 创建螺旋线

在命令行中的各个选项操作中，部分位置需要按一次〈Enter〉键后，才能够执行下一步骤的操作。

17）执行“直线（L）”命令，在空白区域绘制一三角形对象，如图 12-79 所示。

18）在菜单栏中选择“绘图”→“面域”命令，选择第 17）步绘制的三角形对象并按〈Enter〉键，这时三角形出现了实体面效果，如图 12-80 所示。

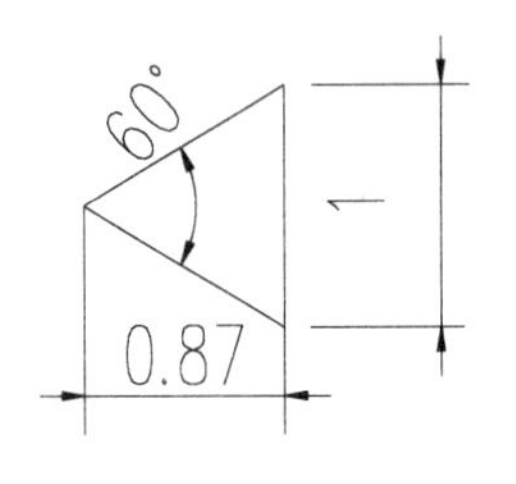

图 12-79 创建三角形

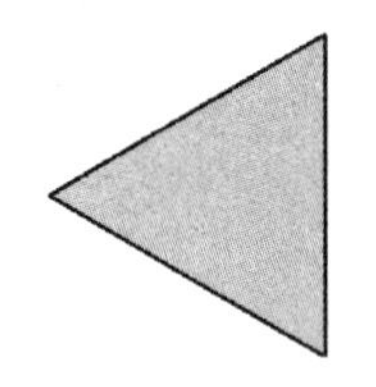

图 12-80 面域效果

19）选择“绘图”→“建模”→“扫掠”命令，再根据命令行提示对螺纹进行创建，具体方法如图 12-81 所示

创建螺纹比较简单的一种方法是，可以先将螺纹齿等平面绘制好，再对其进行面域操作，然后进行旋转操作，即可得到螺纹效果，如图 12-82 所示。

20）在菜单栏中选择“修改”→“实体编辑”→“并集”命令，根据命令行提示选择所有实体对象，执行布尔运算，其效果如图 12-83 所示。

```
命令: _sweep
选择要扫掠的对象或 [模式(MO)]:
选择扫掠路径或 [对齐(A)/基点(B)/比例(S)/扭曲(T)]: B ❷
指定基点:
选择扫掠路径或 [对齐(A)/基点(B)/比例(S)/扭曲(T)]:
```

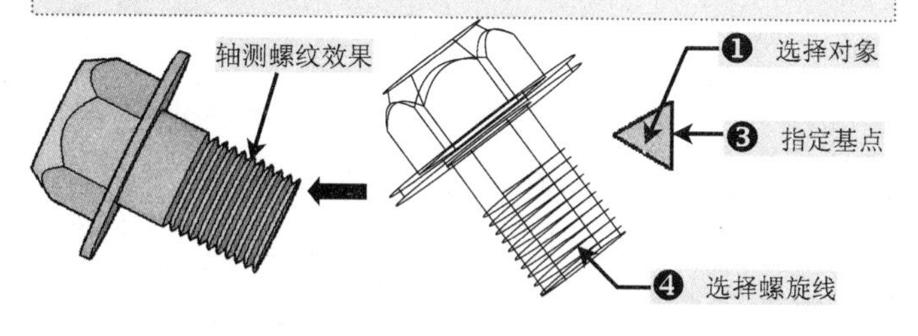

图 12-81　螺纹的创建

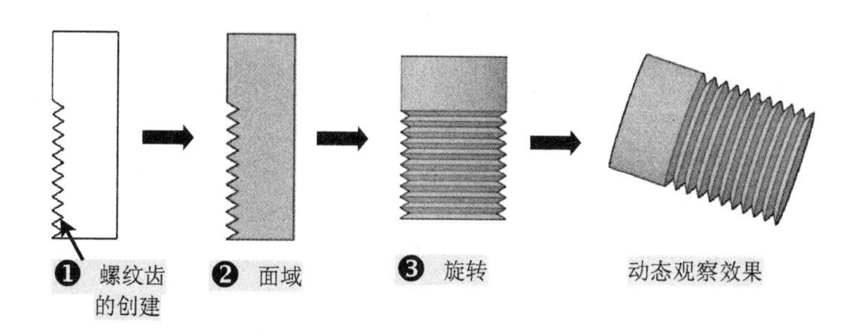

图 12-82　创建螺纹较简单的方法

21）选择“修改”→“实体编辑”→“倒角边或圆角边”命令，对螺塞盘等处进行倒角操作，如图 12-84 所示。

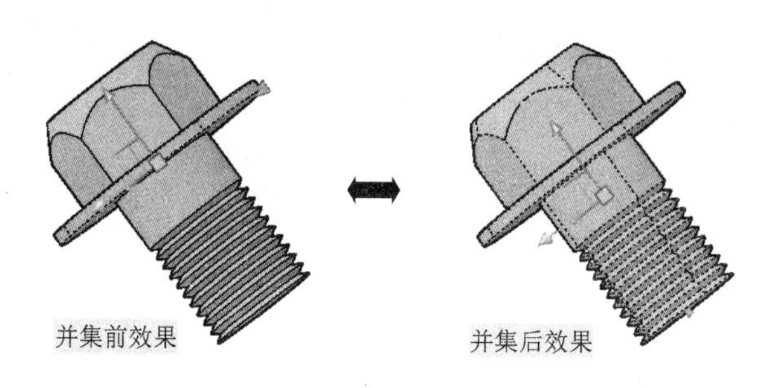

图 12-83　并集所有对象

图 12-84　螺塞盘倒角

22）到此，螺塞实体的绘制就完成了，用户再按〈Ctrl+S〉组合键进行保存。

第 13 章　典型零件三维实体的创建

本章导读

本章主要以机械中常用的四大类零件中的轴类件作为实例进行讲解。轴是机械传动零件中不可或缺的重要组成部分，本章的前三节主要以箱体内部的不同轴作为讲解对象，后面则以外部箱体零件作为实例进行讲解。使读者在绘制轴类件的同时，对机械类的轴与箱体零件也有了相应的认识与掌握。

主要内容

☑ 掌握蜗轮轴的创建方法
☑ 掌握蜗杆轴的绘制方法
☑ 掌握齿轮轴的创建方法
☑ 掌握定位套实体的创建方法
☑ 掌握箱体三维图的创建方法
☑ 认识各个轴零件的实体效果

效果预览

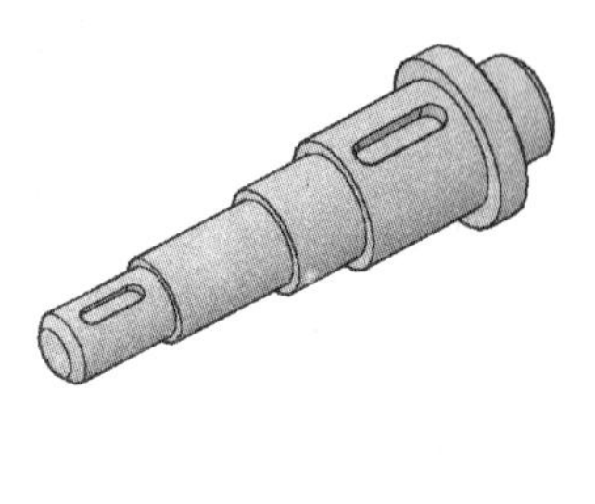
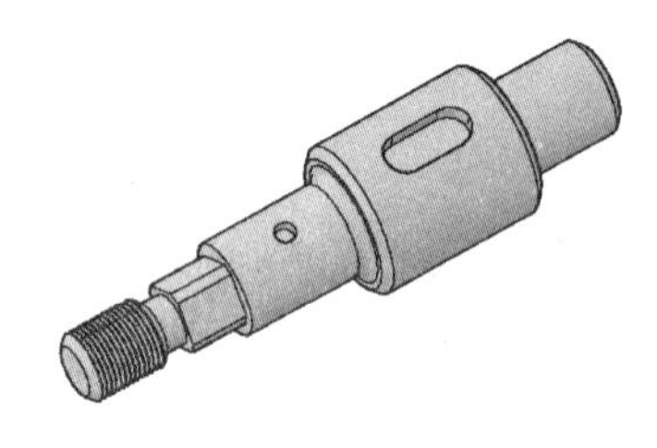
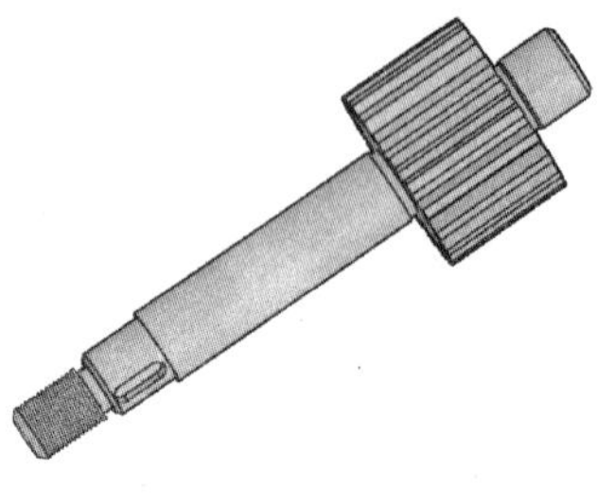
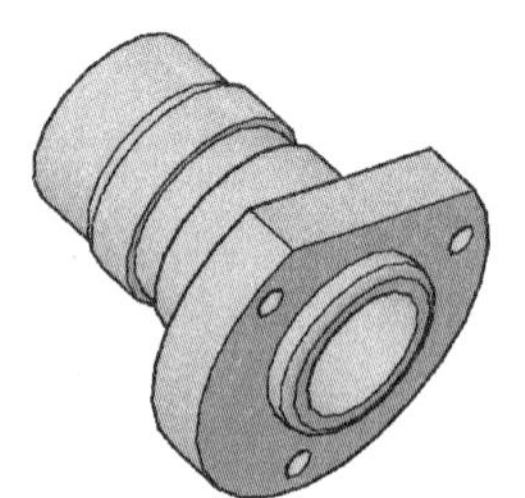
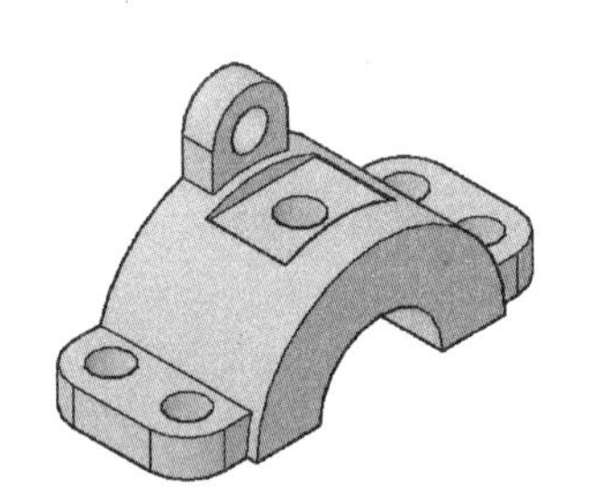
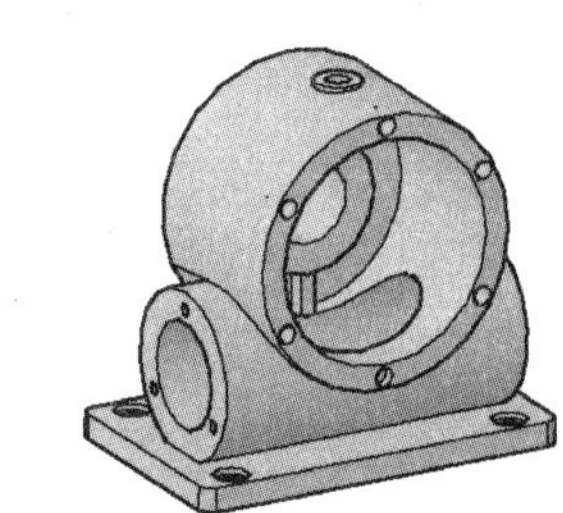

13.1 蜗轮轴实体的创建

视频文件：视频\13\蜗轮轴实体的绘制.avi

结果文件：案例\13\蜗轮轴实体.dwg

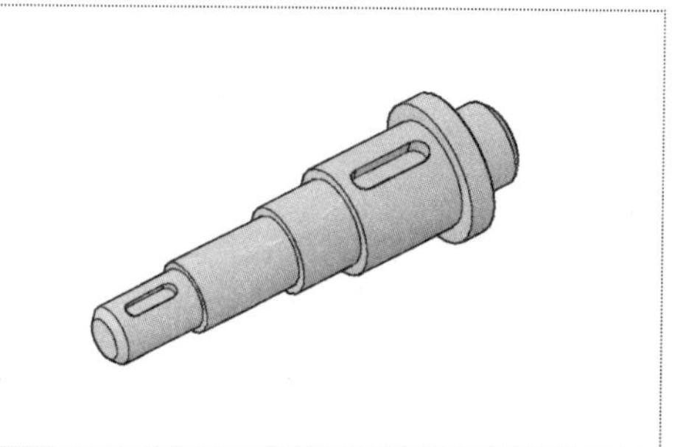

蜗轮轴属于机械类四大零件的轴类。在绘制轴类件时，可以打开前面绘制好的平面图图例，再修剪相应轮廓，再进行旋转就可得到轴的实体效果，最后将指定位置的键槽进行创建就可以了。

1）正常启动 AutoCAD 2013 软件，选择“文件”→“打开”菜单命令，将“案例\13\机械实体样板.dwt”文件打开，再执行“文件”→“另存为”菜单命令，将其另存为“案例\13\蜗轮轴实体.dwg”文件。

2）将当前的“蜗轮轴实体.dwg”文件中的视口转换为“前视”视图。

3）再继续选择“文件”→“打开”菜单命令，将前面章节已绘制好的“案例\08\蜗轮轴.dwg”平面图文件打开，并执行“复制（CO）”命令，将平面图复制到“蜗轮轴实体.dwg”文件中，如图 13-1 所示。

4）将复制的文件中“尺寸与公差”图层进行关闭，只保留蜗轮轴的轮廓效果，如图 13-2 所示。

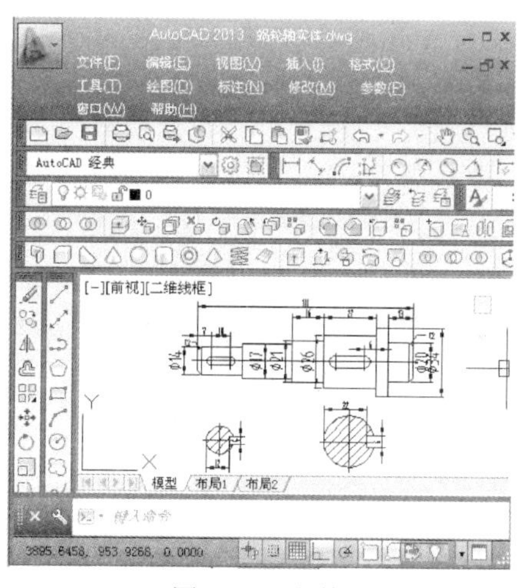

图 13-1 文件的复制

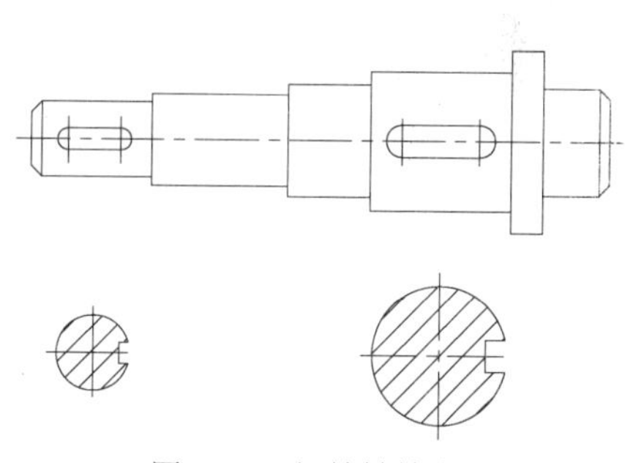

图 13-2 蜗轮轴轮廓效果

5）执行“复制（CO）”命令，先将平面蜗轮轴轮廓向右侧空白区域复制一份，再执行“修剪”、“删除”等命令，修剪或是删除掉蜗轮轴中心线下侧多余的线段，从而保留蜗轮轴外侧轮廓效果，如图 13-3 所示。

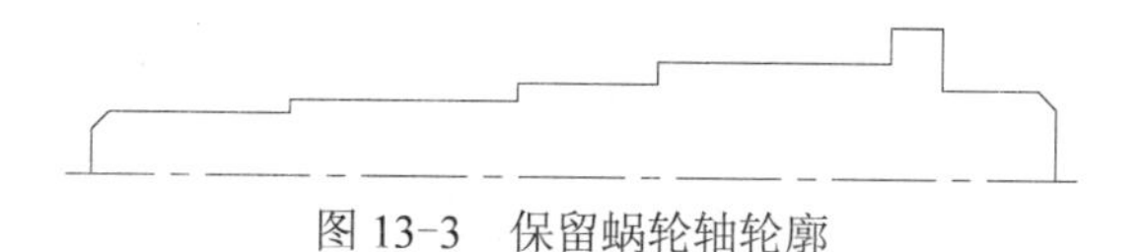

图 13-3 保留蜗轮轴轮廓

6）将“中心线”图层转换为“粗实线”图层，再将两侧多余的线段进行修剪操作，如图 13-4 所示。

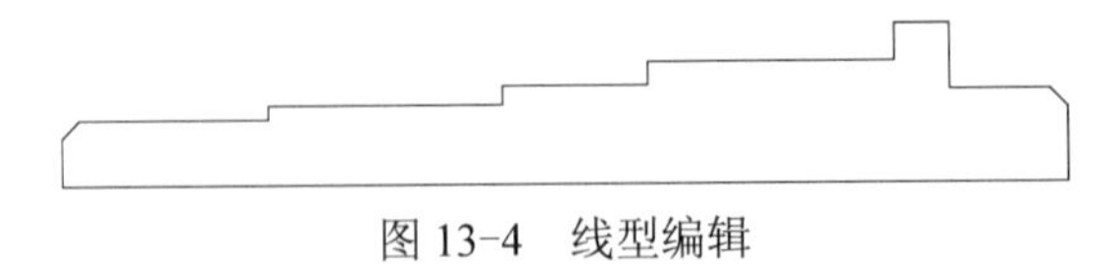

图 13-4　线型编辑

7）在菜单中选择“绘图”→“面域”命令，将平面图中所有轮廓选中并进行面域操作，如图 13-5 所示。

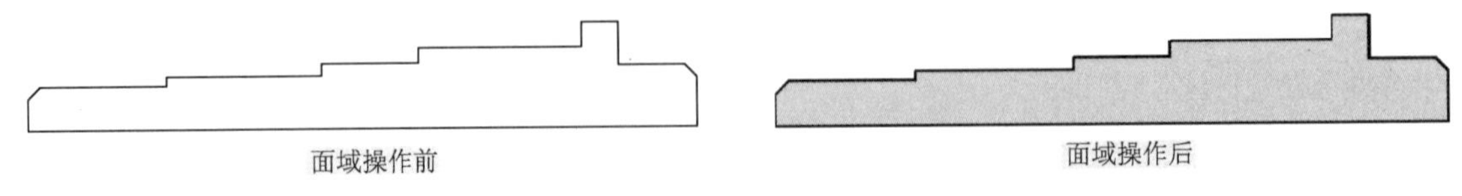

图 13-5　轮廓面域

8）选择“视图”→“三维视图”→“西南等轴测”命令，当前图形出现倾斜效果，如图 13-6 所示。

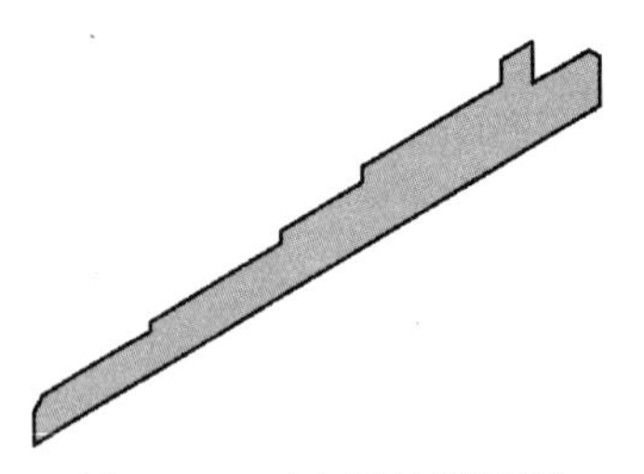

图 13-6　西南等轴测视图

9）在菜单栏中选择“绘图”→“建模”→“旋转”命令，选择所有轮廓并以水平中心线两端作为旋转定位点来创建蜗轮轴实体轮廓，如图 13-7 所示。

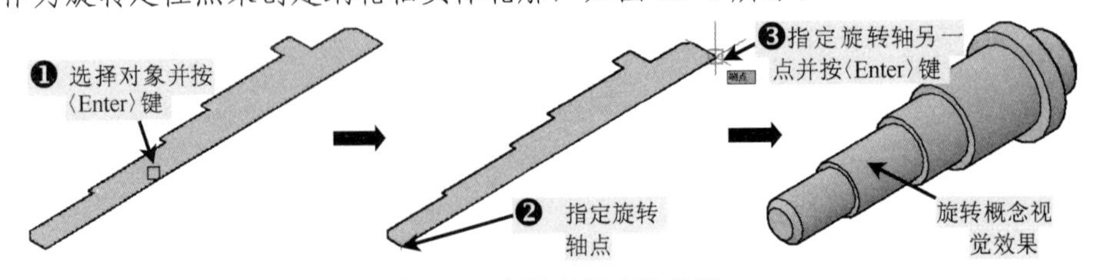

图 13-7　蜗轮轴轮廓的旋转

10）切换到“二维线框”模式，转换为“前视”视图，执行“复制（CO）”命令，将平面蜗轮轴图中的两个键槽进行复制并进行相应的编辑，如图 13-8 所示。

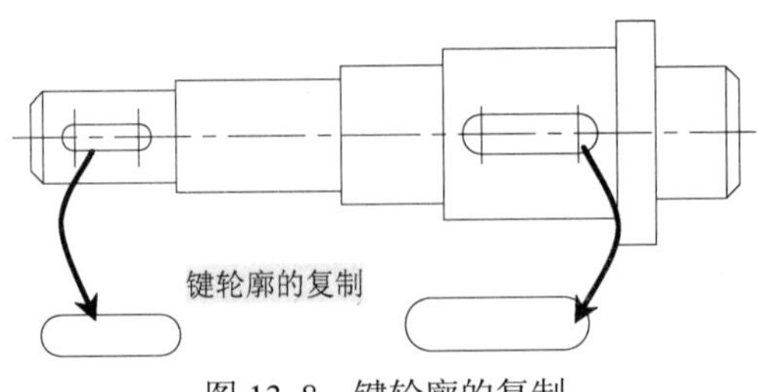

图 13-8　键轮廓的复制

11）在菜单中选择“绘图”→“面域”命令，将复制的两个键平面图进行面域操作，如图 13-9 所示。

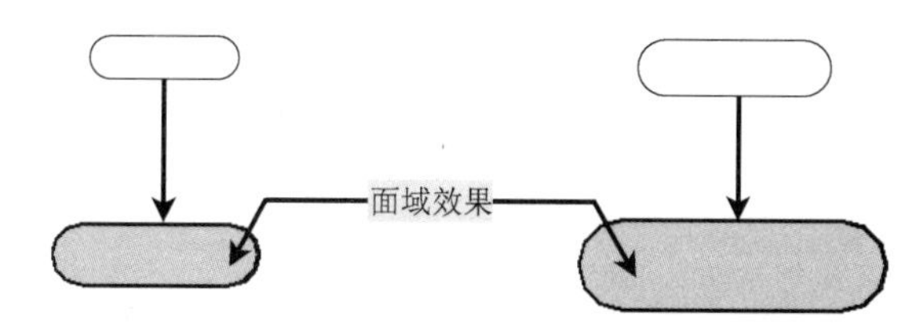

图 13-9　键的面域

12）切换至“西南等轴测”投影，在菜单栏中选择“绘图”→“建模”→“拉伸”命令，选择第 11）步面域的小键轮廓并向 Z 轴方向拉伸 2，按同样的方法再将另一键轮廓拉伸 4，拉伸效果如图 13-10 所示。

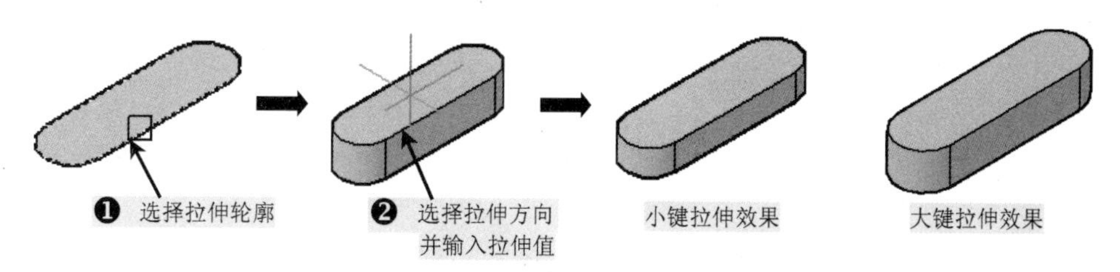

图 13-10　键的拉伸

13）切换到“二维线框”模式，执行“复制（CO）”命令，将蜗轮轴的中心线的相应交点与实体图的交点进行重合，如图 13-11 所示。

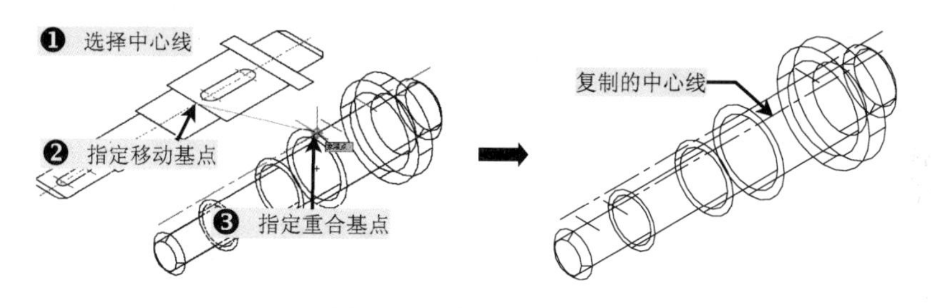

图 13-11　辅助线的复制

14）再执行“移动（M）”命令，将拉伸的键移动到蜗轮轴的辅助线交点位置处，如图 13-12 所示。

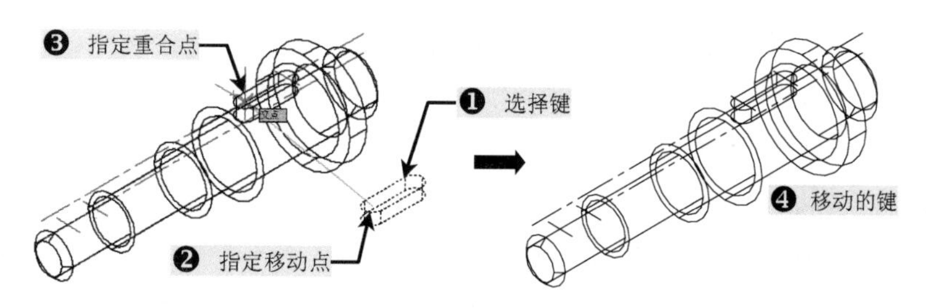

图 13-12　键的移动

提示 由于在三维实体上创建平面图时，在找相应的基点时有一定的困难，这时用户可采用“映射”法，将平面图中与实体图中相对应的某一点进行重合，这时再来创建所需的轮廓对象就很方便了。

15）按照相同的方法对另一键对象进行相应的移动操作，最后再将复制的辅助中心线对象进行删除，其最终结果如图 13-13 所示。

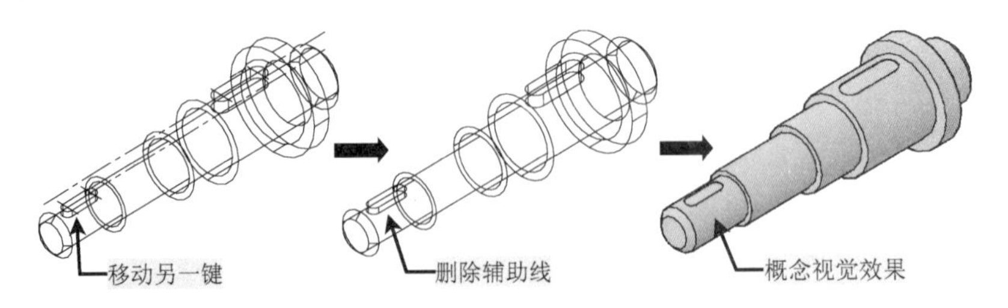

图 13-13 另一键的移动

16）选择“修改”→“实体编辑”→“差集”命令，根据命令行提示选择蜗轮轴实体和两个键对象，进行布尔运算，其效果如图 13-14 所示。

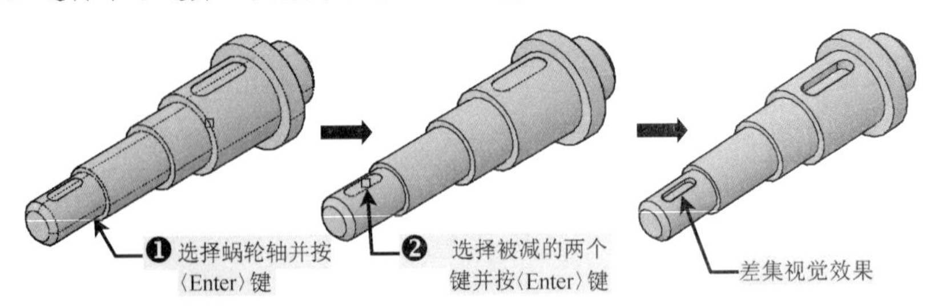

图 13-14 键槽的创建

17）到此，蜗轮轴的实体图就绘制完成了，再按〈Ctrl+S〉组合键进行保存。

13.2 蜗杆轴实体的创建

视频文件：视频\13\蜗杆轴实体的绘制.avi

结果文件：案例\13\蜗杆轴实体.dwg

当前的蜗杆轴与蜗轮轴在轴的尾部有些区别，蜗杆轴尾部是一段螺纹效果，而与螺纹相连接部分是一正四方体轮廓，在创建时，只要进行分开创建就可以了，下面将对蜗杆轴实体创建进行详细讲解。

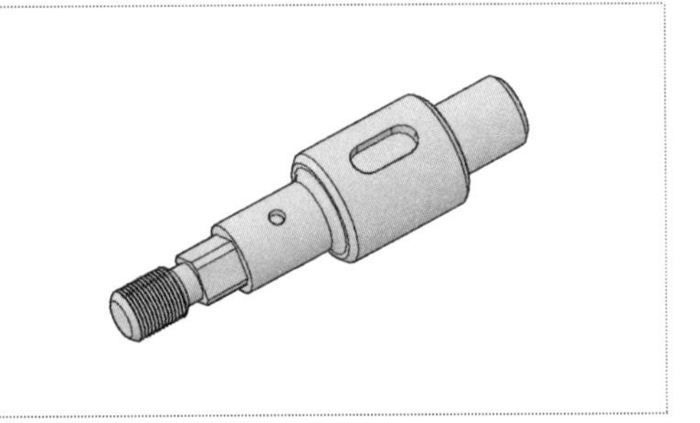

1）正常启动 AutoCAD 2013 软件，选择“文件”→“打开”菜单命令，将“案例\13\蜗轮轴实体.dwg”文件打开，再执行“文件”→“另存为”菜单命令，将其另存为“案例\13\蜗杆轴实体.dwg”文件，并删除原有实体内容。

2）将当前的“蜗杆轴实体.dwg”文件中的视口转换为“前视”视图。

3）继续选择“文件”→“打开”菜单命令，将前面章节已绘制好的“案例\08\蜗杆轴.dwg”平面图文件打开，并执行“复制（CO）”命令，将平面图复制到“蜗杆轴实体.dwg”文件中，如图13-15所示。

4）将复制的文件中“尺寸与公差”图层进行关闭，如图13-16所示。

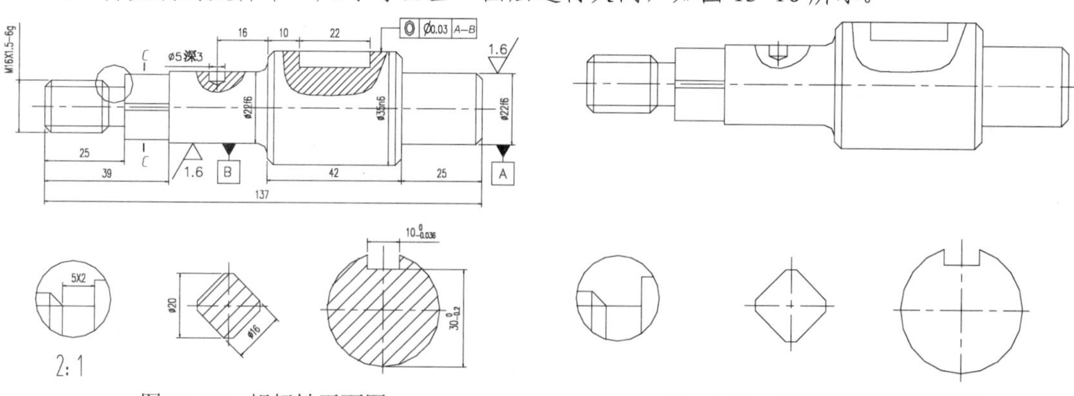

图13-15　蜗杆轴平面图　　　　图13-16　蜗杆轴关闭图层效果

5）执行“修剪”、“删除”等命令，修剪或是删除掉蜗杆轴中心线下侧和左侧多余的线段，从而保留蜗杆轴外侧部分轮廓效果，如图13-17所示。

6）将“中心线”图层转换为“粗实线”图层，再将两侧多余的线段进行修剪操作，如图13-18所示。

图13-17　保留蜗杆轴轮廓　　　　图13-18　线型编辑

7）在菜单中选择“绘图”→“面域”命令，对蜗杆轴轮廓进行面域操作，如图13-19所示。

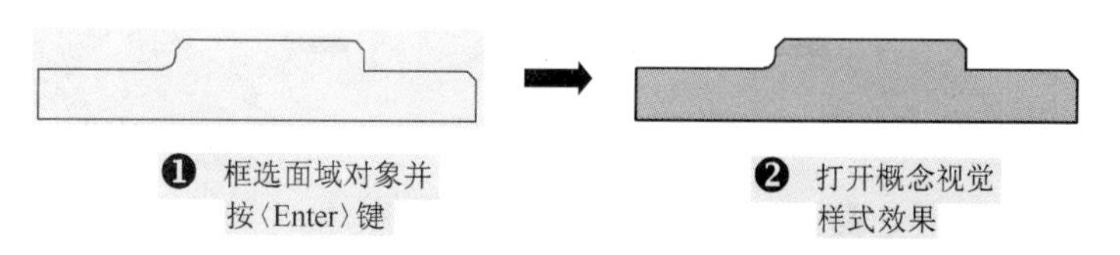

图13-19　轮廓面域

8）选择“视图”→“三维视图”→“西南等轴测”命令，当前图形出现倾斜效果。在菜单栏中选择“绘图”→“建模”→“旋转”命令，选择所有轮廓并以水平中心线两端作为旋转定位点来创建蜗杆轴实体轮廓，如图13-20所示。

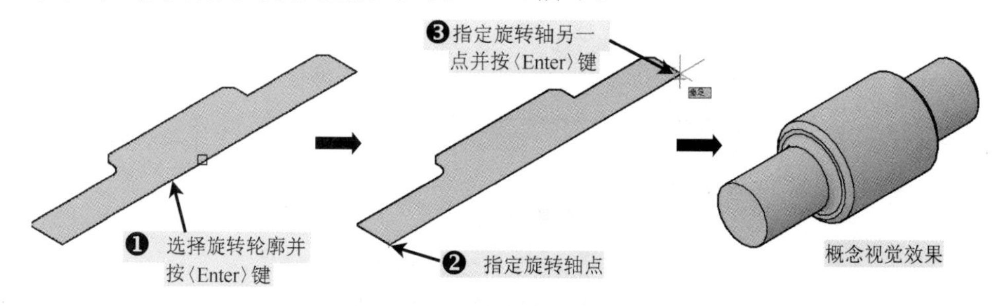

图13-20　蜗杆轴轮廓的旋转

9）切换到“二维线框”模式，然后选择“左视”图，再选择“西南等轴测”视图，执行“多边形（POL）”命令，在蜗杆轴相应位置处创建一正四边形轮廓，如图 13-21 所示。

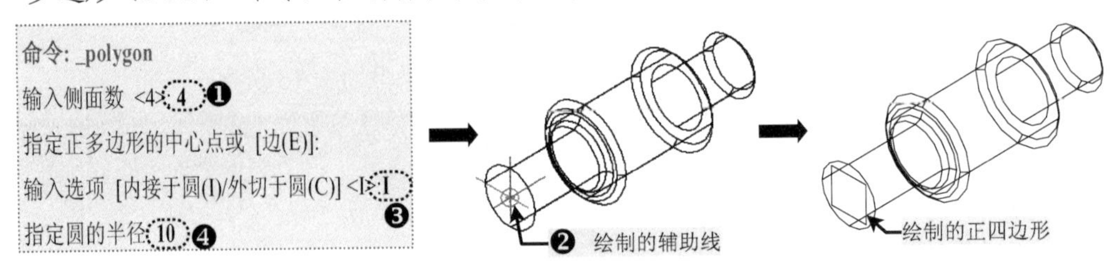

图 13-21　绘制正四边形

10）执行“旋转（RO）”命令，将正四边形旋转 45°，然后执行“倒直角（CHA）”命令，设置倒角距离为 2，对绘制的矩形对象进行倒直角操作，如图 13-22 所示。

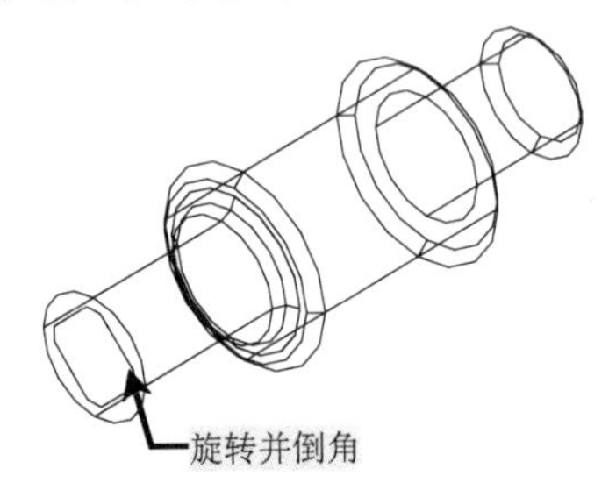

图 13-22　四边形旋转并倒角

11）在菜单中选择“绘图”→“面域”命令，将创建的四边形进行面域操作，然后将其拉伸 14，如图 13-23 所示。

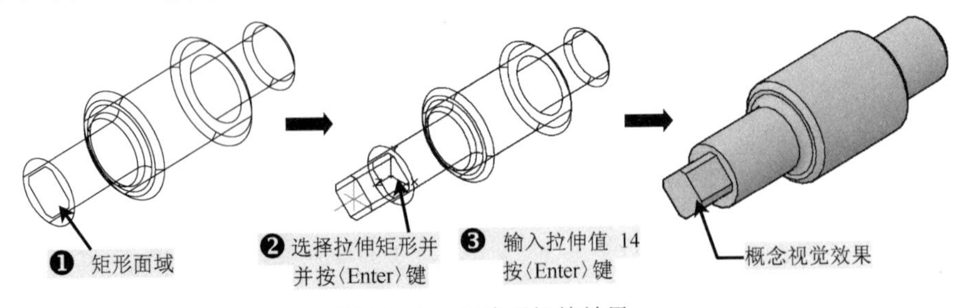

图 13-23　四边形拉伸效果

12）切换到“二维线框”模式，并选择“前视”图，将蜗杆轴平面图中左侧螺纹部分向空白区域复制，并执行“直线”、“偏移”等命令创建螺纹尾部的平面螺纹齿效果，如图 13-24 所示。

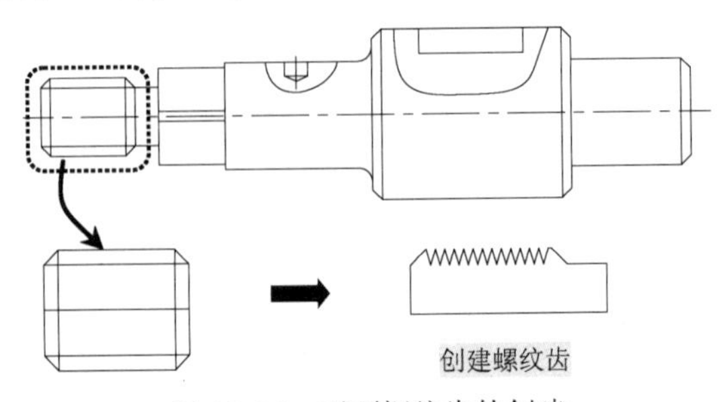

图 13-24　平面螺纹齿的创建

13）执行“面域”命令，将创建的螺纹齿轮廓进行面域操作，然后在菜单栏中选择“绘图”→“建模”→“旋转”命令，将面域的螺纹齿轮廓进行旋转，旋转后效果如图 13-25 所示。

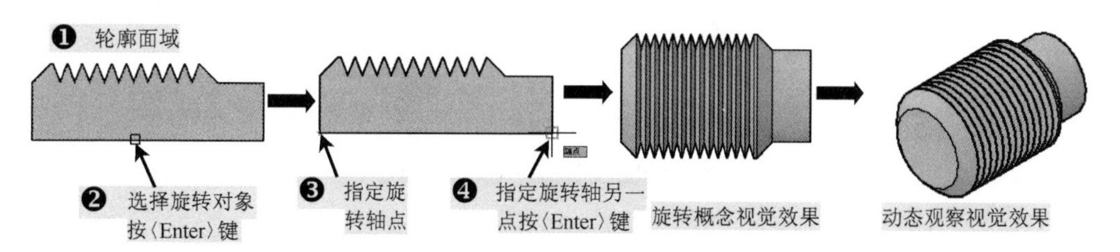

图 13-25 螺纹齿旋转效果

14）切换到“二维线框”模式，执行“移动（M）”命令，将旋转的螺纹实体右侧中心轴点与蜗杆轴尾部四方体的中心轴点重合，如图 13-26 所示。

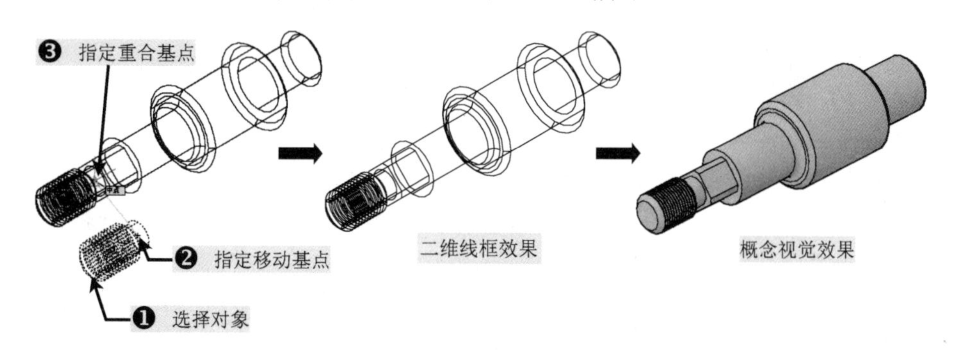

图 13-26 螺纹实体连接

用户在对螺纹实体进行连接前，可以过四方形对角点绘制一条辅助线，在进行重合时以方便中心点的对位。

15）选择“修改”→“实体编辑”→“并集”命令，根据命令行提示选择所有轮廓，执行布尔运算，其效果如图 13-27 所示。

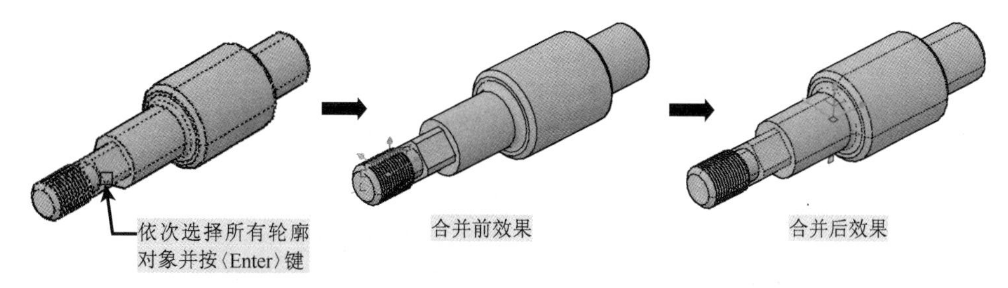

图 13-27 并集布尔运算

16）由平面图可知，在蜗杆轴上有一定位孔，其直径为 5 深为 3。这时可选择“俯视”图，然后再选择“西南等轴测”图，执行“复制（CO）”命令，将蜗杆轴平面图中心线按指定基点进行复制，如图 13-28 所示。

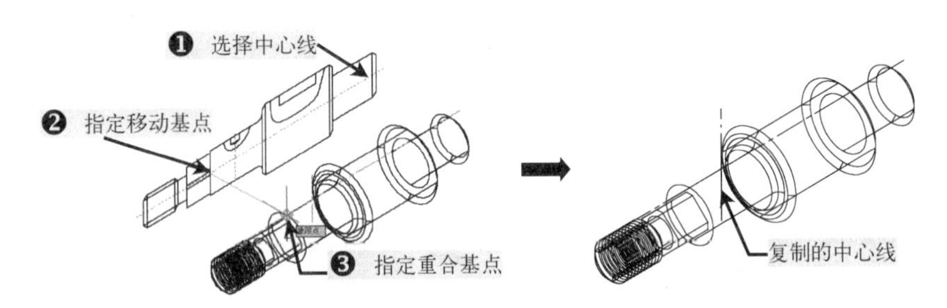

图 13-28 辅助中心线的复制

17）执行“圆（C）”命令，过复制的辅助中心线的交点绘制一直径为 5 的圆对象，如图 13-29 所示。

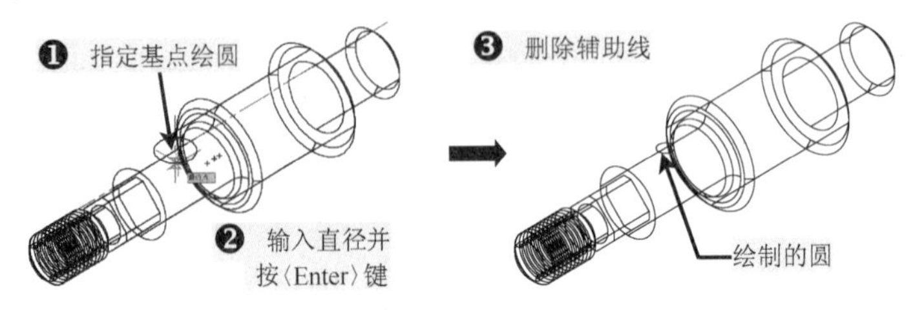

图 13-29 绘制的小圆

18）执行“面域”命令，对创建的小圆进行面域操作，然后将小圆执行“拉伸”命令，将其拉伸–3，如图 13-30 所示。

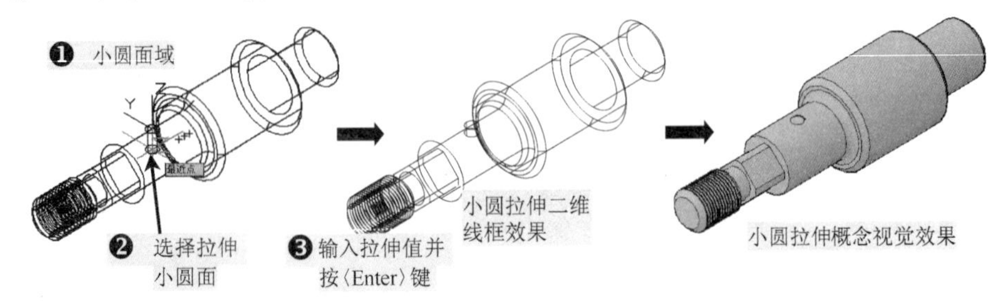

图 13-30 小圆拉伸效果

19）选择“修改”→“实体编辑”→“差集”命令，根据命令行提示选择蜗杆轴轮廓和小圆柱，执行布尔运算，其效果如图 13-31 所示。

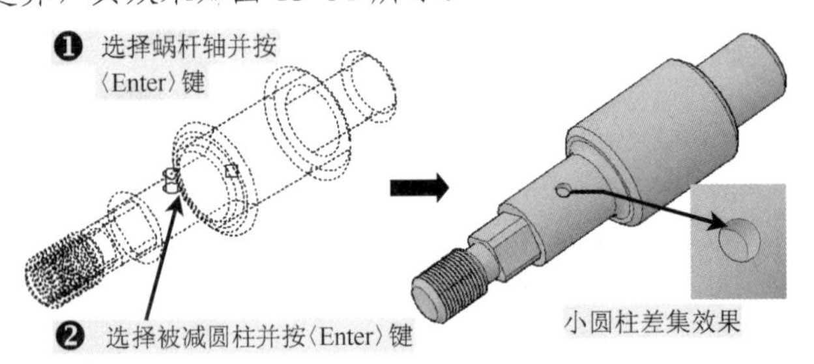

图 13-31 小圆柱盲孔的创建

20）切换到“俯视”图，再执行“直线”、“圆”等命令，创建一平面键效果，尺寸可由平面图和剖视图中得到，绘制出的效果如图 13-32 所示。

21）采用与前面相同的方法，将键轮廓移动到蜗杆轴的相应位置处，并删除辅助线，如图 13-33 所示。

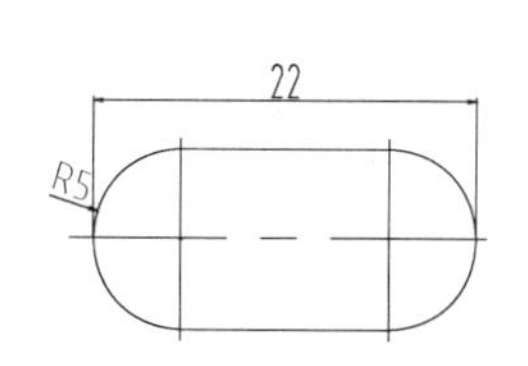

图 13-32　键轮廓的创建

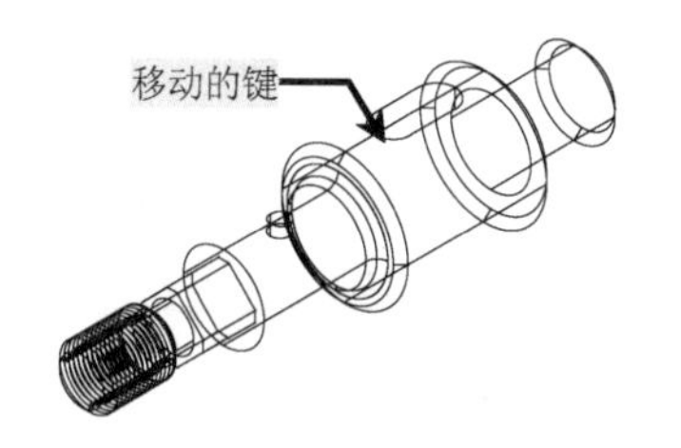

图 13-33　键的移动

22）执行“面域”命令，对移动的键进行面域操作，然后将键轮廓执行“拉伸”命令，将其拉伸-5，如图 13-34 所示。

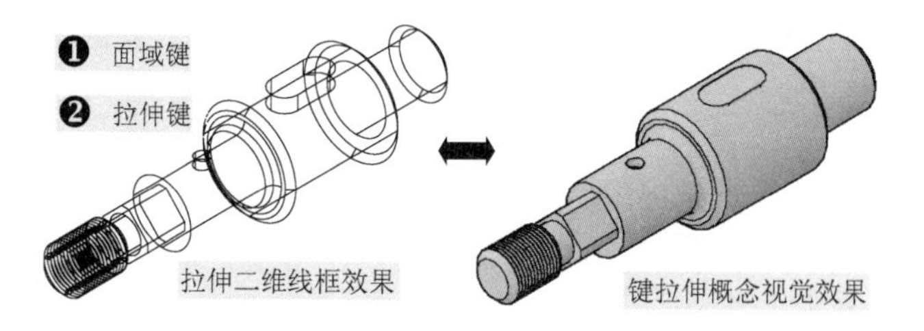

图 13-34　键拉伸效果

23）选择“修改”→“实体编辑”→“差集”命令，根据命令行提示选择蜗杆轴轮廓和键，进行布尔运算，其效果如图 13-35 所示。

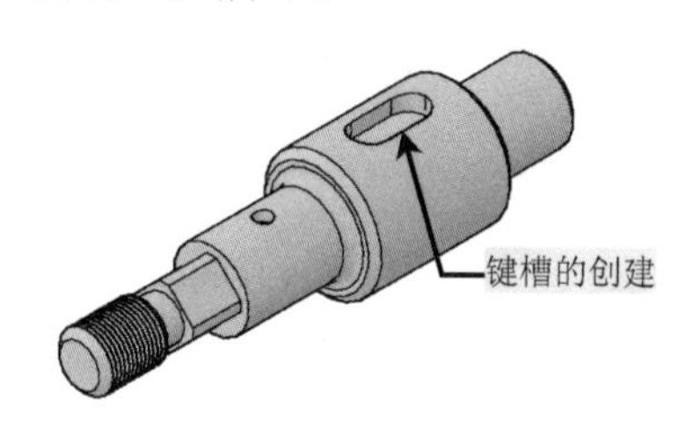

图 13-35　键槽的创建

24）至此，整个的蜗杆轴的实体图就创建好了，用户直接按〈Ctrl+S〉组合键进行保存就可以了。

13.3　主动齿轮轴实体的创建

视频文件：视频\13\主动齿轮轴实体的绘制.avi

结果文件：案例\13\主动齿轮轴实体.dwg

在绘制主动齿轮轴时，其创建方法与前面讲的轴创建方法基本是一致的，只不过在主动齿轮轴上带有轮齿效果，需单独进行创建。

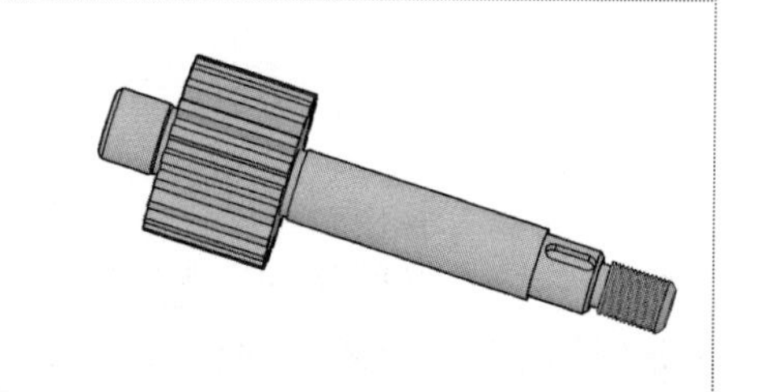

1）正常启动 AutoCAD 2013 软件，选择“文件”→“打开”菜单命令，将“案例\13\蜗轮轴实体.dwg”文件打开，再执行“文件”→“另存为”菜单命令，将其另存为“案例\13\主动齿轮轴实体.dwg”文件。

2）删除原有的实体内容，并将视口转换到“前视”视口。

3）继续选择“文件”→“打开”菜单命令，将前面章节绘制好的“案例\08\主动齿轮轴.dwg”平面图文件打开，并执行“复制（CO）”命令，将平面图复制到“主动齿轮轴实体.dwg”文件中，如图 13-36 所示。

4）再将复制的平面图“尺寸与公差”图层进行关闭，如图 13-37 所示。

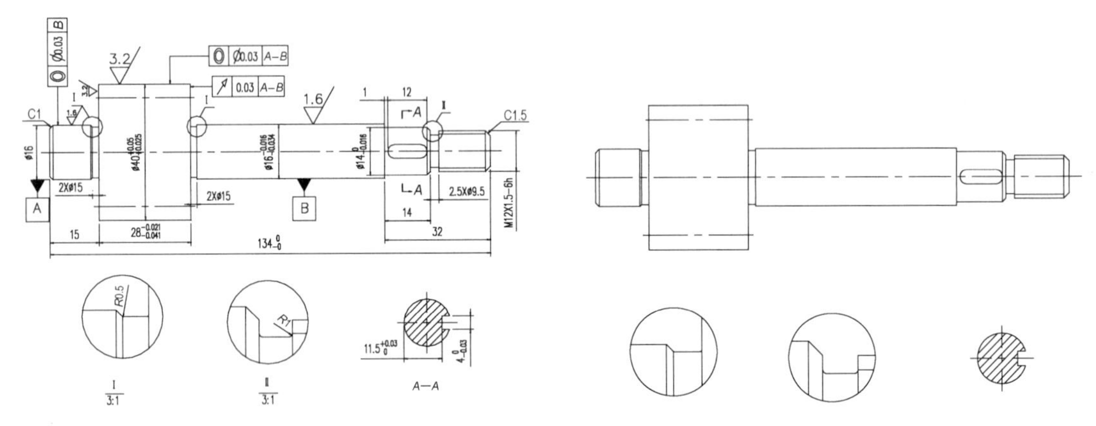

图 13-36　主动齿轮轴平面图　　　　图 13-37　主动齿轮轴轮廓

5）执行“删除”、“修剪”等命令，将主动齿轮轴平面图中主视图中心线下侧轮廓进行删除、修剪等操作，只保留少部分轮廓，如图 13-38 所示。

6）将“中心线”图层转换为“粗实线”图层，再将两侧多余的线段进行修剪操作，如图 13-39 所示。

图 13-38　修剪主动齿轮轴轮廓　　　　图 13-39　线型编辑

7）在菜单栏中选择“绘图”→“面域”命令，将平面图中所有轮廓选中并进行面域操作，如图 13-40 所示。

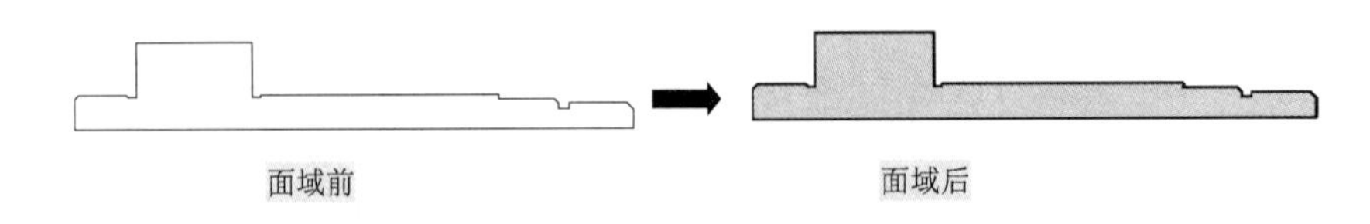

图 13-40　轮廓面域

8）选择“视图”→“三维视图”→“西南等轴测”命令。在菜单栏中选择“绘图”→“建模”→“旋转”命令，选择所有轮廓并以水平中心线两端作为旋转定位点来创建主动齿轮轴实体轮廓，如图 13-41 所示。

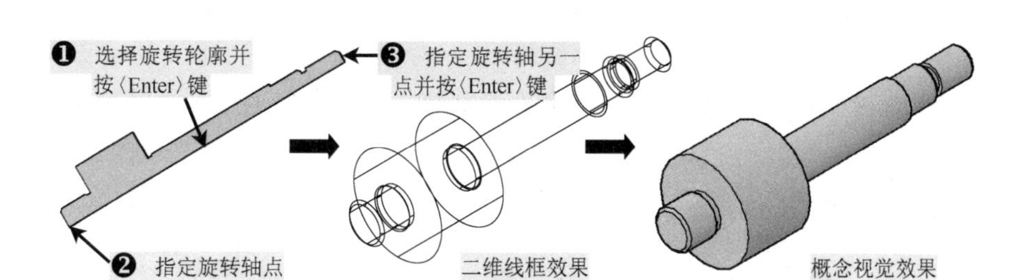

图 13-41　主动齿轮轴轮廓的旋转

9）切换到“二维线框”模式，然后选择“左视”图，执行“直线”、“修剪”等命令，对主动齿轮轴上的轮齿进行二维平面轮廓的创建，如图 13-42 所示。

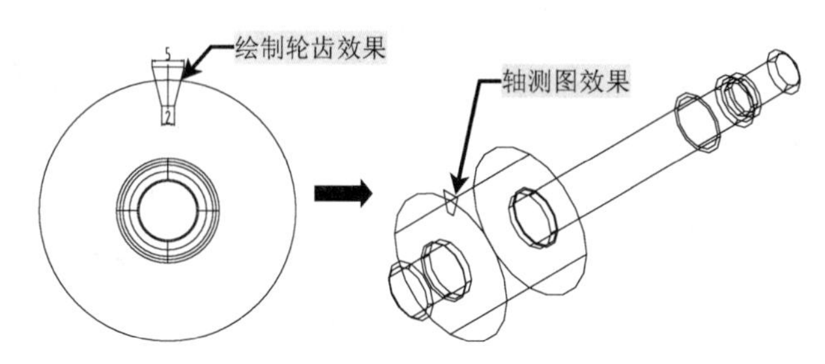

图 13-42　绘制的轮齿效果

10）在菜单中选择“绘图”→“面域”命令，对绘制的平面进行面域操作，并将其拉伸 –30，如图 13-43 所示。

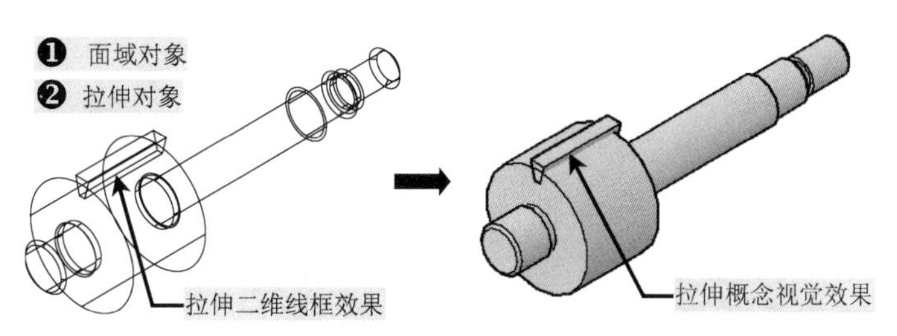

图 13-43　轮齿的拉伸效果

11）在菜单中选择“修改”→“三维操作”→“三维阵列”命令，对创建的轮齿进行环形阵列，阵列数目为 20，阵列的效果如图 13-44 所示。

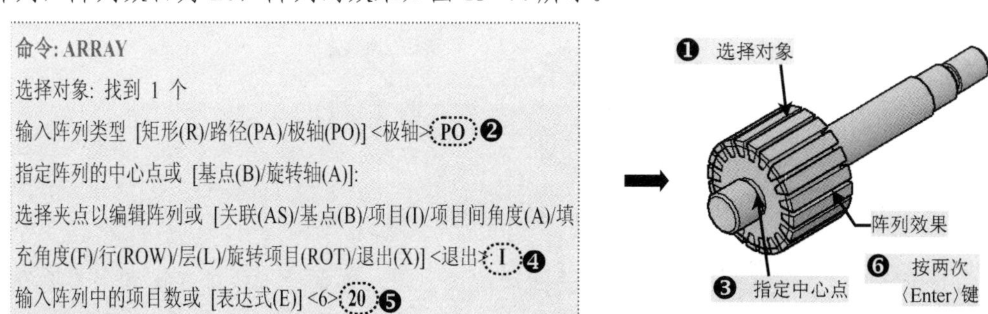

图 13-44　阵列轮齿效果

12）在菜单中选择“修改”→“实体编辑”→“差集”命令，根据命令提示先选择主动齿轮轴并按〈Enter〉键，再选择阵列的所有轮齿对象，执行布尔运算，最终效果如图 13-45 所示。

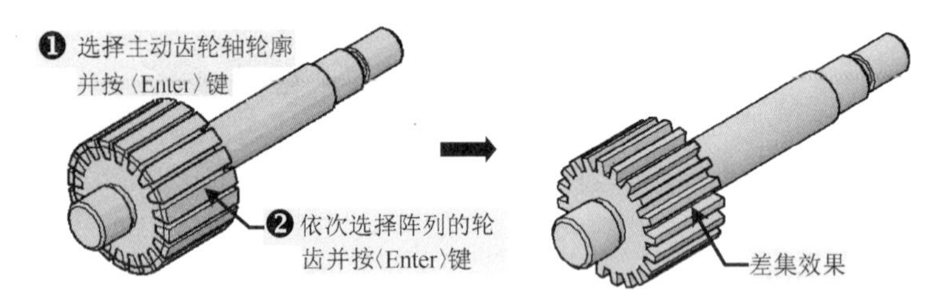

图 13-45　轮齿布尔运算效果

13）采用前面所讲的复制中心线的方法创建辅助线，并执行“移动（M）”命令，将键轮廓复制到主动齿轮轴轮廓指定位置处，并删除辅助线，其效果如图 13-46 所示。

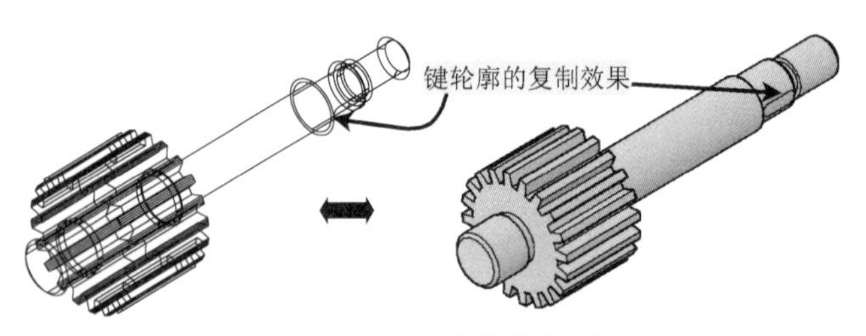

图 13-46　键轮廓的复制

14）选择“面域”命令，对键轮廓平面进行面域操作，并将其拉伸-2.5，如图 13-47 所示。

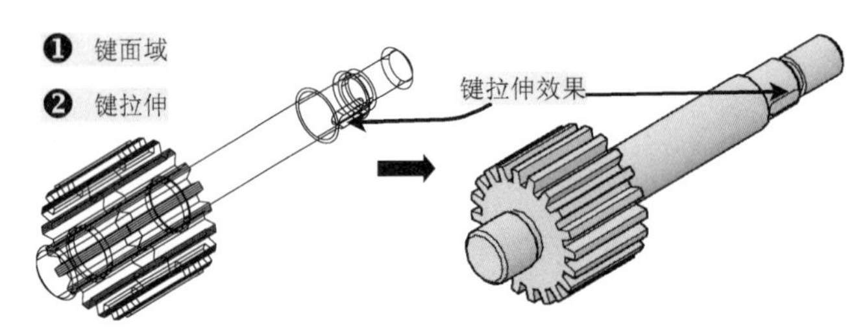

图 13-47　键的拉伸效果

15）在菜单中选择“修改”→“实体编辑”→“差集”命令，根据命令行提示先选择主动齿轮轴并按〈Enter〉键，再选择拉伸的键对象，执行布尔运算，最终效果如图 13-48 所示。

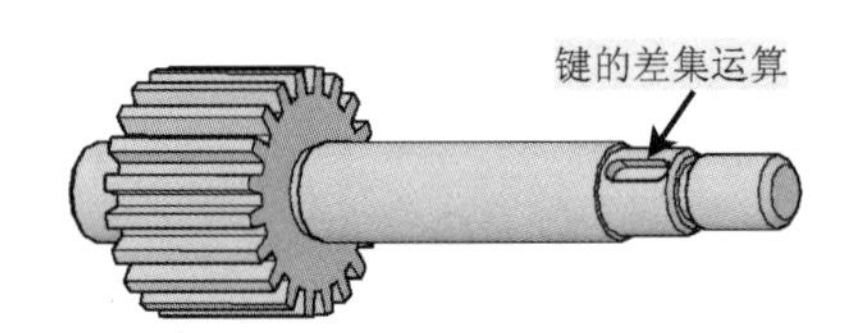

图 13-48　键槽的创建

16）切换到“二维线框”模式，并选择“前视”图，将主动齿轮轴平面图中右侧螺纹部分向空白区域复制，并执行“直线”、“偏移”等命令创建螺纹尾部的平面螺纹齿效果，如图 13-49 所示。

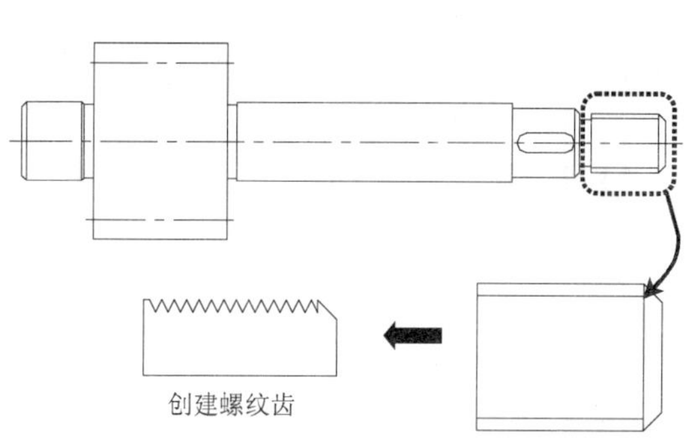

图 13-49 平面螺纹齿的创建

17）执行“面域”命令，将创建的螺纹齿轮廓进行面域操作，然后在菜单栏中选择“绘图”→“建模”→“旋转”命令，将面域的螺纹齿轮廓进行旋转，旋转后效果如图 13-50 所示。

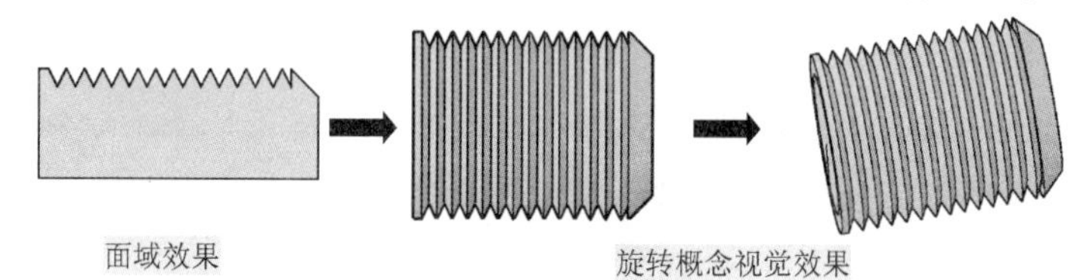

图 13-50 螺纹齿旋转效果

18）执行“分解（X）”命令，将现有实体主动齿轮轴进行分解操作，并删除右侧实体部分，如图 13-51 所示。

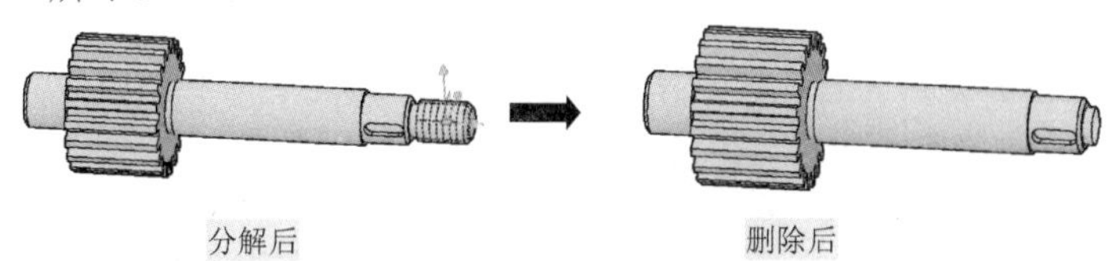

图 13-51 分解并删除实体

19）切换到“二维线框”模式，执行“移动（M）”命令，将旋转后的螺纹实体无倒角端面中点与主动齿轮轴尾部中心点重合，如图 13-52 所示。

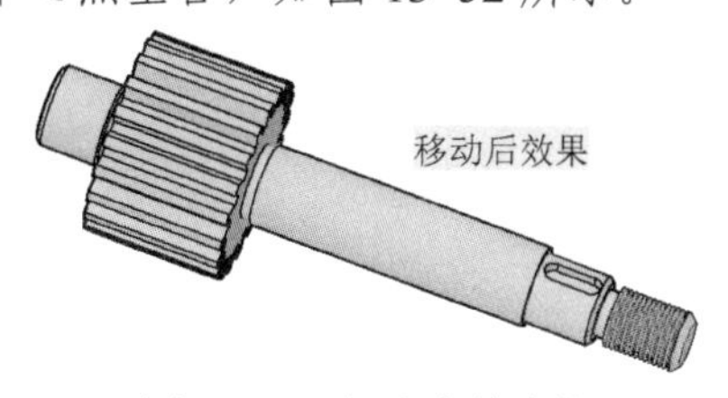

图 13-52 螺纹实体连接

20）选择“修改”→“实体编辑”→“并集”命令，根据命令行提示选择所有轮廓，执行布尔运算，其效果如图 13-53 所示。

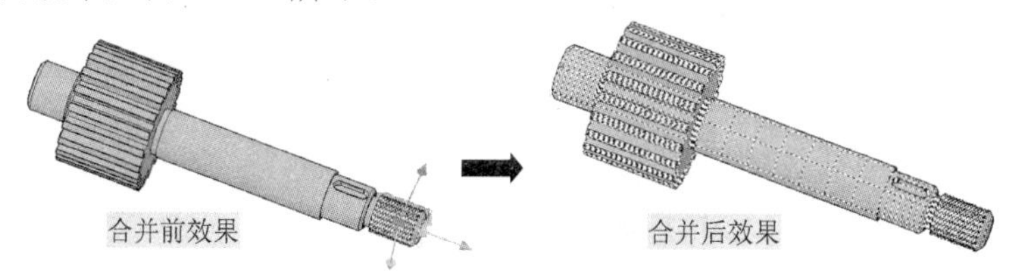

图 13-53 并集布尔运算

21）到此，主动齿轮轴实体的创建就完成了，用户按〈Ctrl+S〉组合键进行保存就可以了。

13.4　定位套实体的创建

视频文件：视频\13\定位套实体的绘制.avi

结果文件：案例\13\定位套实体.dwg

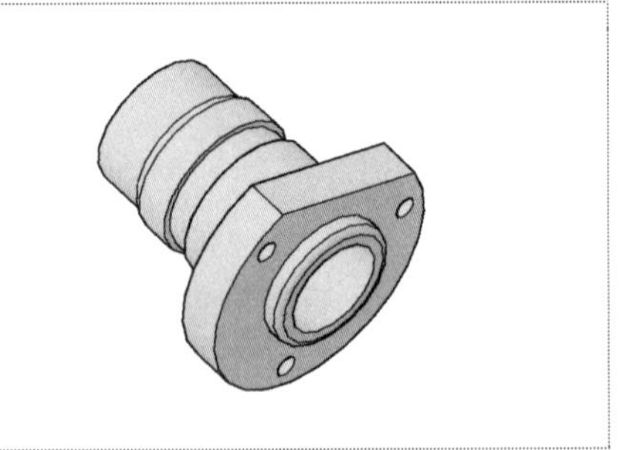

由于该定位套是较为简单的空心套，在创建时只要将定位套的轮廓进行面域，然后进行旋转即可得到空心定位套的实体轮廓效果，然后对部分轮廓进行修改即可。

1）正常启动 AutoCAD 2013 软件，选择“文件”→“打开”菜单命令，将“案例\13\蜗杆轴实体.dwg”文件打开，再执行“文件”→“另存为”菜单命令，将其另存为“案例\13\定位套实体.dwg”文件。

2）删除原有的实体内容，并将视口转换到“前视”视口。

3）继续选择“文件”→“打开”菜单命令，将前面章节绘制好的“案例\08\定位套.dwg”平面图文件打开，并执行“复制（CO）”命令，将平面图复制到“定位套实体.dwg”文件中，如图 13-54 所示。

4）将复制的平面图“尺寸与公差”图层进行关闭，只保留图形轮廓，如图 13-55 所示。

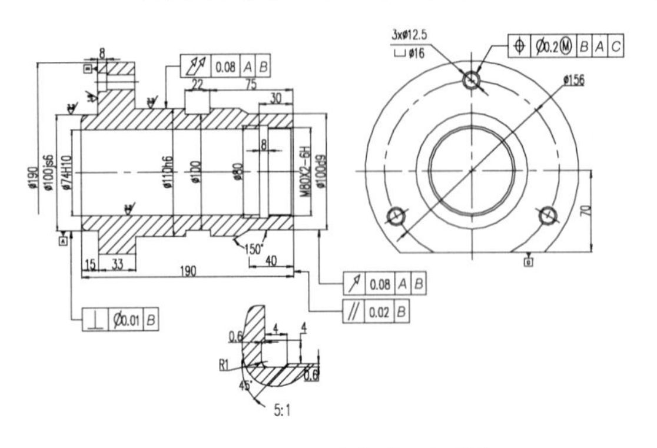

图 13-54　定位套平面图

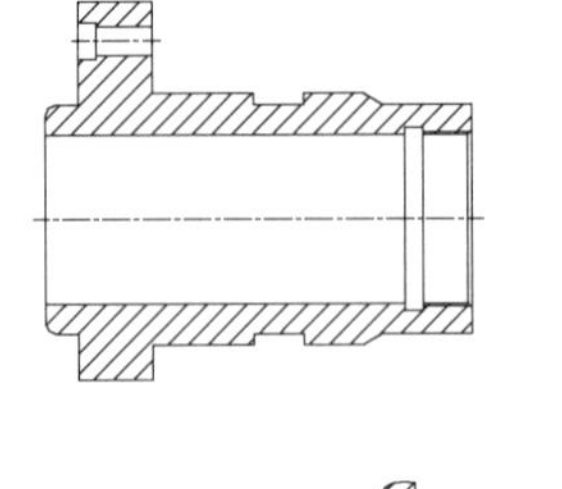

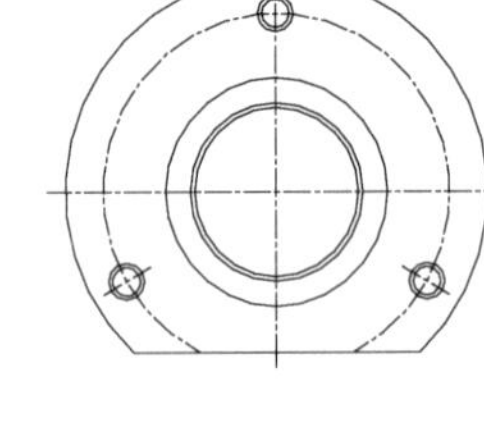

图 13-55　定位套轮廓

5）执行“删除”、“修剪”等命令，将定位套平面图中主视图中心线下侧轮廓进行删除、修剪等操作，只保留少部分轮廓，如图 13-56 所示。

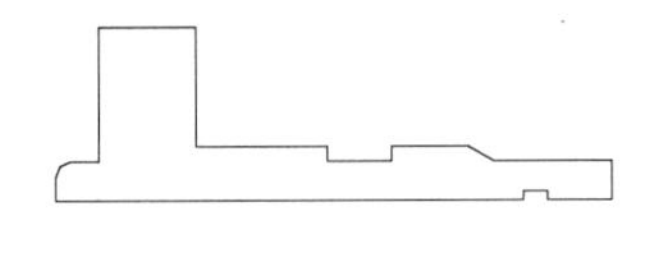

图 13-56　保留定位套外部轮廓

6）在菜单栏中选择“绘图”→“面域”命令，将平面图中所有轮廓选中并进行面域操作，如图 13-57 所示。

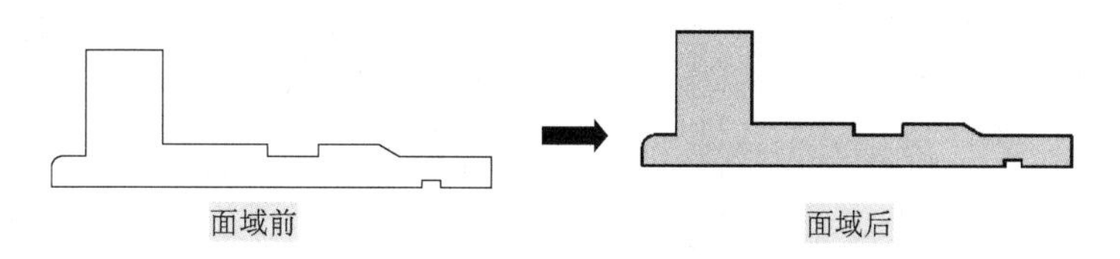

图 13-57 轮廓面域

7）选择“视图”→“三维视图”→“西南等轴测”命令。在菜单栏中选择“绘图”→“建模”→“旋转”命令，选择面域轮廓并以水平中心线两端作为旋转定位点来创建定位套实体轮廓，如图 13-58 所示。

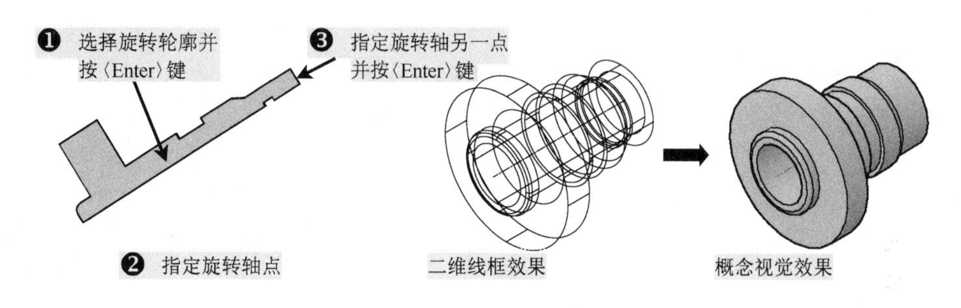

图 13-58 定位套轮廓的旋转

8）切换到“二维线框”模式，再选择“前视”图，执行“直线（L）”命令，过定位套的左视图下侧水平线向左侧绘制直线，如图 13-59 所示。

9）再执行“直线”、“修剪”等命令创建一矩形对象，如图 13-60 所示。

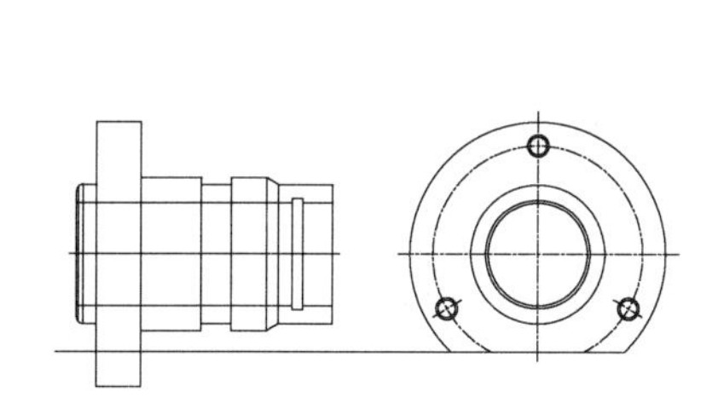

图 13-59 绘制的直线

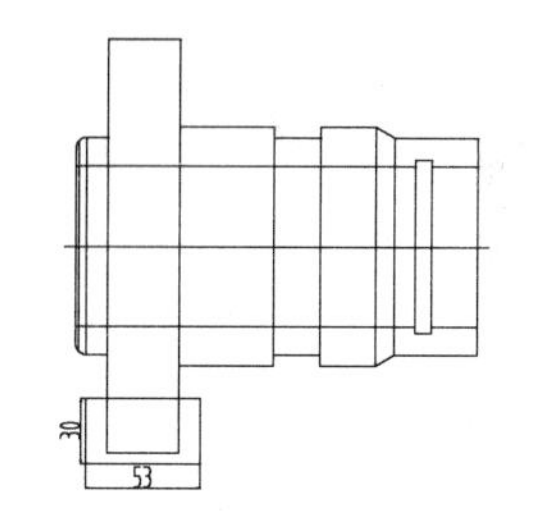

图 13-60 在实体图上创建矩形

10）在菜单栏中选择“绘图”→“面域”命令，先对绘制的矩形对象进行面域操作，然后将其向左、右各拉伸-100 和 100，如图 13-61 所示。

用户在拉伸矩形时，只能先向某一个方向进行拉伸，然后执行“拉伸面”命令，再向相反方向进行拉伸就可以了。

11）在菜单中选择“修改”→“实体编辑”→“差集”命令，根据命令行提示先选择定位套轮廓并按〈Enter〉键，再选择拉伸的矩形对象，其布尔运算的最终效果如图 13-62 所示。

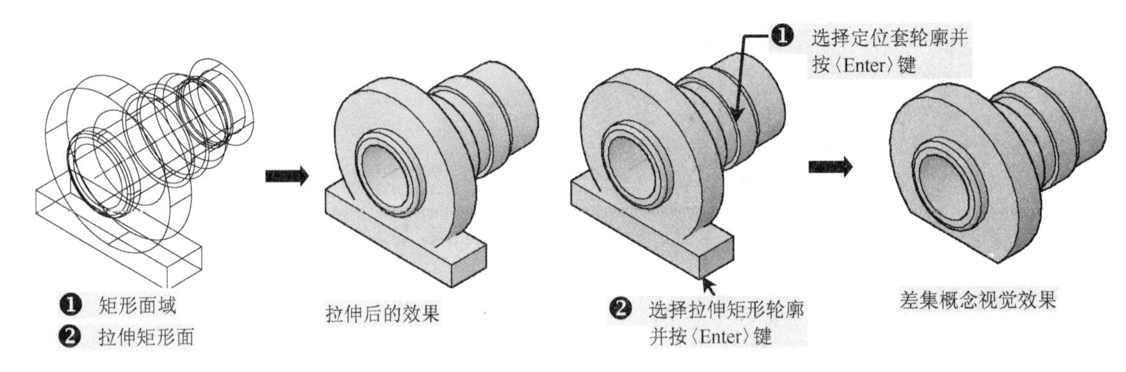

图 13-61　矩形拉伸效果　　　　图 13-62　定位套差集效果

12）转换到“二维线框”模式，选择“左视”图，并切换到“西南等轴测”视图，执行“圆（C）”命令，以定位套中心点位置为圆心绘制一直径为 156 的圆对象，如图 13-63 所示。

13）再以绘制的圆的上侧象限点为圆心来绘制一小圆对象，直径为 12.5，并对绘制的小圆对象进行面域操作，然后将其拉伸 50，如图 13-64 所示。

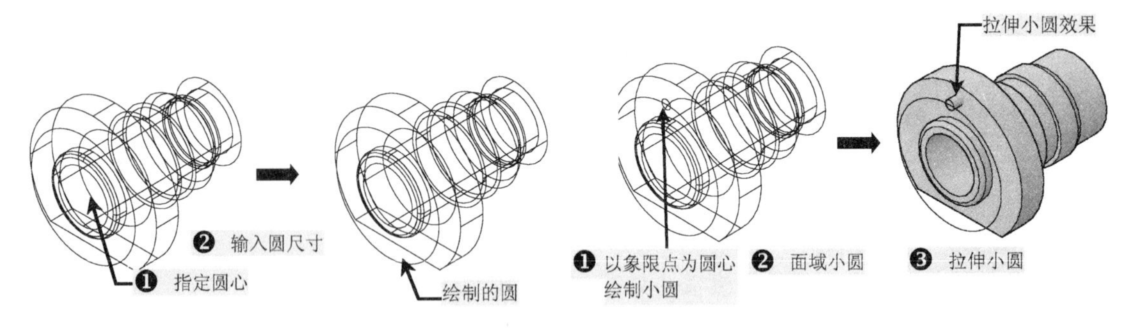

图 13-63　绘制辅助圆　　　　图 13-64　小圆拉伸效果

14）在菜单中选择“修改”→“三维操作”→“三维阵列”命令，将创建的小圆柱对象进行环形阵列，数目为 3，阵列的效果如图 13-65 所示。

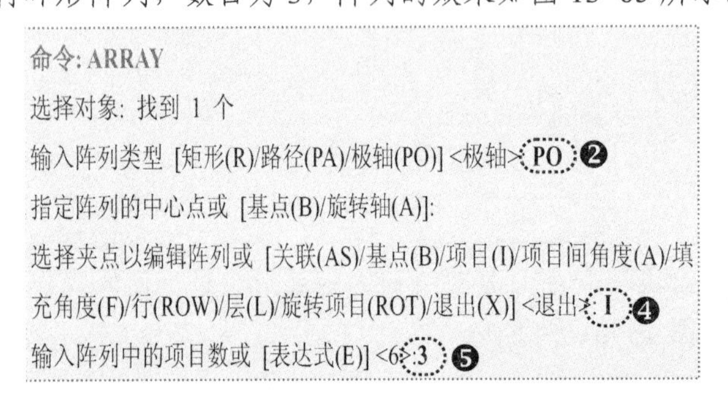

命令: ARRAY
选择对象: 找到 1 个
输入阵列类型 [矩形(R)/路径(PA)/极轴(PO)] <极轴>: PO ❷
指定阵列的中心点或 [基点(B)/旋转轴(A)]:
选择夹点以编辑阵列或 [关联(AS)/基点(B)/项目(I)/项目间角度(A)/填充角度(F)/行(ROW)/层(L)/旋转项目(ROT)/退出(X)] <退出>: I ❹
输入阵列中的项目数或 [表达式(E)] <6>: 3 ❺

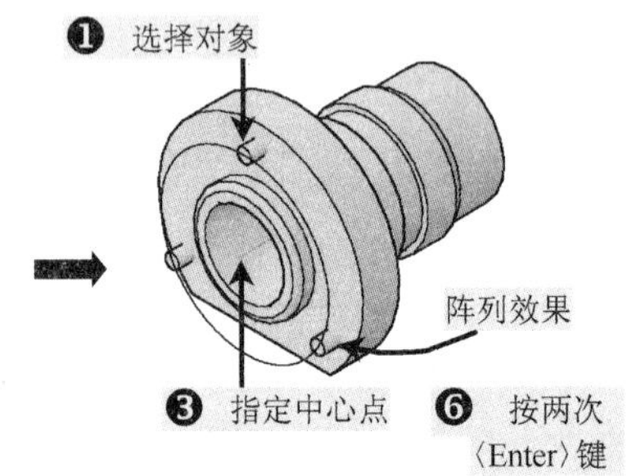

图 13-65　圆柱阵列

在进行环形阵形时，为了更好地捕捉相应的中心点，用户可打开“中心线”图层，以方便确定阵列时的中心点。

15）在菜单中选择“修改”→“实体编辑”→“差集”命令，根据命令行提示先选择定位套轮廓并按〈Enter〉键，再选择小圆柱对象，进行其布尔差集运算，如图 13-66 所示。

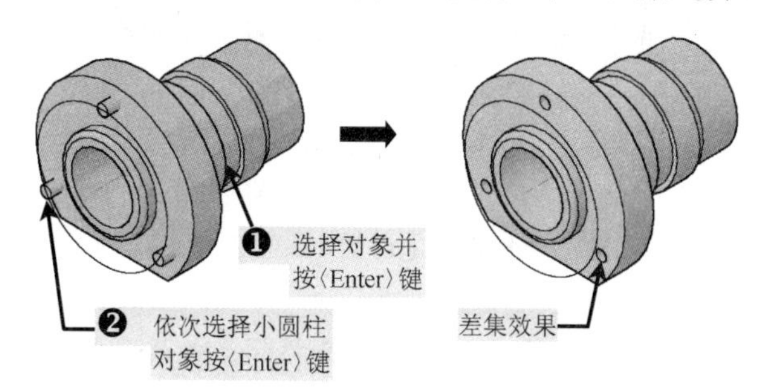

图 13-66 圆柱差集效果

16）转换到“二维线框”模式，选择“左视”图，并切换到“西南等轴测”视图，然后执行“圆（C）”命令，以差集的小圆柱中心点为圆心来绘制一直径为 16 的圆对象，并对绘制的圆对象进行面域操作，然后将其拉伸–8，如图 13-67 所示。

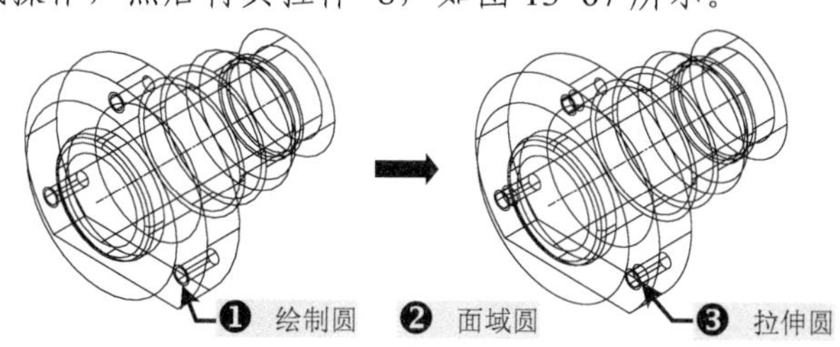

图 13-67 圆柱拉伸

17）在菜单中选择“修改”→“实体编辑”→“差集”命令，并对第 16）步拉伸的圆柱对象进行布尔差集运算，其最终效果如图 13-68 所示。

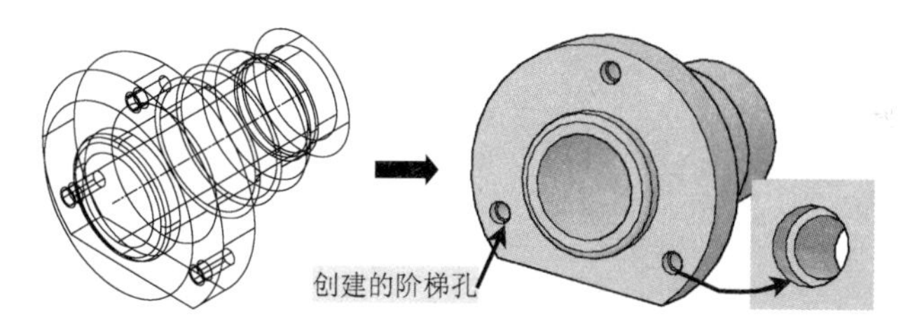

图 13-68 阶梯圆柱的创建

18）到此，定位套实体的绘制就创建完成了，按〈Ctrl+S〉组合键进行保存。

13.5 箱盖实体的创建

视频文件：视频\13\箱盖实体的绘制.avi

结果文件：案例\13\箱盖实体.dwg

前面所绘制的图形大都以旋转实体为主，而在箱盖实体的创建时，则需要通过不同的视图来确定实体的具体尺寸与形状。在本节中将对箱盖实体的具体绘制方法进行详细的讲解。

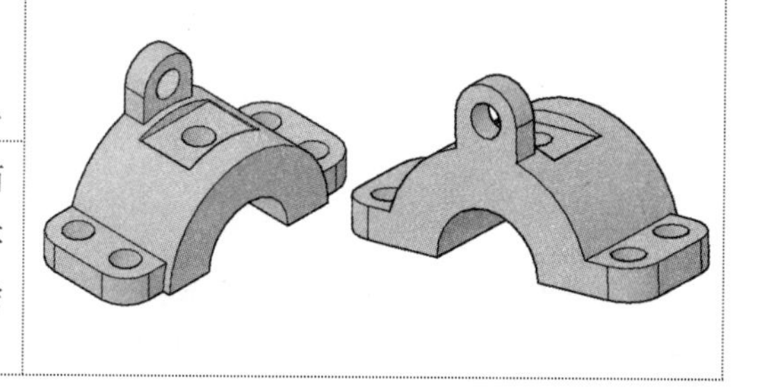

1）正常启动 AutoCAD 2013 软件，选择“文件”→“打开”菜单命令，将“案例\13\定位套实体.dwg”文件打开，再执行“文件”→“另存为”菜单命令，将其另存为“案例\13\箱盖实体.dwg”文件。

2）删除原有的实体内容，并将视口转换到“俯视”视口。

3）继续执行“文件”→“打开”菜单命令，将前面章节已绘制好的“案例\08\箱盖.dwg”平面图文件打开，并执行“复制（CO）”命令，将平面图复制到“箱盖实体.dwg”文件中，如图 13-69 所示。

4）将复制的平面图中“尺寸与公差”图层进行关闭，然后只保留图形轮廓，如图 13-70 所示。

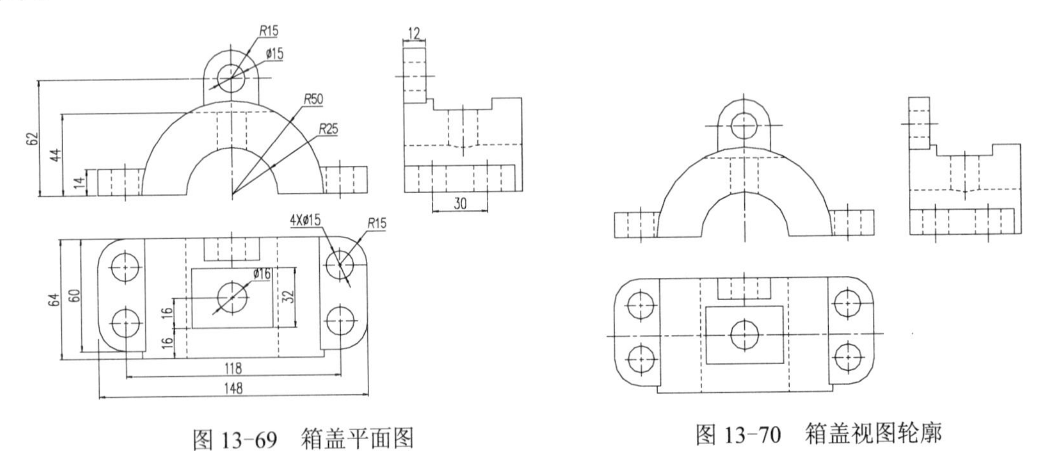

图 13-69　箱盖平面图　　　　图 13-70　箱盖视图轮廓

5）执行“复制（CO）”命令，将箱盖的俯视图向右侧空白区域复制一份，并使用“修剪”、“删除”等命令将复制的视图进行编辑操作，最终只保留俯视图的部分轮廓，如图 13-71 所示。

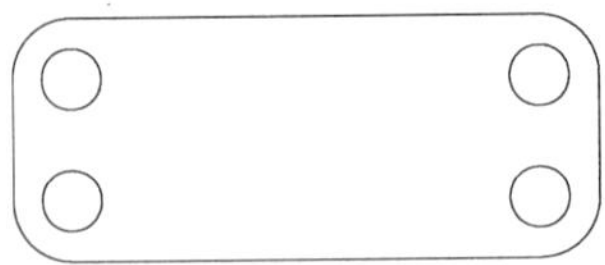

图 13-71　编辑后的俯视图轮廓

6）将“中心线”图层进行暂时关闭，再在菜单中选择“绘图”→“面域”命令，将平面图中所有轮廓选中并进行面域操作，如图 13-72 所示。

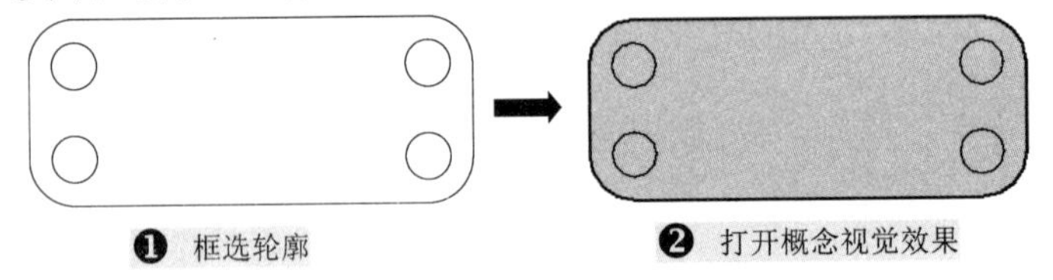

图 13-72　轮廓面域操作

7）选择“修改”→“实体编辑”→“差集”命令，根据命令提示先选择整个轮廓，然后再选择四个圆轮廓并按〈Enter〉键，轮廓差集的最终效果如图 13-73 所示。

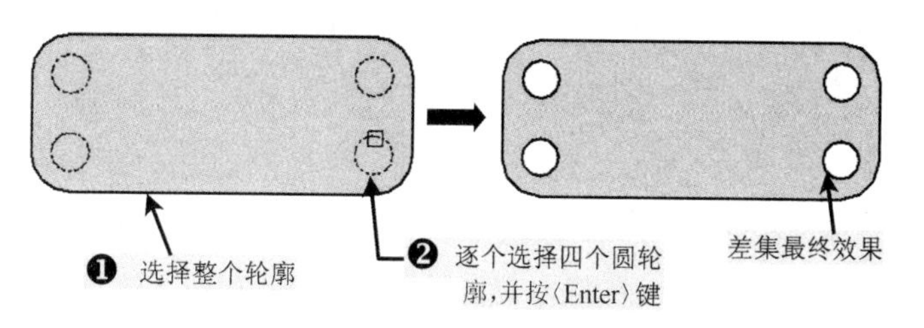

图 13-73　轮廓差集

8）将当前视口切换至“西南等轴测”图，在菜单栏中选择“绘图”→“建模”→“拉伸”命令，选择差集后的轮廓，然后向 Z 轴的负方向拉伸 14，如图 13-74 所示。

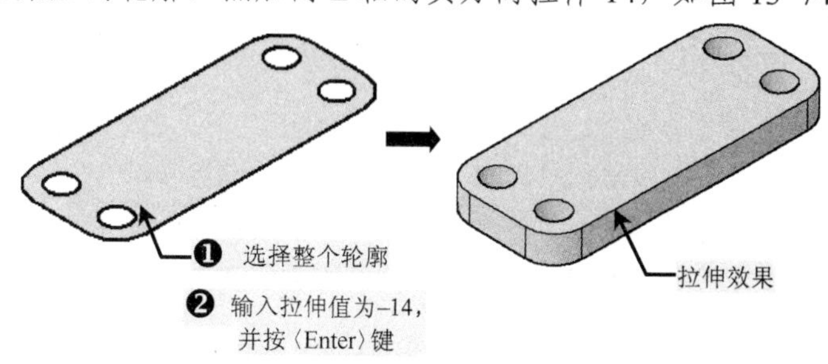

图 13-74　轮廓拉伸

9）选择“西北等轴测”图，再转换为“二维线框”模式，执行“圆（C）”命令，以拉伸实体下侧边线中点位置为圆心绘制两个直径分别为 50，100 的同心圆对象，如图 13-75 所示。

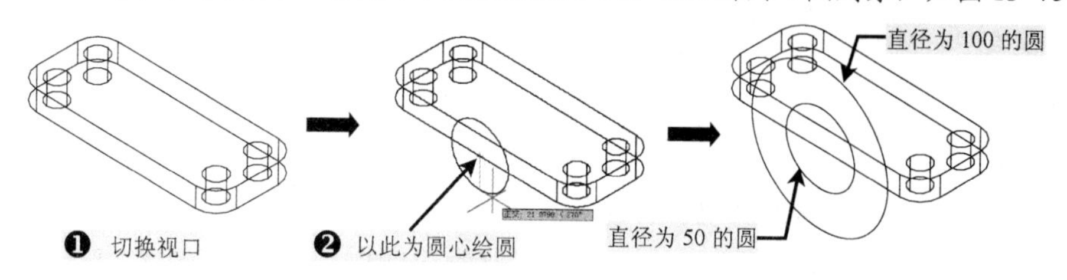

图 13-75　绘制的两个同心圆

由于在三维实体空间中，无法对三维实体进行尺寸标注，因此，在所绘制的图形中的具体尺寸尽量以文字方式说明。

10）执行“直线（L）”命令，过同心圆两侧的象限点位置绘制一条直线段，并使用“修剪（TR）”命令，再将直线下侧多余的弧线段进行修剪操作，如图 13-76 所示。

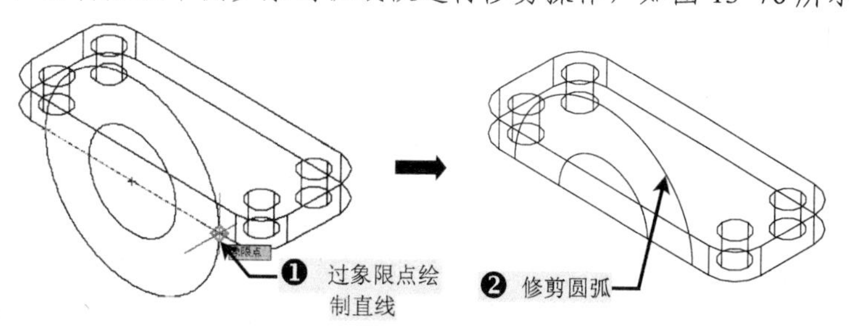

图 13-76　修剪圆弧轮廓

11）在菜单中选择“绘图”→“面域”命令，将修剪后的轮廓对象进行面域操作，如图 13-77 所示。

12）再在菜单栏中选择“绘图”→“建模”→“拉伸”命令，将第 11）步面域的外圆弧对象向 Z 轴负方向拉伸 64，如图 13-77 所示。

13）继续执行“拉伸”命令，再将内部圆弧拉伸-70，如图 13-78 所示。

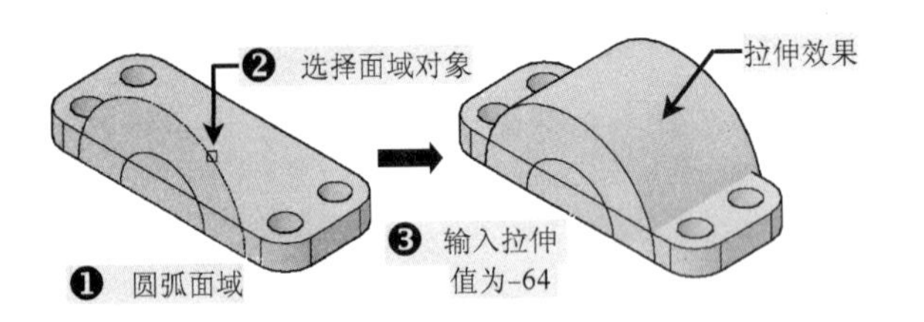

图 13-77 拉伸圆弧外轮廓

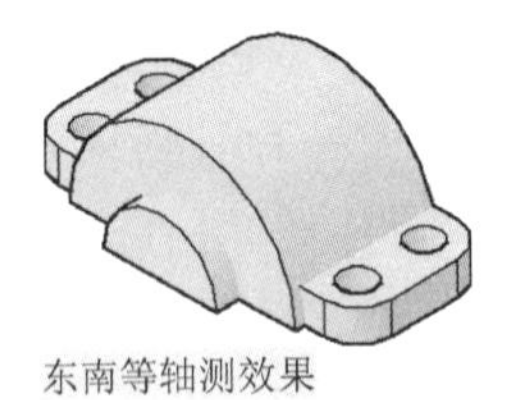

图 13-78 拉伸圆弧内轮廓

14）选择“修改”→“实体编辑”→“差集”命令，根据命令行提示先选择整个轮廓，然后再选择内圆弧轮廓并按〈Enter〉键，轮廓差集的最终效果如图 13-79 所示。

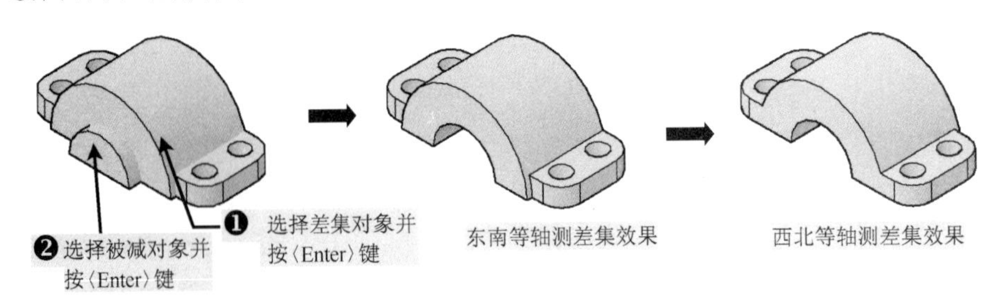

图 13-79 圆弧轮廓差集效果

15）切换到“二维线框”模式，并转换到“西南等轴测”图，然后将“中心线”图层打开，执行“复制（CO）”命令，将箱盖俯视图中的部分中心线向 Z 轴方向进行复制，如图 13-80 所示。

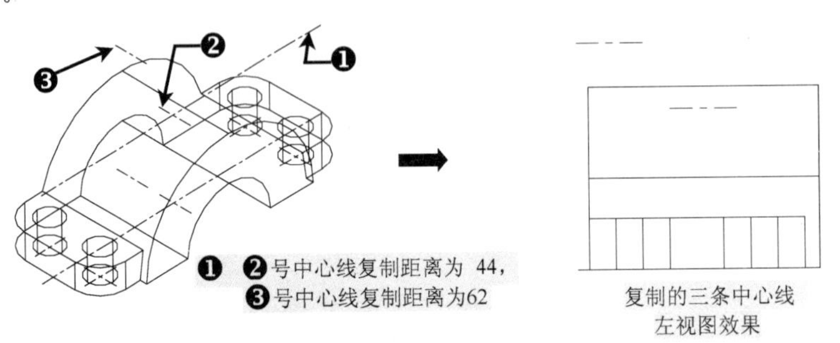

图 13-80 中心线的复制

> **提示** 在进行复制的时候，一定要打开正交模式，否则中心线不会按指定的位置进行放置。

16）继续执行“复制（CO）”命令，将箱盖俯视图中的内轮廓以中点重合的方式进行复制，如图 13-81 所示。

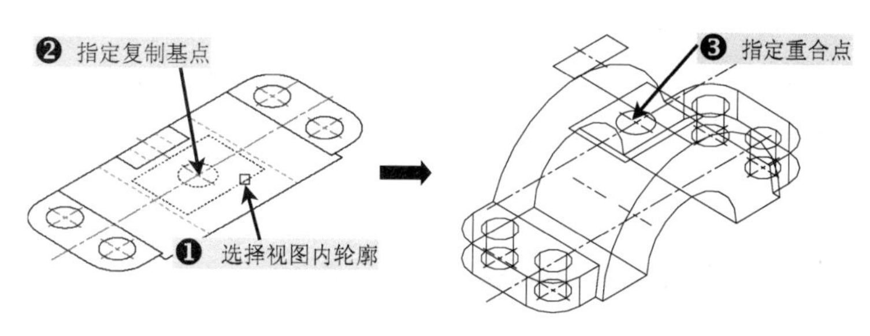

图 13-81 箱盖内轮廓的复制

17）采用相同的方法对箱盖另一矩形对象进行相应的复制移动，如图 13-82 所示。

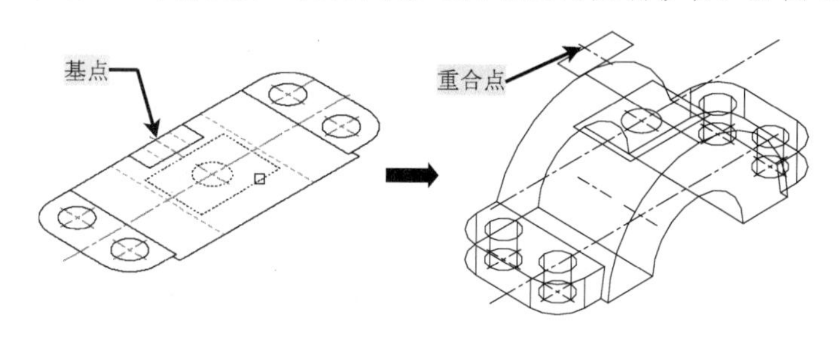

图 13-82 箱盖内其他轮廓的复制

18）在菜单中选择“绘图”→“面域”命令，将复制的圆对象进行面域操作，如图 13-83 所示。

19）再选择“绘图”→“建模”→“拉伸”命令，将面域的圆对象向 Z 轴负方向拉伸 30，如图 13-83 所示。

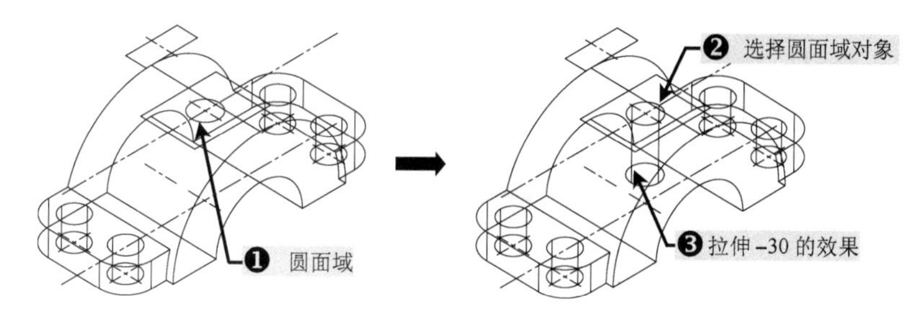

图 13-83 内部圆轮廓的拉伸

20）选择“修改”→“实体编辑”→“差集”命令，根据命令行提示先选择整个轮廓，然后再选择圆柱轮廓并按〈Enter〉键，差集的最终效果，如图 13-84 所示。

21）使用相同的方法对矩形对象先进行面域操作，再进行拉伸操作，最后进行差集操作，其最终的效果，如图 13-85 所示。

22）将当前视图切换到“前视”图，并将前面打开的箱盖平面图文件中的主视图复制到“箱体实体.dwg”文件中的“前视”图视口中。

23）执行“移动（M）”命令，将箱盖平面图文件中主视图中上侧带圆弧的轮廓复制到实体中的相应位置处，如图 13-86 所示。

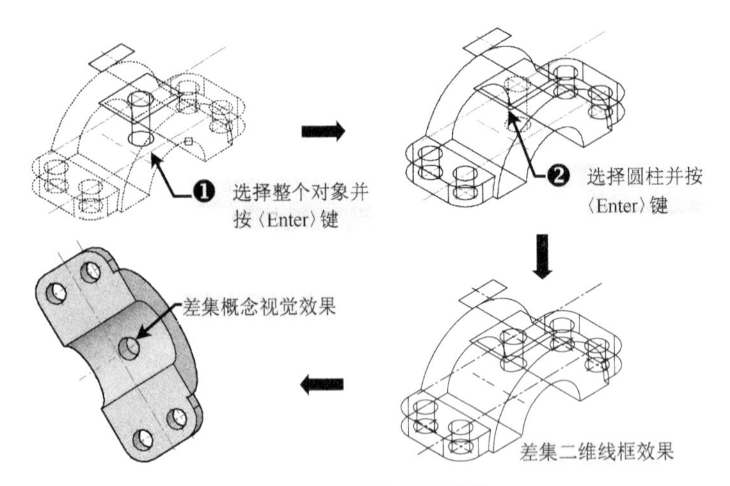

图 13-84　内部圆柱差集

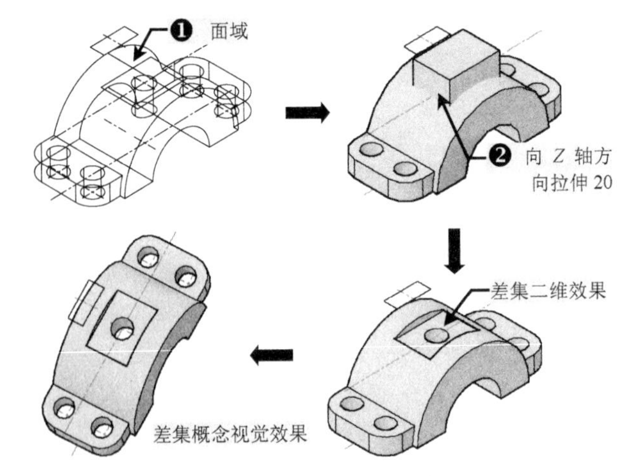

图 13-85　内部矩形差集

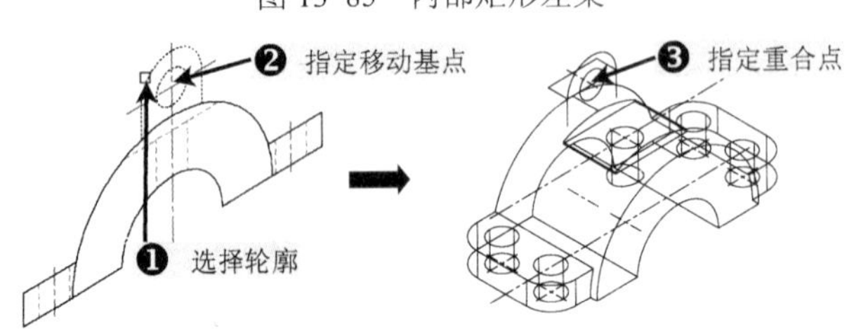

图 13-86　移动箱盖上侧轮廓

24）执行“直线（L）”命令，连接移动后的圆弧下侧端点，并对移动的轮廓对象进行面域操作，如图 13-87 所示。

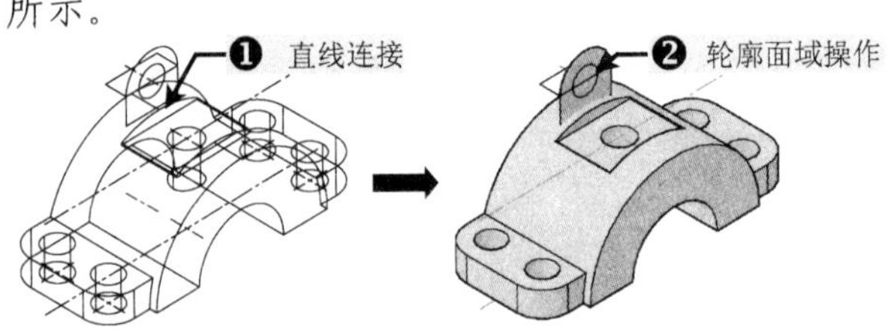

图 13-87　箱盖上侧轮廓面域

25）选择“修改”→“实体编辑”→“差集”命令，根据命令行提示先选择整个面域轮廓，然后再选择中间圆轮廓并按〈Enter〉键，轮廓差集的最终效果，如图 13-88 所示。

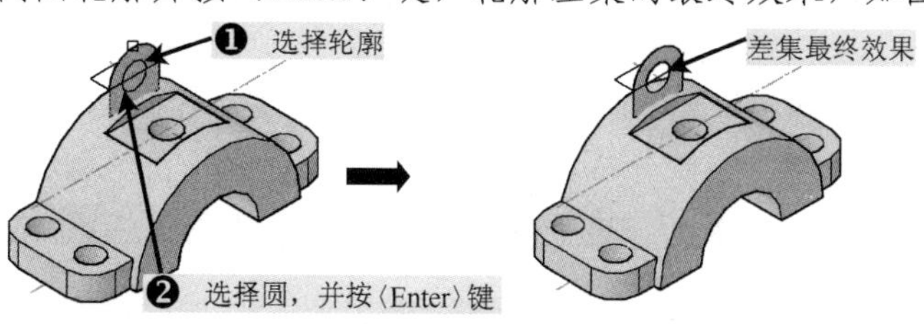

图 13-88 轮廓差集

注意

用户在对该轮廓进行面域操作时，一定要将圆对象进行面域操作，否则将出现圆面，而无法进行“差集”运算。

26）在菜单栏中选择“绘图”→“建模”→“拉伸”命令，选择差集后的轮廓，然后向 *Z* 轴的负方向拉伸 12，如图 13-89 所示。

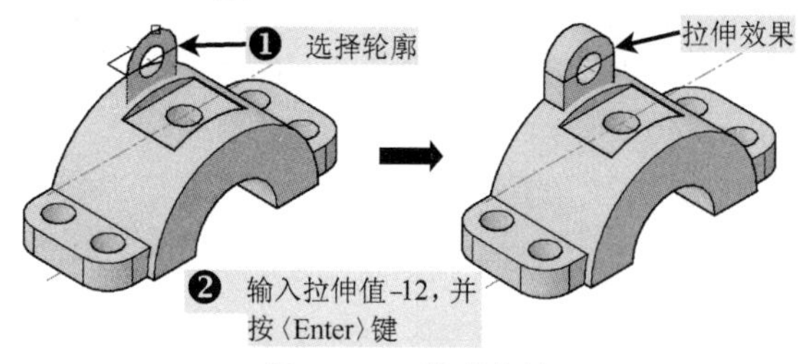

图 13-89 轮廓拉伸

27）选择“并集”命令，将第 26）步拉伸对象和整个箱盖融为一个整体效果，如图 13-90 所示。

28）将“中心线”图层进行关闭，整个的箱盖实体图就创建完成了，如图 13-91 所示，再按〈Ctrl+S〉组合键进行保存就可以了。

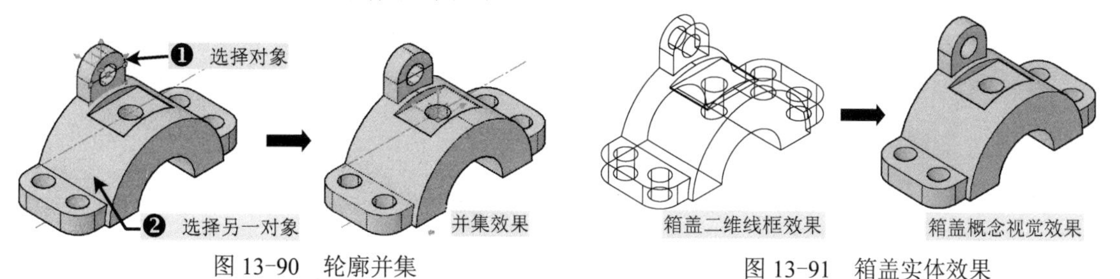

图 13-90 轮廓并集　　图 13-91 箱盖实体效果

13.6 箱体实体的创建

视频文件：视频\13\箱体实体的绘制.avi
结果文件：案例\13\箱体实体.dwg

在绘制箱体时，一定要根据不同的视图来确定轮廓的具体方向，箱体实体的绘制有一定的复杂程度，在本节中将着重进行详解。

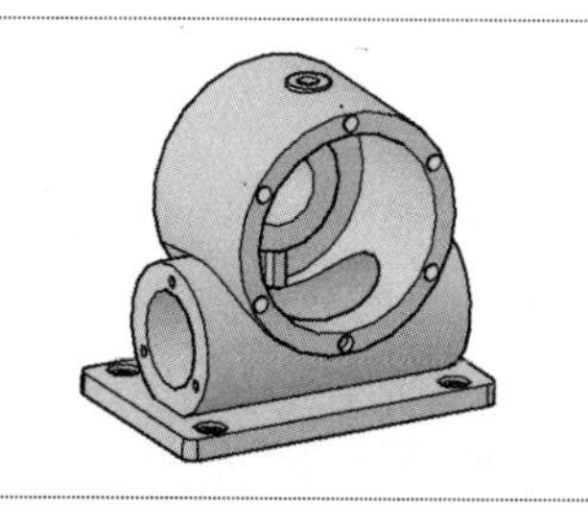

1）正常启动 AutoCAD 2013 软件，选择“文件”→“打开”菜单命令，将“案例\13\箱盖实体.dwg”文件打开，再执行“文件”→“另存为”菜单命令，将其另存为“案例\13\箱体实体.dwg”文件。

2）删除原有的实体内容，并将视口转换到“俯视”视口。

3）继续执行“文件”→“打开”菜单命令，将前面章节已绘制好的“案例\08\蜗杆箱体.dwg”平面图文件打开，并执行“复制（CO）”命令，将平面图复制到“箱体实体”文件中，如图 13-92 所示。

4）将复制的平面图中“尺寸与公差”图层进行关闭，然后只保留图形轮廓，如图 13-93 所示。

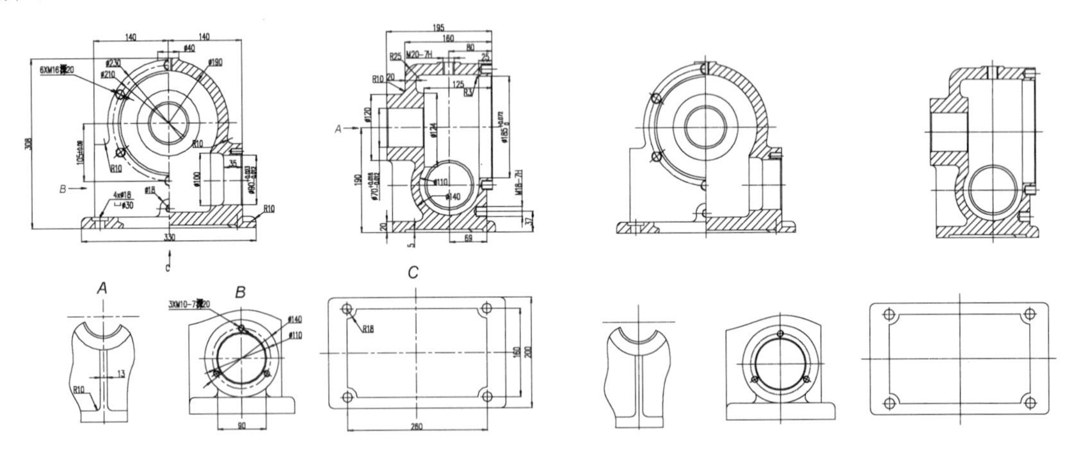

图 13-92　蜗杆箱体平面图　　　图 13-93　蜗杆箱体视图轮廓

提示　用户也可以根据创建不同视图轮廓的需要，来复制蜗杆箱体不同位置的轮廓对象。

5）执行“复制（CO）”命令，将蜗杆箱体的 *C* 向视图向右侧空白区域复制一份，将“中心线”图层进行暂时关闭，再在菜单中选择“绘图”→“面域”命令，将复制的轮廓选中并进行面域操作，如图 13-94 所示。

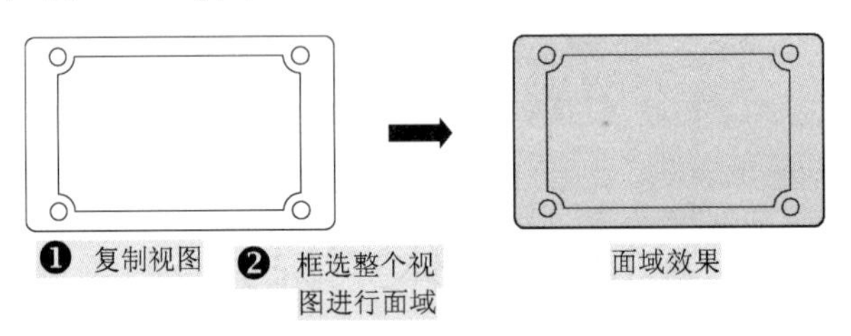

图 13-94　矩形轮廓面域

6）选择“修改”→“实体编辑”→“差集”命令，根据命令行提示先选择整个轮廓，然后再选择四个圆轮廓并按〈Enter〉键，矩形轮廓差集的最终效果如图 13-95 所示。

7）将当前视口切换至“西南等轴测”图，在菜单栏中选择“绘图”→“建模”→“拉伸”命令，选择差集后的矩形轮廓，然后向 *Z* 轴的负方向拉伸 20，如图 13-96 所示。

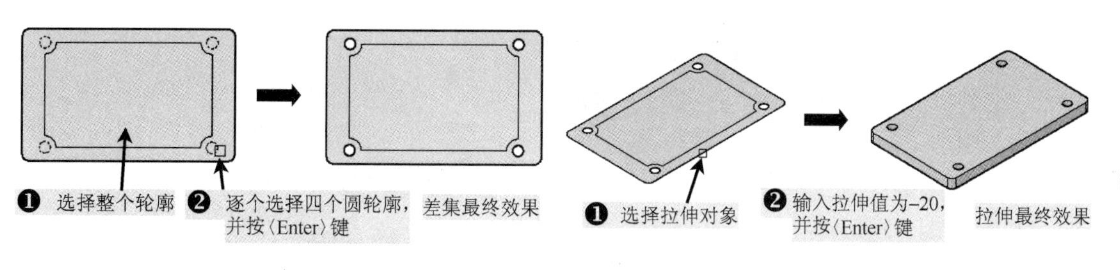

图 13-95 矩形轮廓差集　　图 13-96 矩形轮廓拉伸

8）切换至“二维线框”模式，选择里侧轮廓继续进行拉伸操作，拉伸距离为 5，如图 13-97 所示。

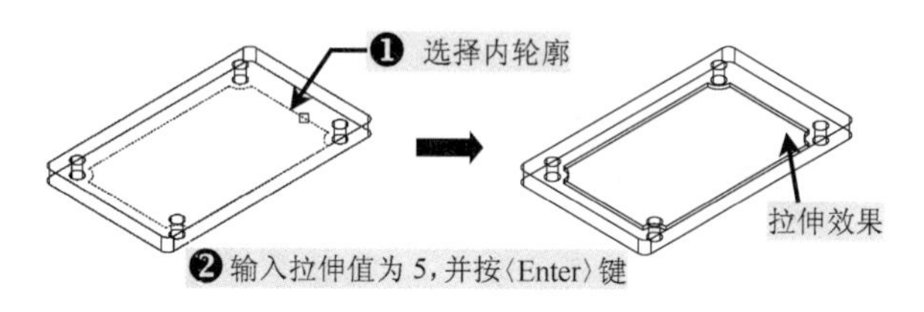

图 13-97 里侧轮廓拉伸

9）选择“差集”命令，根据命令行提示选择相应的实体对象，对箱体底座进行创建，如图 13-98 所示。

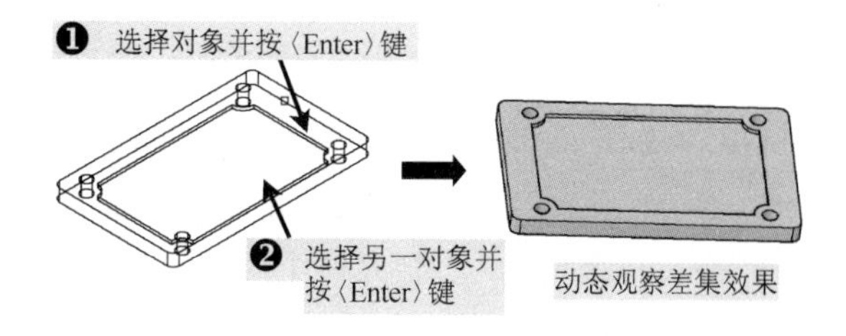

图 13-98 箱体底座的创建

10）转换至“二维线框”模式，切换至“西南等轴测”图，执行“圆（C）”命令，再以相应的点为圆心来绘制四个直径为 30 的圆对象，如图 13-99 所示。

11）在菜单中选择“绘图”→“面域”命令，将绘制的圆对象进行面域操作，然后将其进行拉伸操作，拉伸尺寸为–5，如图 13-100 所示。

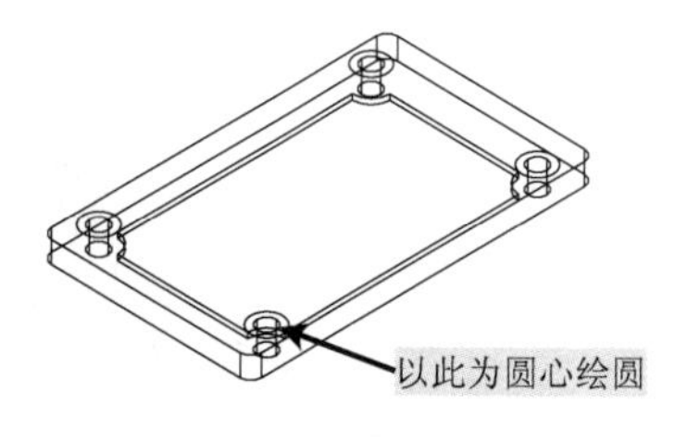

图 13-99 绘制圆对象

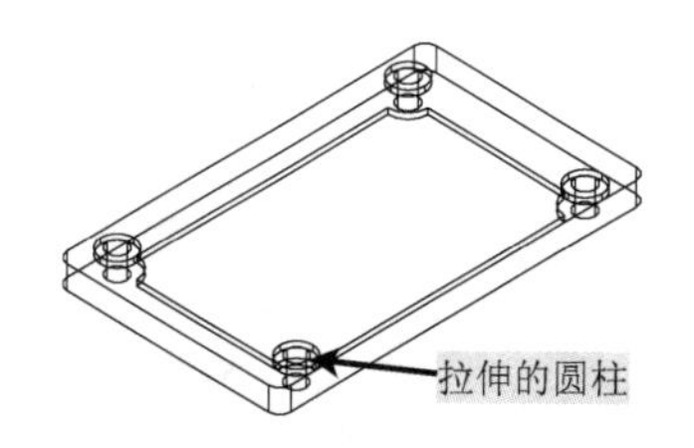

图 13-100 拉伸的圆柱

12）选择“修改”→“实体编辑”→“差集”命令，再选择整个轮廓，然后再选择拉伸的四个圆柱并按〈Enter〉键，差集的最终效果如图 13-101 所示。

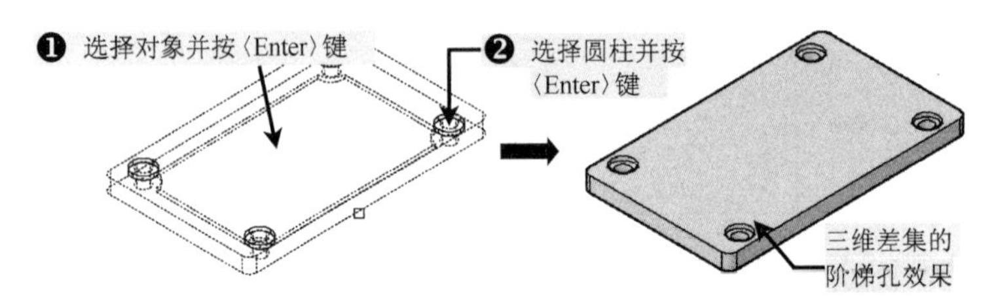

图 13-101　差集效果

13）箱体底座创建好后，下面将对箱体上侧主要轮廓对象进行创建操作。先切换至“二维线框”模式，执行“复制（CO）”命令将两条中心线进行相应的复制操作，如图 13-102 所示。

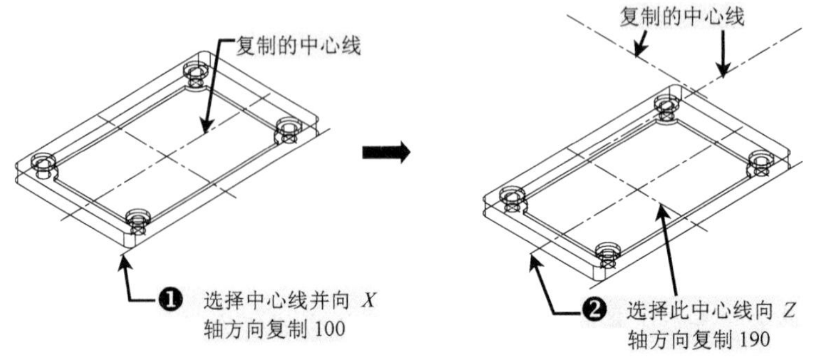

图 13-102　中心线的复制

复制中心线时的相应距离可根据箱体不同视图得到具体尺寸。

14）执行“圆（C）”命令，以复制的 Z 轴方向上中心线交点为圆心绘制三个直径分别为 190、210、230 的同心圆对象，如图 13-103 所示。

注意

用户在绘制同心圆时，一定要根据箱体轮廓的具体方向来确定不同视口，然后转换为不同的“轴测”投影来绘制，否则所绘制的对象会出现错误。

15）在菜单中选择“绘图”→“面域”命令，将绘制的同心圆对象选中并进行面域操作，如图 13-104 所示。

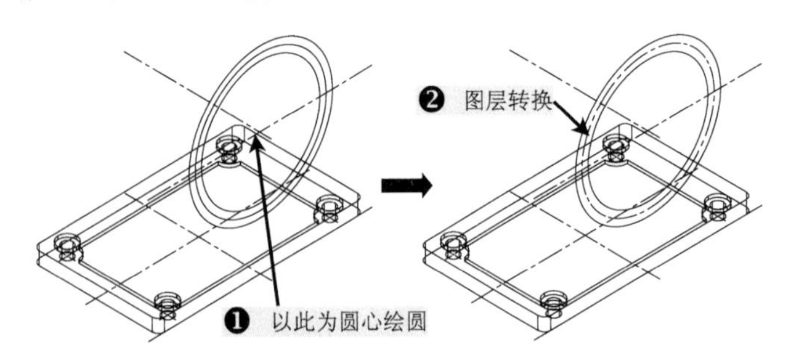

图 13-103　绘制三个同心圆

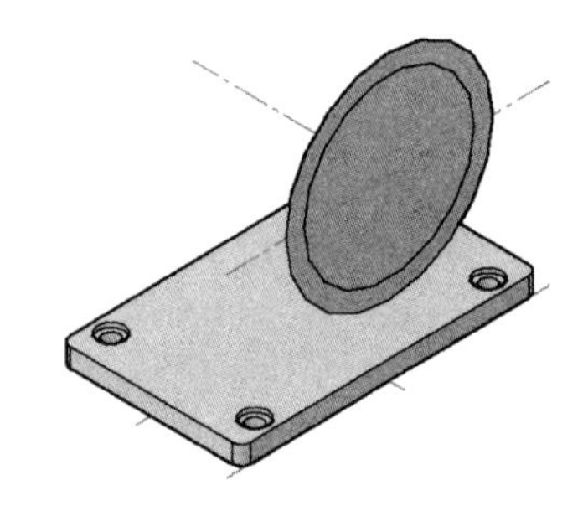

图 13-104　圆轮廓面域

16）选择“修改”→“实体编辑”→“差集”命令，根据命令行提示先选择整个圆轮廓，然后再选择内侧圆轮廓并按〈Enter〉键，圆弧轮廓差集的最终效果如图 13-105 所示。

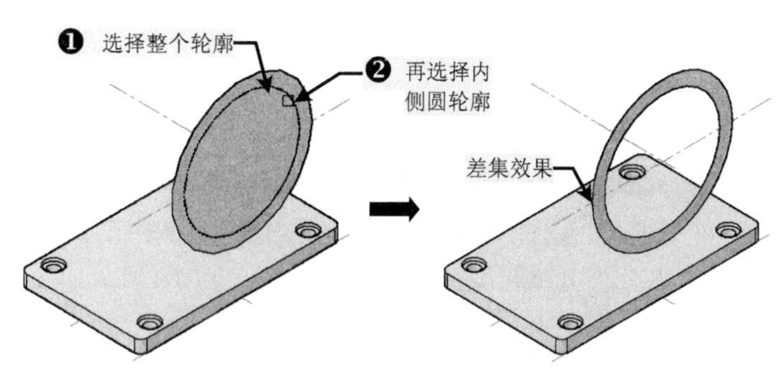

图 13-105 圆弧轮廓差集

17）选择“绘图”→“建模”→“拉伸”命令，选择差集操作后的圆弧轮廓，然后向 Z 轴的负方向拉伸 160，如图 13-106 所示。

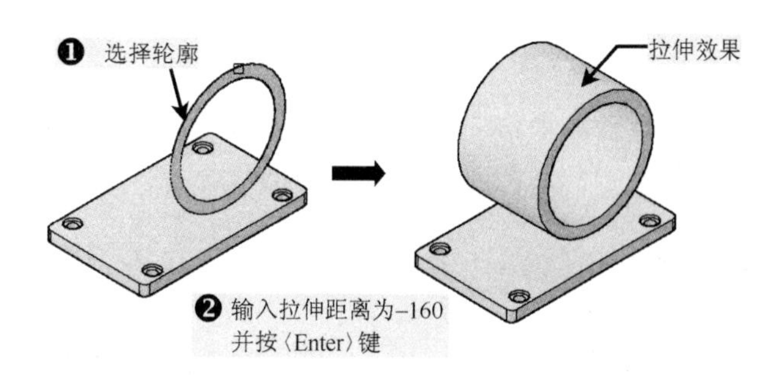

图 13-106 圆弧轮廓拉伸

用户可根据需要将“中心线”图层进行关闭，然后在下一次使用的时候再进行打开。

18）切换至“二维线框”模式，打开“中心线”图层，执行“圆（C）”命令，以内侧中心线圆上侧的象限点为圆心绘制一直径为 16 的圆对象，如图 13-107 所示。

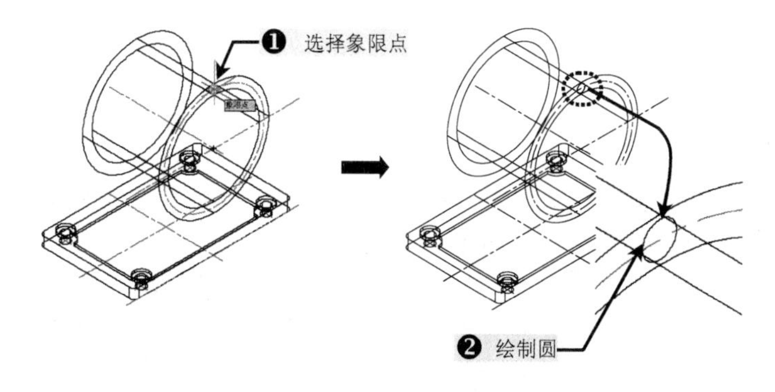

图 13-107 绘制小圆对象

19）执行“阵列（AR）”命令，将上一步所绘制的小圆对象进行环形阵列，具体的阵列方法，如图 13-108 所示。

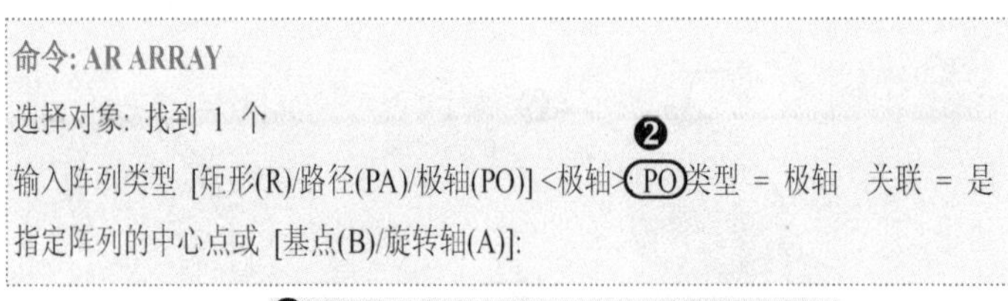
命令: AR ARRAY
选择对象: 找到 1 个
输入阵列类型 [矩形(R)/路径(PA)/极轴(PO)] <极轴>: PO 类型 = 极轴 关联 = 是
指定阵列的中心点或 [基点(B)/旋转轴(A)]:

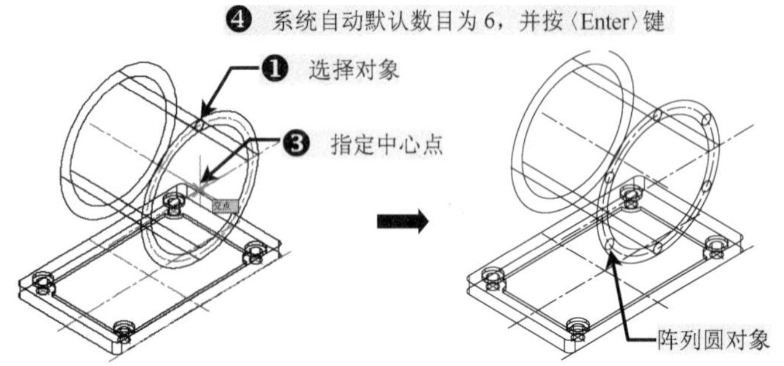

图 13-108　圆对象阵列

20）对阵列的圆对象进行面域操作，然后向 Z 轴方向拉伸−20，再对它进行布尔运算中的“差集”命令操作，其差集操作后的效果如图 13-109 所示。

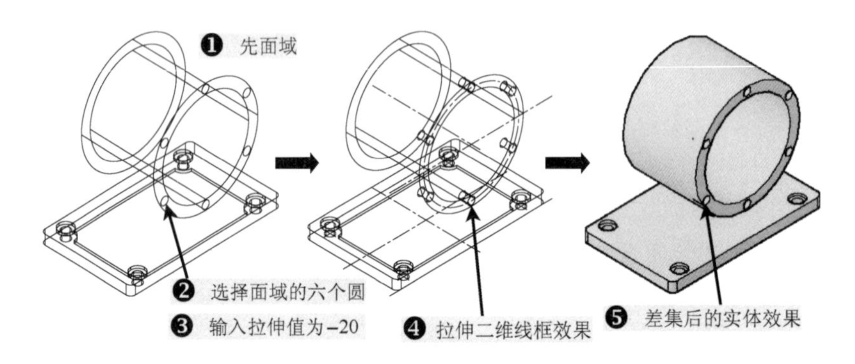

图 13-109　圆柱对象差集效果

阵列后的所有圆对象是一个整体效果，因此在对阵列的圆对象进行面域操作时，一定要先将阵列的圆对象进行分解操作，然后再进行面域操作。

21）切换至“二维线框”模式，打开“中心线”图层，执行“复制（CO）”命令，将部分中心线按指定的尺寸进行复制，如图 13-110 所示。

22）先选择“俯视”视口，再选择“西南等轴测”图，然后执行“圆（C）”命令，以复制的中心线交点为圆心绘制两个直径分别为 40 和 20 的同心圆对象，如图 13-111 所示。

23）对创建的两个圆对象进行面域操作，然后将外侧圆拉伸−10，再对内侧圆对象拉伸−30，如图 13-112 所示。

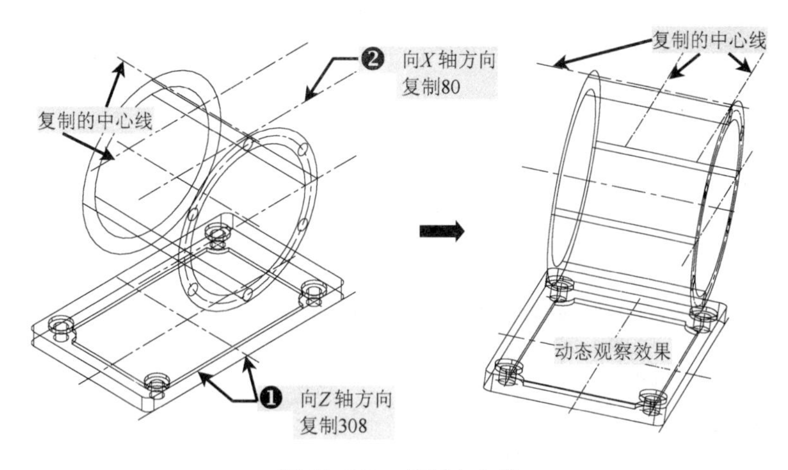

图 13-110　复制中心线

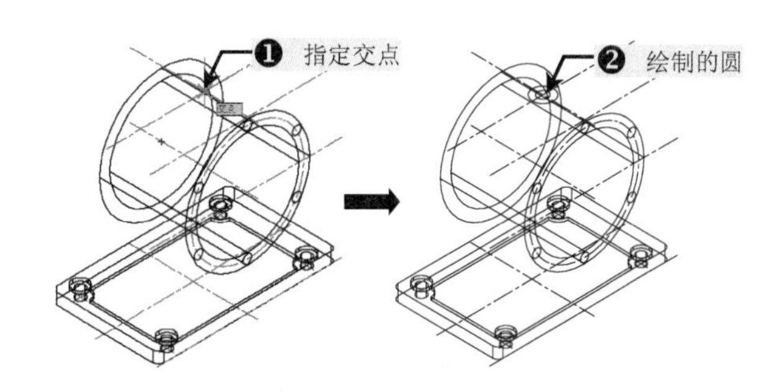

图 13-111　绘制圆对象

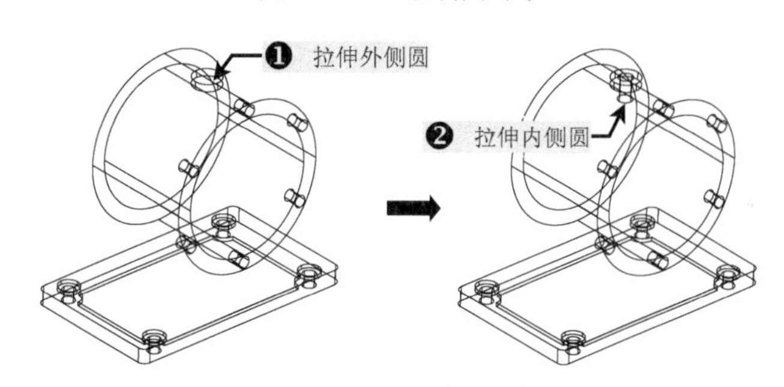

图 13-112　拉伸圆对象

24）选择“概念视觉”样式，先对外侧拉伸的圆柱进行并集操作，再对内侧圆柱进行“差集”命令操作，其最终的效果如图 13-113 所示。

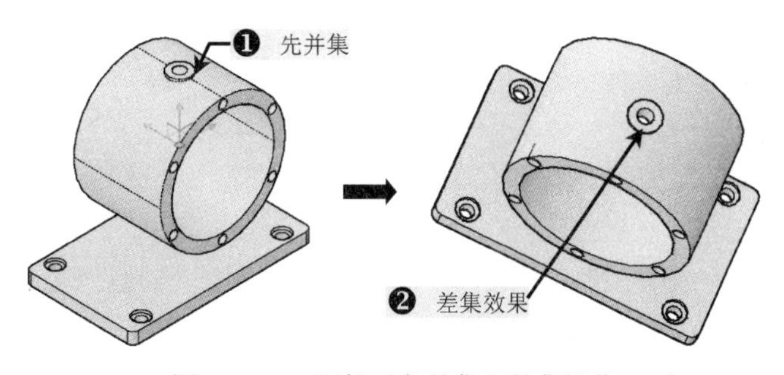

图 13-113　圆柱对象并集和差集操作

25）选择“二维线框”模式，再将其中的一条中心线向 Y 轴方向复制 195，如图 13-114 所示。

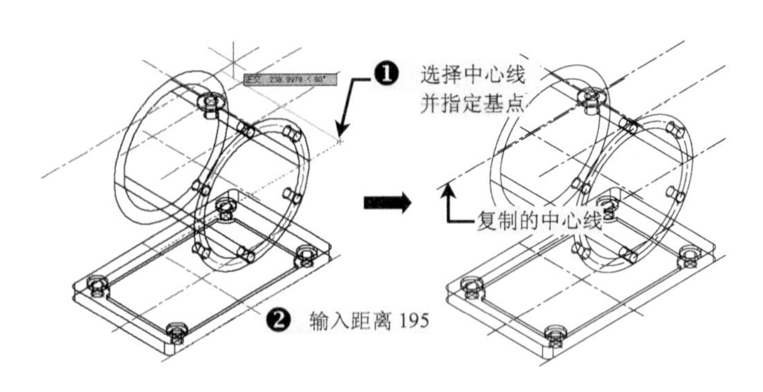

图 13-114　复制中心线

26）选择“后视”图，并转换至“西南等轴测”投影，执行“圆（C）”命令，以复制的中心线相应交点为圆心绘制两个直径分别为 70 和 120 的同心圆，如图 13-115 所示。

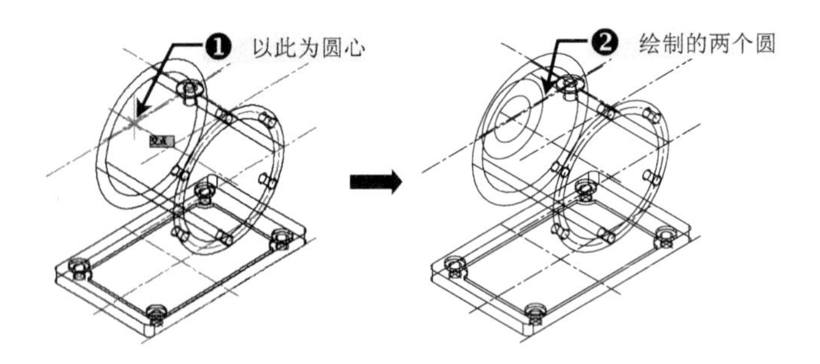

图 13-115　绘制同心圆

27）先对创建的两个同心圆对象进行面域操作，再对两个面域的同心圆进行“差集”命令操作，然后将其进行拉伸操作，拉伸距离为–70，如图 13-116 所示。

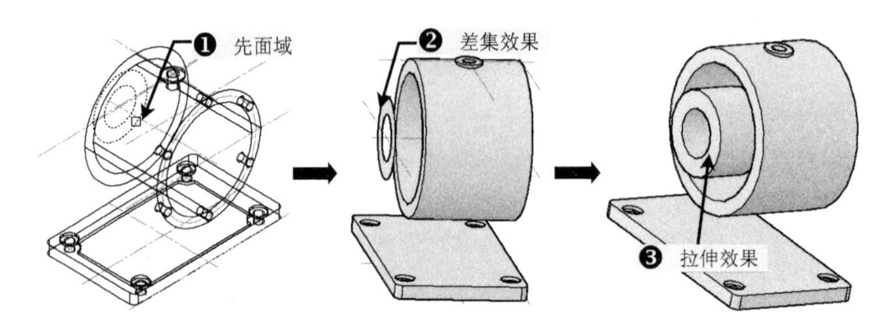

图 13-116　拉伸圆柱

28）转换为“二维线框”模式，选择“后视”，再切换至“西南等轴测”图，捕捉相应圆心点绘制一直径为 230 的圆对象，如图 13-117 所示。

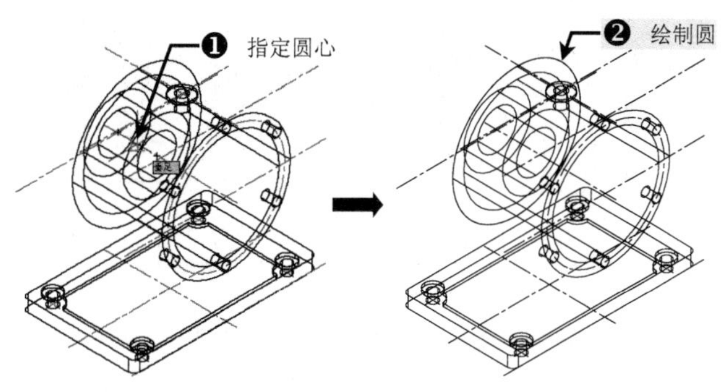

图 13-117　绘制圆

提示

由于当前实体图的圆心较多，这时可用鼠标指定相应的轮廓，软件会自动找到该轮廓的圆心点位置，如图 13-118 所示。

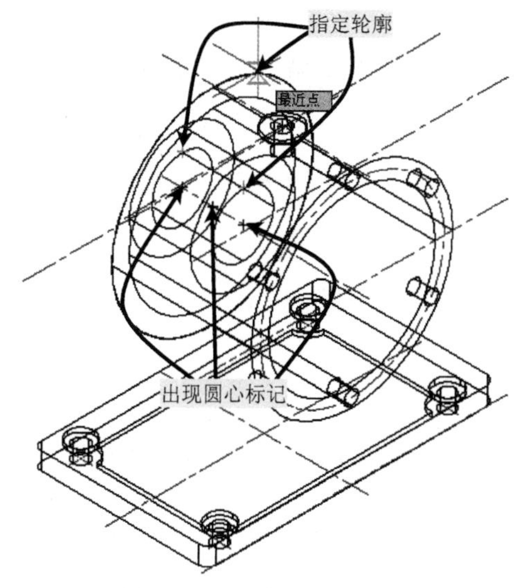

图 13-118　确定圆心位置

29）将第 28）步绘制的圆对象进行面域操作，然后进行“拉伸”命令操作，拉伸尺寸为-20，如图 13-119 所示。

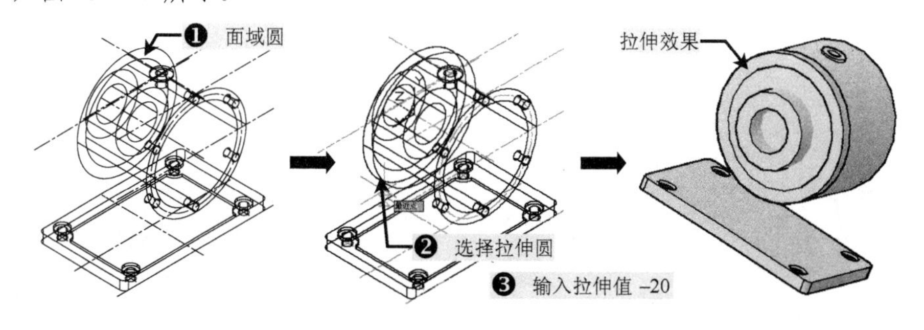

图 13-119　拉伸圆柱

30）对拉伸的圆对象进行“差集”命令操作，然后再进行“并集”命令操作，其效果如图 13-120 所示。

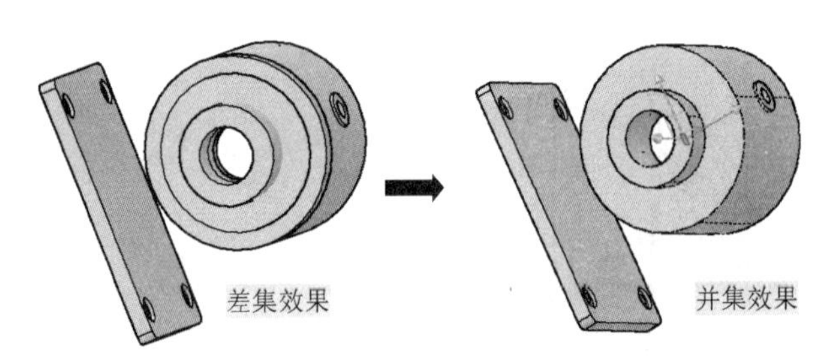

图 13-120　圆轮廓差集和并集操作

31）转换为“二维线框”模式，执行“直线（L）”命令，过下侧小圆圆心和上侧凸台圆柱中心分别绘制中心线，然后将以前的“中心线”图层进行关闭，如图 13-121 所示。

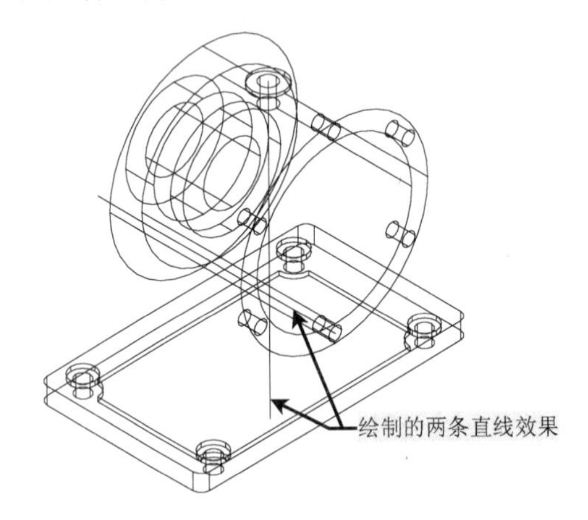

图 13-121　创建新的直线

在创建不同的轮廓时都需要复制中心线。由于线条较多，用户在每复制一次中心线后，可以将它的颜色进行不同的变换，然后再将转换线型的“中心线”图层进行关闭，这样就不容易出错了。

32）执行“移动（M）”命令，将绘制的垂直直线向左侧移动 140，水平直线向左侧移动 140，如图 13-122 所示。

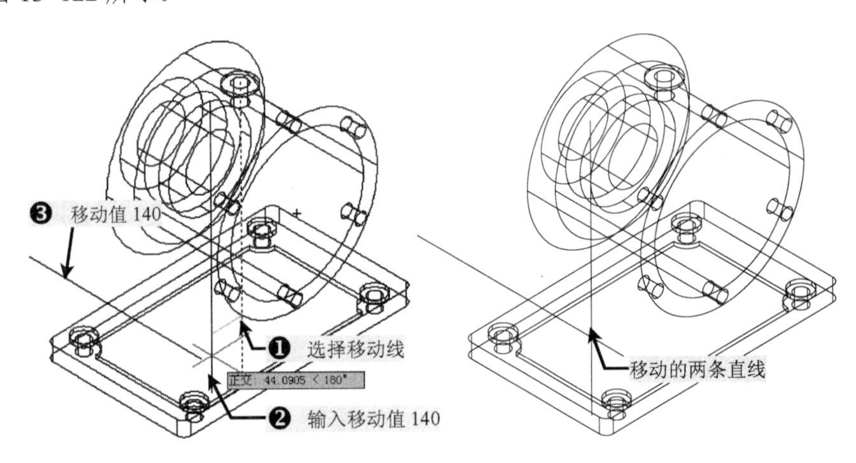

图 13-122　移动直线

33）选择“左视”图，然后再选择“西南等轴测”图，执行“圆（C）”命令，以移动直线交点为圆心绘制直径分别为 90、110 和 140 的同心圆对象，再将ϕ110 圆图层切换至“中心线”图层并关闭，如图 13-123 所示。

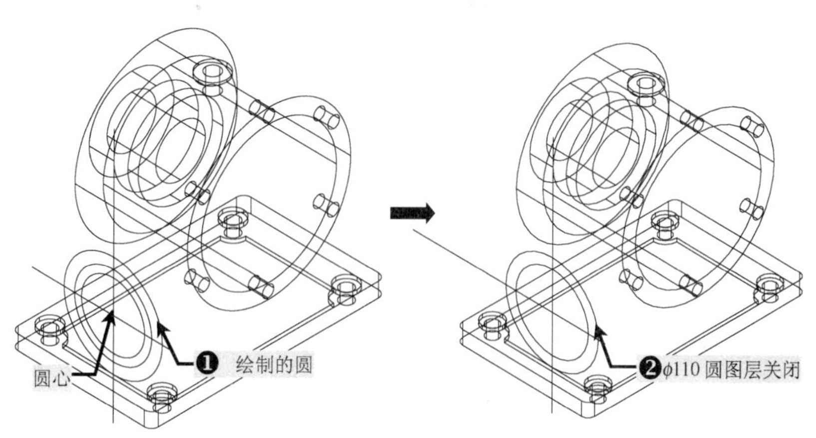

图 13-123 绘制圆对象

34）先对创建的两个同心圆对象进行面域操作，再对两个面域的同心圆进行“差集”命令操作，如图 13-124 所示。

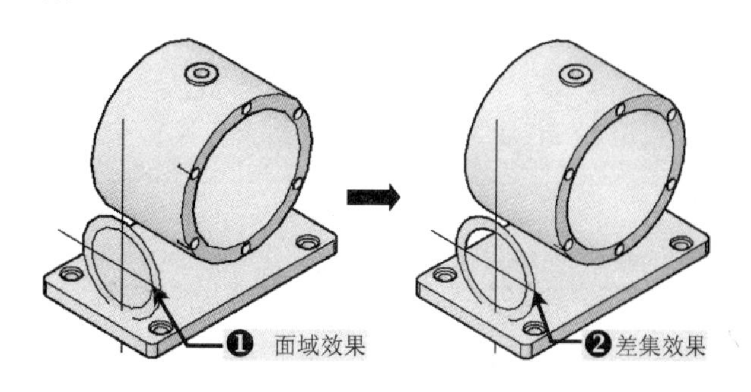

图 13-124 同心圆面域与差集效果

35）将差集后的同心圆轮廓进行“拉伸”命令操作，拉伸距离为–280，如图 13-125 所示。

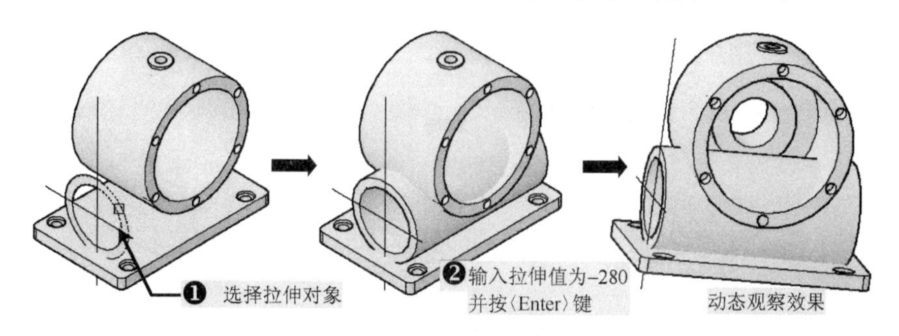

图 13-125 同心圆轮廓拉伸

36）选择“二维线框”模式，打开“中心线”图层，执行“圆（C）”命令，在ϕ110 圆轮廓上侧的象限点位置处绘制一直径为 10 的小圆对象，如图 13-126 所示。

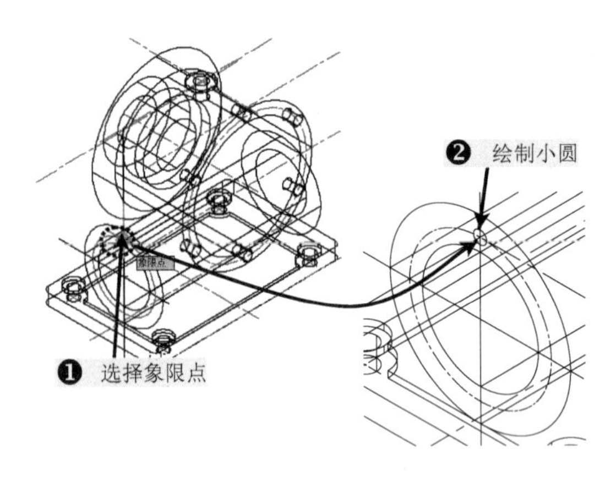

图 13-126　创建小圆

37）执行“阵列（AR）”命令，按照前面所讲的方法，对第 36）步所绘制的小圆对象进行环形阵列，阵列数目为 3，如图 13-127 所示。

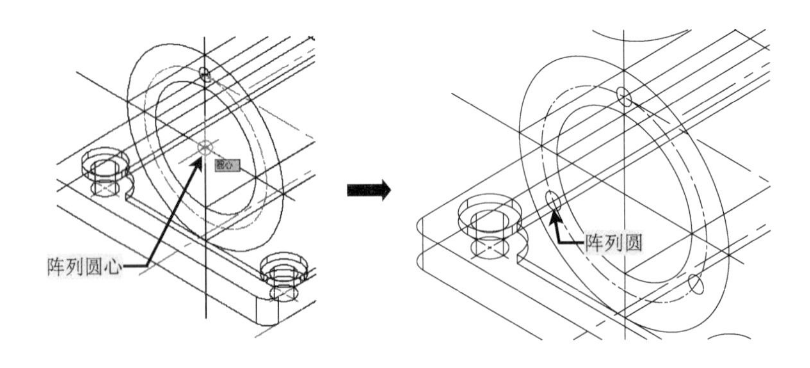

图 13-127　阵列小圆

38）删除辅助线，执行“分解（X）”命令，将阵列的小圆进行分解，再对其进行面域操作，然后进行相应的拉伸，最后进行“差集”命令操作，最终效果如图 13-128 所示。

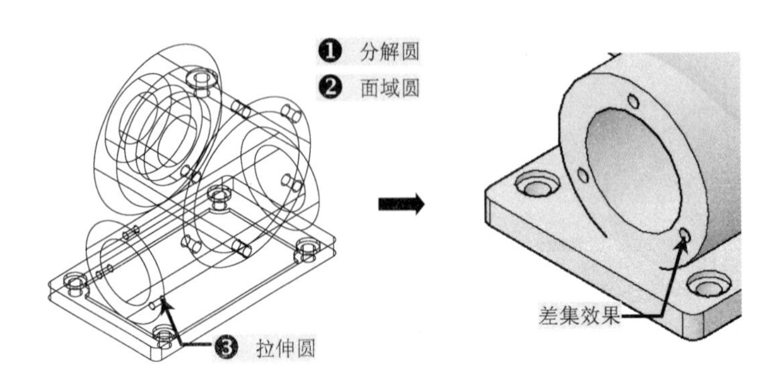

图 13-128　创建圆盲孔

39）切换至“二维线框”模式，选择“前视”图，再切换至“西南等轴测”图，执行“圆”、“直线”、“修剪”等命令，创建一封闭的半圆效果，如图 13-129 所示。

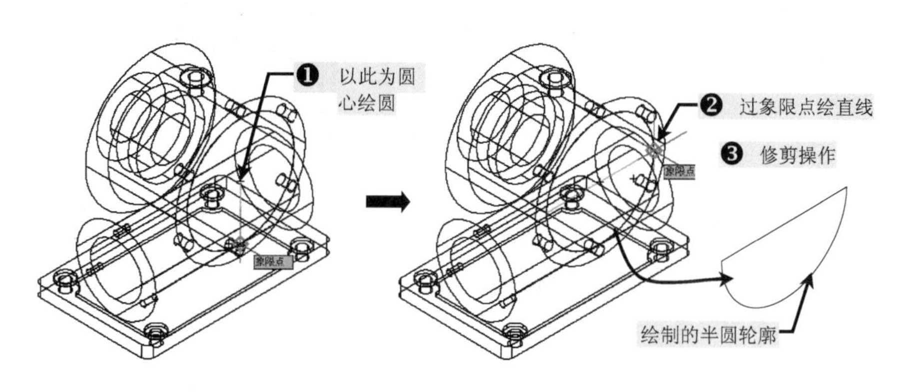

图 13-129 创建半圆轮廓

40）再对半圆对象进行面域操作，然后将其拉伸–150，如图 13-130 所示。

41）使用相同的方法，在水平方向上创建一圆对象，再对其进行“面域”、“拉伸”等命令操作，如图 13-131 所示。

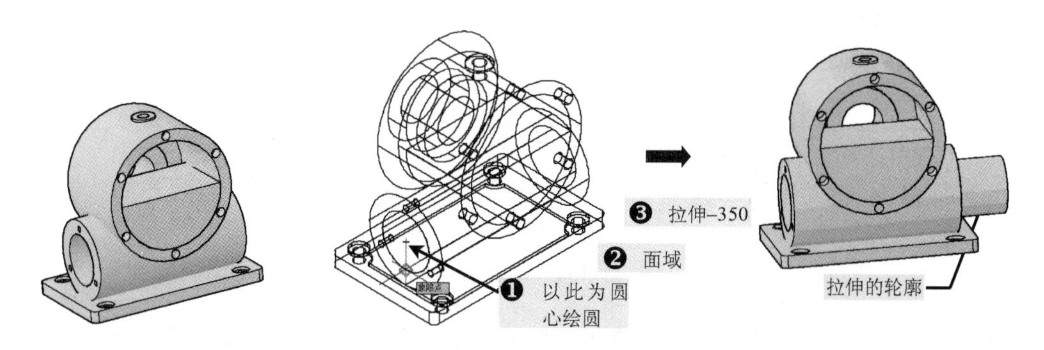

图 13-130 半圆轮廓拉伸　　图 13-131 圆轮廓拉伸

42）对半圆和圆柱对象进行“差集”命令操作，最后的差集效果，如图 13-132 所示。

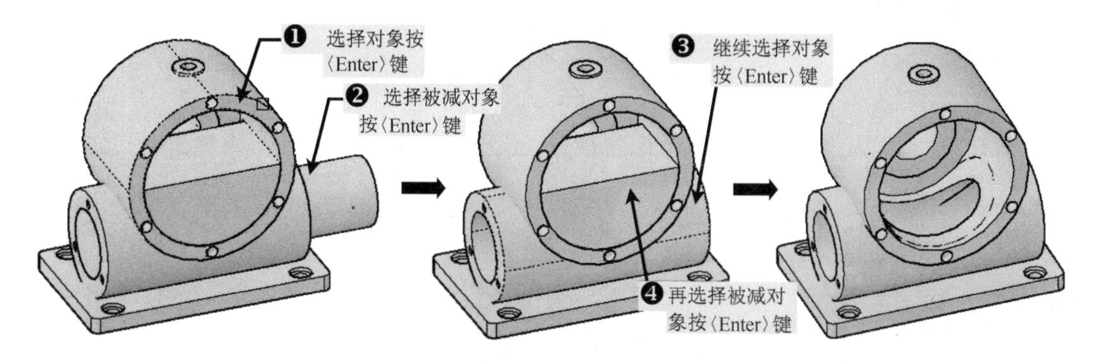

图 13-132 箱体内部轮廓差集效果

43）将当前视口切换至“后视”，执行“矩形（REC）”命令，绘制一个 13×110 的矩形对象，并对其进行面域操作，然后拉伸，创建一加强肋效果，如图 13-133 所示。

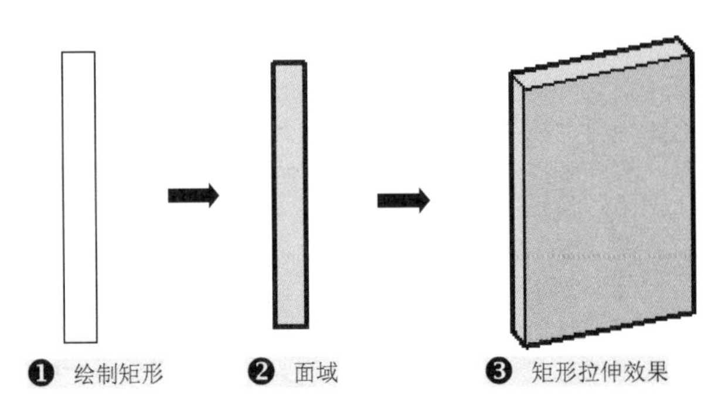

图 13-133　创建加强肋

44）选择“西北等轴测”图，执行“移动（M）”命令，并将创建的矩形实体移动至相应位置处，如图 13-134 所示。

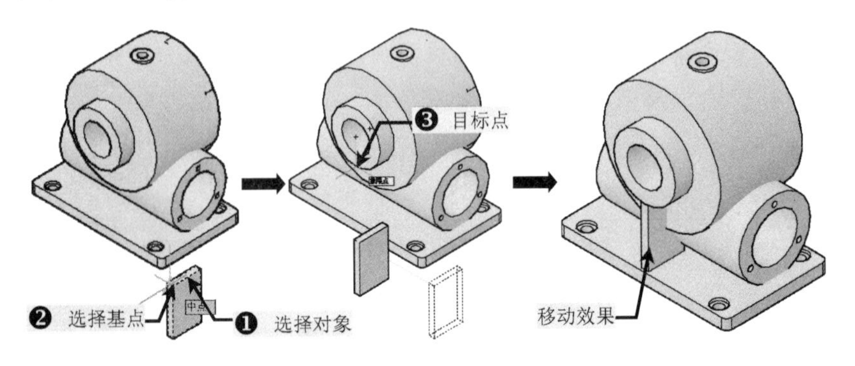

图 13-134　移动矩形实体

45）根据前面相应的操作方法在箱体的左视图位置处创建一盲孔对象效果，如图 13-135 所示。

46）对创建的所有实体对象进行“并集”命令操作，将箱体零件组合成为一个整体效果，如图 13-136 所示。

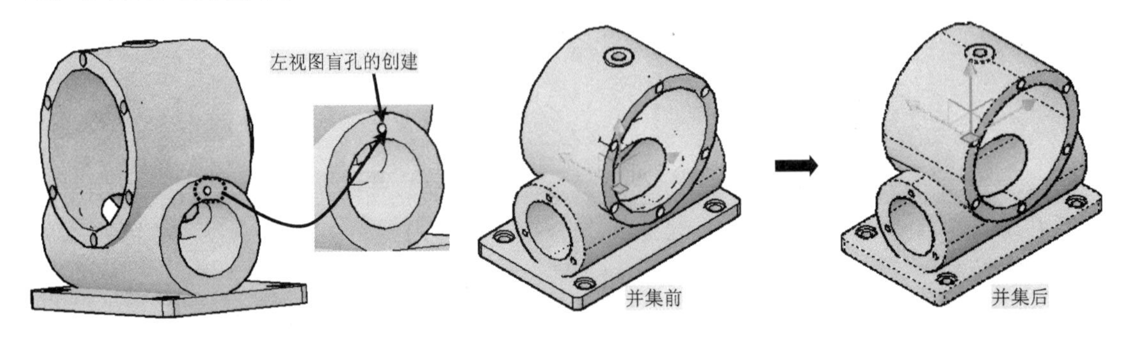

图 13-135　左视图盲孔的创建　　图 13-136　箱体并集

47）至此，箱体的实体轮廓就创建完成了，再按〈Ctrl+S〉组合键进行保存。

第 14 章　钻模板三维零件、装配图的绘制

本章导读

由于在机械设计中，经常会用三维零件装配图来确定整个设施、设备的具体结构以及作为机械零件图的一些参考。因此，在本章中给出了较为完整的一套钻模板的零件实体图与装配图的绘制方法。让读者能够在绘制实体图的同时，也能够对三维装配图以及分解图进行了解并掌握。

主要内容

☑ 掌握钻模板各零件实体的绘制方法
☑ 掌握钻模板装配图的创建方法
☑ 掌握钻模板分解图的创建方法
☑ 了解并能简单分析实体装配图与分解图

效果预览

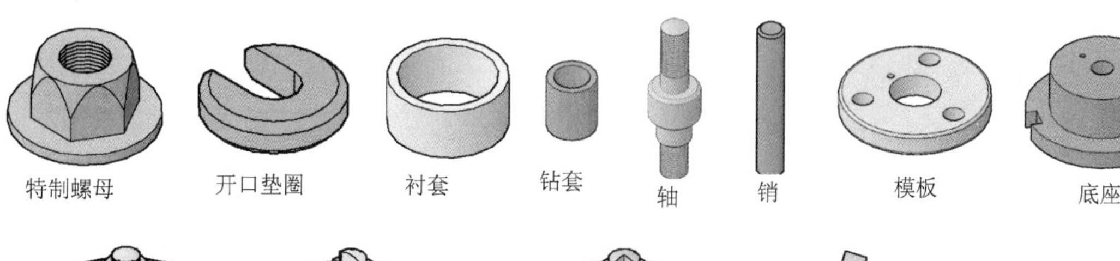

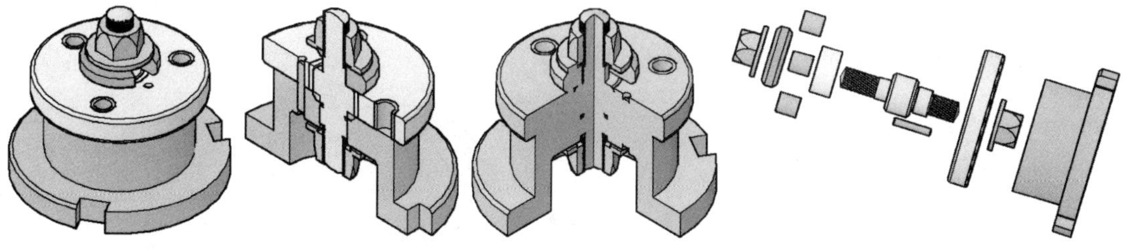

14.1 底座三维实体的绘制

视频文件：视频\14\底座三维实体的绘制.avi

结果文件：案例\14\底座实体.dwg

在进行钻模板三维零件图的创建时，可以在前面章节所绘制好的平面图的基础上进行相应的创建。

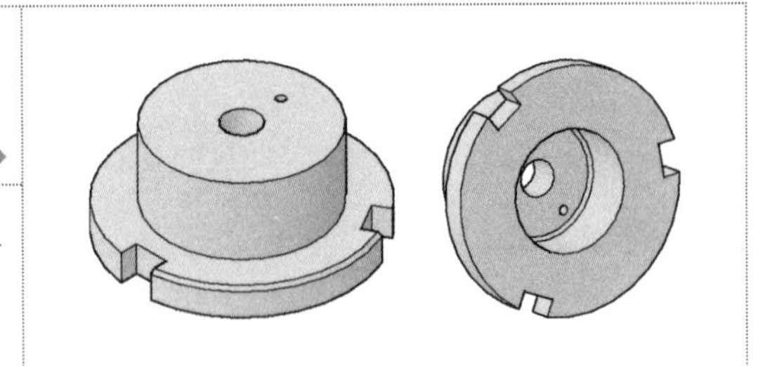

1）启动 AutoCAD 2013 软件，选择“文件”→“打开”菜单命令，将“案例\14\机械实体样板.dwt”文件打开，再执行“文件”→“另存为”菜单命令，将其另存为“案例\14\底座实体.dwg”文件，并选择“俯视”图视口。

2）继续选择“文件”→“打开”菜单命令，将前面已绘制好的“案例\09\钻模板-底座.dwg”文件进行打开，并执行“复制（CO）”命令，将该文件复制到“底座实体.dwg”文件中，再关闭掉平面图中的“尺寸与公差”图层，效果如图 14-1 所示。

3）再执行“复制（CO）”命令，将底座俯视图向右侧空白区域复制一份，关闭掉“中心线”图层，然后将“虚线”图层转换为“粗实线”图层，如图 14-2 所示。

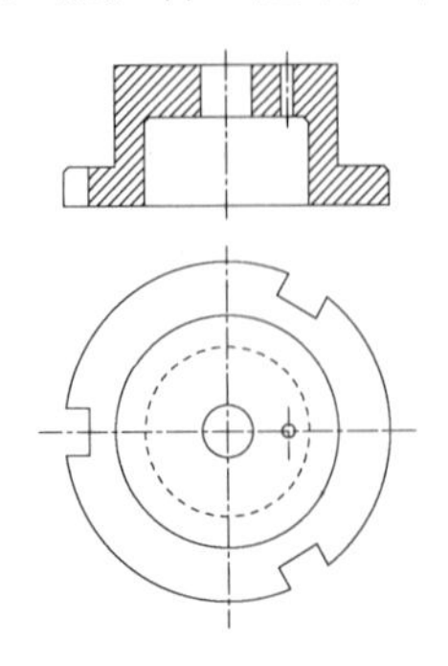

图 14-1 底座轮廓图

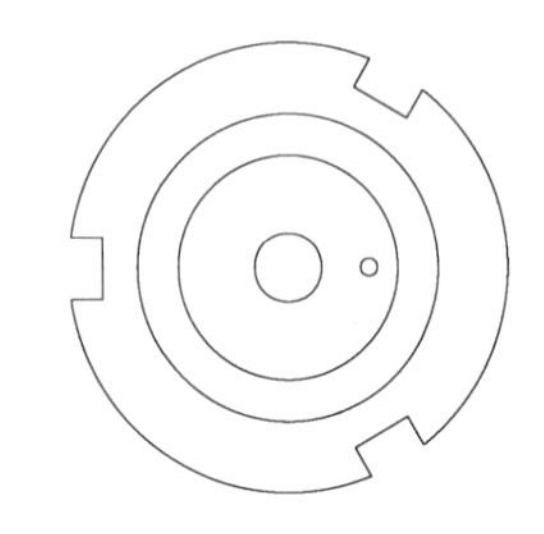

图 14-2 俯视图编辑效果

4）在菜单中选择“绘图”→“面域”命令，将编辑过的俯视图中的所有轮廓线进行面域操作，面域后的效果如图 14-3 所示。

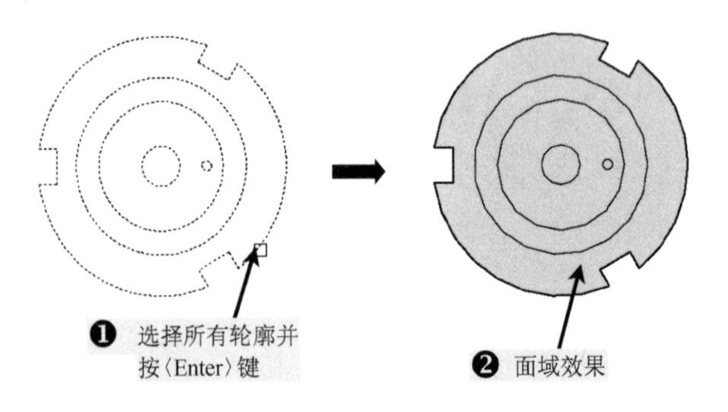

图 14-3 俯视图轮廓面域

5）在菜单栏中选择“视图”→“三维视图”→“西南等轴测”命令，再选择“绘图”→“建模”→“拉伸”命令，选择外侧轮廓向 Z 轴方向拉伸 15，如图 14-4 所示。

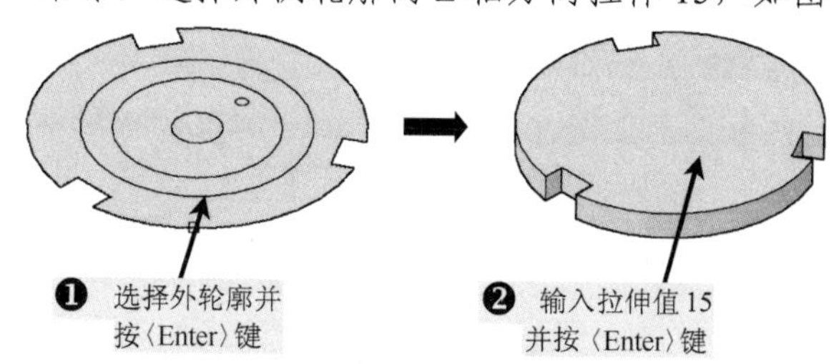

图 14-4 外轮廓拉伸

6）切换至“二维线框”模式，继续选择“拉伸”命令，选择内部第二个大圆轮廓进行拉伸，拉伸的值为 54，如图 14-5 所示。

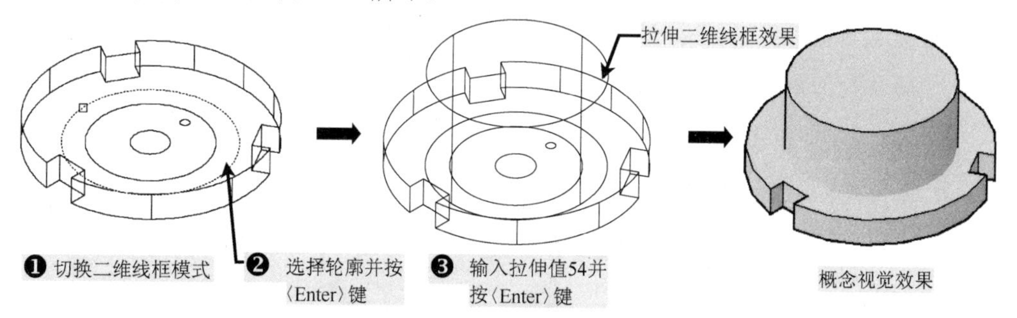

图 14-5 内轮廓拉伸

7）在菜单栏中选择“修改”→“实体编辑”→“并集”命令，将拉伸的两个实体对象合成为一个整体效果，如图 14-6 所示。

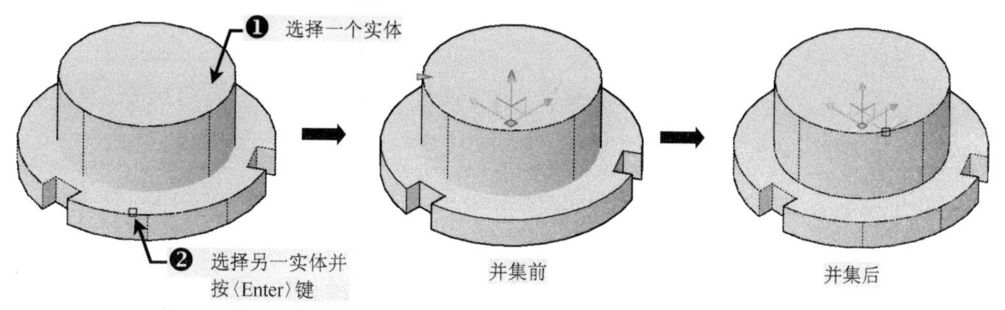

图 14-6 轮廓并集

8）采用相同的方法分别对内部的其他轮廓对象进行拉伸，拉伸后的最终效果如图 14-7 所示。

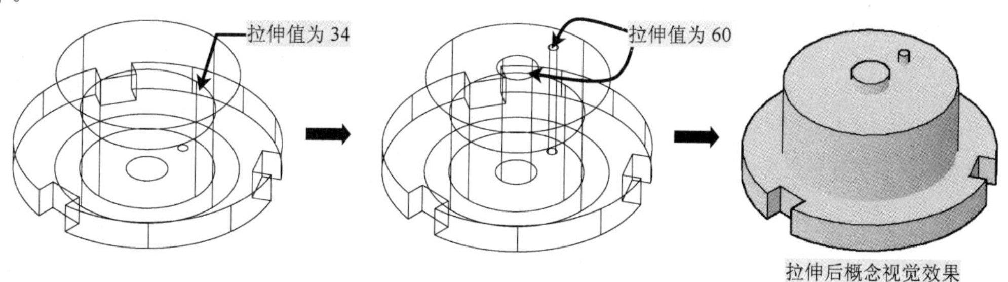

图 14-7 其他内轮廓拉伸

9）切换至“二维线框”模式，再在菜单栏中选择“修改”→“实体编辑”→“差集”命令，根据提示选择相应的轮廓进行布尔运算，如图 14-8 所示。

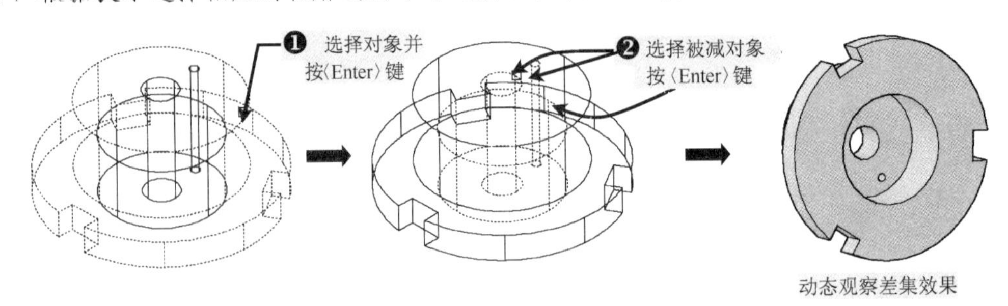

图 14-8　轮廓差集运算

10）在菜单栏中选择“修改”→“实体编辑”→“倒角边”命令，选择底座部分轮廓线进行倒直角操作，如图 14-9 所示。

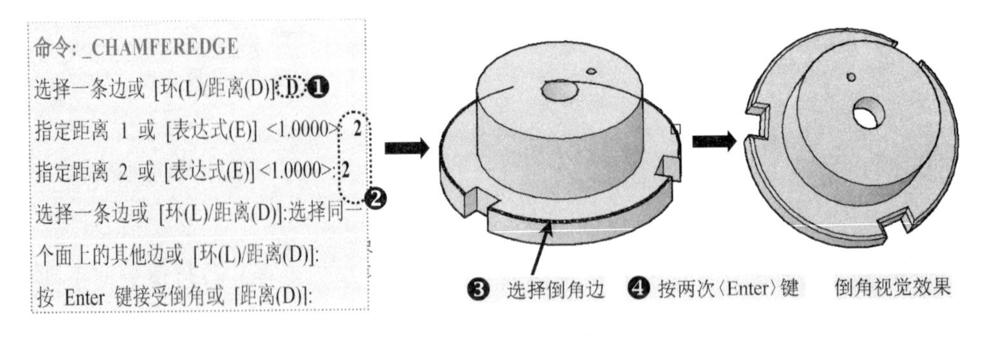

图 14-9　轮廓倒直角

在对实体内部轮廓进行倒角时，可先转换为“二维线框”模式，再选择相应的轮廓线进行倒角即可。

11）至此，钻模板-底座零件图就创建完成了，直接按〈Ctrl+S〉组合键进行保存即可。

14.2　轴的三维实体绘制

视频文件：视频\14\轴的三维实体绘制.avi

结果文件：案例\14\轴实体.dwg

在创建该轴时，可以在原有的平面图内先将中间部分的光轴进行面域操作，然后进行旋转得到实体效果，再对两端的螺纹进行创建，最后创建球体的部分轮廓即可。

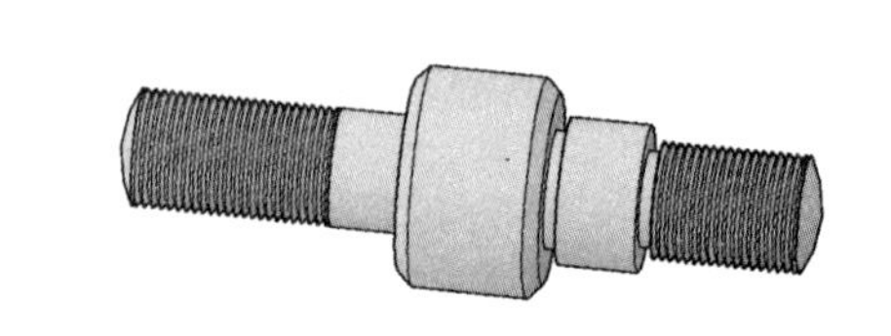

1）启动 AutoCAD 2013 软件，选择“文件”→“打开”菜单命令，将“案例\14\底座实体.dwg”文件打开，再执行“文件”→“另存为”菜单命令，将其另存为“案例\14\轴实体.dwg”文件。

2）执行“删除（E）”命令，将原有的实体图零件进行删除操作，并选择“前视”视口。

3）继续选择“文件”→“打开”菜单命令，打开前面“案例\09\钻模板-轴.dwg”文件，并执行“复制（CO）”命令，将该文件复制到“轴实体.dwg”文件中，再关闭掉平面图中的“尺寸与公差”图层，效果如图14-10所示。

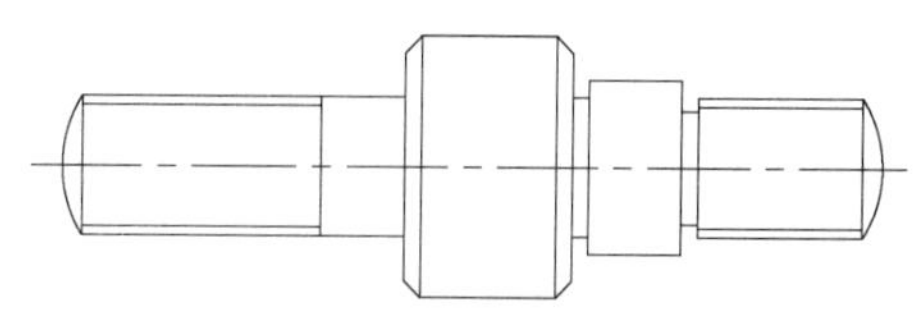

图14-10 轴轮廓效果

4）执行“复制（CO）”命令，将轴轮廓向右侧空白区域复制一份，再执行“删除”、“修剪”等命令，对光轴两侧的螺纹进行删除操作，只保留中间光轴上半部分轮廓，如图14-11所示。

5）将“中心线”图层转换至“粗实线”图层，在菜单中选择“绘图”→“面域”命令，对保留的轴轮廓进行面域操作，面域后的效果，如图14-12所示。

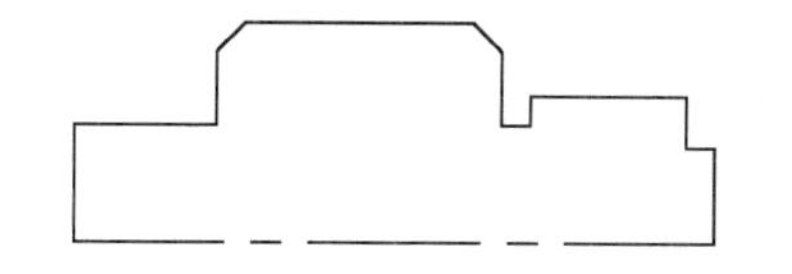

图14-11 编辑的轴轮廓

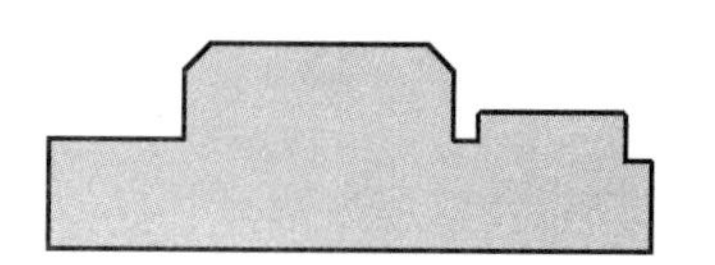

图14-12 轴轮廓面域

6）在菜单栏中选择“视图”→“三维视图”→“西南等轴测”命令，再选择“绘图”→“建模”→“旋转”命令，选择面域轮廓，以两端中心点作为旋转轴点进行旋转，旋转后的效果如图14-13所示。

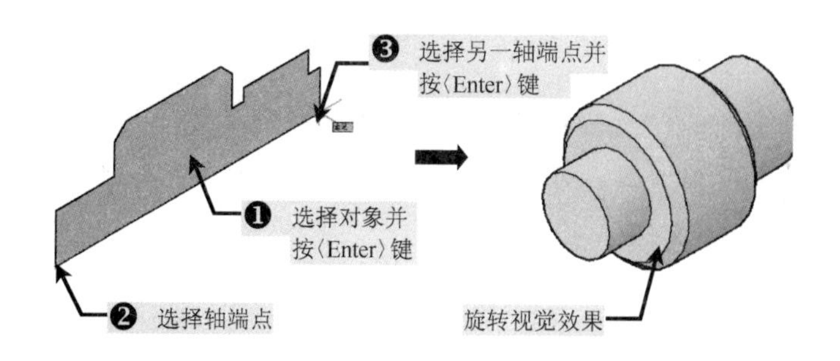

图14-13 轴轮廓旋转

7）切换至“二维线框”模式，选择“前视”图，将轴平面图一端的螺纹效果进行复制，然后执行“直线”、“修剪”、“复制”等命令，创建螺纹齿平面效果，如图14-14所示。

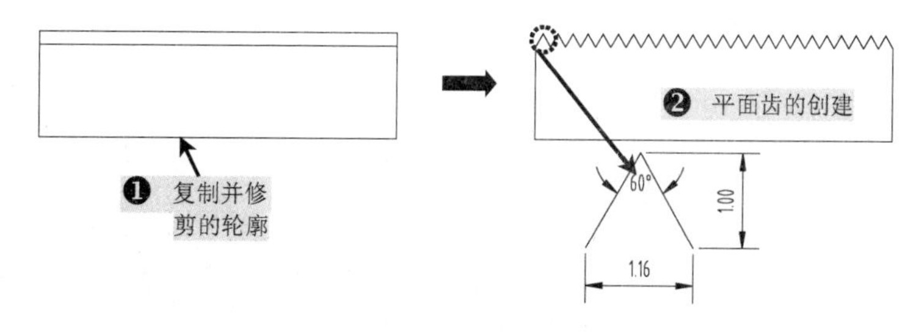

图14-14 创建平面螺纹齿

8）在菜单中选择“绘图”→“面域”命令，将第 7）步创建的所有轮廓进行面域操作，再选择“绘图”→“建模”→“旋转”命令，选择面域轮廓，以两端中心点作为旋转轴点进行旋转，旋转后的效果如图 14-15 所示。

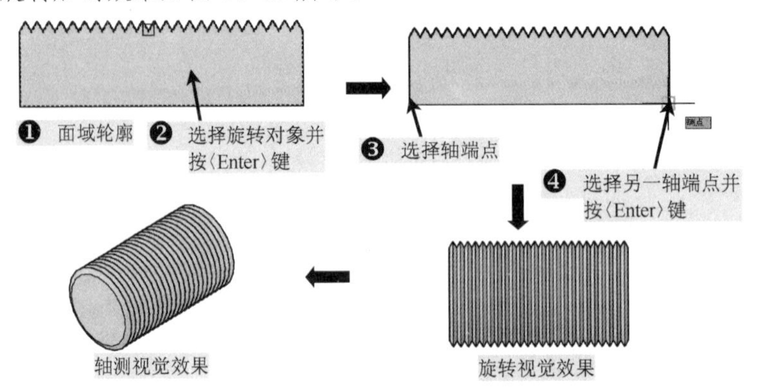

图 14-15　螺纹实体的创建

9）再采用相同的方法对轴右侧的螺纹实体进行相应的创建，创建的最终效果如图 14-16 所示。

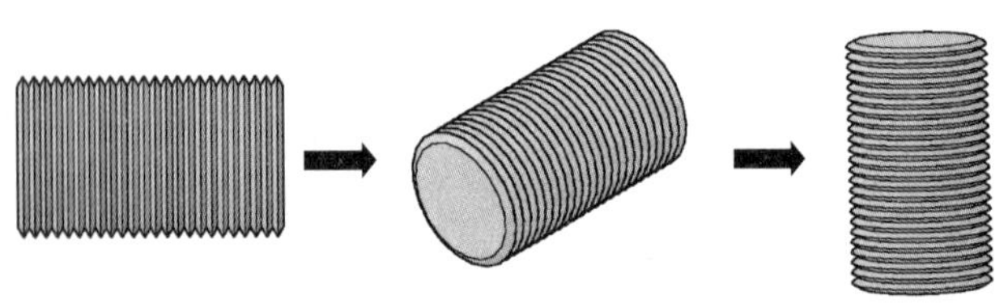

图 14-16　右侧螺纹实体效果

10）选择“西南等轴测”图，再切换至“二维线框”模式，执行“移动（M）”命令，选择左侧螺纹中心轴点与光轴左侧中心轴点重合，如图 14-17 所示。

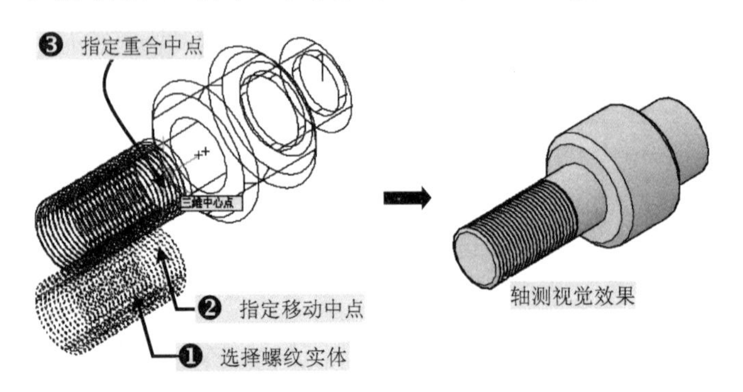

图 14-17　左侧螺纹实体的移动

提示　在移动螺纹实体选择移动中心轴基点时，会出现较多的选择点，这时用户可在状态栏中选择“对象捕捉”图标并单击鼠标右键，再选择“设置”命令，在弹出的“草图设置”对话框中，去掉其他捕捉点，只勾选“圆心点”，这时再来捕捉就比较方便了。

11）按照相同的方法再对轴右侧的螺纹实体进行移动放置，其最终效果如图 14-18 所示。

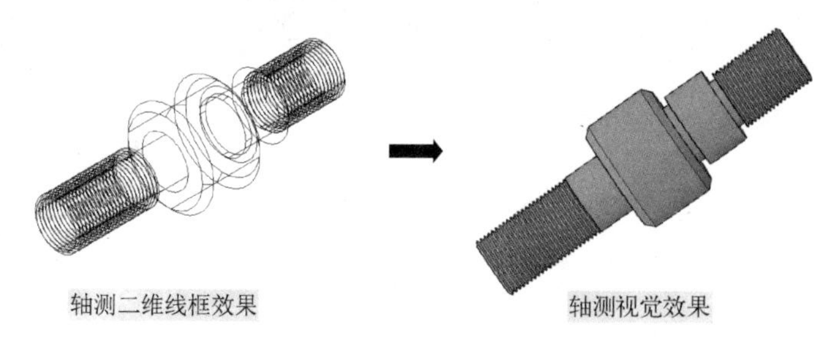

图 14-18　右侧螺纹实体的移动

12）再切换至“二维线框”模式，选择“前视”图，执行“复制（CO）”命令，将平面图中轴一端的部分圆弧对象进行复制，并修剪成一封闭的图形效果，再进行面域操作，如图 14-19 所示。

13）再选择“绘图”→“建模”→“旋转”命令，选择面域轮廓，以两端中心点作为旋转轴点进行旋转，旋转后的效果如图 14-20 所示。

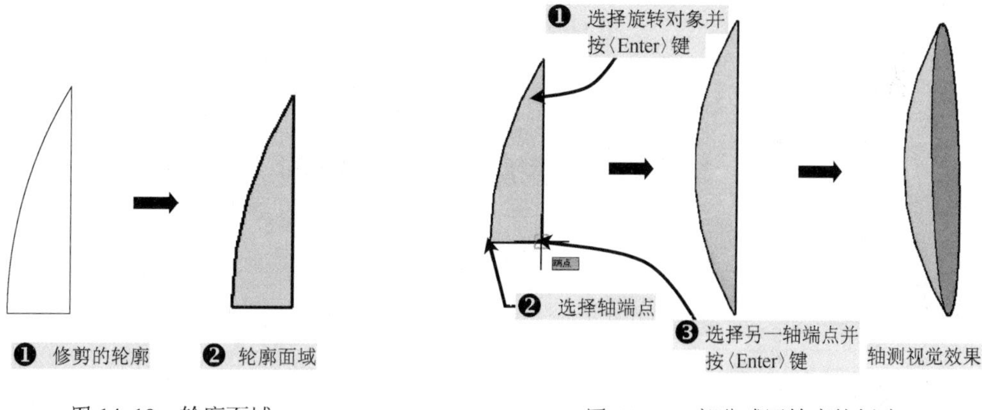

图 14-19　轮廓面域　　　　图 14-20　部分球冠轮廓的创建

14）执行“移动（M）”命令，选择创建的球冠中心点与轴左侧螺纹实体的中心轴重合，如图 14-21 所示。

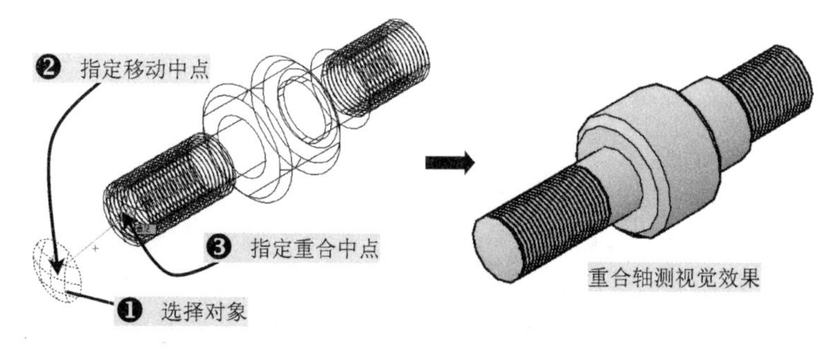

图 14-21　球冠移动

15）执行“复制（CO）”命令，将球对象复制一份，并将它旋转 180°，再将其移动至轴的右侧端位置处即可，如图 14-22 所示。

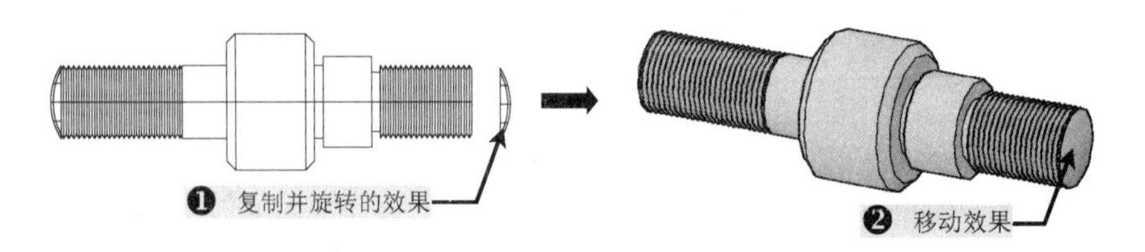

图 14-22　球冠复制、旋转并移动

16）在菜单栏中选择“修改”→“实体编辑”→“并集”命令，选择轴实体中所有对象并按〈Enter〉键，如图 14-23 所示。

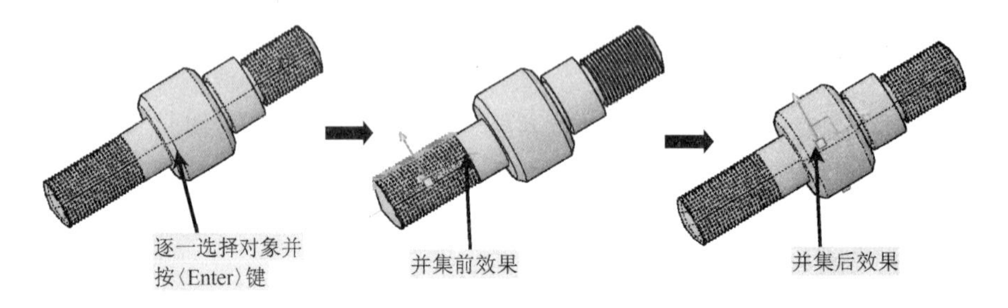

图 14-23　轴的并集操作

17）至此，钻模板中的轴零件就创建完成了，再按〈Ctrl+S〉组合键直接进行保存。

14.3　模板三维实体绘制

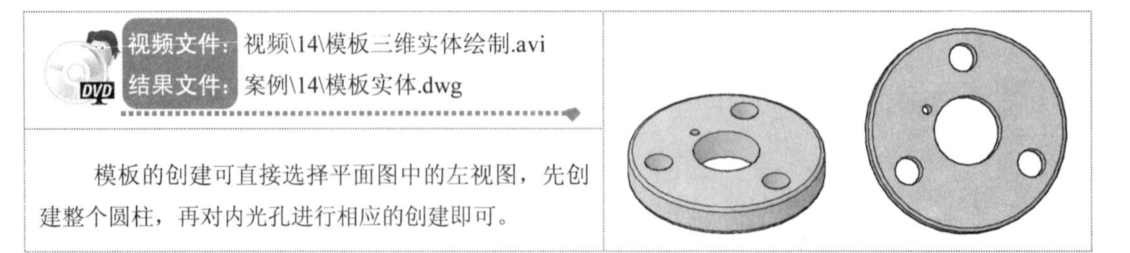

模板的创建可直接选择平面图中的左视图，先创建整个圆柱，再对内光孔进行相应的创建即可。

1）启动 AutoCAD 2013 软件，选择“文件”→“打开”菜单命令，将“案例\14\轴实体.dwg”文件打开，再执行“文件”→“另存为”菜单命令，将其另存为“案例\14\模板实体.dwg”文件。

2）执行“删除（E）”命令，将原有的实体图零件进行删除操作，并选择“俯视”视口。

3）继续选择“文件”→“打开”菜单命令，打开前面已绘制好的“案例\09\钻模板-模板.dwg”文件，并执行“复制（CO）”命令，将该文件复制到“模板实体.dwg”文件中，再关闭掉平面图中的“尺寸与公差”图层，效果如图 14-24 所示。

4）执行“删除（E）”命令，将模板的主视图轮廓删除，并关闭掉“中心线”图层，只保留模板左视图轮廓效果，如图 14-25 所示。

5）切换至“西南等轴测”图，在菜单中选择“绘图”→“面域”命令，将模板保留的轮廓进行逐一的面域操作，如图 14-26 所示。

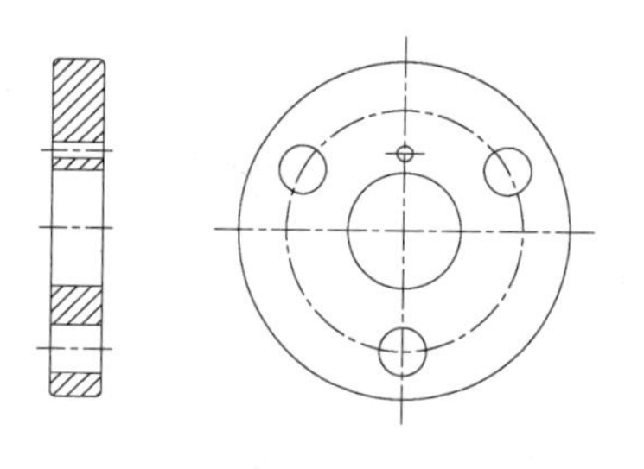

图 14-24 模板轮廓效果

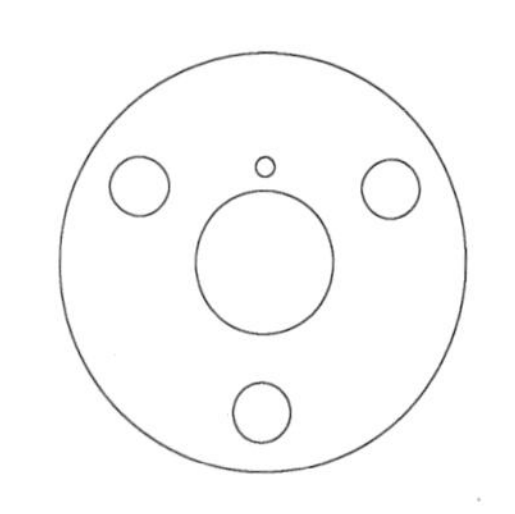

图 14-25 模板左视图轮廓效果

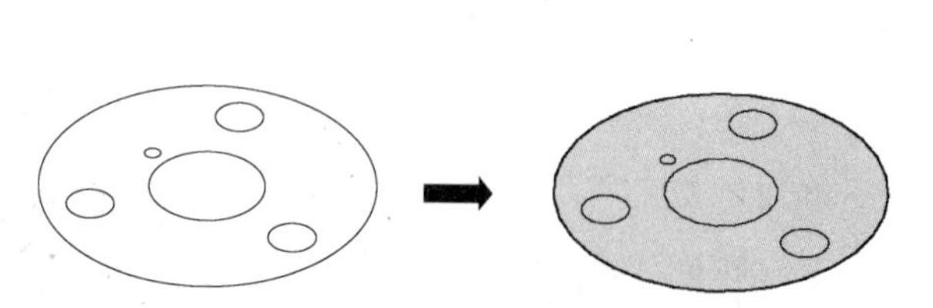

图 14-26 轮廓面域

6）转换到“二维线框”模式，在菜单栏中选择“修改”→“实体编辑”→“差集”命令，根据要求选择不同的轮廓进行布尔运算，如图 14-27 所示。

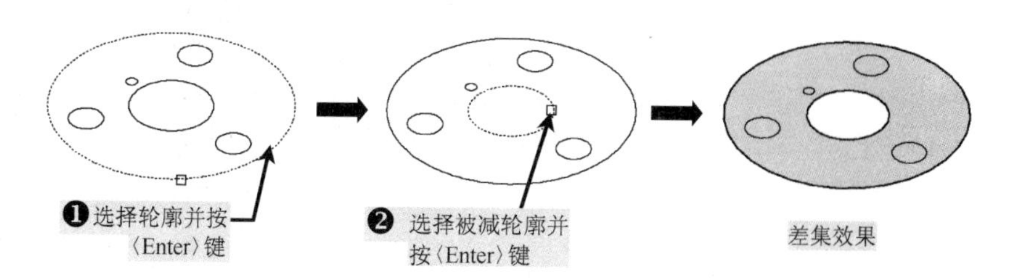

图 14-27 轮廓差集

7）按照与第 6）步相同的方法对其他内部的圆轮廓进行相应的布尔运算，其最终的效果如图 14-28 所示。

8）再选择“绘图”→“建模”→“拉伸”命令，选择外侧轮廓并向 Z 轴方向拉伸 16，如图 14-29 所示。

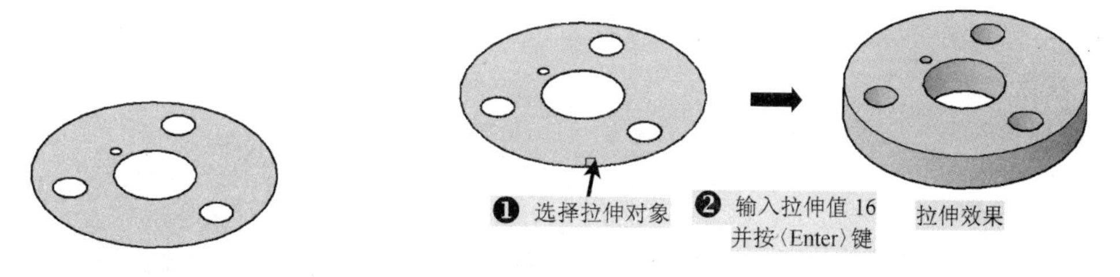

图 14-28 轮廓差集最终效果

图 14-29 模板拉伸

9）在菜单栏中选择“修改”→“实体编辑”→“圆角边”命令，根据要求选择上、下圆边并设置圆半径为 2，进行倒圆角操作，如图 14-30 所示。

命令: _FILLETEDGE
选择边或 [链(C)/环(L)/半径(R)]: R ❶ 输入圆角半径或 [表达式(E)] <1.0000>: 2 ❷
选择边或 [链(C)/环(L)/半径(R)]:选择边或 [链(C)/环(L)/半径(R)]:

❸ 选择倒角边　　圆角效果

图 14-30　模板倒圆角操作

10）至此，模板的实体创建就完成了，用户可直接按〈Ctrl+S〉组合键进行保存。

14.4　特制螺母三维实体绘制

视频文件：视频\14\特制螺母实体绘制.avi

结果文件：案例\14\特制螺母实体.dwg

特制螺母实体的创建是将前面已经绘制好的“案例\09\钻模板-特制螺母.dwg”文件打开，并将多余对象进行修剪和删除，从而只保留相应的轮廓对象，再通过面域、拉伸、圆柱体、差集等操作来建立初步实体模型，最后通过直线、面域、旋转实体、移动和差集的方式来创建螺母的内螺纹效果。

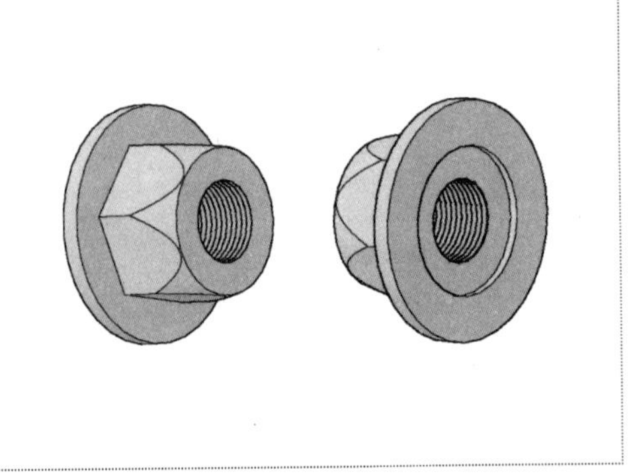

1）正常启动 AutoCAD 2013 软件，选择“文件”→“打开”菜单命令，将“案例\14\模板实体.dwg”文件打开，再执行“文件”→“另存为”菜单命令，将其另存为“案例\14\特制螺母实体.dwg”文件。

2）执行“删除（E）”命令，将原有的实体图零件进行删除操作，并选择“左视”视口。

3）继续选择“文件”→“打开”菜单命令，打开前面“案例\09\钻模板-特制螺母.dwg”文件，并执行“复制（CO）”命令，将该文件复制到“特制螺母实体.dwg”文件中，再关闭掉平面图中的“尺寸与公差”图层，效果如图 14-31 所示。

4）执行“复制（CO）”命令，将特制螺母的左视图向空白区域复制一份，并关闭“中心线”图层，然后删除内部多余的圆弧线条，如图 14-32 所示。

5）在菜单栏中选择“绘图”→“面域”命令，对保留下来的轮廓对象进行逐个的面域操作，面域操作后的效果如图 14-33 所示。

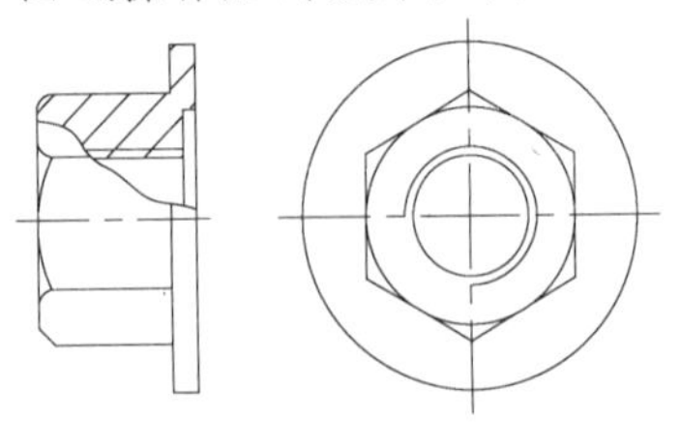

图 14-31　特制螺母轮廓效果

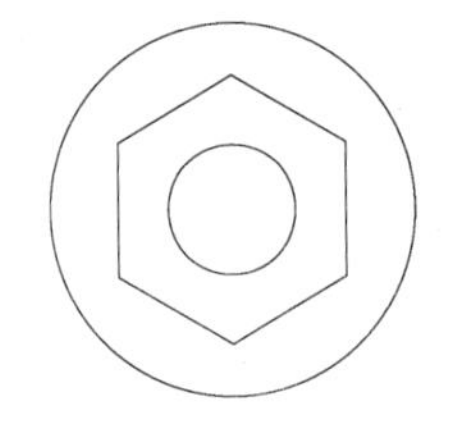

图 14-32　轮廓编辑

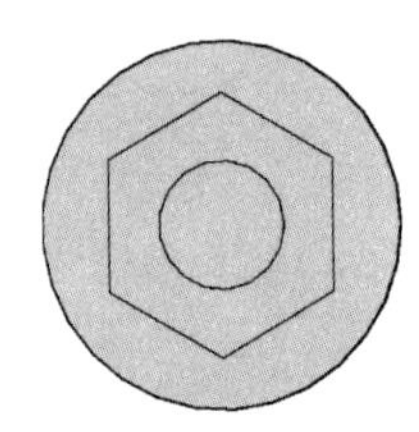

图 14-33　面域轮廓

6）选择“视图”→“三维视图”→“西南等轴测”命令，切换至“二维线框”模式，再选择“绘图”→“建模”→“拉伸”命令，先将内侧的正六边形向 Z 轴方向拉伸 16，如图 14-34 所示。

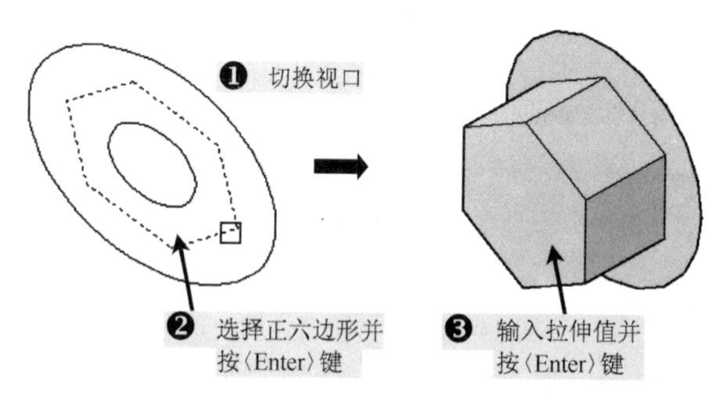

图 14-34 拉伸正六边形

7）切换至“二维线框”模式，选择“绘图”→“建模”→“圆锥体”命令，根据命令行提示先确定圆锥体的中心点，然后指定它的半径或是直径，再输入圆锥的尺寸，如图 14-35 所示。

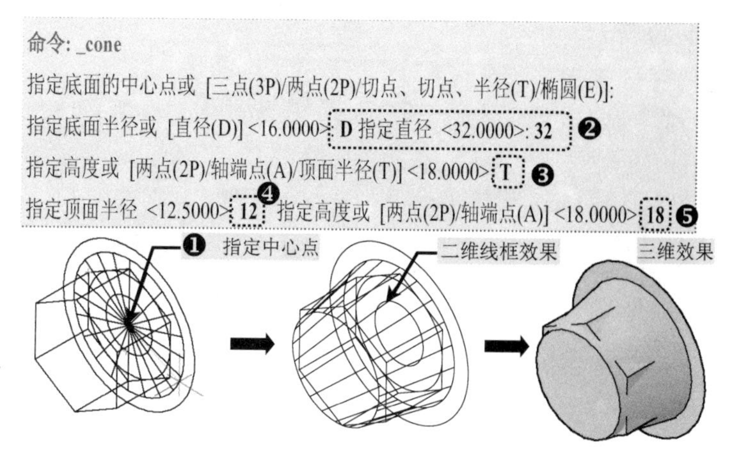

图 14-35 圆锥的创建

8）选择“修改”→“实体编辑”→“交集”命令，根据要求选择拉伸的正六棱柱与圆锥，进行布尔运算，如图 14-36 所示。

9）选择“绘图”→“建模”→“拉伸”命令，再将大圆面向 Z 轴的负方向拉伸 3，如图 14-37 所示。

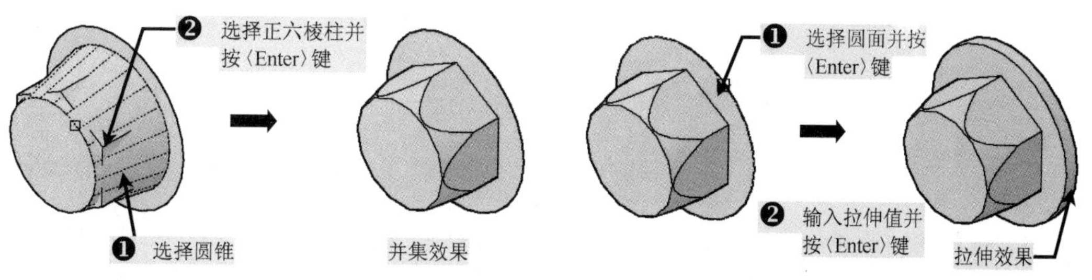

图 14-36 特制螺母头的布尔运算

图 14-37 拉伸圆盘

10）切换至“二维线框”模式，继续选择“绘图”→“建模”→“拉伸”命令，再将最内侧的小圆对象拉伸 20，如图 14-38 所示。

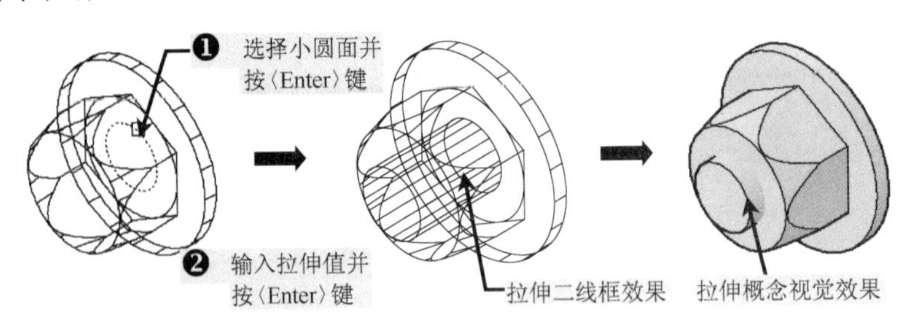

图 14-38 拉伸内部小圆对象

在拉伸内侧小圆时，可先执行“移动（M）”命令，将小圆对象向 Z 轴的负方向移动 5，再将其拉伸。这样就可以减少后面麻烦步骤。

11）在菜单栏中选择“修改”→“实体编辑”→“并集”命令，先将正六棱柱和圆柱进行并集操作，再进行“差集”命令操作，对内侧拉伸的圆柱对象进行差集操作，其布尔运算的最终效果如图 14-39 所示。

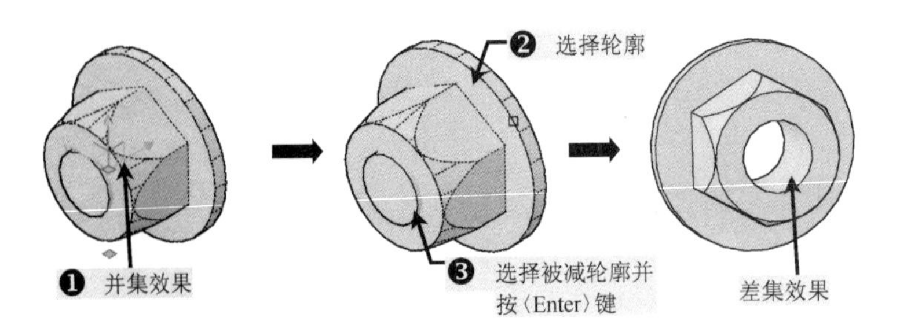

图 14-39 特制螺母头差集效果

12）先选择“右视”图，再选择“东北等轴测”投影，并切换至“二维线框”模式，执行“圆（C）”命令，捕捉指定的圆心绘制一直径为 25 的圆对象，如图 14-40 所示。

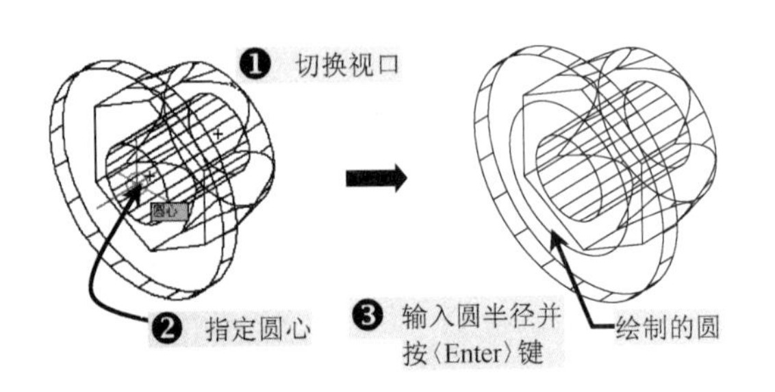

图 14-40 绘制圆轮廓

13）按照前面所讲的方法，执行“面域”、“拉伸”、“差集”等命令，对特制螺母头下侧的轮廓对象进行创建操作，特制螺母头的最终效果如图 14-41 所示。

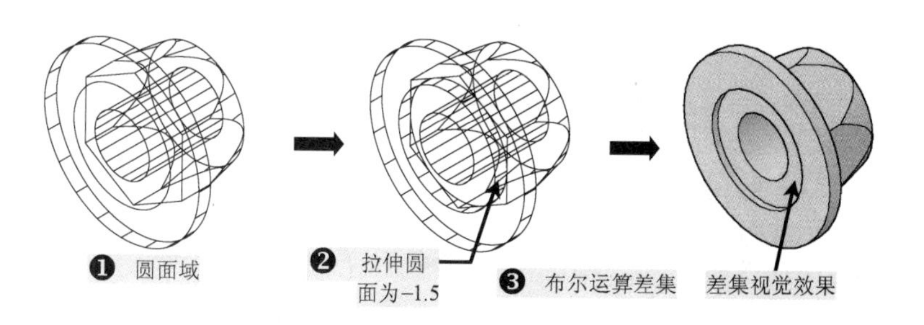

图 14-41 特制螺母头内部轮廓创建

14）选择“主视”图，并切换到“二维线框”模式，执行“矩形（REC）”命令，绘制一个 17.5×16 的矩形对象，并过矩形中点绘制一条直线，再修剪多余的直线段，如图 14-42 所示。

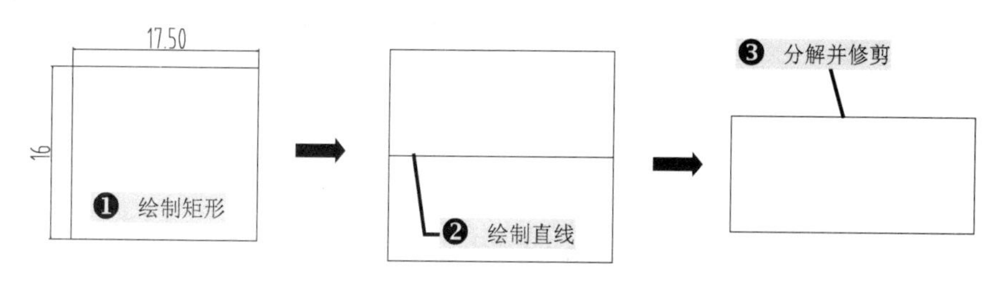

图 14-42 创建螺纹轮廓

15）执行“直线”、“构造线”、“修剪”等命令，对内螺纹齿轮廓进行创建，如图 14-43 所示。

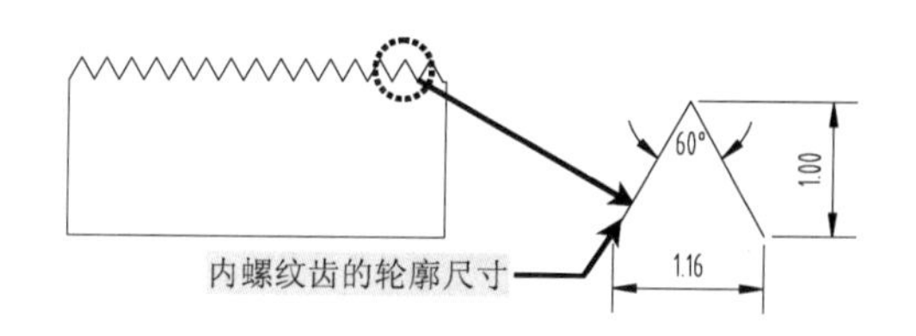

图 14-43 内螺纹齿轮廓的创建

16）选择“面域”、“旋转”命令，对螺纹齿进行实体的创建，如图 14-44 所示。

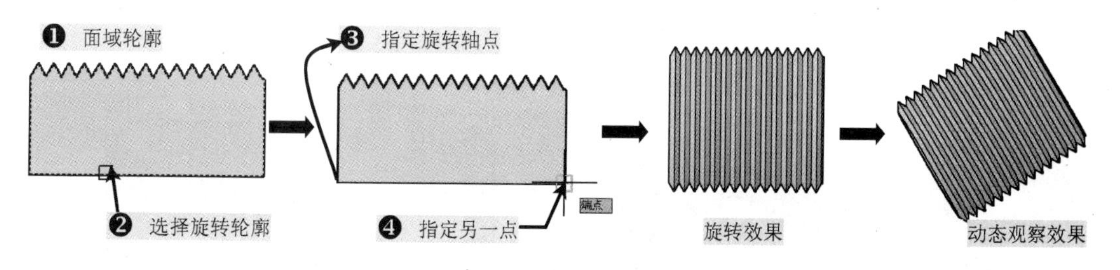

图 14-44 内螺纹齿轮廓旋转

17）执行“移动（M）”命令，选择实体螺纹中心轴端点与创建好的特制螺母头中心轴端点进行重合，具体移动方法如图 14-45 所示。

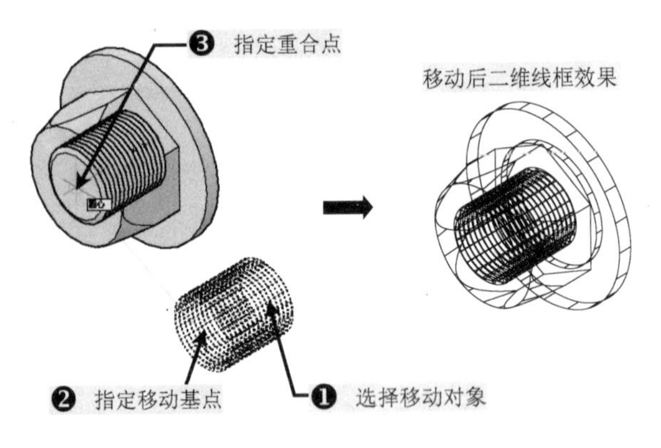

图 14-45 螺纹轮廓移动

18）选择“修改”→“实体编辑”→“差集”命令，对特制螺母内部螺纹进行相应的创建，如图 14-46 所示。

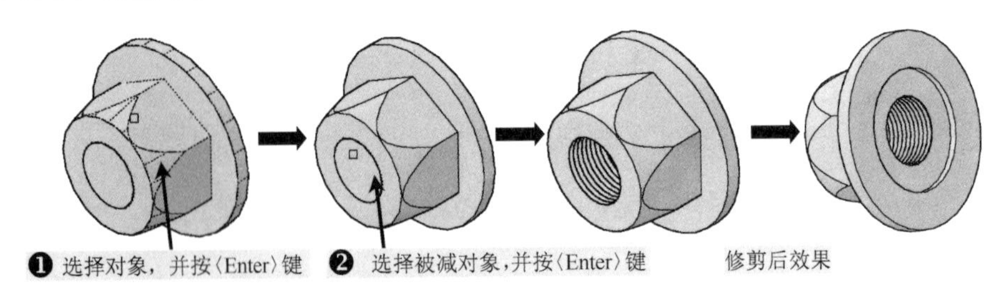

图 14-46 内螺纹的创建

19）至此，特制螺母的绘制就完成了，直接按〈Ctrl+S〉组合键进行保存。

14.5 开口垫圈、衬套、销和钻套三维实体

结果文件：案例\14\衬套实体.dwg
案例\14\开口垫圈实体.dwg
案例\14\销实体.dwg
案例\14\钻套实体.dwg

钻模板的衬套、开口垫圈、销、钻套等实体，用户可以按照前面讲的创建方法来进行创建，由于篇幅有限，在这里就不作过多的讲解了，用户打开光盘中相应的实体零件，即可进行演练。

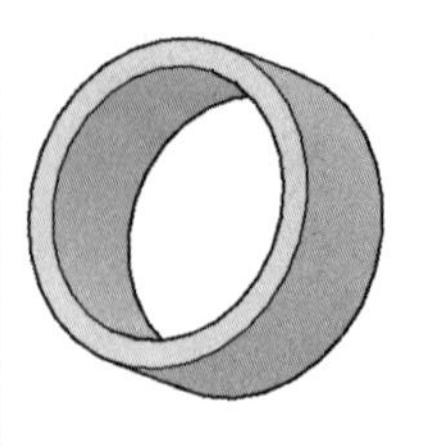

衬套

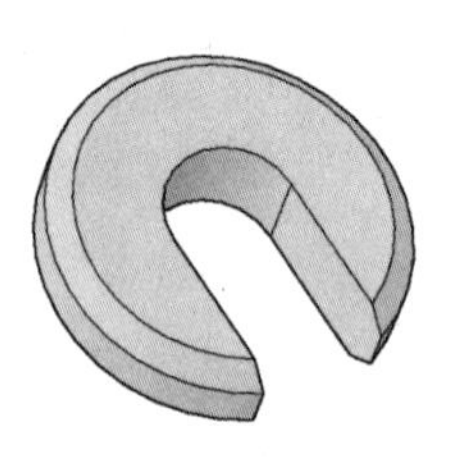

开口垫圈

销

钻套

14.6 钻模板三维实体装配图

视频文件：视频\14\钻模板实体装配图的创建.avi

结果文件：案例\14\钻模板实体装配图.dwg

前面章节已完成对钻模板各零件图的绘制，在本节中将对钻模板的实体装配图进行详解操作。实体的装配图与二维平面装配图有较大区别。

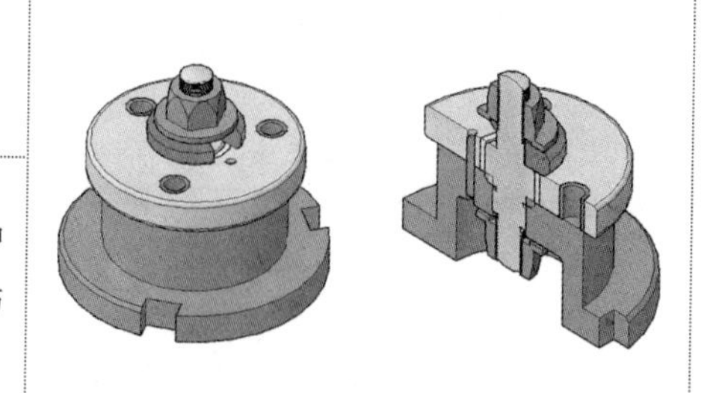

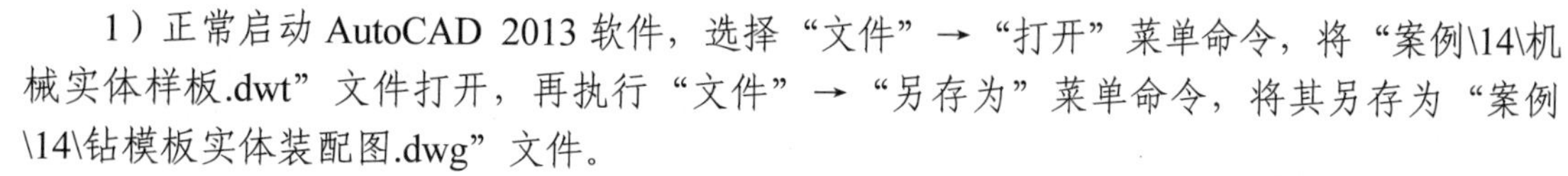

1）正常启动 AutoCAD 2013 软件，选择“文件”→“打开”菜单命令，将“案例\14\机械实体样板.dwt”文件打开，再执行“文件”→“另存为”菜单命令，将其另存为“案例\14\钻模板实体装配图.dwg”文件。

2）继续选择“文件”→“打开”菜单命令，将“案例\14\”中的钻模板实体零件文件进行打开（底座实体.dwg、轴实体.dwg、模板实体.dwg、特制螺母实体.dwg 等），再执行“复制（CO）”命令，将钻模板的所有实体零件图复制到“钻模板实体装配图.dwg”文件中，如图 14-47 所示。

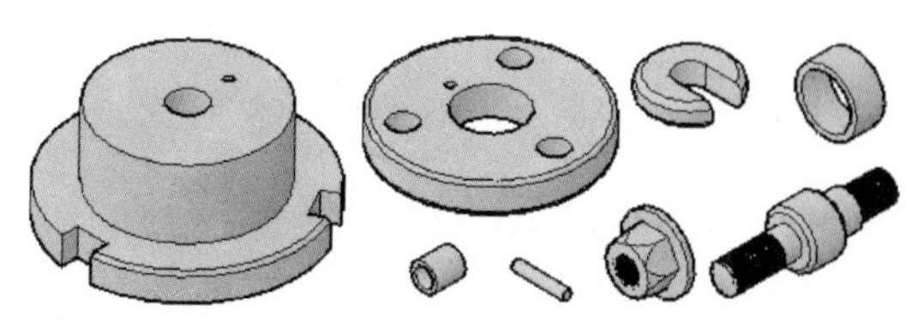

图 14-47　钻模板实体零件的复制

提示

在对钻模板实体零件进行复制操作时，用户可将“钻模板实体装配图.dwg”的视口选择为“西南等轴测”投影图，以方便后面装配移动操作。

3）再将当前的视口切换至“前视”，执行“旋转（RO）”命令，对轴、钻套、衬套、特制螺母、销等实体旋转–90°，并执行“移动（M）”命令，将旋转后的实体零件进行调整，调整后的整体效果如图 14-48 所示。

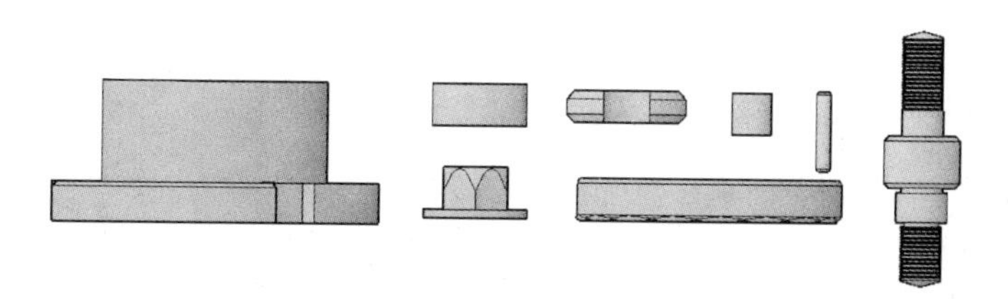

图 14-48　零件旋转并移动效果

4）再切换至“西南等轴测”投影，并执行“复制（CO）”命令，选择钻套实体零件，并指定其上侧轴心与模板实体外侧的三个光孔上侧的圆心进行重合，如图 14-49 所示。

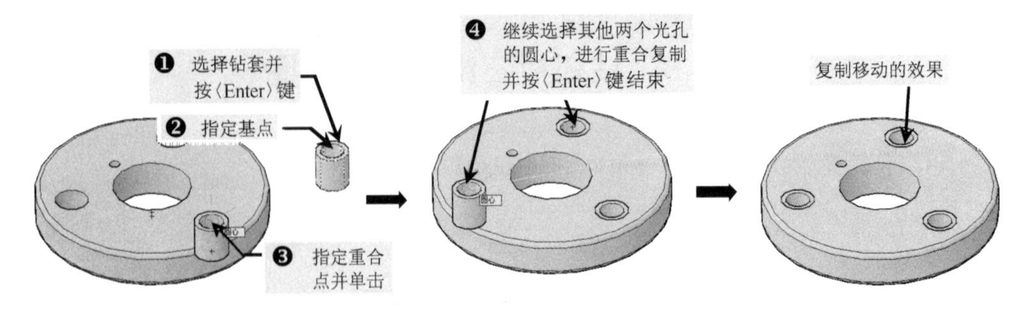

图 14-49 钻套与模板的装配

用户也可以将当前的“概念视觉”样式切换至“二维线框”模式进行装配。

5）继续执行“移动（M）”命令，选择衬套实体零件并指定上侧轴心点与模板实体内侧光孔上侧的中心点进行重合，如图 14-50 所示。

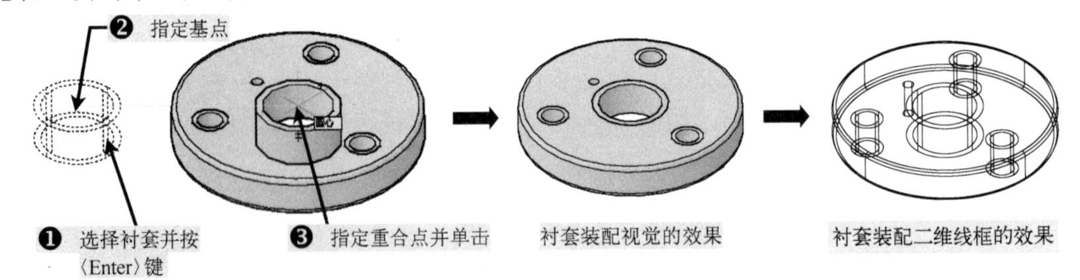

图 14-50 衬套与模板的装配

提示

在绘制实体装配图时，一般都会习惯性地将当前的视口改变为四个视口效果，即“三视一测”也就是三个视图，一个轴测图。具体的设置方法：在菜单栏中选择“视图”→“视口”→“四个视口”命令，当前 AutoCAD 2013 界面将会出现四个视口，这时只要将鼠标在不同的视口里面单击一次就可以将其转换为当前的视口并在里面进行操作，同时也可以将其改变为具体的视图视口。这样设置主要是为了方便在装配时可以根据不同的视口来确定具体装配的位置和具体的装配效果，如图 14-51 所示。

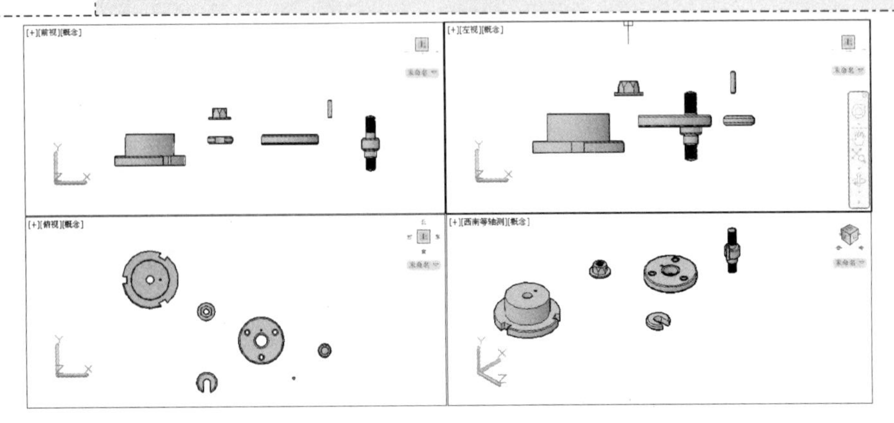

图 14-51 视口的设置

6）切换至“俯视”图，再执行“旋转（RO）”命令，将开口垫圈旋转 180°，再执行“移动（M）”命令，选择开口垫圈实体并指定下侧的圆弧中心点与模板上侧中心点进行重合操作，如图 14-52 所示。

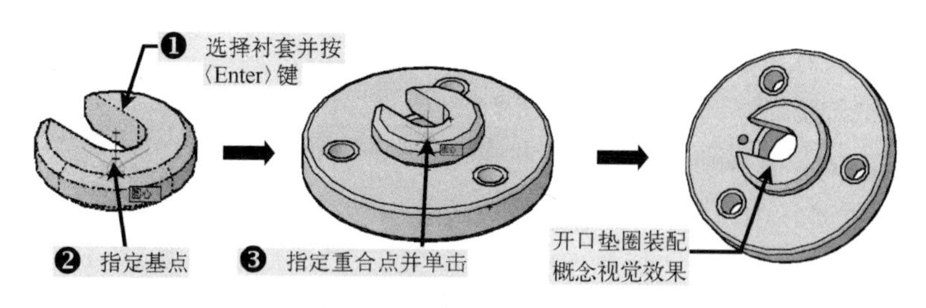

图 14-52 开口垫圈与模板的装配

在进行装配之前，所装配的零件图的方向是否一致，可以根据平面装配图的信息来进行确定，可参考“案例\09\钻模板装配图.dwg”的平面图效果。

7）切换至“二维线框”模式，执行“移动（M）”命令，选择轴零件，指定移动基点，并拖动其至模板内孔上侧圆心位置进行重合，如图 14-53 所示。

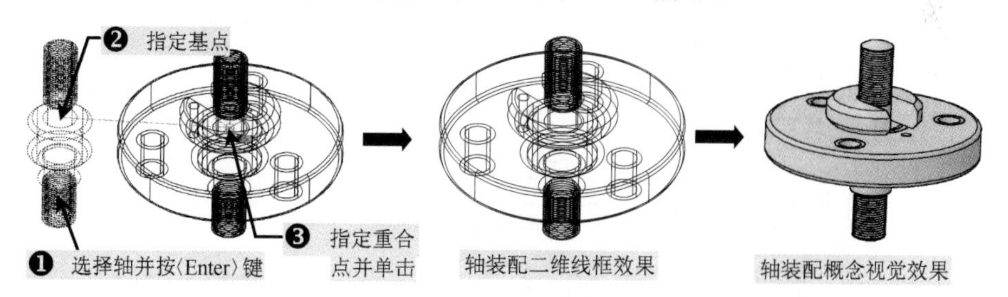

图 14-53 轴与模板的装配

用户在对实体零件图进行装配时，可以将不同的零件转换成不同的颜色，这样可以较为方便地选择一些重合基点或是便于区别等。

8）再执行“移动（M）”命令，选择特制螺母零件并指定特制螺母盘下侧中心点与开口垫圈上侧中心点重合，效果如图 14-54 所示。

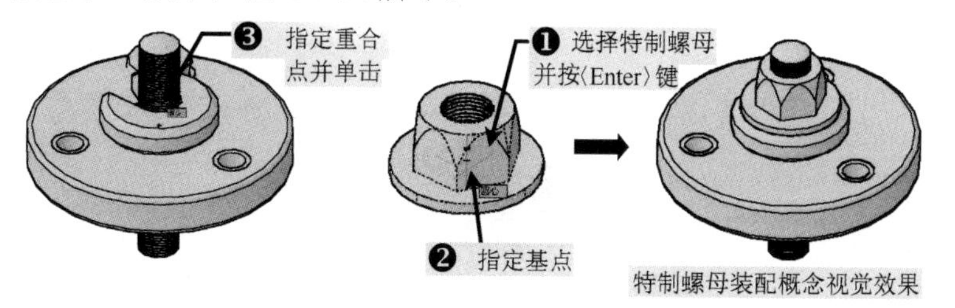

图 14-54 特制螺母与开口垫圈的装配

9）选择“俯视”图，并执行“旋转（RO）”命令，将底座旋转 90°，再选择销零件并指定下侧轴中心点与底座上的小通孔上侧中心点重合，如图 14-55 所示。

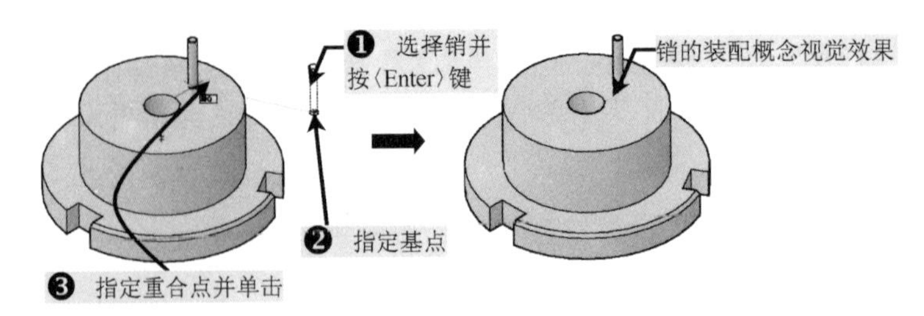

图 14-55　销与底座的装配

10）继续执行“移动（M）”命令，再框选前面装配好的整个轮廓，并指定模板上的小圆上侧的中心点与底座上的销上侧轴中心点进行重合，如图 14-56 所示。

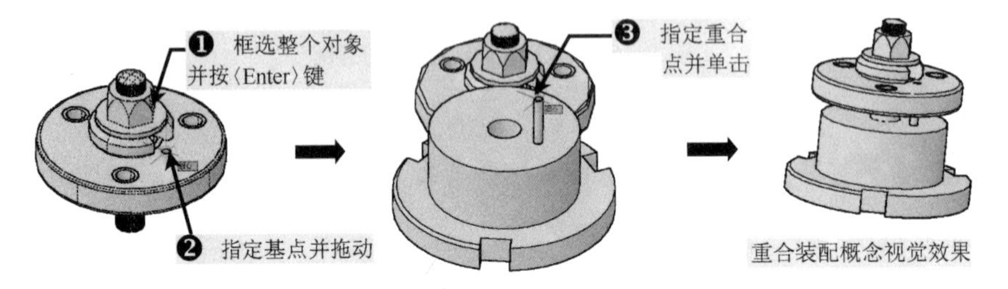

图 14-56　重合装配

11）选择“左视”视口，执行“移动（M）”命令，选择底座并向上移动 14（打开正交模式），移动后的效果如图 14-57 所示。

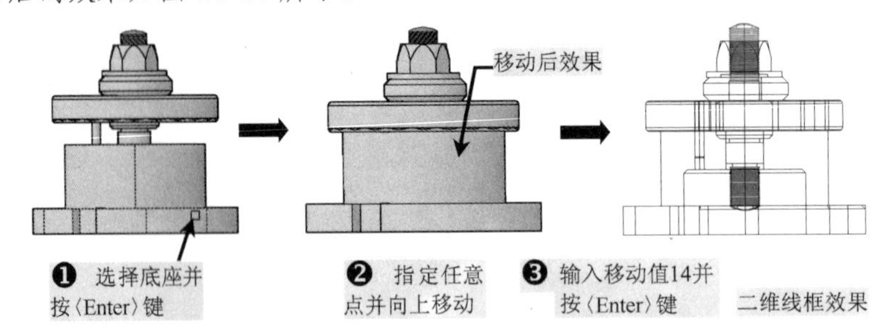

图 14-57　钻模板装配图的整合

在“二维线框”模式下，选择销零件，并执行“移动（M）”命令，将其向下移动 3。

12）在“二维线框”模式下，执行“直线（L）”命令，过上侧特制螺母的相应交点向下绘制一条垂直的辅助线段，如图 14-58 所示。

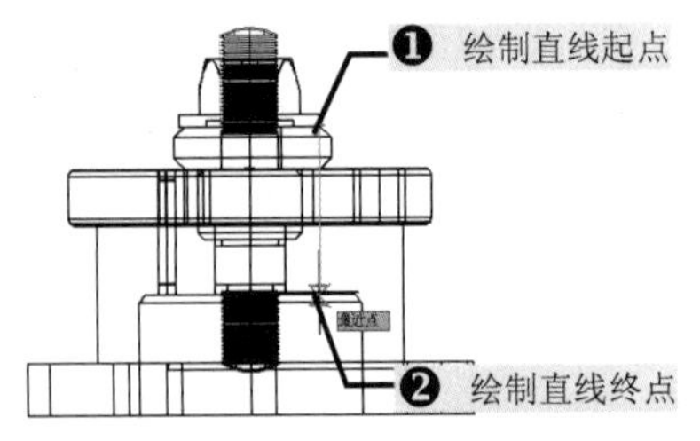

图 14-58　辅助线的创建

13）执行“镜像（MI）”命令，以绘制的辅助线中点位置为镜像轴的第一点，再按图 14-59 所示指定第二点，将上侧的特制螺母向下镜像一份。

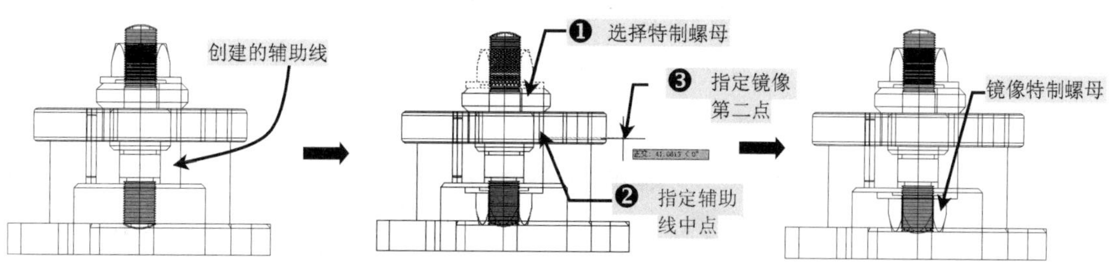

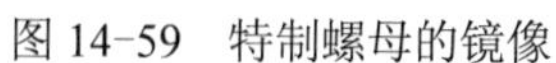
图 14-59 特制螺母的镜像

14）用户再打开“概念视觉”样式，并以动态观察的方法进行不同的调整，其效果如图 14-60 所示。

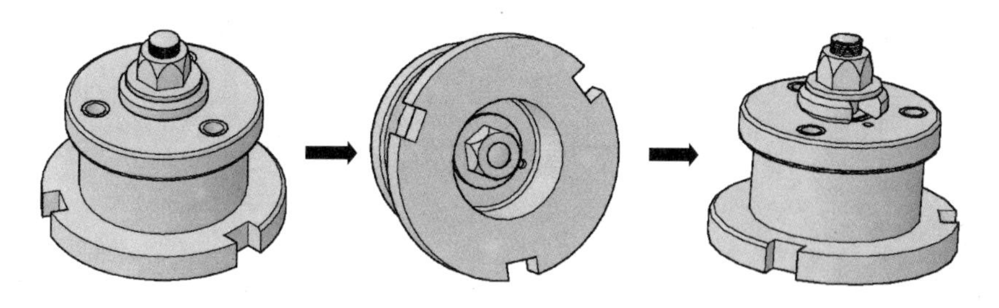

图 14-60 钻模板装配图实体效果

专业技能

由于实体装配完成后，其内部的具体结构可能在二维线框的效果下看得不是很清楚，这时可以采用“剖切”或是其他方法对其进行剖开，这样里面的结构就比较清楚了。下面将对半部和 1/4 剖视方法进行讲解如下。

① 先将装配好的钻模板实体图向空白区域复制一份，再切换至“西南等轴测”，然后在菜单中选择“修改”→“三维操作”→“剖切”命令，根据命令行提示选择所有的实体对象，并指定剖切的第一点和结束点，再单击保留的一侧就可以了，如图 14-61 所示。

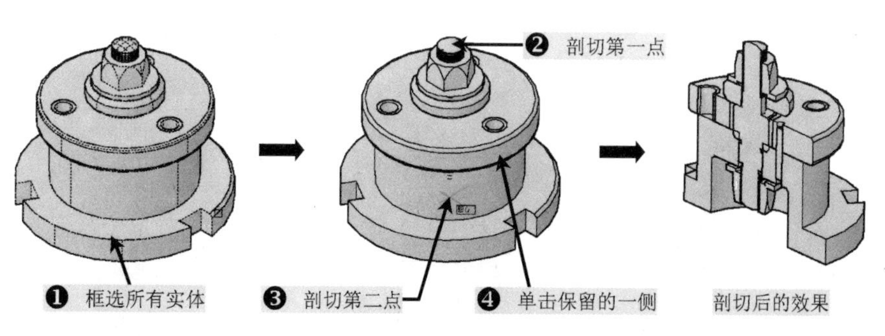

图 14-61 半剖效果

② 执行“复制（CO）”命令，同样将所有钻模板实体零件向空白区域复制一份，然后选择“后视”图并切换至“西南等轴测”投影，再执行“矩形（REC）”命令，过整个装配图中轴线绘制一(−70)×(−120)的矩形对象，并对矩形对象进行“面域”操作，然后将它进行 90°旋转，最后进行布尔运算中的“差集”命令操作，其 1/4 剖视就完成了，最终的效果如图 14-62 所示。

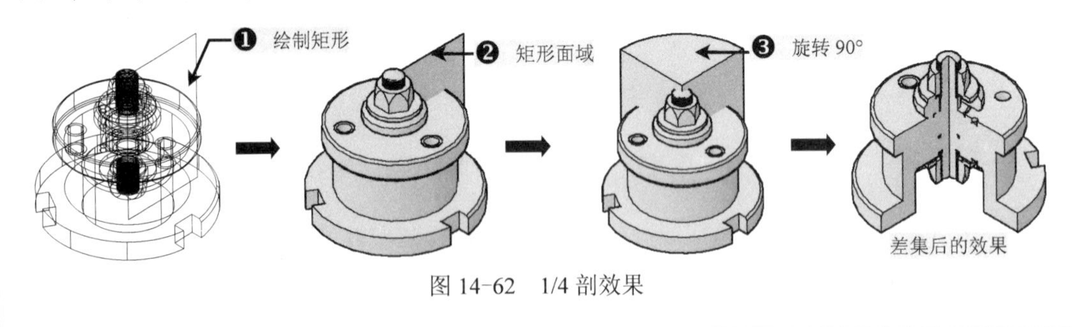

图 14-62　1/4 剖效果

15）至此，钻模板的装配图就绘制结束了，用户再按〈Ctrl+S〉组合键进行保存就可以了。

14.7　钻模板实体装配图分解

视频文件：视频\14\钻模板实体装配图分解.avi
结果文件：案例\14\钻模板实体分解图.dwg

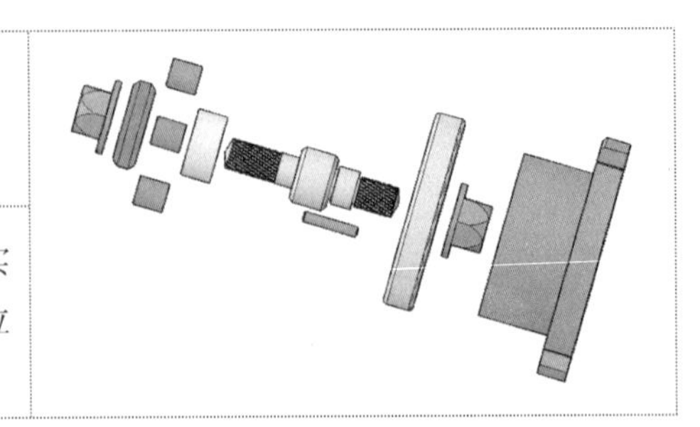

在钻模板实体装配图完成后，在本节中将对钻模板实体装配图进行分解操作，从而可以了解各个零件实体的位置和装配关系。

1）正常启动 AutoCAD 2013 软件，选择“文件”→“打开”菜单命令，将“案例\14\机械实体样板.dwt”文件打开，再执行“文件”→“另存为”菜单命令，将其另存为“案例\14\钻模板实体分解图.dwg”文件。

2）继续选择“文件”→“打开”菜单命令，将“案例\14\钻模板实体装配图.dwg”文件进行打开，并执行“复制（CO）”命令，将该装配实体图复制到“钻模板实体分解图.dwg”文件中。

3）切换至“西南等轴测”投影，执行“移动（M）”命令，先选择上侧特制螺母并指定移动基点，向 Y 轴方向（向上）移动 100，如图 14-63 所示。

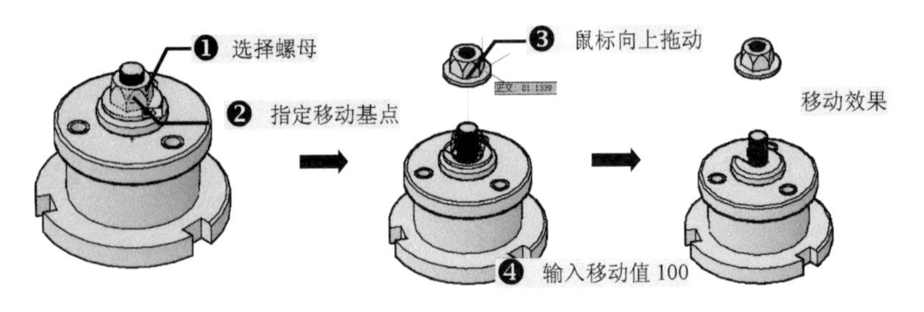

图 14-63　特制螺母移动

由于该装配图的结构是按上下垂直方式进行安装的，因此在分解时尽量以上下垂直方式进行移动分解。必须打开“正交”模式。

4）按照相同的方法，选择开口垫圈向上移动 80，如图 14-64 所示。

5）再选择三个钻套零件向上移动 80，如图 14-65 所示。

6）继续选择衬套向上移动 70，如图 14-66 所示。

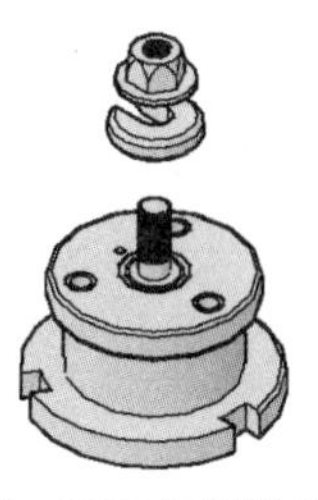

图 14-64 开口垫圈的移动

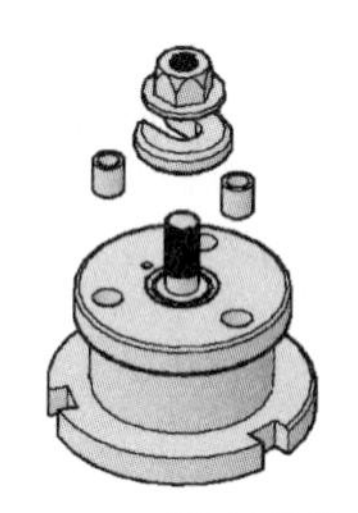

图 14-65 钻套的移动

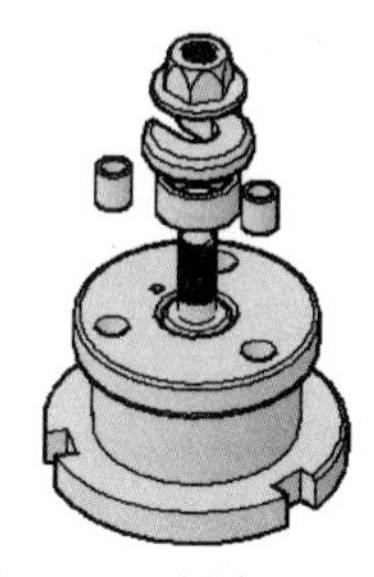

图 14-66 衬套的移动

7）选择底座零件向下移动 120，如图 14-67 所示。

提示

在将底座向下进行移动分解时，只需要在选择底座后将鼠标向下进行拖动，并输入移动值就可以了。

8）同样，再选择下侧特制螺母向下移动 70，如图 14-68 所示。

9）最后再选择模板零件向下移动 50，如图 14-69 所示。

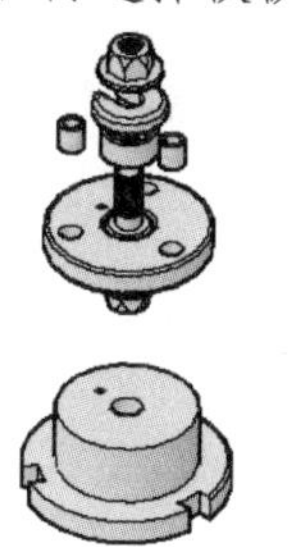

图 14-67 底座的移动

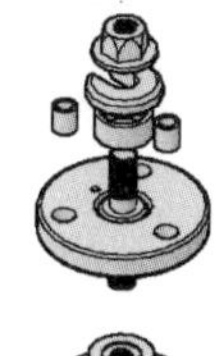

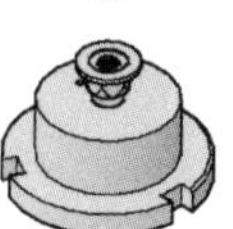

图 14-68 下侧特制螺母移动

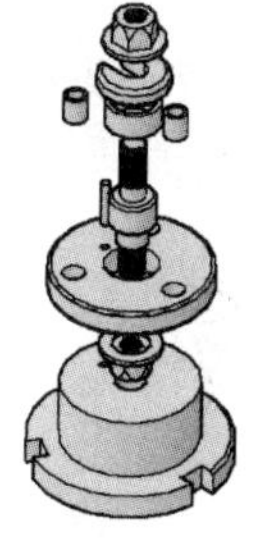

图 14-69 模板的移动

10）用户可用动态观察的方法对分解后的各个零件进行旋转查看，效果如图 14-70 所示。

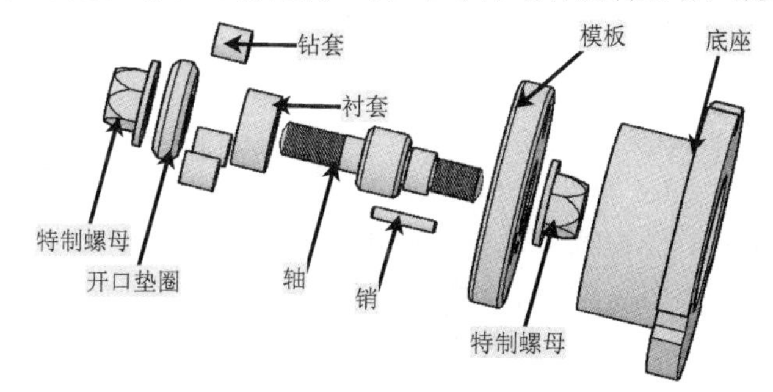

图 14-70 动态观察钻模板分解图效果

11）至此，钻模板实体分解图就完成了，用户再按〈Ctrl+S〉组合键进行保存就可以了。

书名：SolidWorks 2011机械设计完全实例教程

书号：978-7-111-36514-3

作者：张忠将 等

定价：62.00元

★本书紧密结合实际应用，以众多精彩的机械设计实例为引导，详细介绍了SolidWorks从模型创建到出工程图，再到模型分析和仿真等的操作过程。本书实例涵盖典型机械零件、输送机械、制动机械、农用机械、紧固和夹具、传动机构和弹簧／控制装置等的设计。

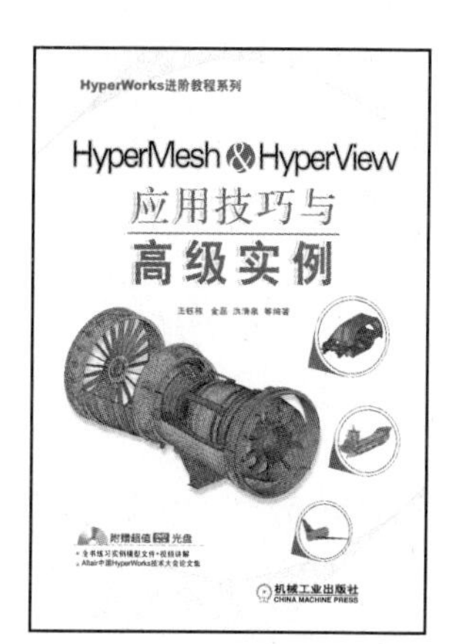

书名：HyperMesh&HyperView应用技巧与高级实例

书号：978-7-111-39535-5

作者：王钰栋 等

定价：99.00元

★本书分两部分，前一部分主要介绍HyperMesh有限元前处理软件，包括HyperMesh的基础知识、几何清理、2D网格划分、3D网格划分、1D单元创建、航空应用和主流求解器接口介绍，还包括关于HyperMesh的用户二次开发功能。后一部分主要介绍HyperView、HyperGraph等有限元后处理软件，包括用HyperView查看结果云图、变形图、结果数据、创建截面、创建测量点、报告模板等，用HyperGraph建立数据曲线、曲线的数据处理和三维曲线曲面的创建、处理等。

书名：奥宾学院大师系列：AutoCAD MEP 2011

书号：978-7-111-39432-7

作者：[美]Paul F. Aubin 等著；王申 等译

定价：129.00元

★本书是目前国内针对 AutoCAD®MEP 软件介绍、应用举例的权威用书，深入浅出地阐述了 AutoCAD®MEP 2011 的各项功能，对 AutoCAD MEP 软件的工作方法、基本原理和操作步骤进行了详细的介绍，并通过项目样例系统地介绍了如何使用该软件进行水、暖、电设计，更简明扼要地展示了如何进行各专业之间的协同。本书还特别介绍了如何创建各种类型的内容构件，字里行间的提示和小技巧亦是本书亮点之一，这些知识点均由本书作者通过积累多年的实战经验总结而成，为广大读者的实践旅程提供了捷径。

机工出版社·计算机分社书友会邀请卡

尊敬的读者朋友：

感谢您选择我们出版的图书！我们愿以书为媒与您做朋友！我们诚挚地邀请您加入：

“机工出版社·计算机分社书友会”

以书结缘，以书会友

加入“书友会”，您将：

★ 第一时间获知新书信息、了解作者动态；

★ 与书友们在线品书评书，谈天说地；

★ 受邀参与我社组织的各种沙龙活动，会员联谊；

★ 受邀参与我社作者和合作伙伴组织的各种技术培训和讲座；

★ 获得“书友达人”资格（积极参与互动交流活动的书友），参与每月5个名额的“书友试读赠阅”活动，获得最新出版精品图书1本。

如何加入“机工出版社·计算机分社书友会”

两步操作轻松加入书友会

Step1

访问以下任一网址：

★ 新浪官方微博：http://weibo.com/cmpjsj

★ 新浪官方博客：http://blog.sina.com.cn/cmpbookjsj

★ 腾讯官方微博：http://t.qq.com/jigongchubanshe

★ 腾讯官方博客：http://2399929378.qzo[illegible]qq.com

Step2

找到并点击调查问卷链接地址（通常位[illegible]顶位置或公告栏），完整填写调查问卷即可。

联系方式

通信地址：北京市西城区百万庄大街22号
机械工业出版社计算机分社

邮政编码：100037

联系电话：010-88379750

传　　真：010-88379736

电子邮件：cmp_itbook@163.com

敬请关注我社官方[illegible]博：　http://weibo.com/cmpjsj

第一时间了解新书动态，获知书友会活动信息，与读者、作者、编辑们互动交流！